토목유체역학

FLUID MECHANICS FOR CIVIL ENGINEERS

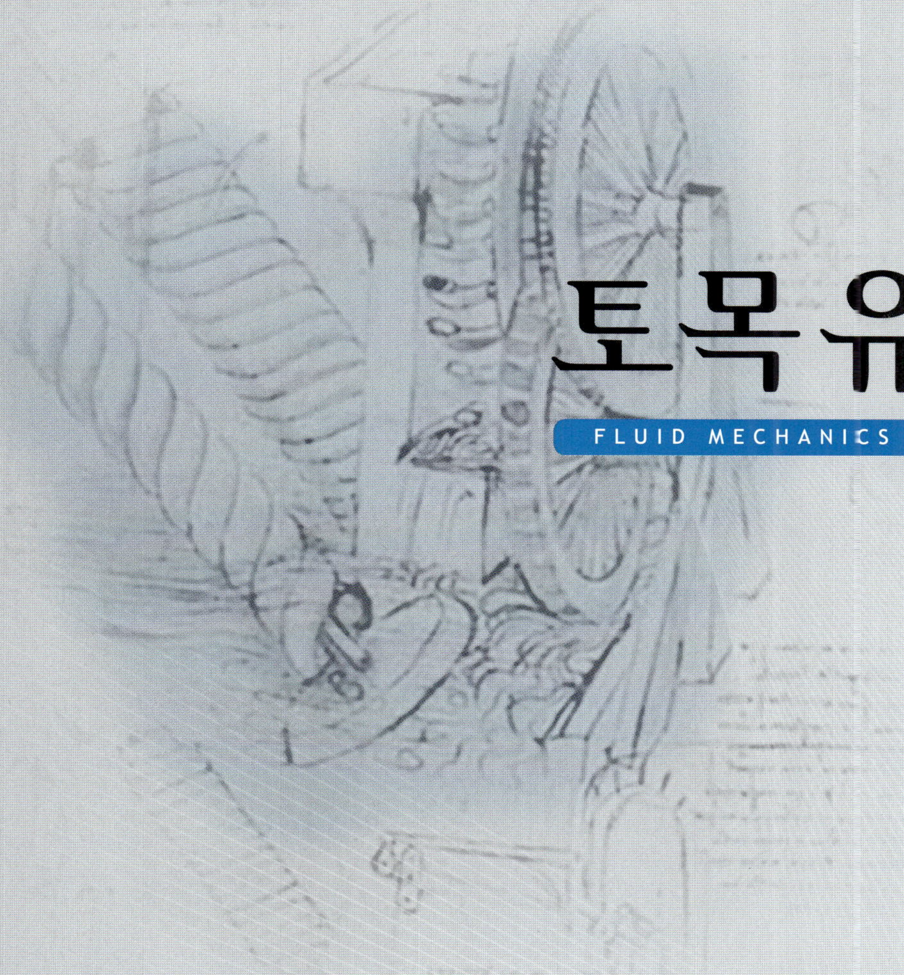

토목유체역학

FLUID MECHANICS FOR CIVIL ENGINEERS

이 재 수 저

도서출판
구미서관

PREFACE

우리가 일상생활을 해 나가는데 있어 유체역학과는 분리하여 생각할 수 없는 시기에 살고 있으며, 특히 공학 분야에서는 더욱 그렇다. 예를 들어 토목공학에서는 관로 및 관개시스템의 설계, 홍수조절 시스템 및 댐의 설계, 하천에서의 유사의 침식 및 이송, 수질오염모의 및 하수처리시스템 설계 등에 유체역학지식을 이용하게 되며, 기상학 및 해양공학에서는 대기상에서의 공기의 움직임 또는 해류의 흐름을 이해하기 위해 유체역학을 이용 한다. 기계공학에서는 자동차 설계 펌프, 터빈, 내연기관, 공기압축기, 에어콘, 공기청정기 및 발전소의 설계에 유체역학을 필요로 하며, 항공기계분야에서는 비행기 설계시 유체역학을 이용하고 있다. 화학공학에서는 다양한 화학처리장치를 설계하는데 이용하며, 생체공학분야에서는 혈액 및 뇌액의 흐름에 유체역학의 지식을 필요로 하는 등 유체의 움직임과 관련된 모든 분야에서 유체역학이 응용되고 있다.

이와 같이 다양한 분야에서 이용되고 다루는 유체역학의 모든 분야를 자세하게 다루기는 그 양이 방대하여 곤란하므로 본서에서는 유체역학 중에서 토목공학 특히 수자원분야에서 필요로 하는 부분을 집중적으로 다루었다. 따라서 수자원공학 분야를 처음 접하는 학생들이 유체역학의 개념을 이해하고 이를 응용할 수 있도록 도움을 줄 뿐만 아니라 현재 실무에서 근무하고 있는 수공관련 기술자들에게도 유체역학을 이해하고 실무에 적용하는데 도움이 되도록 준비하였으며, 내용을 충분히 익힐 수 있도록 많은 예제와 연습문제를 수록하였다.

본서의 각 장별 내용을 개략적으로 소개하면 1장 서론에서는 유체의 정의 및 구분, 유체 기본방정식과 분석방법, 차원 및 단위 그리고 유체역학의 역사에 대해 간략히 소개하였다. 2장 유체의 기본성질에서는 유체의 흐름 공간에서의 속도장 및 응력장에 대해 설명하고, 유체의 밀도, 단위중량, 점성, 압축성, 증기압 그리고 표면장력에 대해 다루었다. 3장 유체 정역학에서는 정수압의 정의, 압력 측정 방법들, 깊이에 따른 압력의 변화, 수중의 물체에 작용하는 힘, 부력 및 부체의 안정 그리고 강체운동에서의 정수압에 대해 소개하였다.

4장 유체운동학에서는 유체의 운동학 및 동수역학의 기본 개념을 설명하고, 질량보존의 법칙에 바탕을 둔 연속방정식을 소개하며, Euler방정식과 Bernoulli방정식을 유도하고, 이를 응용하여 흐름장에서의 압력 및 에너지 변화를 해석할 수 있는 방법과 함께, 흐름의 박리 및 공동현상에 대해 다루었다. 5장 유체의 적분방정식에서는 검사체적공식의 유도 및 그 의미와 적용에 대해 소개하고, 질량보존의 법칙, 에너지방정식 및 운동량방정식을 검사체적을 이용한 적분형태로 유도하는 방법 및 응용방법에 대해 알아보았다. 6장 유체의 미분방정식에서는 질량보존, 열역학 제1법칙 그리고 뉴톤의 제2법칙에 대한 미분방정식들을 이용하여 연속방정식, 에너지방정식 그리고 운동량방정식을 유도하는 방법을 소개하였다.

7장 차원해석과 상사법칙에서는 유체역학적 변수들의 관계를 맺는 차원해석을 소개하고, 수공구조물의 이론적인 설계를 뒷받침하기 위한 수리모형실험의 기본이 되는 상사이론과 모형법칙의 개념을 설명하는 한편, 관수로 및 개수로의 수리실험 예를 소개하였다. 8장 관로내 흐름과 9장 관로시스템 해석에서는 관로 내 층류와 난류의 특성인 마찰응력 및 유속분포와 함께 단일 관로에서의 점성유체 흐름 원리 및 마찰로 인한 에너지손실 그리고 관로의 변화로 인한 미소손실 등에 대해 소개하고, 이를 바탕으로 실무에서 자주 접하는 단일관로 및 복합관로를 포함하는 관로시스템과 관망에서의 정상류 해석방법에 대해 소개하였다.

10장 물체주위의 흐름에서는 물체 주위의 흐름 특성 및 경계층이론과 같은 기본적인 내용에 대해 소개를 하고, 이를 바탕으로 유체에 의해 물체에 작용하는 힘 즉, 항력과 양력을 결정하는 방법에 대해 알아보았다. 11장 개수로 흐름에서는 개수로 흐름의 기본 개념 및 흐름 상태의 분류와 함께 정상등류에 대한 소개를 하고, 정상등류의 경험공식 및 계산절차 그리고 최적수리단면의 결정에 대해 설명하였고, 정상부등류 해석에서 필요한 비에너지 및 비력에 대한 개념을 소개하고, 점변류 기본방정식의 유도 및 수면곡선의 분류 그리고 계산절차에 대해 소개하였다. 마지막으로 12장 흐름의 측정 및 분석에서는 관수로에서의 압력, 유속 및 유량을 측정하기 위한 압력계, 피토관, 오리피스, 노즐, 벤츄리메터 그리고 엘보우메터 등과 같은 장비에 대해 원리 및 적용방법을 소개하고, 위어, 수로 및 수문과 같은 개수로 흐름 측정과 관련된 구조물의 원리 및 측정방법을 소개한 후, 측정자료의 분석방법에 대해 설명하였다.

저자의 짧은 지식과 경험으로 본서를 출간하여 매우 염려스러우며, 토목공학에서 유체역학 및 수자원분야를 공부하는 후학 및 실무자들에게 조금이나마 도움이 된다면 무한한 영광이며 앞으로도 지속적으로 수정보완 할 계획이다.

본서가 출판되기까지 많은 협조와 배려를 해주신 구미서관의 임해진 사장님과 기인수 상무님 그리고 편집 및 그림 작성에 수고를 많이 한 직원들의 노고에 감사를 드린다. 또한 자료정리에 수고를 많이 한 전주대학교 토목환경공학과 수자원연구실 학생들에게도 감사의 뜻을 전한다.

2011년 1월

저자 이 재 수

CONTENTS

토목유체역학

Fluid Mechanics for Civil Engineers

Chapter 4
유체운동학

Chapter 5
유체의 적분방정식

Chapter 6
유체의 미분방정식

Chapter 7
차원해석과 상사법칙

Chapter 8

관로내 흐름

Chapter 9

관로시스템 해석

Chapter 10

물체 주위의 흐름

Chapter 11

개수로 흐름

Chapter 12
흐름의 측정 및 분석

부록

Fluid Mechanics for Civil Engineers

Chapter 1

서 론

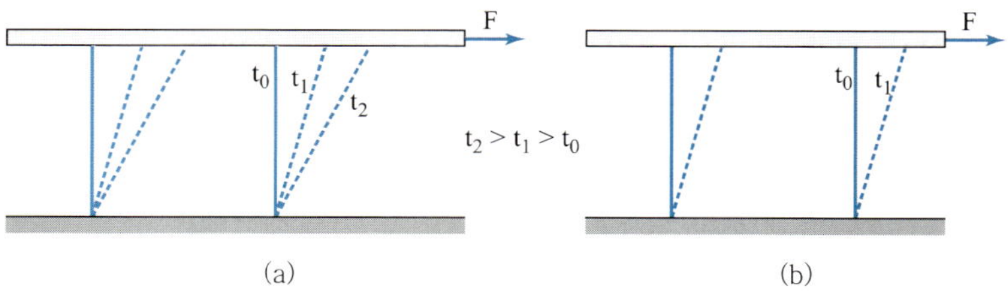

그림 1.1.1 유체(a) 및 고체(b)의 거동

지나도 더 이상 변형되지는 않는다. 이와 같이 전단력이 작용할 때 유체의 운동이 지속되므로 유체를 전단력에 저항하지 못하는 물질로 정의하기도 한다.

유체의 변형율은 유체의 특성인 점성(viscosity)에 의해 가해진 전단력에 따라 변하게 된다. 따라서 꿀이나 차가운 기름 등과 같이 점성이 큰 액체는 전단력이 가해질 때 점성이 작은 물에 비해 천천히 움직이게 된다.

유체는 액체 및 기체로 구분한다. 액체는 분자간의 간격이 일정하므로 일정한 질량의 액체는 일정한 부피를 차지하게 된다. 따라서 액체를 용기에 부으면 그 부피에 상응하는 용기의 모양으로 변하게 된다. 고체의 분자도 일정한 간격을 가지고 있지만 특별한 격자형태로 배열되어 있어 움직임이 제한된다. 반면에 액체는 전단력이 가해지면 분자의 상대적인 위치가 쉽게 변하게 된다. 기체의 분자간격은 액체나 고체보다는 훨씬 넓으며 움직임이 활발하다. 따라서 기체를 용기에 채우면 용기 내에 가득 차게 된다. 기체 분자는 공간상에서 직선으로 움직이며, 용기의 벽에 부딪치면 튀게 되고 분자끼리 만나면 굴절된다.

유체에 작용하는 힘을 고려해 볼 때 흐름장 내의 유체분자 각각의 거동에 대해 고려할 수도 있고, 일정한 부피내의 분자들의 평균적인 거동으로 고려할 수도 있다. 유체동력학에서의 대부분의 문제들은 전자보다는 후자와 같은 접근방법을 적용하며, 이는 유체를 중요한 특성 즉, 압력, 속도 등이 유체 내에서 연속적으로 변한다고 가정하는 연속체(continuum)로 취급하기 때문이다.

일반적으로 상온상압에서 액체는 분자간의 평균거리가 약 10^{-7}mm이고, 기체는 약 10^{-6}mm로 세제곱 밀리미터의 부피에 액체는 10^{21}개 그리고 기체는 10^{18}개의 분자가 포함되어 있다. 따라서 유체의 거동을 분석할 때 많은 수의 유체 분자들의 거동을 각각 고려하기는 곤란하고, 연속체의 개념을 이용하여 작은 부피속에 포함되어 있는 수많은 분자들의 평균적인 특성으로 고려하게 된다. 그러므로 본서에서는 유체를 연속체로 가정하여 다루게 된다.

1.2 유체역학의 분류

유체역학분야는 크게 동수역학(hydrodynamics)과 기체역학(gas dynamics)분야로 구분할 수가 있다. 동수역학은 주로 액체나 느린 속도의 가스흐름과 같이 밀도가 변하지 않는 유체의 거동에 대해 다루는 것으로, 관로나 개수로에서의 액체의 흐름을 다루는 수리학(hydraulics)이나 흐르는 액체 내에 잠수된 물체 및 낮은 속도의 가스흐름에 작용하는 유체의 힘에 대한 연구가 동수역학에 포함된다. 반면에 기체역학은 밀도의 변화가 상당히 발생하는 유체를 다루게 되며, 노즐이나 물체위로 빠르게 흐르는 가스, 화학적으로 반응하는 가스흐름, 작은 밀도의 가스나 대기 상부층을 통해 움직이는 물체에 대한 연구가 기체역학분야에 포함된다.

1.3 유체의 기본방정식

유체역학문제를 해석하기 위해서는 직접 또는 간접적으로 유체의 운동을 지배하는 기본법칙의 적용부터 시작하게 되며, 임의의 유체에 적용할 수 있는 유체의 기본방정식들은 다음과 같다.

- 질량보존(mass conservation)의 법칙
- 뉴톤의 제2법칙
- 각운동량(angular momentum)의 원리
- 열역학(thermodynamics) 제1법칙
- 열역학 제2법칙

유체역학 문제를 해결하는데 있어 위의 모든 기본법칙들이 반드시 필요한 것은 아니며, 주어진 조건하에 유체의 물리적 특성의 거동을 나타내는 상태방정식(equation of state)이나 구성방정식(constitutive equation)의 형태로 추가적인 관계를 수립하여 해석하게 된다.

본서에서 다루게 될 기본법칙들이 역학이나 열역학 등에서 사용하고 있는 법칙들과 동일하지만 이러한 법칙들을 유체흐름 문제를 해석하는데 적절한 형태로 변형시켜 다양한 문제에 적용할 필요가 있다. 유체역학에서는 간단하게 보여도 해석적으로 해결할 수가 없는 문제들이 많이 있다. 이러한 경우 좀 더 복잡한 수치해석방법에 의존하거나 실험결과를 이용하게 된다. 모든 관측치를 동일한 정확도를 가지고 측정할 수 있는 것은 아니며, 모든 자료가 동일하게 양호한 것은 아니므로 실험결과를 설계에 사용하기 위해서는 자료의 타당성이 먼저 검증되어야 한다. 자료의 확률적 불확실성에 대한 언급이 실험결과를 완전하고 분명하게 하는데 매우 중요한 부분이므로 실험적인 설계시 불확실성 분석 또한 매우 중요하다. 신중하게 연구를 함으로서 허용해서는 안 되는 오류의 발생 가능성을 줄이고, 개선된 관측방법을 제시할 수가 있다.

1.4 해석방법

유체역학 문제를 해결하기 위한 방법을 간략히 알아보기로 하자. 문제를 해결하기 위한 첫 번째 단계는 해석하고자 하는 시스템을 정의하는 것이다. 기초적인 역학문제에서는 자유물체도(free-body diagram)가 많이 사용되고 있다. 열역학(thermodynamics)에서는 밀폐형(closed) 또는 개방형(open)시스템으로 고려하게 되는데, 본서에서는 시스템(system) 및 검사체적(control volume)이란 개념을 사용하여 알아보기로 한다. 유체역학 문제를 해석하기 위해 기본방정식들을 적용하기에 앞서 시스템 또는 검사체적을 정의하는 것이 매우 중요하므로 먼저 시스템 및 검사체적의 정의에 대해 간략히 소개하기로 한다.

1.4.1 시스템 및 검사체적

시스템은 고정된 동일한 양의 질량으로 정의할 수가 있으며, 시스템의 경계(boundary)는 시스템과 주변을 구분한다. 시스템의 경계는 고정되어 있거나 움직일 수 있지만, 시스템 경계를 통한 질량의 이동은 발생하지 않는다. 그림 1.4.1과 같이 열역학에서 자주 접하게 되는 피스톤-실린더 기구에서 실린더내의 가스는 시스템으로 볼 수가 있다. 실린더의 왼쪽벽에 높은 온도를 가하게 되면, 피스톤은 오른쪽으로 이동하게 되며 시스템의 경계도 움직이게 된다. 열과 일은 시스템의 경계를 통과하여 이동될 수 있지만, 시스템 경계내 가스의 질량은 일정하게 유지된다. 즉, 시스템 경계를 통한 질량의 이동은 발생하지 않는다.

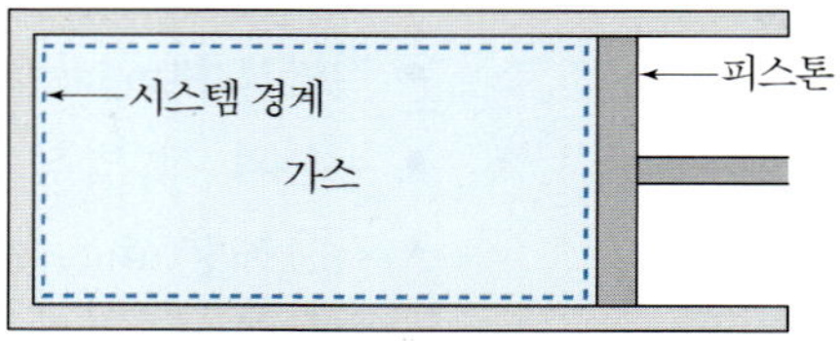

그림 1.4.1 피스톤-실린더 기구

역학을 공부하면서 자유물체도를 자주 이용하게 된다. 이는 쉽게 정의할 수 있는 강체(rigid body)에서는 편리하나 유체역학에서는 일반적으로 압축기, 터빈, 관로, 노즐 등과 같은 기구 및 장치를 통한 유체의 흐름에 관심을 갖게 된다. 이러한 경우 고정된 일정한 질량에 초점을 맞추기가 어렵다. 그 대신 유체가 흐르는 공간의 부피에 초점을 맞춰서 분석하는 것이 훨씬 편리하다. 따라서 검사체적 접근방법을 이용하게 된다.

검사체적은 유체가 흐르는 공간 내의 임의의 체적을 의미하며, 검사체적의 기하학적인 경계를 검사표면(control surface)이라 한다. 검사표면은 실질적일 수도 가상적일 수도 있으며, 정지하고 있거나 움직일 수도 있다. 그림 1.4.2는 관로를 통한 흐름해석을 위한 검사체적 및 검사표면의 예를 보여주고 있다. 관로 내 안쪽 표면이 물리적인 경계가 되며 검사표면의 일부가 되지만, 흐름단면에 해당하는 연직면의 검사표면은 가상적인 표면이 된다. 즉, 이 가상적인 경계는 물리적인 표면은 아니지만 목적에 따라 임의로 설정할 수가 있다. 검사표면의 위치가 기본법칙을 적용하는 과정 중에 영향을 미치기 때문에 문제를 해석하기 전에 검사표면을 명확하게 설정하는 것이 매우 중요하다.

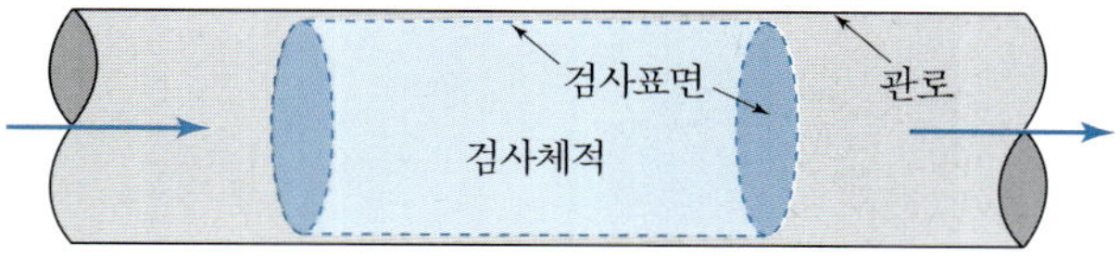

그림 1.4.2 관로를 통한 유체 흐름

1.4.2 미분 및 적분 접근방법

유체역학 해석에서 적용하는 기본법칙들은 미분 또는 유한시스템 및 검사체적으로 공식화 할 수가 있는데, 이 두 경우 식들은 겉으로 보기에 서로 다르게 보인다. 유체역학의 해석에서는 이 두 가지의 접근방법이 모두 중요하며 본서에서 이 두 방법에 대해 5장 및 6장에서 소개하기로 한다.

먼저 미분방정식(differential equation)의 형태로 문제를 해석할 수가 있다. 운동에 대한 미분방정식의 해는 흐름에 대한 각 지점의 거동을 자세하게 결정할 수 있도록 한다. 문제를 해석할 때 얻고자 하는 정보가 항상 흐름에 대한 자세한 지식을 요구하는 것은 아니다. 우리는 장치의 총체적인 거동에 관심을 가질 수가 있으며, 이 경우 기본법칙들의 적분방정식을 이용하는 것이 더 적절할 수가 있다. 일반적으로 유한시스템 또는 검사체적을 사용하는 적분방정식이 해석적으로 다루기가 더욱 쉽다. 유한시스템의 항으로 공식화되는 역학 및 열역학의 기본법칙들이 검사체적공식을 유도하는데 기본이 된다.

1.4.3 표현방법

역학은 오직 시스템만 다루게 되며, 고정된 동일한 질량에 적용하는 기본방정식들을 광범위하게 이용한다. 열역학적 장치를 해석하기 위해서는 개방형 시스템의 검사체적방법을 사용하는 것이 필요한데, 해석의 형태는 문제에 따라 변하게 된다. 입자역학에서와 같이 질량의 동일한 요소를 추적하는 것이 쉬운 경우에는 입자를 따라 흐름특성을 나타내는 방법을 사용하게 되며, 이와 같은 방법을 Lagrange방법이라 한다.

예를 들어 고정질량의 한 입자 m에 Newton의 제2법칙을 적용한다고 생각해 보자. 수학적으로 다음과 같이 Newton의 제2법칙을 나타낼 수가 있다.

$$\Sigma \vec{F} = m\vec{\alpha} = m\frac{d\vec{V}}{dt} \qquad (1.4.1)$$

여기서 $\Sigma \vec{F}$는 시스템에 작용하는 모든 외적인 힘들의 합이고, $\vec{\alpha}$는 시스템 질량중심의 가속도 그리고 $\vec{V}$는 시스템 질량중심의 속도를 의미한다.

많은 수의 입자를 포함한 유체의 움직임을 나타낸다고 고려해 보자. 각각의 유체입자를 분리하여 움직임을 추적하는 것은 곤란하며, 다른 형태로 흐름을 묘사하는 것이 편리할 때가 있다. 특히 검사체적분석에서와 같이 공간의 한 지점에서 시간의 함수로 흐름의 특성을 관찰하는 Euler방법을 적용하는 것이 도움이 된다. Euler의 묘사방법에서 흐름장의 특성은 공간좌표 및 시간의 함수로 나타내게 된다. 이와 같은 방법은 유체가 연속체로 간주 할 수 있다는 가정으로부터 나타나게 된다.

1.5 차원 및 단위

1.5.1 차원

유체역학 및 수리학에서는 유체 특히 액체의 다양한 특성에 대해 다루기 때문에 정성적(qualitative) 및 정량적(quantitative)으로 이들 특성을 나타내기 위한 체계가 필요하다. 정성적인 면에서는 길이, 시간, 속도와 같은 특성의 본질 및 형태를 정의하고, 정량적인 면에서는 이러한 특성들의 수치적인 크기를 제공한다.

정량적인 표현은 다양한 물리량을 비교할 수 있는 숫자(number)와 기준(standard)을 필요로 한다. 길이에 대한 기준은 m 또는 ft, 시간은 hr 또는 sec 그리고 질량은 kg。또는 slug를 사용할 수가 있다. 이러한 기준을 단위(unit)라 부르며 후술할 몇 가지의 단위체계가 사용되고 있다. 정성적인 표현은 일반적으로 길이 L, 시간 T, 질량 M 그리고 온도 θ와 같은 기본량(primary quantity)으로 나타내게 된다. 이러한 기본량들은 다른 물리량(secondary quantity)을 표현하는데 사용된다. 예를 들어 면적은 $[L^2]$, 속도는 $[LT^{-1}]$, 밀도는 $[ML^{-3}]$ 등으로 나타낼 수가 있으며, 여기서 [ ]는 기본량으로 나타낸 물리량의 차원(dimension)을 의미한다. 따라서 기본량은 기본차원(basic dimension)으로 나타내고 이를 1차량이라 하며, 이를 이용하여 나타낸 물리량을 2차량이라 한다.

유체역학 또는 수리학에서 다루고 있는 다양한 문제에서 오직 세 가지의 기본차원 즉, 길이 [L], 시간 [T] 그리고 질량 [M]만이 필요하다. 이와 같은 차원으로 나타낸 차원을 [MLT]계 차원이라

표 1.5.1 각 물리량에 대한 차원

물리량	FLT계	MLT계	물리량	FLT계	MLT계
가속도	LT^{-2}	LT^{-2}	운동량	FT	MLT^{-1}
각도	$F^0L^0T^0$	$M^0L^0T^0$	동력	FLT^{-1}	ML^2T^{-3}
각가속도	T^{-2}	T^{-2}	압력	FL^{-2}	$ML^{-1}T^{-2}$
각속도	T^{-1}	T^{-1}	비열	$L^2T^{-2}\theta^{-1}$	$L^2T^{-2}\theta^{-1}$
면적	L^2	L^2	단위중량	FL^{-3}	$ML^{-2}T^{-2}$
밀도	$FL^{-4}T^2$	ML^{-3}	변형(Strain)	$F^0L^0T^0$	$M^0L^0T^0$
에너지	FL	ML^2T^{-2}	응력	FL^{-2}	$ML^{-1}T^{-2}$
힘	F	MLT^{-2}	표면장력	FL^{-1}	MT^{-2}
빈도	T^{-1}	T^{-1}	온도	θ	θ
열	FL	ML^2T^{-2}	시간	T	T
길이	L	L	토크(Torque)	FL	ML^2T^{-2}
질량	$FL^{-1}T^2$	M	속도	LT^{-1}	LT^{-1}
탄성계수	FL^{-2}	$ML^{-1}T^{-2}$	점성계수	$FL^{-2}T$	$ML^{-1}T^{-1}$
모멘트	FL	ML^2T^{-2}	동점성계수	L^2T^{-1}	L^2T^{-1}
관성모멘트(면적)	L^4	L^4	부피	L^3	L^3
관성모멘트(질량)	FLT^2	ML^2	일 또는 에너지	FL	ML^2T^{-2}

한다. 또한 질량 [M] 대신 힘 [F]를 사용하여 나타낸 차원을 [FLT]계 차원이라 하며, 힘은 질량에 가속도를 곱한 것과 같다는 뉴톤의 제2법칙 $F = m\alpha$를 이용하여 다음과 같이 [MLT]계와 [FLT]계 사이의 변환을 할 수가 있다.

$$[F] = [M][LT^{-2}] = [MLT^{-2}] \tag{1.5.1}$$

따라서

$$[M] = [FL^{-1}T^{2}] \tag{1.5.2}$$

예를 들어 응력 σ는 단위면적 당 작용하는 힘이므로 $[\sigma]=[FL^{-2}]$로 나타낼 수가 있으며, 이는 힘이 사용되고 있으므로 [FLT]계 차원이다. 이를 질량이 포함된 [MLT]계 차원으로 변환하면 [F] 대신에 $[MLT^{-2}]$를 사용하여 $[\sigma]=[ML^{-1}T^{-2}]$로 표현되게 된다. 표 1.5.1은 다양한 물리량을 [MLT]계 및 [FLT]계 차원으로 나타내고 있다.

예제 1.5.1

단위중량의 차원을 [MLT]계 및 [FLT]계로 나타내시오.

풀이

단위중량 γ는 무게/체적이므로

[FLT]계에서는

$$[\gamma] = [F]/[L^{3}] = [FL^{-3}]$$

[MLT]계에서는 뉴톤의 제2법칙에 의해 $[F]=[MLT^{-2}]$이므로

$$[\gamma] = [MLT^{-2}][L^{-3}] = [ML^{-2}T^{-2}]$$

1.5.2 차원의 동차성

이론적으로 유도된 모든 식들은 차원적으로 동차성(homogeneity)을 가지고 있다. 즉, 식의 왼쪽 항의 차원과 오른쪽 항의 차원이 반드시 같아야 하며, 모든 덧셈으로 표현된 각 항은 같은 차원을 나타내야 한다. 일반적으로 물리현상을 나타내는 모든 식들에서의 차원이 동차성을 가지고 있다고 기본적으로 가정하게 된다. 만일 그렇지 않다면 서로 다른 물리량을 비교하거나 더할 수도 있게 되며 오류를 초래하게 된다. 예를 들어 균일한 가속도를 받고 있는 물체의 속도 V는 다음과 같다.

$$V = V_o + \alpha t \tag{1.5.3}$$

여기서 V_o는 초기속도, α는 가속도 그리고 t는 시간 간격을 나타낸다. 윗 식을 차원으로 나타내면

다음과 같이 차원의 동차성을 보여주고 있다.

$$[LT^{-1}] = [LT^{-1}] + [LT^{-1}]$$

일부 식들은 계수에 차원이 포함된 상태로 표현할 수 있다. 예를 들어 자유낙하하는 물체의 낙하거리 d는 다음과 같이 나타낸다.

$$d = \frac{gt^2}{2} = 4.9t^2 \tag{1.5.4}$$

식 (1.5.4)가 동차성을 만족한다면 계수 4.9에는 $[LT^{-2}]$라는 차원이 포함되어야 함을 알 수가 있다. 사실 식 (1.5.4)는 자유물체의 낙하거리를 나타내는 식의 특별한 표현으로 중력가속도 $g=9.8m/s^2$을 고려할 때 m와 sec 단위를 사용할 경우 적용할 수가 있다. 이와 같이 특정한 단위계에만 적용할 수 있는 식을 제한동차식(restricted homogeneous equation)이라하고, 모든 단위계에서 적용할 수 있는 식을 일반동차식(general homogeneous equation)이라 한다.

예제 1.5.2

관로 또는 개수로를 통해 흐르는 유량이 Q=AV로 표현될 때 차원의 동차성을 보여라. 여기서 A는 통수 단면적, V는 유속이다.

풀이

유량 Q는 체적/시간 이므로 $[Q]=[L^3T^{-1}]$이고, 면적 $[A]=[L^2]$, 유속 $[V]=[LT^{-1}]$이므로

$$[L^3T^{-1}] = [L^2][LT^{-1}] = [L^3T^{-1}]$$

따라서 차원의 동차성이 성립함을 알 수 있다.

1.5.3 단위계

다양한 물리량들의 정성적인 표현 이외에 특정 물리량의 정량적인 크기를 나타낼 필요가 있다. 예를 들어, 연필의 길이를 측정하고 이를 나타낼 때 10단위 길이라고 표현하면 이 단위의 크기가 어느 정도인지 정의를 하기 전에는 연필의 크기를 구체적으로 알 수가 없다. 만일 길이의 단위를 cm로 나타내고 표준 길이로 cm를 정의하면 길이에 대한 단위계가 수립되게 된다. 길이 외에 다른 기본물리량 즉, 힘, 질량, 시간 및 온도 등의 단위계들도 설정되어야 한다. 이러한 단위계에는 영국단위제(British unit system), 미터단위제(Metric unit system) 그리고 국제단위제(International unit system)로 구분할 수 있다. 본서에서는 질량과 힘의 단위를 구분하기 위해 질량에는 아래첨자

o를 붙이기로 한다. 예를 들어, 질량은 $kg_o(lb_o)$, 힘은 kg(lb) 등으로 표기한다.

1) 영국단위제

영국단위제에서는 절대단위계[MLT]인 경우 기본 단위로 질량 lb_o(pound mass), 길이 ft(foot) 그리고 시간 sec(second)를 사용하고 있다. 이 단위제에서는 힘의 기본단위로 poundal을 사용하며, 뉴톤의 제 2법칙에 의해 1poundal의 힘의 크기는 $1lb_o$의 질량에 $1ft/s^2$의 가속도가 생기게 하는 힘을 의미한다.

$$1\text{poundal} = 1lb_o \times 1ft/s^2 = 1lb_o \cdot ft/s^2$$

공학단위계[FLT]인 경우 기본단위로 질량 lb_o대신 힘 lb(pound force)를 사용하고 길이 ft와 시간 sec는 동일하다. 이 단위제에서는 힘 1lb는 $1lb_o$의 질량에 $32.2ft/s^2$의 가속도가 생기게 하는 힘을 의미한다.

$$1lb = 1lb_o \times 32.2ft/s^2 = 32.2lb_o \cdot ft/s^2 = 1slug \cdot ft/s^2$$

2) 미터단위제

미터단위제에서는 절대단위계[MLT]인 경우 기본 단위로 질량 g_o, 길이 cm 그리고 시간 sec를 사용하고 있으며 CGS단위계로도 불린다. 이 단위제에서는 힘의 기본단위로 dyne을 사용하며, 이때 1dyne의 힘의 크기는 $1g_o$의 질량에 $1cm/s^2$의 가속도가 생기게 하는 힘을 의미한다.

$$1\text{dyne} = 1g_o \times 1cm/s^2 = 1g_o \cdot cm/s^2$$

공학단위계[FLT]인 경우 기본단위로 질량 g_o대신 힘 kg을 사용하고 길이 m, 시간 sec를 사용하고 있으며 MKS단위계로도 불린다. 본서에서는 미터단위제를 기준으로 사용하기로 하며, 후술할 국제단위제도 혼용하여 사용하기로 한다. 미터단위제에서는 힘 1kg은 $1kg_o$의 질량에 $9.8m/s^2$의 가속도가 생기게 하는 힘을 의미한다.

$$1kg = 1kg_o \times 9.8m/s^2 = 9.8kg_o \cdot m/s^2$$
$$= 9.8 \times 10^5 g_o \cdot cm/s^2 = 9.8 \times 10^5 \text{dyne}$$

3) 국제단위제

국제단위제(SI)는 1960년 제 11차 국제도량형총회에서 다양한 단위제를 통일시키기 위해 채택된 단위제로 세계 많은 나라에서 사용하고 있다. 이 단위제에서는 미터제에 기본을 두고 있지만, 힘 대신 질량을 사용하는 [MLT]계 단위를 사용하고 있다. 국제단위제에서 기본 단위로 질량 kg_o,

길이 m 그리고 시간 sec를 사용하고 있다. 이 단위제에서는 힘의 기본단위로 N(Newton)을 사용하며 이때 1N의 힘의 크기는 $1kg_o$의 질량에 $1m/s^2$의 가속도가 생기게 하는 힘을 의미한다.

$$1N = 1kg_o \times 1m/s^2 = 1kg_o \cdot m/s^2 = 10^5 g_o \cdot cm/s^2 = 10^5 dyne$$

$$1kg = 9.8kg_o \cdot m/s^2 = 9.8N$$

이와 같은 단위제를 정리하면 표 1.5.2 및 1.5.3과 같다.

표 1.5.2 국제단위제와 영국단위제

물리량	차원		국제단위제	영국단위제	물리량	차원		국제단위제	영국단위제
	MLT계	FLT계				MLT계	FLT계		
면적 (A)	L^2	L^2	m^2	ft^2	표면장력(σ)	M/T^2	F/L	N/m	lb/ft
체적 (V)	L^3	L^3	m^3, L(liter)	ft^3	일 (W)	ML^2/T^2	FL	N·m, J	ft·lb
속도 (V)	L/T	L/T	m/s	ft/s	에너지 (E)	ML^2/T^2	FL	N·m, J	ft·lb
가속도 (a)	L/T^2	L/T^2	m/s^2	ft/s^2	일률 ($\dot{Q}$)	ML^2/T^3	FL/T	J/s	Btu/s
각속도 (ω)	1/T	1/T	1/s	1/s	동력 (P)	ML^2/T^3	FL/T	J/s, W	ft·lb/s
힘 (F)	ML/T^2	F	$kg_o \cdot m/s^2$, N	slug·ft/s^2, lb	토크 (T)	ML^2/T^2	FL	N·m	ft·lb
밀도 (ρ)	M/L^3	FT^2/L^4	kg_o/m^3	$slug/ft^3$	점성 (μ)	M/LT	FT/L^2	N·s/m^2	lb·s/ft^2
단위중량 (γ)	M/L^2T^2	F/L^3	N/m^3	lb/ft^3	질량흐름($\dot{m}$)	M/T	FT/L	kg_o/s	slug/s
주파수 (f)	1/T	1/T	1/s	1/s	유량 (Q)	L^3/T	L^3/T	m^3/s	ft^3/s
압력 (P)	M/LT^2	F/L^2	N/m^2, Pa	lb/ft^2	비열 (c)	$L^2/T^2\theta$	$L^2/T^2\theta$	J/kg·K	Btu/slug·R
응력 (τ)	M/LT^2	F/L^2	N/m^2, Pa	lb/ft^2	전도도(K)	$ML/T^2\theta$	$F\theta$	W/m·K	lb/s·R

표 1.5.3 각 단위제에서의 힘의 표현

단위제 (Unit System)		질량(M)	길이(L)	시간(T)	힘(F)	단위
영국단위제	절대단위계	lb_o	ft	sec	poundal	$1poundal=1lb_o ft/sec^2$
	공학단위계	lb_o	ft	sec	lb	$1lb=32.2lb_o ft/sec^2$
미터단위제	절대단위계	g_o	cm	sec	dyne	$1dyne=1g_o cm/sec^2$
	공학단위계	kg_o	m	sec	kg	$1kg=9.8kg_o m/sec^2$
국제단위제	절대단위계	kg_o	m	sec	Newton	$1N=1kg_o m/sec^2$

예제 1.5.3

중력가속도를 미터제로 나타내면 $9.8m/s^2$이다. 이를 영국단위제로 나타내라.

풀이

1m는 3.2808ft이므로

$$g = 9.8m/s^2 = \frac{9.8m \times 3.2808ft}{1m \times s^2} = 32.1518ft/s^2$$

1.6 유체역학의 역사 및 중요성

1.6.1 유체역학의 역사

유체역학의 역사는 고대 이집트, 메소포타미아 및 인도에서 관개를 위한 물의 통제에 대한 필요성과 함께 시작했다고 볼 수 있다. 비록 이들 고대 문명국가에서는 하천에서의 물의 흐름에 대한 이해를 하고 있었지만, 관개에 이용하기 위한 물의 정량적인 관련성을 정립하지는 못하였다. 기원전 250년에 이르러서야 그리스의 수학자이자 발명가인 Archimedes(BC 287~212)에 의해 정수역학(hydrostatics) 및 부력(flotation)의 원리가 공식화되고, 부력을 떠있거나 잠겨있는 물체에 적용함으로서 해석의 일부로서 미분학의 한 형태를 유도하였다. 기원전 4세기부터 기원후 초기에 걸쳐 고대 로마인들에 의해 정교한 물 공급시스템이 건설되었고, 로마의 기술자인 Sextus Julius Frontinus(AD 40~103)에 의해 이러한 시스템이 자세히 기록되었다. 하지만 그 후 1,000년간 암흑의 시대라 일컬어지는 중세기 동안에는 유체의 거동에 대한 발전이 이루어지지 못하였다.

약 15세기경 르네상스시대의 시작과 함께 학문으로서의 유체역학의 기본적인 형태가 형성되기 시작하였다. Leonardo da Vinci(1452~1519)는 1차원 정상흐름에서의 질량보존 방정식을 유도하였으며, 파도, 도수, 와류형성 등과 같은 다양한 흐름 현상에 대해 스케치 및 글로 나타내었다. Galileo Galilei(1564~1642)의 연구는 실험역학의 시초가 되었으며, Edme Mariotte(1620~1684)는 최초로 풍동을 만들어 모형실험을 하였다.

르네상스시대 초기에 이어 17~18세기 동안 유체역학에 대한 다양하고 중요한 발전들이 이루어졌다. Newton, Bernoulli, Euler 그리고 d'Alembert 등과 같이 잘 알려진 과학자들에 의해 이론적 및 수학적인 발전이 이루어졌다. 또한 이 기간 동안 유체역학의 실험적인 면에 있어서도 발전이 있었지만 불행하게도 이론과 실험의 발달이 서로 다른 경로로 분리되어 있었다. 고전유체역학 (classical hydrodynamics)은 점성으로 인한 마찰이 없는 이상적인 유체의 이론 및 수학적인 해석에 치중을 하였고, 수리학은 실제유체 특히 물의 거동에 대한 응용 및 실험적인 면에 치중을 하였다. 19세기 동안 이론적인 유체역학과 실험적인 수리학이 현대 유체역학에서 사용되는 유체의 운동을 해석하는 미분방정식의 개발과 함께 더욱 발전하였다. 실험적인

그림 1.6.1 Leonardo da Vinci의 물 흐름에 대한 묘사

수리학이 더욱 과학적으로 발전하였고, 19세기 동안 수행된 실험 결과가 오늘날에도 사용되고 있다. William Froude(1810~ 1879)는 모형시험의 법칙을 발전시켰고, Lord Rayleigh(1842~1919)는 차원해석의 기술을 제시하였으며, Osborne Reynolds(1842~1912)는 무차원 Reynolds수의 중요성을 보인 파이프 실험을 1883년에 발표하였다. 한편 Navier(1785~1836)와 Stokes(1819~1903)에 의해 유체의 운동방정식에 Newton유체의 점성항이 추가되어 점성흐름 이론이 이용되게 되었다.

20세기 초에 이르러 이론적인 유체역학과 실험적인 수리학이 더욱 발전하였으며 이들을 통합하려는 시도가 이루어졌다. 유체경계층의 개념을 소개한 Ludwig Prandtl(1857~1953)이 1904년에 유체역학의 이론적 및 실험적인 면의 통일에 대한 논문을 발표하였다. Prandtl의 개념은 고체경계면에 인접해서 흐르는 흐름은 마찰이 매우 중요한 얇은 유체층(경계층)을 형성하지만, 이층 바깥에서의 흐름은 마찰이 없는 것과 같은 거동을 보이고 있다는 것이다. 이러한 비교적 간단한 개념은 유체역학과 수리학간의 대립을 해소하기 위한 원동력이 되었다. 따라서 Prandtl이 현대유체역학의 창시자로 인정되고 있다.

현대유체역학에서는 이론과 실험이 연계되어 꾸준히 발전되어 왔으며, 수리학은 유체역학 중에서 주로 물만을 다루는 분야로 학문체계를 정립하여 왔다. 표 1.6.1은 유체역학 및 수리학의 발전에 중요한 기여를 한 과학자 및 기술자들과 그들의 기여에 대한 내용을 보여주고 있다.

가스역학(gas dynamics)은 상대적으로 새로운 분야로 19세기 말에 초기의 연구가 나타나기 시작하였다. Riemann이 1876년 압축(충격)파에 대한 논문을 발표하였고, 20년 후에는 Mach가 초음속 추진체에서 압축파를 관찰하였다. 20세기에 접어들면서 가스역학의 연구를 체계적으로 정립한 것도 Prandtl이였다. 1차 세계대전 이후 가스역학에 대한 관심이 증가하였으며, 1차 세계대전이 발발하기 전에 초음파 풍동실이 개발되었고, 이어서 초음속 비행기가 개발되었다. 우주비행의 출현은 가스역학의 새로운 분야를 열게 되었는데, 공기의 밀도가 매우 낮아 개개입자들의 이동 및 충격을 고려할 필요가 있게 된 것이다. 이는 유체역학에서 주로 다루는 문제를 해결하기 위해 유체를 연속체로 가정하는 것과는 반대의 개념이다.

1.6.2 유체역학의 중요성

유체역학의 중요성은 이와 관련된 일들이 우리의 일상생활에서 중요한 역할을 하고 있는 것만 보더라도 알 수가 있다. 부엌의 수도꼭지를 틀게 되면 파이프, 밸브 그리고 펌프 등과 같은 복잡한 수리학적 망(network)에서의 흐름이 시작되게 된다. 전구 스위치를 켜게 되면 터빈을 통한 물의 흐름에 의해 작동되는 수력발전소나 터빈 날개를 지나는 증기의 흐름으로부터 얻어지는 화력발전소로부터 에너지를 받아 사용하게 된다. 자동차를 운전하게 되면 공기타이어는 자동차를 지탱하고, 충

표 1.6.1 유체역학 및 수리학 발전에 기여한 과학자들

Archimedes (287~212 BC) 부력에 대한 기본 원리를 정립	Sextus Julius Frontinus (AD 40~103) 물 배분의 로마 방법에 대한 논문
Leonardo da Vinci (1452~1519) 연속방정식의 기초개념, 다양한 물의 흐름에 대한 묘사 및 기록, 수력기계의 설계	Galileo Galilei (1564~1642) 실험적 수리학에 대한 간접적 자극, 진공에 대한 Aristoteles의 개념 수정
Evangelista Torricelli (1608~1647) 대기의 무게와 압력계 높이의 관계수립, 자유 분출되는 물의 궤적 및 유속관계수립	Blaise Pascal (1623~1662) 기압계, 수압기계 및 압력의 전달 원리를 최종적으로 수립
Isaac Newton (1642~1727) 저항, 관성, 점성 및 파에 대한 유체의 다양한 특성에 대한 연구, 분출의 단면축소발견	Henri de Pitot (1695~1771) 관내의 유속 및 유량을 측정하기 위한 Pitot관의 개발
Daniel Bernoulli (1700~1782) 유체 이동의 다양한 면에 대한 실험, 액주계 기술의 개발, 에너지 방정식의 정립, 분사추진력의 제안	Leonhard Euler (1707~1783) 유체 흐름에서의 압력의 역할에 대해 처음으로 설명, 기본 운동방정식의 정립, 공동현상개념 및 원심력기계의 원리 소개
Jean le Rond d'Alembert (1717~1783) 유속 및 가속도 성분, 연속방정식의 미분 표현, 정상 부등류 운동에서 저항 0의 역설 등의 개념의 시초	Antoine Chezy (1718~1798) 하도의 흐름 특성을 예측하기 위한 상사성 변수의 공식화, 관내의 평균유속공식
Giovanni Battista Venturi (1746~1822) 다양한 관로형태 특히 원추형 단면 축소 및 확대에 대한 실험, 벤츄리메터 원리	Louis Marie Henri Navier (1785~1836) 분자력을 포함한 운동 방정식의 확장
Augustin Louis de Cauchy (1789~1857) 이론적인 유체역학 분야의 기여 및 파의 운동에 대한 연구	Gotthilf Heinrich Ludwig Hagen (1797~1884) 층류 및 난류에서의 저항 및 변환에 대한 연구
Jean Louis Poiseuille (1799~1869) 모세관 흐름의 저항에 대한 자세한 실험	Henry Philibert Gaspard Darcy (1803~1858) 침투 및 관의 저항에 대한 광범위한 실험, Bazin에 의해 수행된 개수로 연구의 시초
Julius Weisbach (1806~1871) 공학역학 논문에 실험에 기초한 수리학을 접목, 흐름형태, 무차원 변수, 위어 및 저항방정식에 현저한 기여	William Froude (1810~1879) 다양한 견인수조 기술의 개발, 특히 모형실험으로부터의 파 및 경계층 저항의 원형으로의 변환
Robert Manning (1816~1897) 개수로 저항에 대한 다양한 공식 제시	George Gabriel Stokes (1819~1903) 파의 역학 및 점성저항에 이르기까지 다양한 흐름관계를 정립, 특히 입자의 침강속도
Osborne Reynolds (1842~1912) 공동현상, 하천모형 상사이론, 관의 저항에 대한 다양한 분야의 실험, 점성흐름에 대한 두 변수의 제시, 점성유체의 운동방정식에 난류의 평균조건 접목	Edgar Buckingham (1867~1940) 미국에 차원해석의 사용에 대한 관심에 자극을 줌
Moritz Weber (1871~1951) 유체흐름 연구에 상사이론의 사용 강조, 모세관현상 상사변수의 공식화	Ludwig Prandtl (1875~1953) 경계층 개념의 도입, 현대 유체역학의 창시자
Lewis Ferry Moody (1880~1953) 수리 기계분야에 많은 혁신을 제공, 관의 저항을 나타내기 위한 Moody도표	Theodor Von Karman (1881~1963) 20세기 유체역학의 선도자, 표면저항, 난류, 항적현상 등의 이해에 기여
Paul, Richard Heinrich Blasius (1883~1970) 경계층 방정식의 해석적 해결을 제시, 관의 저항이 Reynolds수와 관계있음을 보임	Shield (1908~1974) 유사입자의 거동에 대한 실험, Shield 곡선

격흡수장치는 도로의 충격을 완화시키고, 휘발유는 튜브를 통해 펌핑되어 나중에 분사하게 되며, 공기저항은 자동차에 항력을 발생시키고, 수압제동장치를 이용하여 자동차를 멈추게 된다. 종이제조공장에서 또한 매우 복잡한 유체흐름과정이 적용되고 있으며, 우리의 생명도 동맥 및 정맥을 통

한 피의 흐름과 같은 매우 중요한 유체역학 과정에 의존하게 된다.

오늘날 사회가 직면하고 있는 가장 중요한 환경문제의 일부에도 유체역학이 관여되고 있다. 예를 들어 해안가의 도시들은 일반적으로 처리를 하지만 해안 멀리 떨어진 바다 또는 해저로 하수를 방출하게 되며, 따라서 하수는 주위의 해수와 충분히 희석되어 해가 되지 않는 희석수로 남게 되다. 하수와 주위의 해수가 혼합되는 이러한 과정은 매우 복잡한 난류현상이 관여하게 된다. 혼합되는 정도는 하수의 방출속도 뿐만 아니라 밀도 등과 같은 하수와 주위 해수 특성의 함수가 된다. 또한 이러한 과정에는 해안류의 유속 및 양상에 영향을 받게 된다. 이와 같은 문제의 유체역학외에 혼합체의 오염물질은 혼합과정 중에 화학적 및 생물학적으로 변할 수가 있다. 따라서 만족할 만한 하수처리 시스템을 설계하기 위해서는 기본적인 흐름 모형에 문제의 다른 면을 연계하는 정교한 모형이 필요하다.

이와 같은 모형은 기술자, 수학자, 화학자 그리고 생물학자 등과 같은 다양한 분야를 포함하는 그룹에 의해 개발되고 이용되어지고 있으며, 이러한 형태의 정교한 컴퓨터 모형을 개발하고 사용하는데 도움을 줄 수 있는 능력과 수학적 기능을 가진 기술자의 필요가 증가하고 있다. 유체역학이 결부된 이와 비슷한 문제로 대기오염, 지하수 오염문제 등이 있다. 따라서 본서에서 소개하고 있는 내용을 익힘으로서 유체역학과 결부된 문제를 해결할 수 있는 기본적인 능력을 얻을 수가 있다.

연습문제

1.1 밀도의 차원을 [MLT]계 및 [FLT]계로 나타내시오.

1.2 압력강도의 차원을 [MLT]계 및 [FLT]계로 나타내라.

1.3 다음과 같은 물리량들을 [MLT]계 및 [FLT]계 차원으로 나타내라.

1) 체적 2) 체적유량 3) 질량유량
4) 동점성계수 5) 표면장력
6) 전단응력 7) 체적탄성계수 8) 모멘트

1.4 수조 측벽의 오리피스를 통해 흐르는 유량이 다음과 같이 표현될 때 차원의 동차성을 보여라.

$$Q = 0.61A\sqrt{2gh}$$

여기서 A는 오리피스의 단면적, g는 중력가속도 그리고 h는 오리피스 중심부터 수면까지의 높이이다.

1.5 4℃에서 물의 단위중량은 $1{,}000\text{kg/m}^3$이다. 이를 영국단위제로 나타내라.

1.6 4℃에서 물의 단위중량은 62lb/ft^3이다. 이를 공학단위제로 나타내라.

1.7 20℃에서 물의 점성계수가 $1.021\times10^{-4}\ \text{kg}\cdot\text{s/m}^2$이다. 이를 영국단위제로 나타내라.

1.8 질량 10kg_0을 갖는 물체의 무게를 국제단위제와 미터제의 공학단위계로 나타내라.

1.9 다음과 같은 물리량들을 [MLT]계 차원으로 나타내고 SI단위로 표현하라.

1) 힘 2) 압력 3) 탄성율
4) 각속도 5) 에너지 6) 운동량
7) 전단응력 8) 비열

1.10 다음과 같은 물리량들을 [FLT]계 차원으로 나타내고 SI단위로 표현하라.

1) 힘 2) 압력 3) 탄성율
4) 각속도 5) 에너지 6) 모멘트
7) 운동량 8) 전단응력

1.11 수직상향으로 400N의 힘과 수직 상방향의 45° 각도로 600N의 힘이 질량 100kg_0인 물체에 작용한다. 이 물체가 갖는 가속도의 수직성분은? 중력가속도는 9.81m/s^2이다.

1.12 질량이 36kg_0인 물탱크가 엘리베이터 바닥에 놓여 있을 때 엘리베이터에 위로 7ft/s^2의 가속도가 작용한다면 물탱크에 의해 엘리베이터 바닥이 받는 힘은 몇 N인가?

1.13 [FLT]계 차원과 [MLT]계 차원을 이용하여 다음의 차원을 구하라.

1) 힘×체적 2) 압력×질량/면적
3) 힘의 모멘트/면적

1.14 F는 힘이고 x를 길이라 할 때 다음의 차원을 [FLT]계 차원으로 구하라.

1) dP/dx 2) d^3P/dx^3 3) $\int Pdx$

1.15 V는 속도, L은 길이, ν는 $[L^2T^{-1}]$의 차원을 가지는 유체의 성질이라면, 다음 중 어느 것이 무차원 양인가?

1) $VL\nu$ 2) VL/ν 3) $V^2\nu$ 4) $V/L\nu$

1.16 댐의 여수로를 통한 유량 Q를 구하기 위한 식이 다음과 같을 때 이 식이 어떤 단위계에서도 적용할 수 있는가? 그 이유는?

$$Q = C\sqrt{2g}\,L\left(H + \frac{V^2}{2g}\right)^{3/2}$$

여기서 C는 상수, g는 중력가속도, L은 여수로 폭, H는 여수로의 수두, V는 댐 상류의 유속이다.

1.17 다음을 국제단위제(SI)로 나타내라.

1) 10.2in/mm 2) 4.81slug 3) 3.01lb
4) 73.1ft/s^2 5) $0.0234\text{lb}\cdot\text{s/ft}^2$

1.18 다음을 국제단위제(SI)로 나타내라.

1) 160acre 2) 15gallon(US)
3) 240mile 4) 79.1HP 5) 60.3°F

1.19 물이 배수관을 통해 1,200gal/min으로 유출되고 있다. 이 유량을 다음과 같은 단위로 나타내라.

1) m^3/s 2) liter/min 3) ft^3/s

1.20 지구표면에서의 어떤 물체의 무게가 300N일 때 중력가속도가 4.0ft/s^2인 어떤 행성에서의 이 물체의 질량(kg_o)과 무게(N)는 얼마인가?

1.21 지구표면에서 어떤 물체의 무게가 1,000lb일 때 이물체의 질량은 몇 kg_o이며, 이 물체를 중력가속도가 1.62m/s^2인 달에서 무게를 잰다면 몇 N인가?

1.22 개수로의 유속을 나타내는 식으로 다음과 같은 Manning공식(영국단위제)이 있다. 1) 이 식은 차원으로 일관성이 있는가? 2) n을 무차원으로 할 때 국제단위제(SI)로 이 식을 나타내라.

$$V = \frac{1.49}{n}R^{2/3}S^{1/2}$$

여기서 V는 유속, n은 조도계수, R은 동수반경, S는 하상경사이다.

1.23 속도 V, 밀도 ρ, 점성계수 μ인 유체의 흐름 내에서 직경 D인 구에 작용하는 항력 F에 대한 Stokes-Oseen의 공식은 다음과 같다. 이 식이 차원적으로 동차성이 있는가?

$$F = 3\pi\mu DV + \frac{9\pi}{16}\rho V^2D^2$$

Chapter 2

유체의 기본성질

모든 유체는 물리적인 상태를 나타낼 수 있는 어떤 특징들을 가지고 있다. 이러한 특징들을 유체의 특성(properties)이라 한다. 이러한 특성들은 1장에서 소개한 바와 같이 질량 또는 힘, 길이, 시간 그리고 온도와 같은 제한된 수의 기본차원의 항으로 나타낼 수가 있다. 유체역학의 해석을 위해서는 유체의 흐름과 밀접한 관계가 있는 유체의 특성에 관해 정의하고 이해하는 것이 필수적이라 할 수가 있다. 따라서 본장에서는 유체의 흐름 공간에서의 속도장 및 응력장에 대해 소개하고, 유체 흐름의 정의 및 유체의 특성을 나타내는 밀도, 단위중량, 점성, 압축성, 증기압 그리고 표면장력에 대해 소개하기로 한다.

2.1 연속체로서의 유체

1장에서 소개한 유체의 정의에서는 물질의 분자구조에 대한 언급은 하지 않았다. 모든 유체들은 일정한 운동을 하고 있는 분자로 구성되어 있다. 하지만 대부분의 공학적 적용에서는 여러 분자들의 평균 또는 거시적인 영향에 관심이 있으며, 우리가 일상적으로 감지하고 측정하는 것이 이와 같은 거시적인 관점에서이다. 따라서 유체를 무한히 나눌 수 있는 물질 즉, 연속체(continnum)로 다루게 되며, 각각의 분자에 대한 거동에는 관심을 두지 않는다.

연속체의 개념은 고전유체역학의 기본이 되며, 연속체의 가정은 정상상태에서의 유체의 거동을 다룰 때 효과적이다. 하지만 분자의 평균 이동경로(표준대기압 및 온도 : 101.3kPa, 15℃에서 가스 분자는 약 10^{-7}m)가 유체 문제의 가장 작은 주요 특성크기와 같은 규모가 될 때 유체를 연속체로 적용할 수가 없게 된다. 즉, 대기 상부층에서의 비행과 같은 희박한 가스흐름과 같은 문제에서는 연속체의 개념을 사용하는 대신 미시적 및 통계학적인 관점으로 다루게 된다. 이와 같은 연속체의 가정에 의해 각 유체 특성들은 공간의 모든 지점에서 한정된 값을 가지고 있다고 가정하게 된다. 따라서 밀도, 온도, 속도 등과 같은 유체의 특성들은 공간 및 시간에서 연속적인 함수로 고려하게 된다.

한 지점에서의 유체 특성의 개념을 알아보기 위해 그림 2.1.1과 같이 유체영역의 한 지점에서의 밀도를 결정하는 예를 들어 보자. 좌표가 x_0, y_0, z_0인 C점에서의 밀도를 결정한다고 하자. 유체의 밀도는 후술할

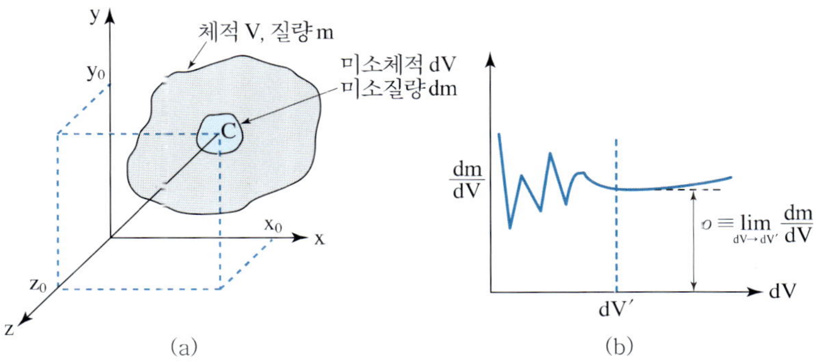

그림 2.1.1 한 점에서의 밀도의 정의

정의에 의하면 단위체적당 질량이므로, 체적 V내의 밀도는 $\rho = m/V$가 된다. 사실 이 밀도는 C점에서의 밀도와는 다르다. C점에서의 밀도를 결정하기 위해 C점 주위의 미소체적 dV를 선택하고 이에 해당하는 미소질량 dm을 이용하여 dm/dV를 결정해야 한다. 그렇다면 미소체적 dV를 얼마나 작게 설정해야 하는가에 대한 의문이 생기게 되는데, 미소체적의 크기를 지속적으로 작게 변화시키며 dm/dV를 도시함으로서 이에 대한 해답을 얻을 수가 있다. 초기에 미소체적 dV를 전체 체적 V보다는 작지만 충분히 크다고 간주하고 미소체적의 변화에 대한 dm/dV를 도시하면 그림 2.1.1b와 같이 나타나게 된다. 다시 말하면 미소체적 dV는 의미를 가지며, 그 지점에서 같은 밀도를 다시 얻을 수 있을 정도로 충분히 커야하는 한편, 밀도의 공간적인 변화를 무시할 수 있을 정도로 작아야 한다. 평균 밀도는 체적이 C점에 인접한 균일한 유체만을 포함하는 정도로 작아짐에 따라 점근값으로 접근하게 된다. 미소체적 dV가 너무 작으면 단지 몇 개의 분자만을 포함하게 되고, 체적 내외로 분자가 불규칙하게 이동하기 때문에 고정된 dm/dV를 결정하기가 곤란하게 된다. 그러므로 미소체적 dV의 하한계치는 C점에서의 유체의 밀도를 정의할 수 있는 그림 2.1.1b와 같이 dV'가 된다. 따라서 한 점에서의 밀도는 다음과 같이 정의할 수가 있다.

$$\rho \equiv \lim_{dV \to dV'} \frac{dm}{dV} \tag{2.1.1}$$

앞의 예에서 C점을 임의로 선택하였으므로 유체의 임의의 지점에서의 밀도는 같은 방법으로 결정할 수가 있다. 만일 유체내의 무한한 지점에서 동시에 밀도를 결정한다면, 주어진 시간에 대한 좌표축의 함수로 밀도분포를 $\rho = \rho(x,\ y,\ z)$와 같이 얻을 수가 있게 된다. 분명히 한 지점에서의 밀도는 유체에 가해진 일이나 유체 자체의 일 또는 유체로의 열의 이동 등에 의해 시간이 지남에 따라 변하게 된다. 따라서 밀도의 완전한 표현은 다음과 같이 나타낼 수가 있다.

$$\rho \equiv \rho(x,\ y,\ z,\ t) \tag{2.1.2}$$

밀도는 스칼라(scalar)량이므로 온전한 표현을 위해서는 규모만 나타내면 되므로 식 (2.1.2)로 표현된 장(field)은 스칼라장이 된다.

2.2 속도장 및 응력장

2.2.1 속도장

앞에서 소개한 바와 같이 연속체의 가정이 밀도장(density field)의 개념을 직접적으로 이끌어

냄을 알 수가 있다. 유체의 다른 특성치들 또한 장(field)의 개념으로 설명할 수가 있다.

움직이고 있는 유체를 다룰 때 속도장(velocity field)의 표현이 필요하게 된다. 그림 2.1.1a를 다시 이용하여 C점 주위로 순간적으로 위치하는 미소체적 dV'의 무게중심에서의 순간적인 속도로 C점에서의 유체 속도를 정의해 보기로 하자. 유체입자(fluid particle)를 고정된 미소체적 dV'와 동일한 유체의 작은 질량이라 정의하면, C점에서의 유속은 특정시간에 C점을 통과하는 유체입자의 순간적인 유속이라 정의할 수가 있다. 흐름장의 임의의 지점에서의 유속도 이와 유사하게 정의할 수가 있다. 특정시간에 속도장 $\vec{V}$는 공간좌표 x, y 및 z의 함수가 된다. 흐름장내의 임의의 점에서의 유속은 매 순간마다 변할 수가 있다. 따라서 유속 또는 유속장의 완전한 표현은 다음과 같이 나타낼 수가 있다.

$$\vec{V} = \vec{V}(x, y, z, t) \tag{2.2.1}$$

속도벡터 $\vec{V}$는 세 개의 스칼라 요소로 나타낼 수가 있다. x, y 및 z방향의 속도요소를 u, v 및 w라 한다면 속도벡터는 다음과 같이 나타낼 수가 있다.

$$\vec{V} = u\hat{i} + v\hat{j} + w\hat{k} \tag{2.2.2}$$

여기서 $\hat{i}, \hat{j}$ 및 $\hat{k}$는 x, y 및 z방향의 단위벡터이다.

만일 흐름장내 모든 점에서의 특성들이 시간에 따라 변하지 않는다면 흐름은 정상(steady)이라고 한다. 즉, 정상류(steady flow)의 정의를 수학적으로 나타내면

$$\frac{\partial \eta}{\partial t} = 0 \tag{2.2.3}$$

여기서 η는 임의의 유체특성을 의미한다. 정상류인 경우

$$\frac{\partial \rho}{\partial t} = 0 \quad \text{또는} \quad \rho = \rho(x, y, z) \tag{2.2.4}$$

$$\frac{\partial \vec{V}}{\partial t} = 0 \quad \text{또는} \quad \vec{V} = \vec{V}(x, y, z) \tag{2.2.5}$$

따라서 정상류에서는 흐름장내의 여러 지점마다 임의의 특성치가 변할 수가 있지만, 모든 특성치들이 모든 지점에서 시간에 따라 변하지 않고 일정하게 된다.

2.2.2 응력장

연속체인 유체역학의 해석에서 표면력(surface force)과 물체력(body force)을 고려하게 된다.

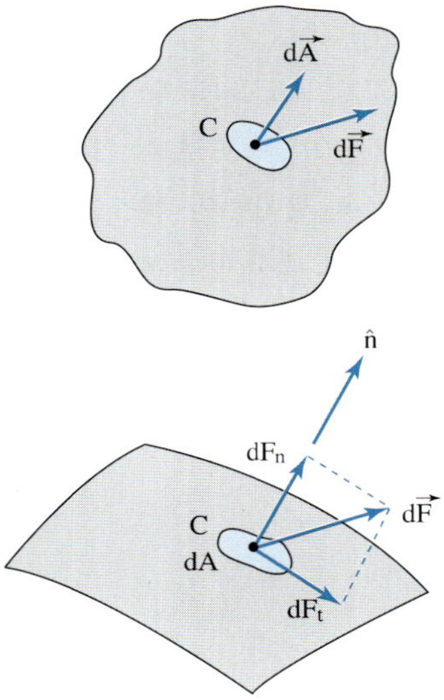

그림 2.2.1 연속체의 응력 개념

표면력은 직접 접촉하고 있는 매체의 경계에 작용하게 되며, 물리적인 접촉이 없이 형성되고 유체체적에 분포되는 힘을 물체력이라 한다. 중력과 전자기력은 물체력이라 할 수가 있다.

미소체적 dV의 요소에 작용하는 중력 물체력은 $\rho\vec{g}dV$로 나타낼 수 있는데, 여기서 ρ는 밀도, $\vec{g}$는 국지 중력가속도이다. 따라서 단위 체적 당 중력 물체력은 $\rho\vec{g}$가 되고, 단위 질량 당 중력 물체력은 $\vec{g}$가 된다.

어떤 매체에서의 응력(stress)은 매체의 일부분에 작용하는 힘 때문에 발생하게 된다. 응력의 개념은 매체의 경계에 작용하는 힘이 매체를 통해 전파되는 방법을 나타내는데 매우 편리하다. 힘과 면적 모두 벡터량이므로 응력장은 벡터장이 아닐 것이라고 예상할 수 있다. 일반적으로 장내의 응력상태를 나타내기 위해서는 다음에 설명하는 것과 같이 9개의 항목이 필요하게 된다.

흐름장내의 임의의 표면을 가정하고, 유체의 한쪽 면에서 다른 쪽 면으로 작용하는 접촉력(contact force)을 생각해보자. 점 C를 둘러싸고 있는 주위에 작용하고 있는 표면의 미소면적 $d\vec{A}$를 고려하자. 미소면적 $d\vec{A}$의 방향은 그림 2.2.1과 같이 단위벡터 $\hat{n}$으로 나타낸다. 단위벡터 $\hat{n}$은 힘이 작용하는 물체의 법선방향을 향하고 있다.

미소면적 $d\vec{A}$에 작용하는 미소 힘 $d\vec{F}$는 두 개의 요소 즉, 면적의 법선(normal)요소와 접선(tangent)요소로 분해할 수가 있다. 법선응력 σ_n 및 전단응력 τ_n은 다음과 같이 나타낼 수가 있다.

$$\sigma_n = \lim_{dA_n \to 0} \frac{dF_n}{dA_n}, \qquad \tau_n = \lim_{dA_n \to 0} \frac{dF_t}{dA_n} \tag{2.2.6}$$

응력에서의 아래첨자 n은 응력이 점 C를 포함하는 미소표면 $d\vec{A}$와 관련이 있고, 바깥 법선방향인 $\hat{n}$방향임을 의미한다. 점 C를 포함하는 다른 미소표면에서는 응력이 다르게 나타난다.

힘과 같은 벡터량을 다룰 때에는 직교좌표시스템(orthogonal coordinate system)을 적용하게 된다. 직각좌표계에서 바깥 법선방향의 평면에 작용하는 응력은 x, y, z 방향으로 고려한다. 그림 2.2.2와 같이 바깥 법선방향이 x방향인 미소면적 dA_x를 생각해 보자. 미소면적에 작용하는 미소 힘 $d\vec{F}$는 좌표방향을 따라 분해 할 수가 있다. 각 방향의 힘의 요소의 크기를 미소면적 dA_x로 나누고, 미소면적이 0으로 접근하는 극한을 취하면 세 방향의 응력요소를 그림 2.2.2b와 같이 정의할 수가 있다.

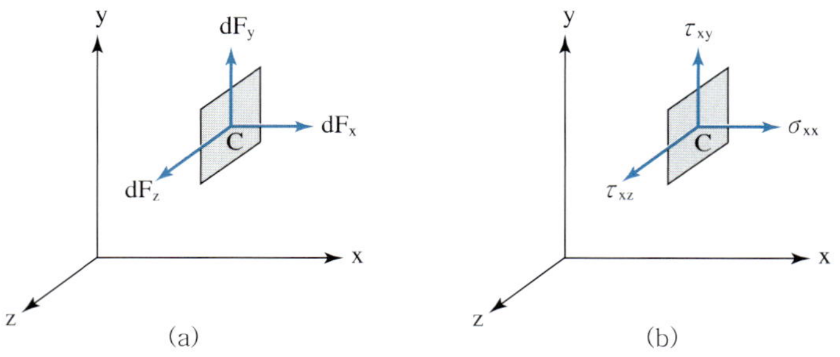

그림 2.2.2 미소면적 dA_x에서의 (a) 힘의 요소 및 (b) 응력요소

$$\sigma_{xx} = \lim_{dA_x \to 0} \frac{dF_x}{dA_x}, \qquad \tau_{xy} = \lim_{dA_x \to 0} \frac{dF_y}{dA_x}, \qquad \tau_{xz} = \lim_{dA_x \to 0} \frac{dF_z}{dA_x} \tag{2.2.7}$$

위 식에서 응력에 이중 첨자를 사용하고 있는데, 첫 번째 첨자 x는 응력이 작용하는 평면 즉, x축에 직각인 표면을 의미하고, 두 번째 첨자는 응력이 작용하는 방향을 의미한다. 같은 방법으로 미소면적 dA_y를 고려하면 세 방향의 응력 σ_{yy}, τ_{yx} 그리고 τ_{yz}을 정의할 수 있게 되고, 미소면적 dA_z를 고려하면 세 방향의 응력 σ_{zz}, τ_{zx} 그리고 τ_{zy}를 정의할 수가 있다.

점 C를 포함하는 무한한 평면이 있으므로 이 점과 관련하여 무한한 수의 응력이 나타날 수가 있다. 다행하게도 한 점에서의 응력의 상태는 그 점을 포함하는 세 개의 서로 직각인 평면에 작용하는 응력을 나타냄으로서 완전하게 묘사할 수가 있다. 따라서 한 점에서의 응력은 다음과 같이 9개의 요소로 표현할 수가 있다.

$$\begin{bmatrix} \sigma_{xx} & \tau_{xy} & \tau_{xz} \\ \tau_{yx} & \sigma_{yy} & \tau_{yz} \\ \tau_{zx} & \tau_{zy} & \sigma_{zz} \end{bmatrix} \tag{2.2.8}$$

여기서 σ는 법선응력을 나타내기 위해 사용하였으며, 접선 또는 전단응력은 τ로 나타내었으며 각각에 해당하는 응력이 그림 2.2.3과 같다.

그림 2.2.3과 같은 요소를 생각해보면 응력이 작용하는 평면이 각각 두 개씩의 x, y, z평면으로 모두 6개의 평면이 있음을 알 수가 있다. 관심 있는 평면을 나타내기 위해 앞면 및 뒷면, 윗면 및 아랫면 그리고 왼쪽 면 및 오른쪽 면으로 언급할 수가 있다. 하지만 좌표축의 항으로 평면을 나타내는 것이 좀 더 논리적이다. 또한 평면의 바깥 법선방향을 고려하여 양(positive)의 방향 또는 음(negative)의 방향으로 표현하기도 한다. 따라서 윗면을 양의 y방향, 뒷면을 음의 z방향으로 나타낼 수가 있다.

응력을 나타내기 위한 부호 규칙 또한 필요하다. 응력요소의 방향과 응력이 작용하는 평면의 방향이 모두 양이거나 음이면 응력요소는 양이 된다. 따라서 τ_{yx}=10kPa은 양의 y평면에 양의 x방향으로 작용하는 전단응력을 의미하거나, 음의 y평면에서 음의 x방향으로 작용하는 전단응력을 의미하게 된다. 그림 2.2.3에 나타나 있는 모든 응력들은 양의 응력을 나타내고 있다. 마찬가지로 응력요소와 응력이 작용하는 평면의 방향이 반대이던 응력요소는 음이 된다.

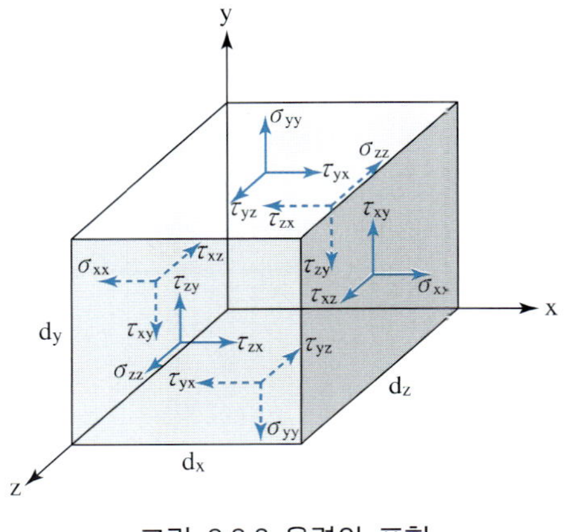

그림 2.2.3 응력의 표현

2.3 유체의 질량과 무게

2.3.1 물의 밀도

물의 밀도(density)란 단위체적 안에 포함된 물의 질량을 말하며 비질량(specific mass)이라고도 한다. 밀도의 크기는 단위 체적공간 내에 포함된 물 분자의 수에 의해 결정되게 된다. 밀도는 물론 분자의 규모와 수소결합정도에 의해 결정되는데, 수소결합은 온도와 압력에 따라 변하게 된다. 물은 특이한 분자구조와 물이 고체 상태로 있을 때의 분자구조의 변화로 인해 얼게 되면 팽창하는 얼마 되지 않는 물질중의 하나이다. 견고한 용기 안에서 물이 얼 때 팽창함으로서 용기 내에 응력이 작용하게 된다. 이러한 응력으로 인해 암석이 침식되고 관거나 구조물들이 피해를 입게 된다.

어떤 물체의 질량을 m, 부피를 V라 하면 밀도 ρ는 다음과 같다.

$$\rho = \frac{\mathrm{m}}{\mathrm{V}} \tag{2.3.1}$$

밀도의 단위는 국제단위제(SI)에서는 $\mathrm{kg_o/m^3}$, 영국단위제에서는 $\mathrm{slugs/ft^3}$으로 나타내는데, slugs는 1lb의 힘으로 $\mathrm{1ft/sec^2}$의 가속도가 생기도록 하는 물체의 질량으로 $\mathrm{1slugs = 1lb \cdot s^2/ft}$이다. 물은 약 3.98℃에서 밀도가 최대가 된다. 표 2.3.1은 온도변화에 따른 물의 밀도를 나타내고 있다.

표 2.3.1에서 보는 바와 같이 0℃에서의 물과 얼음의 밀도가 같지 않다. 이러한 이유로 얼음이 물 위에 떠 있게 된다. 일반적으로 모든 물질은 온도가 떨어지면 부피가 줄어들고 밀도가 커지는 성질이 있다. 그러나 물은 이 성질을 따르지 않고 특이하게 행동한다. 보통 기압 아래에서 물의 밀도는 100℃에서 $\mathrm{1m^3}$당 $\mathrm{958kg_o}$이며, 온도가 내려가면 밀도는 커져서 온도가 4℃가 될 때 밀도는 $\mathrm{1m^3(1ft^3)}$당 $\mathrm{1{,}000kg_o}$(1.94slugs)으로 커진다. 즉 높은 온도에서 4℃까지는 물도 일반 물질과 같이 온도가 떨어지면 부피가 줄어들고 밀도가 커진다는 성질을 보여주고 있다. 그러나 4℃ 이하에서는 그렇지 않다. 온도가 4℃보다 낮아지면 물의 밀도는 커지기는 커녕 오히려 작아지고, 부피는 줄

표 2.3.1 온도별 물의 밀도변화

온도(℃)	밀도($\mathrm{kg_o/m^3}$)	온도(℃)	밀도($\mathrm{kg_o/m^3}$)	온도(℃)	밀도 ($\mathrm{kg_o/m^3}$)
−13	996.93	6	999.97	60	983.24
−10	997.94	8	999.88	70	977.81
−5	999.18	10	999.73	80	971.83
0_{ice}	917.00	20	998.23	90	965.34
0_{water}	999.87	30	995.68	100	958.58
2	999.93	40	992.25		
4	1000.00	50	988.07		

표 2.3.2 주요 물질의 밀도

액체		고체		기체	
종류	밀도($10^3 kg_o/m^3$)	종류	밀도($10^3 kg_o/m^3$)	종류	밀도($10^3 kg_o/m^3$)
물(4℃)	1.000	얼음(0℃)	0.92	공기	0.001293
물(20℃)	0.998	마그네슘	1.7	이산화탄소	0.001977
가솔린	0.70	알루미늄	2.7	일산화탄소	0.00125
수은	13.6	구리	8.3~9.0	수소	0.00009
우유	1.03	금	19.3	헬륨	0.000178
		철	7.3	질소	0.001251
		납	11.3		

지 않고 증가한다. 그리고 물이 액체에서 고체 (얼음)로 바뀌는 0℃에서는 밀도가 약 8%정도 급격히 줄어드는 변화가 일어난다. 따라서 얼음은 물보다 그 만큼 가벼워져서 물위에 뜨게 되는 것이다. 표 2.3.2는 주요 물질들에 대한 밀도를 나타내고 있다.

물의 밀도는 압력에 따라 변하지만 모든 수리학적인 관점에서는 이러한 변화를 무시한다. 즉, 물은 강철에 비해 약 100배 이상 압축성을 가지고 있지만 일반적으로 비압축성으로 간주한다. 하지만 물속에서의 급격한 파동 즉, 수격작용(water hammer)이나 깊은 피압대수층(confined aquifer)으로부터의 지하수의 양수(pumping)와 같은 상황에서는 물의 압축성을 고려할 필요가 있다.

2.3.2 물의 단위중량

물의 단위중량(specific weight)은 물의 단위부피당 무게로 다음과 같이 나타낸다.

$$\gamma = \frac{W}{V} = \frac{mg}{V} = \rho g \tag{2.3.2}$$

단위중량의 단위는 국제단위제(SI)에서는 N/m^3, 미터제에서는 kg/m^3 영국단위제에서는 lb/ft^3을 사용한다. 중력가속도가 일정하므로 단위중량은 밀도와 마찬가지로 약 4℃일 때 가장 크며 $9.8kN/m^3$($1,000kg/m^3$, $62.4lb/ft^3$)을 나타낸다. 해수인 경우 염분을 포함하고 있기 때문에 깨끗한 물인 경우에 비해 밀도가 약 3%가 크다. 따라서 해수의 단위중량도 깨끗한 물보다는 다소 커 $10.045kN/m^3$($1,025kg/m^3$, $64.0lb/ft^3$)을 나타낸다.

2.3.3 비중

물체의 비중(specific gravity)은 어떤 물체의 단위중량과 순수한 물 4℃일 때 단위중량의 비 즉, 물을 기준으로 하여 다른 물체와 비교한 것으로 순수한 물 4℃일 때 물의 비중은 1.0이다.

$$SG = \frac{W}{W_w} = \frac{\gamma}{\gamma_w} = \frac{\rho}{\rho_w} \tag{2.3.3}$$

비중을 측정하려면 부피가 정확히 알려진 눈금의 용기를 선택하여 빈 용기 자체의 무게를 측정한 후 기록하고 다음에 비중을 조사할 액체를 채운 후 무게를 측정 기록하며, 최종적으로 그 용기를 깨끗이 닦아 말린 다음에 증류수를 채워서 무게를 측정하면 두 가지 액체의 순수한 무게를 얻을 수 있다. 이렇게 얻은 액체의 무게를 증류수의 무게로 나누면 비중을 얻을 수 있다.

예제 2.3.1

온도 4℃, 1기압하에서 물의 밀도가 $1g_o/cm^3$이다. 같은 조건에서의 물의 밀도를 공학단위계로 나타내라.

풀이

온도 4℃, 1기압하에서 물의 단위중량이 $1g/cm^3=1,000kg/m^3$이므로

$$\rho = \frac{\gamma}{g} = \frac{1,000kg/m^3}{9.81m/s^2} = 101.94kg \cdot s^2/m^4$$

예제 2.3.2

어떤 액체의 부피가 $0.971m^3$이고 질량이 $825kg_o$일 때 이 액체의 무게, 밀도, 단위중량 그리고 비중을 구하라.

풀이

무게 W=mg이므로

$$W = 825kg_o \times 9.81m/s^2 = 8,093kg_o \cdot m/s^2 = 8,093N = 825kg$$

단위중량 γ=W/V이므로

$$\gamma = 825kg \div 0.917m^3 = 900kg/m^3$$

밀도 $\rho = \gamma/g$이므로

$$\rho = 900kg/m^3 \div 9.81m/s^2 = 91.7kg \cdot s^2/m^4$$

비중 $SG = \gamma/\gamma_w$이므로

$$SG = 900kg/m^3 \div 1,000kg/m^3 = 0.9$$

2.3.4 이상기체방정식

이상기체(ideal gas)의 기본적인 상태방정식(equation of state)은 다음과 같이 나타낼 수 있다.

$$pV = nR_uT \tag{2.3.4}$$

여기서 p는 절대압력, V는 체적, n은 분자량, R_u는 모든 가스에 대해 동일한 일반가스상수(universal gas constant) 그리고 T는 절대온도이다. 식 (2.3.4)는 다음과 같이 표현할 수도 있다.

$$p = \frac{nM}{V}\frac{R_u}{M}T \tag{2.3.5}$$

여기서 M은 가스 분자무게이다. 분자량에 분자의 무게를 곱하면 가스의 질량이 되므로 nM/V는 단위부피당 질량 또는 밀도가 된다. R_u/M을 가스상수 R이라 하며, 따라서 상태방정식은 다음과 같다.

$$p = \rho RT \tag{2.3.6}$$

실제로 이상적인 가스는 존재하지 않지만 일반적인 가스흐름 문제에서 접하게 되는 액체상태로부터 멀리 떨어진 가스는 이상기체와 같이 거동한다. 가스의 밀도는 다음과 같이 구할 수가 있다.

$$\rho = \frac{p}{RT} \tag{2.3.7}$$

예제 2.3.3

평균 해수면($p=101kN/m^2$)위의 공기의 온도가 4℃이면 밀도는 얼마인가? 공기의 가스상수는 287J/kg·°K이다.

풀이

식 (2.3.7)을 적용하면

$$\rho = \frac{p}{RT} = \frac{101 \times 10^3 N/m^3}{287 J/kg \cdot {}^\circ K \times (273+4){}^\circ K} = 1.27 kg_o/m^3$$

2.4 점성

유체는 전단력 또는 전단응력(shear stress)이 작용할 때 끊임없이 형태가 변하는 물질로 정의한 바가 있으며, 전단력이 없으면 변형도 발생하지 않는다. 유체는 적용된 전단력과 변형률(rate of deformation)간의 관계에 따라 넓은 범위로 구분할 수가 있다.

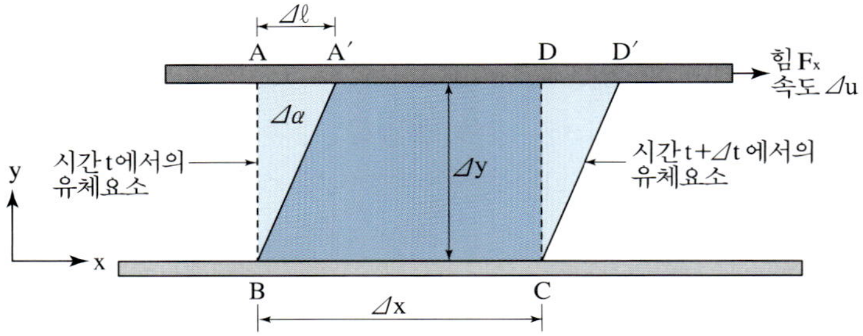

그림 2.4.1 유체요소의 변형

점성은 유체에 전단응력이 작용할 때 변형에 저항하는 정도를 나타내는 물의 성질을 말한다. 점성은 보통 농도(thickness) 또는 흐름의 저항으로 인식할 수 있다. 점성은 유체의 흐름에 대한 내부 저항을 나타내며 유체의 마찰을 나타내는 척도로 생각할 수 있다.

그림 2.4.1과 같이 두 개의 무한한 평판 사이에 놓인 유체요소를 생각해 보자. 위에 놓인 판은 일정하게 작용하는 힘에 의해 일정한 속도 Δu로 움직이게 된다. 유체요소에 작용되는 전단응력 τ_{yx}는 다음과 같이 나타낼 수가 있다.

$$\tau_{yx} = \lim_{\Delta A_y \to 0} \frac{\Delta F_x}{\Delta A_y} = \frac{dF_x}{dA_y} \tag{2.4.1}$$

여기서 ΔA_y는 판과 접하고 있는 유체요소의 면적이고, ΔF_x는 그 유체요소 위의 판에 작용하고 있는 힘을 의미한다. 시간구간 Δt동안 유체요소는 위치가 ABCD에서 A'BCD'로 변형된다. 따라서 유체의 변형률은 다음과 같이 나타낼 수 있다.

$$\text{변형율} = \lim_{\Delta t \to 0} \frac{\Delta \alpha}{\Delta t} = \frac{d\alpha}{dt} \tag{2.4.2}$$

전단응력 τ_{yx}를 계산하기 위해 $d\alpha/dt$를 쉽게 측정할 수 있는 특성치의 항으로 나타내는 것이 편리하다. 점 A와 A'간의 거리 Δl은

$$\Delta l = \Delta u \, \Delta t \tag{2.4.3}$$

또는 변형각이 작은 경우

$$\Delta l = \Delta y \, \Delta \alpha \tag{2.4.4}$$

식 (2.4.3)과 식(2.4.4)를 Δl에 대해 정리하면

$$\frac{\Delta \alpha}{\Delta t} = \frac{\Delta u}{\Delta y} \tag{2.4.5}$$

양변에 극한을 취하면

$$\frac{d\alpha}{dt} = \frac{du}{dy} \tag{2.4.6}$$

따라서 그림 2.4.1의 유체요소는 전단응력 τ_{yz}가 작용할 때 속도구배 du/dy의 변형율이 나타난다. 전단응력이 변형율과 비례관계로 나타나는 유체를 뉴톤유체(Newtonian fluid)라 하며, 전단응력과 변형율이 비례관계가 아닌 유체들은 비뉴톤유체(non-Newtonian fluid)라고 한다.

2.4.1 뉴톤유체

물, 공기 그리고 휘발유와 같은 대부분의 유체는 정상상태하에서 뉴톤유체에 속한다. 만일 그림 2.4.1에 놓여 있는 유체가 뉴톤유체라면

$$\tau_{yx} \propto \frac{du}{dy} \tag{2.4.7}$$

물 및 글리세린과 같이 서로 다른 뉴톤유체의 변형을 보면 동일한 전단응력이 작용할 때 서로 다른 율로 변형이 됨을 알 수가 있다. 글리세린은 물에 비해 변형에 대한 더 큰 저항력을 보이며, 점성이 더 크다고 할 수 있다. 식 (2.4.7)에서의 비례상수를 절대점성계수(absolute viscosity)나 역학적점성계수(dynamic viscosity) 또는 간단히 점성계수(viscosity)라 하며 기호로 μ를 사용한다. 따라서 그림 2.4.1의 좌표로 볼 때 1차원 흐름에 대한 뉴톤의 점성법칙은 다음과 같이 나타낼 수 있다.

$$\tau_{yx} = \mu\frac{du}{dy} \tag{2.4.8}$$

전단응력 τ의 차원은 $[FL^{-2}]$이고, du/dy의 차원은 $[T^{-1}]$이므로 점성계수의 차원은 $[FL^{-2}T]$가 된다. 유체역학에서는 점성계수 μ와 흐름의 밀도 ρ로 나타내는 관성력과의 비로 나타내기도 하는데, 이러한 비를 동점성계수(kinematic viscosity) ν라 한다.

$$\nu = \frac{\mu}{\rho} \tag{2.4.9}$$

밀도의 차원이 $[ML^{-3}]$이므로 동점성계수의 차원은 $[L^2T^{-1}]$이 된다.

모든 뉴톤유체의 점성거동을 나타내는 무차원 수로 다음과 같은 Reynolds수(Reynolds number) R_e가 있다.

$$R_e = \frac{\rho V d}{\mu} = \frac{V d}{\nu} \tag{2.4.10}$$

여기서 V는 흐름의 속도, d는 관의 직경을 의미한다. 일반적으로 관수로 흐름에서 R_e〈2,100이면 층류(laminar flow), R_e〉4,000이면 난류(turbulent flow)로 분류하며 자세한 것은 8장에서 소개하기로 한다.

예제 2.4.1

직경 30mm인 관을 통해 점성계수가 0.4N·s/m^{2}이고, 비중이 0.85인 유체가 3m/s의 속도로 흐를 때 Reynolds수를 구하라.

풀이

유체의 밀도는

$$\rho = 0.85 \times 1{,}000\mathrm{kg_o/m^3} = 850\mathrm{kg_o/m^3}$$

따라서 Reynolds수는

$$R_e = \frac{\rho V d}{\mu} = \frac{(850\mathrm{kg_o/m^3})(3\mathrm{m/s})(30\times10^{-3}\mathrm{m})}{0.4\mathrm{N\cdot s/m^2}} = 191.25(\mathrm{kg_o \cdot m/s^2})/\mathrm{N}$$

1N=1kg·m/s^{2}이므로 R_e=191.25가 된다.

예제 2.4.2

그림 2.4.1과 같이 높이가 2cm인 두 판 사이에 점성계수가 0.3kg/(m·s)인 기름이 있다. 위에 놓인 판에 힘을 가해 2.5m/s로 움직이고 있다면 기름내의 전단응력은 얼마인가?

풀이

뉴톤유체라 가정하면

$$\tau = \mu\frac{V}{y} = \frac{0.3\mathrm{kg_o}}{\mathrm{m\cdot s}} \times \frac{2.5\mathrm{m/s}}{0.02\mathrm{m}} = 37.5\frac{\mathrm{kg_o\cdot m/s^2}}{\mathrm{m^2}} = 37.5\frac{\mathrm{N}}{\mathrm{m^2}} = 37.5\mathrm{Pa}$$

2.4.2 비뉴톤유체

전단응력이 변형률과 직접적인 비례관계에 있지 않는 유체를 비뉴톤유체라 정의하였다. 많은 일반적인 유체들이 비뉴톤적인 거동을 보인다. 이러한 비뉴톤유체의 예로 치약과 합성수지를 들 수가 있다. 합성수지인 경우 캔에 들어 있을 때는 유동성이 적지만(thick), 브러쉬로 문지르면 유동성이 커진다(thin). 치약의 경우 튜브에서 짜내면 유체와 같이 거동하지만, 튜브 뚜껑을 열어놔도 흘러내리지는 않는다. 즉, 치약이 고체와 같이 거동하는 한계응력(yield stress)이 존재한다. 엄밀히 말하면 우리가 말하는 유체의 정의는 0의 한계응력을 가진 물질에 한해 유효하다고 할 수 있다. 비뉴톤유체들은 일반적으로 시간이 지남에 따라 거동이 변하는 것과 변하지 않는 것으로 분류한다.

시간에 따라 거동이 변하지 않는 유체의 관측된 전단응력 τ_{yx}와 속도경사 du/dy의 관계를 모의하기 위해 많은 경험식들이 제시되었다. 이들 경험식들은 많은 공학적 적용에서 멱함수(power-law)모형을 사용하여 표현할 수가 있으며, 1차원 흐름에서의 멱함수 모형은 다음과 같다.

$$\tau_{yx} = k\left(\frac{du}{dy}\right)^n \tag{2.4.11}$$

여기서 지수 n은 흐름거동지수, k는 일치지수를 의미하며, 식 (2.4.11)에서 n=1 및 k=μ인 경우가 뉴톤의 점성법칙에 해당한다.

전단응력 τ_{yx}가 속도경사 du/dy와 동일한 부호를 갖드록 식 (2.4.11)을 다시 나타내면

$$\tau_{yx} = k\left|\frac{du}{dy}\right|^{n-1}\frac{du}{dy} = \eta\frac{du}{dy} \tag{2.4.12}$$

여기서 $\eta=k|du/dy|^{n-1}$을 외견상점성계수(apparent viscosity)이라 하며, 대부분의 비뉴톤유체들은 물의 점성계수에 비해 비교적 높은 외견상점성계수를 가지고 있다.

변형률이 증가함에 따라 외견상점성이 감소하는 유체(n<1)를 슈도플라스틱(pseudoplastic, shear thinning)이라 하며, 대부분의 비뉴톤유체가 이에 속하고, 폴리머용액, 콜로이드 현탁액, 물속의 종이펄프 등이 있다. 변형률이 증가함에 따라 외견상점성도 증가하는 유체(n>1)를 딜레이턴트(dilatant, shear thickening)라 하며, 물과 옥수수전분 그리고 모래의 현탁액이 이에 속한다. 최소한계응력 τ_y를 초과하기 전까지는 고체로 거동하고 응력과 변형률간에 선형관계를 보이는 유체를 이상(ideal) 또는 빙햄플라스틱(bingham plastic)이라 하며, 점토현탁액, 굴착진흙 그리고 치약 등이 속하고 전단응력을 다음과 같이 나타낼 수가 있다.

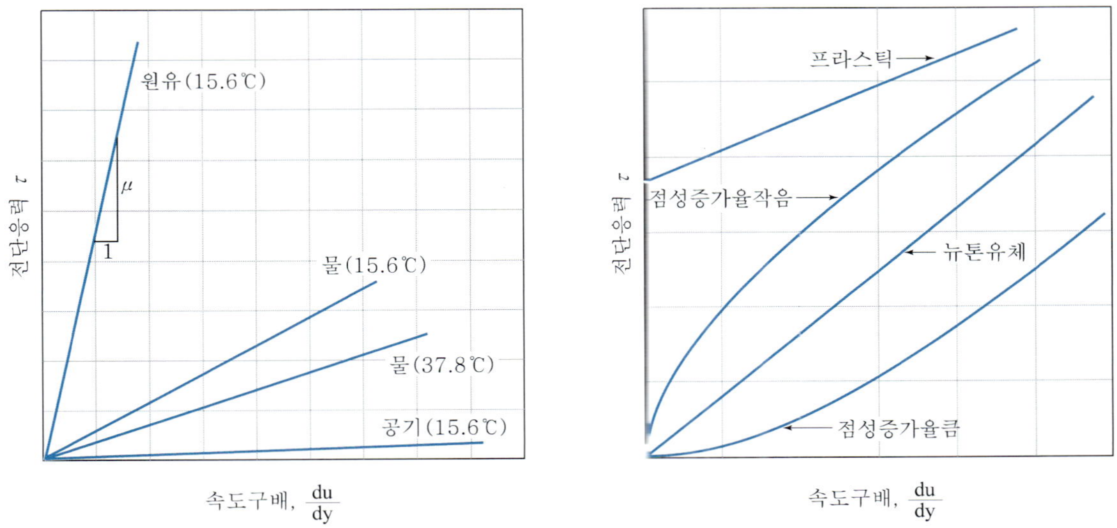

그림 2.4.2 뉴톤유체 및 ㅂ 뉴톤유체

$$\tau_{yx} = \tau_y + \mu_p \frac{du}{dy} \tag{2.4.13}$$

비뉴톤유체의 해석은 외견상점성이 시간이 지남에 따라 변하기 때문에 더욱 복잡하다. 틱소트로픽(thixotropic, 요변성) 유체는 일정하게 작용하는 전단응력하에서 시간이 지남에 따라 외견상점성계수 η가 감소하며, 다양한 페인트들이 이에 속한다. 리오펙틱(rheopectic) 유체는 시간이 지남에 따라 η가 증가한다. 일부 유체들은 변형이 일어난 후 작용된 응력이 제거되면 부분적으로 원래의 형태로 되돌아 오는데 이러한 유체를 비스코이레스틱(viscoelastic, 점탄성)이라 한다.

2.4.3 점성의 단위

점성은 다양한 종류의 점도계(viscometer)를 이용하여 측정할 수가 있다. 뉴턴유체는 다양한 각 변형율에 대해 일정한 점성을 나타내는 반면, 비뉴턴유체는 일정한 점성을 보이지 않게 된다.

점성계수의 단위는 국제단위제(SI)에서는 Pa·s, N·s/m^2 또는 kg_o/m·s로 나타내고, 공학단위계에서는 kg·s/m^2으로 영국단위제에서는 lb·s/ft^2으로 나타낸다. CGS물리단위계에서는 점성을 Jean Louis Marie Poiseuille의 이름을 사용하여 poise(P)로 나타낸다. 1P는 전단응력 τ=1dyne/cm^2, 각변형율 또는 속도경사 du/dy=1/s일 때의 점성계수를 의미하며, 1P는 100centipoise(cP)로 다음과 같다.

$$1\text{P} = 1\text{dyne}\cdot\text{s}/\text{cm}^2 = 0.00102\text{g}\cdot\text{s}/\text{cm}^2 = 0.0102\text{kg}\cdot\text{s}/\text{m}^2$$
$$= 1\text{g}_o/\text{s}\cdot\text{cm} = 0.1\text{P}_a\cdot\text{s} = 100\text{cP}$$

동점성계수 ν는 m^2/s, 또는 ft^2/s로 표시하는데 George Gabriel Stokes의 이름을 사용하여 stokes(S) 또는 centistokes(cS) 단위를 사용하기도 한다.

$$1\text{S} = 1\text{cm}^2/\text{s} = 0.0001\text{m}^2/\text{s} = 100\text{cS}$$

기체의 점성은 흐름의 층 사이에 운동량을 전달하는 분자확산(molecular diffusion)에 의해 발생하게 된다. 즉, 분자간의 충돌로 인해 점성이 생기고 따라서 온도가 상승하면 분자간의 운동이 더욱 활발하고 충돌도 왕성해지므로 점성이 증가하게 된다. 그러므로 기체인 경우 온도가 상승하면 점성계수도 증가한다. 액체인 경우는 액체분자간의 응집력에 의해 점성이 발생하게 된다. 따라서 액체인 경우 온도가 증가하면 분자간의 응집력은 감소하게 되고 따라서 점성계수도 작아지게 된다. 물의 점성계수 μ를 구하는 Poiseuille의 실험식은 다음과 같다.

$$\mu = \frac{0.01779}{1 + 0.03368t + 0.00022099t^2} (\text{g}_o/\text{cm}\cdot\text{s}) \tag{2.4.14}$$

여기서 t는 물의 온도(0℃ < t < 50℃)이다.

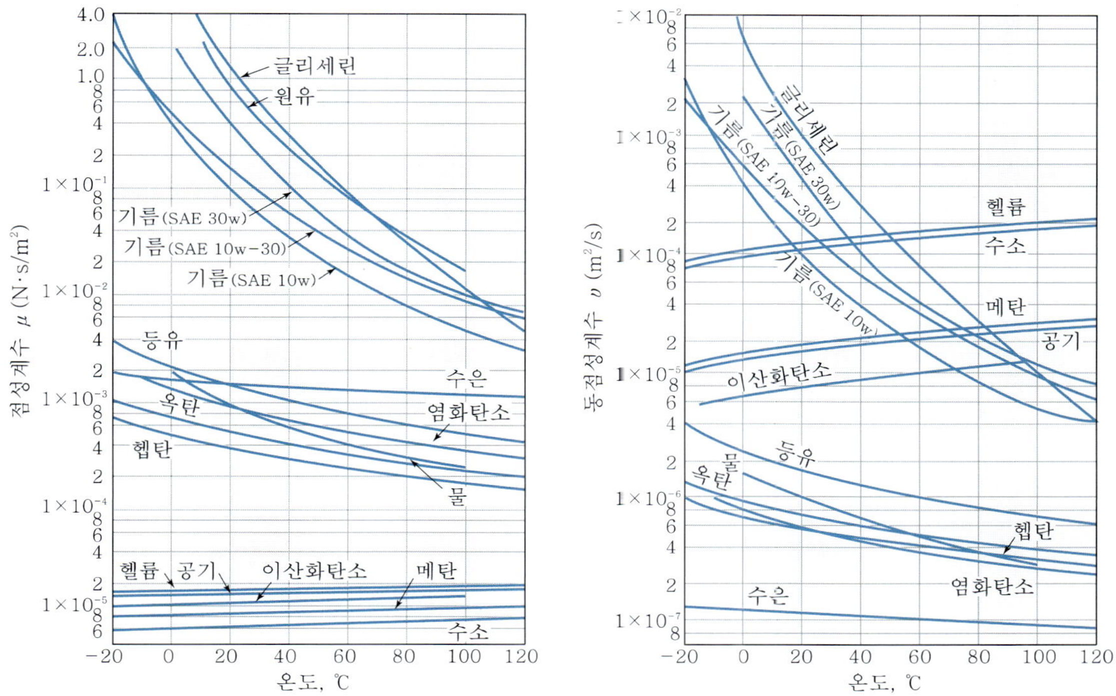

그림 2.4.3 물 및 다른 유체의 점성계수 및 동점성계수

표 2.4.1 물의 물리적 특성치

온도 (℃)	밀도 ρ (kg_o/m^3)	단위중량 γ (kN/m^3)	점성계수 μ ($N \cdot s/m^2$)	동점성계수 ν (m^2/s)	표면장력 σ (N/m)	증기압 p_v [N/m^2(abs)]	음속 c (m/s)
0	999.9	9.806	1.787×10^{-3}	1.787×10^{-6}	7.56×10^{-2}	6.105×10^{2}	1403
5	1000.0	9.807	1.519×10^{-3}	1.519×10^{-6}	7.49×10^{-2}	8.722×10^{2}	1427
10	999.7	9.804	1.307×10^{-3}	1.307×10^{-6}	7.42×10^{-2}	1.228×10^{3}	1447
20	998.2	9.789	1.002×10^{-3}	1.004×10^{-6}	7.28×10^{-2}	2.338×10^{3}	1481
30	995.7	9.765	7.975×10^{-4}	8.009×10^{-7}	7.12×10^{-2}	4.243×10^{3}	1507
40	992.2	9.731	6.529×10^{-4}	6.580×10^{-7}	6.96×10^{-2}	7.376×10^{3}	1526
50	988.1	9.690	5.468×10^{-4}	5.534×10^{-7}	6.79×10^{-2}	1.233×10^{4}	1541
60	983.2	9.642	4.665×10^{-4}	4.745×10^{-7}	6.62×10^{-2}	1.992×10^{4}	1552
70	977.8	9.589	4.042×10^{-4}	4.134×10^{-7}	6.44×10^{-2}	3.116×10^{4}	1555
80	971.8	9.530	3.547×10^{-4}	3.650×10^{-7}	6.26×10^{-2}	4.734×10^{4}	1555
90	965.3	9.467	3.147×10^{-4}	3.260×10^{-7}	6.08×10^{-2}	7.010×10^{4}	1550
100	958.4	9.399	2.818×10^{-4}	2.940×10^{-7}	5.89×10^{-2}	1.103×10^{5}	1543

표 2.4.2 공기의 물리적 특성치

온도 (℃)	밀도 ρ (kg_o/m^3)	단위중량 γ (kN/m^3)	점성계수 μ ($N \cdot s/m^2$)	동점성계수 ν (m^2/s)	표면장력 σ (N/m)	증기압 p_v [N/m^2(abs)]
−40	1.514	14.85	1.57×10^{-5}	1.04×10^{-5}	1.401	306.2
−20	1.395	13.68	1.63×10^{-5}	1.17×10^{-5}	1.401	319.1
0	1.292	12.67	1.71×10^{-5}	1.32×10^{-5}	1.401	331.4
5	1.269	12.45	1.73×10^{-5}	1.36×10^{-5}	1.401	334.4
10	1.247	12.23	1.76×10^{-5}	1.41×10^{-5}	1.401	337.4
15	1.225	12.01	1.80×10^{-5}	1.47×10^{-5}	1.401	340.4
20	1.204	11.81	1.82×10^{-5}	1.51×10^{-5}	1.401	343.3
25	1.184	11.61	1.85×10^{-5}	1.56×10^{-5}	1.401	346.3
30	1.165	11.43	1.86×10^{-5}	1.60×10^{-5}	1.400	349.1
40	1.127	11.05	1.87×10^{-5}	1.66×10^{-5}	1.400	354.7
50	1.109	10.88	1.95×10^{-5}	1.76×10^{-5}	1.400	360.3
60	1.060	10.40	1.97×10^{-5}	1.86×10^{-5}	1.399	365.7
70	1.029	10.09	2.03×10^{-5}	1.97×10^{-5}	1.399	371.2
80	0.9996	9.803	2.07×10^{-5}	2.07×10^{-5}	1.399	376.6
90	0.9721	9.533	2.14×10^{-5}	2.20×10^{-5}	1.398	381.7
100	0.9461	9.278	2.17×10^{-5}	2.29×10^{-5}	1.397	386.9
200	0.7461	7.317	2.53×10^{-5}	3.39×10^{-5}	1.390	434.5
300	0.6159	6.040	2.98×10^{-5}	4.84×10^{-5}	1.379	476.3
400	0.5243	5.142	3.32×10^{-5}	6.34×10^{-5}	1.368	514.1
500	0.4565	4.477	3.64×10^{-5}	7.97×10^{-5}	1.357	548.8
1000	0.2772	2.719	5.04×10^{-5}	1.82×10^{-4}	1.321	694.8

예제 2.4.3

어떤 액체의 점성계수가 $0.65\times10^{-3}kg_o/m\cdot s$이고, 비중이 0.88일 때 액체의 동점성계수를 구하고 centistokes 단위로 나타내라.

풀이

동점성계수는 정의에 의하면 $\nu=\mu/\rho$이므로

$$\nu=\frac{\mu}{\rho}=\frac{0.65\times10^{-3}kg_o}{m\times s}\times\frac{m^3}{0.88\times1{,}000kg_o}=7.39\times10^{-7}m^2/s=0.739\,cS$$

2.5 물의 압축성 및 탄성

이상유체가 아닌 실제유체는 외부에서 압력을 가하면 압축되어 부피가 줄어들고 압력을 제거하

표 2.5.1 1기압하의 물의 체적탄성계수 및 압축계수

수온 (℃)	체적탄성계수(E)		압축계수(K)	
	SI단위 (kP_a)	공학단위 (kg/m^2)	SI단위 (m^2/kN)	공학단위 (m^2/kg)
0	1.98×10^5	2.02×10^4	0.505×10^{-5}	0.495×10^{-4}
5	2.05×10^5	2.09×10^4	0.487×10^{-5}	0.478×10^{-4}
10	2.10×10^5	2.14×10^4	0.476×10^{-5}	0.467×10^{-4}
15	2.15×10^5	2.19×10^4	0.465×10^{-5}	0.456×10^{-4}
20	2.17×10^5	2.21×10^4	0.461×10^{-5}	0.452×10^{-4}
25	2.22×10^5	2.26×10^4	0.450×10^{-5}	0.442×10^{-4}
30	2.25×10^5	2.29×10^4	0.444×10^{-5}	0.436×10^{-4}
40	2.28×10^5	2.32×10^4	0.439×10^{-5}	0.430×10^{-4}
50	2.29×10^5	2.34×10^4	0.437×10^{-5}	0.428×10^{-4}
60	2.28×10^5	2.22×10^4	0.439×10^{-5}	0.430×10^{-4}
70	2.25×10^5	2.29×10^4	0.444×10^{-5}	0.436×10^{-4}
80	2.20×10^5	2.24×10^4	0.455×10^{-5}	0.445×10^{-4}
90	2.14×10^5	2.18×10^4	0.467×10^{-5}	0.458×10^{-4}
100	2.07×10^5	2.11×10^4	0.483×10^{-5}	0.473×10^{-4}

※ 참고 $1P_a = 1N/m^2$

면 원 상태로 팽창된다. 이러한 유체의 성질을 압축성(compressibility) 및 탄성(elastisity)이라 한다. 압력변화에 따른 체적의 변화를 체적탄성계수(bulk modulus of elastisity) E라 한다. 고체역학에서 탄성계수(modulus of elastisity)는 인장실험을 통해 결정한 응력과 변형율과의 비로 정의된다. 유체에서는 체적의 압축실험을 통해 결정하게 되므로 체적탄성계수라 한다. 체적탄성계수의 차원은 $[FL^{-2}]$이고, 단위로 국제단위제(SI)는 N/m^2(Pa), 영국단위제로 lb/in^2(psi)을 사용한다.

초기의 체적 V_o가 압력변화 Δp에 의해 ΔV만큼 변한다고 하자. 이들 간의 관계는 다음과 같이 나타낼 수가 있다.

$$\Delta p = -E\frac{\Delta V}{V_o} \tag{2.5.1}$$

압력이 증가함에 따라 체적이 감소하게 되고 따라서 체적탄성계수 앞에 −부호가 사용된다. 유체역학에서 체적탄성계수의 역수인 압축계수(modulus of compressibility) K가 종종 사용되기도 한다.

$$K = \frac{1}{E} \tag{2.5.2}$$

물의 압축성은 주위의 압력뿐 만 아니라 온도에 따라서 변하게 된다. 표 2.5.1은 1기압하에서 물의 체적탄성계수와 압축계수를 보여주고 있다. 표에서 주목할 것은 약 50℃정도에서 체적탄성계수

가 최대가 되고 이보다 온도가 증가하거나 감소하면 체적탄성계수가 감소한다는 것이다. 또한 0℃인 경우 압축계수는 약 $0.495 \times 10^{-4} m^2/kg$으로 나타나고 있는데, 이는 $1kg/m^2$의 압력이 작용할 때 체적이 약 0.0005%정도만 감소하는 것으로 아주 작은 변화를 보이고 있다. 따라서 일반적인 수리학해석에서는 물은 체적의 변화가 없는 비압축성유체로 간주하여 해석을 한다. 하지만 관로 내에서의 수격작용이나 수력발전소의 수압관(penstock) 등의 해석을 할 경우에는 물의 압축성을 고려하여 해석하게 된다.

이상기체의 탄성은 압력에 비례한다. 등온(isothermal) 고정에 대해

$$\frac{dp}{d\rho} = RT \tag{2.5.3}$$

따라서

$$E = \rho\frac{dp}{d\rho} = \rho RT = p \tag{2.5.4}$$

단열(adiabatic) 과정에서는 E=kp가 되며, 여기서 k는 비열비 c_p/c_v를 의미한다.

예제 2.5.1

실린더 속에서 $50kg/cm^2$의 압력을 받고 있는 어떤 액체의 부피가 $3cm^3$이다. 실린더의 압력을 $250kg/m^2$으로 증가시켰더니 액체의 부피가 $2.8cm^3$로 줄어들 때 이 액체의 압축률과 체적탄성계수를 구하라.

풀이

식 (2.5.1)로부터 체적탄성계수는

$$E = \frac{\Delta p}{\frac{\Delta V}{V_o}} = \frac{200kg/cm^2}{\frac{0.2cm^3}{3cm^3}} = 3{,}000kg/cm^2$$

따라서 압축률 $K = 1/E = 1/3{,}000kg/cm^2 = 3.33 \times 10^{-4} cm^2/kg$

2.6 표면장력 및 모세관현상

2.6.1 표면장력

표면장력(surface tension)은 우리 일상생활에서 잘 인식하지는 못하지만 자주 접하는 현상이다. 소금쟁이가 물에 뜨는 것은 표면장력에 의해 그 무게를 지탱할 수 있기 때문이다. 표면장력은

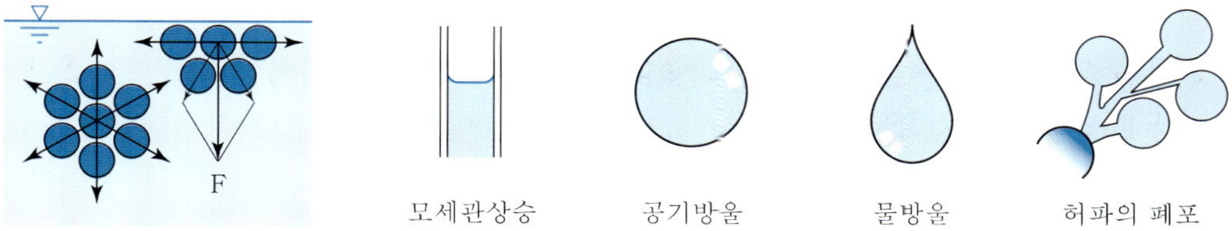

그림 2.6.1 표면장력의 형성 현상

액체상태의 분자들이 서로 끌어당기기(cohesion force) 때문에 발생한다. 액체중의 한 분자입장으로 보면 이웃한 모든 분자들에 의해 균등하게 끌어 당겨지고 있다. 따라서 모든 방향으로 같은 크기의 힘이 작용하고 있으므로 합력은 0이 된다. 한편, 분자가 액체의 표면에 위치하게 되면 액체 내부의 인력은 한쪽으로 더 크게 작용하고 있는 반면, 다른 한쪽 즉, 공기쪽에는 분자가 존재하지 않게 된다. 따라서 분자간의 합력은 액체의 내부 쪽으로 향하게 액체의 표면 막(film)을 형성하게 된다.

표면장력은 이와 같은 액체의 표면 막의 강도를 나타내는 척도이다. 이러한 표면장력에 의해 물은 그보다 더 무겁고 밀도가 큰 물질을 뜨게 만들 수 있는 것이다. 예를 들어 고요한 유리잔의 물 표면에 바늘을 뜨게 할 수 가 있으며, 소금쟁이와 같은 수중생물들이 물 표면을 걸어 다닐 수가 있는 것이다.

표면장력은 국제단위제에서는 N/m, 영국단위제에서는 lb/ft 그리고 미터제의 공학단위제에서는 dyne/cm단위로 나타내는데 이는 1cm길이의 표면 막을 파괴하는데 필요한 힘(dyne)을 의미한다. 결국, 단위 cm^2당 표면에너지(ergs)를 의미한다. 물 20℃의 표면장력은 72.7dyne/cm이고, 에틸알콜은 22.4dyne/cm 그리고 수은은 456dyne/cm이다. 물의 표면장력은 온도가 증가함에 따라 감소한다. 따라서 뜨거운 물은 낮은 표면장력을 가지고 있어 섬유조직 및 간극으로 잘 스며들어 좋은 세척효과를 보이며, 비누와 세제도 낮은 표면장력을 가지고 있다.

표면장력과 온도 t(℃)와의 관계는 다음과 같다.

$$\sigma = 75.69 - 0.1413t - 0.0002985t^2 \tag{2.6.1}$$

액체상태의 분자들은 분자간에 강한 인력(attractive force)이 작용한다. 이러한 인력이 분자 간

표 2.6.1 물의 온도에 따른 표면장력

℃	σ(dyne/cm)	℃	σ(dyne/cm)	℃	σ(dyne/cm)	℃	σ(dyne/cm)
0	75.7	25	72.0	50	67.9	75	63.4
5	75.0	30	71.2	55	67.0	80	62.5
10	74.3	35	70.4	60	66.1	85	61.5
15	73.5	40	69.6	65	65.2	90	60.6
20	72.7	45	68.7	70	64.3	95	59.6

에 작용하면 이를 응집력(cohesive force)이라 한다. 한편 인력이 분자 간에 작용하지 않고 다른 물체와 작용하면 이를 부착력(adhesive force)이라 한다. 물 분자와 유리관 벽과의 부착력은 응집력보다 커 표면이 오목하게 벽 쪽이 올라가고 모세관 상승현상이 나타나게 된다.

예제 2.6.1

비누방울의 지름이 5cm일 때 비누방울 내부와 외부의 압력차를 구하라. 표면장력은 80dyne/cm를 적용하라.

풀이

비누방울이 지름 5cm로 평형을 이룰 때 방울 내부와 외부간의 압력차가 표면장력과 평형을 이루게 되므로 비누방울의 직경을 d, 표면장력을 σ, 압력차를 Δp라 하면

$$\sigma \pi \mathrm{d} = \Delta \mathrm{p} \frac{\pi \mathrm{d}^2}{4} \qquad \therefore \Delta \mathrm{p} = \frac{4\sigma}{\mathrm{d}}$$

따라서

$$\Delta \mathrm{p} = \frac{4 \times 80 \mathrm{dyne/cm}}{5 \mathrm{cm}} = 64 \mathrm{dyne/cm}^2$$

1g=980dyne이므로 Δp=0.065g/cm^{2}이 된다.

2.6.2 모세관현상

모세관현상(capillary action)도 우리가 생활하면서 실제로 잘 느끼지 못하지만 매우 중요한 역할을 하고 있다. 모세관현상은 움직이고 있는 물 주위 및 물속에 용해되어 있는 물질에 매우 중요하며 부착력(adhesion), 응집력(cohesion) 그리고 표면장력(surface tension)에 의한 다공성 물질 공간 내에서의 물의 이동으로 정의 할 수가 있다.

모세관현상은 물이 점착성 즉, 물 분자끼리 또는 물 분자와 유리잔, 옷, 유기물 조직 그리고 토양과 같은 물질에 달라붙는 성질 때문에 발생하게 된다. 물잔에 종이를 담그면 종이를 타고 물이 올라가게 되며 중력에 의해 아래로 끌어당기는 힘이 커질 때까지 위로 상승하게 된다. 나무 및 식물도 모세관현상이 없으면 생존할 수가 없다. 식물은 뿌리를 토양 속에 내려 토양속의 물을 모세관현상에 의해 끌어올려 물속에 용해되어 있는 영양

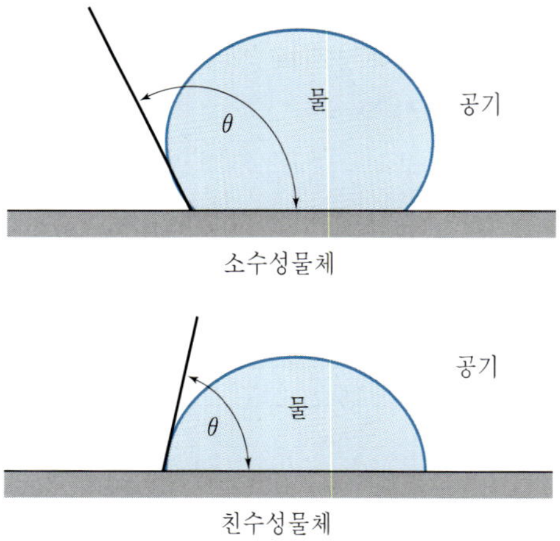

그림 2.6.2 물과 고체간의 부착력

물질들을 흡수하여 성장하게 된다.

모세관현상은 부착력과 표면장력의 결과로 나타나는데 물과 물체의 벽사이의 부착력에 의해 물체의 벽에서 상향력이 작용하여 윗 방향으로 오목한 형태를 띠게 된다. 표면 장력에 의해 수표면이 그대로 유지되게 작용하므로 물체의 벽에서만 위로 상승하려는 것 대신에 물표면 전체가 윗 방향으로 끌어올려지는 힘이 작용한다.

물과 고체간의 부착력은 접촉표면 끝단에서의 접촉각(contact angle)에 의해 표현될 수가 있다. 소수성(hydrophobic) 물체는 물과의 접촉각이 90°보다 크게 나타난다. 예를 들어 물과 파라핀간의 접촉각은 107°이고 따라서 파라핀은 좋은 방수재이다. 한편 은(silver)은 순수한 물에 대해 중성이며 접촉각이 거의 90°에 가깝다.

다공성 토양 내에 있는 석영(quartz) 및 다른 물질들은 접촉각이 90°보다 작으며 따라서 물에 잘 젖게 된다. 불순물을 포함하고 있는 물과 일반적인 유리인 경우 접촉각은 약 25°정도가 되며 깨끗한 물과 유리인 경우 접촉각은 0°가 된다. 또한 수은과 유리간의 접촉각은 약 140°가 된다. 물과 토양입자간의 부착력은 상당히 커서 토양에 부착되어 있는 물은 오직 증발을 통해서만 제거가 될 수 있다.

토양의 작은 공극 및 가는 유리관 내에서의 모세관 상승은 표면장력과 부착력간의 상호작용에 의해 초래된다. 그림 2.6.3은 물의 모세관 상승을 나타내는 작은 직경의 유리관을 보여주고 있다.

고체 벽과의 부착력에 의해 물은 가능한 최대로 고체 표면을 덮으려고 한다. 하지만 표면장력에 의해 고체표면과 부착되어 있는 물 분자는 응력이 발생 가능한 최대 표면장력을 초과하지 않고 있는 수표면 막과 연결되어 있다. 이러한 수표면 막에 있는 물 분자는 그 아래에 있는 물 분자와 응집력에 의해 연결되어 있다. 부착력이 수표면 막을 위로 끌어당김에 따라 수표면 막은 중력에 저항하며 유리관내의 물을 끌어올리게 된다. 이러한 현상으로 인해 작은 모세관이나 토양속의 공극에 있는 물은 수표면 막의 지지력에 도달하는 높이까지 중력에 대항하며 상승하게 된다. 물론 수표면 막 아래에 있는 물기둥은 장력을 받게 된다. 즉, 모세관 내의 물의 압력은 대기압보다 낮아지게 된다. 수표면 막 아래에 있는 물 분자들은 응집력에 의해 수표면에 매달려 있게 된다. 모세관 상승은 관의 직경 또는 토양의 공극크기에 반비례하며, 따라서 작은 입자를 가진 토양은 높은 모세관 층을 형성하게 된다.

모세관현상에 의해 물이 올라가는 높이 h는 모세관현상에 의해 상승된 물의 무게에 의해 결정되게 된다. 즉, 위 방향으로 작용하는 힘과 상승한 물이 중력에 의

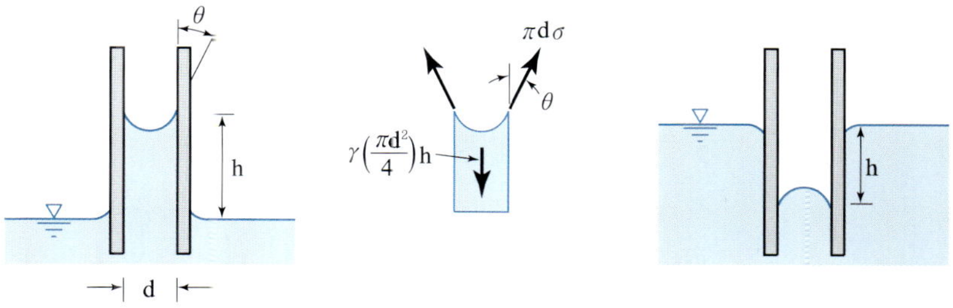

그림 2.6.3 모세관상승 및 하강

해 아래로 내려가려는 힘이 서로 같게 될 때까지 물이 상승하게 된다. 접촉각 θ, 직경 d인 모세관에서의 상승고 h는 표면장력에 의한 상향력과 중력에 의한 하향력을 같게 놓아 유도할 수가 있다.

$$(\sigma\pi d)\cos\theta = \gamma\left(\frac{\pi d^2}{4}h\right) \tag{2.6.2}$$

따라서

$$h = \frac{4\sigma\cos\theta}{\gamma d} \tag{2.6.3}$$

여기서 γ는 물의 단위중량, σ는 표면장력이다.

예제 2.6.2

20℃의 물에 직경 2mm의 깨끗한 유리관을 세웠을 때 모세관내 상승고를 계산하라.

풀이

표 2.4.1로부터 20℃ 물의 단위중량은 $0.998 g/cm^3$이고, 표 2.6.1로부터 표면장력은 72.7dyne/cm이고 1g=980dyne이므로 표면장력 σ=0.0742g/cm이다. 또한 깨끗한 유리관인 경우 접촉각 θ=0° 즉, cos0°=1을 적용하면

$$h = \frac{4\sigma\cos\theta}{\gamma d} = \frac{4\times 0.0742 g/cm \times 1}{0.998 \times 0.2 cm} = 1.487 cm$$

2.7 증기압 및 물의 상태변화

2.7.1 증기압

밀폐된 용기 안에 액체가 부분적으로 들어 있다면 액체의 일부분이 증발하게 된다. 그림 2.7.1a 처럼 밀폐된 용기에 절반은 물로 그리고 나머지 절반은 건조한 공기를 채워 놓자. 처음에는 물 표면으로부터 증발이 일어나 물분자가 수증기로 변하여 공기 중에 존재하게 된다. 증발 초기 단계에서는 수증기량이 작기 때문에 응축이 별로 발생하지 않아 증발율이 응축율보다는 크다(그림 2.7.1b). 따라서 수증기의 양이 점차 증가하게 된다. 하지만 수증기의 양이 증가함에 따라 응축율도 증가하게 되고 결국 물 표면에는 응축율과 증발율이 같을 정도로 수증기의 양이 충분해지게 된다. 이때 증발과 응축이 서로 상쇄되어 물표면 위의 수증기의 양은 일정하게 되며 이러한 평형상태를 포화(saturation)라 한다.

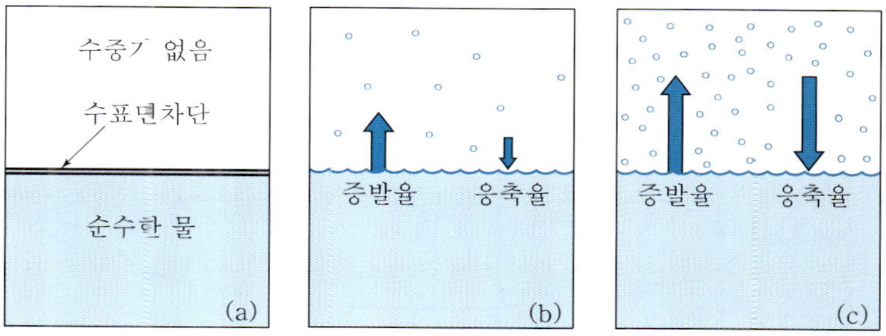

그림 2.7.1 증발, 응축 및 포화관계

증기 상태의 분자에 의해 발생하는 압력을 증기압(vapor pressure)이라 하며, 공기가 증기로 포화되어 있을 때의 증기압을 포화증기압(saturation vapor pressure)이라 한다. 액체에 따라 증기압은 다르게 나타나는데, 표준상태(15℃, 101.3kPa)에서의 물의 절대증기압은 1.70kPa이고, 암모니아의 절대증기압은 33.8kPa이 된다.

증기압은 압력과 온도에 따라 변하는데 온도가 증가하면 증기압도 증가한다. 물의 온도가 100℃(212°F)에 도달하게 되면 수증기압은 101.3kPa(14.7psi)까지 증가한다. 대기압하에서의 온도에 따른 수증기압이 부록의 표 B에 수록되어 있다.

100℃에서의 수증기압이 표준대기압(standard atmospheric pressure)과 같은 것이 이상한 것은 아니다. 물은 100℃에서 끓게 되는데, 이때 물이 액체상태를 유지할 수 있을 정도로 물 분자 사이의 인력이 충분하지가 않다. 일반적으로 국지절대압력이 액체의 증기압보다 작을 경우 액체상태에서 증기상태로 변하게 된다.

액체의 흐름에서 액체의 증기압보다 낮은 증기압이 형성될 경우가 있다. 이러한 경우 국지적으로 기포가 발생하는데 이러한 현상을 공동현상(cavitation)이라 하며, 발생된 기포들이 흐름에 의해 압력이 높은 지역으로 이동되면 기포가 터지게 되고, 관로의 벽이나 선박의 프로펠러에 피해를 줄 수 있는 국지압력상승이 나타나 심각한 영향을 초래할 수가 있다. 이와 같은 유체의 흐름에서의 공동현상을 나타내는 무차원 변수로 캐비테이션수(cavitation number) C_a가 있다.

$$C_a = \frac{2(p_a - p_v)}{\rho V^2} \tag{2.7.1}$$

여기서 p_a는 주위의 압력, p_v는 증기압, V는 유체의 속도 그리고 ρ는 밀도이다. 기하학적인 형태에 따라 특정 흐름에서 공동현상을 일으키기 시작하는 캐비테이션수의 임계치가 존재한다.

2.7.2 물의 상태변화

물은 조건에 따라 기체인 수증기, 액체인 물 그리고 고체인 얼음으로 상태가 변하게 된다. 수증기는 대기에 다른 기체들과 함께 자유롭게 혼합되어 있는 무색, 무취의 가스이다. 대기의 99%를 구성하고 있는 산소 및 질소는 고체에서 액체 및 기체로의 상태변화가 −200℃ 정도의 극저온에서 이

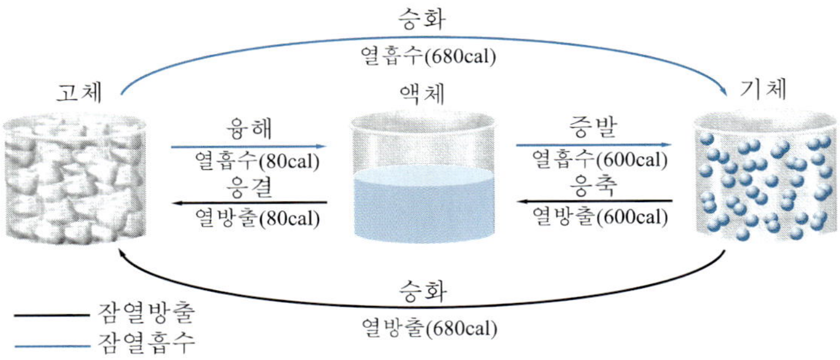

그림 2.7.2 물의 상태변화

루어지게 된다. 하지만 수증기는 일상적으로 경험할 수 있는 온도 및 압력에서 상태의 변화가 이루어지게 된다.

물이 수증기로 변해 바다를 떠나 액체로 다시 돌아오는 것은 이러한 일상적인 온도에서 상태변화가 발생하기 때문이다. 물의 상태변화 과정에는 그림 2.7.2와 같이 열의 흡수 및 방출이 필요하다. 이러한 열에너지는 칼로리(cal)로 나타내며 1cal는 $1g_o$의 물을 1℃ 높이는데 필요한 열이다. 따라서 $1g_o$의 물에 10cal의 열을 가하게 되면 온도가 10℃ 올라간다.

어떤 조건하에서는 물질에 온도의 변화 없이 열을 가할 수가 있다. 불가능하게 생각될지 모르겠지만 상태의 변화시 어떠한 일이 발생하는지 생각해 보자. 예를 들어 온도가 0℃인 얼음물이 담겨 있는 통에 열을 가해보자. 열을 계속 가하더라도 모든 얼음이 녹을 때 까지는 온도는 일정하게 유지되고 그 후 온도가 올라가게 된다.

얼음이 녹을 동안 가해진 열은 어디로 간 것인가? 이 경우 에너지는 얼음 결정의 내부구조를 교란시켜 물 분자가 주위로 자유롭게 움직이게 하는 즉, 얼음을 녹이는데 사용된 것이다. 이 열에너지는 온도의 변화와 관련이 없기 때문에 잠재열(latent heat)이라 부르며, 액체가 고체로 변하여 열을 방출하기 전까지는 쓸 수가 없는 열이다.

액체가 기체로 변하는 과정을 증발(evaporation)이라하며 $1g_o$의 물을 수증기로 변화시키는데 약 600cal의 에너지가 필요하다. 증발하는 동안에 물 분자에 의해 흡수된 에너지는 물 분자가 액체표면을 이탈하여 수증기로 변하는데 사용된다. 이러한 에너지를 잠재기화열(latent heat of vaporization)이라 한다. 잠재기화열은 40℃까지는 다음 식으로부터 산정할 수 있다.

$$H_v = 597.3 - 0.564T \tag{2.7.2}$$

여기서 H_v는 잠재기화열(cal/g_o), T는 온도(℃)이다.

증발과정 동안에 표면을 이탈하는 것은 가장 높은 온도(가장 빨리 움직이는)의 물 분자이다. 그 결과 남아 있는 물의 평균 분자운동(온도)은 감소하고 냉각효과를 나타내게 된다. 이러한 이유로 증발을 냉각과정이라 표현하기도 하며, 이러한 냉각 효과를 수영장이나 목욕탕에서 젖은 채 나올 경우 경험할 수 있다.

응축(condensation)은 수증기가 액체상태로 변하는 과정이다. 응축이 일어나기 위해서 물분자는 증발할 때 흡수한 것과 같은 크기의 저장된 에너지를 방출해야 한다. 이와 같이 응축이 일어날 때 방출하는 에너지를 잠재응축열(latent heat of condensation)이라 한다. 방출된 에너지는 격렬

한 기상을 초래하고 적도해양에서 극지방으로 거대한 양의 열을 이동시키는데 중요한 역할을 한다. 대기에서 응축이 발생할 때 안개와 구름이 형성된다. 융해(melting)는 고체가 액체로 변하는 과정으로 $1g_o$의 얼음을 물로 변화시키는데 약 80cal의 에너지를 흡수하는데 이를 잠재융해열(latent heat of melting)이라 한다. 이와 반대의 과정을 응결(freezing)이라하고 $1g_o$의 물이 얼음으로 변하는데 80cal의 에너지를 방출한다.

그림 2.7.2에 나타낸 마지막 과정은 승화(sublimation과 depositicn)로 승화(sublimation)는 고체로부터 액체상태를 거치지 않고 직접 기체상태로 변하는 것이다. 이러한 현상은 무대에서 안개나 연기를 만들기 위해 드라이아이스를 이용하는 경우 볼 수 있다. 이와 반대로 기체에서 직접 고체로 변하는 과정도 승화(deposition)라 한다. 이러한 경우는 겨울철에 잔디나 창문과 같이 차가운 곳에 수증기가 달라붙어 서리가 되는 경우라 할 수 있다.

연습문제

2.1 온도 32℃에서 물 50L가 증발하는데 필요한 열량을 계산하라.

2.2 어떤 액체의 밀도가 $1.02\times10^{-3}g{\cdot}s^2/cm^4$일 때 이 액체의 단위중량을 구하라

2.3 체적이 $2m^3$인 용기의 무게가 100kg이다. 이 용기에 어떤 액체를 채웠더니 무게가 3,500kg이 되었다면 이 액체의 밀도는 얼마인가.

2.4 어떤 액체의 부피가 $0.5m^3$이고 질량이 $1{,}200kg_o$일 때 이 액체의 무게, 밀도, 단위중량 그리고 비중을 구하라.

2.5 어떤 액체의 단위중량이 $1.025t/m^3$이고 부피가 $6m^3$일 때 이 액체의 비중과 밀도 및 무게를 구하라.

2.6 어떤 액체의 부피가 $6m^3$이고 무게가 5.5ton일 때 이 액체의 단위중량, 밀도, 그리고 비중을 구하라.

2.7 평균 해수면($p=101kN/m^2$)위의 공기의 온도가 10℃이면 밀도는 얼마인가? 공기의 가스상수는 287J/kg·K이다.

2.8 지구표면에서의 어떤 물체의 무게가 300N이다. 중력가속도가 $4.0ft/s^2$인 어떤 행성에서의 이물체의 질량(kg_o)과 무게(N)는 얼마인가.

2.9 수은의 비중은 80℃에서 13.4이다. 이 온도에서 밀도와 단위중량을 국제단위제와 영국단위제로 나타내라.

2.10 비이커에 $10in^3$의 글리세린이 들어 있다. 여기에 $2in^3$이 물을 더하면 혼합액이 비중은 얼마가 되는가?

2.11 무게가 3,200kg인 기름의 체적이 $5m^3$일 때 이 기름의 단위중량을 N/m^3 및 kg/m^3으로 나타내고, 밀도 및 비중을 구하라.

2.12 직경 25mm인 관을 통해 점성계수가 $0.38N{\cdot}s/m^2$이고, 비중이 0.91인 유체가 2.6m/s의 속도로 흐를 때 레이놀즈수를 국제단위제(SI)와 영국단위제로 각각 구해 비교하라.

2.13 그림 2.4.1과 같이 높이가 2cm인 두 판 사이에 점성계수가 0.29kg/(m·s)인 기름이 있다. 위판에 힘을 가해 3m/s로 움직이고 있다면 기름내의 전단응력은 얼마인가?

2.14 어떤 액체의 점성계수가 $0.83\times10^{-3}kg_o/m{\cdot}s$이고, 비중이 0.95일 때 액체의 동점성계수를 구하고 centistokes 단위로 나타내라.

2.15 어떤 액체의 동점성계수가 $0.002m^2/s$이고, 비중이 1.1일 때 액체의 점성계수를 구하고 poise 단위로 나타내라.

2.16 어떤 유체의 점성계수가 5×10^{-4}poise이다. 이 점성계수를 국제단위제와 영국단위제로 나타내라.

2.17 직경 4mm인 튜브를 평균 3m/s의 속도로 흐르는 물과 공기에 대해 레이놀즈수를 구하라. 두 경우 모두 온도는 30℃이다.

2.18 20℃에서 물의 점성계수가 1.021×10^{-4} kg·s/m^2이다. 이를 영국단위제로 나타내라.

2.19 1m^3 체적의 물이 단단한 용기 속에 들어 있다. 피스톤에 의해 35MPa의 압력을 가할 때 체적변화는 얼마인가?

2.20 온도가 30℃이고 절대압력이 300kPa인 이산화탄소가 절대압력 165kPa까지 등온팽창할 때 이 기체의 최종 밀도는 얼마인가?

2.21 실린더 속에서 100kg/cm^2의 압력을 받고 있는 어떤 액체의 부피가 2.5cm^3이다. 실린더의 압력을 200kg/cm^2으로 증가시켰더니 액체의 부피가 2.4cm^3으로 줄어들었다면 이 액체의 압축률과 체적탄성계수는 얼마인가?

2.22 물의 압축율이 $K=2\times10^{-5}$$cm^2$/kg일 때 물의 부피를 4% 압축시키기 위해서는 압력을 얼마나 증가시켜야 하는가.

2.23 비누방울의 지름이 3cm일 때 비누방울 내부와 외부의 압력차를 구하라. 표면장력은 75dyne/cm를 적용하라.

2.24 물의 온도가 15℃일 때 길이가 7cm, 직경이 4mm인 강철바늘이 뜰 수 있는가? 단, 강철의 밀도는 7,850kg_o/m^3이다.

2.25 15℃의 온도에서 분무기로 형성되는 직경 10μm의 물방울 내부의 압력은 얼마인가? 만일 같은 조건의 기포에서는 내부 압력이 얼마인가?

2.26 직경 5cm인 비누방울의 내부압력이 대기압보다 3kg/m^2 만큼 클 때 이 비누방울막의 표면장력을 구하라.

2.27 20℃의 물에 직경 3mm의 유리관을 세웠을 때 모세관내 상승고를 계산하라. 단, 접촉각은 15°로 가정하라.

2.28 직경이 0.2mm인 수직관에 20℃의 물이 들어 있을 때 접촉각이 30°이면 모세관 상승고는 얼마인가?

2.29 깨끗한 유리관에 20℃의 물이 모세관 현상에 의해 올라가는 높이가 1.0mm이하가 되도록 유지하려면 유리관의 직경은 얼마가 되어야 하는가?

2.30 정수중의 물에 직경 2mm의 유리관을 연직으로 세웠을 때 모세관 현상에 의해 관내로 물이 15mm 상승했을 때 표면장력을 구하라. 단 접촉각은 0°로 가정하라.

2.31 정수중의 물에 평행한 유리판을 5mm간격으로 연직으르 세웠을 때 유리판 내의 물의 상승고를 구하라. 이때 표면장력은 72.7 dyne/cm이고, 물의 단위중량은 1g/cm^3, 접촉각은 0°로 가정하라.

2.32 개방된 깨끗한 유리관(접촉각 0°)을 물이 담긴 용기에 넣었을 때 유리관 속의 물 높이가 관의 직경만큼 올라가려면 유리관의 직경은 얼마가 되어야 하는가?

2.33 거리가 L만큼 떨어져 있는 2개의 수직평판 사이에 표면장력이 σ이고, 접촉각이 θ인 액체가 들어 있을 때 모세관고 h를 구하는 식을 유도하라.

2.34 산에서 고도를 추정하기 위해 끓는 물을 사용할 수가 있다. 만일 산 정상에서 물이 84℃에서 끓었다면 산의 높이는 대략 얼마인가?

2.35 고도가 2,500m(대기압 : 75.02kPa)인 지역에서 80℃의 물(증기압 : 47.3kPa)이 흐르고 있을 때 공동현상이 일어날 수 있는 진공압력은 얼마인가?

2.36 물이 급하게 휘어지는 곡관을 지날 때 국지적으로 낮은 압력이 발생할 수가 있다. 물의 온도가 160°F일 때 공동현상이 발생하지 않는 최소의 절대압력은 얼마인가?

2.37 물이 관의 수축부를 통과할 때 −115psi의 압력에서 끓었다면 대기압이 14.5psi인 경우 물의 온도는 몇 도인가?

Chapter 3

유체정역학

유체정역학(fluid statics)에서는 유체 입자간에 상대적인 운동이 없는 즉, 흐르지 않고 정지하고 있는 유체의 역학에 대해 다룬다. 유체 입자간에 상대적인 운동이 없으면 전단응력(shearing stress)이 존재하지 않게 되고, 오직 직각방향의 응력인 압력(pressure)만 존재하게 된다. 따라서 유체정역학에서는 점성은 아무런 역할을 하지 못하고 압력만이 주된 관심사가 된다.

유체가 물인 경우 속도가 0인 상태를 정수상태(hydrostatic condition)라 하고, 정수상태의 압력 변화는 물의 무게에만 의존하게 되며, 정수상태의 역학적인 관계를 다루는 것이 정수역학(hydrostatic)이다. 등가속도 운동을 하는 용기에 담긴 물 그리고 회전하는 원통형 용기에 담긴 물은 주위의 경계를 이루는 면과 서로 상대적인 정수역학적 평형관계 즉, 강체운동(rigid-body motion)을 이루고 있으며, 이 또한 정수역학의 원리에 의해 해석할 수가 있다.

다양한 정수상태의 설계를 하기 위해서는 정수역학에 대한 이해가 필요하다. 즉, 치수 및 이수를 위한 댐 및 수문에 작용하는 힘, 수조의 적정설계, 수중구조물에 작용하는 힘, 수압 및 유압을 이용한 기중기의 설계 등에서 정수역학의 원리가 적용된다. 따라서 본 장에서는 정수압의 정의, 압력을 측정하기 위한 방법들, 깊이에 따른 압력의 변화, 수중의 물체에 작용하는 힘, 부력 및 부체의 안정 그리고 강체운동에서의 정수압에 대해 소개하기로 한다.

3.1 압력의 정의

정지하고 있는 유체의 모든 지점에서는 특정한 크기의 압력(pressure)이 작용하며, 이 유체가 물인 경우 작용하는 압력을 정수압(hydrostatic pressure)이라 한다. 정수압은 접촉하고 있는 물체에 항상 직각방향으로 작용하며, 이때 단위면적당 작용하는 압력을 압력강도(pressure intensity)라 한다. 즉, 압력강도는 정지하고 있는 유체에 의해 단위면적당 작용하는 힘으로 N/m^2, kg/m^2 또는 lb/ft^2 등과 같은 단위를 가진다. 예를 들어, 유체에 놓여 있는 물체의 평면 A에 유체에 의해 균일한 힘 F가 작용한다면 압력강도 즉, 압력 p는 다음과 같이 나타낼 수가 있다.

$$p = \frac{F}{A} \tag{3.1.1}$$

만일 물체의 평면 A에 균일하게 힘이 작용하지 않을 경우에는 미소면적 ΔA에 작용하는 힘 ΔF를 사용하여 압력을 다음과 같이 정의할 수가 있다.

$$p = \lim_{\Delta A \to 0} \frac{\Delta F}{\Delta A} = \frac{dF}{dA} \tag{3.1.2}$$

3.2 한 점에 작용하는 압력

앞에서 정지하고 있는 유체의 압력강도 또는 압력을 유체의 단위면적당 작용하는 유체의 힘이라고 정의하였다. 그렇다면 유체의 한 점에 작용하는 압력은 작용 방향에 따라 어떻게 변하는지에 대한 의문을 가지게 된다. 이러한 의문에 대한 답을 얻기 위해 그림 3.2.1과 같은 자유물체도(free body diagram) 즉, 유체 중의 작은 삼각형 쐐기 모양을 한 가상적인 유체(fluid body)를 생각해 보자. 정지하고 있는 유체 중에는 유체 분자간의 상대적인 움직임이 없으므로 전단응력이 발생하지 않고, 쐐기 모양의 유체에 작용하는 힘은 오직 유체에 의한 압력 및 중력에 의한 무게만 작용하게 된다. 편의상 쐐기의 유체가 x방향으로 단위 두께를 가지고 무게는 −z방향으로 작용한다고 하면, 정지하고 있는 쐐기 유체는 어느 한 쪽으로도 움직이지 않고 평형상태에 있으므로 y방향 및 z방향의 평형방정식은 다음과 같이 나타낼 수가 있다.

$$\sum F_y = p_y dx dz - p_s dx ds \sin\theta = 0 \tag{3.2.1}$$

$$\sum F_z = p_z dx dy - p_s dx ds \cos\theta - \gamma\frac{dx dy dz}{2} = 0 \tag{3.2.2}$$

여기서 p_s, p_y 및 p_z은 각 면에 작용하는 평균압력, γ는 유체의 단위중량이다. 쐐기 유체의 기하학적인 형태로부터

$$dy = ds\cos\theta, \qquad dz = ds\sin\theta \tag{3.2.3}$$

이므로 식 (3.2.1)로부터 다음과 같게 된다.

$$p_y = p_s \tag{3.2.4}$$

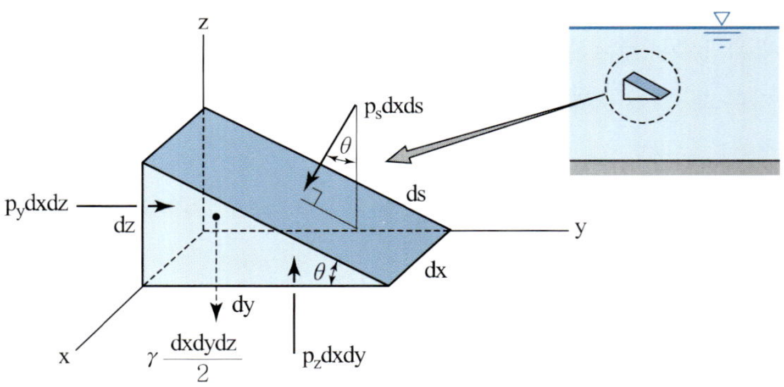

그림 3.2.1 유체의 임의의 쐐기모양의 수체에 작용하는 힘

또한, 유체중의 한 점에 대해 고려하고 있으므로 쐐기의 각 변의 길이 dz, dy 및 ds가 각도 θ를 그대로 유지한 채 0으로 되면

$$p_z = p_s \tag{3.2.5}$$

가 되어 결국 다음과 같은 결과를 얻게 된다.

$$p_y = p_z = p_s \tag{3.2.6}$$

따라서 쐐기 유체의 각도 θ가 임의로 설정한 값

이므로 정지 중에 있는 한 점에 작용하는 압력은 모든 방향에서 동일함을 알 수가 있다. 이러한 중요한 결과는 유체정역학분야에 많은 기여를 한 프랑스의 수학자 Blaise Pascal의 이름을 사용한 Pascal의 법칙(Pascal's law)으로 알려져 있다.

3.3 유체정역학 기본방정식

3.3.1 정역학 기본방정식

유체중의 한 점에 작용하는 압력은 모든 방향에서 동일함을 알아보았다. 그렇다면 수중의 같은 깊이에 있는 서로 다른 두 점 또는 다른 깊이에 있는 서로 다른 두 점에 작용하는 압력은 어떻게 변할 것인가. 이와 같이 서로 다른 지점에서의 압력변화를 알아보기 위해 그림 3.3.1과 같은 정수중의 길이 dx, dy 및 dz의 길이를 갖는 미소육면체의 유체를 이용하여 유체정역학 기본방정식을 유도하기로 한다.

이 미소유체에 작용하는 힘은 압력에 의한 표면력(surface force)과 중력에 의한 물체력(body force)이 있다. 대부분의 공학적인 문제에서 주로 고려하는 물체력은 중력가속도에 의해 발생하게 된다. 경우에 따라서는 전기 또는 자기장으로 인한 물체력이 있지만 본서에서는 고려하지 않는다.

미소유체의 중심부에서의 압력을 p라 하면 미소유체의 각 표면에서의 압력은 그림 3.3.1에서와 같이 중심부의 압력 p와 압력변화율로 나타낼 수가 있다. 이 미소유체가 정지 상태에 있으므로 어느 쪽으로도 움직이지 않고 있다.

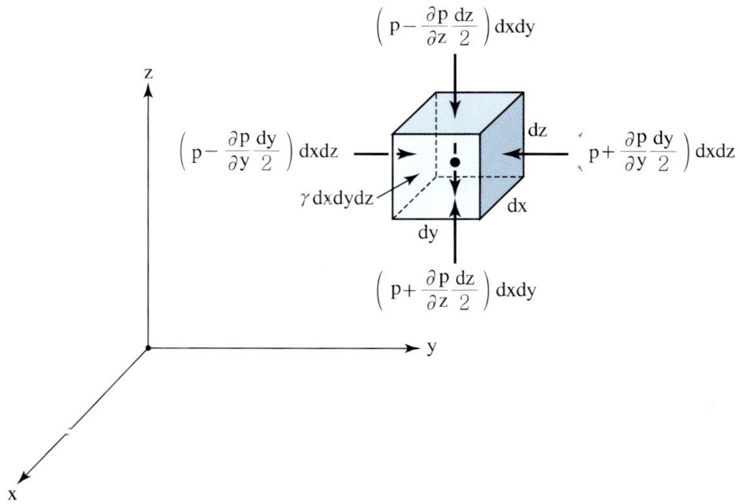

그림 3.3.1 유체중의 미소유체에 작용하는 힘

미소유체에서 물체력 $d\vec{F}_B$는

$$d\vec{F}_B = \vec{g}dm = \vec{g}\rho dV \tag{3.3.1}$$

여기서 $\vec{g}$는 중력가속도벡터, ρ는 유체의 밀도 그리고 dV는 미소유체의 체적이다.

Cartesian 좌표계에서는 dV=dx·dy·dz이므로

$$d\vec{F}_B = \rho\vec{g}\,dx\,dy\,dz \tag{3.3.2}$$

정지하고 있는 유체에서는 전단응력이 작

용하지 않으므로 표면력으로는 압력만 작용하게 된다. 압력은 유체내에서 위치에 따라 변하므로 p=p(x, y, z)로 나타낼 수 있다. 순 압력은 미소유체의 6면에 작용하는 유체에 의한 힘을 모두 합함으로서 얻을 수가 있다.

미소유체 중심에서의 압력이 p이고, 위치에 따른 압력의 변화율을 고려하면 y축 방향에 해당하는 미소유체의 왼쪽 면의 압력 p_L과 오른쪽 면의 압력 p_R은 다음과 같이 나타낼 수가 있다.

$$p_L = p - \frac{\partial p}{\partial y}\frac{dy}{2}, \qquad p_R = p + \frac{\partial p}{\partial y}\frac{dy}{2} \tag{3.3.3}$$

미소유체의 y축 방향으로 작용하는 압력에 의한 힘은 세 인자의 곱. 즉, 압력의 크기와 작용하는 면적 그리고 방향을 나타내는 단위벡터의 곱으로 나타내게 된다.

$$d\vec{F}_{Sy} = \left(p - \frac{\partial p}{\partial y}\frac{dy}{2}\right)dx\,dz\,\hat{j} + \left(p + \frac{\partial p}{\partial y}\frac{dy}{2}\right)dx\,dz\,(-\hat{j}) \tag{3.3.4}$$

같은 방법으로 x축 및 z축에 해당하는 미소유체의 각 면에 대한 압력에 의한 힘을 구할 수가 있으며, 이들을 모두 합함으로서 미소유체에 작용하는 순 표면력을 다음과 같이 얻을 수가 있다.

$$\begin{aligned} d\vec{F}_S = &\left(p - \frac{\partial p}{\partial x}\frac{dx}{2}\right)dy\,dz\,\hat{i} + \left(p + \frac{\partial p}{\partial x}\frac{dx}{2}\right)dy\,dz\,(-\hat{i}) \\ &+ \left(p - \frac{\partial p}{\partial y}\frac{dy}{2}\right)dx\,dz\,\hat{j} + \left(p + \frac{\partial p}{\partial y}\frac{dy}{2}\right)dx\,dz\,(-\hat{j}) \\ &+ \left(p - \frac{\partial p}{\partial z}\frac{dz}{2}\right)dx\,dy\,\hat{k} + \left(p + \frac{\partial p}{\partial z}\frac{dz}{2}\right)dx\,dy\,(-\hat{k}) \end{aligned} \tag{3.3.5}$$

서로 상쇄되는 항을 제거하고 정리하면

$$d\vec{F}_S = -\left(\frac{\partial p}{\partial x}\hat{i} + \frac{\partial p}{\partial y}\hat{j} + \frac{\partial p}{\partial z}\hat{k}\right)dx\,dy\,dz \tag{3.3.6}$$

여기서 괄호안의 항을 압력 그레디언트(gradient) 또는 압력경사(pressure gradient)라 하며, grad p 또는 ∇p로 나타내고 ∇(del)은 벡터연산자로 다음과 같다.

$$\nabla(\,) = \frac{\partial(\,)}{\partial x}\hat{i} + \frac{\partial(\,)}{\partial y}\hat{j} + \frac{\partial(\,)}{\partial z}\hat{k} \tag{3.3.7}$$

따라서 식 (3.3.6)은 다음과 같이 나타낼 수 있다.

$$d\vec{F}_S = -\nabla p\,dx\,dy\,dz \tag{3.3.8}$$

미소유체에 작용하는 총 힘을 얻기 위해 지금까지 구한 물체력과 표면력을 합하면

$$d\vec{F} = d\vec{F}_B + d\vec{F}_S = (\rho\vec{g} - \nabla p)\,dx\,dy\,dz = (\rho\vec{g} - \nabla p)\,dV \tag{3.3.9}$$

또는 단위체적당 작용하는 힘으로 표현하면

$$\frac{d\vec{F}}{dV} = \rho\vec{g} - \nabla p \tag{3.3.10}$$

유체입자에 대해 뉴톤의 제2법칙은 $d\vec{F} = \vec{\alpha}\,dm = \vec{\alpha}\rho dV$로 나타낼 수 있고, 정지하고 있는 유체에서는 $\vec{\alpha} = 0$이 된다. 따라서

$$\frac{d\vec{F}}{dV} = \rho\vec{\alpha} = 0 \tag{3.3.11}$$

그러므로 식 (3.3.10)과 식 (3.3.11)로부터

$$\rho\vec{g} - \nabla p = 0 \tag{3.3.12}$$

식 (3.3.12)에서 왼쪽항의 첫 번째 및 두 번째 항은 각각 주어진 지점에서의 단위 체적당 물체력과 순 압력을 의미한다. 이 벡터방정식을 세 축방향의 방정식으로 표현하면 다음과 같다.

- x 방향 : $\rho g_x - \dfrac{\partial p}{\partial x} = 0$
- y 방향 : $\rho g_y - \dfrac{\partial p}{\partial y} = 0$ (3.3.13)
- z 방향 : $\rho g_z - \dfrac{\partial p}{\partial z} = 0$

식 (3.3.13)이 정지상태 유체에서의 세 축방향으로의 압력의 변화를 나타내는 유체 정역학방정식이다.

3.3.2 연직방향의 압력변화

앞에서 그림 3.3.1과 같이 정지하고 있는 유체에 대한 정역학방정식을 유도하였다. 식 (3.3.13)에서 z축을 연직방향으로 하고 윗 방향을 +로 정하면 $g_x=0$, $g_y=0$ 그리고 $g_z=-g$가 되므로 정역학방정식은 다음과 같이 각 방향별 성분을 나타낼 수가 있다.

$$\frac{\partial p}{\partial x} = 0, \quad \frac{\partial p}{\partial y} = 0, \quad \frac{\partial p}{\partial z} = -\rho g \tag{3.3.14}$$

따라서 연직방향으로의 압력의 변화는 유체의 단위중량과 같다. 수평방향으로는 압력의 변화가 없으므로 결국 압력 p는 연직방향 z에 따라서만 변하므로 식 (3.3.14)는 다음과 같이 표현할 수 있다.

$$\frac{dp}{dz} = -\rho g = -\gamma \tag{3.3.15}$$

단위중량 γ는 밀도 ρ에 중력가속도 g를 곱한 것과 같다. 일반적으로 g는 일정하다고 간주하면 단위중량은 밀도에 따라 변하게 된다. 하지만 액체의 경우 특히 수리학에서는 액체의 압축성을 무시하므로 결국 단위중량은 깊이에 따라 변하지 않고 일정하다고 볼 수 있다. 따라서 미분방정식 (3.3.15)를 그림 3.3.2와 같이 깊이 z_1부터 z_2까지 적분하면 다음과 같다.

$$\int_{p_1}^{p_2} dp = -\gamma \int_{z_1}^{z_2} dz \tag{3.3.16}$$

여기서 p_1과 p_2는 연직 깊이 z_1과 z_2에서의 압력이다. 식 (3.3.16)을 풀면

$$p_2 - p_1 = -\gamma(z_2 - z_1) = -\gamma h \tag{3.3.17}$$

또한 h는 z_1부터 z_2까지 아랫방향으로의 깊이이므로 −방향을 고려하면

$$p_2 = \gamma h + p_1 \tag{3.3.18}$$

이와 같은 깊이에 따른 압력분포를 정수압분포(hydrostatic distribution)라 하며, 비압축성인 유체 중에서 깊이에 따라 압력이 직선적으로 변화함을 알 수 있다.

식 (3.3.17)로부터 두 지점간의 압력변화를 거리 h로 나타낼 수가 있다.

$$h = \frac{p_2 - p_1}{\gamma} \tag{3.3.19}$$

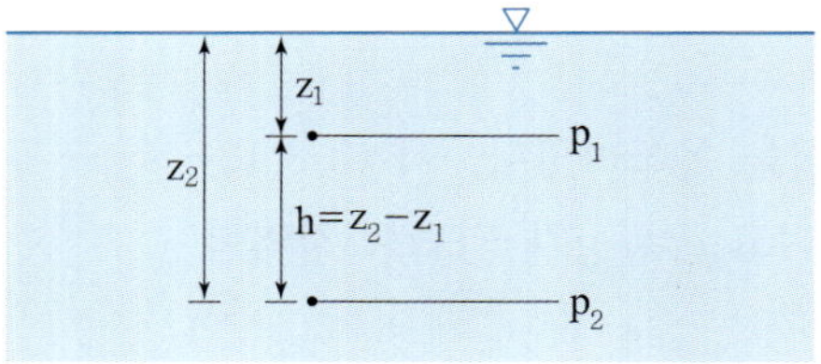

그림 3.3.2 깊이에 따른 압력변화

여기서 h를 압력수두(pressure head)라 하며, 압력차 $p_2 - p_1$을 보이는데 필요한 단위중량 γ인 유체 기둥의 높이라 할 수 있다.

일반적으로 유체에 대해 다룰 경우 자유표면을 가지게 되며, 이 표면을 기준면으로 사용하면 편리하다. 기준면에서의 기준 압력을 p_o라 하면 이는 대기압과 같다. 따라서 식 (3.3.18)에서 p_1을 p_o라 하면 유체표면으로부터 임의의 깊이 h에서의 압력 p는 다음과 같이 나타낼 수 있다.

$$p = \gamma h + p_o \qquad (3.3.20)$$

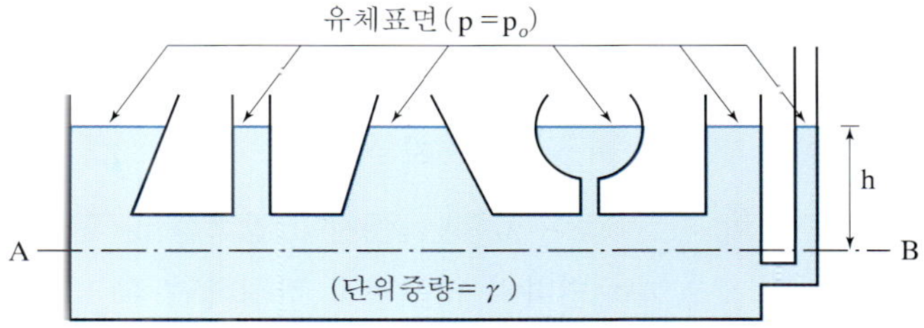

그림 3.3.3 다양한 용기형태에서의 정수압

식 (3.3.20)으로 부터 정지하고 있는 유체에서의 압력은 기준면으로부터의 상대적인 깊이에 따라 변하게 되며, 유체가 담겨져 있는 용기의 크기나 모양에 대해서는 영향을 받지 않는다. 따라서 그림 3.3.3에서 AB선상에 있는 모든 지점에서의 압력은 비록 그 위의 용기 모습이 모두 달라도 일정하며 $p_{AB}=\gamma h+p_o$가 된다.

예제 3.3.1

지하의 기름저장 탱크에 누수가 발생하여 1m 깊이의 물이 스며들었다. 물 위로 기름이 5m 깊이로 떠 있을 때 물과 기름의 접촉면 및 탱크 바닥에서의 압력을 계산하라. 단, 기름의 비중은 0.7이다.

풀이

물과 기름의 접촉면에서는 기름에 의한 압력만 작용하므로

$$p = \gamma z = S\gamma_w z = 0.7 \times 1{,}000\text{kg/m}^3 \times 5\text{m} = 3{,}500\text{kg/m}^2$$

탱크 바닥에서는 기름에 의한 압력과 물에 의한 압력이 함께 작용하므로

$$p = 3{,}500\text{kg/m}^2 + 1{,}000\text{kg/m}^3 \times 1\text{m} = 4{,}500\text{kg/m}^2$$

예제 3.3.2

수중의 두 지점에서 압력을 측정하였더니 $p_1=1{,}500\text{kg/m}^2$, $p_2=2{,}800\text{kg/m}^2$이었다. 두 지점간의 거리차를 구하라.

풀이

식 (3.3.19)를 적용하면

$$h = \frac{p_2 - p_1}{\gamma} = \frac{2{,}800\text{kg/m}^2 - 1{,}500\text{kg/m}^2}{1{,}000\text{kg/m}^3} = 1.3\text{m}$$

3.3.3 기체내의 압력분포

유체 중 액체는 비압축성으로 고려하여 밀도가 변하지 않아 액체의 단위중량이 일정하다고 가정하고 정수압분포를 알아보았다. 하지만 기체는 압축성으로 압력에 따라 밀도가 변하게 된다. 따라서 식 (3.3.15)를 적용할 때 밀도는 변수로 간주해야 하며, 이상기체법칙 $p=\rho RT$를 적용하여 기체

내의 압력분포를 얻을 수가 있다.

$$\frac{dp}{dz} = -\rho g = -\frac{p}{RT}g \tag{3.3.21}$$

높이 z_1 및 z_2에서의 압력을 p_1 및 p_2라 하고, 중력가속도 g와 가스상수 R이 높이 z_1과 z_2 사이에서 변하지 않는다고 가정하면 식 (3.3.21)은 다음과 같이 적분할 수가 있다.

$$\int_{p_1}^{p_2}\frac{dp}{p} = \ln\frac{p_2}{p_1} = -\frac{g}{R}\int_{z_1}^{z_2}\frac{dz}{T} \tag{3.3.22}$$

온도는 높이에 따라 변하지만 등온대기(isothermal atmosphere) 즉, 높이 z_1과 z_2 사이에서 온도 T가 T_o로 일정하다고 가정하면 식 (3.3.22)는 다음과 같게 된다.

$$p_2 = p_1 \exp\left[-\frac{g(z_2 - z_1)}{RT_o}\right] \tag{3.3.23}$$

여기서 가스상수 R은 $287m^2/s^2\cdot{}^\circ K$이며, T_o는 절대온도(°K)이다.

예제 3.3.3

해수면에서의 압력이 101,350Pa이고 대기의 온도가 10℃일 때 등온가정을 적용하였을 경우 4,000m 고도에서의 압력은 얼마인가?

풀이

대기의 온도가 10℃이므로 절대온도는 283.16°K이다. 따라서

$$p_{4,000m} = p_o \exp\left[-\frac{g(z_2 - z_1)}{RT_o}\right] = (101,350Pa)\exp\left[-\frac{(9.8m/s^2)(4,000m)}{(287m^2/s^2K)(283.16K)}\right]$$
$$= (101,350Pa)\exp(-0.4824) = 62,563Pa$$

3.4 압력의 전달

밀폐된 시스템에서 한 지점에서의 압력의 변화는 시스템 전체로 전달되게 되는데, 이러한 원리를 파스칼(Pascal)의 원리라 한다. 유체가 이동하는 것과 같은 이러한 압력의 전달현상은 항공기나 다른 중기계의 수압조절뿐 만 아니라 수압기계(hydraulic jacks), 기중기(lifts), 수압기(presses)등의 운전에 매우 중요한 역할을 하고 있다. 이러한 장비들의 배경에 깔려있는 기본적

인 개념은 그림 3.4.1에서 확인할 수 있다.

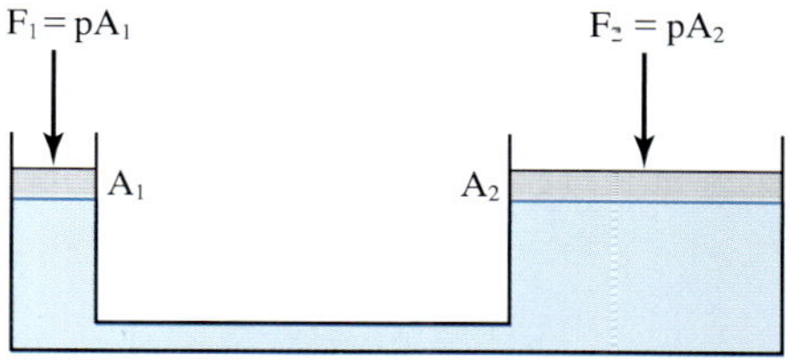

그림 3.4.1 압력의 전달

기름과 같은 액체로 채워져 있는 밀폐된 시스템의 한 쪽 끝단의 피스톤은 시스템 전체의 압력을 변화시키는데 사용할 수 있으며, 따라서 적용된 힘 F_1이 다른 피스톤으로 전달되어 F_2란 힘을 발생시키게 된다. 두 피스톤이 기름과 접촉하고 있는 면의 높이가 같다면 두 지점에서의 압력 p는 같게 된다. 따라서

$$\frac{F_1}{A_1} = \frac{F_2}{A_2} \tag{3.4.1}$$

피스톤의 단면적 A_2는 A_1보다 훨씬 크게 만들 수가 있고, 따라서 큰 기계적인 힘을 얻을 수가 있다. 즉, 작은 피스톤에 작은 힘을 가하여 큰 피스톤에서는 큰 힘을 발생시킬 수가 있다.

예를 들어 그림 3.4.2와 같은 자동차 정비소에서 사용하고 있는 유압기중기를 생각해 보자. 압축기(compressor)로부터의 공기 압력은 기름에 압력을 발생시켜 유압시스템에서 피스톤의 작용을 한다. 만일 공기의 압력이 2,000kg/m^{2}이면 직경 25cm의 피스톤에도 2,000kg/m^{2}의 압력이 작용되므로, 피스톤에 가해지는 힘은 압력 p에 단면적 A를 곱한 98kg이 된다. 더 무겁거나 가벼운 물건을 들어올리기 위해서는 단지 압력을 증가시키거나 감소시키면 된다.

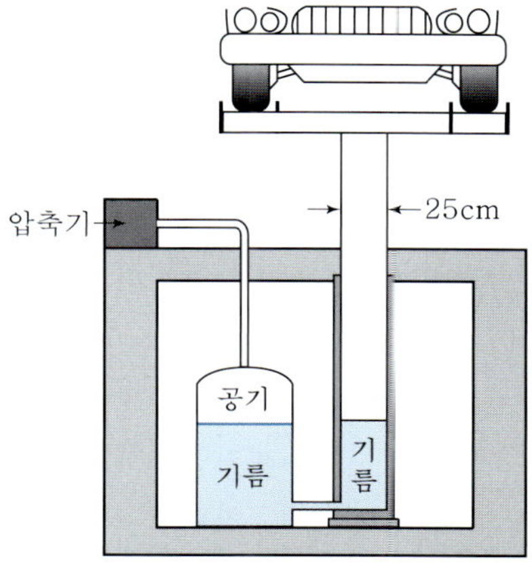

그림 3.4.2 유압기

예제 3.4.1

그림 3.4.3과 같은 유압기를 이용하여 손잡이에 F=20kg의 힘을 가할 때 들어 올릴 수 있는 힘 F_2는 얼마인가.

풀이

단면적 A_1인 작은 피스톤에 작용하는 힘을 F_1이라 하면 F_1은 C를 중심으로 모멘트를 적용해 구할 수 있다. 즉,

$$0.33\text{m} \times 20\text{kg} - 0.03\text{m} \times F_1 = 0 \qquad \therefore F_1 = 220\text{kg}$$

따라서 작은 피스톤에 작용하는 압력 p_1은

$$p_1 = \frac{F_1}{A_1} = \frac{220\text{kg}}{\pi d^2/4} = \frac{220\text{kg}}{3.14 \times 0.015^2\text{m}^2/4} = 1{,}245{,}577\text{kg/m}^2$$

큰 피스톤에 작용하는 압력 p_2와 p_1이 평형을 이루고 있으므로

$$F_2 = p_2 A_2 = p_1 A_2 = 1{,}245{,}577\frac{\text{kg}}{\text{m}^2} \times \frac{3.14}{4} \times (0.05\text{m})^2 = 2{,}445\text{kg}$$

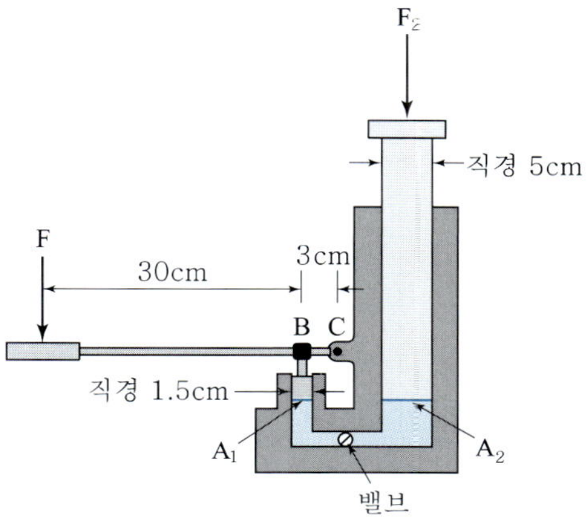

그림 3.4.3 유압기

3.5 압력의 측정 단위

3.5.1 압력의 단위

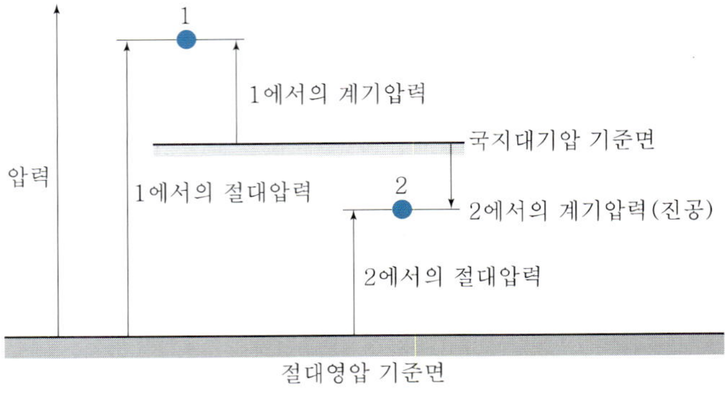

그림 3.5.1 절대압력 및 계기압력

압력은 유체에서 매우 중요한 특성이므로 압력을 측정하는 기구나 기법이 다양하게 존재한다. 유체내의 한 점에서의 압력은 절대압력(absolute pressure) 또는 계기압력(gage pressure)으로 나타낼 수가 있다. 절대압력은 완전진공 즉, 절대영압(absolute zero pressure)을 기준으로 나타내는 반면, 계기압력은 국지대기압(local atmospheric pressure)을 기준으로 나타내게 된다. 따라서 절대압력은 항상 양의 값으로 나타나지만, 계기압력은 압력이 대기압보다 높고 낮음에 따라 양의 값 또는 음의 값으로 나타나며, 음의 계기압력을 진공압력(vacuum pressure)이라 한다. 따라서 대기압이 절대압력으로 100kPa이라고 가정했을 때 계기압력이 −30kPa로 나타났다면 이는 진공압력 30kPa, 또는 절대압력은 70kPa이 된다. 절대압력 및 계기압력에 대한 개념이 그림 3.5.1에 나타나 있다.

압력을 측정하는데 사용하는 단위로는 영국단위제에서는 lb/ft^2 또는 lb/in^2, 미터제에서는 ton/m^2 또는 kg/cm^2, 국제단위제에서는 pascal(Pa)을 사용하는데, 이는 $1N/m^2$에 해당하는 압력이다. 압력은 액체의 기둥 높이로 표현할 수도 있으며, 이 경우 단위는 기둥의 높이인 mm, m, ft, in 등으로 표시하며 또한 액체의 종류(H_2O, H_g 등)도 나타내어야 한다.

대기압의 측정은 보통 그림 3.5.2와 같은 수은압력계(mercury barometer)를 이용하여 측정하는데, 수은압력계는 유리관내에 수은을 가득 채워 수은이 가득 담긴 용기에 거꾸로 세운 형태로 이루어져 있다. 수은 기둥은 유리관내 수은 위의 증기압(p_{vapor})에 의한 힘 및 수은의 무게($\gamma_m h$)가 용기의 수은표면에 작용하는 대기압(p_{atm})과 평형상태에 도달할 때까지 내려오다 멈추게 된다. 따라서

$$p_{atm} = \gamma_m h + p_{vapor} \tag{3.5.1}$$

여기서 γ_m은 수은의 단위중량이다. 실제로 적용할 경우에는 증기압 p_{vapor}가 매우 작기 때문에 생략하여 다음과 같이 사용하게 된다.

$$p_{atm} = \gamma_m h \tag{3.5.2}$$

이와 같은 수은압력계는 1644년경 Evangelista Torricelli에 의해 고안되었다.

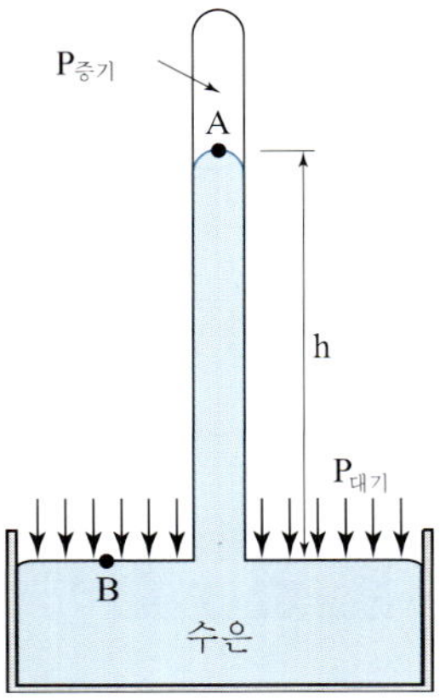

그림 3.5.2 수은압력계

3.5.2 표준대기압

유체역학에서는 대기의 온도, 압력, 밀도, 단위중량 등을 이용하여 다양한 설계에 사용하고 있다. 또한 서로 다른 지역에서의 위와 같은 물리량들을 비교하기 위해서 지구 대기를 대표하는 표준대기(standard atmosphere)가 필요하며, 지구대기의 중간위도에서의 연평균 상태를 이용하여 표 3.5.1과 같이 해수면에서의 표준대기의 다양한 물리량을 정의하여 사용하고 있다. 해수면에서의 중력가속도는 9.807m/s^2 또는 32.174ft/s^2이 사용된다.

예를 들어 표준대기압(standard atmospheric pressure)은 절대압력으로 101.3kPa이며, 앞에서 설명한 수은압력계를 사용하면 760mmHg가 되며 식 (3 5.3)과 같이 다양한 단위로 변환하여 사용할 수가 있다.

$$
\begin{aligned}
1\text{기압} &= 760\text{mmHg} = 10.33\text{mH}_2\text{O} = 1.033\text{kg/cm}^2 = 1.013\times10^5\text{N/m}^2 \\
&= 1.013\text{bar} = 1{,}013\text{mb} = 1{,}013\text{hPa} = 101.3\text{kPa} \qquad (3.5.3)
\end{aligned}
$$

표 3.5.1 해수면에서의 표준대기의 물리량

물 리 량	국제단위제 (SI)	영국단위제 (BG)
온도 T	15℃(288.15K)	59.00°F(518.67R)
압력 p	101.33kPa(절대)	2116.2lb/ft^2(절대)
밀도 ρ	$1.225\text{kg}_0\text{/m}^3$	$0.002377\text{slugs/ft}^3$
단위중량 γ	12.014N/m^3	0.07647lb/ft^3
점성계수 μ	$1.789\times10^{-5}\ \text{N}\cdot\text{s/m}^2$	$3.737\times10^{-7}\text{lb}\cdot\text{s/ft}^2$

예제 3.5.1

국지대기압이 760mmHg이고 계기압력이 3kg/cm^2일 때 ㅇ를 절대압력으로 나타내고 bar, mb, hPa, kPa 단위로 표시하라. 단 수은의 비중은 13.6이다.

풀이

국지대기압 $p_a = 0.76\times1{,}000\times13.6 = 10{,}336\text{kg/m}^2 = 1.034\text{kg/cm}^2$

따라서 절대압력은 $p_{abs} = p_a + p_g = 1.034\text{kg/cm}^2 + 3\text{kg/cm}^2 = 4.034\text{kg/cm}^2$

$1\text{bar} = 10^5\text{N/m}^2$이고, $1\text{kg} = 9.8\text{N}$이므로

$$p_{abs} = 4.034\text{kg/cm}^2 = \frac{4.034\text{kg}}{\text{cm}^2}\times\frac{10^4\text{cm}^2}{1\text{m}^2}\times\frac{9.8\text{N}}{1\text{kg}} = 3.953\times10^5\text{N/m}^2 = 3.953\text{bar}$$

그러므로 $p_{abs} = 3{,}953\text{mb} = 3{,}953\text{hPa} = 395.3\text{kPa}$

예제 3.5.2

국지대기압이 600mmHg인 곳에 평균온도 4℃인 깊이 50m의 호수가 있다. 호수의 가장 깊은 곳에서의 절대압력을 Pa로 나타내라. 단 수은의 비중은 13.6이다.

풀이

국지대기압 $p_a = 0.60 \times 1{,}000 \times 13.6 = 8{,}160\text{kg/m}^2$

수심 50m깊이에서의 수압은

$$p = 1{,}000\text{kg/m}^3 \times 50\text{m} = 50{,}000\text{kg/m}^2$$

따라서 수심 50m에서의 절대압력은

$$p_{abs} = p_a + p = 8{,}160\text{kg/m}^2 + 50{,}000\text{kg/m}^2 = 58{,}160\text{kg/m}^2$$

1kg=9.8N이므로

$$p_{abs} = \frac{58{,}160\text{kg}}{\text{m}^2} \times \frac{9.8\text{N}}{1\text{kg}} = 569{,}968\text{N/m}^2 = 570\text{kN/m}^2 = 570\text{kPa}$$

3.6 압력의 측정

압력을 측정하는 표준 방법들에는 연직 또는 경사로 세운 관내의 액체 기둥을 이용하는 방법이 있다. 이러한 방법에 기본을 둔 압력측정 장치를 액주계(manometer)라 한다. 앞에서 설명한 수은 압력계도 액주계의 한 예이며, 특정 적용 상황에 따라 다양한 형태를 띠게 된다. 일반적인 액주계의 형태로는 수압관(piezometer tube), U자형 액주계(U−tube manometer), 경사식 액주계(inclined−tube manometer) 등이 있으며 기계적인 압력계로 버어돈 압력계(Bourdon pressure gage)와 압력변환기(pressure transducer) 등이 있다.

3.6.1 수압관

수압관은 액주계의 가장 간단한 형태로 그림 3.6.1과 같이 압력을 측정하려는 관에 연결된 끝단이 열려 대기와 노출된 연직관으로 구성되어 있다. 수압관은 정지하고 있는 유체의 기둥으로 압력을 측정하기 때문에 식 (3.3.20)을 이용하게 된다.

$$p = \gamma h + p_o \tag{3.3.20}$$

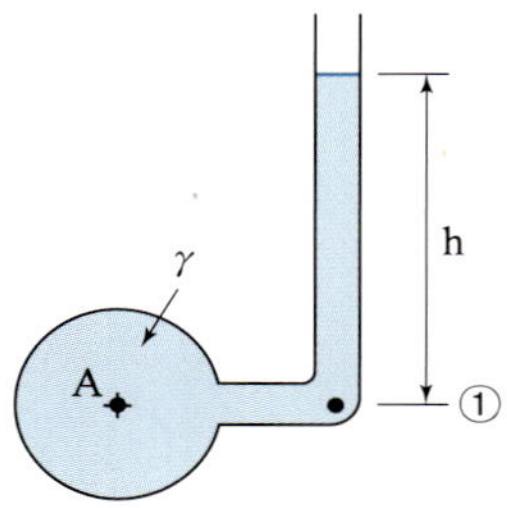

그림 3.6.1 수압관

체를 사용하게 된다. 압력이 작용되기 전에 양쪽 수조와 U자관에서의 액체 A와 액체 B는 서로 같은 높이로 평형을 이루고 있다.

수조의 단면적을 A_T, U자관의 단면적을 A_U라 하면, 평형상태와 비교할 때 계기유체가 수조에서는 Δy만큼, U자관에서는 h/2만큼의 위치변화가 있게 된다. 따라서

$$A_T \Delta y = A_U \left(\frac{h}{2}\right)$$

$$\therefore \ h = \frac{2A_T}{A_U}\Delta y \tag{3.6.6}$$

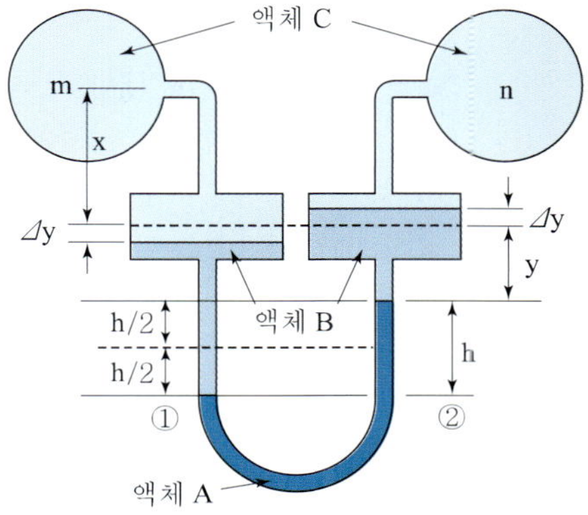

그림 3.6.4 미차액주계

즉, U자관의 단면적에 비해 수조의 단면적을 크게 하면 수조가 없을 경우에 해당하는 변화 Δy를 h만큼 확대하여 측정할 수가 있다. ①지점과 ②지점이 같은 계기유체로 통해 있으며 높이가 같으므로 압력도 같다. 따라서 ①지점의 압력과 ②지점의 압력을 관 m 및 관 n으로부터 시작하여 구하면 다음과 같다.

$$p_1 = p_m + \gamma_c(x + \Delta y) + \gamma_B(y + h - \Delta y) \tag{3.6.7}$$

$$p_2 = p_n + \gamma_c(x - \Delta y) + \gamma_B(y + \Delta y) + \gamma_A h \tag{3.6.8}$$

①, ②지점의 압력이 같으므로 $p_1=p_2$ 및 식 (3.6.6)으로부터

$$\begin{aligned} p_m - p_n &= (\gamma_A - \gamma_B)h + 2(\gamma_B - \gamma_c)\Delta y \\ &= (\gamma_A - \gamma_B)h + \frac{A_u}{A_T}(\gamma_B - \gamma_c)h \end{aligned} \tag{3.6.9}$$

식 (3.6.9)에서 계기유체의 단위중량 γ_A 및 γ_B 그리고 측정유체의 단위중량 γ_C를 알고 있고, U자관의 단면적 A_U와 수조의 단면적 A_T를 알고 있으므로 U자관에서의 높이 h만 측정하면 두 관 m, n사이의 압력차를 계산할 수가 있다.

예제 3.6.2

그림 3.6.5와 같이 밀폐된 탱크안에 공기와 기름(S=0.9)이 압축되어 있다. 수은(S=13.6)을 사용한 U자관이 그림과 같이 연결되어 있고, h_1=5cm, h_2=10cm 그리고 h_3=20cm일 때 계기에서 나타나는 압력을 계산하라.

풀이

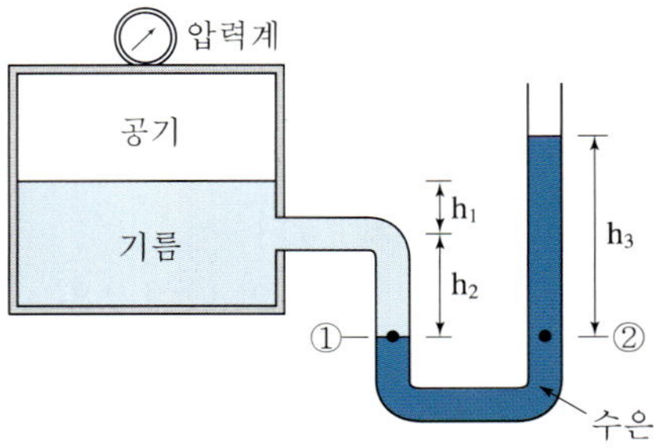

그림 3.6.5

①지점에서의 압력은 $p_1 = p_{air} + \gamma_o(h_1 + h_2)$

②지점에서의 압력은 $p_2 = \gamma_{Hg} h_3$

①지점과 ②지점에서의 압력이 같으므로

$$p_{air} + \gamma_o(h_1 + h_2) = \gamma_{Hg} h_3$$

따라서

$$p_{air} = 13.6 \times 1{,}000 \times 0.2 - 0.9 \times 1{,}000 \times (0.05 + 0.1)$$
$$= 2{,}580\text{kg/m}^2$$

예제 3.6.3

그림 3.6.3과 같은 시차액주계에서 액체 1의 비중은 1, 액체 2의 비중은 13.6 그리고 액체 3의 비중은 0.8이다. h_1=20cm, h_2=40cm 그리고 h_3=25cm일 때 A관과 B관 사이의 압력차를 구하라.

풀이

시차액주계에서 두 관사이의 압력차는 식 (3.6.5)를 이용하여 구할 수 있다.

$$p_A - p_B = \gamma_2 h_2 + \gamma_3 h_3 - \gamma_1 h_1$$
$$= 13{,}600 \times 0.4 + 800 \times 0.25 - 1{,}000 \times 0.2 = 5{,}440\text{kg/m}^2$$

예제 3.6.4

그림 3.6.4와 같은 미차액주계에서 액체 A는 수은(S=13.6), 액체 B는 물(S=1.0) 그리고 액체 C는 기름(S=0.8)이다. 액체 A의 높이차가 h=50cm, U자관과 탱크의 단면적 비가 1:100일 때 두 관 사이의 압력차를 구하라.

풀이

수은의 단위중량 γ_A=13,600kg/m^3, 물의 단위중량 γ_B=1,000kg/m^3, 기름의 단위중량 γ_C=800kg/m^3. 따라서 식 (3.6.9)를 적용하면

$$p_m - p_n = (13{,}600 - 1{,}000) \times 0.5 + \frac{1}{100}(1{,}000 - 800) \times 0.5 = 6{,}301\text{kg/m}^2$$

3.6.3 경사액주계

작은 압력변화를 측정하기 위해 그림 3.6.6과 같은 경사액주계가 자주 사용된다. 액주계의 한쪽이 θ각도로 기울어져 있으며 경사길이 l_2를 측정하여 두 관 A, B사이의 압력차를 구하게 된

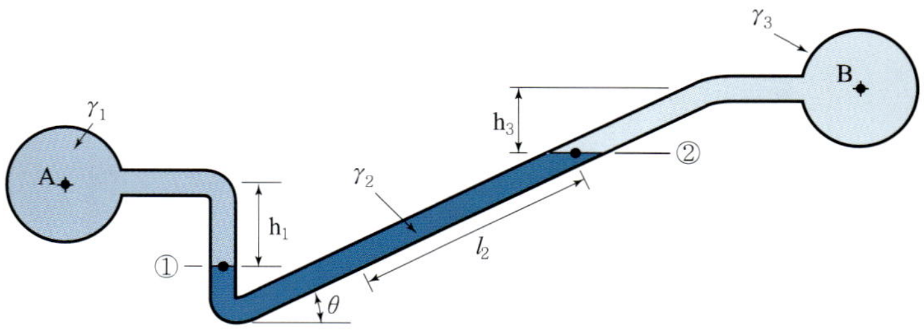

그림 3.6.6 경사액주계

다. 앞에서와 같은 방법으로 관 A에서부터 시작하여 관 B까지 압력의 변화를 나타내면 다음과 같다.

$$p_A + \gamma_1 h_1 - \gamma_2 l_2 \sin\theta - \gamma_3 h_3 = p_B \tag{3.6.10}$$

또는

$$p_A - p_B = \gamma_2 l_2 \sin\theta + \gamma_3 h_3 - \gamma_1 h_1 \tag{3.6.11}$$

여기서 주의할 것은 ①지점과 ②지점 사이의 압력 차이는 연직 깊이 차이로 인해 발생하므로 두 지점간의 거리는 $l_2 \sin\theta$가 된다. 따라서 경사를 조금만 변화시켜도 작은 압력 차이를 크게 확대해서 관측할 수가 있다.

예제 3.6.5

그림 3.6.6과 같은 경사액주계에서 액체 1의 비중은 1, 액체 2의 비중은 13.6 그리고 액체 3의 비중은 0.8이다. h_1=30cm, l_2=40cm 그리고 h_3=25cm일 때 A관과 B관 사이의 압력차를 구하라. 액주계의 경사각은 30°이다.

풀이

경사액주계에서 두 관사이의 압력차는 식 (3.6.11)을 이용하여 구할 수 있다.

$$p_A - p_B = \gamma_2 l_2 \sin\theta + \gamma_3 h_3 - \gamma_1 h_1$$

$$= 13{,}600 \times 0.4\sin30° + 800 \times 0.25 - 1{,}000 \times 0.3 = 2{,}620\text{kg/m}^2$$

3.6.4 Bourdon 압력계 및 압력변환기

버어돈 압력계는 그림 3.6.7과 같이 원호 형태로 휘어진 타원형태의 단면을 가진 관으로 구성되어 있다. 대기압이 작용할 경우(계기압력 0) 관은 변형이 있어나지 않으며 이때 계기바늘은 0압력을 가리키게 된다. 만일 압력이 작용하게 되면 휘어진 관은 펼쳐지는 경향이 있고, 따라서 계기바늘이 이에 해당하는 압력을 가리키게 된다.

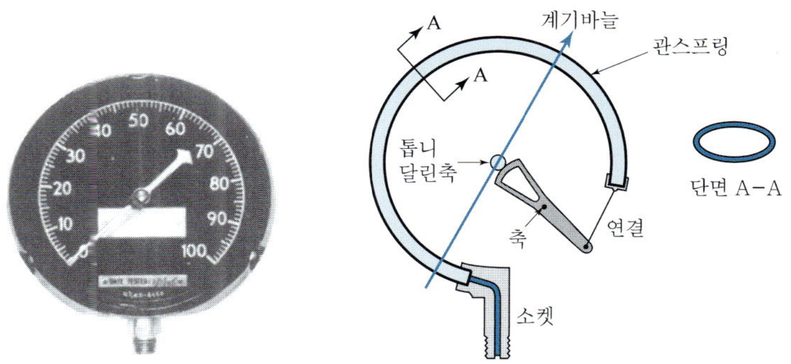

그림 3.6.7 Bourdon 압력계

버어돈 압력계는 과도한 압력 진동이 없거나 외부의 충격이 없을 경우 가장 일상적으로 사용되는 압력계이다. 하지만 이 두 가지의 경우가 공학적인 적용에 있어 자주 발생하기 때문에 진동감쇄장치를 설치하거나 주기적으로 검정을 할 필요가 있다.

유체의 흐름이 포함되어 있는 현대의 공장이나 시스템들은 자동화되어 통제되고 있으며, 이들의 작동 및 조작에는 시스템의 한계점에서의 압력을 감지하는 것이 포함되어 있다. 따라서 자료를 저장하거나 시스템 조작을 통제하기 위한 오실로스코프나 디지털장치에 전송할 수 있는 전자신호를 발생시키기 위한 압력변환기(pressure transducer)와 같은 압력감지 장비가 개발되어 사용되고 있다. 대부분의 변환기는 한쪽 면이 시스템의 실제 압력에 노출되어 있는 격판(diaphragm)으로 되어 있어 시스템에 부착되어 있다. 압력이 변하게 되면 격판이 휘어지고 격판의 반대쪽에 연결되어 있는 감지부에서 신호를 발생시킨다. 여러 종류의 감지장치가 있지만 가장 보편적으로 사용되는 것은 유연성 있는 격판에 부착된 저항선 응력계기(resistance-wire strain gage)이다. 그림 3.6.8은 압력을 기록하기 위한 압력변환기 및 이와 관련된 전자장치의 모식도를 보여주고 있다.

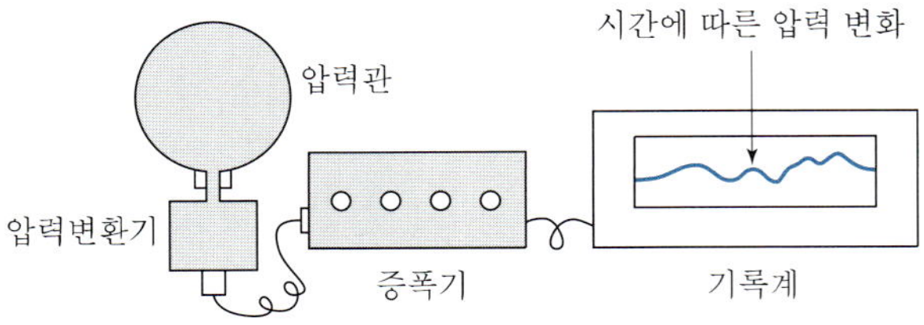

그림 3.6.8 압력변환기

3.7 평면에 작용하는 정수압

유체에 물체가 잠겨있을 때 유체에 의하여 물체의 표면에 압력이 작용하게 되고 따라서 압력에 의한 힘을 받게 된다. 이러한 힘들의 적절한 결정은 수조, 선박, 댐 및 다양한 수리 구조물의 설계에 있어 대단히 중요하다. 앞에서 언급한 바와 같이 정지하고 있는 유체에는 전단응력이 존재하지 않기 때문에 유체에 의한 힘은 유체에 잠겨있는 물체의 표면에 항상 직각으로 작용한다. 또한 깊이에 따라서 압력이 직선적으로 증가하며, 따라서 물체가 받는 힘도 증가하게 된다. 본 절에서는 유체 내에 평면이 놓여 있을 때 유체에 의한 힘과 이 힘이 작용하는 작용점을 결정하는 방법에 대해 알아보기로 한다.

3.7.1 유체표면과 평행한 경우

탱크의 바닥과 같이 유체표면과 평행하게 수평으로 되어 있는 경우 작용하는 유체에 의한 힘의 크기는 단위면적당 작용하는 압력 p에 압력이 작용하는 총 면적 A를 곱함으로서 얻을 수가 있다.

$$F = pA = \gamma hA \tag{3.7.1}$$

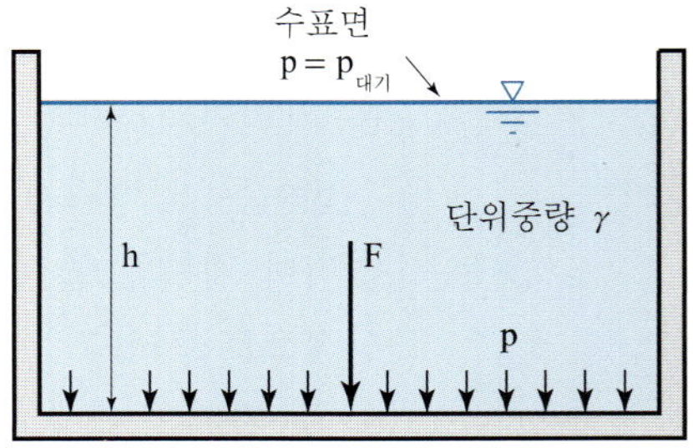

그림 3.7.1 평면에 작용하는 힘과 작용점

그림 3.7.1에서와 같이 대기압이 유체표면과 탱크의 아래 면에 작용하게 되면 서로 상쇄되어 탱크의 바닥이 받는 힘은 순수하게 유체에 의한 힘만 받게 된다. 앞으로 정수압은 순수한 유체에 의한 힘만 고려하고 대기압은 고려하지 않기로 하며, 만일 고려할 필요가 있는 경우에는 유체에 의한 힘에 대기압에 의한 힘을 합하면 된다. 압력이 탱크의 바닥면에 균일하게 작용하고 있기 때문에 힘의 작용점은 탱크 바닥의 중심 즉, 도심(centroid)을 통과하게 된다.

예제 3.7.1

그림 3.7.1과 같은 수조에 물이 1.5m 깊이로 차 있을 때 바닥면에 작용하는 힘의 크기를 구하라. 수조 바닥의 크기는 3m×4m이다.

풀이

수면과 평행한 수조의 바닥에 작용하는 힘은 식 (3.7.1)을 이용하여 산정할 수 있다.

$$F = pA = \gamma hA = 1{,}000\text{kg/m}^3 \times 1.5\text{m} \times 3\text{m} \times 4\text{m} = 18{,}000\text{kg}$$

3.7.2 유체표면과 경사진 경우

유체 내에 놓여 있는 평면의 일반적인 경우로 그림 3.7.2와 같이 특정 각도로 기울어져 있는 경우를 예를 들 수 있다. 이러한 경우 평면에 작용하는 합력의 결정은 수평으로 놓여있는 평면의 경우보다 좀 더 복잡하다. 유체표면이 대기에 노출되어 있고 원점 O에서 평면이 기울어진 각도가 θ라 하고, 원점 O에서 평면 방향을 y축, 이에 직각인 방향을 x축으로 설정하여 x 및 y좌표를 정하고, 평면은 임의의 모양을 한 면적 A로 이루어져 있다고 하자. 이러한 경우에 유체와 접촉하고 있는 평면에 작용하는 힘의 크기, 방향 및 위치를 결정해 보기로 한다.

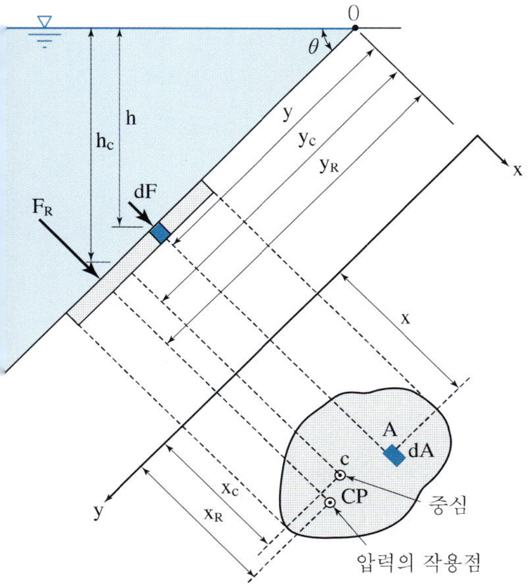

그림 3.7.2 경사진 경우에 작용하는 힘과 작용점

임의의 깊이 h에서의 미소면적 dA에 작용하는 힘 dF는 다음과 같고 평면에 직각으로 작용하게 된다.

$$dF = \gamma h dA = \gamma y \sin\theta \, dA \tag{3.7.2}$$

따라서 평면 전체에 작용하는 힘은 이러한 미소면적에 작용하는 모든 힘을 합한 것과 같고 다음과 같이 적분형태로 나타낼 수가 있다.

$$F = \int_A \gamma h dA = \int_A \gamma y \sin\theta dA \tag{3.7.3}$$

유체의 단위중량 γ와 평면의 경사각 θ는 일정하므로

$$F = \gamma \sin\theta \int_A y dA \tag{3.7.4}$$

식 (3.7.4)에서 적분 안의 표현은 x축에 대한 단면 1차 모멘트를 의미하며, 이는 전체 면적 A에 x축으로부터 평면의 도심까지의 거리 y_c를 곱한 것과 같다.

$$\int_A y dA = y_c A \tag{3.7.5}$$

따라서 식 (3.7.4)는 다음과 같이 표현 할 수가 있다.

$$F = \gamma A y_c \sin\theta \tag{3.7.6}$$

거리 y_c를 수표면으로부터 도심까지의 연직거리 h_c로 나타내면

$$F = \gamma h_c A \tag{3.7.7}$$

식 (3.7.7)로부터 유체 내의 평면에 작용하고 있는 힘은 평면의 경사각 θ와 상관없이 유체의 단위중량, 평면의 면적 그리고 유체표면으로부터 평면의 도심까지의 연직거리에 의해 결정됨을 알 수 있다. 즉, 유체 내의 경사진 평면에 작용하는 힘은 평면의 도심에 작용하는 압력에 평면의 면적을 곱하여 구하게 된다. 총 작용하는 힘을 구하기 위한 미소면적에 작용하는 힘들이 면에 직각으로 작용하므로 총 힘도 평면에 직각으로 작용하게 된다.

위에서 구한 총 힘 F가 평면의 도심에 작용할 것 같지만 사실 그렇지가 않다. 따라서 힘 F가 작용하는 작용점을 구해 보기로 한다. 힘 F가 작용하는 y축 상의 거리 y_R은 x축에 대한 모멘트들을 합하여 결정할 수가 있다. 즉, 합력 F의 모멘트는 미소면적에 작용하는 힘에 대한 모멘트들의 합과 같다.

$$F y_R = \int_A y dF = \int_A \gamma \sin\theta y^2 dA \tag{3.7.8}$$

식 (3.7.6)에서 $F=\gamma A y_c \sin\theta$이므로 식 (3.7.8)에 대입하고 y_R에 관해 정리하면

$$y_R = \frac{\int_A y^2 dA}{y_c A} \tag{3.7.9}$$

(3.7.9)의 분자에 있는 적분은 x축에 대한 단면 2차 모멘트(관성모멘트) I_x와 같다. x축에 대한 단면 2차 모멘트는 x축과 평행하며 평면의 도심을 지나는 축에 대한 단면 2차 모멘트로 나타낼 수가 있으며, x축에 대한 단면 2차 모멘트 I_x와 도심에 대한 단면 차 모멘트 I_{xc}와의 관계는 다음과 같다.

$$I_x = I_{xc} + y_c^2 A \tag{3.7.10}$$

따라서 식 (3.7.9)는 다음과 같이 나타낼 수가 있다.

$$y_R = y_c + \frac{I_{xc}}{y_c A} \tag{3.7.11}$$

식 (3.7.11)로부터 우변의 두 번째 항은 항상 양의 값을 가지므로 평면에 작용하는 힘의 작용점은 도심 y_c보다 항상 아래쪽에 작용함을 알 수 있다.

y축으로부터 x축 방향으로 떨어져 있는 합력 F가 작용하는 거리 x_R도 같은 방법으로 y축에 대한 모멘트를 고려함으로서 구할 수가 있다. 즉,

$$Fx_R = \int_A \gamma \sin\theta xy dA \tag{3.7.12}$$

따라서

$$x_R = \frac{\int_A xy dA}{y_c A} = \frac{I_{xy}}{y_c A} \tag{3.7.13}$$

여기서 I_{xy}는 x축 및 y축에 대한 단면 2차모멘트의 곱으로 다음과 같이 나타낼 수가 있다.

$$I_{xy} = I_{xyc} + A x_c y_c \tag{3.7.14}$$

여기서 I_{xyc}는 평면의 도심에 대한 x축 및 y축에 방향의 단면 2차모멘트의 곱이다. 따라서 식 (3.7.14)는 다음과 같이 표현할 수가 있다.

$$x_R = x_c + \frac{I_{xyc}}{y_c A} \tag{3.7.15}$$

만일 유체 내에 놓인 평면이 도심을 통과하는 축에 대해 좌우 대칭이고, x축 또는 y축에 대해 평행하면 $I_{xyc}=0$이 되므로 합력은 $x=x_c$ 선상에 놓이게 된다. 일반적으로 사용되는 단면에 대한 도심의 위치 및 단면적 A, 단면 2차모멘트 I_{xc}, I_{yc} 그리고 I_{xyc}가 표 3.7.1에 나타나 있다.

예제 3.7.2

그림 3.7.3과 같은 저수지의 경사면에 직경 4m의 수문에 설치되어 있다. 원형 수문의 중심에 축이 설치되어져 있으며 중심으로부터 수면까지의 깊이가 10m이다. 물에 의해 수문에 미치는 힘의 크기와 작용점을 구하라.

표 3.7.1 각종 형태의 도심, 단면적 및 단면 2차모멘트

단면 형태	A	I_{xc}	I_{yc}	I_{xyc}
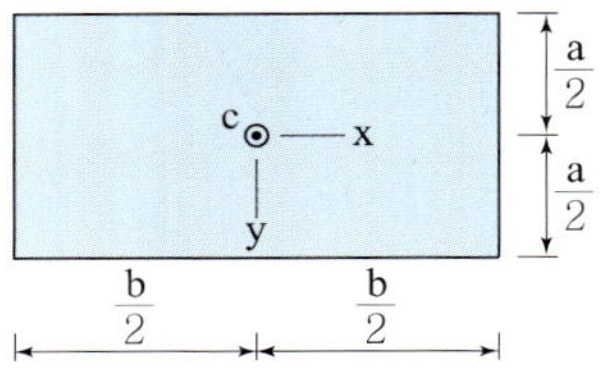	ba	$\frac{1}{12}ba^3$	$\frac{1}{12}ab^3$	0
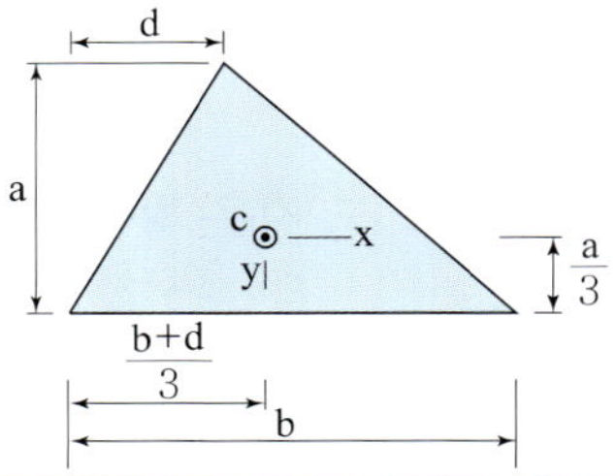	$\frac{ab}{2}$	$\frac{ba^3}{36}$	–	$\frac{ba^2}{72}(b-2d)$
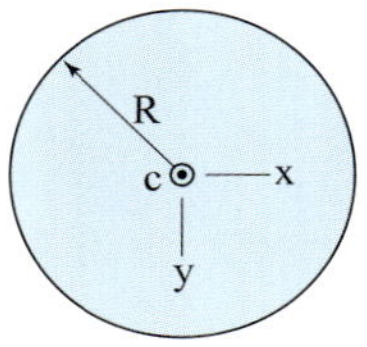	πR^2	$\frac{\pi R^4}{4}$	$\frac{\pi R^4}{4}$	0
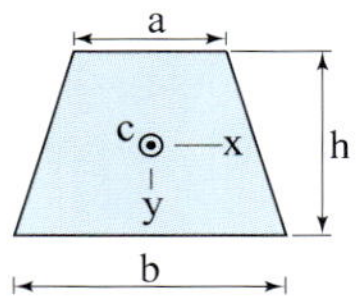	$\frac{h}{2}(a+b)$	$\frac{h^3(a^2+4ab+b^2)}{36(a+b)}$	–	–
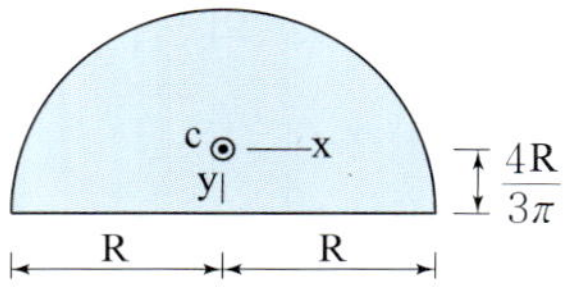	$\frac{\pi R^2}{2}$	$0.1098R^4$	$0.3927R^4$	0
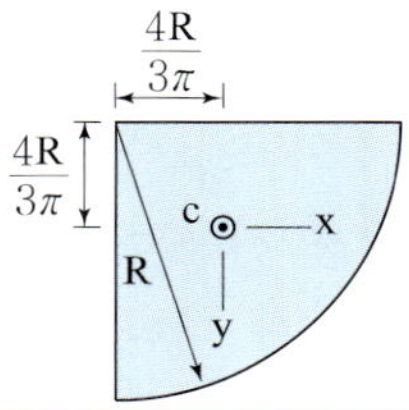	$\frac{\pi R^2}{4}$	$0.05488R^4$	$0.05488R^4$	$-0.01647R^4$

풀이

물에 의해 작용하는 힘의 크기는

$$F = \gamma h_c A = 1{,}000\text{kg/m}^3 \times 10\text{m} \times 4\pi\text{m}^2 = 125{,}600\text{kg}$$

힘이 작용하는 지점 y_R은 식 (3.7.11)로부터

$$y_R = y_c + \frac{I_{xc}}{y_c A}$$

$$= \frac{10\text{m}}{\sin 60°} + \frac{(\pi/4)\times(2\text{m})^4}{(10\text{m}/\sin 60°)\times(4\pi\text{m}^2)} = 11.6\text{m}$$

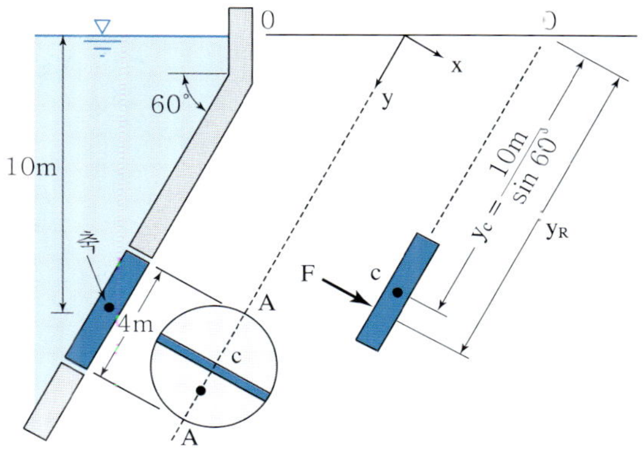

그림 3.7.3

3.7.3 유체표면과 연직인 경우

폭 b인 탱크에 깊이 h로 물이 담겨져 있을 경우 벽에서의 연직방향 압력 분포를 생각해 보자. 압력은 깊이에 따라 직선적으로 변하므로 그림 3.7.4a와 같이 유체표면에서는 압력이 0, 바닥에서 압력이 γh인 직선의 압력분포를 얻게 된다. 평균압력이 깊이 h/2지점에서 발생하게 되므로 사각형 평면 A=bh에 작용하는 힘은 다음과 같이 나타낼 수가 있다.

$$F = p_{ave}A = \gamma\left(\frac{h}{2}\right)A = \gamma h_c A \tag{3.7.16}$$

여기서 h/2는 사각형 평면의 수면으로부터의 도심까지의 거리 h_c와 같다.

이 경우를 경사진 평면의 경우와 비교해보면 탱크의 벽면이 수면과 90°를 이루고 있어 식 (3.7.6)에서 θ=90°인 경우와 같고 따라서 도심까지의 경사길이 y_c와 수면으로부터의 도심까지의 연직거리 h_c가 같게 되므로 결국 같은 결과를 얻게 된다.

$$F = \gamma A y_c \sin\theta = \gamma h_c A \tag{3.7.17}$$

그림 3.7.4a에 나타난 압력분포를 연직평면 전체에 나타내면 그림 3.7.4b와 같은 입체적인 압력분포를 보이게 된다. 이는 연직평면을 밑면으로 하는 압력프리즘으로 볼 수가 있으며 연직평면에 작용하는 힘은 압력프리즘의 부피와 같다. 따라서 압력프리즘으로 본 연직평면에 작용하는 힘은 식 (3.7.16)과 같은 결과를 준다.

$$F = \frac{1}{2}(\gamma h)(bh) = \gamma\left(\frac{h}{2}\right)A = \gamma h_c A \tag{3.7.18}$$

이 힘의 작용점의 위치 h_R은 압력프리즘의 도심을 지나게 된다. 즉, 연직평면이 좌우 대칭을 보이는 중심축을 따라 밑면으로부터 h/3되는 지점에 힘이 작용하게 된다. 이와 같은 힘

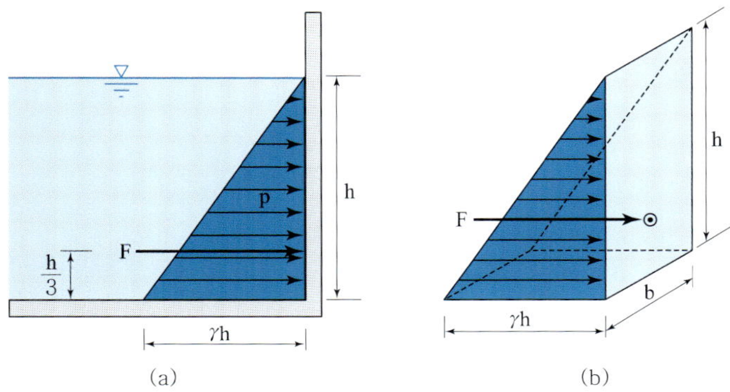

그림 3.7.4 연직 평면에 작용하는 힘

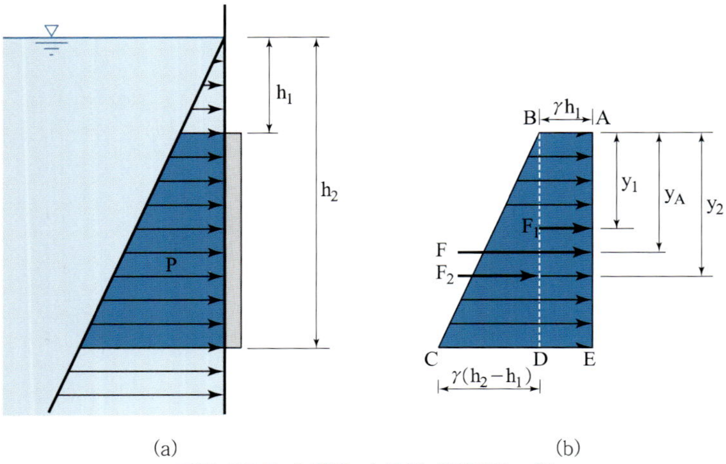

그림 3.7.5 수중의 수문에 작용하는 힘

의 작용점은 앞에서 알아본 경사진 평면에서의 힘의 작용점을 구하는 식 (3.7.11)에 $\theta=90°$에 해당하는 y_c, y_R 대신에 h_c, h_R을 적용함으로서 구할 수도 있다. 즉,

$$h_R = h_c + \frac{I_{xc}}{h_c A} \tag{3.7.19}$$

여기서 I_{xc}는 폭 b, 높이 h인 사각형의 중심에서의 x축에 대한 단면 2차 모멘트이므로 표 3.7.1로부터 $I_{xc}=bh^3/12$, $h_c=h/2$, $A=bh$이므로 이들을 식 (3.7.19)에 대입하면 $h_R=2h/3$을 얻게 된다.

압력프리즘의 개념을 이용하면 그림 3.7.5a와 같이 유체표면까지 확장되지 않는 유체중의 연직 수문의 사다리꼴 형태의 압력분포에 대한 힘의 크기를 쉽게 구할 수 있다. 즉, 연직 수문을 밑면으로 하는 압력프리즘의 부피가 바로 수문에 작용하는 힘이 되며, 이 힘의 작용점은 압력프리즘의 도심을 통과하게 된다. 그림 3.7.5b와 같이 압력프리즘을 ABDE 및 BCD 두 부분으로 분리하면

$$F = F_1 + F_2 \tag{3.7.20}$$

가 되며 F_1 및 F_2는 쉽게 구할 수가 있다. 힘 F의 작용점 y_A는 A점을 기준으로 하여 각 힘의 모멘트로부터 다음과 같이 산정할 수 있다.

$$Fy_A = F_1 y_1 + F_2 y_2 \tag{3.7.21}$$

여기서 y_1 및 y_2는 A로부터 각 힘이 작용하는 지점까지의 거리를 의미한다.

예제 3.7.3

그림 3.7.6과 같이 폭 2m의 직사각형 수로에 설치된 수문에 작용하는 힘과 작용점을 구하라.

풀이

수문의 왼쪽에서 작용하는 힘 및 작용점은

$$F_1 = \gamma h_{C1} A_1 = 1 \times 3 \times 6 \times 2 = 36\text{t}, \quad h_{R1} = 3 + \frac{2 \times 6^3/12}{3 \times 6 \times 2} = 4\text{m}$$

수문의 오른쪽에서 작용하는 힘 및 작용점은

$$F_2 = \gamma h_{C2} A_2 = 1 \times 1.5 \times 3 \times 2 = 9\text{t}, \quad h_{R2} = 1.5 + \frac{2 \times 3^3/12}{1.5 \times 3 \times 2} = 2\text{m}$$

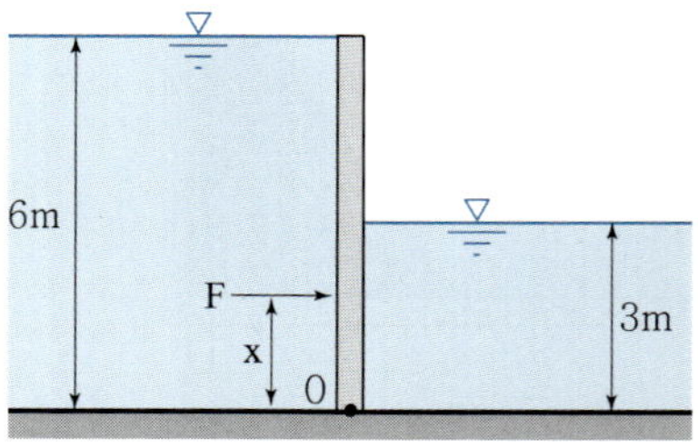

그림 3.7.6

따라서 수문에 작용하는 총 힘은 $F=F_1-F_2=27t$으로 왼쪽에서 오른쪽으로 작용한다.
총 힘 F의 작용점을 구하기 위해 O점에 대해 작용하는 힘들의 모멘트를 취하면

$$F \times x = F_1 \times 2 - F_2 \times 1 \quad \rightarrow \quad 27 \times x = 36 \times 2 - 9 \quad \therefore x = 2.33\text{m}$$

그러므로 총 힘은 수로 바닥으로부터 2.33m위에 작용한다.

3.8 곡면에 작용하는 정수압

지금까지 유체 중에 놓여있는 평면에 작용하는 힘과 작용점에 대해서 알아보았지만 우리가 관심 있는 구조물들 즉, 댐, 관로, 수조 등과 같은 구조물의 유체와 접촉하고 있는 면이 곡면으로 이루어진 것이 많다. 이와 같이 유체 중의 곡면에 작용하는 힘은 곡면과 이 곡면의 연직 및 수평방향의 투영면으로 둘러싸인 유체에 작용하는 힘의 평형관계를 이용하여 구할 수가 있다.

그림 3.8.1a와 같은 탱크에서 지면과 직각방향으로 단위 길이를 가진 곡면 BC에 작용하는 힘의 합력을 구해보기로 한다. 먼저 곡면 BC와 수평면 AB 그리고 연직면 AC로 경계 지어지는 그림 3.8.1b와 같은 자유물체도로 분리한다. 수평면 AB와 연직면 AC에 작용하는 힘 F_1과 F_2는 앞 절에서 알아본 유체 중의 평면에 작용하는 힘을 구하는 방법으로 결정할 수 있다. 자유물체도의 무게 W는 자유물체도의 부피에 유체의 단위중량을 곱해 구할 수 있고, 작용점은 자유물체도의 무게중심을 통과한다. 수평반력 F_H와 연직반력 F_V는 탱크가 물에 가하는 힘으로 나타낼 수 있다.

이러한 자유물체도가 평형을 유지하려면 수평반력 F_H는 연직평면 AC에 작용하는 힘 F_2와 같아야 하고, 연직반력 F_V는 수평면 AB에 작용하는 힘 F_1과 자유물체도의 무게 W의 합력과 같아야 한다. 따라서

$$F_H = F_2 \tag{3.8.1}$$

$$F_V = F_1 + W \tag{3.8.2}$$

곡면 BC에 작용하는 반력은 수평반력 F_H와 연직반력 F_V의 합력이 된다.

$$F = \sqrt{F_H^2 + F_V^2} \tag{3.8.3}$$

힘 F는 점 O를 통과하고 그 위치는

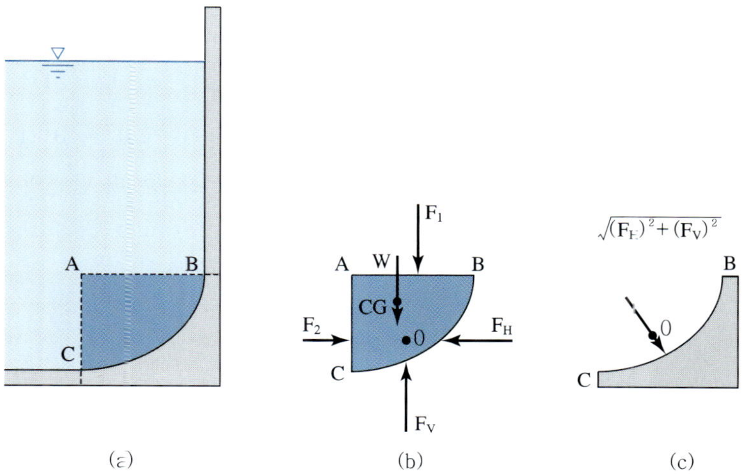

그림 3.8.1 유체 중의 곡면에 작용하는 힘

각 힘들의 모멘트로부터 구할 수 있다. 유체 중의 곡면 BC에 작용하는 힘은 자유물체도에서의 반력 F와 같고 방향은 반대방향인 그림 3.8.1c와 같다. 따라서 식 (3.8.1)과 (3.8.2)로부터 유체 중의 곡면에 작용하는 수평방향의 힘은 곡면을 수평방향으로 투영한 평면에 작용하는 힘과 같고, 작용점은 수중의 연직면에 작용하는 힘의 작용점과 같다. 또한 곡면에 연직방향으로 작용하는 힘은 그 곡면을 밑면으로 하는 유체기둥의 무게와 같고, 그 작용점은 유체기둥의 무게 중심을 통과한다.

예제 3.8.1

그림 3.8.2와 같이 반경이 1m인 원관에 물이 반쯤 차서 흐르고 있다. 단위 길이당 BC곡면에 작용하는 힘과 작용점을 구하라.

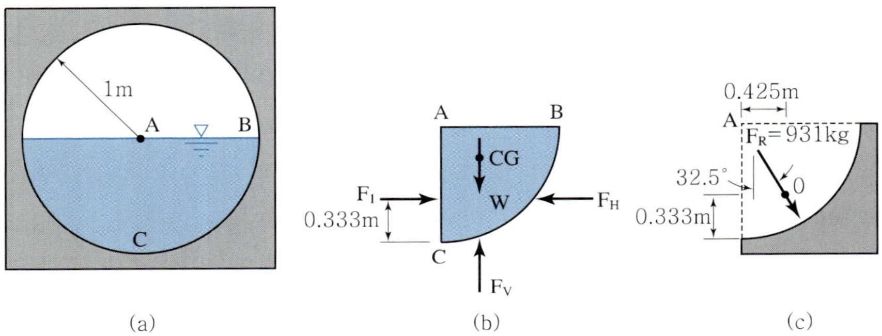

그림 3.8.2

풀이

그림 3.8.2b와 같이 수평으로 AB단면, 연직으로 AC단면에 의해 분리한 자유물체도를 작성한다. AC 단면에 직각으로 작용하는 수평력 F_1, 수체의 무게 W 그리고 반력성분 F_H, F_V가 작용하고 있다.

$$F_1 = \gamma h_c A = 1{,}000\text{kg/m}^3 \times 0.5\text{m} \times 1\text{m}^2 = 500\text{kg} = F_H$$

$$W = \gamma V = 1{,}000\text{kg/m}^3 \times \pi \times 1^2\text{m}^2/4 \times 1\text{m} = 785\text{kg} = F_V$$

따라서 $F = \sqrt{F_H^2 + F_V^2} = \sqrt{500^2 + 785^2} = 931\text{kg}$

표 3.7.1의 값을 이용하면 A점으로부터 단면의 중심 O까지의 수평거리는 $4R/3\pi$=0.425m, 수직거리는 2/3=0.667m이다. 그러므로 $\tan\theta$=0.425/0.667 ∴ θ=32.5°

3.9 부력 및 부체의 안정

부력(buoyancy)은 유체 중에 잠겨있는 물체를 떠받치는 힘으로 유체의 특성이라고 할 수 있으며, 안정(stability)은 물체가 수평으로 기울어진 후 원래의 상태로 되돌아가려고 하는 물체의 능력이라 할 수 있다. 그림 3.9.1은 부력과 안정성의 분석을 요구하는 몇 가지 예를 보여주고 있다. 부표 및 선박은 안정하게 떠 있도록 설계를 하여야 하고, 관측장비(instrument package)는 정박 케이블에 의해 지지되지 않으면 뜨게 된다. 잠수기(diving bell)는 선박의 크레인에 의해 지지되어야 한다. 하지만 잠수함은 임의의 깊이에서 움직이다 더 깊은 곳으로 잠수하거나 수표면으로 떠오르게 된다. 이러한 모든 경우에 부력 및 부체의 안정에 대한 해석이 필요하다.

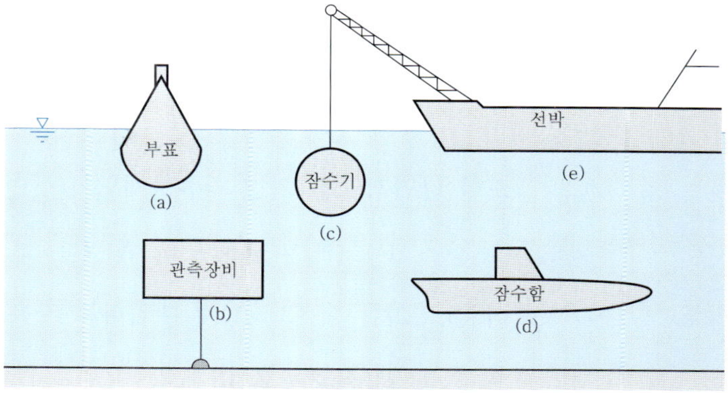

그림 3.9.1 부력 및 부체의 안정

3.9.1 아르키메데스의 원리

물체가 유체 중에 완전히 잠겨 있거나 혹은 일부만 잠겨 떠 있을 때 물체는 부력(buoyant force)을 받게 된다. 압력은 깊이에 따라 증가하므로 물체의 윗면에서 작용하는 압력보다 밑면에서 작용하는 압력이 커 위 방향으로 힘이 작용한다. 그림 3.9.2a와 같이 수중에 잠겨있는 체적 V인 물체를 생각해 보자. 이 물체를 포함하는 육면체의 자유물체도는 그림 3.9.2b와 같다.

편의상 지면 방향을 생략하고 이 자유물체도에 작용하고 있는 힘들을 나열해 보면, 각 면에 작용하는 힘 F_1, F_2, F_3 및 F_4가 있고, 자유물체도에서 물체의 무게를 뺀 순수한 물의 무게 W가 작용하고 있으며, 또한 물체의 무게 F_B가 작용하고 있다.

수평으로 작용하는 힘 F_3와 F_4는 서로 크기가 같고 반대방향으

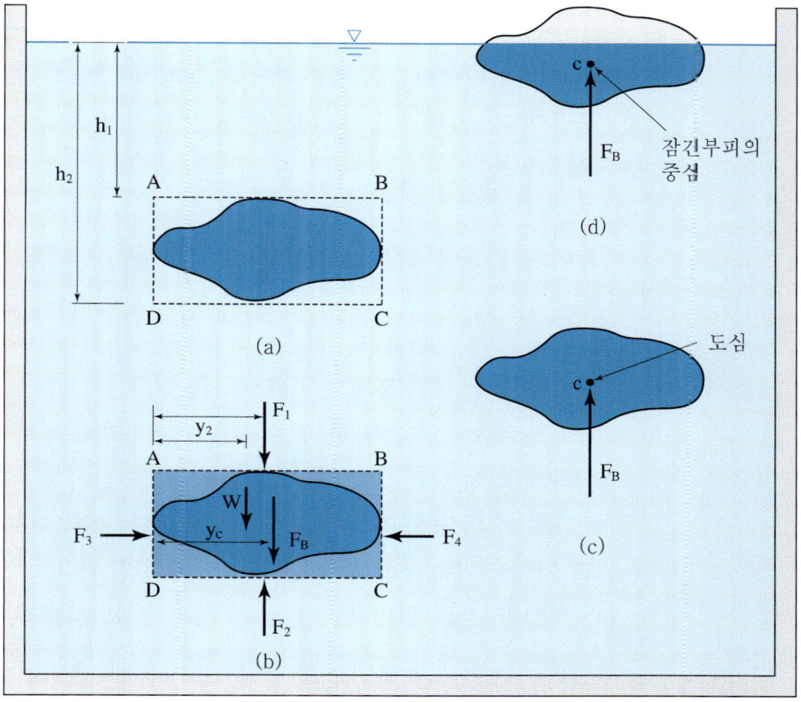

그림 3.9.2 수중의 물체에 작용하는 부력

로 작용하고 있으므로 상쇄되어 무시할 수 있다. 따라서 자유물체도에 작용하는 힘은 다음과 같이 연직방향으로의 평형만 고려하면 된다.

$$F_B = F_2 - F_1 - W \tag{3.9.1}$$

또한 단면적 A를 가진 자유물체도의 윗면과 밑면에 작용하는 힘 F_1 및 F_2의 차이는 다음과 같다.

$$F_2 - F_1 = \gamma(h_2 - h_1)A \tag{3.9.2}$$

식 (3.9.2)를 식 (3.9.1)에 대입하고 자유물체도내의 순수한 물의 무게 W를 고려하면

$$F_B = \gamma(h_2 - h_1)A - \gamma[(h_2 - h_1)A - V] \tag{3.9.3}$$

이 식을 정리하면 부력 F_B를 얻게 된다.

$$F_B = \gamma V \tag{3.9.4}$$

여기서 γ는 유체의 단위중량, V는 유체에 잠겨있는 물체의 체적이다. 유체 중의 부력은 유체가 물체에 작용하는 힘이므로 자유물체도에서 나타낸 방향과는 반대방향이 된다. 따라서 부력의 크기는 물체의 체적과 동일한 유체의 무게와 같고 방향은 연직 윗방향이 된다. 이러한 사실을 처음 발견한 그리스의 수학자이자 기술자인 Archimedes의 이름을 사용하여 아르키메데스의 원리(Archimedes' principle)라 한다.

부력이 작용하는 위치는 D점을 기준으로 한 자유물체도에 작용하는 힘들의 모멘트의 합으로부터 구할 수가 있다.

$$F_B y_c = F_2 y_1 - F_1 y_1 - W y_2 \tag{3.9.5}$$

물의 단위중량 γ는 일정하므로 $F=\gamma V$로부터 힘을 체적으로 나타내면

$$V y_c = V_T y_1 - (V_T - V) y_2 \tag{3.9.6}$$

여기서 V_T는 자유물체도 전체의 체적이다. 식 (3.9.6)의 오른쪽 항은 자유물체도 전체 체적에 대한 모멘트로부터 순수한 물의 체적에 대한 모멘트를 뺀 것으로 결국 물체의 체적에 대한 모멘트를 의미하게 되어 y_c는 y축 상의 물체의 무게중심이 된다. x축 상의 힘의 작용점도 같은 방법으로 구하면 x축 상의 물체의 무게중심과 일치한다. 따라서 부력의 작용점은 유체 중 물체의 무게중심과 같고 이점을 부심(center of buoyancy)이라 한다.

이상과 같은 원리를 그림 3.9.2d와 같이 부분적으로 잠겨져 있는 물체에도 적용할 수가 있다. 그림 3.9.2d에서 물체가 받는 부력의 크기는 잠겨진 물체의 체적에 해당하는 유제의 무게 즉, 물체에 의해 배제된 유체의 무게와 같다.

$$F_B = \gamma(\text{수중에 잠긴 체적}) \tag{3.9.7}$$

물체가 떠 있으므로 힘의 평형관계를 고려하면 물체의 공기중 무게 F와 부력 F_B가 같다.

$$F_B = F = \gamma(\text{수중에 잠긴 체적}) \tag{3.9.8}$$

따라서 유체에 떠 있는 물체는 공기 중의 무게와 동일한 부력을 받고 이는 유체 속에 잠긴 부분에 해당되는 유체의 무게와 동일하다.

예제 3.9.1

그림 3.9.3과 같이 직경 1m, 무게 500kg인 부표를 케이블로 고정시켜 수표면에 떠 있도록 설치하였다. 만일 수심이 증가하여 부표가 물에 완전히 잠기게 되면 케이블에 걸리는 장력은 얼마인가.

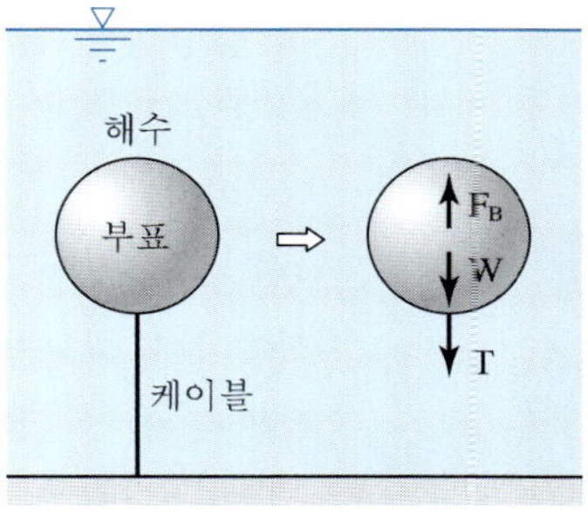

그림 3.9.3 부표

풀이

부표의 공기중 무게 W=500kg,

부력 $F_B = \gamma V = \gamma(\pi d^3/6) = 1,000 \times (\pi \times 1^3/6) = 523.3\text{kg}$

따라서 장력 T는 $T = F_B - W = 523.3\text{kg} - 500 = 23.3\text{kg}$

예제 3.9.2

어떤 물체의 공기 중에서의 무게가 2kg이고, 수중에서의 무게가 0.5kg일 때 이 물체의 부피와 비중을 구하라.

풀이

부력 F_B= 공기중 무게−수중무게 = 2kg−0.5kg=1.5kg

또한 식 (3.9.4)로부터

$$V = F_B/\gamma = 1.5\text{kg}/(1,000\text{kg/m}^3) = 0.0015\text{m}^3$$

따라서 비중은 $S = \dfrac{W}{W_W} = \dfrac{2\text{kg}}{1.5\text{kg}} = 1.333$

3.9.2 부체의 안정

지금까지 유체속의 물체 또는 부분적으로 잠긴 물체에 작용하는 부력을 알아보았다. 부력과 관련하여 또 다른 중요한 문제는 부체의 안정성(stability)이다. 부체의 위치를 변화시킬 때 원래의 평형상태로 되돌아오면, 이 부체는 안정평형(stable equilibrium)상태에 있다고 하고, 반면에 부체의

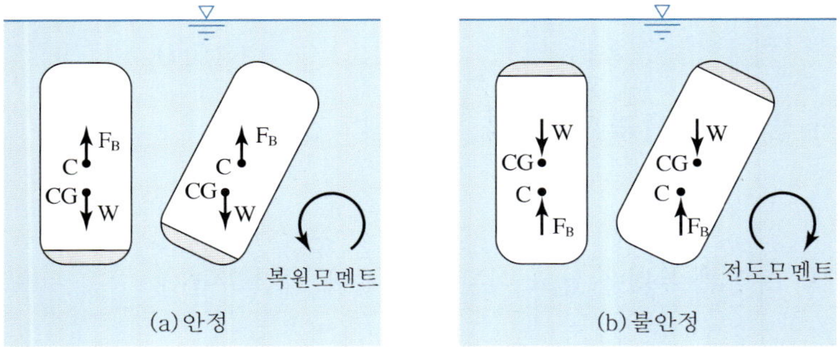

그림 3.9.4 수중 부체의 안정 및 불안정

위치를 변화시킬 때 원래의 평형상태로 되돌아오지 않고 새로운 평형상태로 움직이게 되면, 이 부체는 불안정평형(unstable equilibrium)상태에 있게 된다.

안정성은 유체 중 또는 부분적으로 잠긴 부체의 무게중심과 부심이 반드시 일치하는 것은 아니기 때문에 중요한 문제가 된다. 부체는 약간의 회전에 의해서 복원(restoring) 또는 전도(overturning) 우력(couple)이 발생하게 된다. 예를 들어 그림 3.9.4a와 같이 완전히 잠긴 물체에서 무게중심이 부심보다 아래에 있는 경우 평형상태에서의 회전은 물체의 무게 W와 부력 F_B간에 우력이 발생하여 원상태로 되돌아가려는 복원모멘트가 발생하게 된다. 따라서 이 물체는 안정하다고 할 수 있다. 무게중심이 부심보다 아래에 있을 경우에는 항상 이러한 복원모멘트가 발생하여 안정하게 된다. 하지만 그림 3.9.4b와 같이 무게중심이 부심보다 위에 있는 경우 전도모멘트가 발생하여 새로운 평형상태로 움직여 불안정하게 된다. 이와 같이 유체 중의 부체의 무게중심이 부심보다 위에 있는 경우 항상 불안정한 상태가 된다.

유체에 떠 있는 물체는 회전시 유체 중에 잠긴 물체의 형태가 변하여 부심의 위치가 변하기 때문에 안정성의 판단은 좀 더 복잡하다. 그림 3.9.5a와 같이 비교적 폭인 넓고 높이가 낮은 물체인 경우 무게중심이 부심보다는 위에 있지만, 부체의 회전시 부심은 새로 잠긴 체적의 무게중심으로 이동하게 되어 부체의 무게 W와 함께 복원모멘트를 발생시켜 부체는 안정하게 된다. 하지만 그림 3.9.5b와 같이 폭이 좁고 긴 물체인 경우 약간의 회전에 의해서도 무게중심과 부력에 의해 전도모멘트가 발생하여 불안정하게 된다.

부체의 안정성에 대해 구체적으로 알아보기 위해 그림 3.9.6과 같은 선박의 단면을 생각해 보자. 이 경우 선박의 무게중심 G는 부심 C보다 위에 있다. α의 각도로 선박이 기울어지게 되면 원래 물에 잠겨있던 AOB에 해당하는 부피가 줄어들고 대신 DOE에 해당하는 새로운 부피가 잠기게 된다. 부심은 물에 잠긴 부피의 중심이므로 결국 부심이 오른쪽으

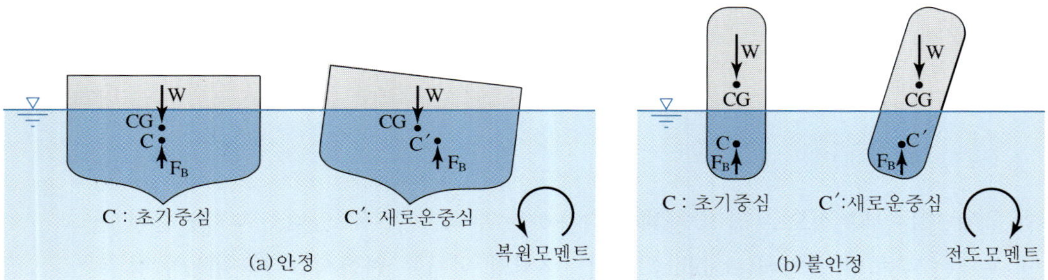

그림 3.9.5 부체의 안정 및 불안정

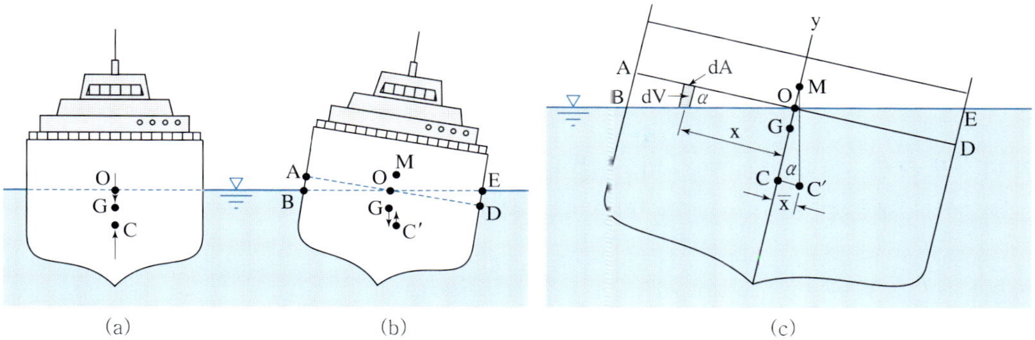

그림 3.9.6 부체의 안정조건 유도

로 이동하여 C'의 위치에 오게 된다. 원래의 무게중심 G와 부심 C을 연결한 선과 새로운 부심 C'의 수직선과 만나는 점을 경심 M(metacenter)이라 하고, 무게중심 G와 경심 M사이의 거리를 경심고 GM(metacentric height)이라 한다. 만일 경심고 GM이 양의 값이면 즉, 경심이 무게중심보다 위에 있으면 선박은 안정하게 된다. 그러나 경심고 GM이 음의 값을 갖게 되면 선박은 불안정하게 된다.

선박의 기울어진 각도가 α인 경우를 확대한 그림 3.9.6c를 보자. 먼저 부심의 횡방향 이동 거리 CC'를 결정하고 기하학적인 모양으로부터 경심고 GM을 계산하게 된다. 부심은 물에 의해 배제된 부피의 중심에 해당하므로 체적의 중심에 대한 기본 정의에 따라 다음과 같이 나타낼 수 있다.

$$\bar{x}V = \sum x_i \Delta V_i \tag{3.9.9}$$

여기서 $\bar{x}$=CC'는 선박의 대칭축(y축)으로부터 물에 잠긴 체적의 중심까지의 거리, V는 선박에 의해 배제된 물의 체적, ΔV_i는 증가된 체적 그리고 x_i는 증가된 체적의 모멘트 길이이다. 식 (3.9.9)를 적용할 때 왼쪽 부분에 해당하는 체적의 모멘트는 음의 값, 오른쪽 부분에 해당하는 체적의 모멘트는 양의 값으로 한다.

식 (3.9.9)의 오른쪽 항은 선박의 대칭축에 대한 물에 잠긴 체적의 모멘트이므로 선박이 기울어지기 이전의 체적 V에 대한 모멘트에서 AOB에 해당하는 체적 V_{AOB}에 대한 모멘트를 빼고, DOE에 해당하는 체적 V_{DOE}에 대한 모멘트를 더하면 된다. 즉,

$$\bar{x}V = \text{V모멘트} - V_{AOB}\text{모멘트} + V_{DOE}\text{모멘트} \tag{3.9.10}$$

식 (3.9.10)의 오른쪽 첫 번째 항인 원래의 잠긴 체적의 대칭축에 대한 모멘트는 0이다. 또한 V_{AOB}에 대한 모멘트의 부호는 −이므로 오른쪽 두 번째 항은 +가 되어 다음과 같이 나타낼 수가 있다.

$$\bar{x}V = \sum x_i \Delta V_{iAOB} + \sum x_i \Delta V_{iDOE} \tag{3.9.11}$$

식 (3.9.11)을 적분형태로 표현하면

$$\bar{x}V = \int_{AOB} x\,dV + \int_{DOE} x\,dV \tag{3.9.12}$$

하지만 그림 3.9.6c에서 보는 바와 같이 미소체적 dV는 미소길이 $x\tan\alpha$와 미소면적 dA를 곱한 것과 같다. 따라서 식 (3.9.12)는 다음과 같이 나타낼 수 있다.

$$\bar{x}V = \int_{AOB} x^2\tan\alpha\,dA + \int_{DOE} x^2\tan\alpha\,dA \tag{3.9.13}$$

여기서 $\tan\alpha$는 일정하고 오른쪽의 두 항은 적분이 이루어지는 면적을 제외하면 동일한 형태이므로 다음과 같이 간략하게 표현할 수가 있다.

$$\bar{x}V = \tan\alpha \int_{A_{waterline}} x^2\,dA \tag{3.9.14}$$

수표면에 대한 단면 2차 모멘트를 I_{oo}라 하면 식 (3.9.14)는 다음과 같이 나타낼 수 있다.

$$\bar{x}V = I_{oo}\tan\alpha \tag{3.9.15}$$

부심의 이동거리 $\bar{x}$를 CC'로 대체하면

$$CC' = \frac{I_{oo}\tan\alpha}{V} \tag{3.9.16}$$

그림 3.9.6c로부터

$$CC' = CM\tan\alpha \tag{3.9.17}$$

식 (3.9.16)과 (3.9.17)로부터 CC'를 소거하면

$$CM = \frac{I_{oo}}{V} \tag{3.9.18}$$

경심고 GM은 CM−CG이므로

$$GM = \frac{I_{oo}}{V} - CG \tag{3.9.19}$$

따라서 식 (3.9.19)는 부체의 안정성을 판단하는데 사용할 수가 있으며 앞에서도 설명한 바와 같이 만일 경심고 GM이 양의 값이면 부체는 안정하고, 음의 값이면 부체는 불안정하다. 경심고 GM이 양일 때 원 상태로 되돌아 갈려는 복원모멘트는 다음과 같다.

$$M_R = W \times GM \times \sin\alpha \tag{3.9.20}$$

여기서 W는 부체에 의해 배제된 물의 무게, α는 부체의 기울어진 각도이다.

예제 3.9.3

그림 3.9.7과 같은 가로 6m, 세로 3m, 높이 3m의 Box 케이슨의 무게가 25ton이다. 케이슨의 흘수를 구하고, 가로 및 세로 방향의 안정성을 판단하라.

풀이

흘수 d를 구하기 위해 케이슨의 공기 중 무게와 부력이 같다는 조건을 이용하면

$$25{,}000\text{kg} = 1{,}000\text{kg/m}^3 \times 3\text{m} \times 6\text{m} \times d\text{m}$$

따라서 흘수 d=1.39m이다.

케이슨의 도심은 3/2=1.5m이고,

부심은 1.39/2=0.695m이므로 도심과 부심간의

거리 CG=0.805m가 된다. 따라서 식 (3.9.19)로부터 경심고를 구하면

$$GM = \frac{I_{oo}}{V} - CG = \frac{(1/12) \times 6 \times 3^3}{6 \times 3 \times 1.39} - 0.805 = -0.26543\text{m}$$

따라서 가로축 방향으로 케이슨은 불안정하다. 세로축에 대해 안정성을 검토하면

$$GM = \frac{I_{oo}}{V} - CG = \frac{(1/12) \times 3 \times 6^3}{6 \times 3 \times 1.39} - 0.805 = 1.3533\text{m}$$

따라서 세로축 방향으로는 안정하다.

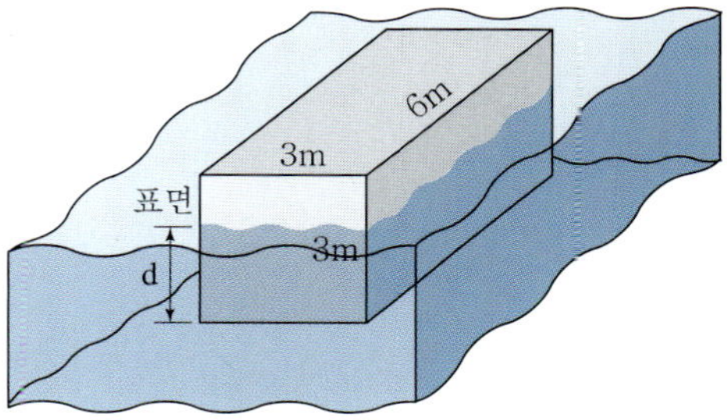

그림 3.9.7

3.10 강체운동에서의 정수압

3.10.1 등압면 방정식

지금까지는 탱크 등 움직이지 않는 용기에 담겨 있는 유체가 작용하는 압력과 힘에 대해서 알아보았다. 만일 유체가 담긴 용기가 일정한 등가속도를 받게 되면 유체는 용기와 함께 등가속도 운동을 하게 되며, 상대적인 정지평형(relative equilibrium) 상태를 이루게 된다. 이러한 경우 유체는 용기에 대하여 상대적으로 정지 상태에 있으므로 앞에서 설명한 정수역학의 원리를 그대로 적

용할 수가 있다.

등가속도 운동을 하고 있는 용기내 유체의 상대적 평형관계를 알아보기 위해 3.3.1절에서 설명한 그림 3.3.1과 같은 정지하고 있는 유체 중의 dx, dy, dz의 길이를 갖는 육면체의 미소유체를 생각해 보자. 이 미소유체에 작용하는 힘은 압력에 의해 수체의 표면에 작용하는 표면력과 중력에 의한 미소유체의 무게와 함께 미소유체가 등가속도 운동을 하고 있으므로 단위질량당 x, y 및 z방향으로 X, Y 및 Z라는 외력이 작용하게 된다. 이를 유체 정역학 방정식 (3.3.13)에 적용하면 다음과 같이 x, y 및 z방향으로의 관계식을 얻을 수가 있다.

$$\frac{\partial p}{\partial x} = \rho X \tag{3.10.1}$$

$$\frac{\partial p}{\partial y} = \rho Y \tag{3.10.2}$$

$$\frac{\partial p}{\partial z} = \rho Z \tag{3.10.3}$$

식 (3.10.1), 식 (3.10.2) 및 식 (3.10.3)의 양변에 각각 dx, dy 및 dz를 곱하여 더하면

$$\frac{\partial p}{\partial x}dx + \frac{\partial p}{\partial y}dy + \frac{\partial p}{\partial z}dz = \rho(Xdx + Ydy + Zdz) \tag{3.10.4}$$

식 (3.10.4)의 왼쪽은 정수압 p의 x, y 및 z방향의 전 변화량 즉, 전미분이 되므로 dp로 표시할 수가 있다. 따라서

$$dp = \rho(Xdx + Ydy + Zdz) \tag{3.10.5}$$

유체표면이나 깊이가 일정한 곳에서는 압력 p가 일정하므로 dp=0이 되고, 따라서 압력이 일정한 등압면 또는 유체표면 방정식은 다음과 같다.

$$Xdx + Ydy + Zdz = 0 \tag{3.10.6}$$

3.10.2 수평 등가속도 운동

유체가 담긴 용기에 x방향으로 일정한 가속도 α를 작용하여 등가속도 운동을 시켜보자. 그림 3.10.1과 같이 용기속의 물은 수평으로 α와 같고 방향이 반대인 가속도를 받게 되며 또한 연직방향으로 중력가속도 g를 받게 되어 θ각을 이루며 기울어져 평형상태가 된다.

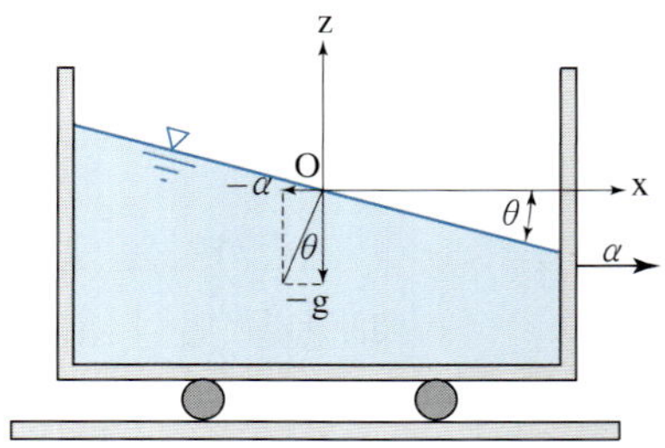

그림 3.10.1 수평 등가속도 운동

따라서 뉴톤의 제 2법칙 F=mα를 이용하면 O점에서의 단위질량의 물이 받는 외력은 x방향으로 X=−α, z방향으로 Z=−g 그리고 y방향으로는 Y=0이 된다. 따라서 유체표면방정식 (3.10.6)은 다음과 같이 나타난다.

$$-\alpha dx - g dz = 0 \tag{3.10.7}$$

이 식을 적분하면

$$-\alpha x - gz + C = 0 \tag{3.10.8}$$

여기서 C는 적분상수로 경계조건 x=0일 때 z=0을 적용하면 C=0이 됨을 알 수 있다. 그러므로 수평 등가속도 운동을 하는 유체표면 방정식은 다음과 같다.

$$z = -\frac{\alpha}{g}x \tag{3.10.9}$$

이때 유체표면이 수평과 이루는 각 θ는 다음과 같이 구할 수가 있다.

$$\tan\theta = \frac{dz}{dx} = \frac{\alpha}{g} \tag{3.10.10}$$

이와 같이 수평 등가속도 운동을 하는 유체는 용기에 대해 상대적으로 정지하고 있으므로 연직방향의 압력의 변화는 정수압분포가 적용되며 이를 식 (3.10.3)으로부터 구해보면

$$\frac{dp}{dz} = \rho Z = -\rho g = -\gamma \tag{3.10.11}$$

$$\therefore \quad p = -\gamma z \tag{3.10.12}$$

z방향은 위 방향을 +로 하였으므로 −z는 수면으로부터의 아랫방향으로 z깊이와 같아 결국 수심으로부터의 깊이를 h로 표현하면 p=γh가 되어 정수압분포를 보이게 된다.

예제 3.10.1

그림 3.10.2와 같이 수조가 $\alpha=5m/s^2$의 수평 등가속도 운동을 하고 있다. 수조 뒷면에서의 상승고 z와 수면의 경사 θ를 결정하고, 수조의 AB면과 CD면에 작용하는 단위폭 당 힘을 구하라.

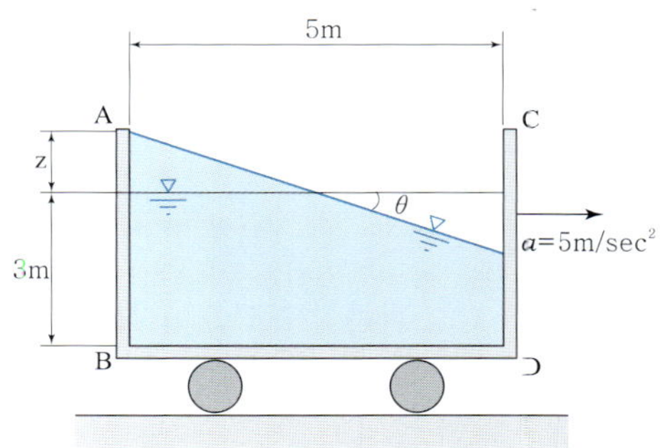

그림 3.10.2

풀이

수면의 중심에서 수조 뒷면 AB면까지의 거리는 x=2.5m이므로 AB면에서 수면의 상승고 z는

$$z = -\frac{\alpha}{g}x = -\frac{5}{9.81}\times(-2.5) = 1.274\text{m}$$

수면의 기울기 $\theta = \tan^{-1}\left(\frac{\alpha}{g}\right) \rightarrow \tan^{-1}\left(\frac{5}{9.81}\right) = 27.01°$

AB면에서의 수심은 3+1.274=4.274m이므로 단위폭당 AB면에 작용하는 힘은

$$F_1 = \gamma h_{C1} A_1 = 1\times\frac{4.274}{2}\times(4.274\times 1) = 9.134\text{t}$$

CD면에서의 수심은 3−1.274=1.726m이므로 단위폭당 CD면에 작용하는 힘은

$$F_2 = \gamma h_{C2} A_2 = 1\times\frac{1.726}{2}\times(1.726\times 1) = 1.490\text{t}$$

3.10.3 연직 등가속도 운동

유체가 담긴 용기가 연직방향으로 등가속도 운동을 할 때의 경우를 생각해 보자. 그림 3.10.3과 같이 연직상향 즉, z방향으로 α의 등가속도가 작용하면 용기 내 유체는 반대방향으로 α의 등가속도를 받게 된다. 또한 중력에 의해 중력가속도 g가 작용하게 된다. 이때 용기 내 단위질량의 유체가 받는 외력은 x방향으로 X=0, z방향으로 $Z=-\alpha-g$, 그리고 y방향으로는 Y=0이 된다. 따라서 유체표면의 방정식 (3.10.6)은 다음과 같이 나타난다.

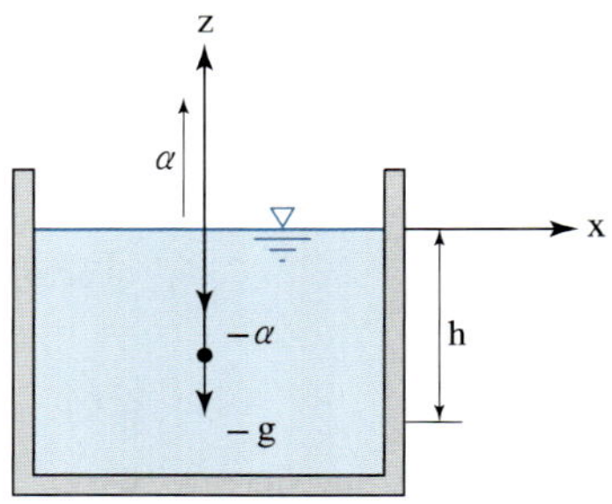

그림 3.10.3 연직 등가속도 운동수체

$$-(\alpha+g)dz = 0 \tag{3.10.13}$$

따라서 z가 일정하게 되므로 결국 유체표면이 수평하게 그대로 유지된다. 연직방향의 압력의 변화는 식 (3.10.3)으로부터

$$\frac{dp}{dz} = \rho Z = -\rho(\alpha+g) \tag{3.10.14}$$

이 식을 적분하면

$$p = -\rho(\alpha+g)z + C \tag{3.10.15}$$

적분상수 C를 구하기 위해 경계조건 z=0일 때 p=0을 적용하면 C=0이 된다. 따라서 $\rho=\gamma/g$를 적용하면

$$p = -\gamma z\left(1+\frac{\alpha}{g}\right) \tag{3.10.16}$$

유체의 깊이를 h라 하면 z=−h이므로

$$p = \gamma h\left(1 + \frac{\alpha}{g}\right) \tag{3.10.17}$$

따라서 위 방향으로 α의 등가속도 운동을 하는 유체는 운동을 하기 전보다 정수압이 (α/g)배 만큼 더 증가하게 된다. 만약 연직 하향으로 등가속도 α를 받게 되면 다음과 같이 (α/g)배 만큼 정수압이 감소하게 된다.

$$p = \gamma h\left(1 - \frac{\alpha}{g}\right) \tag{3.10.18}$$

만일 연직 하향 등가속도 α가 중력가속도 g와 같아지면 즉, 자유낙하하게 되면 압력이 0이 된다.

예제 3.10.2

그림 3.10.3과 같은 수조에 물을 1m 깊이로 채우고 위 방향으로 $5m/s^2$의 가속도로 이동시킬 때 수조의 바닥에 작용하는 압력과 힘을 계산하라. 수조는 가로 3m, 세로 3m의 면적으로 되어 있다.

풀이

식 (3.10.17)로부터

$$p = \gamma h\left(1 + \frac{\alpha}{g}\right) = 1{,}000 \times 1 \times \left(1 + \frac{5}{9.81}\right) = 1{,}509.68\text{kg/m}^2$$

따라서 수조의 바닥에 작용하는 힘은

$$F = p \times A = 1{,}509.68\text{kg/m}^2 \times 9\text{m}^2 = 13{,}587\text{kg}$$

3.10.4 회전 등가속도 운동

유체가 담긴 용기가 중심축에 대해 일정한 각속도 ω로 회전하게 되면 용기 내의 유체는 초기의 변위 후에 그림 3.10.4와 같이 유체표면이 곡선을 이루며 평형상태가 되어 용기에 대해 정지 상태에 있게 된다. 이 경우 회전축으로부터 x만큼 떨어져 있는 단위질량의 유체 입자에는 각속도 ω에 의한 구심가속도 $x\omega^2$과 중력가속도 g가 작용하게 된다. 따라서 이 단위질량의 유체 입자에 작용하는 x방향의 힘은 $X=x\omega^2$, y방향의 힘은 Y=0 그리고 z방향의 힘은 Z=−g가 된다. 따라서 유체표면의 방정식 (3.10.6)은 다음과 같이 나타난다.

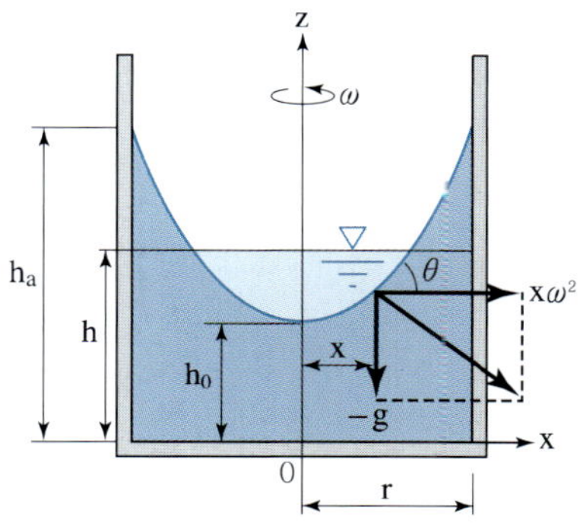

그림 3.10.4 회전 등가속도 운동

$$x\omega^2 dx - g dz = 0 \tag{3.10.19}$$

이 식을 적분하면

$$\frac{\omega^2}{2}x^2 - gz + C = 0 \tag{3.10.20}$$

적분상수 C를 구하기 위해 원점에서의 경계조건 x=0일 때 $z=h_o$를 적용하면 $C=gh_o$가 된다. 따라서 회전 등가속도 운동을 하고 있는 유체의 표면 방정식은 다음과 같다.

$$z = \frac{\omega^2}{2g}x^2 + h_o \tag{3.10.21}$$

즉, 회전축을 중심으로 좌우 대칭인 포물선 형태를 이루게 된다. 유체표면 곡선상의 임의 점에서의 경사 즉, 수평과 곡면이 이루는 경사각 θ는 다음과 같다.

$$\tan\theta = \frac{dz}{dx} = \frac{\omega^2}{g}x \tag{3.10.22}$$

식 (3.10.21)을 사용하여 유체표면의 곡선을 정의하기 위해서는 중심축에서의 최저 높이 h_o를 결정하여야 한다. 그림 3.10.4에서 중심으로부터 x만큼 떨어진 지점의 dx길이, 높이 z에 대한 유체의 우물통의 체적을 생각해 보자. 이 우물통의 체적을 중심 0으로부터 용기의 벽 r까지 적분하면 용기 내 유체의 체적을 구할 수 있다.

$$V = \int_0^r 2\pi xz\,dx = \int_0^r 2\pi x\left(h_0 + \frac{\omega^2}{2g}x^2\right)dx = \pi r^2\left(h_0 + \frac{\omega^2}{4g}r^2\right) \tag{3.10.23}$$

이와 같이 구한 용기 내 유체의 체적은 회전하기 이전의 높이 h의 수평수면을 갖는 유체의 체적 $V=\pi r^2 h$와 같아야 하므로

$$\pi r^2 h = \pi r^2\left(h_0 + \frac{\omega^2}{4g}r^2\right) \qquad \therefore h_o = h - \frac{\omega^2}{4g}r^2 \tag{3.10.24}$$

용기 벽에서의 최대높이 h_a를 구하기 위해 식 (3.10.21)에 경계조건인 x=r일 때의 $z=h_a$를 적용하면

$$h_a = \frac{\omega^2}{2g}r^2 + h_o = \frac{\omega^2}{2g}r^2 + \left(h - \frac{\omega^2}{4g}r^2\right) = h + \frac{\omega^2}{4g}r^2 \tag{3.10.25}$$

이와 같이 용기의 회전각속도 ω, 용기의 반경 r 그리고 회전운동 이전의 깊이 h를 알면 식 (3.10.24)와 식 (3.10.25)를 사용하여 중심축에서의 최저 깊이 h_o, 용기 벽에서의 최대 깊이 h_a를 산정할 수 있고, 식 (3.10.21)을 사용하여 회전 등가속도 운동을 하는 유체의 표면곡선을 구할 수가 있다.

이와 같이 회전 등가속도 운동을 하는 유체는 용기에 대해 상대적으로 정지하고 있으므로 연직방

향의 압력의 변화는 식 (3.10.3)으로부터 구해보면

$$\frac{dp}{dz} = \rho Z = -\rho g = -\gamma \qquad (3.10.26)$$

$$\therefore \quad p = -\gamma z \qquad (3.10.27)$$

유체표면 아래의 깊이 z=-h에서의 정수압은 p=γh가 되어 정수압분포를 보이게 된다.

예제 3.10.3

그림 3.10.5와 같은 높이 2m, 직경 1m인 수조에 물이 1.4m 깊이로 채워져 있다. 수조를 회전시킬 때 물이 수조벽의 상단면에 도달할 때의 회전각속도를 구하라. 또한 이때의 수면방정식 및 C지점과 D지점에서의 압력을 계산하라.

풀이

물이 수조벽 최대 높이로 올라갈 때의 회전각속도는 식 (3.10.25)로부터

$$\omega^2 = \frac{4g(h_a - h)}{r^2}$$

따라서

$$\omega = \sqrt{\frac{4g(h_a - h)}{r^2}} = \sqrt{\frac{4 \times 9.81(2 - 1.4)}{0.5^2}} = 9.70\,\mathrm{rad/sec}$$

수조 중심축에서의 수위는

$$h_o = h - \frac{\omega^2}{4g}r^2 = 1.4 - \frac{9.7^2}{4 \times 9.81} \times 0.5^2 = 0.8\mathrm{m}$$

$$h_a = h + \frac{\omega^2}{4g}r^2 = 1.4 + \frac{9.7^2}{4 \times 9.81} \times 0.5^2 = 2.0\mathrm{m}$$

수면의 방정식

$$z = \frac{\omega^2}{2g}x^2 + h_o = \frac{9.7^2}{2 \times 9.81}x^2 + 0.8 = 4.7956x^2 + 0.8$$

그리고 C 및 D지점에서의 압력은

$$p_C = \gamma h_o = 1{,}000\mathrm{kg/m^3} \times 0.8\mathrm{m} = 800\mathrm{kg/m^2}$$

$$p_D = \gamma h_a = 1{,}000\mathrm{kg/m^3} \times 2\mathrm{m} = 2{,}000\mathrm{kg/m^2}$$

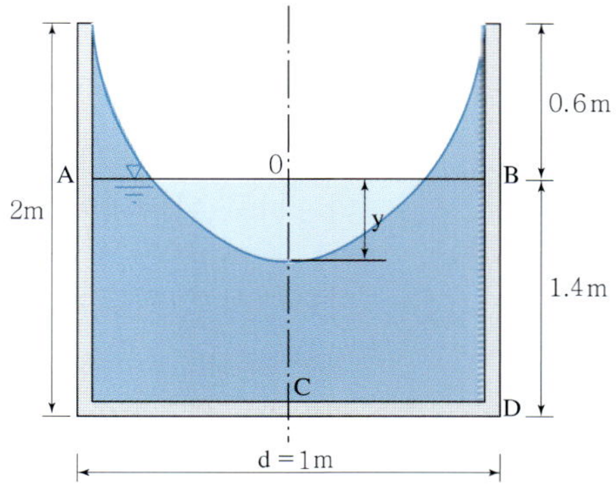

그림 3.10.5

연습문제

3.1 지하의 기름저장 탱크에 누수가 발생하여 0.5m 깊이의 물이 스며들었다. 물 위로 기름이 3m 깊이로 떠 있을 때 물과 기름의 접촉면 및 탱크 바닥에서의 압력을 계산하라. 단, 기름의 비중은 0.75이다.

3.2 밀폐된 용기 안에 수은이 1m 깊이로 채워져 있으며 수은표면에서 $500 kg/m^2$의 압력이 작용할 때 용기 바닥에서의 압력을 계산하라. 단, 수은의 비중은 13.6이다.

3.3 해저 깊이 2,000m에서의 정수압을 구하라. 단, 해수의 비중은 1.025이다.

3.4 수중의 두 지점에서 압력을 측정하였더니 $p_1=500kg/m^2$, $p_2=5,400kg/m^2$이었다. 두 지점간의 거리차를 구하라.

3.5 해수의 단위중량이 $10.1kN/m^3$으로 일정하다고 가정할 때 해저 5km에서의 압력을 Pa와 psi로 나타내라.

3.6 바다에서 임의깊이 두 지점에서 압력을 측정하였더니 $p_1=300kg/m^2$, $p_2=2,200kg/m^2$이었다. 두 지점간의 거리차를 구하라. 단 해수의 비중은 1.025이다.

3.7 그림 3.7과 같은 한쪽은 대기에 접해있고 한쪽은 밀폐되어 그 위에 공기가 있는 기름 탱크가 있다. 기름의 비중이 0.9일 때 A, B, C, D, E 및 F 그리고 오른쪽 밀폐된 곳의 공기의 압력을 계기압력으로 계산하라.

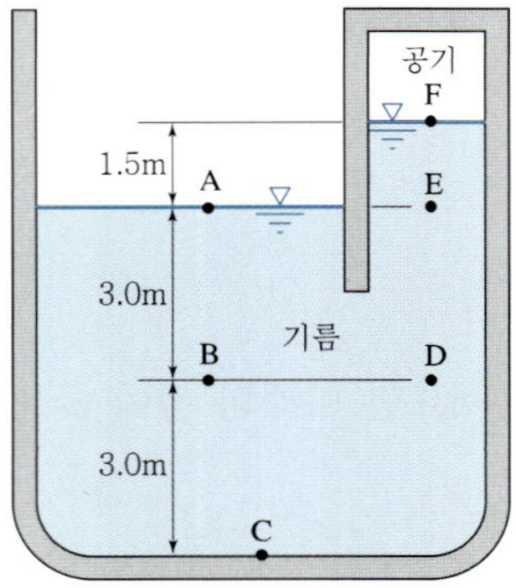

그림 3.7

3.8 해수면에서의 압력이 101,350Pa이고 대기의 온도가 15℃일 때 등온가정을 적용하였을 경우 5,0000m 고도에서의 압력은 얼마인가?

3.9 그림 3.9와 같은 탱크에 물과 밀도가 898 kg_o/m^3인 20℃의 기름이 들어 있을 때 h는 몇 cm가 되는가?

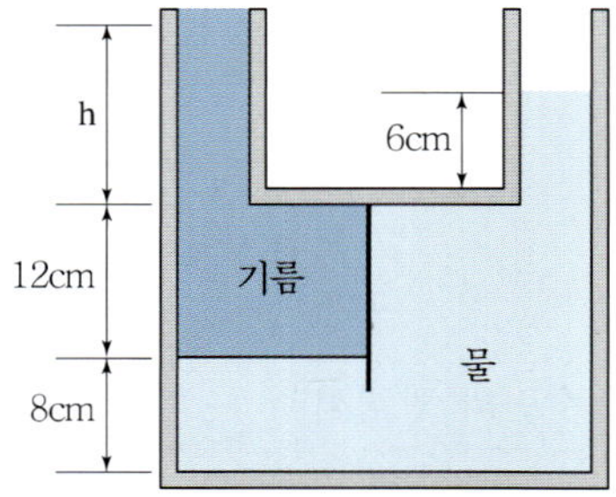

그림 3.9

3.10 그림 3.4.3과 같은 유압기를 이용하여 F=10kg의 힘을 가할 때 들어 올릴 수 있는 힘 F_2는 얼마인가.

3.11 그림 3.4.1과 같은 유압기를 이용하여 F_2=2,000kg의 물체를 들어 올리려면 F_1에는 얼마의 힘을 가해야 하는가. 작은 피스톤의 직경은 3cm, 큰 피스톤은 10cm이다.

3.12 그림 3.12와 같은 유압기에서 직경 5cm의 피스톤에 F_1=200kg이 작용할 때 직경 10cm의 피스톤이 들어 올릴 수 있는 힘 F_2를 계산하라.

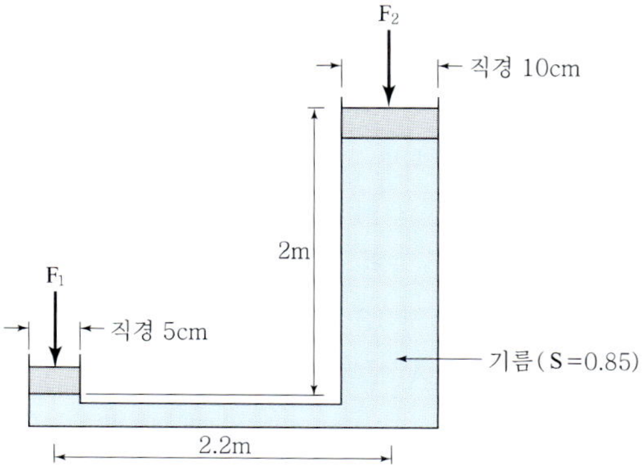

그림 3.12

3.13 그림 3.13과 같이 피스톤 A의 직경은 2cm, 피스톤 B의 직경은 50cm이다. 피스톤 B에 300kg의 하중을 가할 때 피스톤 A에서 받는 하중을 계산하라. 단, 피스톤 B의 무게는 45kg이고, 피스톤 A의 자중은 무시하라.

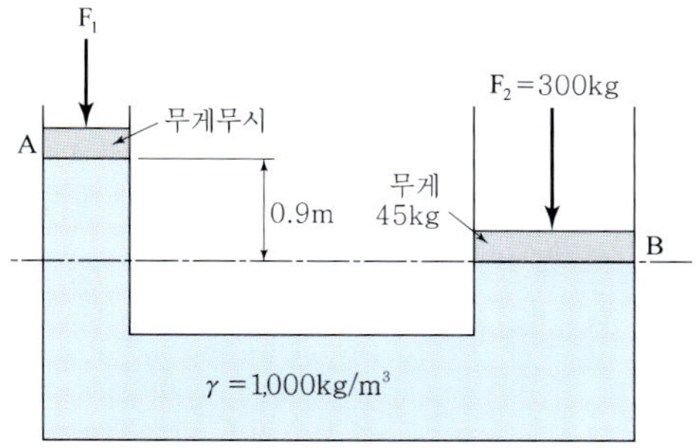

그림 3.13

3.14 그림 3.14와 같은 유압잭에 $56lb/ft^3$의 기름이 채워져 있다. 두 피스톤의 무게를 무시할 때 2,000lb의 무게를 지지하기 위해 손잡이에 작용해야하는 힘 F는 얼마인가?

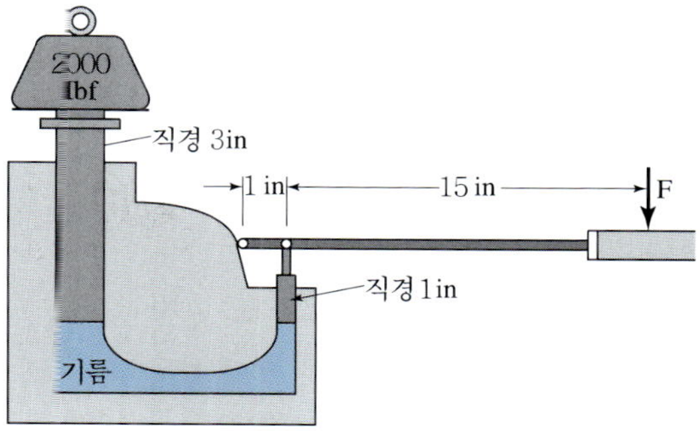

그림 3.14

3.15 국지대기압이 768mmHg이고 계기압력이 5 kg/cm^2일 때 이를 절대압력으로 나타내고 bar, mb, hPa, kPa 단위로 표시하라. 단 수은의 비중은 13.6이다.

3.16 산악지역에 위치하고 있는 호수의 최대 깊이가 40m이고 물의 온도는 4℃이다. 수표면에서의 계기 압력이 598mmHg일 때 호수에서 가장 깊은 곳에서의 절대압력을 계산하라.

3.17 국지대기압이 650mmHg인 곳에 평균온도 4℃인 깊이 35m의 호수가 있다. 호수의 가장 깊은 곳에서의 절대압력을 Pa로 나타내라. 단 수은의 비중은 13.6이다.

3.18 액체가 담긴 개방된 수조의 6m 깊이에서 계기압력이 73.6kPa로 나타났다면 이 액체의 단위중량은 몇 kN/m^3인가?

3.19 그림 3.19a에서 h_1=35cm일 때 A점에서의 압력 p_A를 계산하라. 단, 물의 단위중량은 1,000 kg/m^3이다.

3.20 그림 3.19b에서 l=35cm이고 θ=30°일 때 B점에서의 압력 p_B를 계산하라. 단, 물의 단

위중량은 1,000kg/m^{3}이다.

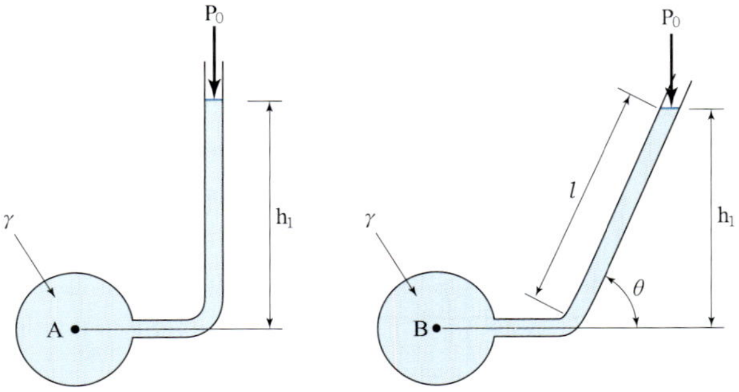

(a) (b)

그림 3.19

3.21 그림 3.21과 같은 액주계에서 관 A의 압력을 구하라.

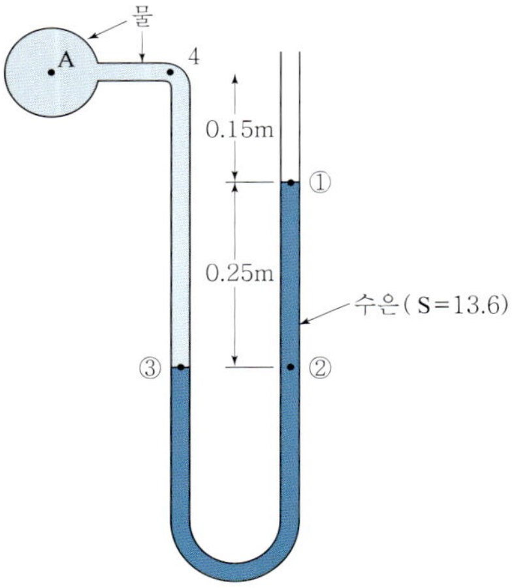

그림 3.21

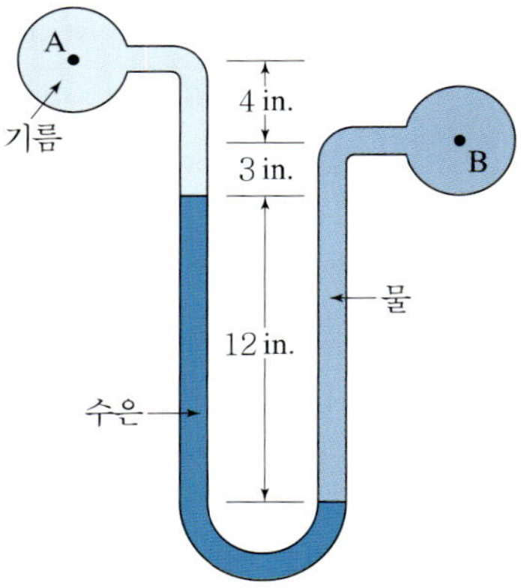

그림 3.27

3.22 표준대기압은 101.3kPa이다. 이에 상응하는 수은 기둥의 높이를 계산하라.

3.23 예제 3.6.2의 그림과 같이 밀폐된 탱크안에 공기와 기름(S=0.85)이 압축되어 있다. 수은(S=13.6)을 사용한 U자관이 그림과 같이 연결되어 있고, h_1=40cm, h_2=15cm 그리고 h_3=25cm일 때 계기에서 나타나는 압력을 계산하라.

3.24 그림 3.6.3과 같은 시차액주계에서 액체 1의 비중은 1, 액체 2의 비중은 13.6 그리고 액체 3의 비중은 0.8이다. h_1=25cm, h_2=50cm 그리고 h_3=30cm일 때 A관과 B관 사이의 압력차를 구하라.

3.25 그림 3.6.4와 같은 미차액주계에서 액체 A는 수은(S=13.6), 액체 B는 물(S=1) 그리고 액체 C는 기름(S=0.85)이다. 액체 A의 높이차가 h=35cm, U자관과 탱크의 단면적비가 1:50일 때 두 관 사이의 압력차를 구하라.

3.26 그림 3.6.6과 같은 경사액주계에서 액체 1의 비중은 1, 액체 2의 비중은 13.6 그리고 액체 3의 비중은 0.85이다. h_1=20cm, l_2=50cm 그리고 h_3=15cm일 때 A관과 B관 사이의 압력차를 구하라. 액주계의 경사각은 20° 이다.

3.27 그림 3.27과 같이 U자형 액주계에 기름, 수은 및 물이 포함되어 있을 때 점 A 와 점 B 사이의 압력차를 구하라.

3.28 그림 3.28과 같은 경사액주계에서 점 A의 압력은 0.6psi이다. A, B에는 물이 차있고

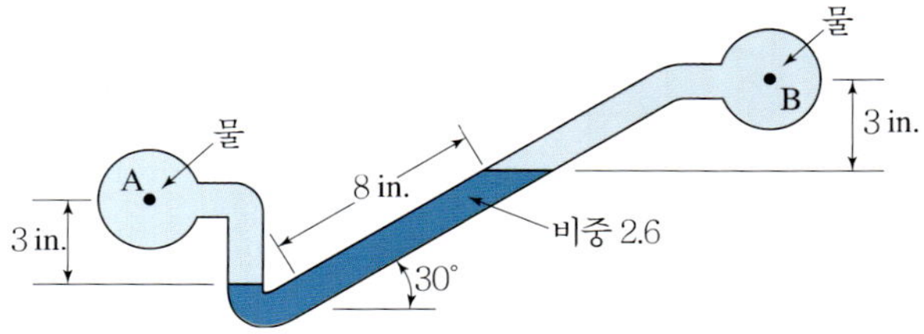

그림 3.28

계기유체는 비중이 2.6일 때 점 B에서의 압력은 몇 psi인가?

3.29 그림 3.29와 같은 수조에서의 수위차는 얼마인가?

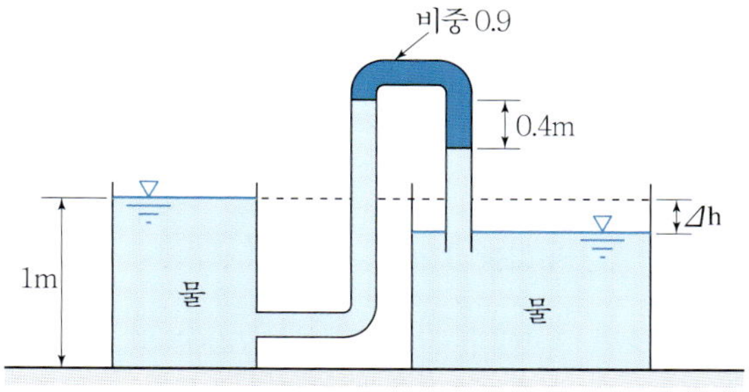

그림 3.29

3.30 그림 3.30과 같은 비중이 0.65인 가솔린이 담긴 파이프와 물을 담은 파이프 사이에 수은액주계가 있을 때 점 A의 압력이 20kPa이고, 점 B의 압력이 150mmHg의 진공일 때 높이차 h는 얼마인가?

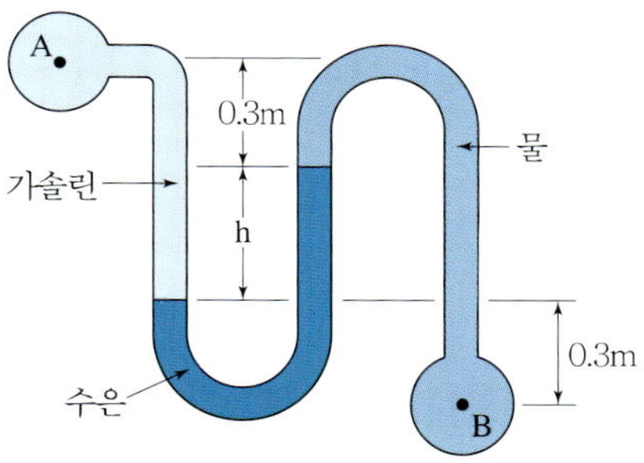

그림 3.30

3.31 수은액주계가 두 지점에서 수평으로 20℃의 물이 흐르는 파이프에 연결되어 있다. 액주계내 수은의 높이차가 0.55m이면 두 지점에서의 압력차는 몇 Pa인가?

3.32 그림 3.32와 같이 U자형 액주계가 거꾸로 설치되어 있을 때 지점 A와 B 사이의 압력차가 97kPa이라면 높이차 h는 얼마인가?

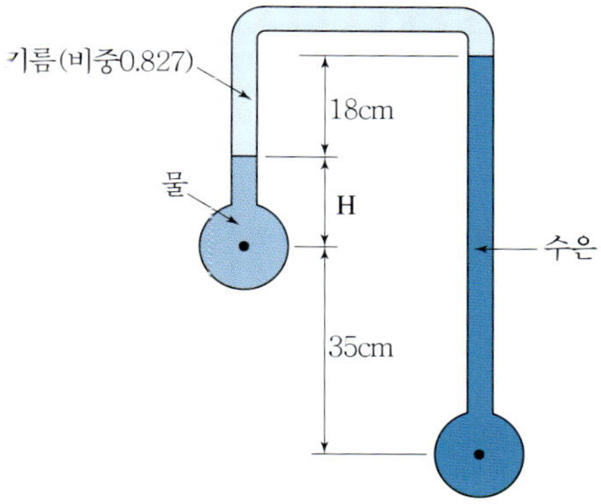

그림 3.32

3.33 그림 3.7.1과 같은 수조에 물이 0.5m 깊이로 차 있을 때 바닥면에 작용하는 힘의 크기를 구하라. 수조 바닥의 크기는 2.0m×3.5m이다.

3.34 그림 3.7.3과 같은 저수지의 경사면에 직경 2.5m의 수문이 설치되어 있다. 원형수문의 중심에 축이 설치되어져 있으며 중심으로부터 수면까지 깊이가 5m이다. 물에 의해 수문에 미치는 힘의 크기와 작용점을 구하라.

3.35 그림 3.35와 같은 댐의 길이가 30.5m이고 수심이 8m이다. 댐의 사면이 $\theta=60°$일 때 물에 의해 댐에 가해지는 힘과 작용점을 구하라.

3.36 예제 3.7.3에서 폭 3m의 직사각형 수로에 설치된 수문에 작용하는 힘과 작용점을 구하라.

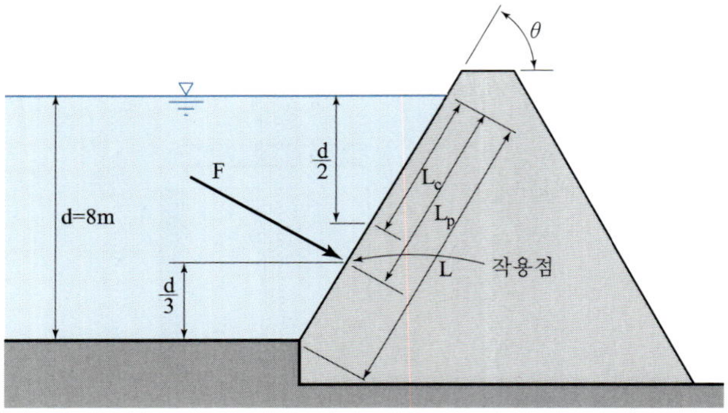

그림 3.35

3.37 그림 3.37과 같이 폭 4ft, 길이 8ft, 무게 800lb인 직사각형의 수문이 수평의 케이블에 의해 지지되고 있다. 힌지에서의 마찰을 무시한다면 케이블에 걸리는 인장력은 얼마인가?

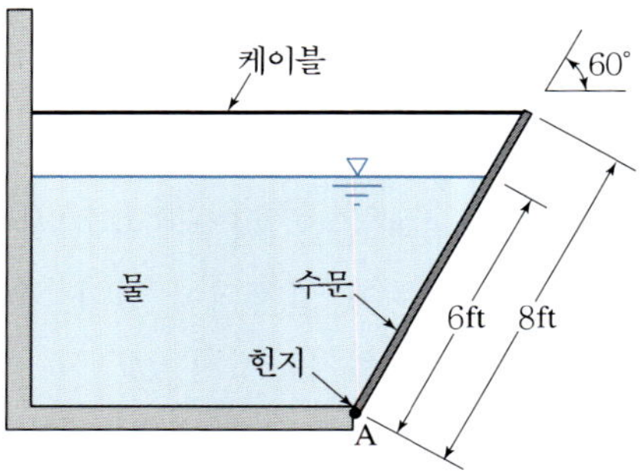

그림 3.37

3.38 그림 3.38과 같이 폭이 5ft, 높이가 4ft인 수조의 구멍을 500lb의 수문이 막고 있다. 수문의 무게중심은 AC의 왼쪽으로 1ft, BC의 위쪽으로 2ft에 위치할 때 점 C에 작용하는 수평방향의 힘은 얼마인가?

3.39 그림 3.39와 같이 폭이 5ft인 수문이 B점에 힌지로 고정되어 있을 때 수문에 작용하는 총 힘 및 A점에서 벽으로 받는 수평력은 얼마인가?

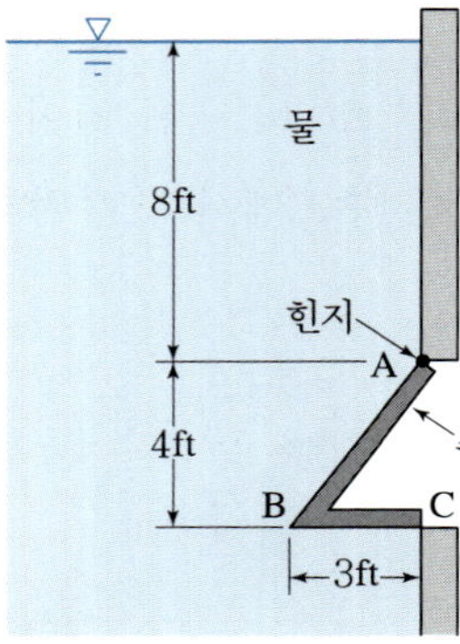

그림 3.38

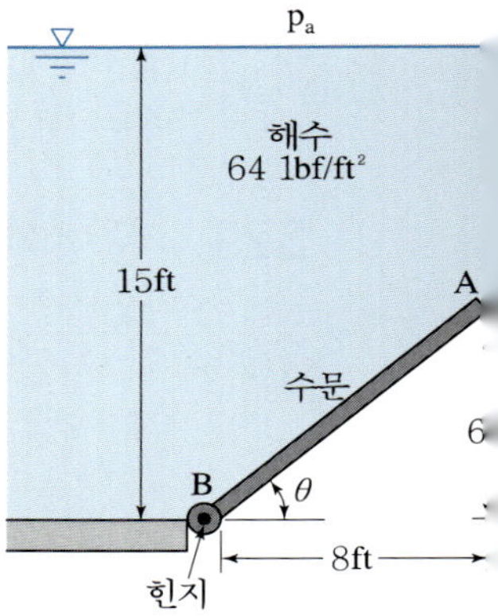

그림 3.39

3.40 그림 3.40과 같이 무게 1,500N의 이등변삼각형 수문이 A점에서 힌지로 고정되어 있다. 수문을 유지하기 위해 B점에 수평으로 가해야 할 힘은 얼마인가?

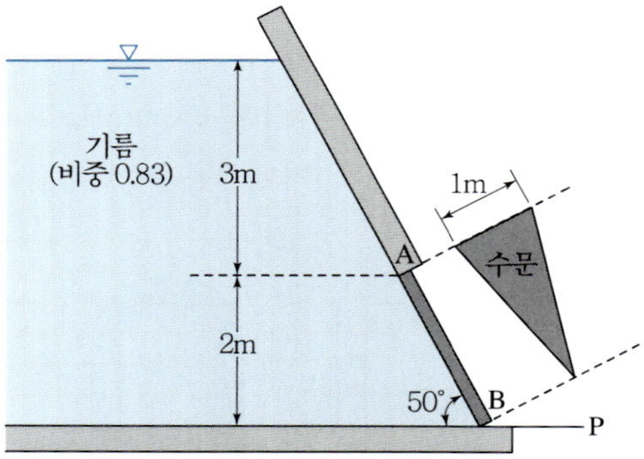

그림 3.40

3.41 그림 3.41과 같이 폭이 0.6m, 높이가 0.3m인 수문 상단부가 힌지로 고정되어 있을 때 물의 깊이가 얼마이면 수문이 열리는가?

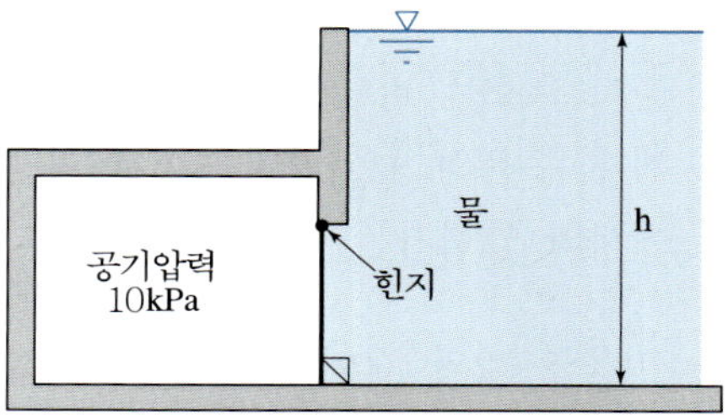

그림 3.41

3.42 예제 3.8.1에서 반경이 1.2m인 원관에 물이 반쯤 차서 흐르고 있다. 단위 길이당 BC곡면에 작용하는 힘과 작용점을 구하라.

3.43 그림 3.43과 같은 폭이 2m인 테인터 수문에 작용하는 총 힘과 작용점을 구하라.

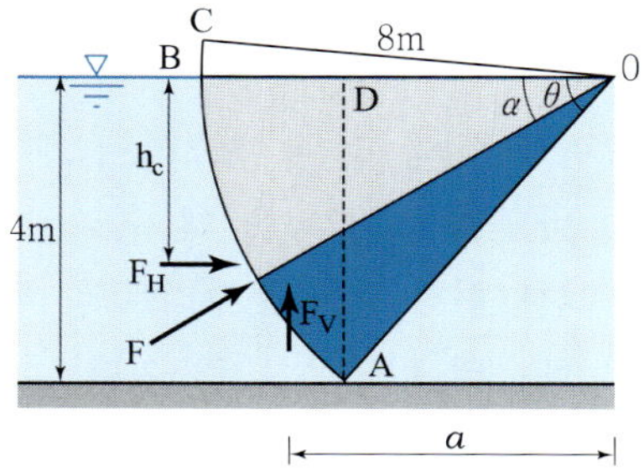

그림 3.43

3.44 원형단면 강철관의 지름이 2m이고, 관내의 수압이 10kg/cm^2일 때 관의 압력에 견디기 위한 관의 두께는 얼마인가. 단 강관의 허용인장응력은 $\sigma_{ta}=1{,}000\text{kg/cm}^2$이다.

3.45 그림 3.45와 같은 곡면의 수문에 작용하는 수평 및 수직방향의 힘을 구하라.

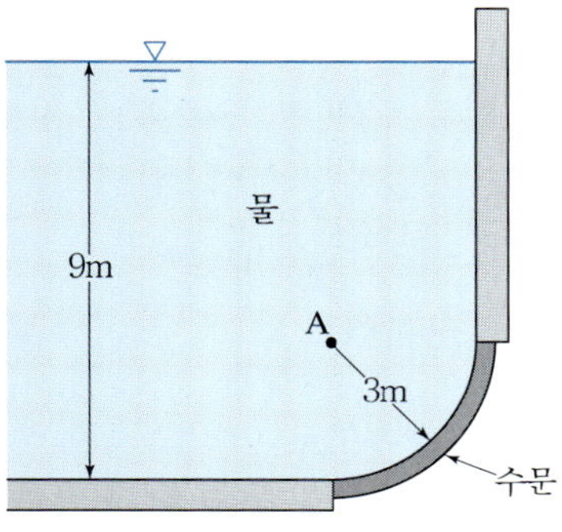

그림 3.45

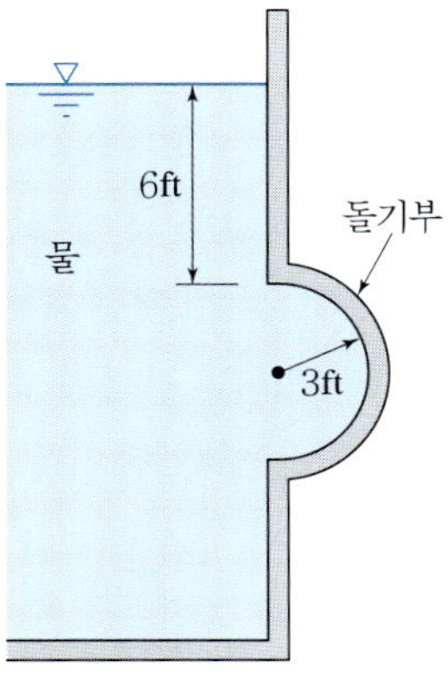

그림 3.46

3.46 그림 3.46과 같이 수조의 연직벽에 반원형으로 튀어나온 부분에서의 수평 및 수직방향의 단위폭당 힘을 구하라.

3.47 예제 3.9.1에서 직경 1.5m, 무게 1ton인 부표를 케이블로 고정시켜 평상시에 수표면에 떠 있도록 설치하였다. 만일 수심이 증가하여 부표가 물에 완전히 잠기게 되면 케이블에 걸리는 장력은 얼마인가.

3.48 어떤 물체의 공기 중에서의 무게가 5kg이고, 수중에서의 무게가 2kg일 때 이 물체의 부피와 비중을 구하라.

3.49 철근콘크리트 Box 구조물의 공기 중 무게가 30ton일 때 수중에서의 무게를 구하라. 단, 철근콘크리트 구조물의 비중은 2.5이다.

3.50 비중이 0.9인 빙산이 바닷물 위에 떠 있을 경우 해수면 위로 나온 빙산의 체적이 100m^3이라면 빙산의 총 부피는 얼마인가? 단, 해수의 비중은 1.025이다.

3.51 폭 28ft, 길이 90ft인 직사각형 형태의 바지선이 물건을 운반할 때 흘수가 7ft였다. 물건을 싣지 않은 상태에서의 흘수가 5ft라면 바지선의 무게와 물건의 무게는 각각 얼마인가?

3.52 직경 9cm, 높이 10cm인 물체가 정수 중에 떠 있을 때 수면위로 올라온 부분이 3cm라면 물체의 무게는 몇 N인가?

3.53 그림 3.53과 같이 나무가 케이블로 바닥에 고정되어 있을 때 줄에 걸리는 인장력은 몇

N이며, 나무의 비중은 얼마인가?

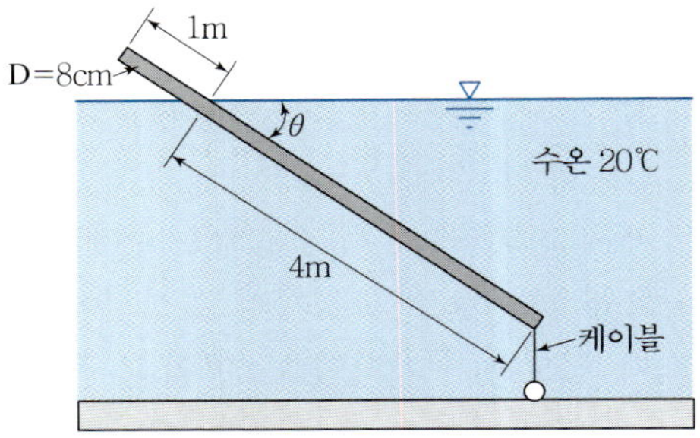

그림 3.53

3.54 그림 3.9.7과 같이 가로 4m, 세로 3m, 높이 2m의 Box 케이슨의 무게가 14.4ton이다. 케이슨의 흘수를 구하고, 가로 및 세로 방향의 안정성을 판단하라.

3.55 한 변의 길이가 4m인 정사각형 단면을 가진 길이가 6m인 블록이 물위에 떠 있다. 만일 블록의 비중이 0.9이고, 계산된 흘수가 2.6m이며, 물속에 잠긴 부분의 체적이 90 m^3일 때 이 블록이 안정한지 불안정한지를 판단하라.

3.56 그림 3.56과 같이 비중이 0.65인 0.1m×0.1m×3m 크기의 나무보가 A점에서 힌지로 고정되어 있을 때 물에 떠서 정지하고 있는 각도 θ는 얼마인가? 단, 물의 온도는 20℃이다.

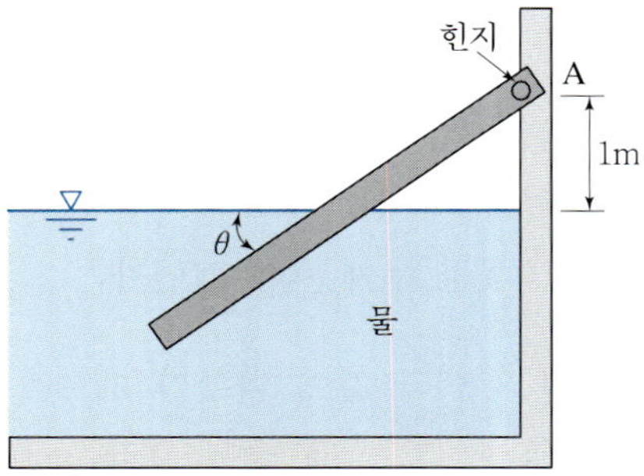

그림 3.56

3.57 직경이 1m이고, 길이가 0.8m인 나무원통(비중=0.6)이 기름(비중=0.8) 내에서 축방향으로 수직으로 떠있을 때 안정여부를 판단하라.

3.58 직경 1m, 길이 1m인 원통형나무의 단위중량이 8,000N/m^3일 때 축방향으로 수직으로 떠 있을 수가 있는가?

3.59 그림 3.59와 같은 콘크리트 케이슨 구조물이 바닷물에 떠 있을 때 구조물의 안정여부를 판단하라. 단, 콘크리트의 비중은 2.5이고 해수의 비중은 1.025이다.

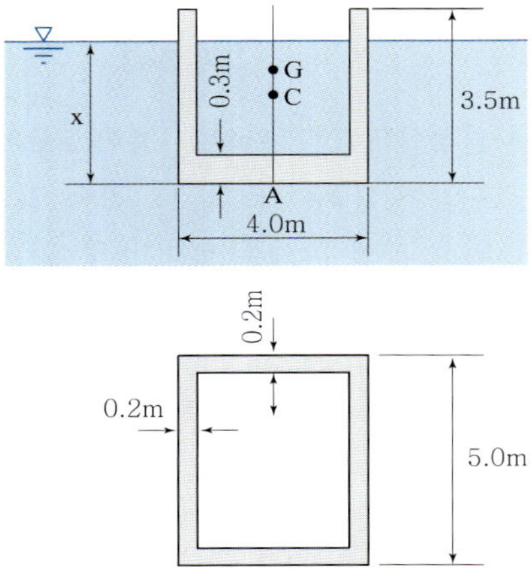

그림 3.59

3.60 예제 3.10.1에서 수조가 α=3m/sec^2의 수평 등가속도 운동을 하고 있고 길이가 6m일 때 수조 뒷면에서의 상승고 z와 수면의 경사 θ를 결정하고, 수조의 AB면과 CD면에 작용하는 단위폭 당 힘을 구하라.

3.61 기차가 5.65m/s^2의 일정한 가속도로 달리고 있을 때 기차 속에 물그릇을 놓으면 수면의 경사각은 얼마나 되겠는가?

3.62 길이 2m, 폭 1m, 높이 1.5m인 위가 개방된 직사각형 탱크에 휘발유가 1m깊이로 들어 있을 때 휘발유가 넘치려고 할 때의 수평방향(길이방향)가속도는 얼마인가?

3.63 그림 3.63과 같이 자동차가 수평의 쟁반위에 직경 0.06m, 깊이 0.1m의 커피잔을 올려놓고 $7m/s^2$으로 가속될 때 정지상태의 커피의 깊이가 0.07m라면 (a) 커피가 잔으로부터 넘칠 것인가? (b) 커피의 밀도가 1,010 kg_o/m^3이면 점 A에서의 압력은 얼마인가?

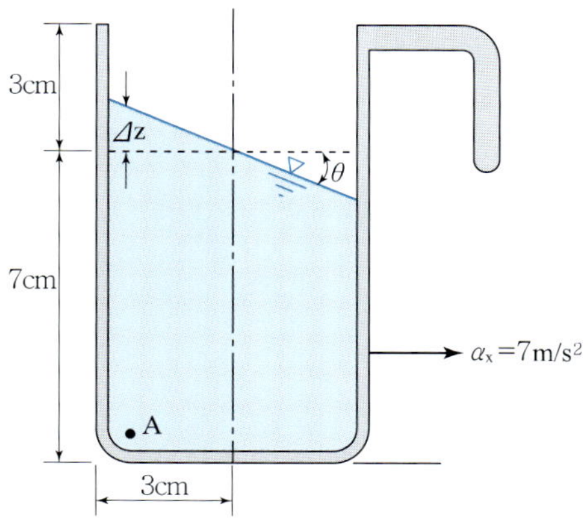

그림 3.63

3.64 그림 3.10.3과 같은 수조에 물을 1m 깊이로 채우고 위 방향으로 $3m/s^2$의 가속도로 이동시킬 때 수조의 바닥에 작용하는 압력과 힘을 계산하라. 수조는 가로 5m, 세로 3m의 면적으로 가지고 있다.

3.65 그림 3.10.3과 같은 수조에 물을 1m 깊이로 채우고 아래 방향으로 $3m/s^2$의 가속도로 이동시킬 때 수조의 바닥에 작용하는 압력과 힘을 계산하라. 수조는 가로 5m, 세로 3m의 면적으로 가지고 있다.

3.66 그림 3.10.5와 같은 높이 3m, 직경 2m인 수조에 물이 2m 깊이로 채워져 있다. 수조를 회전시킬 때 물이 수조벽의 상단면에 도달할 때의 회전각속도를 구하라. 또한 이때의 수면방정식 및 C지점과 D지점에서의 압력을 계산하라.

3.67 직경 1m인 개방된 원통형 탱크에 물이 0.7m깊이로 채워져 있다. 수직축을 중심으로 회전시켜 물이 넘치지 않는 상태에서 탱크의 바닥이 처음으로 노출되기 시작하는 회전각속도는 얼마인가?

3.68 연습문제 3.63에서와 같은 커피잔이 회전판위에서 회전할 때 (a) 커피가 잔의 언저리에 도달하는 각속도와 (b) 이때의 점 A에서의 압력은 얼마인가?

3.69 직경 16cm, 높이 27cm인 개방된 원통에 물이 가득차 있는 상태에서 회전을 하고 있을 때 (a) 물의 1/3이 넘쳐흐를 때와 (b) 바닥이 처음 노출될 때의 각속도는 얼마인가?

3.70 직경 10cm의 매우 긴 개방된 원통에 1,178 cm^3의 물이 담겨져 있는 상태에서 회전을 하고 있을 때 원통의 바닥에 4cm 직경의 바닥이 보인다면 이때의 회전율(rpm)은 얼마인가?

3.71 그림 3.71과 같이 물이 부분적으로 채워져 있는 용기가 있을 때 회전각속도가 (a) 7rad/s, (b) 20rad/s이면 점 A에서의 압력은 얼마인가?

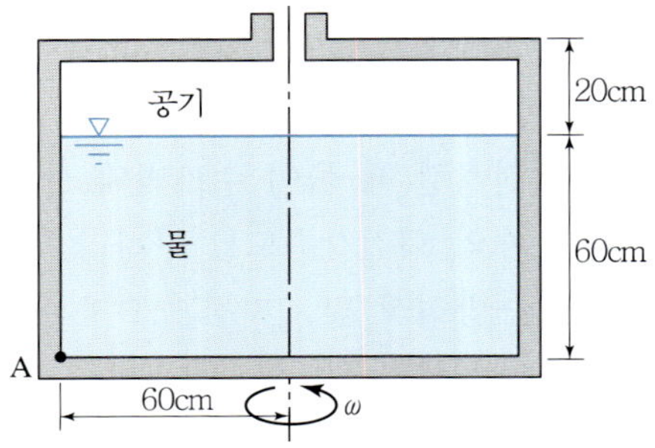

그림 3.71

3.72 연습문제 3.71에서 용기의 윗면이 밀폐되어 있고 공기의 압력이 25kPa일 때 회전각속도가 (a) 7rad/s, (b) 20rad/s이면 점 A에서의 압력은 얼마인가?

3.73 연습문제 3.71에서 회전각속도가 (a) 7 rad/s, (b) 20rad/s이면 바닥에 작용하는 힘은 얼마인가?

Chapter 4

유체운동학

본 장에서는 움직이고 있는 유체의 운동학(kinematics) 및 동수역학(hydrodynamics)에 대한 기본개념에 대해 소개하기로 한다. 유체의 운동은 다양한 형태로 나타나며, 쉽게 묘사할 수도 있지만 어떤 경우에는 물리적인 법칙의 완전한 이해를 필요로 하기도 한다. 공학적인 적용에 있어서 유체의 운동을 최대한 간단하게 표현하는 것이 중요하다.

유체의 운동을 이해하기 위해서는 운동학의 기본이 되는 흐름의 속도 및 가속도와 함께 유체의 운동을 지배하는 기본법칙들을 알 필요가 있다. 유체운동의 해석을 위해 적용하는 가장 기본적인 방정식들에는 연속방정식(continuity equation)과 에너지방정식인 Bernoulli방정식 및 역적운동량방정식이 있으며, 이들 기본 방정식들을 이해하고 적용하면 일반적인 유체역학문제 특히 수리학 문제는 대부분 해석할 수가 있다. 따라서 본 장에서는 움직이고 있는 물에 대한 운동학 및 동수역학의 기본 개념을 설명하고, 질량보존의 법칙에 바탕을 둔 연속방정식을 소개하며, Newton의 제2법칙을 이용하여 Euler방정식과 Bernoulli방정식을 유도하고, 이를 응용하여 흐름장에서의 압력 및 에너지 변화를 해석할 수 있는 방법에 대해 소개하며, 흐름의 박리 및 공동현상에 대해 소개하기로 한다.

4.1 유체흐름의 정의와 분류

유체역학과 관련 있는 일상생활에서의 다양한 문제들을 1장에서 소개한 바 있다. 이러한 유체역학 문제들을 해석하기 위해서는 흐름장에서 관측할 수 있는 물리적 특성을 기본으로 유체역학을 분류할 필요가 있다. 흐름장에서 직면하는 형태가 중첩되는 부분이 많이 있기 때문에 모두가 인정하는 명확한 구분은 하기가 곤란하지만 일반적으로 그림 4.1.1과 같이 유체역학을 구분하고 있다.

본 절에서는 흐름의 규모를 나타내는 유속과 유량 그리고 물 입자의 움직임을 나타내는 유선에 대한 정의를 내리고, 흐름 특성이 시간 및 공간에 따라 변하는 흐름의 여러 가지 분류방법과 함께 흐름의 상태에 따른 분류방법 등에 대해 알아보기로 한다.

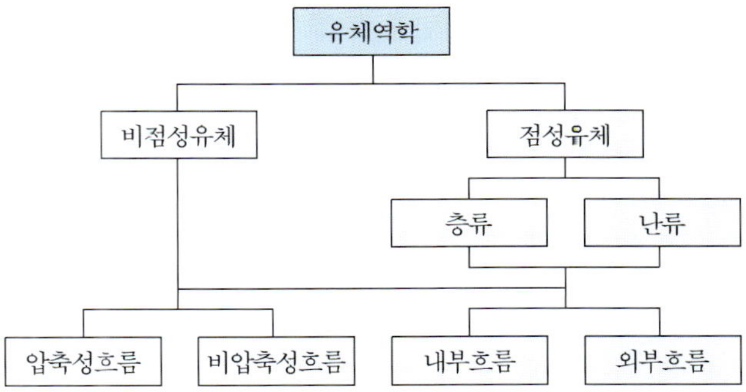

그림 4.1.1 유체역학의 구분

4.1.1 흐름의 정의

유체가 관로나 개수로를 통해 이동할 때 시간 및 공간에 따라 지속적으로 변하며 운동하는 유체

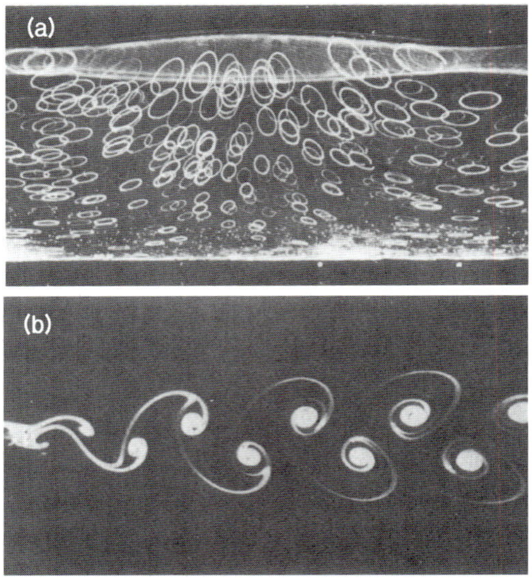

그림 4.1.2 유적선(a)과 유맥선(b)의 모양

의 상태를 흐름(flow)이라 한다. 이때 유체가 이동하는 속도를 흐름의 유속(velocity) 그리고 관로나 개수로 단면을 통해 단위 시간 당 유체가 이동하는 양을 유량(discharge)이라 한다. 유속 및 유량에 대해서는 4.2.1절과 4.3.1절에서 자세히 소개하기로 한다.

흐름의 속도와 방향을 나타내기 위해 흐름장(flow field)에서 유체 입자의 흐름 경로를 선으로 나타낼 필요가 있다. 이러한 흐름을 나타내는 선에는 유적선(pathline), 유맥선(streakline) 그리고 유선(streamline)이 있다. 유적선은 특정 입자가 이동해 간 경로를 추적하여 연결한 선 즉, 입자의 움직인 경로를 나타낸다. 유적선은 발광 입자의 움직임을 일정한 시간 간격을 두고 연속적으로 촬영하여 얻을 수가 있으며, 그림 4.1.2a는 수조 내 수면아래에 위치한 입자의 운동 경로인 유적선을 보여주고 있다.

유맥선은 선의 모든 지점이 특정지점으로부터 유래된 모든 입자들에 의해 채워진 순간적인 선으로 현재 입자들이 어디에 위치하고 있는가를 알려준다. 유맥선은 특정 지점을 통과하는 일련의 발광 입자들에 대해 스냅사진을 찍으면 얻을 수 있으며, 그림 4.1.2b는 실린더 주위로 지속적으로 연기를 방출한 후 스냅사진을 찍어 얻은 유맥선을 보여주고 있다.

유선은 유맥선에 포함되어 있는 각 지점에서의 속도벡터의 접선을 연결한 선을 말한다. 즉, 유선을 따르는 임의 점에서의 곡선에 대한 접선은 그 점에서의 속도벡터의 방향을 나타내게 된다. 유선은 그 의미상 사진을 통해 직접 묘사하기는 곤란하다. 예를 들어 그림 4.1.3a와 같이 수조 측면의 구멍을 통해 물이 빠져 나가는 경우를 생각해 보자. a, b 및 c는 각 유선의 임의의 점에서의 속도벡터를 보여주고 있다. 자유 분출되는 수맥의 양쪽 끝단의 유선은 수조의 벽을 따라 형성되어 있고, 고정된 수조의 벽을 따르는 유선에서의 접선은 벽이 불투수경계로 이루어져 있으므로 유선과 동일하며, 수조벽과 인접한 흐름의 속도벡터는 벽과 평행하게 된다. 따라서 수조벽과 인접한 모든 유선은 벽과 평행하며 실제로 수조벽의 형상을 따라 형성된다.

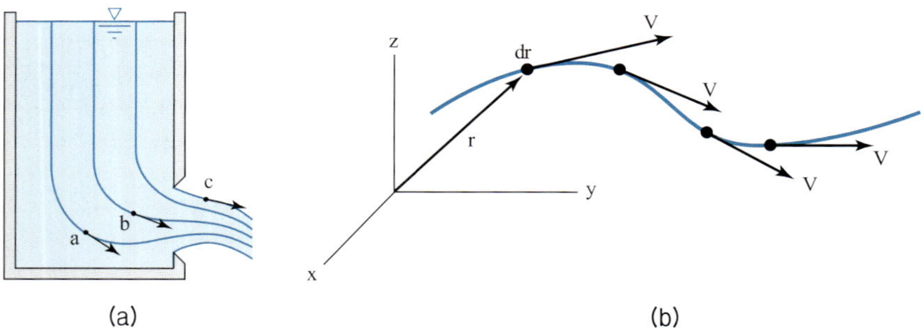

그림 4.1.3 유선의 예

나중에 설명할 정상류 흐름에서는 유적선, 유맥선 및 유선이 모두 동일하다. 주어진 지점을 통과하는 모든 물 입자는 시간에 따라 흐름 특성이 변하지 않기 때문에 같은 경로를 따라 움직이게 된다. 따라서 유적선과 유맥선이 같게 된다. 또한 임의 점에서의 속도벡터가 입자가 움직이고 있는 선의 접선과 같으므로 결국 이선은 유선이 된다. 정상류인 경우 이러한 유선들로 둘러싸인 하나의 가상적인 관을 생각할 수 있는데, 이를 유관(stream tube)이라 하며 입자들은 이 유관의 벽을 통과하여 밖으로 나가거나 들어오지 못하게 된다.

그림 4.1.3b와 같은 공간좌표상에서 유선상의 한 점 (x, y, z)에서 속도벡터 $\overline{V}$의 세 직각방향 성분을 u, v 및 w라 하고, 방향여현(directional cosine)을 l, m 및 n이라 하면 $l=\cos\alpha$, $m=\cos\beta$ 그리고 $n=\cos\gamma$이므로

$$u = \overline{V}l, \quad v = \overline{V}m, \quad w = \overline{V}n \tag{4.1.1}$$

유선상의 미소 움직인 거리 ds의 세 직각방향 성분을 dx, dy 및 dz라 하면

$$dx = l ds, \quad dy = m ds, \quad dz = n ds \tag{4.1.2}$$

식 (4.1.1)과 식 (4.1.2)로부터 유선을 따라 움직이는 유체입자의 속도성분과 변위 간에는 다음과 같은 관계가 있음을 알 수 있다.

$$ds = \frac{dx}{u}\overline{V} = \frac{dy}{v}\overline{V} = \frac{dz}{w}\overline{V} \tag{4.1.3}$$

$$\therefore \frac{dx}{u} = \frac{dy}{v} = \frac{dz}{w} \tag{4.1.4}$$

식 (4.1.4)를 유선의 방정식이라 하며, 이 조건을 만족하는 공간좌표상의 움직임이 유선이 된다.

예제 4.1.1

x, y 및 z방향의 속도성분이 다음과 같다. K가 상수일 대 흐름의 유선 및 방향을 나타내라.

$u=Kx \qquad v=-Ky \qquad w=0$

풀이

z방향의 속도성분이 0이므로 흐름은 xy평면상에서 흐르는 2차원 흐름이 된다. 유선의 방정식 (4.1.4)로부터

$$\frac{dx}{Kx} = -\frac{dy}{Ky}$$

이식을 적분하면 $\ln x = -\ln y + \ln C$ 즉, $xy=C$가 되어 쌍곡선 형태의 흐름이 된다.

1/4분면인 경우 x>0, y>0 이므로 x, y가 증가함에 따라 u는 증가하고 v는 감소하는 방향으로 흐름이 나타나며 그림 4.1.4와 같다.

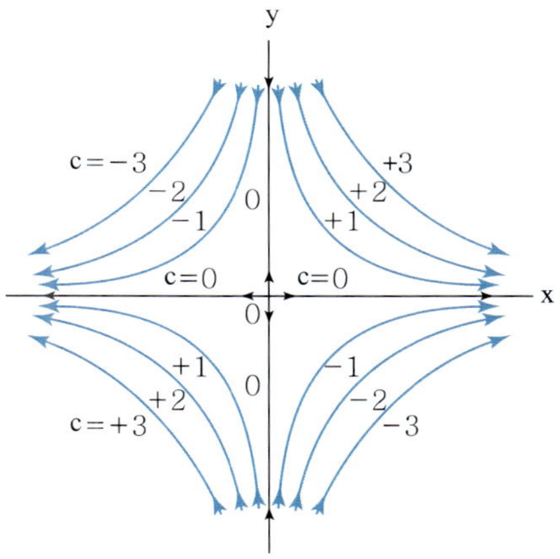

그림 4.1.4

4.1.2 1차원, 2차원 및 3차원 흐름

일반적으로 유체의 흐름은 공간좌표상에서 x, y 및 z의 3방향으로 이루어지고, 또한 시간에 따라 변하게 된다. 하지만 대부분의 경우 문제를 쉽게 이해하고 해석하기 위해 단순화하게 된다. 이와 같은 단순화에는 실제흐름을 1차원 또는 2차원 흐름으로 간략화 하는 것이 포함된다. 1차원 흐름은 속도 성분이 오직 하나의 공간 성분으로 나타나는 경우이다. 비록 실제 1차원 흐름은 드물지만 합리적으로 간략화하기 위해 1차원 흐름으로 간주하는 경우가 많이 있다.

대부분의 흐름 조건에서 속도장(velocity field)은 실제로 세 가지의 속도성분 즉, u, v 및 w를 포함한 3차원 흐름이 된다. 대부분의 경우 3차원 흐름특성은 이들이 초래하는 물리적인 면에서 매우 중요하다. 이러한 경우 흐름을 완전한 3차원 흐름 특성에서 해석해야 하지만 쉽지가 않다. 만일 속도성분의 하나 또는 두 개를 무시한다면 실제 흐름의 영향을 상당히 잘못 해석할 수 있다. 비행기의 날개 주위를 지나가는 공기의 흐름이 대표적인 3차원 흐름이라 할 수 있다.

속도성분 중 하나가 다른 두개의 성분에 비해 작은 경우 작은 속도성분을 무시할 수가 있다. 이러한 경우의 흐름이 2차원 흐름이 된다. 즉, 속도 u, v가 오직 x 및 y의 함수가 된다. 예를 들어 광폭의 댐 위로 흐르는 물은 양 끝단의 영향으로 3차원 흐름이라 할 수 있다. 하지만 양 끝단으로부터 멀리 떨어진 댐 중심부에서는 2차원 흐름으로 간주할 수가 있다. 1차원 흐름은 오직 한 방향으로의 흐름으로 긴 직선의 관로나 두 평판 사이를 흐르는 흐름에서 나타나게 된다.

4.1.3 점성 및 비점성 흐름

유체역학은 크게 점성(viscous) 및 비점성(inviscid) 흐름으로 분류할 수가 있다. 비점성 흐름에서는 후술할 점성(viscosity)의 영향을 무시하게 되며, 따라서 $\mu=0$이 된다. 사실 점성이 없는 유체는 존재하지 않지만 점성력을 무시함으로서 해석을 간단하게 하는 한편 의미 있는 결과를 얻을 수 있는 문제들이 많이 있다. 모든 유체들은 점성을 가지고 있고, 따라서 점성 흐름은 연속체로서의 유체역학 해석에 매우 중요하다. 점성 유체의 해석에 대한 자세한 소개는 8장에서 하고 본 절에서는 점성 흐름 현상에 대해 소개하기로 한다.

1.1절의 유체의 정의에서 설명한 바와 같이 점성 흐름에서 고체 경계에 직접 접촉하고 있는 유체는 경계에서 미끄러짐이 없이 경계와 같은 속도를 가지게 된다. 그림 4.1.6과 같은 1차원 점성흐름

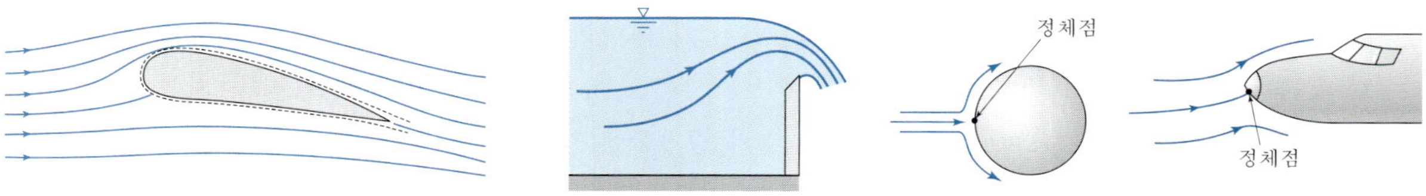

그림 4.1.5 2차원 및 3차원 흐름

에 대해 전단응력은 다음과 같다.

$$\tau_{yx} = \mu \frac{du}{dy} \tag{4.1.5}$$

흐르는 유체에서 고정된 고체 표면에서의 유체의 유속은 0이 된다. 전체 유체가 움직이고 있으므로 흐름내에 속도구배(velocity gradient) 및 전단응력이 존재하게 된다. 이러한 전단응력이 다시 유체의 움직임에 영향을 주게 된다.

실제적인 예로 얇은 날개나 선체 주위에서의 유체의 이동을 생각해 보자. 이러한 흐름은 그림 4.1.6과 같은 평판위에서의 흐름으로 근사화하여 나타낼 수가 있다. 흐름은 균일한 속도 V로 평판으로 접근하고 있다. 판을 따라 여러 위치에서의 속도분포에 대해 알아보기 위해 두 지점 ①과 ②를 설정하고 먼저 첫 번째 위치 ①을 고려해 보자. 속도 분포의 정량적인 형태를 알아보기 위해 속도를 알고 있는 y축에 표시를 하며, 그림 4.1.6에서는 이해를 돕기 위해 y축을 확대하였다.

미끄러짐이 없는 조건으로부터 A점에서의 속도는 0이 되므로, 속도분포곡선상의 한 점을 표시할 수가 있다. 평판은 고정되어 있고, 따라서 흐름에 대한 저지력이 작용하여 판 근처의 유체의 흐름을 늦추게 된다. 평판으로부터 충분히 떨어져 있는 B점인 경우 평판의 영향을 받지 않게 된다. 만일 x축을 따라 압력이 변하지 않는다면 B점에서의 속도는 접근속도 V와 같다. 따라서 y=0인 지점에서의 속도 u=0으로부터 B지점에서의 속도 u=V로 흐름의 속도가 완만히 증가하게 될 것이라고 예상할 수가 있다. 그러므로 속도분포곡선을 그릴 수가 있고, A점과 B점사이의 중간지점 C점에서는 속도가 0과 V사이에 있게 된다. 따라서 $0 \leq y \leq y_B$에 대해 $0 \leq u \leq V$가 된다. 이와 같은 속도분포곡선의 특징과 전단응력의 정의로부터 전단응력이 $0 \leq y \leq y_B$인 지역 내에서 존재함을 알 수 있고, $y > y_B$인 지점에서는 속도경사가 0이 되므로 전단응력이 존재하지 않게 된다.

그렇다면 ②지점에서의 속도분포곡선은 ①지점에서의 곡선과 똑 같을 것인가? 그림 4.1.6을 보면 서로 같지가 않다. 판을 따라 이동함에 따라 흐름장에서의 판의 영향이 더 멀리 미침을 추측할 수가 있다. ①지점에서의 속도분포곡선을 다시 보면 평판에 인접하여 천천히 흐르는 유체가 그 위의 좀 더 빠르게 흐르는 유체에 저지력을 작용함을 알 수 있다. 이는 C점을 포함하는 y축 평면상의 전단응력을 생각하면 이해가 된다. 판 위의 빠르게 흐르는 유체에 작용하는 응력에 관심이 있으므로 C점을 포함하는 음의 y축 평면에서의 전단응력의 방향을 보자. $du/dy > 0$이므로 C점을 포함하는 평면에서의 τ_{yx}는 양의 값을 나타내고, 전단응력은 음의 x방향이 된다.

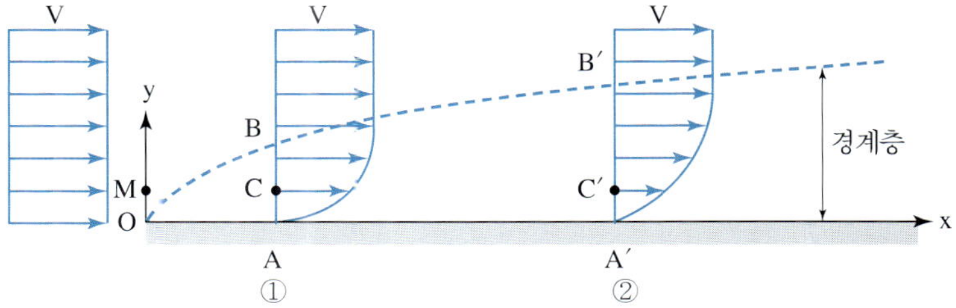

그림 4.1.6 평판위의 비압축성 점성 층류흐름

②지점에서의 속도분포곡선의 정성적인 형태를 얻기 위해 다시 한 번 평판에서의 미끄러짐이 없는 상태를 고려하면 A'점에서의 속도는 0이 된다. ①지점에서 천천히 흐르는 유체가 그 위의 유체에 저지력을 작용하고 있으므로, 속도가 V가 되는 지점의 위치가 높아지게 됨을 예상할 수 있다. 즉, $y_B' > y_B$가 되며, $u_C' < u_C$가 됨을 또한 예상할 수 있다.

흐름장의 정성적인 묘사로부터 흐름을 두 개의 서로 다른 지역으로 구분할 수가 있다. 경계에 인접한 지역에서는 전단응력이 존재하고, 따라서 이 지역을 경계층(boundary layer)이라 부른다. 경계층 바깥지역은 속도경사가 0이며 따라서 전단응력도 0이 되는데, 이 지역에서는 흐름의 해석을 위해 비점성 흐름이론을 적용한다.

지금까지는 속도의 x방향요소인 u의 거동만을 고려하는데, y방향의 속도 성분 v는 어떠한지, 흐름장 전체에서 0이 되는지, 또한 경계층의 끝단이 유선(streamline)이 되는지 궁금하다. 이러한 질문에 대한 답변으로 M지점을 통과하는 유선을 고려해보자. 유선의 정의가 흐름의 모든 지점에서 속도벡터의 접선을 연결한 선인 것을 생각하면 M을 포함하는 유선을 x축에 평행한 직선으로 생각할 수도 있다. 하지만 이는 유선을 통과하여 흐를 수 없다는 조건을 위반하게 된다. 유선을 거쳐서 흐를 수가 없기 때문에 인접한 유선들 사이의 질량흐름은 일정하다. 그림 4.1.6과 같은 비압축성 점성흐름에서 M을 포함한 유선은 x축과 평행한 직선이 될 수 없음을 인식할 수가 있다. M을 지나는 유선과 x축 사이의 일정한 질량흐름을 유지하기 위해서는 유선과 x축 사이의 간격은 평판을 따라 이동함에 따라 지속적으로 증가해야 한다. 따라서 비록 작기는 하지만 y축 방향의 속도는 0이 아니다.

M을 통과하는 유선은 경계층이라 정의한 점선을 통과하게 되고, 따라서 경계층의 끝단은 유선이 아니며, 평판을 따라 이동함에 따라 경계층 안으로 흐름이 발생한다고 결론을 내릴 수가 있다. 사실 경계층이 커짐에 따라 경계층 끝단을 통과하는 흐름이 있게 된다. 주어진 자유흐름의 속도 V에 대해 경계층의 크기는 유체의 특성에 따라 변하게 된다. 전단응력이 점성과 직접적으로 비례하므로 경계층의 크기는 유체의 점성에 따라 변함을 예상할 수 있다.

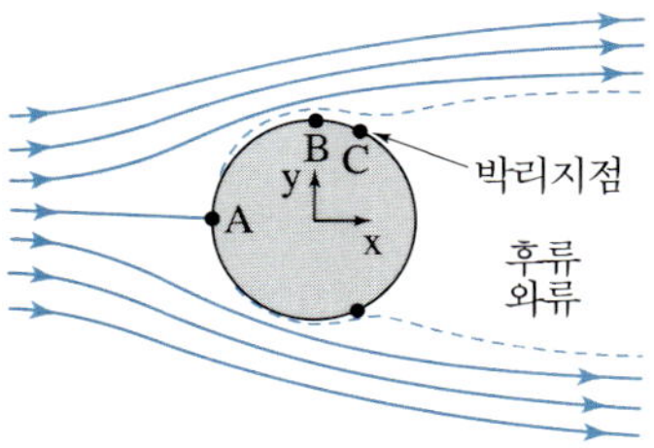

(a) 점성흐름

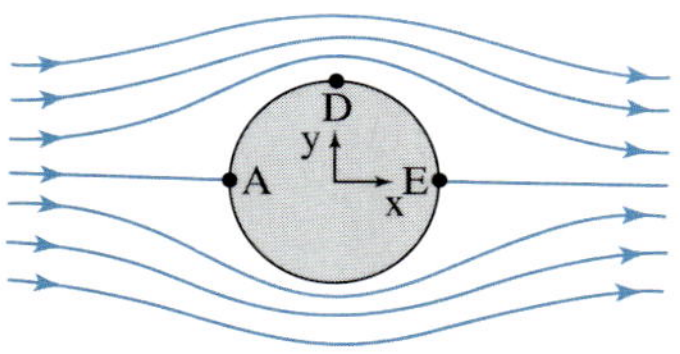

(b) 비점성흐름

그림 4.1.7 원통주위 비압축성 흐름

지금까지 고체 경계위에서의 점성흐름의 정성적인 양상을 알아보기 위해 무한한 평판위의 비압축성흐름을 적용하였다. 이 예에서 전단력의 영향만 고려하였고 흐름장 전체를 통해 압력은 일정하다고 가정하였다. 이제 압력과 점성력 모두 중요한 원통주위로의 비압축성흐름과 같은 정상류 흐름장에 대해 생각해 보자. 정상류에서는 유적선, 유맥선 그리고 유선이 모두 동일하다. 흐름을 볼 수 있는 장치를 이용하면 흐름장이 그림 4.1.7a와 같이 나타남을 알 수 있다.

유선은 x축에 대해 대칭으로 나타난다. 중앙의 유선을 따라 흐르는 유체는 A점에서 원통과 부딪치고 분리되어 원통 주위로 흐르게 되는데, 원통위의 A점을 정체점(stagnation point)이라 한다. 평판위에서의 흐름과 같이 고체표면의 주위에서 경계층이 발달하게 된다. 경계층 바깥쪽의 속도분포는 유선의 간격으로부터 정성적으로 결정할 수 있다. 유선을 통과하여 흐를 수가 없으므로 유선사이의 간격이 감소하는 지역에서는 유속이 증가함을 예상할 수가 있으며, 반대로 유선사이의 간격이 증가하면 유속이 감소하게 된다.

원통 주위로 흐르는 비압축성유체가 비점성이라고 가정하면 흐름장은 그림 4.1.7b와 같게 되고, 흐름은 x축 및 y축에 대해 대칭이 된다. 원통주위의 속도는 D점에서 최대로 증가하며, 원통으로부터 멀어짐에 따라 감소하게 된다. 비점성흐름에 있어 속도가 증가하면 압력이 감소하고, 반대로 속도가 감소하면 압력이 증가하게 된다. 따라서 비압축성 비점성흐름에서 원통 표면에서의 압력은 A점에서 D점으로 이동함에 따라 감소하게 되고, D점에서 E점으로 이동할수록 압력은 다시 증가하게 된다. 흐름이 x축 및 y축에 대해 대칭이므로 압력도 이 축들에 대해 대칭이 됨을 알 수가 있다.

비점성흐름에서는 전단응력이 존재하지 않으므로 압력만이 실린더에 작용하는 순힘(net force)을 결정하는데 고려할 유일한 힘이 된다. 압력분포의 대칭은 비점성흐름에서 x축 및 y축 방향으로 원통에 작용하는 순힘이 없다는 결론을 얻을 수가 있다. x방향의 순힘을 항력(drag)이라 한다. 따라서 원통 주위의 비점성흐름에서는 항력이 0이라 할 수 있는데, 이는 모든 물체가 실제흐름에 접하게 되면 항력을 받는다는 것과는 대조적이라 할 수 있다. 물체 주위로의 비점성흐름은 비점성흐름의 정의에 따라 경계층의 존재를 무시하게 된다.

그림 4.1.7a와 같은 실제흐름인 경우 실험을 통해 보면 A점과 C점 사이는 경계층이 얇다. 경계층이 얇으므로 압력장이 비점성흐름의 경우와 정성적으로 같다고 가정할 수가 있다. A점과 B점 사이에서는 압력이 지속적으로 감소하므로, 경계층 내의 유체요소는 흐름방향으로의 순압력을 받게 된다. A점과 B점 사이의 지역에서는 이러한 순압력이 저항 전단응력을 극복하는데 충분하며, 흐름방향으로의 유체요소의 이동이 유지될 수가 있다.

이제 B점을 지나 원통의 뒷부분 경계층 내의 유체요소를 생각해 보자. 흐름방향으로 압력이 증가하므로 유체요소는 이동하는 방향과 반대인 순압력을 받게 된다. 일부 지점에서는 경계층 내 유체의 운동량이 유체요소를 압력이 증가하는 지역으로 이동시키는데 충분하지가 않다. 고체 표면에 인접한 유체층은 멈추게 되고, 흐름은 표면으로부터 분리(박리)된다. 경계층의 분리는 물체 뒤쪽에 비교적 낮은 압력지역을 형성하게 되고 이를 항적(wake, 후류와류)이라 한다. 따라서 물체 주위의 분리흐름에서 흐름방향으로의 순압력의 불균형이 발생하고, 이로 인해 물체에 항력이 발생하게 된다. 물체 뒤의 항적의 크기가 클수록 항력이 커지게 된다.

그렇다면 항적을 어떻게 감소시켜 항력을 줄일 수 있을지에 대한 의문이 생긴다. 흐름방향으로 압력이 증가하는 역압력경사(adverse pressure gradient)의 존재와 관련된 경계층의 분리로 인해 큰 항적이 발생하므로 역압력경사를 줄임으로서 분리의 시작을 지연시키고 결국 항력을 감소시킬 수가 있다.

유선형 물체는 압력증가를 먼 거리까지 전개시켜 역압력경사를 감소시킬 수가 있다. 예를 들어 원통에 점차적으로 가늘어지는 꼬리부분을 추가시키면 그림 4.1.8과 같은 형태의 흐름장을 발생시킬 수가 있다. 유선형 물체는 비록 물체의 증가된 표면적은 물체에 작용하는 총 전단력을 증가시키지만 분리의 시작을 지체시켜 항력을 상당히 감소시킨다.

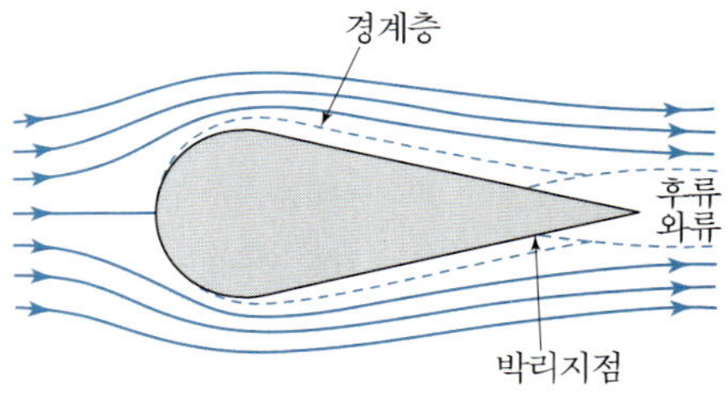

그림 4.1.8 유선형 물체 주위로의 흐름

4.1.4 층류 및 난류

점성흐름영역은 흐름의 구조를 바탕으로 층류(laminar)와 난류(turbulent)로 분류할 수가 있다. 층류영역에서는 흐름구조는 판 또는 층 형태로 매끄럽게 이동하는 특징을 가지고 있으며, 난류영역에서는 평균적인 움직임 주위로 유체입자가 무작위하게 3차원 운동을 하는 특징을 보인다.

층류에서는 인접한 유체층간에 거시적인 혼합이 발생하지 않으므로 층류에 잉크를 가늘게 주입하면 하나의 실같이 유지하게 되며, 흐름을 통해 잉크의 분산(dispersion)이 발생하지 않고 분자운동에 의한 느린 확산(diffusion)만 발생하게 된다. 반면에 난류에 잉크를 주입하면 분리되어 무수히 꼬인 실타래처럼 분산되어 흐름장 전체로 신속하게 흩어진다. 이러한 난류의 거동은 속도의 변동이 있기 때문이며, 인접한 유체층으로부터의 유체입자의 거시적인 혼합으로 인해 잉크의 신속한 분산이 발생한다. 주위가 고요할 때 담배로부터 피어오르는 연기는 층류의 좋은 예가 되고, 연기가 계속하여 위로 상승함에 따라 무작위하게 분리되어 움직임을 예측하기가 어려워지는데 이는 난류의 예가 된다.

유체의 흐름에 넣어 매우 정밀하게 유속을 측정할 수 있는 장비로부터 층류 및 난류간의 차이를 좀 더 구체적으로 알아볼 수가 있다. 관로의 임의의 한 지점에서 층류 및 난류의 정상흐름 상태에 대해 x방향의 속도성분을 측정한다면, 시간에 따른 속도의 변화는 그림 4.1.9와 같이 나타나게 된다. 층류인 경우 측정지점에서의 속도는 시간이 지나도 일정하게 되며, 난류인 경우 시간평균 유속 $\bar{u}$주위로 순간유속 u가 무작위하게 변동함을 알 수가 있다. 여기서 순간유속 u는 시간평균 유속 $\bar{u}$에 변동요소 u'를 합한 것과 같으며, 흐름이 층류이므로 평균유속 $\bar{u}$는 시간에 따라 변하지가 않는다.

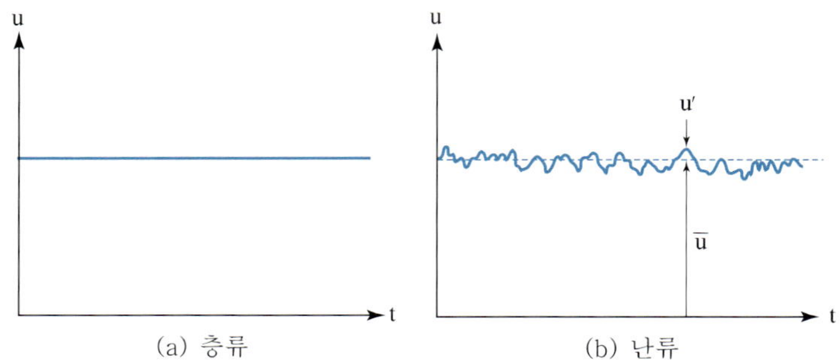

그림 4.1.9 층류와 난류에서의 속도 변화

$$u = \bar{u} + u' \tag{4.1.6}$$

비록 관심 있는 많은 난류가 평균에 대해서는 정상 즉, $\bar{u}$가 시간에 다라 변하지 않지만, 매우 불규칙적으로 변동하는 유속으로 인해 난류의 해석은 매우 어렵다. 1차원 층류에서 전단응력은 식 (2.4.8)의 뉴톤의 점성법칙과 같이 속도경사와 관련이 있다. 평균속도장이 1차원인 난류는 식 (2.4.8)이 적용되지 않는다. 무작위하게 변동하는 3차원 속도성분 u', v' 및 w'는 평균 흐름의 유선을 통과해 운동량을 이송시키며, 유효전단응력을 증가시킨다. 따라서 난류에서는 응력장과 평균속도장 사이에 일반적으로 적용되는 관련성이 없으며, 해석에 경험적인 이론과 실험 자료에 주로 의지하게 된다.

4.1.5 압축성 및 비압축성 흐름

밀도의 변화를 무시할 수 있는 흐름을 비압축성(incompressible) 흐름이라 하며, 흐름 내의 밀도 변화를 무시할 수 없는 흐름을 압축성(compressible) 흐름이라 한다. 대부분의 기체는 압축성으로 고려하는 반면, 액체의 흐름은 주로 비압축성으로 간주하여 해석하게 된다. 하지만 액체 흐름에서도 중요한 압축영향을 주는 수격작용(water hammer)이나 공동현상(cavitation) 등이 있다. 음속에 비해 작은 흐름 속도를 가진 열전달을 무시한 가스흐름 또한 비압축성으로 간주할 수 있으며, 음속 c에 대한 가스의 흐름 속도 V의 비를 Mach수(Mach number) M_a라 한다.

$$M_a \equiv \frac{V}{c} \tag{4.1.7}$$

$M_a < 0.3$인 경우 최대 밀도변화는 5%이하이다. 따라서 $M_a < 0.3$인 가스흐름에서는 비압축성으로 간주할 수가 있으며, 공기에서의 $M_a = 0.3$은 표준 상태에서 100m/s에 해당하는 속도이다.

압축성 흐름은 공학적인 적용에서 자주 접하게 되는데, 압축공기시스템, 치과용 드릴, 고압관로에서의 가스의 이송, 공기 또는 유체 조절 및 감지시스템 등에서 볼 수가 있다. 현대의 초고속 항공기나 미사일, 발전소, 엔진 그리고 압축기 등의 설계에서 압축성의 영향은 매우 중요하다.

4.1.6 등류 및 부등류

관수로 내 또는 하천상의 흐름에서 흐름특성(속도, 밀도, 압력 등)이 공간적으로 변하는지 여부에 따라 등류(uniform flow)와 부등류(nonuniform flow)로 구분할 수가 있다. 등류인 경우 흐름공간에서 유선을 따르는 임의의 지점들에서 속도가 변하지 않는다. 따라서 유선이 일직선이며 서로 평행하게 된다. 만일 유선이 일직선이 아니면 속도의 방향 변화가 있게 되고, 만일 유선이 평행하지 않으면 유선을 따라 속도의 변화가 있게 된다. 이와 같은 등류 및 부등류 조건에 대한 수학적인 표현은 다음과 같다.

$$\text{등류}:\ \frac{\partial \overline{V}}{\partial s}=0,\quad \text{부등류}:\ \frac{\partial \overline{V}}{\partial s}\neq 0 \qquad (4.1.8)$$

여기서 $\overline{V}$는 유선상의 임의의 점에 있어서의 속도 벡터이고, s는 유선상의 임의의 미소변위이다. 개수로 및 평행한 두 판 사이에서의 등류 흐름은 그림 4.1.10(a, b)와 같다. 부등류에서는 유선상의 임의의 두 점에서의 유속이 다르게 된다. 따라서 그림 4.1.10(c, d)와 같이 유선이 공간상에서 곡선을 이루거나 수렴 또는 발산한다.

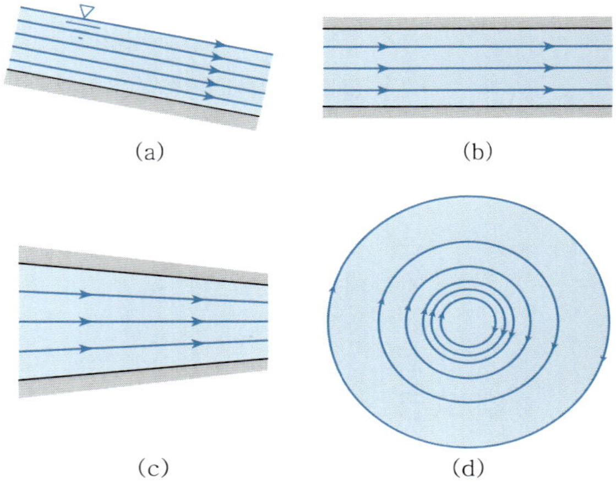

그림 4.1.10 등류와 부등류에서의 유선

4.1.7 정상류 및 부정류

관로 내 또는 수로상의 임의의 지점에 있어서의 흐름 특성(속도, 압력, 밀도 등)이 시간에 따라 변하는지 여부에 따라 정상류(steady flow)와 부정류(unsteady flow)로 구분할 수가 있다. 임의의 지점에서 시간에 따라 유속의 방향이나 크기가 변하지 않으면 정상류라 하고, 변하게 되면 부정류라 한다. 따라서 수학적인 표현으로 정상류와 부정류를 나타내면 다음과 같다.

$$\text{정상류}:\ \frac{\partial \overline{V}}{\partial t}=0,\qquad \text{부정류}:\ \frac{\partial \overline{V}}{\partial t}\neq 0 \qquad (4.1.9)$$

정상류의 예로 일정한 유량이 흐르는 관내의 흐름을 들 수가 있다. 이러한 경우 관로가 일직선으로 되어 있으면 정상등류(steady-uniform flow)가 된다. 하지만 만일 밸브 등의 조작으로 인해 관내의 유량이 증가하면 흐름은 부정류가 되고, 관로가 일직선으로 되어 있으면 부정등류(unsteady-uniform flow)가 된다. 노즐을 통해 유량을 조절하는 경우에는 노즐을 통과할 때 흐름이 수렴되어 유선이 수렴되므로 부등류가 되고, 또한 유량의 변화로 인한 유속의 변화가 발생하므로 부정류가 되어 부정부등류(unsteady-nonuniform flow)가 된다. 하천에서도 홍수류가 통과할 경우 부정부등류가 형성된다.

4.1.8 내부 및 외부흐름

고체표면으로 완전히 둘러싸여 흐르는 흐름을 내부(internal) 또는 관로(duct)흐름이라 하며, 무한한 유체 내에 잠겨있는 물체 주위로 흐르는 흐름을 외부(external)흐름이라 한다. 내부 및 외부흐름 모두 층류 또는 난류 그리고 압축성 및 비압축성흐름으로 구분할 수 있다.

파이프를 통한 비압축성흐름인 경우 층류이건 난류이건 간에 흐름의 상태는 무차원 변수인 식(2.4.10)과 같은 Reynolds수 R_e에 의해 결정된다. Reynolds수가 2,400보다 작으면 층류, 4,000보다 크면 난류 그리고 그 사이를 불완전층류라 한다.

무한한 유체에 잠겨있는 물체 주위로 외부흐름이 발생하는데, 그림 4.1.6과 같이 평판위로 흐르는 흐름이나 그림 4.1.7과 같이 원통주위로 흐르는 흐름이 그 예라 할 수 있다. 경계층흐름 또한 층류나 난류가 되는데, 앞에서 소개한 층류 및 난류의 정의는 경계층흐름에도 적용할 수 있으며, 흐름장의 구체적인 상태는 경계층이 층류인지 또는 난류인지에 따라 매우 다르게 나타난다. 그림 4.1.6과 같은 평판흐름에서 층류 또는 난류의 경계층의 특성은 Reynolds수 $R_{ex}=\rho Vx/\mu$에 의해 결정된다. 여기서 x는 평판 입구부로부터 하류방향으로의 거리이다. 일반적으로 $R_{ex}\leq 5\times 10^5$이면 층류이고, 이보다 크면 난류가 된다.

4.1.9 관로와 개수로

유체는 자연 또는 인공적인 구조물을 통해 한 지점에서 다른 지점으로 이동된다. 이러한 흐름 통로는 상단부가 열려있거나 닫혀 있게 된다. 상단부가 닫혀 있는 경우 폐합관거(closed conduit)라 하고, 상단부가 열려 있는 경우 개수로(open channel)라 한다. 예를 들어 터널, 관로, 도수관 등은 폐합관거이고, 강, 하천, 하구 등은 개수로라 할 수 있다. 개수로 또는 폐합관거에서의 흐름이 자유표면을 가지고 있으면 자유표면 흐름 또는 개수로 흐름이라 한다. 자유 표면은 일반적으로 대기와 접하고 있다. 만일 폐합관거 내에 자유 표면이 없이 유체가 가득 차서 흐르게 되면 관로흐름(pipe flow) 또는 압력흐름(pressurized flow)이라 한다.

폐합관거에서 시간이 지남에 따라 개수로 흐름 또는 관로 흐름이 형성될 수가 있다. 또한 두 가지의 흐름이 동시에 서로 다른 지점에서 발생할 수도 있다. 예를 들어 우수 관거인 경우 일반적으로 개수로 흐름이 형성된다. 하지만 갑작스런 강우로 인한 많은 양의 유입유량으로 인해 우수 관거가 꽉 차서 흐를 수가 있으며, 이때 관로 흐름이 된다. 이와 유사하게 폐합관거의 한 부분에서는 개수로 흐름이 형성되며 다른 부분에서는 관로 흐름이 형성될 수가 있다. 이러한 경우는 폐합관거의 하류부가 잠겨있을 경우에 발생할 수 있다. 관로 및 개수로에 대한 구체적인 해석방법에 대해서는 8장 및 11장에서 소개하기로 한다.

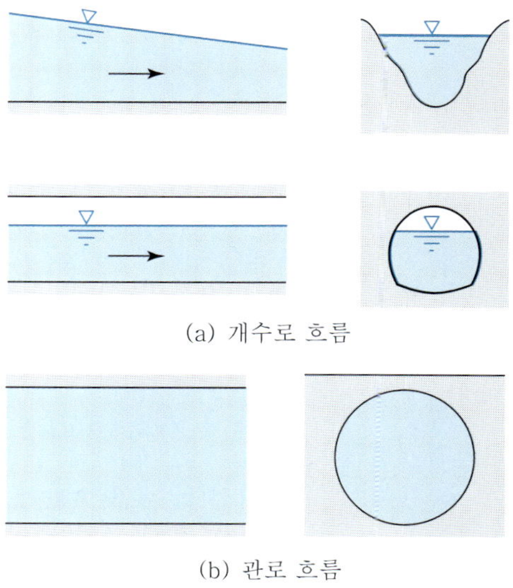

그림 4.1.11 개수로 흐름 및 관로 흐름

4.2 속도장 및 가속도장

유체역학 및 수리학적 문제를 다룰 때 흐름의 속도 즉, 유속은 매우 중요한 의미를 가지고 있다. 수리구조물이나 유체 또는 물과 관련된 기계를 설계할 때 유속에 대한 지식은 구조물에 미치는 압력과 힘을 계산하는데 반드시 필요하다. 또한 하천설계나 교량설계시 하상에서의 물에 의한 세굴을 분석할 때도 반드시 유속에 대한 분석이 이루어져야 한다.

각각의 유체입자는 수많은 분자들로 이루어져 있기 때문에 유체운동을 각 분자의 운동으로 나타내기보다는 연속체의 가정에 따라 유체의 미소입자들을 하나로 보고 해석하게 된다. 특정 순간에 압력, 밀도, 속도 및 가속도 등과 같은 유체의 성질을 위치의 함수로 나타낼 수가 있으며, 공간좌표계의 함수로 유체의 성질을 표현하는 것을 장의 표현(field representation)이라 한다. 이와 같은 장의 표현이 시간에 따라 변하게 되므로 유체의 운동을 나타내기 위해서는 x, y 및 z 공간뿐 만 아니라 시간의 함수로도 나타내어야 한다. 따라서 본 절에서는 속도장과 가속도장의 정의 및 이를 나타내는 방법에 대해 설명하기로 한다.

4.2.1 속도장

유체의 움직임에 대한 식들을 표현하는 방법에는 두 가지가 있다. 첫 번째로 Lagrange방법이 있는데 이 방법은 동력학에서 주로 사용되는 방법으로 어떤 시간동안 하나의 입자의 움직임에 대해 고려하는 것이다. 이 경우 속도는 입자의 위치 벡터를 시간에 대해 미분하여 얻게 되며, Cartesian 좌표계를 사용하면 위치벡터는 다음과 같이 나타낼 수 있다.

$$\vec{r}(t) = x\hat{i} + y\hat{j} + z\hat{k} \tag{4.2.1}$$

여기서 $\hat{i}$, $\hat{j}$ 그리고 $\hat{k}$는 x, y 및 z방향의 단위벡터이다. 식 (4.2.1)을 시간에 대해 미분하면 유체 입자의 속도를 얻게 된다.

$$\vec{V}(t) = \frac{dx}{dt}\hat{i} + \frac{dy}{dt}\hat{j} + \frac{dz}{dt}\hat{k} \tag{4.2.2}$$

또는

$$\vec{V}(t) = u\hat{i} + v\hat{j} + w\hat{k} \tag{4.2.3}$$

여기서 u, v 및 w는 x, y 및 z축 방향의 속도성분이다. 물론 한 입자의 움직임으로 흐름장 전체를 표현하기에는 불충분하므로 모든 입자들의 움직임을 동시에 고려하여야 한다.

움직임을 표현하는 두 번째 방법으로 Euler방법이 있다. 이 방법은 공간상의 한 점에서 시간이 지남에 따라 이 지점을 지나는 입자들의 움직임을 고려하는 것이다. 따라서 유체 입자의 속도는 공간 및 시간에 따라 변하게 된다.

$$u = f_1(x, y, z, t), \quad v = f_2(x, y, z, t), \quad w = f_3(x, y, z, t) \tag{4.2.4}$$

Lagrange방법에서는 시간이 경과함에 따라 한 입자의 위치를 추적해 가지만, Euler방법에서는 공간상의 특정 지점을 통과하는 입자들의 움직임을 관찰하게 된다. 예를 들어 교통흐름을 개선하기 위한 조사를 하는 경우 차를 타고 움직이며 교통 상태를 조사하게 되면 Lagrange접근방법이라 할 수 있고, 교차로에 서서 교통 상태를 조사하면 Euler접근방법이라 할 수가 있다. 하지만 두 방법 모두 거의 같은 결과를 주게 된다. 따라서 유체동역학을 다룰 때 두 가지 방법 모두 타당하지만, Euler방법을 사용한 물리법칙이 실제 상황에 적용하기가 쉽기 때문에 주로 Euler방법을 사용한다.

유체동역학에서 유체입자의 움직임은 각 입자의 위치 변화율인 속도벡터 $\vec{V}$로 나타내며, 크기와 방향을 가지게 된다. 입자의 움직임이 특정 궤도를 따를 때 이 궤도의 모양은 입자의 속도에 의해 결정되게 된다. 궤적을 따르는 입자의 위치는 초기위치 및 속도의 함수가 된다. 만일 정상류 즉, 특정위치(그림 4.2.1a의 ①지점)에서 시간에 따른 변화가 없는 흐름이라면 그 위치를 지나는 연속된 입자들의 궤적은 동일하게 된다. 이러한 경우 궤적은 x-y평면에서 고정된 궤적이 된다. ①지점에 인접한 지점을 통과하는 입자들은 그들 자신의 궤적을 따라 움직이게 되며 ①지점을 통과하는 궤적과는 다른 모양이 될 수 있다. 따라서 x-y평면이 이러한 궤적들로 차게 된다.

그림 4.2.1b와 같이 유선을 기준으로 한 좌표를 보자. 입자의 움직임은 임의의 원점으로부터 유선을 따른 입자의 변위 s와 유선의 곡률반경 R로 나타낼 수가 있다. 유선을 따르는 변위는 입자의 속도 V=ds/dt와 관련이 있고, 곡률반경은 유선의 모양과 관련이 있다.

특정 지점을 통과하는 입자들의 속도 변화율은 $\partial\vec{V}/\partial x$, $\partial\vec{V}/\partial y$ 그리고 $\partial\vec{V}/\partial z$으로 나타낼 수 있으며, 만일 시간에 따라서도 변하면 $\partial\vec{V}/\partial t$가 포함된다. 직각 Cartesian 좌표계에서는 속도를 $\vec{V} = \vec{V}(x,y,z,t)$로 나타내게 되며, 만일 정상류상태라면 흐름 상태가 시간에 따라 변하지 않으므로 $\vec{V} = \vec{V}(x,y,z)$로 표현한다.

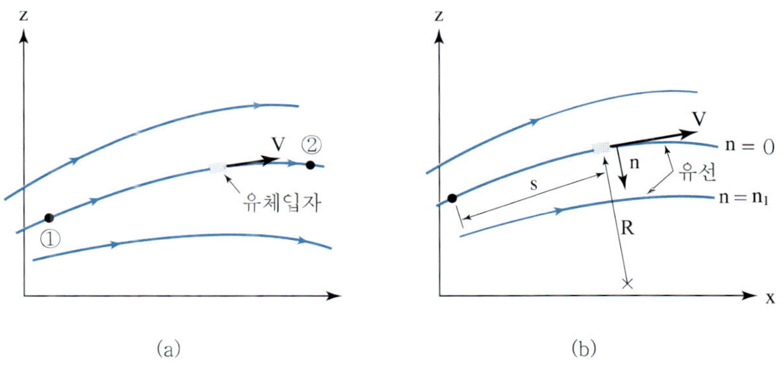

그림 4.2.1 x, z평면에서의 흐름 및 유선에 대한 흐름

4.2.2 가속도장

앞에서 설명한 바와 같이 유체의 움직임은 공간상에 고정된 지점을 지나는 서로 다른 입자를 관

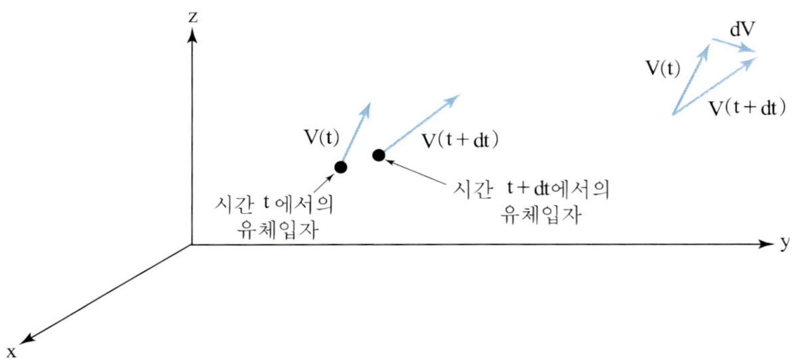

그림 4.2.2 유체 입자의 속도

찰하는 Euler방법과 개개의 입자를 따라 관찰하는 Lagrange방법이 있으며, 뉴톤의 제2법칙을 적용하기 위해서는 유체 입자의 속도 및 가속도를 적절한 형태로 나타내야 한다.

유체입자의 가속도는 시간에 따른 속도의 변화율을 의미한다. 앞의 그림 4.2.1b와 같이 유선상을 따라 흐르는 1차원 흐름의 가속도에 대해 알아보자. 유선상의 입자의 속도는 V=ds/dt이므로 가속도는 다음과 같이 나타낼 수 있다.

$$a_s = \frac{dV}{dt} = \frac{dV}{ds}\frac{ds}{dt} = V\frac{dV}{ds} \tag{4.2.5}$$

유선에 직각방향의 원심가속도 성분은 입자의 속도 V 및 궤적의 곡률반경 R로부터 다음과 같이 주어진다.

$$a_n = \frac{V^2}{R} \tag{4.2.6}$$

유체 입자의 가속도는 그림 4.2.2와 같이 특정 입자를 고려하여 나타낼 수가 있다. 속도가 시간 t에서의 $\vec{V}(t)$로부터 시간 t+dt에서의 $\vec{V}(t+dt)$로 변하고 있다. 따라서 가속도는

$$\vec{a} = \frac{d\vec{V}}{dt} \tag{4.2.7}$$

공간 및 시간에서의 속도 요소는 다음과 같으므로

$$\vec{V}(t) = u\hat{i} + v\hat{j} + w\hat{k} \tag{4.2.3}$$

여기서

$$u = f_1(x, y, z, t), \quad v = f_2(x, y, z, t), \quad w = f_3(x, y, z, t) \tag{4.2.4}$$

x방향에서의 유체입자의 가속도는

$$a_x = \frac{du}{dt} \tag{4.2.8}$$

여기서 u는 입자의 x방향의 속도성분이다. 전미분 du를 편미분으로 나타내면

$$du = \frac{\partial u}{\partial x}dx + \frac{\partial u}{\partial y}dy + \frac{\partial u}{\partial z}dz + \frac{\partial u}{\partial t}dt \tag{4.2.9}$$

따라서 x방향의 가속도는

$$a_x = \frac{\partial u}{\partial x}\frac{dx}{dt} + \frac{\partial u}{\partial y}\frac{dy}{dt} + \frac{\partial u}{\partial z}\frac{dz}{dt} + \frac{\partial u}{\partial t} \tag{4.2.10}$$

x, y 및 z방향의 속도성분은 다음과 같으므로

$$u = \frac{dx}{dt}, \quad v = \frac{dy}{dt}, \quad w = \frac{dz}{dt} \tag{4.2.11}$$

결국 x방향의 가속도는 다음과 같이 표현된다.

$$a_x = u\frac{\partial u}{\partial x} + v\frac{\partial u}{\partial y} + w\frac{\partial u}{\partial z} + \frac{\partial u}{\partial t} \tag{4.2.12}$$

같은 방법으로 y방향 및 z방향의 가속도를 구하면 다음과 같다.

$$a_y = u\frac{\partial v}{\partial x} + v\frac{\partial v}{\partial y} + w\frac{\partial v}{\partial z} + \frac{\partial v}{\partial t} \tag{4.2.13}$$

$$a_z = u\frac{\partial w}{\partial x} + v\frac{\partial w}{\partial y} + w\frac{\partial w}{\partial z} + \frac{\partial w}{\partial t} \tag{4.2.14}$$

정상류인 경우 시간에 따른 흐름의 변화가 없으므로 식 (4.2.12)~식 (4.2.14)에서 우변의 시간이 포함된 마지막 항이 생략된다.

식 (4.2.12)~식 (4.2.14)를 합하여 벡터로 표시하면 다음과 같이 전가속도를 얻을 수가 있다.

$$\vec{a} = \frac{d\vec{V}}{dt} = \frac{\partial \vec{V}}{\partial t} + \left(u\frac{\partial \vec{V}}{\partial x} + v\frac{\partial \vec{V}}{\partial y} + w\frac{\partial \vec{V}}{\partial z}\right) = \frac{\partial \vec{V}}{\partial t} + (\vec{V}\cdot\nabla)\vec{V} \tag{4.2.15}$$

여기서 $\partial\vec{V}/\partial t$는 국지가속도(local acceleration)이며, 유체의 흐름이 시간에 따라 변하지 않으면 즉, 정상류이면 생략한다. 괄호안의 항들은 대류가속도(convective acceleration)라 한다. 따라서 유체입자의 가속도는 국지가속도와 대류가속도의 합으로 나타나며, 관로 흐름에서 밸브를 열고 닫음에 따라 국지가속도가 발생하고, 관로의 형태가 변하는 지역에서는 대류가속도가 발생하게 되어 두 경우 모두 속도가 변하게 된다.

예제 4.2.1

x, y 및 z방향의 속도성분이 다음과 같을 때 (1, −1, 2)지점에서의 각 방향의 가속도를 구하라.

$u=20y^2 m/s$, $v=-20xy m/s$, $w=0 m/s$

풀이

x 및 y방향의 가속도는 식 (4.2.12)와 식 (4.2.14)에 의해

$$a_x = u\frac{\partial u}{\partial x}+v\frac{\partial u}{\partial y}+w\frac{\partial u}{\partial z}+\frac{\partial u}{\partial t}=20y^2\times 0+(-20xy)\times 40y=-800xy^2$$

$$a_y = u\frac{\partial v}{\partial x}+v\frac{\partial v}{\partial y}+w\frac{\partial v}{\partial z}+\frac{\partial v}{\partial t}=20y^2\times(-20y)+(-20xy)\times(-20x)=-400y^3+400x^2y$$

따라서 점 (1,−1,2)에서의 가속도는

$$a_x=-800xy^2=-800\times 1\times(-1)^2=-800 m/s^2$$

$$a_y=-400y^3+400x^2y=-400\times(-1)^3+400\times 1^2\times(-1)=0 m/s^2$$

4.3 연속방정식

연속방정식(continuity equation)은 동일한 공간으로부터 유출되는 질량유량에서 공간으로 유입되는 질량유량을 뺀 것은 공간으로부터 방출된 질량유량과 같다는 것을 의미한다. 즉, 질량은 창조되지도 않고 소멸되지도 않는다는 질량보존(conservation of mass)법칙에 바탕을 둔 식으로 유체의 연속성을 나타낸다. 본 절에서는 유량 및 연속방정식의 기본 개념에 대해 소개하고, 적분 및 미분형태로서의 연속방정식의 표현에 대해서는 5장 및 6장에서 소개하기로 한다.

4.3.1 유량

일반적으로 유량(flow rate 또는 discharge)으로 부르는 유체의 흐름율은 특정시간에 따라 주어진 단면을 통과하는 유체의 체적을 의미한다. 그림 4.3.1과 같은 관로 내 전체를 통해 유속이 일정한 유체의 흐름에 대해 고려해보자. 먼저 시간 t=0일 때 순간적으로 A−A단면에 색소를 주입하여 점선과 같이 표시가 되었다고 하자. Δt라는 시간이 경과하는 동안 유체는 $V\Delta t$라는 거리를 흘러 그림 4.3.1의 하류부 점선에 도달하게 된다. 따라서 Δt시간 동안 A−A단면을 통과한 유체의 체적 ΔV는 관로의 단면적 A에 거리를 곱한 $AV\Delta t$로 나타낼 수가 있다. 하지만 우리가 관심 있는 것은 단면을 통

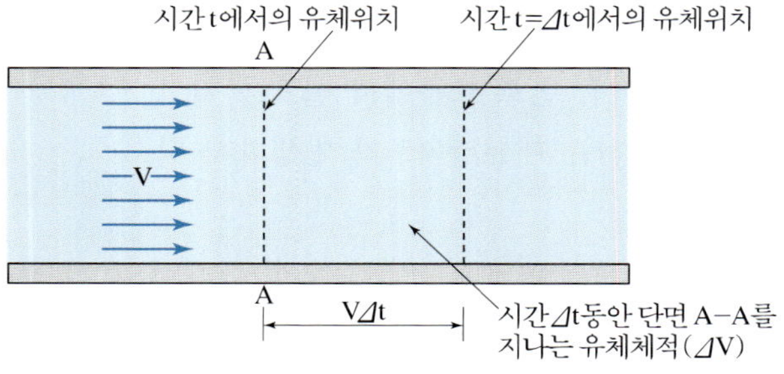

그림 4.3.1 관로내 균일 유속

과한 유체의 체적보다도 단위 시간 당 단면을 통과하는 흐름율인 유량 $Q=\Delta V/\Delta t$ 즉, $Q=AV$이다.

하지만 관로내의 유속은 동일하지 않고 점성으로 인하여 그림 4.3.2와 같이 변하게 되며, 미소유체 단면적 dA를 통과하는 유량은 VdA로 나타낼 수가 있다. 따라서 총 유량은 단면 전체를 통해 적분함으로서 다음과 같이 구할 수가 있다.

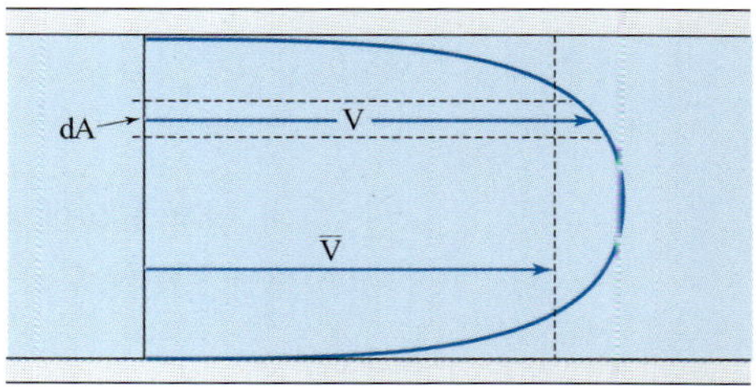

그림 4.3.2 관로 유속분포 및 평균유속

$$Q=\int_A V\,dA \tag{4.3.1}$$

같은 방법으로 단면을 통한 질량의 흐름율은 다음과 같다.

$$\dot{m}=\int_A \rho V\,dA \tag{4.3.2}$$

그림 4.3.1 및 4.3.2와 같이 일반적으로 흐름 단면은 유속벡터와 직각방향을 하게 된다. 하지만 그림 4.3.3과 같이 흐름의 방향이 통과단면 A–A와 θ의 각을 이루는 경우, 단면을 통해 흐르는 유량에 기여하는 속도성분은 오직 단면에 직각인 x방향의 속도성분 뿐이다. 따라서 유량을 산정할 때에는 유속과 직각을 이루는 단면적이나 통과 단면적에 직각인 속도성분을 고려해야 한다. 그러므로 그림 4.3.3과 같은 경우 유량은

$$Q=\int_A u\,dA \quad \text{또는} \quad Q=\int_A V\cos\theta\,dA \tag{4.3.3}$$

면적과 같은 크기를 갖고 방향이 면적과 직각방향인 면적벡터 $\vec{A}$를 정의하면 $V\cos\theta\,dA$는 $\vec{V}\cdot d\vec{A}$가 되고 유량은 다음과 같이 표현할 수 있다.

$$Q=\int_A \vec{V}\cdot d\vec{A} \tag{4.3.4}$$

흐름 단면을 통해 유속이 일정하다면 식 (4.3.4)는 다음과 같다.

$$Q=\vec{V}\cdot\vec{A} \tag{4.3.5}$$

식 (4.3.5)에서 유량을 산정하기 위해서는 단면적에 직각인 속도 성분만 곱해야 한다.

관로 내 1차원 흐름에서 유량이 주어질 때 관로 내 단면을 통한 실제적인 유속분포에 대한 정보 없이 평균유속을 구할 필요가 있다. 이 경우 평균유속은 다음과 같이 구할 수 있다.

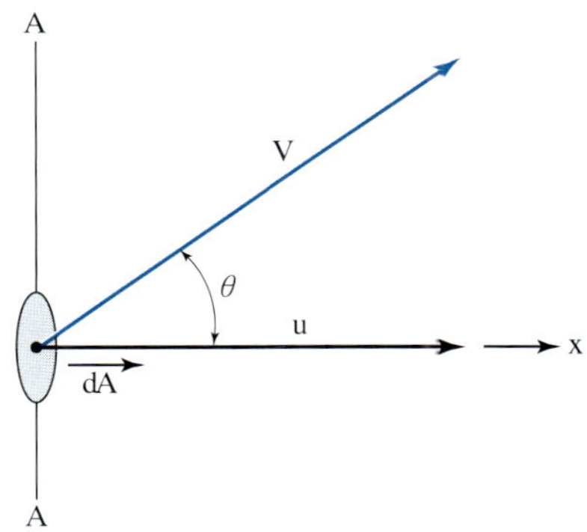

그림 4.3.3

$$\overline{V} = \frac{Q}{A} = \frac{1}{A}\int_A V dA \tag{4.3.6}$$

관로 내 난류흐름에 대해서는 평균유속이 그림 4.3.2와 같이 전체 단면에서의 실제 유속과 상당히 비슷하게 나타난다. 하지만 층류흐름에서는 평균유속이 단면을 통한 실제 유속과 상당히 차이가 난다.

예제 4.3.1

그림 4.3.4와 같이 35°기울어진 하도에 균일 유속 5m/s로 물이 흐르고 있다. 흐름의 연직방향으로의 수심이 50cm이면 단위폭당 유량은 얼마인가?

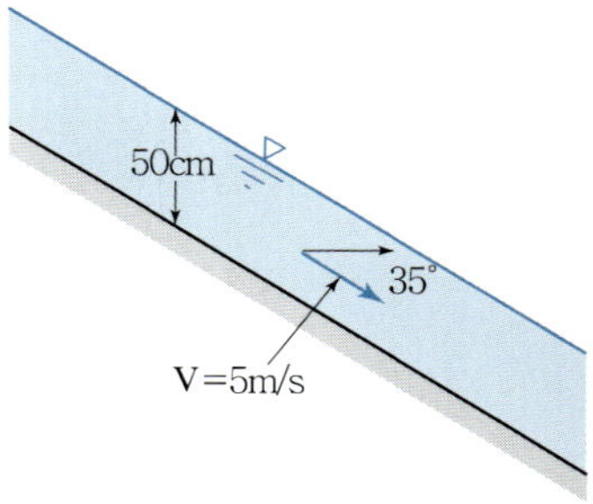

그림 4.3.4

풀이

단위폭당 유량은

$$q = \vec{V}\cdot\vec{A} = 5\text{m/s} \times \cos 35^\circ \times 0.5\text{m} = 2.05\text{m}^3/\text{s/m}$$

예제 4.3.2

직경 0.4m의 관로에 밀도 $1.25\text{kg}_o/\text{m}^3$인 공기가 질량유량 $5\text{kg}_o/\text{s}$로 흐르고 있을 때 공기흐름의 평균속도와 체적유량은 얼마인가?

풀이

체적유량은 $Q = \frac{\dot{m}}{\rho} = \frac{5\text{kg}_o/\text{s}}{1.25\text{kg}_o/\text{m}^3} = 4.0\text{m}^3/\text{s}$ $\quad \therefore\ V = \frac{Q}{A} = \frac{4}{(\pi/4)\times 0.4^2} = 31.8\text{m/s}$

4.3.2 1차원 연속방정식

그림 4.3.5와 같이 압축성유체가 정상류로 흐르는 경우를 고려해 보자. 단면 ①과 ②에서의 면적 및 유체의 평균밀도가 각각 A_1, A_2, ρ_1 및 ρ_2일 때 단면 BB' 사이의 유체질량이 시간 Δt동안에 단면 CC'로 이동한다고 가정하면 질량보존의 법칙에 의해 다음과 같게 된다.

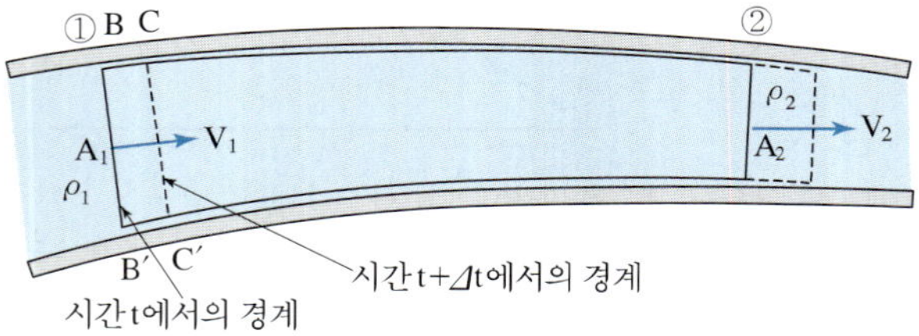

그림 4.3.5 유체의 이동

$$\rho_1 A_1 \Delta l_1 = \rho_2 A_2 \Delta l_2 \tag{4.3.7}$$

식 (4.3.7)을 시간구간 Δt로 나누면

$$\rho_1 A_1 \frac{\Delta l_1}{\Delta t} = \rho_2 A_2 \frac{\Delta l_2}{\Delta t} \tag{4.3.8}$$

여기서 $\Delta l_1/\Delta t$ 및 $\Delta l_2/\Delta t$는 단면 ①과 ②에서의 평균유

속을 의미하므로 식 (4.3.8)은

$$\rho_1 A_1 V_1 = \rho_2 A_2 V_2 \tag{4.3.9}$$

단면 ① 및 ②는 임의로 선정을 하였으므로 식 (4.3.9)는 압축성 정상류 유체 흐름에서 모든 단면을 지나는 질량유량(mass rate of flow) ρAV는 항상 일정하다는 1차원 연속방정식이 된다.

식 (4.3.9)의 양변에 중력가속도 g를 곱하면 물의 단위중량 $\gamma=\rho g$ 이므로 결국 중량유량(weight rate of flow) γVA 도 모든 단면에서 일정하게 된다.

$$\gamma V_1 A_1 = \gamma V_2 A_2 \tag{4.3.10}$$

만일 비압축성 유체로 간주하여 밀도가 일정하다고 가정하면 식 (4.3.9)에서 밀도 ρ를 무시하게 되어 다음과 같이 표현된다.

$$V_1 A_1 = V_1 A_2 \tag{4.3.11}$$

식 (4.3.11)은 단면 ①에서의 체적유량(volume rate of flow)은 단면 ②에서의 체적유량과 동일하며 결국 모든 단면에서의 유량이 일정하게 된다.

$$Q_1 = Q_2 \tag{4.3.12}$$

이 식은 가장 일반적인 연속방정식의 형태로 1차원 비압축성유체를 다룰 경우 가장 광범위하게 적용되며, 수리학에서도 기본적으로 물의 압축성을 무시하므로 이와 같은 체적유량을 주로 사용한다. 이 체적유량을 일반적으로 유량(discharge)으로 표현하며 m^3/s의 단위로 나타낸다.

예제 4.3.3

직경 1.2m 및 0.6m의 관로가 직렬로 연결되어 있다. 관로를 통해 흐르는 유량이 $2m^3/s$일 때 각 관로에서의 유속을 구하라.

풀이

연속방정식에 의하면 $Q = A_{1.2}V_{1.2} = A_{0.6}V_{0.6} = 2m^3/s$

직경 1.2m 관로에서의 단면적은 $A_{1.2} = \frac{\pi}{4} \times 1.2^2 = 1.13m^2$

따라서 $V_{1.2} = \frac{Q}{A_{1.2}} = \frac{2m^3/s}{1.13m^2} = 1.77m/s$, $V_{0.6} = V_{1.2}\left(\frac{A_{1.2}}{A_{0.6}}\right) = V_{1.2}\left(\frac{1.2}{0.6}\right)^2 = 7.08m/s$

예제 4.3.4

그림 4.3.6과 같은 관로에서 단면 ① 및 ②에서의 직경이 5cm 및 10cm이다. 단면 ①에서의 유속이 8m/s일 때 다음을 계산하라.

1) 단면 ②에서의 유속 2) 유량 3) 중량유량 4) 질량유량

풀이

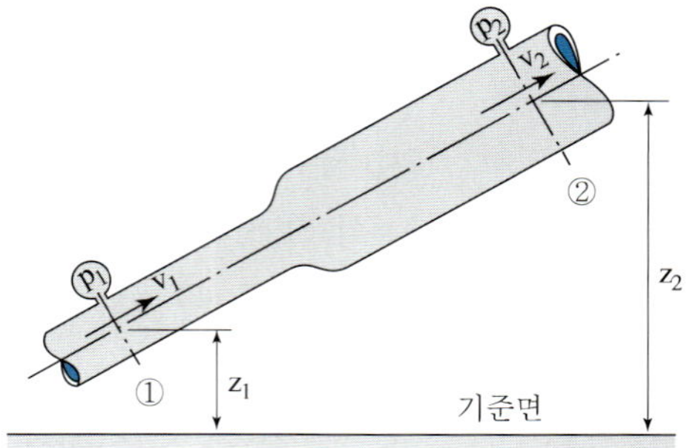

그림 4.3.6

1) 연속방정식에 의하면 $Q = A_1V_1 = A_2V_2$

각 단면에서의 면적은

$$A_1 = \frac{\pi(5\text{cm})^2}{4} = 19.625\text{cm}^2, \qquad A_2 = \frac{\pi(10\text{cm})^2}{4} = 78.5\text{cm}^2$$

따라서 $V_2 = V_1\left(\frac{A_1}{A_2}\right) = \frac{8\text{m}}{\text{s}} \times \frac{19.625\text{cm}^2}{78.5\text{cm}^2} = 2\text{m/s}$

2) 유량

$$Q = 19.625\text{cm}^2 \times \frac{800\text{cm}}{\text{s}} = 15{,}700\text{cm}^3/\text{s} = 0.0157\text{m}^3/\text{s}$$

3) 중량유량 $W = \gamma Q = \frac{1{,}000\text{kg}}{\text{m}^3} \times \frac{0.0157\text{m}^3}{\text{s}} = 15.7\text{kg/s}$

4) 질량유량 $M = \rho Q = \frac{1{,}000\text{kg}_o}{\text{m}^3} \times \frac{0.0157\text{m}^3}{\text{s}} = 15.7\text{kg}_o/\text{s}$

예제 4.3.5

그림 4.3.7과 같은 저수지에서 상류로부터 $500\text{m}^3/\text{s}$의 물이 유입되고 $350\text{m}^3/\text{s}$의 물이 방수로를 통해 유출되고 있다. 저수지 수표면적이 5km^2이라면 저수지 수면의 상승률은 얼마인가.

풀이

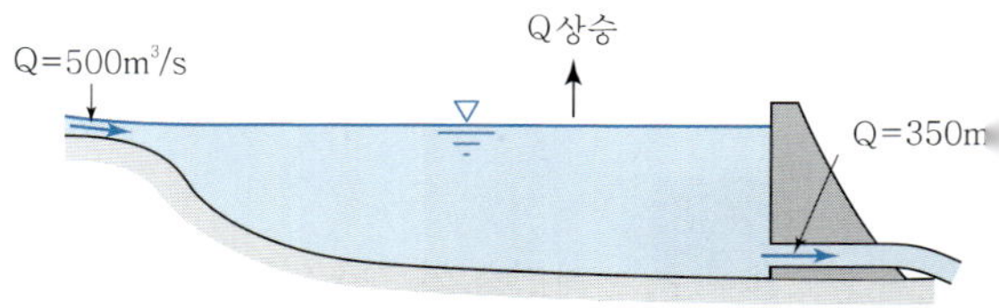

그림 4.3.7

저수지내의 유량의 증가율은

$$Q_{rise} = A_1V_1 - A_2V_2 = 500\text{m}^3/\text{s} - 350\text{m}^3/\text{s} = 150\text{m}^3/\text{s}$$

따라서 저수지 수면의 상승률은

$$V_{rise} = \frac{Q_{rise}}{A} = \frac{150\text{m}^3/\text{s}}{5\text{km}^2} \times \frac{1\text{km}^2}{1{,}000{,}000\text{m}^2} = 0.00003\text{m/s}$$

그러므로 V_{rise}=0.108m/hr가 된다.

4.4 Bernoulli방정식

1장에서 설명한 바와 같이 모든 실제 유체들은 점성을 가지고 있다. 하지만 대부분의 유체 특히 수리학에서 다루는 물에 있어서는 점성의 효과를 무시하는 것이 문제를 쉽게 해석하는데 도움이 된

다. 따라서 물의 흐름에 대해 비압축성과 비점성 즉, 이상유체(ideal fluid)로 가정하여 동수역학을 해석하는 것이 편리하다. 이상유체 운동의 해석은 점성에 의한 전단응력이 존재하지 않으므로 점성유체의 흐름 해석에 비해 간단하다. 본 절에서는 유체동역학에서 광범위하게 적용되고 있는 에너지 방정식인 Bernoulli방정식의 모체가 되는 Euler방정식과 Bernoulli방정식의 유도 및 이의 적용에 대해 소개하기로 한다.

4.4.1 1차원 Euler방정식

4.1.1절에서 설명한 바와 같이 정상류에서는 유적선과 유선이 일치하기 때문에 유체 입자가 유선을 따라 움직이게 된다. 따라서 정상류에서의 유체 입자의 움직임을 나타낼 때 유선을 따르는 변위가 운동방정식을 표현하는데 적절한 좌표가 될 수 있다.

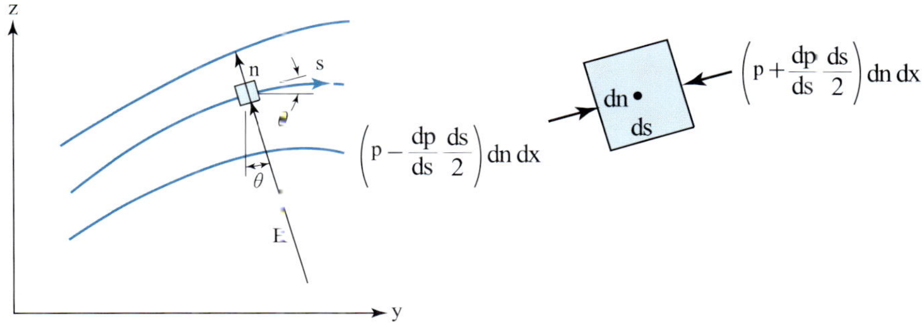

그림 4.4.1 유선을 따라 운동하는 유체입자

그림 4.4.1과 같은 yz평면에 대해 생각해 보자. 운동방정식은 유선을 따르는 변위 s를 기준 축으로 하여 나타낼 수가 있다. 미소 육면체에 해당하는 유체의 부피는 dsdndx이며 중심에서의 압력을 p라 하자. 이 미소 육면체의 운동은 Newton의 제2법칙인 F=mα를 적용하여 나타낼 수가 있다. 우선 미소 육면체에 작용하는 힘들을 구해보기로 한다. 이 미소 육면체의 유선방향에 작용하는 힘은 양쪽면의 압력차와 육면체의 체적에 해당하는 중력의 운동방향 성분이 작용한다. 먼저 미소육면체의 양쪽면에 작용하는 압력차는 다음과 같다.

$$\left(p - \frac{dp}{ds}\frac{ds}{2}\right)dndx - \left(p + \frac{dp}{ds}\frac{ds}{2}\right)dndx = -\frac{dp}{ds}ds\,dndx \tag{4.4.1}$$

미소 육면체 중량의 운동방향 성분은

$$-\rho g ds\,dndx\,\sin\theta = -\rho g ds\,dndx\left(\frac{dz}{ds}\right) = -\rho g dz\,dndx \tag{4.4.2}$$

미소 육면체의 질량은

$$dm = \rho ds\,dndx \tag{4.4.3}$$

한편 유선방향의 가속도는

$$\alpha = \frac{dV}{dt} = \frac{dV}{ds}\frac{ds}{dt} = V\frac{dV}{ds} \tag{4.4.4}$$

따라서 미소 육면체에 Newton의 제2법칙 dF=dm·α를 적용하면

$$-\frac{dp}{ds}ds\,dndx - \rho g dz dndx = \rho ds\,dndx V\frac{dV}{ds} \tag{4.4.5}$$

양변을 ρdsdndx로 나누면

$$-\frac{1}{\rho}\frac{dp}{ds} - g\frac{dz}{ds} = V\frac{dV}{ds} \tag{4.4.6}$$

$$\therefore \quad \frac{1}{\rho}\frac{dp}{ds} + V\frac{dV}{ds} + g\frac{dz}{ds} = 0 \tag{4.4.7}$$

식 (4.4.7)이 1차원 정상류 흐름에 대한 Euler방정식이다.

4.4.2 1차원 Bernoulli방정식

지금까지 비압축성 및 비점성인 이상유체의 1차원 정상류 흐름에 대한 Euler방정식 (4.4.7)을 유도하였다. 이상유체에 대한 Euler방정식은 흐름공간에서 유속 및 압력이 주어진다면 적용할 수가 있다. Euler방정식 (4.4.7)에 ds를 곱하고 정리하면

$$\frac{dp}{\rho} + \frac{1}{2}d(V^2) + gdz = 0 \tag{4.4.8}$$

여기서 각 항은 유선을 따른 압력 p, 유속 V 그리고 높이 z의 변화를 의미한다. 식 (4.4.8)을 적분하면

$$\int\frac{dp}{\rho} + \frac{V^2}{2} + gz = 일정 \tag{4.4.9}$$

이 식은 좌변의 세항을 합한 값이 유선을 따라 항상 일정함을 의미하며 이상유체에 대해 적용할 수가 있다. 만일 유체가 압축성이면 압력의 변화에 따른 밀도 ρ의 변화를 고려하여야 한다. 이상유체에 대해 식 (4.4.9)는

$$\frac{p}{\rho} + \frac{V^2}{2} + gz = 일정 \tag{4.4.10}$$

수두(head)의 형태로 표현하기 위해 양변을 중력가속도 g로 나누면

$$\frac{p}{\gamma}+\frac{V^2}{2g}+z=\text{일정}=H \tag{4.4.11}$$

이 식이 Bernoulli의 에너지방정식으로 좌변의 첫째항은 압력수두(pressure head), 두 번째 항은 속도수두(velocity head) 그리고 마지막 항은 위치수두(potential head)라 하며, 이 세 가지의 수두를 합한 총 수두(total head)는 항상 일정함을 나타낸다. 각 항들은 단위중량 당 압력, 속도 그리고 위치에너지(kg·m/kg)이지만 실제 단위는 길이(m)로 나타나므로 수두란 말을 사용한다.

그림 4.4.2에서 두 단면 ①과 ②에 Bernoulli방정식을 적용하면

$$\frac{p_1}{\gamma}+\frac{V_1^2}{2g}+z_1=\frac{p_2}{\gamma}+\frac{V_2^2}{2g}+z_2 \tag{4.4.12}$$

유선을 따라 흐름이 가지고 있는 총 수두 즉, 총 에너지를 연결한 선을 에너지선(energy line, EL)이라 하며, 에너지선의 위치는 그림 4.4.2와 같이 Pitot관을 이용한 정체압력(stagnation pressure)으로부터 구할 수가 있으며, Pitot관에 물이 올라간 높이가 바로 총 수두가 된다. 한편 수압관(piezometer)으로 측정한 높이는 압력수두와 위치수두를 합한 높이가 되고, 이 높이를 수압관 수두라 하며, 유선을 따라 수압관 수두를 연결한 선을 동수경사선(hydraulic grade line, HGL)이라 한다.

식 (4.4.12)를 압력 항으로 나타내기 위해 양변에 단위중량 γ를 곱하면

$$p_1+\frac{\rho V_1^2}{2}+\gamma z_1=p_2+\frac{\rho V_2^2}{2}+\gamma z_2 \tag{4.4.13}$$

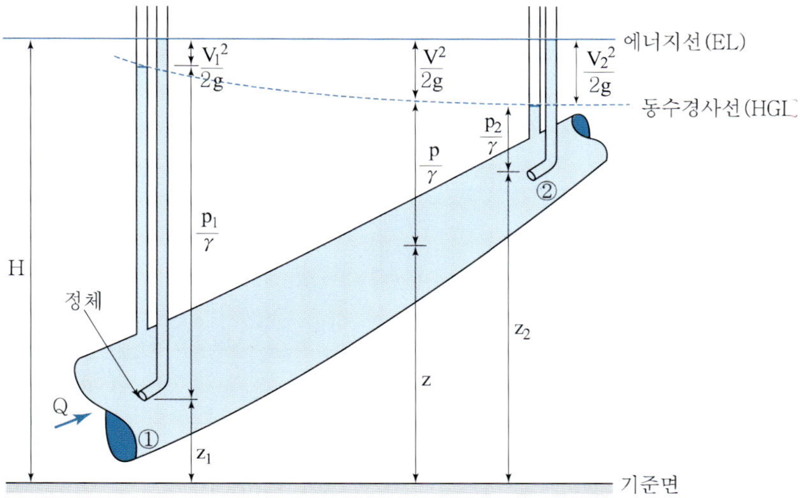

그림 4.4.2 에너지선 및 동수경사선

이 식 좌변 또는 우변의 첫 번째 항은 정압력, 두 번째 항은 동압력 그리고 세 번째 항은 위치압력이 된다.

Bernoulli방정식은 유선을 따라 압력 변화에 대한 유속 및 위치의 변화를 나타내기 때문에 유체역학 또는 수리학적 문제 해결에 아주 유용한 식으로 이 식을 유도할 때 가정한 조건에 합당한 흐름에서만 적용이 가능하다. 즉, 이 식은 1) 정상류 흐름, 2) 비압축성 유체, 3) 비점성 유체 그리고 4) 유선을 따르는 흐름 조건에 적용하여야 한다.

예제 4.4.1

그림 4.4.3과 같이 관로를 통해 물이 단면 ①로부터 단면 ②로 흐르고 있다. 단면 ①에서 직경이 25mm, 유속이 3m/s, 압력이 4kg/cm²이고, 단면 ②에서의 직경은 50mm이며, 단면 ①보다 2m 높이에 있다. 에너지 손실을 무시한다고 가정하고 단면 ②에서의 압력을 구하라.

풀이

에너지방정식 (4.4.12)로부터

$$p_2 = p_1 + \gamma\left(z_1 - z_2 + \frac{V_1^2 - V_2^2}{2g}\right)$$

단면적은

$$A_1 = \pi D_1^2/4 = \pi(25\mathrm{mm})^2/4 = 491\mathrm{mm}^2$$

$$A_2 = \pi D_2^2/4 = \pi(50\mathrm{mm})^2/4 = 1,963\mathrm{mm}^2$$

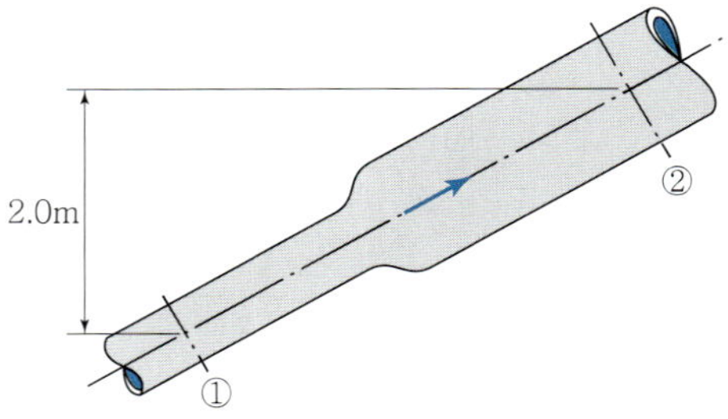

그림 4.4.3

단면 ②에서의 유속은

$$V_2 = V_1(A_1/A_2) = 3.0\mathrm{m/s} \times (491\mathrm{mm}^2/1,963\mathrm{mm}^2) = 0.75\mathrm{m/s}$$

따라서

$$p_2 = \frac{40,000\mathrm{kg}}{\mathrm{m}^2} + \frac{1,000\mathrm{kg}}{\mathrm{m}^3}\left[-2\mathrm{m} + \frac{(3\mathrm{m/s})^2 - (0.75\mathrm{m/s})^2}{2\times 9.81\mathrm{m/s}^2}\right] = 38,430\mathrm{kg/m}^2 = 3.843\mathrm{kg/cm}^2$$

예제 4.4.2

그림 4.4.4와 같이 사이폰을 통해 수영장의 물을 배수시키고 있다. 사이폰의 직경은 40mm이고 끝 단은 직경 25mm의 노즐이 연결되어 있다. 에너지 손실을 무시하고 노즐을 통해 배수하는 유량과 B, C, D 그리고 E지점에서의 압력을 구하라.

풀이

A와 F지점에 에너지방정식을 적용하면

$$\frac{p_A}{\gamma} + \frac{V_A^2}{2g} + z_A = \frac{p_F}{\gamma} + \frac{V_F^2}{2g} + z_F$$

A지점은 수표면이고 F지점은 자유분출수이므로 압력은 0이 된다. 또한 A지점에서의 유속을 0으로 가정하면

$$z_A = \frac{V_F^2}{2g} + z_F$$

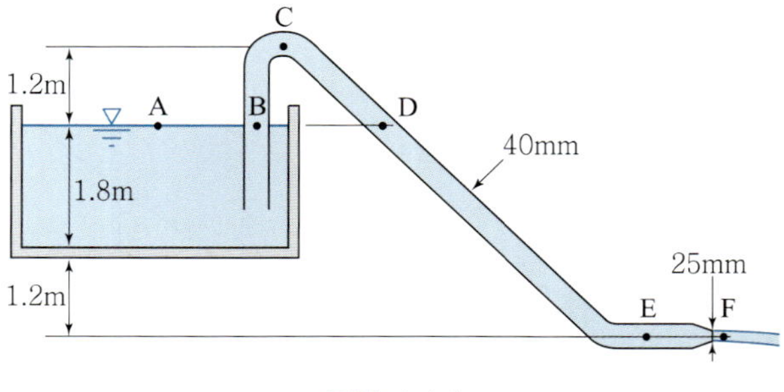

그림 4.4.4

따라서

$$V_F = \sqrt{(z_A - z_F)2g} = \sqrt{3\mathrm{m} \times 2 \times 9.81} = 7.67\mathrm{m/s}$$

$$Q = A_F V_F = \frac{\pi \times (0.025\text{m})^2}{4} \times 7.67\text{m/s} = 3.77 \times 10^{-3}\text{m}^3/\text{s}$$

B지점에서의 압력은 A와 B지점간에 에너지방정식을 세우면

$$\frac{p_A}{\gamma} + \frac{V_A^2}{2g} + z_A = \frac{p_B}{\gamma} + \frac{V_B^2}{2g} + z_B \qquad \therefore p_B = \gamma\left(z_A - z_B - \frac{V_3^2}{2g}\right)$$

B, C, D지점에서의 유속은 단면적이 일정하므로 동일하다.

$$V_B = V_C = V_D = \frac{Q}{A_B} = \frac{3.77 \times 10^{-3}\text{m/s}}{1{,}257\text{mm}^2} = 3\text{m/s}$$

따라서

$$p_B = \frac{1{,}000\text{kg}}{\text{m}^3}\left(0 - \frac{3^2}{2 \times 9.81}\right) = -458.72\text{kg/m}^2$$

C지점 및 E지점에서의 압력도 같은 방법으로 적용하면

$$p_C = \gamma\left(z_A - z_C - \frac{V_C^2}{2g}\right) = \frac{1{,}000\text{kg}}{\text{m}^3}\left(-1.2 - \frac{3^2}{2 \times 9.81}\right) = -1{,}658.72\text{kg/m}^2$$

$$p_E = \gamma\left(z_A - z_E - \frac{V_E^2}{2g}\right) = \frac{1{,}000\text{kg}}{\text{m}^3}\left(3 - \frac{3^2}{2 \times 9.81}\right) = 2{,}541.28\text{kg/m}^2$$

D지점은 B지점과 연결되어 있고 높이가 같으므로 압력도 같은 $p_D = -458.72\text{kg/m}^2$가 된다.

4.4.3 Bernoulli방정식의 응용

지금까지 Bernoulli방정식의 유도 및 그 의미에 대해 알아보았다. Bernoulli방정식은 유체동역학 및 수리학에서 관로 및 수로 흐름을 해석하는데 유용하게 사용되고 있다. 흐름의 두 지점에 Bernoulli방정식을 적용할 때 6개의 관련 변수 중 기지의 5개 변수를 이용하여 나머지 변수를 결정하게 된다. 이때 필요한 경우 다른 관련 공식을 사용하게 되는데 주로 연속방정식을 사용한다. 본 절에서는 여러 흐름 상황에 대한 Bernoulli방정식을 응용하는 방법에 대해 소개하기로 한다.

가) 자유수맥

그림 4.4.5a와 같은 수조로부터 직경 d인 노즐(nozzle)을 통해 물이 유속 V로 자유 분출되는 경우를 생각해 보자. 이 경우 유선을 따라 수면의 ①지점과 노즐의 ②지점 간에 Bernoulli방정식을 적용하면 수면에서의 압력 p_1은 0이고, 노즐의 자유 수맥에서의 압력 p_2도 0이 된다. 수조의 단면적이 노즐의 단면적에 비해 상당히 크다면 수면에서의 유속 V_1을 0으로 가정할 수 있다. 수면과 노즐간의 높이가 h이므로 $z_1=h$가 된다. 따라서

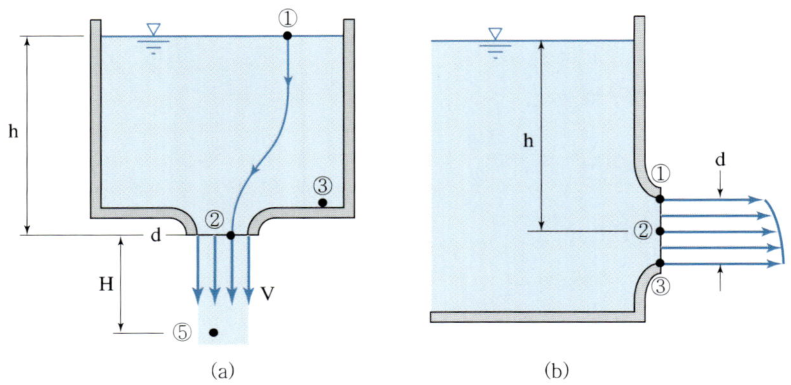

그림 4.4.5 자유 수맥

$$\gamma h = \frac{1}{2}\rho V_2^2 \qquad (4.4.14)$$

그러므로 자유 수맥에서의 유속 $V_2=V$는 다음과 같다.

$$V = \sqrt{2gh} \qquad (4.4.15)$$

식 (4.4.15)는 Torricelli의 정리로 알려져 있으며 그림 4.4.5b와 같이 수조의 측벽에 노즐이 있어 노즐을 통해 자유 분출되는 수맥의 유속을 구할 경우에도 동일하다.

만일 노즐을 통해 분출된 자유 수맥이 ⑤지점에 이르게 되면 중력에 의해 유속이 증가하며, 이 경우에도 ①지점과 ⑤지점 간에 Bernoulli방정식을 적용하면 다음과 같은 유속을 얻을 수 있다.

$$V = \sqrt{2g(h+H)} \qquad (4.4.16)$$

예제 4.4.3

그림 4.4.5b와 같이 수조 측벽의 노즐을 통해 물이 자유 분출될 때 분출수의 유속 및 유량을 구하라. 노즐의 직경은 5cm이고, 노즐의 중심부로부터 수면까지의 높이는 3m이며, 수면의 높이는 일정하게 유지되고 있다.

풀이

식 (4.4.15)로부터 $V = \sqrt{2gh} = \sqrt{2\times 9.81\times 3} = 7.67\,m/s$

노즐의 단면적은 $A = \frac{\pi D^2}{4} = \frac{3.14\times 0.05^2}{4} = 0.00196\,m^2$

따라서 유량은 $Q = AV = 0.00196\times 7.67 = 0.015\,m^3/s$

예제 4.4.4

그림 4.4.6과 같이 10m 높이로 분수를 발생시키려면 수조안의 공기압력을 얼마로 하여야 하는가. 분수의 분출구멍으로부터 수조내 수표면의 높이 h=2m이다. 단, 에너지 손실은 무시하라.

풀이

①지점과 ②지점간에 에너지방정식을 적용하면

$$\frac{p_1}{\gamma}+\frac{V_1^2}{2g}+z_1=\frac{p_2}{\gamma}+\frac{V_2^2}{2g}+z_2$$

수조내의 수위를 일정하게 유지하면 $V_1=0$이고, p_2는 자유분출되므로 0이 된다.

따라서

$$V_2=\sqrt{2g[(p_1/\gamma)+(z_1-z_2)]}=\sqrt{2g[(p_1/\gamma)+h]}$$

그러므로 분수가 10m 높이까지 올라가기 위해서는 Torricelli의 정리에 의해

$(p_1/\gamma)+h=10m$가 되어야 하고 $p_1/\gamma=8m$가 된다.

따라서

$$p_1=\gamma\times 8m=1{,}000kg/m^3\times 8m=8{,}000kg/m^2$$

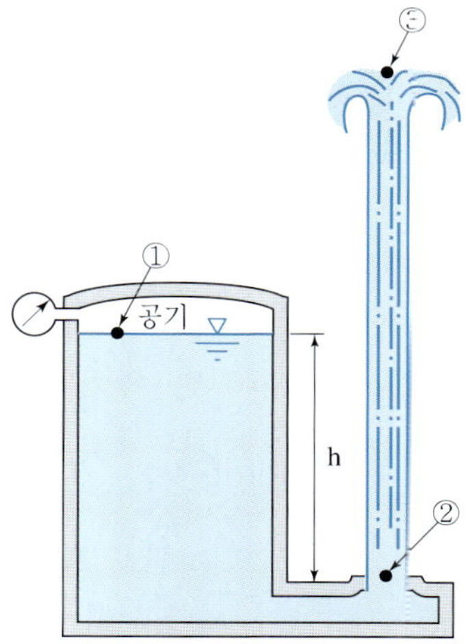

그림 4.4.6

나) 정체관

그림 4.4.7과 같은 구부러진 정체관(stagnation tube)을 이용하여 유속을 구해 보자. 그림에서 ①지점과 ②지점 간에 Bernoulli방정식을 적용하면 두 지점의 높이가 같으므로 $z_1=z_2$가 되어 서로 상쇄되고, ②지점에서는 유체가 정체되어 유속 V_2가 0이 되므로

$$p_1+\frac{\rho V_1^2}{2}=p_2 \tag{4.4.17}$$

따라서

$$V_1^2=\frac{2}{\rho}(p_2-p_1) \tag{4.4.18}$$

정수압 식에 의해 $p_1=\gamma d$, $p_2=\gamma(l+d)$이므로 식 (4.4.18)은

$$V_1^2=\frac{2}{\rho}[\gamma(l+d)-\gamma d] \tag{4.4.19}$$

따라서

$$V_1=\sqrt{2gl} \tag{4.4.20}$$

이와 같은 정체관을 이용하여 개수로에서의 유속 및 유량을 측정할 수가 있다.

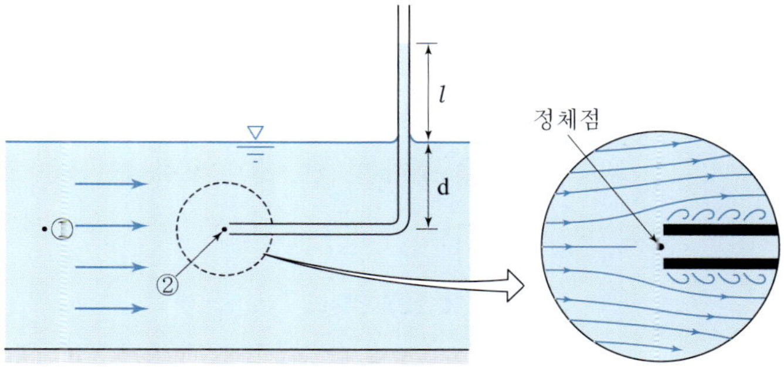

그림 4.4.7 정체관

예제 4.4.5

그림 4.4.7과 같은 개수로 상의 정체관에서 정체관 내의 물이 수면으로부터 10cm 올라갈 때 개수로의 유속을 구하라.

풀이

식 (4.4.20)으로부터 $V = \sqrt{2gl} = \sqrt{2 \times 9.81 \times 0.1} = 1.4\text{m/s}$

다) Pitot관

Pitot관은 프랑스 수리기술자인 Pitot에 의해 개발된 장치로 정체관과 같은 원리이지만 좀 더 용도가 넓다. Pitot관은 그림 4.4.8과 같이 상류부 끝 단에서의 정체압력을 알 수 있도록 압력꼭지(pressure tap)를 가지고 있으며, 관 주위로 정수압을 나타낼 수 있도록 구멍이 뚫려 있고, 구멍 주위의 유속은 접근 유속과 같다. ①지점과 ②지점 간에 Bernoulli방정식을 적용하면

$$\frac{p_1}{\gamma} + \frac{V_1^2}{2g} + z_1 = \frac{p_2}{\gamma} + \frac{V_2^2}{2g} + z_2 \tag{4.4.12}$$

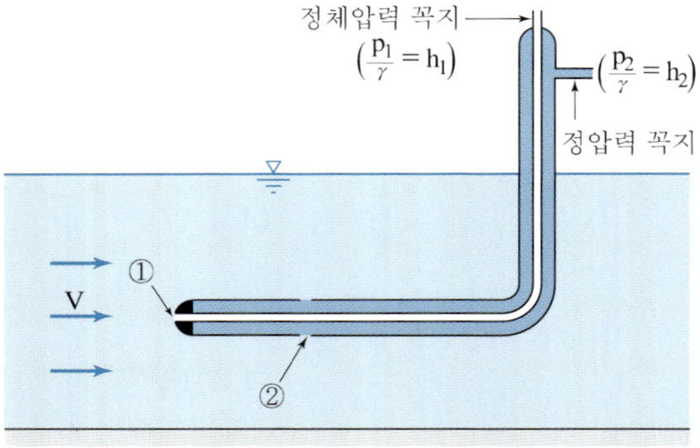

그림 4.4.8 Pitot관

①지점에서 흐름은 정체되어 있으므로 유속 V_1은 0이다. 이를 적용하고 식 (4.4.12)를 V_2에 대해 정리하면

$$V_2 = \left\{2g\left[\left(\frac{p_1}{\gamma} + z_1\right) - \left(\frac{p_2}{\gamma} + z_2\right)\right]\right\}^{1/2} \tag{4.4.21}$$

여기서 V_2는 구하고자 하는 접근유속 V와 같고 $p/\gamma + z = h$이므로

$$V = \sqrt{2g(h_1 - h_2)} \tag{4.4.22}$$

여기서 h_1 및 h_2는 ① 및 ②지점에서의 수압관 수두이다.

예제 4.4.6

그림 4.4.8과 같은 Pitot관에서 정압관과 Pitot관내의 수면차가 10cm로 측정될 때 관에서의 유속과 유량을 구하라. 단, 관내의 유속분포는 일정하고, 관의 직경은 20cm이다.

풀이

식 (4.4.22)로부터

$$V = \sqrt{2g(h_1 - h_2)} = \sqrt{2 \times 9.81 \times 0.1} = 1.4\text{m/s}$$

$$Q = AV = \frac{\pi D^2}{4}V = \frac{3.14 \times 0.2^2}{4} \times 1.4 = 0.044 m^3/s$$

라) 벤츄리메터

Bernoulli방정식을 이용하여 유속 및 유량을 측정할 수 있는 장치로 벤츄리메터(venturi meter)가 있다. 벤츄리메터는 그림 4.4.9와 같이 입구부와 목 부분의 단면적 차이로 인해 압력차가 발생하는 것을 입구부와 목 부분을 연결하는 시차액주계를 이용하여 측정하게 되어 있다.

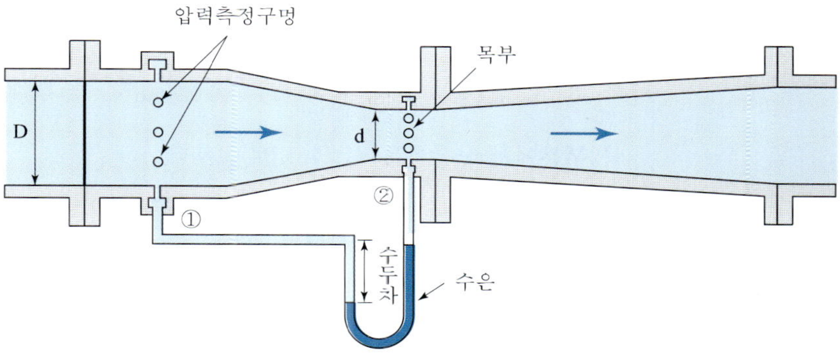

그림 4.4.9 벤츄리메터

벤츄리메터의 중립축을 기준으로 단면 ①과 단면 ② 사이에 Bernoulli방정식을 적용하면

$$\frac{p_1}{\gamma} + \frac{V_1^2}{2g} = \frac{p_2}{\gamma} + \frac{V_2^2}{2g} \tag{4.4.23}$$

연속방정식으로부터 $V_1 = A_2V_2/A_1$이므로 식 (4.4.23)에서 V_1을 소거하고 V_2에 대해 정리하면

$$V_2 = \frac{1}{\sqrt{1-(A_2/A_1)^2}}\sqrt{2g\left(\frac{p_1 - p_2}{\gamma}\right)} \tag{4.4.24}$$

여기서 $(p_1 - p_2)/\gamma$는 단면 ①과 단면 ② 사이의 압력수두 차 Δh이므로 시차액주계로부터 읽을 수가 있다. 따라서 연속방정식에 의해 유량은 다음과 같이 구할 수 있다.

$$Q = \frac{A_2 C_d}{\sqrt{1-(A_2/A_1)^2}}\sqrt{2g\Delta h} \tag{4.4.25}$$

여기서 C_d는 유량계수로 실험을 통해 결정하며 보통 0.97~0.99의 값을 사용한다.

예제 4.4.7

그림 4.4.9와 같은 벤츄리메터에서 목 부분의 직경이 20cm, 입구부의 직경이 40cm이고, 비중이 13.6인 수은이 들어 있는 액주계의 높이차가 10cm일 때 목 부분에서의 유속 및 유량을 구하라. 단, 유량계수는 0.98이다.

풀이

물로 환산한 액주계의 높이차

$$\Delta h = \left(\frac{p_1 - p_2}{\gamma}\right) = \left(\frac{\gamma_m - \gamma}{\gamma}\right)h = (S_m - 1)h = 12.6 \times 0.1\text{m} = 1.26\text{m}$$

입구부와 목 부분에서의 단면적은

$$A_{0.4} = \frac{\pi D^2}{4} = \frac{3.14 \times 0.4^2}{4} = 0.1256\text{m}^2 \qquad A_{0.2} = \frac{3.14 \times 0.2^2}{4} = 0.0314\text{m}^2$$

목 부분에서의 유속은 식 (4.4.24)로부터

$$V_{0.2} = \frac{1}{\sqrt{1-(0.0314/0.1256)^2}}\sqrt{2 \times 9.81 \times 1.26} = 5.14\text{m/s}$$

따라서 유량은

$$Q = C_d A_{0.2} V_{0.2} = 0.98 \times 0.0314 \times 5.14 = 0.158\text{m}^3/\text{s}$$

마) 수문

개수로에서도 수문(sluice gate) 아래의 유속을 Bernoulli방정식을 이용하여 구할 수 있다. 그림 4.4.10과 같이 수문 상, 하류의 흐름이 주어질 때 유량 Q는 상류의 수심 z_1, 수문의 폭 b, 수문의 개방 높이 a의 함수가 된다. 수면 ①과 ②지점 사이에 Bernoulli방정식을 적용하면 $p_1=p_2=0$이므로

$$\frac{V_1^2}{2g} + z_1 = \frac{V_2^2}{2g} + z_2 \tag{4.4.26}$$

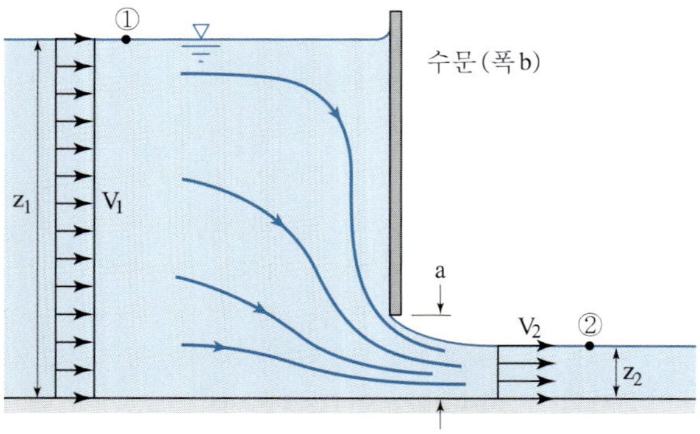

그림 4.4.10 수문

연속방정식에 의해

$$Q = A_1V_1 = bV_1z_1 = A_2V_2 = bV_2z_2 \tag{4.4.27}$$

식 (4.4.27)을 이용하여 식 (4.4.26)에서 V_1을 소거하고 V_2에 대해 정리하면

$$V_2 = \sqrt{\frac{2g(z_1 - z_2)}{1-(z_2/z_1)^2}} \tag{4.4.28}$$

따라서 수문 아래의 유량은

$$Q = A_2V_2 = z_2bV_2 = C_c ab\sqrt{\frac{2g(z_1 - z_2)}{1-(z_2/z_1)^2}} \tag{4.4.29}$$

여기서 C_c는 단면수축계수이다.

예제 4.4.8

그림 4.4.10과 같은 수문 아래로 물이 방류되고 있다. 수로의 폭이 6m, 상류수심이 5m, 수문의 개방높이가 0.8m일 때 수문을 통해 방류되는 유량을 계산하라. 단면수축계수는 0.61로 가정하라.

풀이

단면수축계수가 0.61이므로 수문하류부의 수심은 z_2=0.61×0.8=0.488m이다.
식 (4.4.29)로부터

$$Q = 0.61\times 0.8\times 6\times\sqrt{\frac{2\times 9.81\times(5-0.488)}{1-(0.488/5)^2}} = 27.68\,m^3/s$$

바) 에너지 출입에 따른 Bernoulli방정식

지금까지는 에너지의 출입이 없는 시스템에 대해 Bernoulli방정식을 적용하였다. 하지만 에너지방정식을 적용하는 두 단면 사이에 펌프나 터빈이 설치되어 있는 경우 시스템과 외부로부터 에너지의 출입이 발생하게 된다. 펌프가 설치되어 있는 경우에는 전기에너지가 펌프를 통해 유체로 유입되어 에너지가 증가하게 되고, 터빈이 설치된 경우는 유체가 가지고 있던 에너지가 터빈을 통해 유출되어 에너지가 감소하게 된다. 그림 4.4.11과 같은 경우 Bernoulli방정식은 다음과 같이 표현할 수 있다.

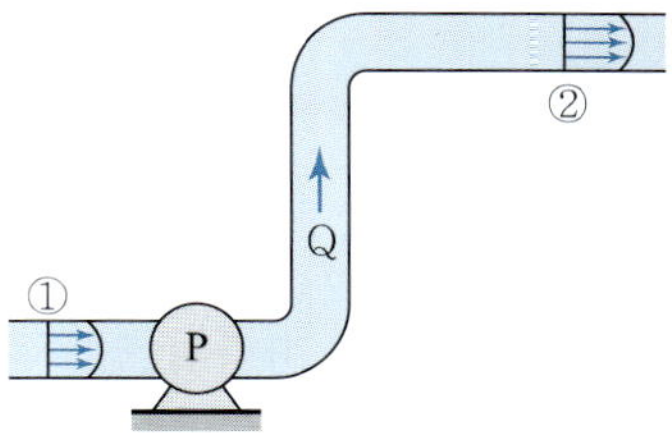

(a) 펌프

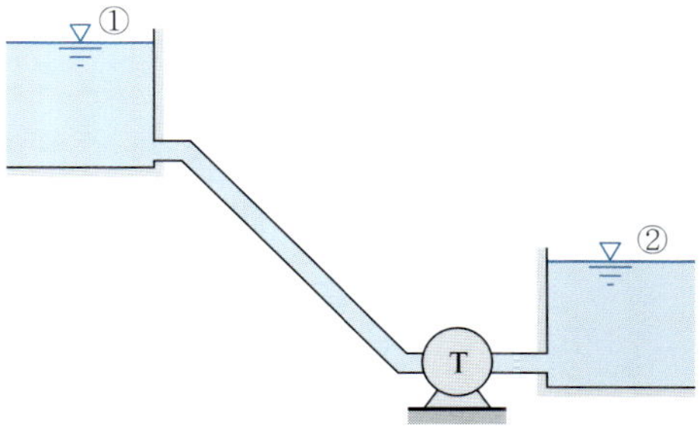

(b) 터빈

그림 4.4.11 펌프와 터빈이 있는 경우

$$\frac{p_1}{\gamma}+\frac{V_1^2}{2g}+z_1+E_P=\frac{p_2}{\gamma}+\frac{V_2^2}{2g}+z_2 \tag{4.4.30a}$$

$$\frac{p_1}{\gamma}+\frac{V_1^2}{2g}+z_1=\frac{p_2}{\gamma}+\frac{V_2^2}{2g}+z_2+E_T \tag{4.4.30b}$$

여기서 E_P는 그림 4.4.11a의 단면 ①과 ②사이에서 펌프에 의해 물에 유입된 에너지수두 즉 단위무게 당 에너지이고, E_T는 그림 4.4.11b의 단면 ①과 ②사이에서 터빈에 의해 유출된 단위

무게 당 에너지이다. 이와 같이 계산된 에너지는 펌프나 터빈에서 기계적인 에너지 손실이 없을 경우에 해당하는 값이며, 만일 기계적인 에너지 손실이 발생할 경우 1보다 작은 값인 효율 η를 곱하게 된다.

펌프나 터빈에 의한 에너지는 보통 동력(power)으로 표시되는데, 동력(kg·m/sec)은 단위중량당 에너지(kg·m/kg)에 중량유량(kg/sec)을 곱해 구하게 된다. 동력은 또한 kW와 마력(HP)의 단위로 나타내기도 하며, 이 경우 단위변환은 다음과 같다.

$$P = \gamma QE\,(\text{kg}\cdot\text{m/sec})$$
$$= \frac{\gamma QE}{102.04}(\text{kW}) = \frac{\gamma QE}{75}(\text{HP}) \tag{4.4.31}$$

예제 4.4.9

그림 4.4.11a와 같은 관로에서 ①지점으로부터 ②지점으로 0.5m^3/s의 율로 물을 보내려고 한다. z_1=30m, p_1=0.7kg/cm^2이고, z_2=40m, p_2=3.5kg/cm^2이다. 관의 직경은 50cm일 때 이러한 조건을 유지시키기 위한 펌프의 소요동력을 마력으로 계산하라. 단, 손실수두는 무시하라.

풀이

연속방정식에 의해

$$V_1 = V_2 = \frac{Q}{A} = \frac{0.5}{3.14 \times 0.5^2/4} = 2.55\text{m/s}$$

펌프로 인한 단위중량당 에너지 수두는 식 (4.4.30)으로부터

$$E_P = \frac{p_2 - p_1}{\gamma} + z_2 - z_1 = \frac{35{,}000 - 7{,}000}{1{,}000} + 40 - 30 = 38\text{m}$$

따라서 펌프의 동력은

$$P = \gamma QE_P = \frac{1{,}000\text{kg}}{\text{m}^3} \times \frac{0.5\text{m}^3}{\text{s}} \times 38\text{m} = 19{,}000\frac{\text{kg m}}{\text{s}} \times \frac{1}{75} = 253\text{HP}$$

예제 4.4.10

그림 4.4.12와 같은 수력발전소에서 발전을 위해 141m^3/s의 물을 방류하고 있다. 유입부, 관로 및 유출부에서의 손실수두가 1.52m일 때 발전량을 kW로 나타내라. 단, 터빈의 효율은 90%이다.

풀이

상부저수지와 하부저수지 수면사이에 에너지방정식을 적용하면

$$\frac{p_1}{\gamma} + \frac{V_1^2}{2g} + z_1 = \frac{p_2}{\gamma} + \frac{V_2^2}{2g} + z_2 + E_T + h_L$$

저수지 수표면에서의 압력은 0이므로 $P_1=P_2=0$이다. 또한 저수지 수위의 변화가 거의 없다면 $V_1=V_2=0$이다. 따라서 에너지방정식은

$$E_T = z_1 - z_2 - h_L = 610\text{m} - 1.52\text{m} = 608.5\text{m}$$

발전량은

$$P = \gamma QE_T = \frac{1{,}000\text{kg}}{\text{m}^3}\times\frac{141\text{m}^3}{\text{s}}\times 608.5\text{m}$$
$$= 85{,}798{,}500\frac{\text{kg}\cdot\text{m}}{\text{s}}\times\frac{1}{102.04} = 840{,}832\text{kW}$$

따라서 효율을 고려한 발전량은 $840{,}832\times0.9=756{,}749$kW이다.

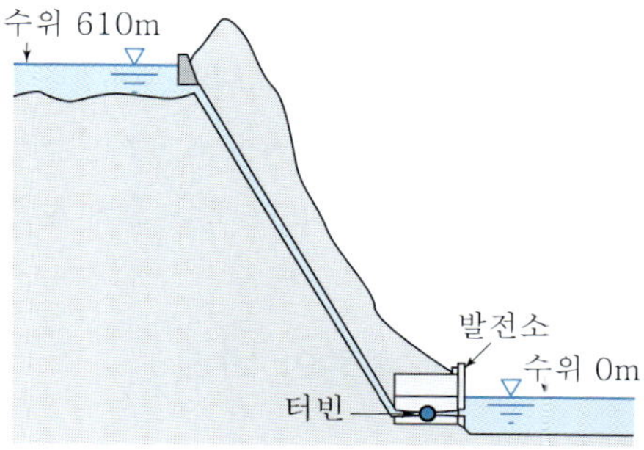

그림 4.4.12

4.5 박리 및 공동현상

4.5.1 원통주위의 압력분포

만일 유체가 비점성 및 비압축성유체(이상유체)이고 회전하지 않는다면 유체흐름은 흐름장 전체에서 비회전흐름(irrotational flow)이 된다. 또한 유체흐름이 정상류이면 Bernoulli방정식의 제약조건을 모두 만족하므로 Bernoulli방정식을 적용할 수가 있다. 위와 같은 조건을 만족하는 원통 주위로의 흐름은 그림 4.5.1과 같다.

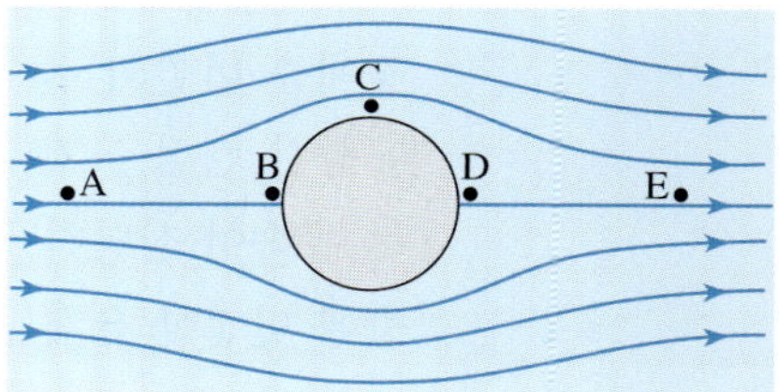

그림 4.5.1 원통주위의 유체 흐름

원통의 중심을 기준으로 수평 또는 연직방향으로 대칭의 흐름상태가 형성되므로 Bernoulli방정식을 이용하여 얻은 원통표면에서의 압력분포 또한 대칭이 되며, 그림 4.5.2와 같이 나타낼 수 있다. 그림 4.5.2에서 원통 표면에서의 상대적인 압력 C_p는 양인 경우 원통 표면 안쪽으로, 음인 경우 표면 바깥쪽으로 나타내었다. 전면부와 후면부인 B점과 D점에서는 정체점(stagnation point)으로 상대압력이 $C_p=+1.0$이 되고, 유속이 최대가 되는 중간부인 C점에서는 상대압력이 $C_p=-3.0$으로 최소가 된다.

A점부터 E점까지의 흐름을 생각해보자. A점에서 E점으로 흐르는 동안 유속은 감소하고, 따라서 압력은 증가하게 되며, B점에서 C점으로 흐르는 동안 압력경사에 의해 유속은 증가하여 최대가 되며,

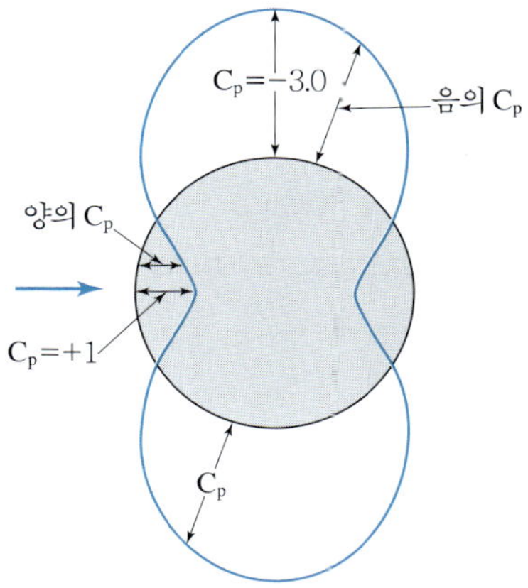

그림 4.5.2 원통 표면에서의 압력분포

따라서 압력은 점점 감소하게 된다. C점에서 D점으로 흐르게 되면 압력이 증가함에 따라 유속은 감소하게 된다. 마지막으로 D점에서 E점으로 흐르는 동안 자유흐름으로 점차 가속되게 된다. 이와 같이 A점에서 E점으로 유체가 흐르는 동안 각 지점별로 나타나는 유속과 압력을 잘 이해하면 다음 절에서 소개할 유체흐름의 박리(separation)현상을 이해하는데 도움이 된다.

4.5.2 흐름의 박리

흐름의 박리(separation)는 일반적으로 물리적인 경계가 흐름의 중심으로부터 벗어날 때 발생하게 된다. 앞 절에서는 원통주위로 비점성 및 비압축성의 정상류가 회전하지 않고 흐를 때인 이상유체의 흐름에 대한 압력분포를 알아보았다. 본 절에서는 원통 주위로 흐르는 실제유체인 점성유체에 대해 알아보기로 하며, 이러한 흐름이 그림 4.5.3에 나타나 있다. 원통의 C점 상류부에서는 표면 경계에 아주 근접한 부분을 제외하고는 흐름 양상이 비회전의 이상유체인 경우(그림 4.5.1)와 비슷하다. 점성에 의한 저항으로 인해 원통 표면 근처에 유속이 작은 얇은 유체층이 형성이 되는데, 사실 원통 표면에 인접한 유체의 속도는 0이 된다. 경계층(boundary layer)이라 부르는 속도가 감소하는 층은 흐름 방향으로 두께가 증가하게 된다. 하지만 경계층 바깥의 유체 흐름의 속도가 증가하기 때문에 경계층은 C점까지는 비교적 얇게 유지된다.

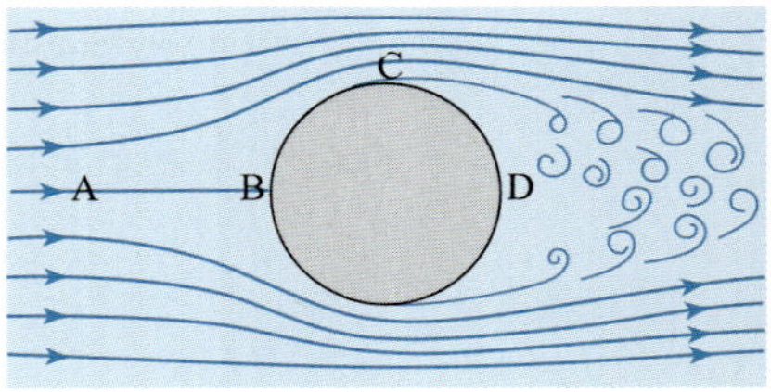

그림 4.5.3 원통 주위로의 실제유체의 흐름

중간 지점을 지나 하류 측, C점부터 D점까지에서 비회전 흐름형태인 경우 경계층에 인접한 유체는 유속이 상당히 감소하게 되며, 따라서 압력이 증가하게 된다. 하지만 실제유체인 경우에는 경계층에 인접한 유체는 점성 저항으로 인해 이미 유속이 감소되었기 때문에 감속은 제한되게 된다. 따라서 경계에 인접한 유체는 약간 더 흐르다가 멈추게 된다. 일단 경계에 인접한 유체의 움직임이 멈추면 이로 인해 주 흐름이 경계로부터 박리되게 되며, 박리과정이 진행되게 된다. 박리되는 지점 하류에서는 박리되는 표면의 바깥유체는 유속이 매우 높고, 박리 표면 안쪽의 유체는 상대적으로 유속이 낮게 된다. 이와 같은 박리 표면에서의 큰 속도차는 와류(eddy)를 발생시키고 점성효과는 열로 사라지게 된다.

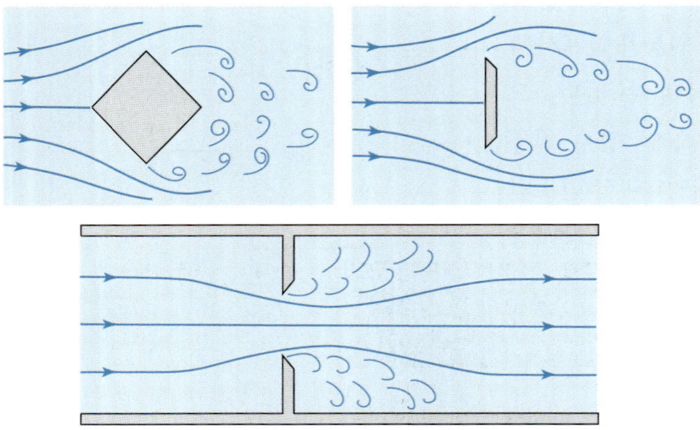
그림 4.5.4 다양한 형태의 흐름에서의 박리점의 위치

원통과 같이 둥근 물체에서의 박리점(separation point)의 위치는 경계층에서의 흐름의 특성에 영향을 받게 되므로, 표면의 거칠기 또는 접근하는 흐름의

난류 정도가 박리점의 위치에 영향을 주게 됨을 알 수 있다. 이러한 영향은 10장에서 자세하게 소개하기로 한다. 하지만 각이진 형태의 물체에서의 박리점은 경계가 급격히 변하는 지점에서 나타나게 된다. 그림 4.5.4는 마름모, 원판 그리고 예연 오리피스(sharp edged oriffice)에서의 박리점을 보여주고 있다.

박리점이 물체의 형태 및 조도와 관련이 있으므로 흐름의 박리는 점성 저항과 밀접하게 관련이 있으며, 후술할 Reynolds수 $R_e = VD\rho/\mu$가 박리의 시작을 나타내는 지표가 된다. 예를 들어 원통을 지나는 흐름에서는 Reynolds수가 50이상이 되면 박리가 발생하고, Reynolds수가 50보다 작으면 전 흐름장은 흐름내의 와류의 형성을 방지하는 비교적 큰 점성응력에 의해 지배를 받게 된다.

4.5.3 공동현상

유체 시스템에서의 공동현상(cavitation)은 시스템내 임의의 지점에서의 압력이 액체의 증기압까지 낮아지게 되면 발생한다. 이와 같은 상태에서 공기방울이 형성되고, 압력에 의해 공기 방울이 파괴될 때 높은 압력으로 인해 시스템의 효율이 감소하거나 장비의 파손이 초래된다.

그림 4.5.5와 같이 중간이 수축된 관로에서의 물의 흐름을 생각해 보자. 그림 4.5.5a는 서로 다른 흐름에 대한 압력수두를 보여주고 있으며, 그림 4.5.5b는 관로의 중심에서의 압력에 대한 관로의 벽에서의 압력을 나타낸 무차원 압력수두를 보여주고 있다. 유량이 중간이나 그 이하인 경우 수축부에서의 압력의 저하는 비교적 작아 물의 압력은 증기압 이상을 유지하게 되며 공동현상이 발생하지 않는다. 하지만 유량이 증가하면 압력수두는 관로 이하로 낮아지게 되어 수축부에서의 압력이 대기압보다 낮아지게 된다. 물론 압력이 증기압보다 낮아지면 액체가 끓기 때문에 증기압보다 낮아지지는 않는다. 이와 같은 상황이 그림 4.5.6a에 묘사되어 있는데, 수축부에서 공기방울이 형성되어 크기가 증가하며, 흐름과 함께 하류로 이동하여 압력이 높은 지점에서 파괴되고 있다. 실험 및 이론적인 분석에 의하면 공기방울이 파괴될 때 근처에서 간헐적으로 매우 높은 압력이 형성되고 있으며, 이러한 압력이 800MPa을 초과할 때도 있다.

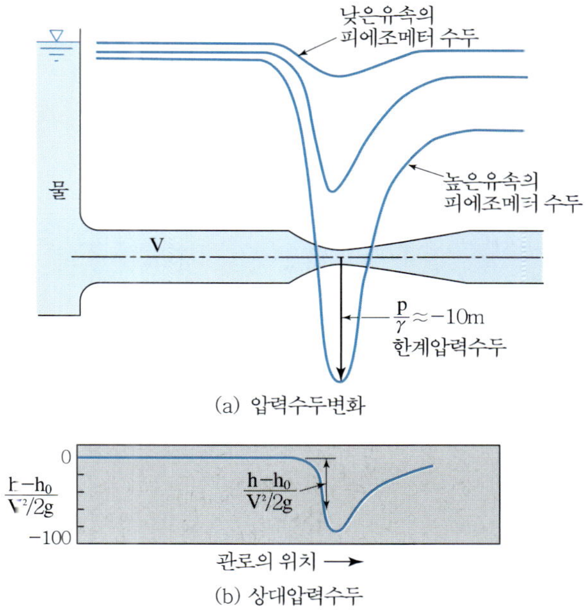

그림 4.5.5 수축 관로를 통한 흐름

따라서 관로의 벽, 펌프 날개, 선박의 프로펠러, 댐 여수로 등과 같은 물리적인 경계 근처에서 공기

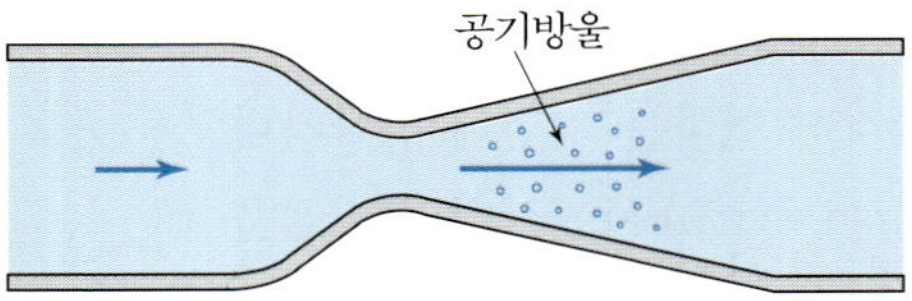

그림 4.5.6 공동현상

방울이 파괴되면 피해를 초래할 수가 있다. 일반적으로 이러한 손상은 장기간에 걸쳐 표면에 수많은 공기방울이 영향을 주어 공동현상 발생 지역 근처의 물체 표면에 피로파괴(fatigue failure)의 형태로 나타난다. 공동현상의 발생지점에 대해서는 10.5절에서 소개하기로 한다.

연습문제

4.1 평면상의 흐름에서 x, y방향의 속도성분이 다음과 같을 때 어떠한 흐름 운동을 하는지 설명하라. 여기서 ω는 각속도이고, $\tan\theta = y/x$, $x^2+y^2=r^2$이다.

$$u = -r\omega\sin\theta, \qquad v = r\omega\cos\theta$$

4.2 x, y방향의 속도성분이 다음과 같을 때 (1, 1)지점에서의 각 방향의 가속도를 구하라.

$$u = 10y^2\,\mathrm{m/s}, \qquad v = -15xy\,\mathrm{m/s}$$

4.3 그림 4.3과 같이 유선이 직선이며 x축 방향과 45°로 기울어져 있을 때 점 (2, 2)에서의 속도와 가속도를 구하라. 유속의 크기는 $v = \sqrt{x^2+y^2}$ 으로 나타낸다.

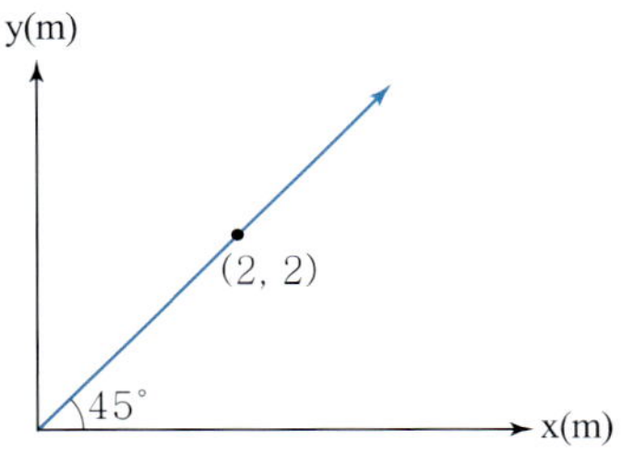

그림 4.3

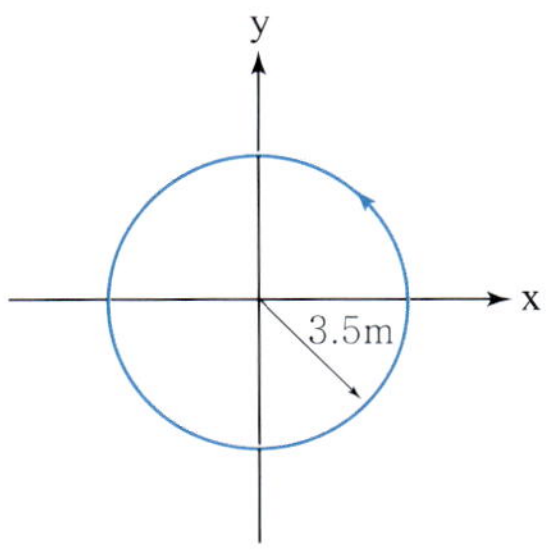

그림 4.4

4.4 그림 4.4와 같이 반경 3m의 원형 유선을 따르는 흐름의 유속이 3.5m/s로 일정할 때 유선상의 임의의 점에서의 접선 및 법선 방향의 가속도를 구하라.

4.5 예제 4.3.1의 그림 4.3.4와 같은 흐름에서 하도의 기울기가 30° 기울어진 하도에 균일 유속 12m/s로 물이 흐르고 있다. 흐름의 연직방향으로의 수심이 0.6m이면 단위폭 당 유량은 얼마인가?

4.6 직경 0.3m의 관로에 밀도 1.24kg_o/m^3인 공기가 질량유량 3kg_o/s로 흐르고 있을 때 공기흐름의 평균속도와 체적유량은?

4.7 그림 4.7과 같이 개방된 수조에 유속 5m/s, 단면적 0.04m^2의 jet류에 의해 물이 유입되고 수조 하단부의 오리피스를 통해 0.05 m^3/s로 물이 방출되고 있다. 수조에 물이 채워지는 율을 구하라.

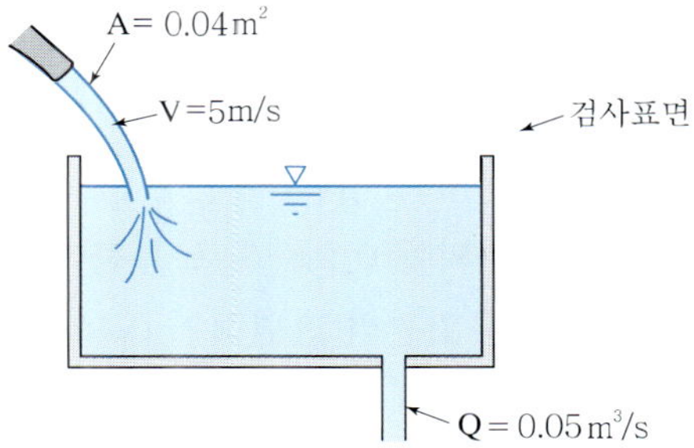

그림 4.7

4.8 폭 3m의 사각형 단면 수로에서 5m^3/s의 유량이 1.5m/s의 유속으로 흐를 때 수심을 얼마인가.

4.9 관경이 d_1에서 d_2로 변하고, 유속이 V_1에서 V_2로 변할 때 유속비 V_1/V_2에 해당하는 관경의 비는 얼마인가.

4.10 관경 100cm 및 80cm의 관로가 직렬로 연결되어 있다. 관로를 통한 유량이 1.5m^3/s일 때 각 관로에서의 유속을 구하라.

4.11 예제 4.3.4의 그림과 같은 관로에서 ① 및 ② 단면에서의 직경이 15cm 및 20cm이다. ① 단면에서의 유속이 5m/s일 때 다음을 계산하라.

1) ② 단면에서의 유속　　2) 유량

3) 중량유량　　4) 질량유량

4.12 500l/s의 율로 물을 보내려고 한다. 유속을 2m/s로 유지하려면 원관의 크기는 얼마로 해야 하는가.

4.13 예제 4.3.5의 그림과 같은 저수지에서 상류로부터 250m^3/s의 물이 유입되고 100m^3/s의 물이 방수로를 통해 유출되고 있다. 저수지 수표면적이 10km^{2}라면 수면의 상승률은 얼마인가.

4.14 그림 4.14와 같은 직경 0.5m의 수조로 물이 유입되어 0.2m^3/s로 유출이 이루어지고 있다. 유입관의 단면적이 0.1m^{2}이고 유속이 0.5m/s일 때 수조 수면의 상승률을 구하라.

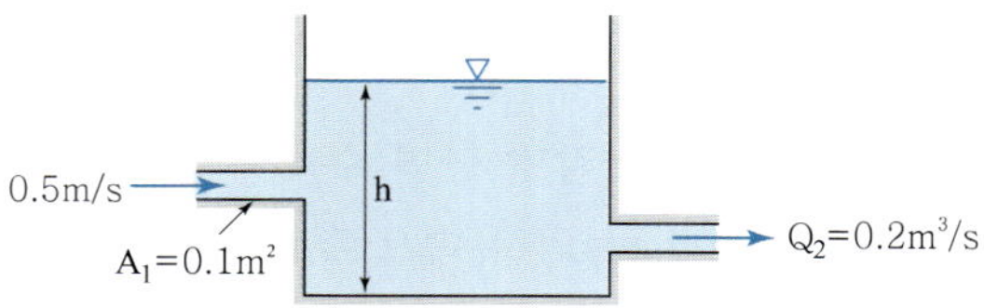

그림 4.14

4.15 직경 0.2m인 관이 직경 0.1m로 줄었다가 다시 직경 0.15m의 직경으로 확대되었다. 0.1m관에서의 유속이 3m/s이면 유량은 얼마인가. 또한, 직경 0.2m 및 0.15m에서의 유속은 얼마인가.

4.16 그림 4.16과 같이 펌프로부터 소방호스 노즐을 통해 해수를 공급하고 있다. 노즐에서의 분출 유속을 최소 20m/s로 유지하기 위해서는 펌프의 최소용량(m^3/s)을 얼마로 해야 하는가.

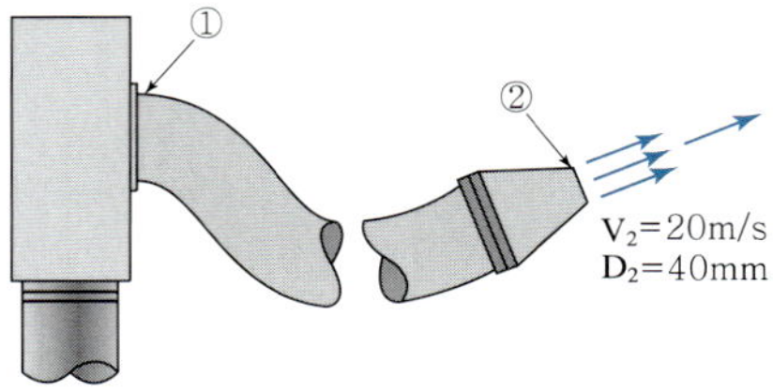

그림 4.16

4.17 그림 4.17과 같이 직경 1m인 수조의 측벽에 직경 10cm의 오리피스 구멍이 뚫려있다. 오리피스를 통해 분출되는 물의 유속이 2m/s일 때 유량은 얼마인가. 또한 수조의 표면의 낙하속도는 얼마인가.

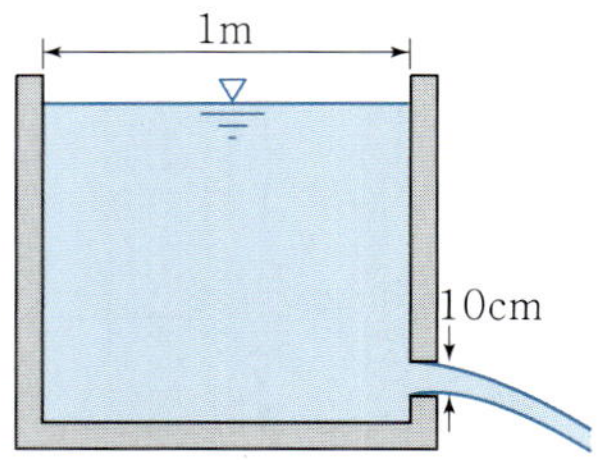

그림 4.17

4.18 그림 4.18과 같이 직경 10cm 단면에서 유속이 3m/s로 흐르는 흐름이 직경 2cm의 노즐을 통해 분출될 때 분출되는 유속은 얼마인가. 또한 이때의 유속은 얼마인가.

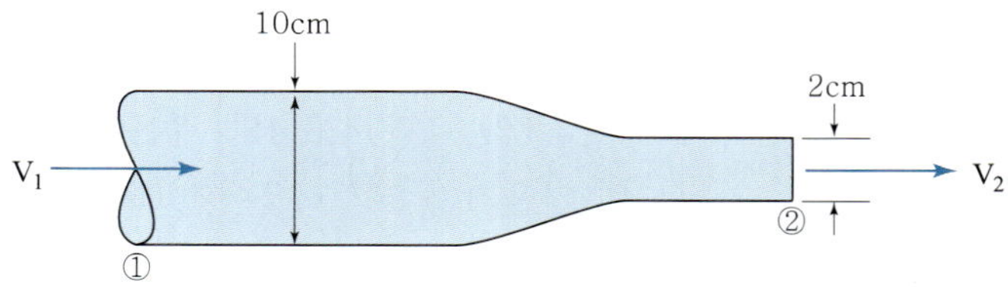

그림 4.18

4.19 원관 내의 유속분포가 그림 4.19와 같이 포물선형일 때 단면의 평균유속을 관의 중립축 유속 V_{max}로 나타내라. 여기서 r_o는 관의 반경이다.

$$V = V_{max}\left(1 - \frac{r^2}{r_o^2}\right)$$

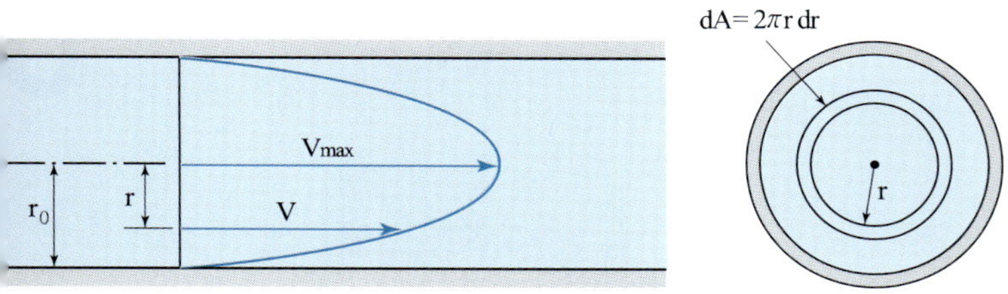

그림 4.19

4.20 예제 4.4.1과 같은 관로를 통해 물이 단면 ①로부터 단면 ②로 흐르고 있다. 단면 ①에서 직경이 50mm, 유속이 2m/s, 압력이 $5kg/cm^2$이고, 단면 ②에서의 직경은 100 mm이고 단면 ①보다 3m 높이에 있다. 에너지 손실을 무시한다고 가정하고 단면 ②에서의 압력을 구하라.

4.21 그림 4.21과 같이 사이폰을 통해 수영장의 물을 배수시키고 있다. 사이폰의 직경은 50mm이고 끝 단은 직경 20mm의 노즐이 연결되어 있다. 에너지 손실을 무시하고 노즐을 통해 배수하는 유량과 B, C, D 그리고 E 지점에서의 압력을 구하라.

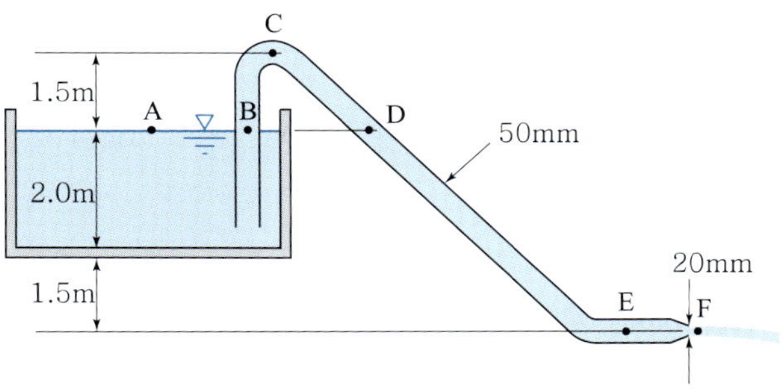

그림 4.21

4.22 그림 4.22와 같이 사이폰을 통해 물을 방류하고 있다. 사이폰 출구지점에서의 유속과 이때의 유량을 계산하라. 또한 사이폰의 정곤부인 A지점에서의 압력을 구하라. 사이폰의 직경은 10cm이다.

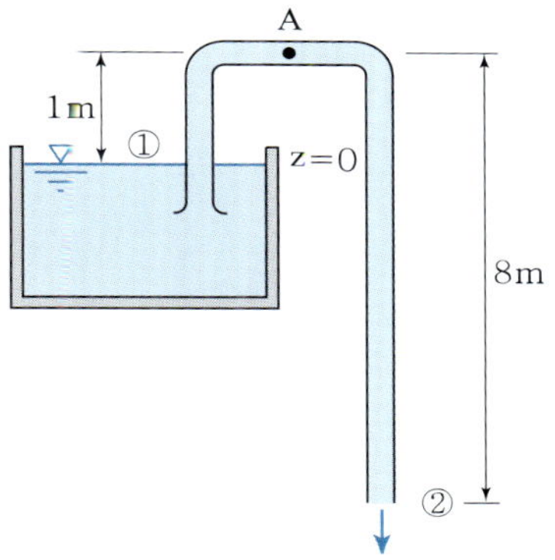

그림 4.22

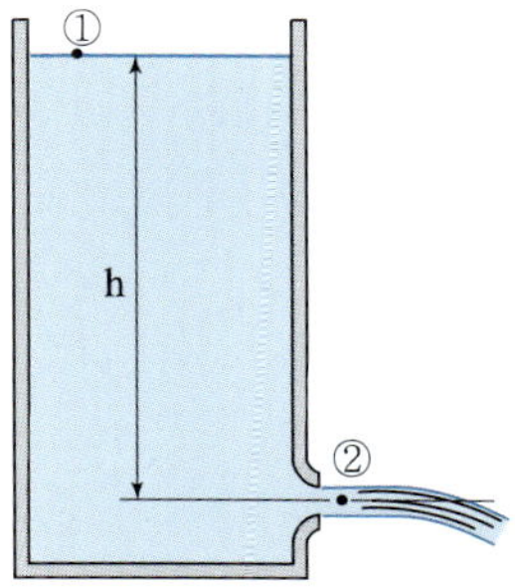

그림 4.23

4.23 그림 4.23과 같은 수조 측벽의 노즐을 통해 물이 자유 분출될 때 분출수의 유속 및 유량을 구하라. 노즐의 직경은 10cm이고 노즐의 중심부로부터 수면까지의 높이는 5m이며 수면의 높이는 일정하게 유지되고 있다.

4.24 그림 4.23과 같은 수조 측벽의 노즐을 통해 물이 자유 분출될 때 분출수의 유속 및 유량을 h=3m부터 0.5m까지 0.5m씩 감소시키며 구하라. 노즐의 직경은 50mm이다.

4.25 예제 4.4.4와 같은 분수에서 6m 높이로 분수를 발생시키려면 수조안의 공기압력을 얼마로 하여야 하는가. 분수의 분출구멍으로부

터 수조내 수표면의 높이 h=1m이다. 단, 에너지 손실은 무시하라.

4.26 그림 4.26과 같이 직경 1.0m인 수조로부터 물이 흘러 나올 때 수심이 2.0m로 일정하게 유지되기 위해서 급수관을 통해 공급해야 할 유량은 얼마인가?

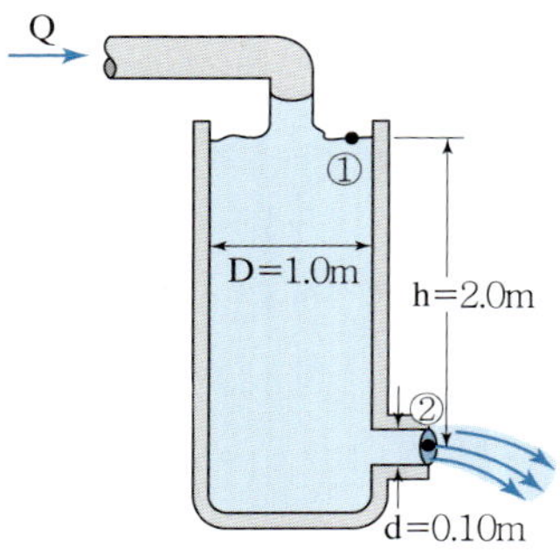

그림 4.26

4.27 예제 4.4.5와 같은 개수로 상의 정체관에서 정체관 내의 물이 수면으로부터 5cm 올라갈 때 개수로의 유속을 구하라.

4.28 예제 4.4.6과 같은 Pitot관에서 정압관과 Pitot관내의 수면차가 15cm로 측정될 때 관에서의 유속과 유량을 구하라. 관내의 유속분포는 일정하고, 관의 직경은 10cm이다.

4.29 그림 4.29와 같은 Pitot관에서 정압관과 Pitot관이 액주계로 연결되어 있으며 액주계에는 비중이 13.6인 수은이 들어 있다. 액주계의 높이차가 264mm일 때 관로내의 유속을 구하라. 관의 직경이 100mm이면 유량은 얼마인가. 단, 관내의 유속분포는 일정하다.

4.30 그림 4.30과 같은 관로에 물이 흐르고 있다. 액주계의 높이차가 0.2m일 때 유량을 작은관은 직경 D의 함수로 나타내라.

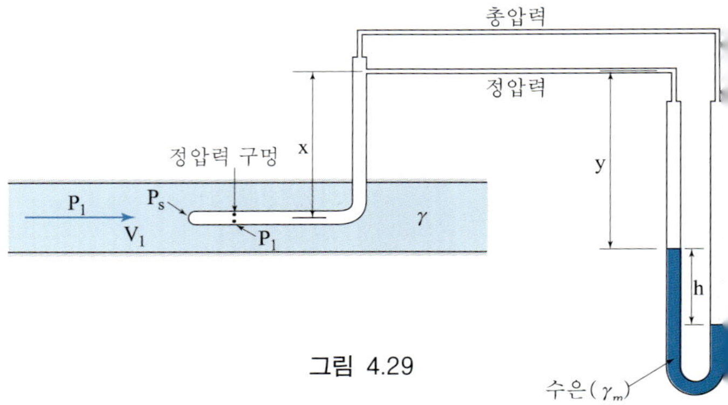

그림 4.29

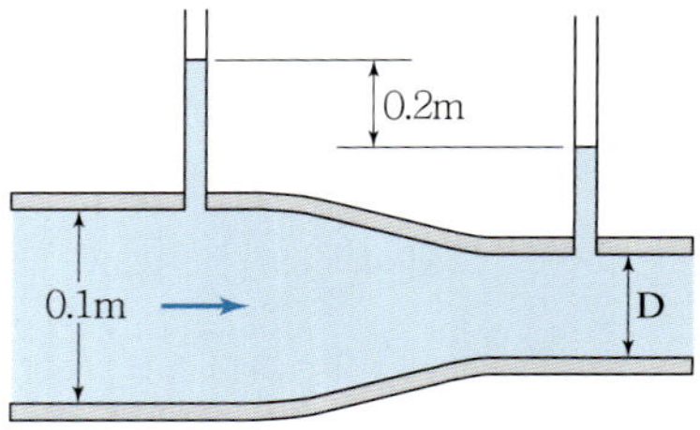

그림 4.30

4.31 노즐로부터 분출되는 원형단면의 물줄기가 직경 2cm로부터 0.5m 지나서는 1cm로 줄어들었다면 유량은 얼마인가?

4.32 그림 4.32와 같이 물이 노즐로부터 위로 분출될 때 유량과 물이 올라가는 높이는 얼마인가?

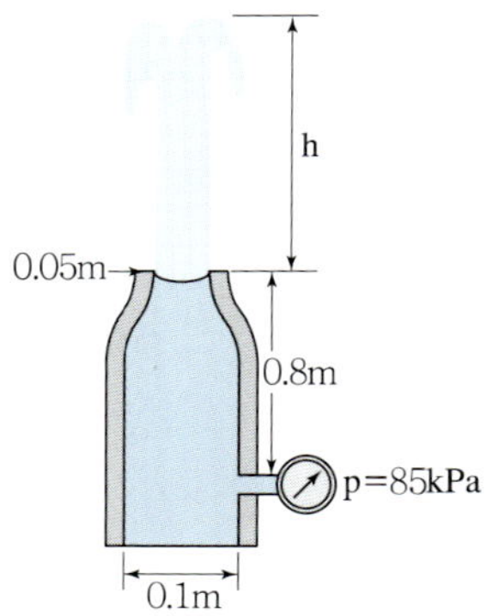

그림 4.32

4.33 그림 4.33과 같이 물이 자유 분출될 때 액주계의 높이는 얼마인가?

4.34 유량을 측정하기 위해 벤츄리메터를 설치하였다. 입구부의 직경이 20cm, 목 부분의 직경이 10cm, 시차액주계의 차가 15cm일 때 관 내의 유량을 구하라.

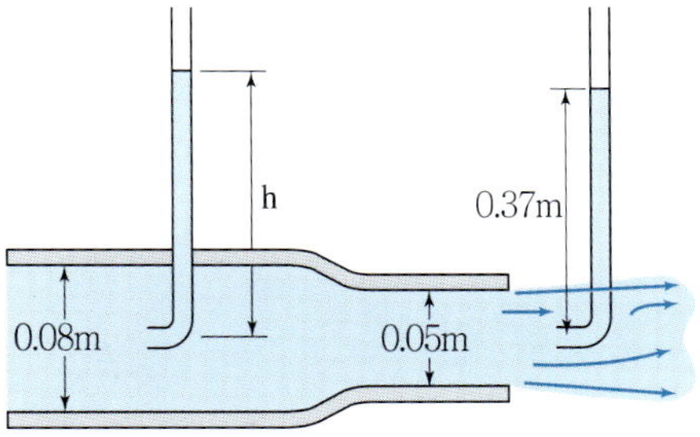

그림 4.33

4.35 예제 4.47과 같은 벤츄리메터에서 목 부분의 직경이 10cm, 입구부의 직경이 30cm이고, 비중이 13.6인 수은이 들어 있는 액주계의 높이차가 5cm일 때 목 부분에서의 유속 및 유량을 구하라. 단, 유량계수는 0.98이다.

4.36 그림 4.36과 같이 연직관로 내에 흐르는 유량을 측정하기 위해 벤츄리메터를 설치하였다. 시차액주계 수은주의 차가 30cm일 때 관로내의 유량을 계산하라.

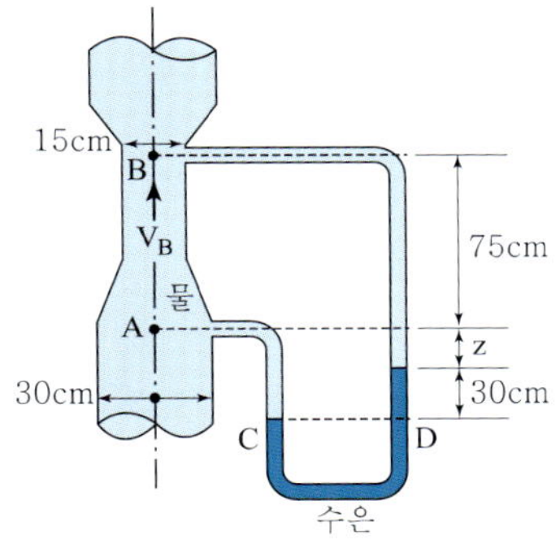

그림 4.36

4.37 그림 4.37과 같은 벤츄리메터에 기름(비중=0.85)이 유량 $0.005m^3/s$와 $0.05m^3/s$ 사이의 범위에서 흐를 때 이유량을 측정하기 위한 압력차 p_1-p_2의 범위를 구하라.

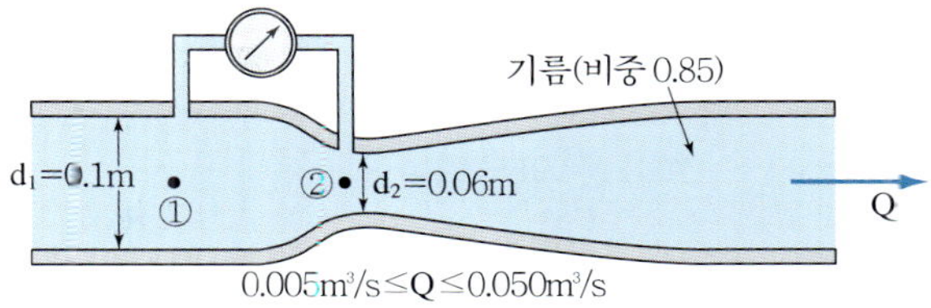

그림 4.37

4.38 예제 4.4.6과 같은 수문 아래로 물이 방류되고 있다. 수로의 폭이 10m, 상류수심이 4m, 수문의 개방높이가 0.5m일 때 수문을 통해 방류되는 유량을 계산하라. 단면수축계수는 0.61로 가정하라.

4.39 그림 4.39와 같은 수문 아래로 물이 방류되고 있다. 상류수심이 45cm, 하류수심이 5cm일 때 수문하류에서의 유속과 단위폭 당 유량을 구하라.

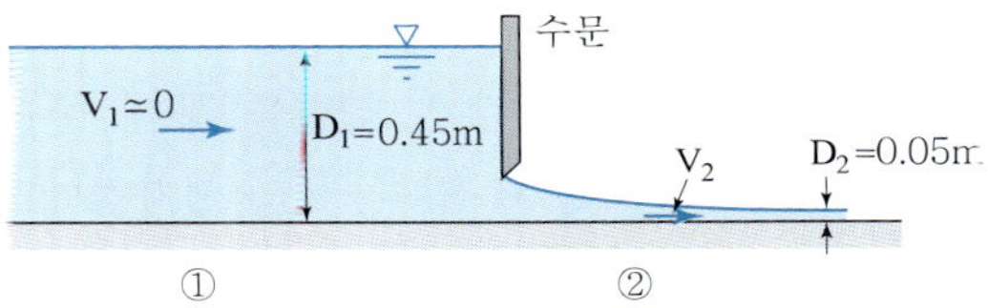

그림 4.39

4.40 예제 4.4.9와 같은 관로에서 ①지점으로부터 ②지점으로 $1.0m^3/s$의 율로 물을 보내려고 한다. $z_1=15m$, $p_1=1.2kg/cm^2$이고, $z_2=30m$, $p_2=2.7kg/cm^2$이다. 관의 직경은 30cm일 때 이러한 조건을 유지시키기 위한 펌프의 소요동력을 마력으로 계산하라. 단, 손실수두는 무시하라.

4.41 예제 4.4.10과 같은 수력발전소에서 발전을 위해 $50m^3/s$의 물을 방류하고 있다. 유입부, 관로 및 유출부에서의 손실수두가 2m

일 때 발전량을 kW로 나타내라. 단, 두 저수지 수면의 높이차는 200m이고, 터빈의 효율은 95%이다.

4.42 그림 4.42와 같이 하부 저수지로부터 20m 높이의 상부저수지로 $2m^3/s$의 물을 양수하는데 필요한 펌프의 동력을 kW 및 마력으로 계산하라. 모든 손실은 무시하고 펌프의 효율은 80%로 가정하라.

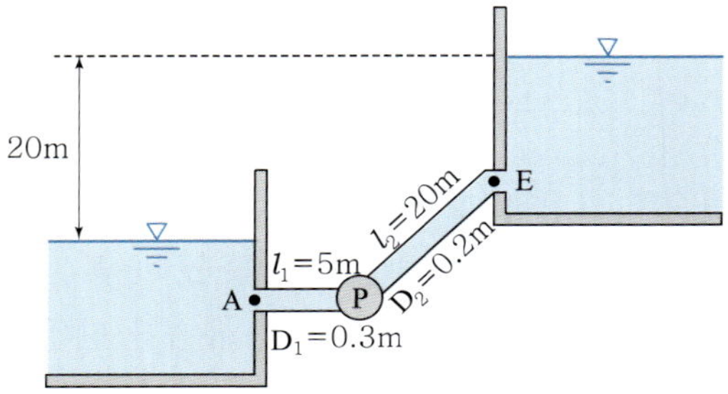

그림 4.42

4.43 그림 4.43과 같은 터빈을 통해 물이 0.25 m^3/s로 흐르고 있다. A와 B지점에서의 압력이 각각 $2kg/cm^2$ 및 $0.5kg/cm^2$일 때 물에 의해 터빈에 전달되는 동력을 kW로 계산하라.

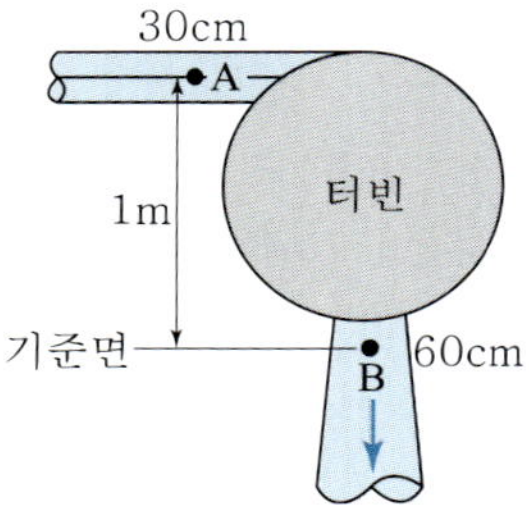

그림 4.43

Chapter 5

유체의 적분방정식

유체의 운동에 대한 해석은 검사체적(control volume)을 이용한 적분형태로 유체관련 기본방정식들을 전개함으로서 할 수가 있다. 고체의 동적거동을 다룰 때 적용하는 시스템 접근 방법보다 검사체적을 이용한 식의 전개를 이용하는 이유는 첫째로, 유체가 시간이 지남에 따라 형태가 변하게 되므로 항상 유체의 동일한 질량을 설정하고 추적하기가 매우 어렵기 때문이다. 두 번째로, 주어진 유체 질량의 움직임보다도 유체의 운동으로 인한 장치 또는 구조물에 미치는 영향에 관심이 있기 때문이다. 따라서 검사체적 방법을 이용하여 공간 내 주어진 체적에 기본방정식들을 적용하는 것이 더 편리하다.

공학분야에서 관심 있는 유체의 특성들을 적분형태로 표현할 수가 있다. 예를 들어 체적유량은 면적에 유속을 적분하여 나타내고, 열전달은 면적에 유입된 열을 적분하여 나타내며, 힘은 면적에 응력을 적분하여 나타낸다. 또한 질량은 체적에 밀도를 적분하여 나타내고, 운동에너지는 체적의 각 질량요소에 $V^2/2$를 적분하여 나타낸다. 적분을 하기 위해서는 물리적 특성치에 대한 지식 또는 정보를 알고 있어야 한다. 만일 물리적 특성치에 대한 지식이 없거나 어느 정도의 정확성을 가지고 개략화하지 못하면 적절한 미분방정식을 이용하여야 한다.

유체의 흐름에서 개개의 입자들을 서로 구분하기가 쉽지 않으므로 단지 주어진 유체의 질량에만 직접적으로 관심을 가지기 보다는 유체가 흐르는 공간에 초점을 맞추어 문제를 해결하기 위한 방법이 필요하다. 이러한 방법에 Reynolds 이송이론(transport theorem) 또는 검사체적방법이 있으며, 유체역학 및 수리학에서 다양하고 광범위하게 적용되고 있다. 본 절에서는 검사체적공식의 유도 및 그 의미와 적용에 대해 소개하고, 질량보존의 법칙, 에너지방정식 및 운동량방정식을 검사체적을 이용한 적분형태로 유도하는 방법을 소개하고, 이들 방정식들의 응용방법에 대해 알아보기로 한다.

5.1 검사체적과 시스템

5.1.1 검사체적과 시스템

유체역학에서 관심을 가지는 유체의 거동은 기본적인 물리법칙 즉, 질량보존의 법칙, 열역학 제1법칙 그리고 뉴톤의 제2법칙과 같은 법칙을 적용하여 해석하게 된다. 이와 같은 기본법칙들을 유체역학에 적용할 때 시스템(system) 접근방법이나 검사체적 접근방법 등과 같은 다양한 방법들을 이용한다.

시스템 접근방법은 고정된 경계면 내 물질의 집합체가 움직이거나 흐르며 그 주변과 상호작용한다고 보고 해석하는 방법이다. 시스템이란 일정한 질량의 물질로 볼 수가 있으며, 시스템 바깥의 모든 것은 주위(surrounding)라 하고, 경계(boundaries)에 의해 시스템과 주위가 구분되고 있다. 예를 들어 공기압축기로 유입되는 공기의 질량을 시스템으로 볼 수가 있으며, 공기압축기로 유입된 공기는 체적과 온도가 변하고 출구를 통해 방출된다. 이와 같이 공기가 이동함에 따라 적절한 방정식을 적용하여 거동을 해석하게 되며 이는 앞에서 설명한 Lagraneg방법과 유사하다.

검사체적 접근방법은 공간상의 가상적인 일정한 체적을 설정하여 검사체적 내부 유체의 시간에 따른 변화를 해석하는 방법으로 Euler방법과 유사하다고 할 수 있다. 유체역학에서는 시스템처럼 일정량의 물질을 정하고 이들의 거동을 계속 추적하기가 곤란하며, 일정량의 유체는 무한히 많은 유체입자들이 포함되어 있어 시스템 접근방법을 적용하기가 어렵다. 예를 들어, 공기가 물체 주위를 흐를 때 공기의 흐름을 따라서 거동을 해석하기 보다는 공기가 물체에 가하는 힘을 구하는 것에 더 관심이 있을 수가 있으며, 이러한 경우 검사체적 접근방법을 적용하고 공간상의 일정한 체적을 설정하여 검사체적으로 유입되거나 통과하며 검사체적 주위에서 발생하는 유체의 거동을 해석하게 된다.

검사체적 접근방법을 적용할 때 시스템과 관련된 여러 법칙들이 어떤 순간에 시스템이 차지하는 특정영역 즉 검사체적에 적용할 수 있도록 변환하게 된다. 검사체적을 통해 특정 시스템이 통과하면 또 다른 시스템이 들어오게 되며, 기본법칙들을 재편성하여 적용하고, 검사체적 내의 흐름장을 알면 유체의 거동을 해석할 수 있게 된다.

5.1.2 유체역학의 기본법칙

유체역학에서 주로 관심 있는 적분형태의 물리량들은 질량보존의 법칙, 열역학법칙 및 뉴톤의 운동법칙과 같은 기본법칙들에 포함된다. 이러한 기본법칙들은 물질입자들의 고정된 집합체인 시스템의 항으로 표현할 수가 있다. 예를 들어, 그림 5.1.1과 같이 관로를 통한 흐름에서 시스템으로서 시간 t에서의 유체의 고정된 양을 설정할 수가 있다. 이 시스템은 유속에 의해 시간 t+△t에는 하류 특정 지점으로 이동하게 된다. 이와 같은 시스템에 위의 3가지 기본법칙들을 적용할 수 가 있지만 쉽지는 않다. 먼저 기본법칙들의 일반적인 형태를 나타내 보기로 하자.

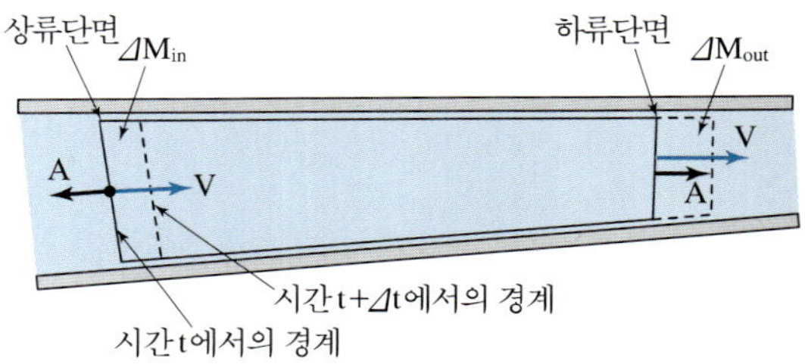

그림 5.1.1 시스템의 이동

● 질량보존의 법칙 : *시스템의 질량은 보존되며 변화하지 않는다.*

정의에 의하면 시스템은 고정된 동일한 물질의 집합체이므로 시스템은 항상 동일한 양의 물질로 구성되어 있다. 유체입자가 차지하는 체적을 dV라 하고 입자의 밀도를 ρ라 하면, 유체입자의 질량은 m=ρdV가 된다. 밀도는 시스템 내 위치에 따라 변하므로 시스템 내의 질량 M은 질량보존의 법칙에 따라 다음과 같이 적분형태로 나타낼 수가 있다.

$$\left.\frac{dM}{dt}\right|_{sys} = 0 \tag{5.1.1a}$$

여기서 시스템의 질량 M은 다음과 같다.

$$M_{sys} = \int_{mass(sys)} dm = \int_{V(sys)} \rho dV \tag{5.1.1b}$$

- 뉴톤의 제2법칙 : *시스템에 작용하는 힘의 합력은 시스템의 운동량 변화율과 같다.*

뉴톤의 제2법칙은 운동량방정식으로도 불리는데, 시스템에 작용하는 모든 외적인 힘들의 합은 시스템의 선형운동량의 시간 변화율과 같다. 질량 ρdV인 유체입자의 운동량은 $\vec{V}\rho dV$로 나타내는 벡터량이고, 시스템내의 밀도 및 속도가 위치에 따라 변하므로 뉴톤의 제2법칙은 다음과 같이 적분형태로 나타낼 수가 있다.

$$\Sigma\vec{F} = \left.\frac{d\vec{P}}{dt}\right|_{sys} \tag{5.1.2a}$$

여기서 선형 운동량 $\vec{P}$는 다음과 같다.

$$\vec{P}_{sys} = \int_{mass(sys)} \vec{V} dm = \int_{V(sys)} \vec{V}\rho dV \tag{5.1.2b}$$

전체 시스템을 통해 밀도 및 유속이 일정하면 식 (5.1.2)는 다음과 같이 간단히 나타낼 수가 있다.

$$\Sigma\vec{F} = m\alpha \tag{5.1.3}$$

- 열역학 제1법칙 : *시스템으로의 열전달율에서 시스템이 행한 일률을 빼면 시스템의 에너지 변화율과 같다.*

열전달, 일 그리고 에너지 변화와 관련 있는 법칙은 열역학(thermodynamic) 제1법칙 또는 간단히 에너지방정식으로 불리며, 에너지 보존법칙이라 할 수 있다. 시스템 내의 임의의 지점에서 밀도 및 비에너지(specific energy)가 변하므로 열역학 제1법칙은 다음과 같이 나타낼 수가 있다.

$$\dot{Q} - \dot{W} = \left.\frac{dE}{dt}\right|_{sys} \tag{5.1.4a}$$

여기서 시스템의 총 에너지 E는 다음과 같다.

$$E_{sys} = \int_{mass(sys)} e\ dm = \int_{V(sys)} e\ \rho dV \tag{5.1.4b}$$

여기서 e는 비에너지로 단위질량당 내부에너지(u), 운동에너지($V^2/2$) 그리고 위치에너지(gz)로 다음과 같다.

$$e = u + \frac{V^2}{2} + gz \tag{5.1.5}$$

식 (5.1.4a)에서 열전달율 $\dot{Q}$는 주위로부터 시스템으로 열이 추가되면 양의 값이 되며, 일률 $\dot{W}$는 시스템에 의해 주위로 일을 하게 되면 양의 값이 된다.

● 각운동량 원리 : *시스템에 작용하는 모멘트의 합은 시스템의 각운동량의 변화율과 같다.*

시스템에서의 각운동량의 원리는 각운동량(angular momentum)의 변화율은 시스템에 작용하는 모든 회전력(torque)의 합과 같다는 것이며, 뉴톤의 제2법칙으로부터 나타난다.

$$\Sigma \vec{T} = \left. \frac{d\vec{H}}{dt} \right|_{sys} \tag{5.1.6a}$$

여기서 시스템의 각운동량 $\vec{H}$는 다음과 같다.

$$\vec{H}_{sys} = \int_{mass(sys)} \vec{r} \times \vec{V} dm = \int_{V(sys)} \vec{r} \times \vec{V} \rho dV \tag{5.1.6b}$$

여기서 $\vec{r} \times \vec{V} \rho dV$는 질량 ρdV인 유체입자의 각운동량을 나타내며, $\vec{r}$은 체적요소 dV의 위치를 나타내는 벡터로 좌표축의 원점으로부터 합력모멘트가 측정된 지점까지의 상대적인 거리이다.

5.1.3 외적 및 내적특성

검사체적공식 즉, Reynolds 이송정리를 유도하기에 앞서 외적특성(extensive properties)과 내적특성(intensive properties)에 대해 알아보자. 모든 물리법칙들은 물리적 변수의 항으로 표현되며, 이러한 물리적 변수들은 속도, 가속도, 질량, 운동량 등이 있다. 외적특성(종량적 특성)은 유체의 변수를 나타내며, 이에는 질량 M, 운동량 MV, 그리고 에너지 E 등이 있다. 이에 상응하는 내적특성(강성적 특성)은 단위질량당 이들 변수의 양을 나타내는데, 이에는 단위질량 당 질량 m(=1), 단위질량 당 운동량 v, 그리고 단위질량 당 에너지 e 등이 있다. 즉, 외적특성은 전체질량을 대변하는 특성이고 내적 특성은 외적특성의 단위질량 당 특성으로, 외적특성은 질량에 직접적으로 비례하지만, 내적특성은 질량과는 무관하다.

실제로 검사체적 방법을 적용할 때 서로 다른 시간에서 서로 다른 외적 및 내적특성들을 고려하므로, 일반적인 외적특성을 나타내는 기호를 B로 나타내기로 하고, 이에 상응하는 내적특성을 기호 β로 나타내기로 한다. 내적특성은 단위질량 당 외적특성을 의미하므로 주어진 시스템에서 내적특성과 외적특성간의 관계는 다음과 같이 나타낼 수가 있다.

$$B = \int \beta \, dm = \int \beta \rho \, dV \tag{5.1.7}$$

여기서 dm 및 dV는 미소 질량 및 체적을 나타내며, 적분은 주어진 순간에 시스템을 채우는 전체특성을 의미한다.

유체의 운동을 지배하는 대부분의 법칙들은 유체 시스템의 외적특성 즉, 종량적 특성의 시간 변화율로 표현하게 된다. 즉, 시스템 질량의 시간 변화율 또는 시스템 운동량의 시간 변화율과 같이 나타내며, 이를 식으로 표현하면 다음과 같다.

$$\left.\frac{dB}{dt}\right|_{sys} = \frac{d}{dt}\int_{sys} \beta \rho \, dV \tag{5.1.8}$$

이와 같이 시스템의 시간변화율로 표현된 법칙들을 검사체적 접근방법으로 나타내기 위해서는 시스템이 아닌 다음과 같이 검사체적의 외적특성인 B_{cv}에 대한 시간변화율로 표현할 필요가 있다.

$$\left.\frac{dB}{dt}\right|_{cv} = \frac{d}{dt}\int_{cv} \beta \rho \, dV \tag{5.1.9}$$

식 (5.1.8)과 식 (5.1.9)는 비슷해 보이지만 물리적인 의미는 상당히 다르다. 시스템은 유체와 함께 움직이는 일정량의 질량 집합체인 반면, 검사체적은 정지하고 있거나 움직이더라도 시스템과 같이 움직일 필요가 없는 공간 중의 체적이다.

검사체적은 흐름 문제를 해석하기 위해 설정한 공간상의 일정한 영역이라 할 수 있으며, 검사표면(control surface)은 검사체적을 둘러싸고 있는 표면이라 할 수 있다. 대부분의 문제에서 검사표면의 일부는 그림 5.1.2에 보인 1차원 흐름의 관로의 벽과 같이 물리적인 경계와 일치하게 된다. 이 경우 검사표면의 나머지 부분은 유체가 흐를 수 있는 가상적인 단면이 된다.

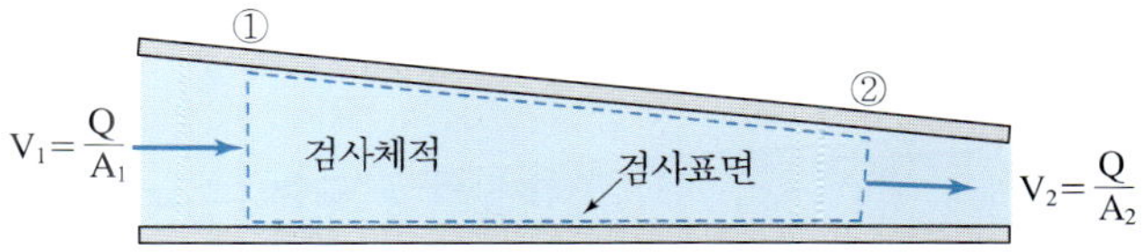

그림 5.1.2 검사체적 및 검사표면

5.1.4 검사체적으로의 유입 및 유출

주어진 단면적 A를 통한 흐름의 체적은 다음과 같이 나타낼 수 있다.

$$Q = \vec{V} \cdot \vec{A} \tag{5.1.10}$$

여기서 $\vec{V}$는 흐름의 속도벡터, $\vec{A}$는 면적벡터로 면적의 크기를 가지고 방향은 관련 단면적과 직각 방향을 나타낸다. 검사체적 방법에서 면적벡터는 항상 검사체적 바깥쪽을 향한다고 간주한다. 따라서 그림 5.1.3과 같이 일차원 흐름에 대한 면적벡터의 방향을 나타낼 수가 있다. $\vec{V}_1$과 $\vec{A}_1$간의 각에 대한 cosine은 −1이고 $\vec{V}_2$와 $\vec{A}_2$간의 cosine은 1이므로 검사체적으로부터의 유출율에서 검사체적으로의 유입율을 빼면

$$\begin{aligned} Q_{out} - Q_{in} &= V_2A_2 - V_1A_1 \\ &= \vec{V}_2 \cdot \vec{A}_2 + \vec{V}_1 \cdot \vec{A}_1 = \Sigma \vec{V} \cdot \vec{A} \end{aligned} \tag{5.1.11}$$

식 (5.1.11)은 검사체적으로의 모든 유입 및 유출에 대한 내적(dot product) $\vec{V} \cdot \vec{A}$를 합하면 순 유출율을 얻을 수 있음을 의미한다. 만일 내적의 합이 양의 값이면 검사체적으로부터의 순 유출을 나타내고, 음의 값이면 검사체적으로의 순 유입을 나타낸다. 물론 유입 및 유출이 같으면 식 (5.1.11)은 0이 된다.

검사체적으로부터의 순 질량흐름을 나타내고 싶으면 체적흐름에 밀도 ρ를 곱하면 된다.

$$\dot{m} = \sum_{cs} \rho \vec{V} \cdot \vec{A} \tag{5.1.12}$$

같은 방법으로 검사체적으로부터의 외적특성 B의 순 흐름을 나타내고 싶으면 내적특성 β에 질량흐름을 곱하면 된다.

$$\dot{B} = \sum_{cs} \beta \rho \vec{V} \cdot \vec{A} \tag{5.1.13}$$

식 (5.1.11) ~ 식 (5.1.13)은 모든 1차원 흐름에 적용할 수가 있다. 만일 속도가 흐름 단면을 통해 변하면 흐름율을 구하기 위해 전체단면에 대해 속도를 적분할 필요가 있다. 따라서 검사체적으로부터 외적특성의 순 흐름의 일반적인 표현은 다음과 같다.

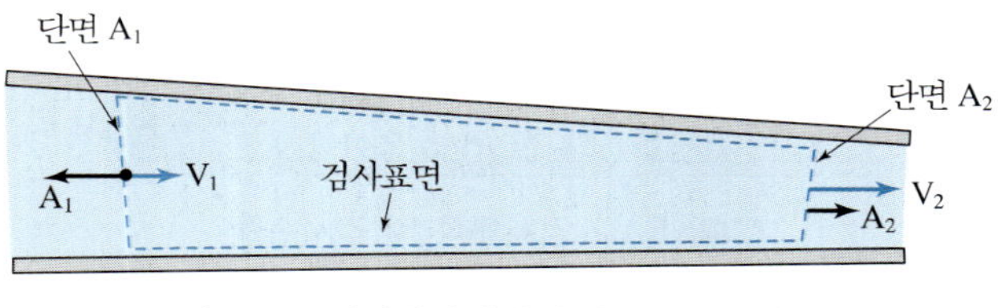

그림 5.1.3 검사체적에서의 속도 및 면적벡터

$$\dot{B} = \int_{cs} \beta \rho \vec{V} \cdot d\vec{A} \tag{5.1.14}$$

5.2 Reynolds 이송정리

5.2.1 Reynolds 이송정리의 유도

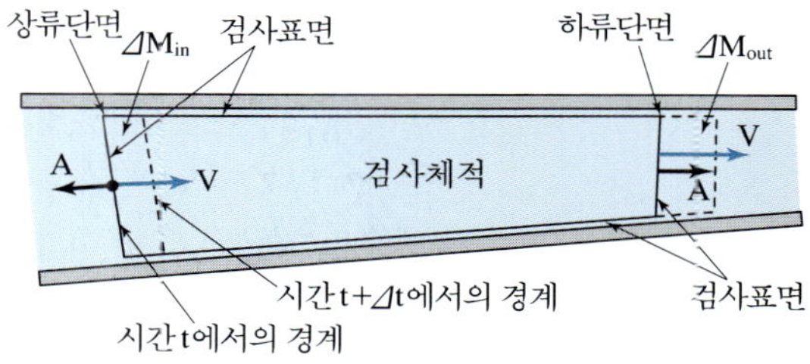

그림 5.2.1 시스템의 이동

유체의 운동을 지배하는 법칙들을 시스템 접근방법과 검사체적 접근방법을 적용하여 표현하게 되는데, 유체의 운동을 해석하기 위해 한 접근방법에서 다른 접근방법으로 바꾸는 해석적인 도구가 필요하며, 이러한 도구를 Reynolds 이송정리라 한다. 시스템 개념과 검사체적 개념 사이의 변환에 대한 Reynolds 이송정리는 그림 5.2.1과 같이 고정된 검사체적을 흐르는 1차원 흐름의 예로부터 구할 수 있다. 검사체적 공식을 유도하기 위해 먼저 공간을 통해 움직이는 시스템에 초점을 맞추지만 유도하는 과정에서 검사체적이 중요성을 띠게 된다. 검사체적 방법의 기본식은 검사체적을 통해 흐르는 유체시스템의 외적특성의 변화율을 고려하여 유도하게 된다. 그림 5.2.1에서 실선은 검사체적을 둘러싸고 있는 검사표면과 같으며, 시간 t에서의 주어진 유체질량을 가진 시스템을 정의한다. 시간 $t+\triangle t$에서 이 시스템 즉, 유체의 질량은 그림 5.2.1에서 점선으로 나타낼 수가 있으며 하류로 이동하였다. 시스템의 외적특성 B의 변화율 dB_{sys}/dt는 미분의 기본 정의에 따라 다음과 같이 나타낼 수 있다.

$$\left.\frac{dB}{dt}\right|_{sys} = \lim_{\Delta t \to 0}\left(\frac{B_{t+\Delta t} - B_t}{\Delta t}\right) \tag{5.2.1}$$

시간 $t+\triangle t$에서의 시스템의 질량은 시간 $t+\triangle t$에서의 검사체적 내 유체의 질량에 시간 $\triangle t$동안 검사체적 밖으로 이동한 질량 $\triangle M_{out}$을 더하고, 검사체적 안으로 이동한 질량 $\triangle M_{in}$을 뺀 것과 같다. 같은 개념으로 시간 $\triangle t$동안 검사체적 밖으로 이동한 시스템의 외적특성을 $\triangle B_{out}$, 검사체적 안으로 이동한 시스템의 외적특성을 $\triangle B_{in}$이라 하자. 따라서 시간 $t+\triangle t$에서의 시스템의 외적특성 B는 $B_{cv,t+\triangle t}+\triangle B_{out}-\triangle B_{in}$이 되고, 시스템의 외적특성의 시간에 따른 변화율은 다음과 같이 나타낼 수가 있다.

$$\left.\frac{dB}{dt}\right|_{sys} = \lim_{\Delta t \to 0}\left(\frac{(B_{cv,t+\Delta t} + \Delta B_{out} - \Delta B_{in}) - (B_{cv,t})}{\Delta t}\right) \tag{5.2.2}$$

우변 항을 다시 정리하면

$$\left.\frac{dB}{dt}\right|_{sys} = \lim_{\Delta t\to 0}\left(\frac{B_{cv,t+\Delta t} - B_{cv,t}}{\Delta t}\right) + \lim_{\Delta t\to 0}\left(\frac{\Delta B_{out} - \Delta B_{in}}{\Delta t}\right) \tag{5.2.3}$$

식 (5.2.4) 우변의 첫 번째 항은 시간 t에서의 검사체적 내 유체의 외적특성 B의 시간에 따른 변화율을 의미한다. 따라서

$$\lim_{\Delta t\to 0}\left(\frac{B_{cv,t+\Delta t} - B_{cv,t}}{\Delta t}\right) = \frac{dB_{cv}}{dt} \tag{5.2.4}$$

식 (5.2.4)를 식 (5.1.9)에 적용하면

$$\lim_{\Delta t\to 0}\left(\frac{B_{cv,t+\Delta t} - B_{cv,t}}{\Delta t}\right) = \frac{dB_{cv}}{dt} = \frac{d}{dt}\int_{cv}\beta\rho dV \tag{5.2.5}$$

식 (5.2.3) 우변의 두 번째 항은 다음과 같이 분석할 수 있다. $\Delta B_{out} - \Delta B_{in}$의 크기는 시간 Δt 동안 검사체적을 통과해 나간 외적특성 B의 양에서 검사체적을 통해 들어온 외적특성 B를 뺀 값이다. 따라서 이 값을 Δt로 나누고 $\Delta t\to 0$으로 하면 검사체적으로부터 B의 유출율에서 검사체적으로의 B의 유입율을 뺀 것 즉, 검사체적으로 부터 B의 순 유출율이 된다. 이 값은 식 (5.1.13)과 같은 의미이므로 결국 식 (5.2.3)의 우변 두 번째 항에 식 (5.1.13)을 적용하면

$$\left.\frac{dB}{dt}\right|_{sys} = \frac{d}{dt}\int_{cv}\beta\rho dV + \sum_{cs}\beta\rho\vec{V}\cdot\vec{A} \tag{5.2.6}$$

식 (5.2.6)에서 우변 두 번째 항의 Σ의 의미는 전체 검사표면을 통해 흐르는 특성의 합을 의미한다. 식 (5.2.6)의 유도에서 먼저 시스템의 외적특성 B의 변화율 dB_{sys}/dt를 고려하였고, 이는 검사체적 내 B의 변화율에 검사체적으로부터 B의 순 유출율을 더해준 것으로 표현하였다. 따라서 식 (5.2.6)의 좌변은 아직 시스템의 외적특성의 변화율이지만, 우변은 검사체적 내의 상태와 검사표면을 통한 흐름을 나타낸다. 또한 식 (5.2.6)의 유도에서 1차원흐름으로 가정하였지만 흐름 단면을 통해 속도가 변한다면 다음과 같이 표현한다.

$$\left.\frac{dB}{dt}\right|_{sys} = \frac{d}{dt}\int_{cv}\beta\rho dV + \int_{cs}\beta\rho\vec{V}\cdot d\vec{A} \tag{5.2.7}$$

만일 검사체적의 유입 및 유출단면을 통해 특성치들(밀도, 속도 그리고 내적특성 β)이 균일한 고정된 검사체적이라면 1차원 흐름에 대해 식 (5.2.6)은 다음과 같이 나타낼 수 있다.

$$\left.\frac{dB}{dt}\right|_{sys} = \frac{d}{dt}\int_{cv} \beta\rho\, dV + \rho_2 A_2 V_2 \beta_2 - \rho_1 A_1 V_1 \beta_1 \tag{5.2.8}$$

대부분의 경우 정상류 흐름에 대해 다루므로 이 경우 식 (5.2.6) 우변의 첫 번째 항은 생략할 수가 있다. 따라서

$$\left.\frac{dB}{dt}\right|_{sys} = \sum_{cs} \beta\rho\, \vec{V}\cdot\vec{A} \tag{5.2.9}$$

또는

$$\left.\frac{dB}{dt}\right|_{sys} = \rho_2 A_2 V_2 \beta_2 - \rho_1 A_1 V_2 \beta_1 \tag{5.2.10}$$

위와 같은 Reynolds 이송정리는 그림 5.2.1과 같이 유체의 흐름과 관련하여 제한된 가정하에서만 유효하다. 즉, 고정된 검사체적은 유입부와 출구부가 하나씩이며 유속은 양쪽 단면과 수직이고, 각 단면에서의 유체의 성질 즉, 밀도, 속도 등과 같은 내적특성 β가 균일해야 한다.

5.2.2 Reynolds 이송정리의 물리적 의미

지금까지 Reynolds 이송정리의 유도과정을 소개하였다. Reynolds 이송정리의 목적은 시스템의 외적특성 B의 변화율과 검사체적과 관계된 이들 외적특성의 변화 사이의 일반적인 관계를 얻기 위한 것이라고 할 수 있으며, 기본방정식에 대한 검사체적에서의 수학적 표현을 얻는데 필요한 수식을 줄이는 것이다.

극한과정($\Delta t \to 0$)은 시스템과 검사체적간의 관계가 시스템과 검사체적이 일치하는 순간에 유효하다는 것을 의미한다. 기본법칙들에 대한 시스템 수식에서 검사체적 수식으로 전환하기 위해 식 (5.2.7)을 사용할 때, 식 (5.2.7)이 시스템 및 검사체적이 일치하는 순간에 시스템의 외적특성 B의 변화율과 검사체적과 관련한 이 특성의 변화 간에 관계를 맺어준다. 이는 $\Delta t \to 0$일 때 시스템과 검사체적이 동일한 체적을 차지하고, 동일한 경계를 가지고 있으므로 타당하다. 검사체적을 적용하기 위한 각각의 기본 방정식은 식 (5.2.7)로부터 얻을 수가 있으므로 식 (5.2.7)의 각 항에 대한 물리적 의미를 자세히 알아보면 다음과 같다.

$\left.\frac{dB}{dt}\right|_{sys}$: 시스템의 임의의 외적특성 B의 총 변화율

$\frac{d}{dt}\int_{cv} \beta\rho\, dV$: 검사체적 내의 임의의 외적특성 B의 시간 변화율
β는 외적특성 B에 상응하는 내적특성 즉, 단위면적 당 B임

ρdV는 검사체적 내에 포함된 질량요소

$\int_{cv} \beta\rho dV$는 검사체적 내에 포함된 외적특성 B의 총량

$\int_{CV} \beta\rho \vec{V}\cdot d\vec{A}$: 검사표면을 통해 유출되는 외적특성 B의 순 흐름율

$\rho\vec{V}\cdot d\vec{A}$는 단위면적 당 미소면적 $d\vec{A}$를 통한 질량 흐름율로 면적과 유속의 방향이 동일하면 +값을 가짐

$\beta\rho\vec{V}\cdot d\vec{A}$는 미소면적 $d\vec{A}$를 통한 외적특성 B의 흐름율

예제 5.2.1

그림 5.2.2와 같은 검사체적에서 흐름이 정상류일 때 검사체적 내 시스템에서의 에너지 변화율을 구하라. 각 단면에서의 흐름 특성치들은 표 5.2.1과 같다.

표 5.2.1 흐름 특성치

단면	종류	밀도 $\rho(kg_o/m^3)$	유속 V(m/s)	단면적 $A(m^2)$	에너지 e(J/kg)
1	유입	800	5.0	2.0	300
2	유입	800	8.0	3.0	100
3	유출	800	17.0	2.0	150

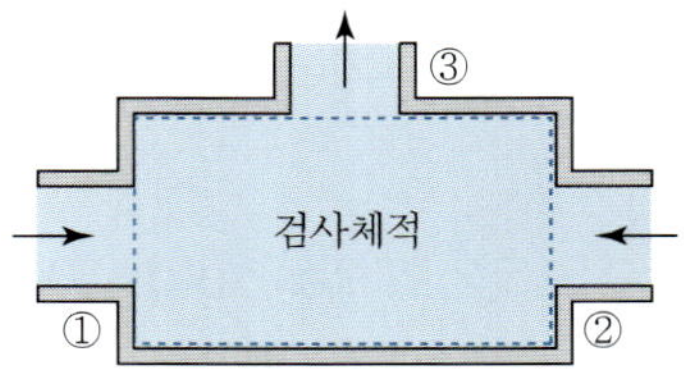

그림 5.2.2

풀이

적용하려는 흐름 특성이 에너지이므로 B=E가 되고 따라서 β=dE/dm=e 즉, 단위질량당 에너지이다. 이를 식 (5.2.10)에 적용하면

$$\left.\frac{dE}{dt}\right|_{sys} = -e_1\rho_1A_1V_1 - e_2\rho_2A_2V_2 + e_3\rho_3A_3V_3$$

윗 식에 표 5.2.1의 흐름 특성치들을 적용하면

$$\left.\frac{dE}{dt}\right|_{sys} = -300\text{J/kg}\times 800\text{kg/m}^3\times 2\text{m}^2\times 5\text{m/s} - 100\times 800\times 3\times 8 + 150\times 800\times 2\times 17$$
$$= -2{,}400{,}000 - 1{,}920{,}000 + 4{,}080{,}000 = -240{,}000\text{J/s}$$

따라서 이 시스템은 240,000J/s의 율로 에너지를 손실하고 있음을 알 수 있다.

5.3 연속방정식

시스템과 검사체적간의 관계를 맺어주는 첫 번째 물리적인 법칙으로 질량보존의 법칙이 있다. 연

속방정식(continuity equation)은 질량보존의 법칙에 바탕을 둔 식으로 검사체적과 같은 공간으로 유입되는 질량유량(mass rate of flow)에서 공간으로부터 유출되는 질량유량을 뺀 것은 검사체적 내에 누적된 질량유량과 같다는 것을 의미한다. 기본 검사체적공식에서 내적특성 β를 1로 두면 일반적인 연속방정식을 얻을 수가 있다. 이러한 일반적인 연속방정식은 특별한 형태의 연속방정식을 얻기 위해 서로 다른 형태의 검사체적 및 좌표시스템에 적용할 수가 있다. 본 절에서는 일반적인 경우의 연속방정식과 특별한 형태의 연속방정식에 대해 알아보기로 한다.

5.3.1 일반 연속방정식

먼저 시스템의 외적특성 B가 질량 M인 일반 연속방정식에 대해 알아보자. 이 경우 내적특성 β는 단위질량당의 질량이므로 1이 된다. 질량보존의 법칙은 시스템의 질량이 일정함을 의미하므로 Reynolds 이송정리 식 (5.2.7)은 다음과 같이 나타낼 수 있다.

$$\left.\frac{dM}{dt}\right|_{sys} = \frac{d}{dt}\int_{cv} \rho dV + \int_{cs} \rho \vec{V} \cdot d\vec{A} \tag{5.3.1}$$

이 식의 좌변은 시스템에서의 질량의 변화율을 의미하며, 오른쪽의 첫 번째 항은 검사체적 내의 질량의 변화율을 의미하고, 두 번째 항은 검사체적을 통해 유출되는 질량 흐름율을 의미한다. 질량보존의 법칙에 의해 시스템 내의 질량은 일정하므로 식의 좌변은 0이 되어 다음과 같이 표현할 수 있다.

$$\int_{cs} \rho \vec{V} \cdot d\vec{A} = -\frac{d}{dt}\int_{cv} \rho dV \tag{5.3.2}$$

식 (5.3.2)를 일반 연속방정식이라 하며 이는 검사체적으로부터의 질량유량의 순 유출율은 검사체적 내에서의 질량의 감소율과 같다는 의미를 나타낸다. 흐름 단면을 통해 속도가 변하지 않고 일정하다면 연속방정식은 다음과 같다.

$$\sum_{cs} \rho \vec{V} \cdot \vec{A} = -\frac{d}{dt}\int_{cv} \rho dV \tag{5.3.3}$$

만일 흐름이 정상류이면 식 (5.3.2)는 다음과 같다.

$$\int_{cs} \rho \vec{V} \cdot d\vec{A} = 0 \quad \text{또는} \quad \sum_{cs} \rho \vec{V} \cdot \vec{A} = 0 \tag{5.3.4}$$

예제 5.3.1

그림 5.3.1과 같이 개방된 수조에 유속 7m/s, 단면적 0.0025m^2의 jet류에 의해 물이 유입되고 수조 하단부의 오리피스를 통해 $0.003\text{m}^3/\text{s}$로 물이 방출되고 있다. 수조에 물이 채워지는 율을 구하라.

풀이

그림 5.3.1의 점선과 같이 검사체적을 설정하면 수조 내에 물이 비워지는 율은 식 (5.3.3)과 같게 된다. 그러므로

$$\sum_{cs} \rho \vec{V} \cdot \vec{A} = \rho Q_{out} - \rho A_1 V_1$$

$$= 1{,}000 \times 0.003 - 1{,}000 \times 7 \times 0.0025$$

$$= -14.5\text{kg/s}$$

따라서 수조는 $-14.5\text{kg/s} = -0.0145\text{m}^3/\text{s}$의 율로 비워지게 된다. 즉, $Q = 0.0145\text{m}^3/\text{s}$의 율로 채워지게 된다.

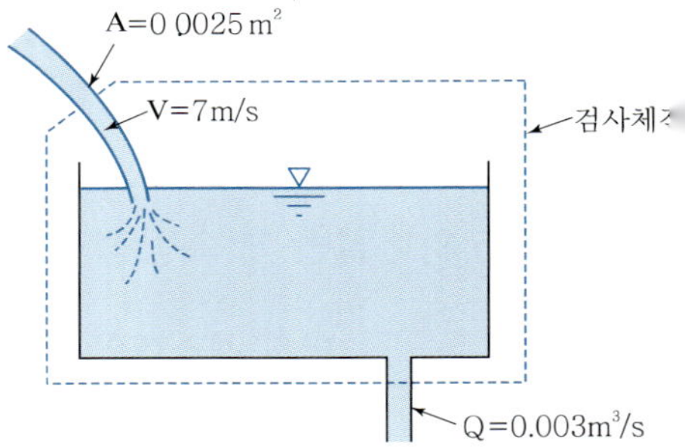

그림 5.3.1

5.3.2 1차원 정상류 연속방정식

그림 5.3.2와 같은 관로 내 정상류에 대해 관로의 두 단면에서의 평균 유속간의 관계를 알아보기로 한다. 그림에서 단면 ①과 단면 ②를 끝단으로 하는 검사체적을 설정하고 이 검사체적을 통해 흐르는 유량에 대해 연속방정식을 적용하면

$$\sum \rho \vec{V} \cdot \vec{A} = 0 \tag{5.3.5}$$

주어진 상황에 맞도록 식 (5.3.5)를 전개하면

$$-\rho_1 V_1 A_1 + \rho_2 V_2 A_2 = 0$$

$$\therefore \quad \rho_1 V_1 A_1 = \rho_2 V_2 A_2 \tag{5.3.6}$$

식 (5.3.6)은 검사체적의 두 단면 ①과 ②를 임의로 설정하였으므로 결국 모든 단면을 통과하는 질량유량(ρAV)은 항상 일정하다는 것을 의미한다. 식 (5.3.6)의 양변에 중력가속도 g를 곱하면 물의 단위중량 $\gamma = \rho g$이므로 결국 중량유량(γAV)도 모든 단면에서 일정하게 된다.

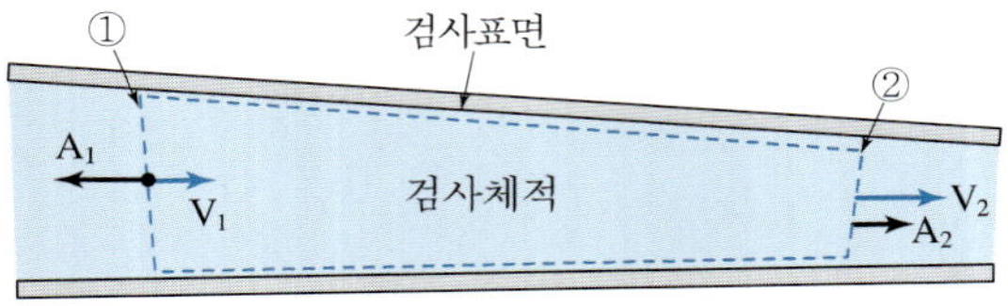

그림 5.3.2 1차원 흐름의 검사체적

$$\gamma V_1 A_1 = \gamma V_2 A_2 \tag{5.3.7}$$

만일 비압축성 유체로 간주하여 밀도가 일정하다고 가정하면

식 (5.3.6)에서 밀도 ρ를 무시하게 되어 다음과 같이 표현된다.

$$V_1A_1 = V_2A_2 \tag{5.3.8}$$

식 (5.3.8)은 단면 ①에서의 체적유량(volume rate of flow)은 단면 ②에서의 체적유량과 동일하며 결국 모든 단면에서의 유량이 일정하게 된다.

$$Q_1 = Q_2 \tag{5.3.9}$$

이 식은 가장 일반적인 연속방정식의 형태로 1차원 비압축성유체를 다룰 경우 가장 광범위하게 적용되며, 수리학에서도 기본적으로 물의 압축성을 무시하므로 이와 같은 체적유량을 주로 사용한다. 이 체적유량을 일반적으로 유량(discharge)으로 표현하며 m^3/s의 단위로 나타낸다.

5.4 에너지방정식

유체의 운동과 관련 있는 다양한 문제들의 해석에서 에너지 방정식(energy equation)으로 불리는 열역학 제1법칙을 필요로 한다. 어떤 장치로의 열의 전달이나 장치에 의해 행해진 일을 해석하기 위해서는 에너지 방정식을 적용하여야 한다. 점성효과를 무시할 수 없는 경우처럼 Bernoulli방정식을 적용하지 못할 때 관련된 압력과 유속을 또한 사용하게 된다.

앞에서 설명한 바와 같이 열역학 제1법칙은 에너지 보존법칙을 의미한다. Ryenolds 이송정리를 적용하기 위해서 외적특성 B는 에너지 E가 되며, 단위질량당 외적특성인 내적특성 β는 단위질량당 에너지 e로 적용할 수가 있다.

$$\dot{Q} - \dot{W} = \frac{dE}{dt}\Big|_{sys} \tag{5.1.4a}$$

여기서 시스템의 총 에너지 E는 다음과 같다.

$$E_{sys} = \int_{mass(sys)} e\, dm = \int_{V(sys)} e\, \rho dV \tag{5.1.4b}$$

여기서 e는 비에너지로 단위질량당 내부에너지(u), 운동에너지($V^2/2$) 그리고 위치에너지(gz)로 다음과 같다.

$$e = u + \frac{V^2}{2} + gz \tag{5.1.5}$$

식 (5.1.4a)에서 열전달율 $\dot{Q}$는 검사체적 내부의 물질과 주변사이의 에너지 교환을 의미하며, 이는 온도차이에 의한 복사, 전도 및 대류 등과 같은 다양한 형태로 에너지의 교환이 이루어지게 된다. 주위로부터 검사체적으로 열이 추가되면 양의 값이 되며, 밖으로 열이 전달되면 음의 값이 된다. 단열과정(adiabatic)에서는 열전달율은 0이 된다. 일률 또는 동력(power) $\dot{W}$는 검사체적에 의해 주위로 일을 하게 되면 양의 값이 된다.

이상과 같은 조건들을 Reynolds 이송정리 식 (5.2.7)에 적용하면 다음과 같다.

$$\left.\frac{dE}{dt}\right|_{sys} = \frac{d}{dt}\int_{cv} e\rho dV + \int_{cs} e\rho\vec{V}\cdot d\vec{A} \tag{5.4.1}$$

식 (5.4.1)을 식 (5.1.4a)에 적용하면 열역학 제1법칙에 대한 검사체적 공식을 얻게 된다.

$$\dot{Q} - \dot{W} = \frac{d}{dt}\int_{cv} e\rho dV + \int_{cs} e\rho\vec{V}\cdot d\vec{A} \tag{5.4.2}$$

정상류에서 식 (5.4.2) 우변의 첫 번째 항은 0이 된다. 정상류 상태라도 식 (5.4.2)는 검사체적 문제에서 제1법칙을 적용하는 온전한 형태의 식은 아니다. 문제의 해석에 적절하고 편리한 식을 얻기 위해서는 일률 $\dot{W}$에 대해 좀 더 자세히 살펴볼 필요가 있다.

5.4.1 검사체적에 의해 행해진 일률

식 (5.4.2)에서 일률 $\dot{W}$는 검사체적에 의해 주위에 일을 하게 되면 양의 값을 가지며, 검사체적에 일이 가해지면 음의 값을 가지게 된다. 검사체적에 의해 행해진 일률은 다음과 같이 4가지로 구분할 수가 있다.

$$\dot{W} = \dot{W}_{shaft} + \dot{W}_{normal} + \dot{W}_{shear} + \dot{W}_{other} \tag{5.4.3}$$

축일(shaft work)을 W_{shaft}라 하면, 축일에 의해 검사표면을 통해 밖으로 전달된 일률을 $\dot{W}_{shaft}$로 표현하게 된다.

일은 일정한 거리를 이동하기 위해 힘을 필요로 하므로 미소거리 $d\vec{s}$를 이동하는데 가해진 힘이 $\vec{F}$라면 행해진 일은 다음과 같다.

$$dW = \vec{F}\cdot d\vec{s} \tag{5.4.4}$$

힘에 의해 행해진 일률을 구하기 위해 식 (5.4.4)를 시간변화 Δt로 나누고, 극한 $\Delta t \to 0$을 적용하면

$$\dot{W} = \lim_{\Delta t \to 0} \frac{dW}{\Delta t} = \lim_{\Delta t \to 0} \frac{\vec{F} \cdot \vec{ds}}{\Delta t} \qquad \text{또는} \qquad \dot{W} = \vec{F} \cdot \vec{V} \tag{5.4.5}$$

법선응력(normal stress)에 의해 검사체적의 미소면적 $d\vec{A}$에서 행해진 일률은 다음과 같다.

$$d\vec{F} \cdot \vec{V} = \sigma_{nn} d\vec{A} \cdot \vec{V} \tag{5.4.6}$$

검사체적의 경계를 통해 밖으로 행해진 일은 검사체적에 행해진 일과 반대이므로 법선응력에 의해 검사체적 밖으로 행해진 총 일률은 다음과 같이 표현할 수 있다.

$$\dot{W}_{normal} = -\int_{cs} \sigma_{nn} d\vec{A} \cdot \vec{V} = -\int_{cs} \sigma_{nn} \vec{V} \cdot d\vec{A} \tag{5.4.7}$$

검사체적의 경계에서 법선응력에 의해 행해진 일과 마찬가지로 전단응력(shear stress)에 의해서도 많은 일이 행해진다. 검사체적의 미소면적에 작용하는 전단력은 다음과 같다.

$$d\vec{F} = \vec{\tau} dA \tag{5.4.8}$$

여기서 전단응력벡터 $\vec{\tau}$는 미소면적 dA의 평면에 작용하는 전단응력이다.
전단응력에 의해 전체 검사표면에서 행해진 일률은 다음과 같이 나타낼 수 있다.

$$\dot{W}_{shear} = \int_{cs} \vec{\tau} d\vec{A} \cdot \vec{V} = \int_{cs} \vec{\tau} \cdot \vec{V} dA \tag{5.4.9}$$

검사체적의 경계를 통해 밖으로 행해진 일은 검사체적에 행해진 일과 반대이므로 전단응력에 의해 검사체적의 밖으로 행해진 일률은 다음과 같이 표현할 수가 있다.

$$\dot{W}_{shear} = -\int_{cs} \vec{\tau} \cdot \vec{V} dA \tag{5.4.10}$$

또는

$$\dot{W}_{shear} = -\int_{A(shaft)} \vec{\tau} \cdot \vec{V} dA - \int_{A(solidsurface)} \vec{\tau} \cdot \vec{V} dA - \int_{A(ports)} \vec{\tau} \cdot \vec{V} dA \tag{5.4.11}$$

일률을 나타내기 위한 식 (5.4.3)에서 $\dot{W}_{shaft}$이 첫 번째 항에 포함되어 있으므로 식 (4.5.11) 우변의 첫 번째 항은 고려되었다. 고체 표면에서는 $\vec{V}$=0이므로 식 (4.5.11) 우변의 두 번째 항은 0이 된다. 따라서

$$\dot{W}_{shear} = -\int_{A(ports)} \vec{\tau} \cdot \vec{V} dA \tag{5.4.12}$$

마지막 항인 식 (5.4.12)는 검사표면을 적절히 선택함으로서 0으로 간주할 수가 있다. 흐름과 직각인 방향으로 각 배출구의 단면이 되도록 검사표면을 설정하면, $d\vec{A}$는 $\vec{V}$와 평행하게 된다. $\vec{\tau}$가 미소면적 dA의 평면에 작용하므로, $\vec{\tau}$는 $\vec{V}$와 직각이다. 따라서 $\vec{V}$와 직각인 검사표면에 대해서는 다음과 같이 적용할 수 있다.

$$\vec{\tau}\cdot\vec{V}=0 \qquad \therefore\ \dot{W}_{shear}=0 \tag{5.4.13}$$

검사체적에 전기에너지(electrical energy)를 포함시킬 수가 있으며, 레이더나 레이저 광선에서 전자기에너지(electromagnetic energy)가 흡수될 수가 있다. 대부분의 경우에서 이와 같은 상황을 무시할 수가 있지만 일반적인 수식에서는 포함시켜 표현하기로 하면 일률은 다음과 같이 최종적으로 나타낼 수가 있다.

$$\dot{W}=\dot{W}_{shaft}-\int_{cs}\sigma_{nn}\vec{V}\cdot d\vec{A}+\dot{W}_{shear}+\dot{W}_{other} \tag{5.4.14}$$

5.4.2 검사체적 에너지방정식

일률에 대해 구체적인 표현 방법에 대해 알아보았으므로 일률 식 (5.4.14)를 열역학 제1법칙에 대한 검사체적 공식 (5.4.2)에 적용하면

$$\dot{Q}-\dot{W}_{shaft}+\int_{cs}\sigma_{nn}\vec{V}\cdot d\vec{A}-\dot{W}_{shear}-\dot{W}_{other}$$

$$=\frac{d}{dt}\int_{cv}e\rho d\mathbf{V}+\int_{cs}e\rho\vec{V}\cdot d\vec{A} \tag{5.4.15}$$

식 (5.4.15)를 다시 정리하면

$$\dot{Q}-\dot{W}_{shaft}-\dot{W}_{shear}-\dot{W}_{other}$$

$$=\frac{d}{dt}\int_{cv}e\rho d\mathbf{V}+\int_{cs}e\rho\vec{V}\cdot d\vec{A}-\int_{cs}\sigma_{nn}\vec{V}\cdot d\vec{A} \tag{5.4.16}$$

또는 좀 더 간단히 표현하면 다음과 같다.

$$\dot{Q}-\dot{W}_{shaft}-\dot{W}_{shear}-\dot{W}_{other}=\frac{d}{dt}\int_{cv}e\rho d\mathbf{V}+\int_{cs}\left(e-\frac{\sigma_{nn}}{\rho}\right)\rho\vec{V}\cdot d\vec{A} \tag{5.4.17}$$

점성효과로 인한 법선응력 σ_{nn}은 모든 방향에서 압력의 방향과 반대방향이므로 $\sigma_{nn}=-p$로 대체할 수가 있으므로 식 (5.4.17)을 다음과 같이 나타낼 수 있다.

$$\dot{Q}-\dot{W}_{shaft}-\dot{W}_{shear}-\dot{W}_{other}=\frac{d}{dt}\int_{cv} e\rho dV+\int_{cs}(e+\frac{p}{\rho})\rho\vec{V}\cdot d\vec{A} \tag{5.4.18}$$

마지막으로 단위질량당 에너지인 비에너지 e의 구성 식 (5.1.5)를 식 (5.4.18)에 대입하여 정리하면 검사체적에 대한 열역학 제1법칙인 에너지방정식의 온전한 표현을 얻게 된다.

$$\dot{Q}-\dot{W}_{shaft}-\dot{W}_{shear}-\dot{W}_{other}$$
$$=\frac{d}{dt}\int_{cv} e\rho dV+\int_{cs}\left(u+\frac{p}{\rho}+\frac{V^2}{2}+gz\right)\rho\vec{V}\cdot d\vec{A} \tag{5.4.19}$$

5.4.3 정상류 에너지방정식

에너지방정식 (5.4.19)를 정상류 흐름 즉, 검사체적 내부에 저장된 총 에너지의 시간적인 변화가 없고, 유체의 특성인 u, p/ρ, $V^2/2$ 그리고 gz이 흐름 단면을 따라 일정한 흐름에 적용하여 간단히 나타내면

$$\dot{Q}-\dot{W}_{shaft}=\sum_{cs}\left(u+\frac{p}{\rho}+\frac{V^2}{2}gz\right)\rho\vec{V}\cdot d\vec{A} \tag{5.4.20}$$

또는

$$\dot{Q}-\dot{W}_{shaft}=\sum_{out}\left(u+\frac{p}{\rho}+\frac{V^2}{2}+gz\right)\dot{m}-\sum_{in}\left(u+\frac{p}{\rho}+\frac{V^2}{2}+gz\right)\dot{m} \tag{5.4.21}$$

정상류에서는 에너지방정식을 적용할 때 검사체적 내의 유체의 변화에 대해서는 고려할 필요가 없기 때문에 식 (5.4.20) 및 식 (5.4.21)은 식 (5.4.19)보다 훨씬 단순하다. 정상류의 에너지방정식에서는 검사표면을 통한 열 및 에너지의 전달과 검사체적이 주위에 행한 일만 고려하게 된다.

만일 검사체적이 하나의 입구부와 출구부를 포함하고 있으면 식 (5.4.21)은

$$\dot{Q}-\dot{W}_{shaft}=\left(u+\frac{p}{\rho}+\frac{V^2}{2}+gz\right)_{out}\dot{m}_{out}-\left(u+\frac{p}{\rho}+\frac{V^2}{2}+gz\right)_{in}\dot{m}_{in} \tag{5.4.22}$$

식 (5.4.22)는 정상류 흐름에 대한 1차원 에너지방정식이 되며, 압축성 및 비압축성 유체 모두에 적용할 수가 있다. 식 (5.4.22) 우변의 괄호안의 $u+p/\rho$를 엔탈피(enthalphy) h라 한다.

예제 5.4.1

그림 5.4.1과 같이 증기터빈으로 절대압력 1.4mPa인 400℃의 증기(엔탈피 3,212kJ/kg$_o$에 해당)가 15m/s의 속도로 유입되어, 절대압력 101kPa인 100℃의 증기(엔탈피 2,676kJ/kg$_o$에 해당)가 60m/s의 속도로 유출되고 있다. 터빈의 벽을 통한 열의 손실이 7,600kJ/h이고, 터빈을 통한 질량흐름율이 0.5kg$_o$/s일 때 출력되는 동력(power)은 얼마인가?

풀이

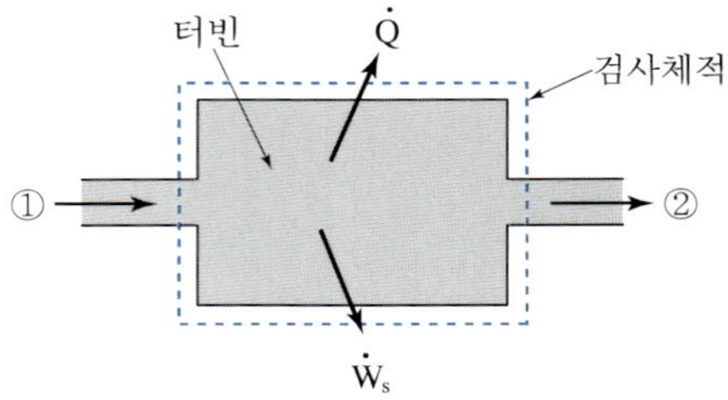

그림 5.4.1

식 (5.4.22)에서 u+p/ρ=h로 대체하고, 필요한 항목들만 나타내면

$$\dot{W}_{shaft}=\dot{Q}+\left(h_1-h_2+\frac{V_1^2}{2}-\frac{V_2^2}{2}\right)\dot{m}$$

우변 괄호안의 엔탈피 h와 속도항의 단위를 비교해 보면 다음과 같이 동일함을 알 수 있다.

$$\frac{m^2}{s^2}=\frac{kg_o}{kg_o}\frac{m^2}{s^2}=\frac{kg_o\cdot m}{s^2}\frac{m}{kg_o}=\frac{N\cdot m}{kg_o}=\frac{J}{kg_o}$$

따라서

$$\dot{W}_{shaft}=\frac{-7{,}600\text{kJ}}{3{,}600\text{h}}\frac{\text{h}}{\text{s}}+\left((3{,}121-2{,}676)\frac{\text{kJ}}{kg_o}+\frac{15^2-60^2}{2\times10^3}\frac{\text{kJ}}{kg_o}\right)\times0.5\frac{kg_o}{\text{s}}$$

$$=-2.11+(445-1.69)\times0.5=220\text{kJ/s}=220\text{kW}$$

5.4.4 에너지방정식과 Bernoulli방정식

정상류 흐름에 대한 에너지방정식 (5.4.21)을 1차원 정상류 흐름에 적용하면 에너지방정식은 식 (5.4.22)와 같이 표현되며, 유체의 흐름이 검사체적 전반에 걸쳐 정상류이면 축일이 0이 되므로 일반적인 관로에서의 정상류 흐름에 대한 에너지방정식은 다음과 같다.

$$\dot{Q}=\left(u+\frac{p}{\rho}+\frac{V^2}{2}+gz\right)_{out}\dot{m}_{out}-\left(u+\frac{p}{\rho}+\frac{V^2}{2}+gz\right)_{in}\dot{m}_{in} \tag{5.4.23}$$

흐름이 비압축성 즉, ρ가 일정하다고 하고, 식 (5.4.23)을 질량유량 $\dot{m}$으로 나누어 정리하면

$$\frac{p_{out}}{\rho}+\frac{V_{out}^2}{2}+gz_{out}=\frac{p_{in}}{\rho}+\frac{V_{in}^2}{2}+gz_{in}-(u_{out}-u_{in}-q_{in}) \tag{5.4.24}$$

여기서 $q=\dot{Q}/\dot{m}$은 단위질량당 열전달량을 의미한다.

대부분의 유체 흐름에서 운동(kinetic)에너지 및 위치(potential)에너지와 같은 사용가능한 에너

지의 형태가 내부에너지 또는 열전달과 같은 사용하기 곤란한 에너지 형태로 변환된다. 만일 검사체적의 온도가 일정하게 유지된다면, 내부에너지는 변하지 않고 에너지의 손실(loss)과 검사표면을 통한 열전달간에 균형을 이루게 된다. 이러한 열전달은 복사(radiation), 대류(convection) 또는 전도(conduction)에 의해 나타나게 된다. 사용하기 곤란한 에너지의 합을 모두 합하여 손실로 나타내면 식 (5.4.24)는 다음과 같다.

$$\frac{p_{out}}{\rho}+\frac{V_{out}^2}{2}+gz_{out}=\frac{p_{in}}{\rho}+\frac{V_{in}^2}{2}+gz_{in}-losses \tag{5.4.25}$$

식 (5.4.25)에 유체의 밀도 ρ를 곱하고 단위중량 $\gamma=\rho g$로 나누어 정리하면

$$\frac{p_{out}}{\gamma}+\frac{V_{out}^2}{2g}+z_{out}=\frac{p_{in}}{\gamma}+\frac{V_{in}^2}{2g}+z_{in}-h_L \tag{5.4.26}$$

여기서 h_L은 손실수두(head loss)를 의미하며, 길이의 단위를 가지고 있기 때문에 수두(head)로 표현한다. 유체의 흐름이 정상류, 비압축성이고 점성을 무시할 수 있다면 마찰을 무시할 수 있으므로 에너지의 손실은 0이 되므로 식 (5.4.25)는 다음과 같다.

$$\frac{p_{out}}{\rho}+\frac{V_{out}^2}{2}+gz_{out}=\frac{p_{in}}{\rho}+\frac{V_{in}^2}{2}+gz_{in} \tag{5.4.27}$$

식 (3.4.27)과 같은 조건에서 유입부를 지점 ① 그리고 유출부를 지점 ②로 정의하면

$$\frac{p_1}{\gamma}+\frac{V_1^2}{2g}+z_1=\frac{p_2}{\gamma}+\frac{V_2^2}{2g}+z_2 \tag{5.4.28}$$

식 (5.4.28)은 4.4.1절에서 소개한 1차원 에너지방정식인 Bernoulli방정식 (4.4.12)와 동일함을 알 수 있고 첫째항은 압력수두(pressure head), 두 번째 항은 속도수두(velocity head) 그리고 마지막 항은 위치수두(potential head)라 하며, 이 세 가지의 수두를 합한 총 수두(total head)는 항상 일정함을 나타낸다.

점성으로 인한 손실수두를 고려하면 다음과 같이 나타낼 수 있다.

$$\frac{p_1}{\gamma}+\frac{V_1^2}{2g}+z_1=\frac{p_2}{\gamma}+\frac{V_2^2}{2g}+z_2+h_L \tag{5.4.29}$$

예제 5.4.2

그림 5.4.2와 같이 저수지로부터 직경 0.2m의 수평관로를 통해 화력발전소로 $0.06m^3/s$의 냉각수를 공급하고 있다. 관로에서의 손실수두는 다음식과 같이 구할 수 있다면 관로의 2,000m되는 지점에서

의 압력은 얼마인가?

$$h_L = 0.02\frac{L}{D}\frac{V^2}{2g}$$

풀이

①지점을 저수지 수표면, ②지점을 관로의 2,000m되는 지점으로 정하면 $p_1=0$, $V_1=0$이 된다.

연속방정식에 의해

$$V_2 = \frac{Q}{A} = \frac{0.06}{(\pi/4)\times 0.2^2} = 1.91\text{m/sec}$$

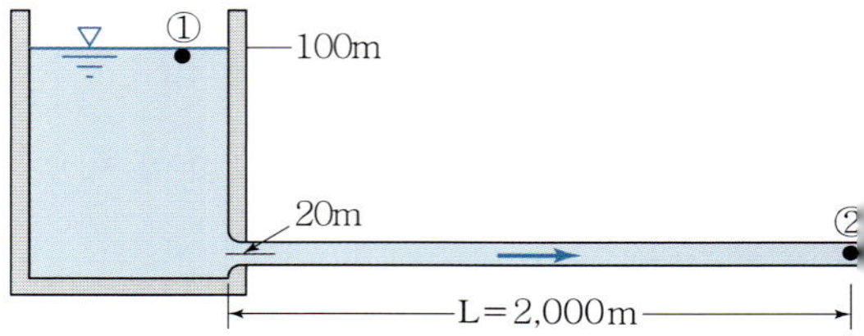

그림 5.4.2

손실수두는

$$h_L = 0.02\frac{L}{D}\frac{V^2}{2g} = 0.02\times\frac{2{,}000}{0.2}\times\frac{1.91^2}{2\times 9.81} = 37.2\text{m}$$

따라서 식 (5.4.29)로부터

$$\frac{p_2}{\gamma} = 100 - 20 - 0.186 - 37.2 = 42.6\text{m}$$

그러므로 2,000m 지점에서의 압력은

$$p_2 = 1{,}000\frac{\text{kg}}{\text{m}^3}\times 42.6\text{m} = 42{,}600\text{kg/m}^2$$

5.4.5 운동에너지 보정계수

비점성인 이상유체인 경우 점성으로 인한 마찰효과가 없기 때문에 단면 전체를 통해 유속분포가 균일하다. 하지만 점성유체인 실제유체의 경우 점성으로 인해 유체입자나 유체와 경계면 사이에 마찰력이 발생하여 단면을 통한 유속분포가 균일하지 않다. 일반적으로 그림 5.4.3과 같이 경계면에서는 유속이 0이고, 관 중심에서 최대가 되는 포물선 모양의 분포를 보인다. 점성유체도 층류 또는 난류에 따라서 분포 양상이 변하게 된다.

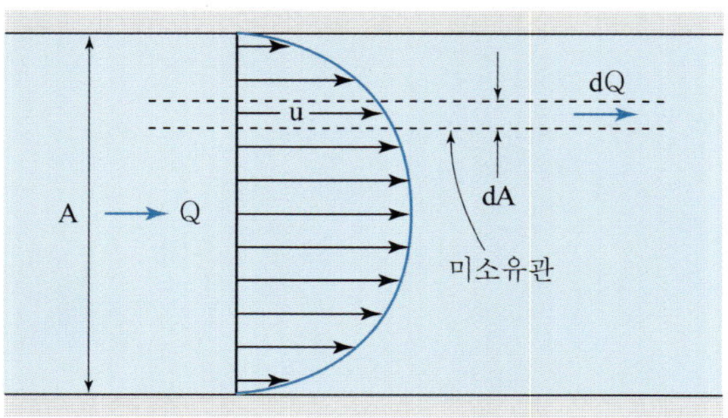

그림 5.4.3 속도분포 변화

앞에서 에너지방정식인 Bernoulli방정식의 유도에서 단면에서의 균일 유속분포를 가정하였으므로 점성유체에 Bernoulli 방정식을 적용하기 위해서는 점성에 의한 유속분포를 고려하여 속도항을 보정해 주어야 한다. 그림 5.4.3과 같이 점성유체와 비점성 유체의 유속분포를 비교하기위해 단면 A를 통해 흐르는 유량을 Q, 미소유관 dA를 통해 흐르는 미소유량을 dQ라 하자.

단면을 통해 흐르는 유체가 가지는 운동에너지는 단위중량당

운동에너지인 속도수두에 총 중량을 곱하여 나타낼 수 있으므로 이상유체인 경우의 총 운동에너지는

$$\gamma Q \frac{V^2}{2g} = \frac{\rho}{2} A V^3 \tag{5.4.30}$$

점성유체인 경우 속도분포가 다르므로 미소유관에 대한 운동에너지를 구해 전 단면에 대해 적분하면 된다. 즉, 미소유관에 대한 운동에너지는

$$\gamma dQ \frac{u^2}{2g} = \frac{\rho u^3 dA}{2} \tag{5.4.31}$$

따라서 점성유체인 경우의 단면을 통한 총 운동에너지는

$$\frac{\rho}{2} \int_A u^3 dA \tag{5.4.32}$$

점성유체인 경우 정확한 운동에너지는 식 (5.4.32)르 나타나지만 Bernoulli방정식에서는 유속을 평균유속으로 사용하기 때문에 이로 인한 오차를 보정해 주기 위해 보정계수 α를 사용하여 식 (5.4.30)과 식 (5.4.32)가 같도록 해주어야 한다.

$$\alpha \frac{\rho}{2} A V^3 = \frac{\rho}{2} \int_A u^3 dA \tag{5.4.33}$$

$$\therefore \quad \alpha = \frac{1}{A} \int_A \left(\frac{u}{V} \right)^3 dA \tag{5.4.34}$$

여기서 α를 운동에너지 보정계수(kinetic energy coefficient)라하며 원형관 내에서 층류일 경우 α=2, 난류일 경우 α=1.01~1.1, 광폭사각형 수로인 경우 α=1.058로 보통 α=1.1정도를 Bernoulli 방정식의 속도 수두항에 적용하여 이상유체에 대한 식을 점성유체에 적용할 수 있도록 한다. 즉,

$$\frac{p_1}{\gamma} + \alpha_1 \frac{V_1^2}{2g} + z_1 = \frac{p_2}{\gamma} + \alpha_2 \frac{V_2^2}{2g} + z_2 + h_L \tag{5.4.35}$$

만일 점성유체의 두 흐름 단면 사이에 펌프와 터빈이 위치하고 있을 경우 Bernoulli방정식은 다음과 같이 나타낼 수가 있다.

$$\frac{p_1}{\gamma} + \alpha_1 \frac{V_1^2}{2g} + z_1 + E_P = \frac{p_2}{\gamma} + \alpha_2 \frac{V_2^2}{2g} + z_2 + E_T + h_L \tag{5.4.36}$$

일반적으로 α는 1에 가까우므로 보통 1로 보아 생략하게 되며, 앞으로 특별한 경우를 제외하고는 에너지방정식에서 α를 생략하고 적용하기로 한다.

예제 5.4.3

그림 5.4.4와 같이 저수지에서 관로를 통해 $30m^3/s$의 물이 터빈을 통과하여 2m/s로 대기로 방출되고 있다. 관로 및 터빈을 통한 손실수두가 20m라 하고, 운동에너지 보정계수를 1.06이라 할 때 얻을 수 있는 동력은 얼마인가?

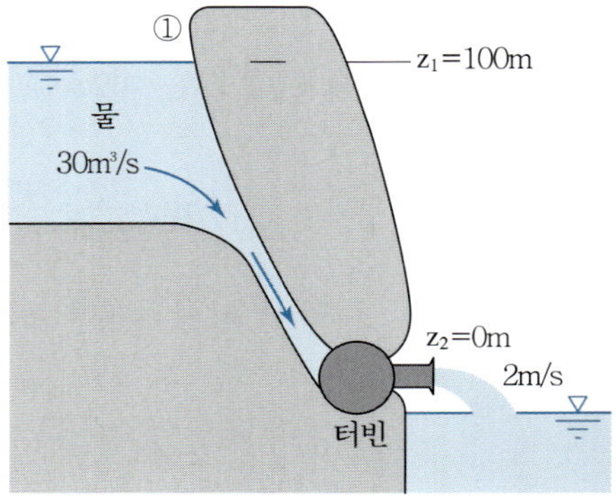

그림 5.4.4

풀이

저수지 수면과 자유분출되는 지점에 에너지방정식을 적용하면 $p_1=p_2=0$, $v_1=0$이 되고, $z_1-z_2=100m$가 된다. 따라서 식 (5.4.35)를 적용하고 우변에 터빈의 낙차 E_T를 고려하면

$$z_1 = \alpha_2 \frac{V_2^2}{2g} + z_2 + E_T + h_L$$

$$\therefore \quad E_T = z_1 - z_2 - h_L - \alpha_2 \frac{V_2^2}{2g}$$

$$= 100 - 20 - 1.06 \times \frac{2^2}{2 \times 9.81} = 79.8m$$

따라서 동력은

$$P = \gamma Q E_T = \frac{1{,}000kg}{m^3} \times \frac{30m^3}{s} \times 79.8m = 2{,}394{,}000 \frac{kg \cdot m}{sec} = 23.461kW$$

예제 5.4.4

그림 5.4.5와 같이 하부 저수지로부터 20m 높이의 상부저수지로 $2m^3/s$의 물을 양수하는데 필요한 펌프의 동력을 kW 및 마력으로 계산하라. 관로에서의 점성으로 인한 마찰손실수두는 5m이다. 단, α는 1로 가정하라.

풀이

하부 및 상부 저수지 수표면에 대해 에너지 방정식을 적용하면

$$0+0+0+E_p = 0+0+20+5$$

$$\therefore E_p = 25m$$

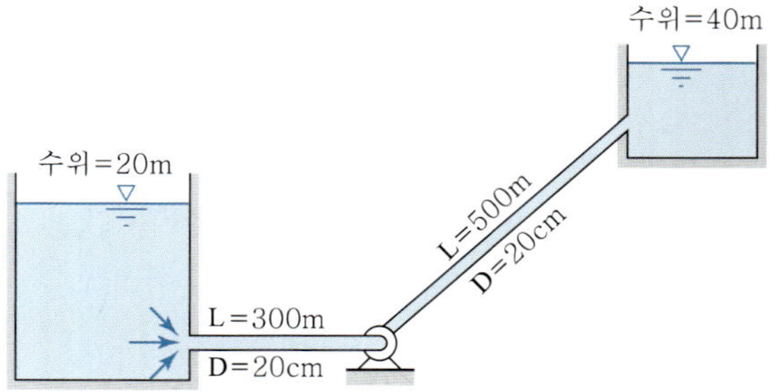

그림 5.4.5

동력으로 나타내면

$$P = \gamma Q E_p = \frac{1{,}000kg}{m^3} \times \frac{2m^3}{s} \times 25m$$

$$= 50{,}000 \frac{kg \cdot m}{s}$$

이를 kW로 환산하면 50,000/102.04=490kW

마력으로 환산하면 50,000/75=667HP

5.5 운동량방정식

지금까지 관로나 개수로에서의 흐름을 해석하기 위한 기본방정식으로 Reynolds 이송정리를 이용한 연속방정식(continuity equation)과 에너지방정식(Bernoulli equation)에 대해 알아보았다. 하지만 운동하고 있는 유체의 흐름을 해석하기 위해서는 유체에 작용하는 힘과 이로 인한 운동량의 관계를 나타내는 운동량방정식(momentum equation)에 대한 이해가 필요하다. 따라서 본 절에서는 검사체적 공식을 이용한 운동량방정식의 유도와 이의 응용에 대해 소개하기로 한다.

5.5.1 운동량방정식의 유도

검사체적에 적용하기 적절한 뉴톤의 제2법칙의 수식화에 대해 알아보자. 뉴톤의 제2법칙에 대한 검사체적공식의 유도는 검사체적에 적용한 연속방정식 및 에너지방정식의 유도과정과 비슷하다. 먼저 시스템의 수학적인 표현으로부터 식 (5.2.7)을 이용하여 검사체적공식으로 전개한다.

시스템에 대한 뉴톤의 제2법칙은 시스템의 운동량의 시간에 대한 변화율은 시스템에 작용하는 외력의 합과 같다는 것이다. 운동량이란 질량과 속도의 곱이므로 미소입자의 질량 ρdV가 가지는 운동량은 $\vec{V}\rho dV$가 된다. 그러므로 뉴톤의 제2법칙은 다음과 같다.

$$\frac{d}{dt}\int_{sys}\vec{V}\rho dV = \Sigma\vec{F}_{sys} \tag{5.5.1}$$

Reynolds의 이송정리를 적용하기 위해 식 (5.2.7)에서 외적특성 B를 운동량(momentum) M이라 하고, 내적특성 β는 단위질량당 운동량이므로 결국 유속 $\vec{V}$가 된다. 따라서 식 (5.2.7)에 뉴톤의 제2법칙을 적용하면

$$\Sigma\vec{F} = \frac{d}{dt}\int_{cv}\vec{V}\rho dV + \int_{cs}\vec{V}\rho\vec{V}\cdot\vec{A} \tag{5.5.2}$$

위 식의 좌변 힘의 항에는 검사체적의 유체에 작용하는 표면력(surface force)과 물체력(body force)이 포함되므로 식 (5.5.2)는 다음과 같이 표현할 수 있다.

$$\Sigma\vec{F} = \vec{F}_S + \vec{F}_B = \frac{d}{dt}\int_{cv}\vec{V}\rho dV + \int_{cs}\vec{V}\rho\vec{V}\cdot\vec{A} \tag{5.5.3}$$

이 식이 운동량방정식의 기본식으로 가속되지 않는 검사체적에 작용하는 표면력과 물체력을 포함한 모든 힘의 합은 검사체적 내의 운동량의 변화율과 검사표면을 통한 외부로의 순 운동량플럭스

(flux)의 합과 같음을 의미한다. 운동량방정식을 적용할 때 검사체적의 경계를 설정하고, 적절한 좌표방향을 정하여야 한다. 식 (5.5.3)에서 모든 유속 $\vec{V}$는 검사체적에 상대적으로 나타내야하며, 미소 검사표면 $d\vec{A}$를 통한 운동량플럭스 $\vec{V}\rho\vec{V}\cdot d\vec{A}$는 벡터량이다. 스칼라곱인 $\rho\vec{V}\cdot d\vec{A}$의 부호는 면적 벡터 $d\vec{A}$에 대한 유속 벡터 $\vec{V}$의 상대적인 방향에 따라 결정되며, 유속 벡터 $\vec{V}$의 부호는 좌표시스템에 따라 결정된다.

운동량방정식은 벡터방정식으로 3개의 스칼라 요소방정식으로 표현할 수가 있다. xzy좌표계에서 식 (5.5.3)의 스칼라 방정식은 다음과 같다.

$$F_x = F_{S_x} + F_{B_x} = \frac{d}{dt}\int_{cv} u\rho d\mathbf{V} + \int_{cs} u\rho\vec{V}\cdot d\vec{A} \tag{5.5.4a}$$

$$F_y = F_{S_y} + F_{B_y} = \frac{d}{dt}\int_{cv} v\rho d\mathbf{V} + \int_{cs} v\rho\vec{V}\cdot d\vec{A} \tag{5.5.4b}$$

$$F_z = F_{S_z} + F_{B_x} = \frac{d}{dt}\int_{cv} w\rho d\mathbf{V} + \int_{cs} w\rho\vec{V}\cdot d\vec{A} \tag{5.5.4c}$$

검사체적에 1차원의 입구와 출구만 있다면 식 (5.5.3)은 다음과 같이 표현할 수 있다.

$$\Sigma\vec{F} = \vec{F}_S + \vec{F}_B = \frac{d}{dt}\int_{cv}\vec{V}\rho d\mathbf{V} + \Sigma\vec{V}\rho\vec{V}\cdot\vec{A} \tag{5.5.5}$$

만일 흐름상태가 정상류이고 검사표면을 통과하는 흐름의 유속이 균일하다면 식 (5.5.5)는 다음과 같이 나타낼 수 있다.

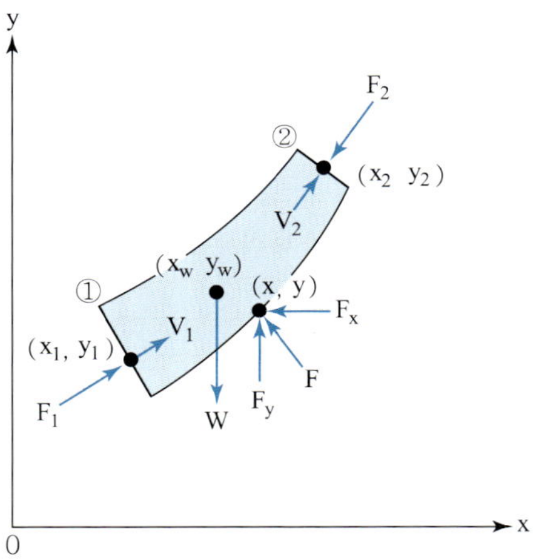

그림 5.5.1 평면으로 나타낸 운동량방정식의 성분들

$$\Sigma\vec{F} = \Sigma\vec{V}\rho\vec{V}\cdot\vec{A} \tag{5.5.6}$$

또는

$$\Sigma\vec{F} = \vec{V}_1(-\rho\vec{V}_1\vec{A}_1) + \vec{V}_2(+\rho\vec{V}_2\vec{A}_2) = \rho Q(\vec{V}_2 - \vec{V}_1) \tag{5.5.7}$$

벡터방정식 (5.5.7)을 그림 5.5.1과 같이 힘 및 유속을 x축, y축 및 z축 방향(지면방향)으로 분리하여 스칼라 운동량방정식으로 나타내면 다음과 같다.

$$\text{x방향 : } \Sigma F_x = \rho Q(V_{2x} - V_{1x}) \tag{5.5.8a}$$

$$\text{y방향 : } \Sigma F_y = \rho Q(V_{2y} - V_{1y}) \tag{5.5.8b}$$

$$\text{z방향 : } \Sigma F_z = \rho Q(V_{2z} - V_{1z}) \tag{5.5.8c}$$

여기서 ΣF_x, ΣF_y 및 ΣF_z는 x, y 및 z축 방향으로 작용하는 힘들의 합이며, V_x, V_y 및 V_z는 x, y 및 z축 방향의 속도성분, 그리고 첨자 1과 2는 단면의 위치를 의미한다.

5.5.2 운동량방정식의 응용

운동량 방정식은 관로 및 개수로 흐름의 다양한 경우에 적용할 수가 있으며, 일반적인 경우가 유량과 압력이 주어진 상태에서 관의 만곡부, 터빈 및 수리구조물에 작용하는 힘을 구하는 것이다. 만일 흐름이 정상류 상태인 경우 운동량방정식을 적용하기 위해 검사표면을 통과하는 흐름의 압력 및 유속만 알면 된다. 연속방정식과 에너지방정식만으로 해결이 안 되는 문제인 경우 운동량방정식을 적용하면 대부분의 유체흐름에 관한 문제들을 해결할 수가 있다.

가) 만곡관의 벽에 작용하는 힘

관이 일정한 각도로 휘어진 경우 흐르는 유체가 관속에서 방향을 바꾸며 관에 힘을 가하게 된다. 예를 들어 그림 5.5.2와 같이 단면이 축소되며 휘어진 경우를 생각해 보자. 관의 변화가 있는 부분에 검사체적을 설정하여 운동량방정식을 적용하면 유체에 의해 만곡관의 벽에 작용하는 힘을 구할 수 있다.

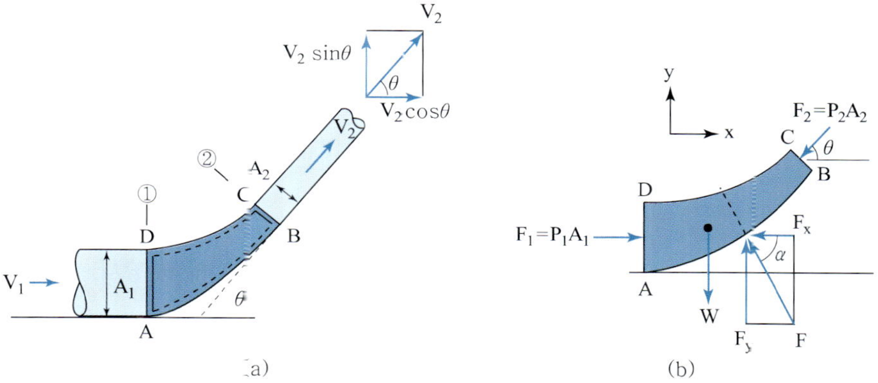

그림 5.5.2 만곡관의 벽에 작용하는 힘

그림 5.5.2b와 같은 검사체적에 작용하고 있는 유속과 압력의 x방향 및 y방향 성분에 대해 운동량방정식 (5.5.8)을 적용하면

$$\Sigma F_x = F_{1x} - F_{2x} - F_x = \rho Q(V_{2x} - V_{1x}) \tag{5.5.9}$$

따라서

$$F_x = F_{1x} - F_{2x} - \rho Q(V_{2x} - V_{1x})$$
$$= p_1 A_1 - p_2 A_2 \cos\theta - \rho Q(V_2 \cos\theta - V_1) \tag{5.5.10}$$

$$\Sigma F_y = F_{1y} - F_{2y} - W + F_y = \rho Q(V_{2y} - V_{1y}) \tag{5.5.11}$$

따라서

$$F_y = -F_{1y} + F_{2y} + W + \rho Q(V_{2y} - V_{1y})$$
$$= 0 + p_2 A_2 \sin\theta + W + \rho Q(V_2 \sin\theta - 0) \qquad (5.5.12)$$

여기서 유량은 $Q=A_1V_1=A_2V_2$이고, 검사체적에 해당하는 유체의 무게는 $W=\gamma V$가 된다. 이와 같이 x방향 및 y방향에 대한 힘 F_x와 F_y를 구하면 합력 F를 구할 수 있고, 따라서 유체에 의해 만곡관의 벽에 작용하는 힘은 크기는 F이고 방향은 F와 반대방향이 된다.

$$F = \sqrt{F_x^2 + F_y^2} \qquad (5.5.13)$$

$$\alpha = \tan^{-1}\left(\frac{F_y}{F_x}\right) \qquad (5.5.14)$$

예제 5.5.1

그림 5.5.2와 같이 60°로 휘어진 만곡관내에 물이 흐를 때 만곡관의 벽에 작용하는 힘을 구하라. 단면 ①의 직경은 30cm, 압력은 5,000kg/m^{2}이고, 단면 ②의 직경은 20cm, 유량은 0.2m^3/s이다. 단면 ①, ② 사이의 부피는 0.1m^{3}이며, 두 단면의 중립축 표고차는 1m이다.

풀이

단면 ①과 ②에서의 단면적 및 유속은 다음과 같다.

$$A_1 = \frac{\pi}{4} \times 0.3^2 = 0.0707\text{m}^2 \qquad V_1 = \frac{Q}{A_1} = \frac{0.2}{0.0707} = 2.829\text{m/s}$$

$$A_2 = \frac{\pi}{4} \times 0.2^2 = 0.0314\text{m}^2 \qquad V_2 = \frac{Q}{A_2} = \frac{0.2}{0.0314} = 6.369\text{m/s}$$

두 단면의 중립축 사이에 에너지방정식을 적용하면

$$\frac{p_1}{\gamma} + \frac{V_1^2}{2g} + z_1 = \frac{p_2}{\gamma} + \frac{V_2^2}{2g} + z_2$$

따라서

$$\frac{p_2}{\gamma} = \frac{5}{1} + \frac{2.829^2 - 6.369^2}{2 \times 9.81} - 1 = 2.34\text{m} \qquad \therefore p_2 = 2.34\text{t/m}^2$$

단면 ①과 ② 사이의 물의 무게는

$$W = 0.1\text{m}^3 \times 1\text{t/m}^3 = 0.1\text{t}$$

식 (5.5.10)과 (5.5.12)로부터

$$F_x = 5 \times 0.0707 - 2.34 \times 0.0314\cos 60^\circ - \frac{1}{9.81} \times 0.2 \times (6.369\cos 60^\circ - 2.829) = 0.3095\text{t}$$

$$F_y = 2.34 \times 0.0314 \sin 60^\circ + 0.1 + \frac{1}{9.81} \times 0.2 \times (6.369 \sin 60^\circ - 0) = 0.2671\text{t}$$

따라서 합력은

$$F = \sqrt{F_x^2 + F_y^2} = \sqrt{0.3095^2 + 0.2671^2} = 0.4088\text{t}$$

작용방향은

$$\alpha = \tan^{-1}\left(\frac{F_y}{F_x}\right) = \tan^{-1}\left(\frac{0.2671}{0.3095}\right) = \tan^{-1}(0.863) = 40.79^\circ$$

나) 고정 날개에 작용하는 힘

노즐을 통해 분출된 유체가 휘어진 날개(vane)에 부딪히게 되면 날개의 모양에 따라 방향이 변하며 흐르게 되고, 이때 날개에 힘을 가하게 된다. 그림 5.5.3과 같이 노즐을 통해 수평으로 분출된 유체가 일정한 속도 V_1으로 고정날개로 흘러들어와 θ각도로 휘어져 나갈 때 날개를 지지하기 위한 지지력을 구하는 경우를 생각해 보자. 이때 날개위로 지나가는 자유분출 유체는 대기와 접하고 있으므로 압력은 0이 되고, 압력에 의한 힘도 0이 된다. 따라서 날개에 작용하는 힘은 지지력 F와 분출수의 무게 W만 작용한다. 이 경우 검사체적에 x 및 y방향의 운동량 방정식을 적용하면

$$\Sigma F_x = -F_x = \rho Q(V_{2x} - V_{1x}) \tag{5.5.15}$$

따라서

$$F_x = -\rho Q(V_2 \cos\theta - V_1) \tag{5.5.16}$$

$$\Sigma F_y = -W + F_y = \rho Q(V_{2y} - V_{1y}) \tag{5.5.17}$$

따라서

$$F_y = W + \rho Q(V_2 \sin\theta - 0) \tag{5.5.18}$$

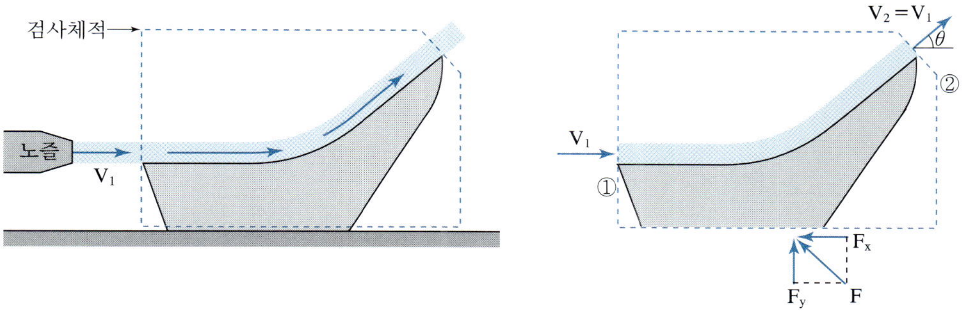

그림 5.5.3 고정 날개이 작용하는 힘

예제 5.5.2

그림 5.5.3과 같이 60°로 휘어진 고정날개로 분출되는 물에 의해 가해지는 힘을 구하라. 직경 10cm의 노즐을 통해 분출되는 물의 유속은 20m/s이다. 분류의 무게는 무시하라.

풀이

노즐을 통해 분출되는 유량은

$$Q = \frac{\pi}{4} \times 0.1^2 \times 20 = 0.157\text{m}^3/\text{s}$$

식 (5.5.16)과 식 (5.5.18)로부터

$$F_x = -\rho Q(V_2\cos\theta - V_1) = -\frac{1}{9.81} \times 0.157 \times (20\cos 60^\circ - 20) = 0.16\text{t}$$

$$F_y = W + \rho Q(V_2\sin\theta - 0) = \frac{1}{9.81} \times 0.157 \times (20\sin 60^\circ) = 0.277\text{t}$$

따라서 합력은

$$F = \sqrt{F_x^2 + F_y^2} = \sqrt{0.16^2 + 0.277^2} = 0.32\text{t}$$

합력의 작용방향은

$$\alpha = \tan^{-1}\left(\frac{0.277}{0.16}\right) = 60^\circ$$

예제 5.5.3

그림 5.5.4와 같이 수평으로부터 아래방향으로 30°로 분출된 수맥이 윗방향으로 60°로 휘어져 흐를 때 만곡벽에 작용하는 힘을 구하라. 직경 10cm의 노즐을 통해 분출되는 물의 유속은 20m/sec이다. 분류의 무게는 무시하라.

풀이

예제 5.5.2로부터 노즐로부터 분출되는 유량은 $0.157\text{m}^3/\text{s}$이다.

식 (5.5.15)와 식 (5.5.17)로부터

$$F_x = -\rho Q(V_{2x} - V_{1x})$$

$$= -\frac{1}{9.81} \times 0.157 \times (20\cos 60^\circ - 20\cos 30^\circ) = 0.117\text{t}$$

$$F_y = \rho Q(V_{2y} - V_{1y})$$

$$= \frac{1}{9.81} \times 0.157 \times (20\sin 60^\circ + 20\sin 30^\circ) = 0.437\text{t}$$

따라서 합력은

$$F = \sqrt{F_x^2 + F_y^2} = \sqrt{0.117^2 + 0.437^2} = 0.452\text{t}$$

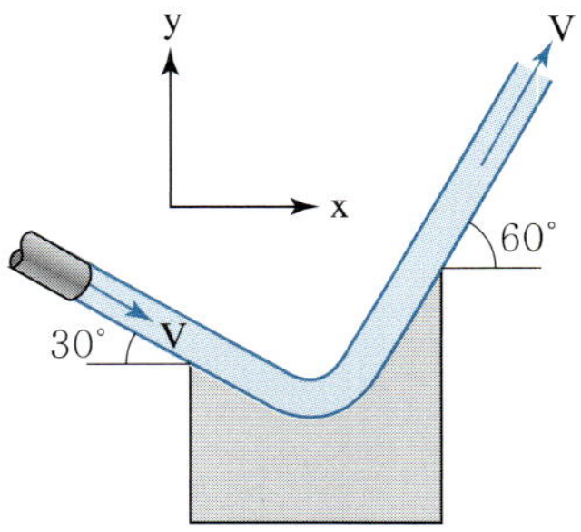

그림 5.5.4

예제 5.5.4

그림 5.5.5와 같이 수평으로부터 직경 5cm의 노즐을 통해 20m/s의 속도로 분출되는 분류가 연직판에 90°로 충돌하여 방향이 변할 때 연직판에 작용하는 힘을 구하라.

풀이

노즐을 통해 분출되는 유량은

$$Q = \frac{\pi \times 0.05^2}{4} \times 20 = 0.03925 \mathrm{m}^3/\mathrm{s}$$

수평으로 유입되기 때문에 판에 y방향으로 작용하는 힘은 0이다.

따라서 x방향으로 작용하는 힘은

$$F_x = -\rho Q(V_{2x} - V_{1x})$$

$$= -\frac{1}{9.81} \times 0.03925 \times (0-20) = 0.08\mathrm{t}$$

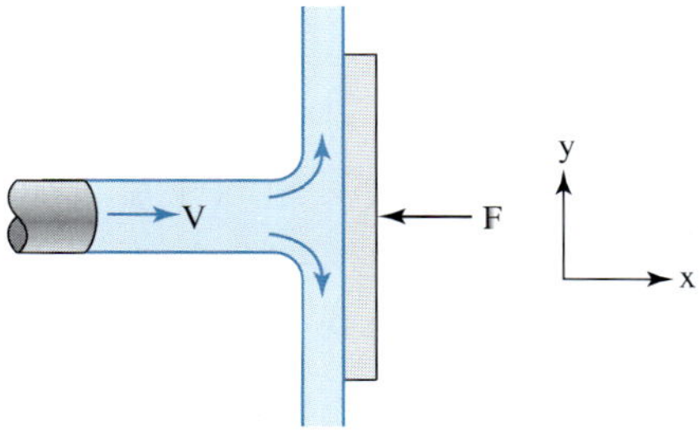

그림 5.5.5

예제 5.5.5

그림 5.5.6과 같이 직경 10cm의 노즐로부터 20m/s의 속도로 물이 분출되어 60°로 경사진 고정벽에 충돌하여 두개의 수맥으로 분류되고 있다. 이때 벽에 가해지는 힘과 분류유량을 구하라. 충돌로 인한 손실수두는 무시하라.

풀이

그림 5.5.6과 같이 고정벽에 수직한 방향을 x방향, 벽의 방향을 y방향이라 하자.

노즐로부터 분출되는 유량은

$$Q = \frac{\pi \times 0.1^2}{4} \times 20 = 0.157 \mathrm{m}^3/\mathrm{s}$$

y방향으로 작용하는 힘은 없으므로

$$\Sigma F_y = 0 = (\rho Q_1 V_1 - \rho Q_2 V_2) - \rho Q V \cos\theta$$

충돌 전의 유속 V와 충돌 후의 유속 V_1 및 V_2는 등일하므로

$$Q_1 - Q_2 = Q\cos\theta$$

연속방정식에 의해 $Q=Q_1+Q_2$이므로

$$Q_1 = \frac{Q}{2}(1+\cos\theta) = \frac{0.157}{2}(1+\cos 60°) = 0.1178 \mathrm{m}^3/\mathrm{s}$$

$$Q_2 = \frac{Q}{2}(1-\cos\theta) = \frac{0.157}{2}(1-\cos 60°) = 0.0392 \mathrm{m}^3/\mathrm{s}$$

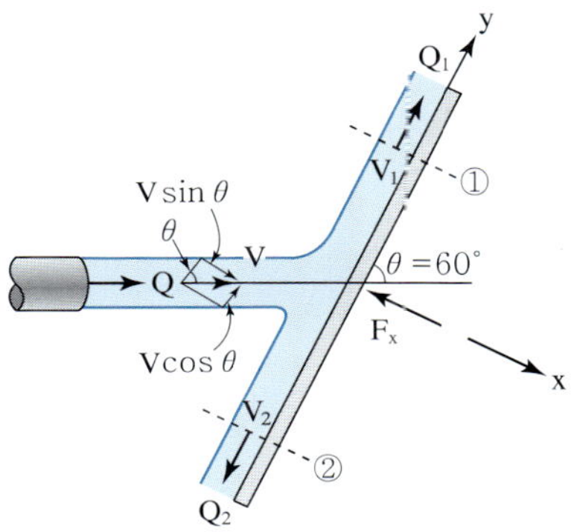

그림 5.5.6

벽면에 직각인 x방향으로 작용하는 힘은

$$F_x = -\rho Q(V_{2x} - V_{1x}) = -\rho Q(0 - V\sin\theta) = -\frac{1}{9.81} \times 0.157 \times (0 - 20\sin 60°) = 0.277\mathrm{t}$$

다) 이동 날개에 작용하는 힘

이 경우는 앞의 고정날개에 작용하는 힘의 상황과 같으나 다른 점은 날개가 움직이고 있다는 것이다. 고정날개인 경우 분출되는 유체로부터 받은 힘으로 일을 할 수가 없지만, 이동하는 날개인 경우 유체로부터 받은 힘으로 일을 할 수가 있으며, 이러한 원리를 이용한 것으로 터빈이나 펌프와 같은 유체기계가 있다.

그림 5.5.7과 같이 날개가 수평으로 V_o의 속도로 움직이고 있을 때 노즐을 통해 V_1의 속도로 분출된 유체가 날개에 의해 각도 θ로 휘어지며 흐를 경우를 생각해 보자. 이 경우 날개를 빠져 나오는 유체는 날개의 각도 θ와 다른 각도로 분출하게 된다. 또한 날개로 들어오는 유체와 빠져 나가는 유체의 상대속도는 모두 $v_1=v_2=(V_1-V_o)$가 된다. 결국 이동 날개를 빠져 나가는 유체의 절대 속도는 날개의 이동속 V_o와 분출하는 유체의 상대속도 (V_1-V_o)의 벡터 합이 된다. 따라서 그림 5.5.7의 경우에 x방향 및 y방향의 운동량방정식을 적용하면

$$\sum F_x = -F_x = \rho Q(V_{2x} - V_{1x}) \tag{5.5.19}$$

$$F_x = -\rho Q(V_{2x} - V_{1x}) = -\rho Q[\{V_o + (V_1 - V_o)\cos\theta\} - V_1)]$$

$$\therefore F_x = \rho Q(V_1 - V_o)(1 - \cos\theta) \tag{5.5.20}$$

$$\sum F_y = F_y = \rho Q(V_{2y} - V_{1y}) = \rho Q[(V_1 - V_o)\sin\theta - 0]$$

$$\therefore F_y = \rho Q(V_1 - V_o)\sin\theta \tag{5.5.21}$$

식 (5.5.20)과 (5.5.21)에서 유량 Q는 날개가 연속되어 있어 분출되는 유체를 연속적으로 받을 수 있는 경우에는 $Q=A_1V_1$으로 적용하지만, 날개가 단일 날개인 경우에는 분출 유체의 속도를 상대속도 (V_1-V_o)로 적용하여 $Q=(V_1-V_o)A_1$으로 적용하여야 한다.

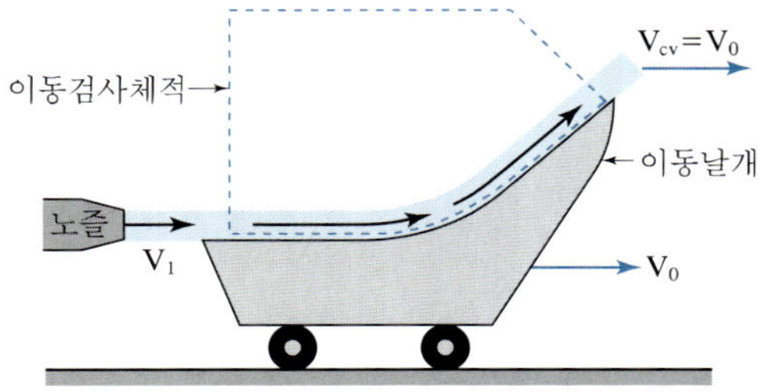

(a)

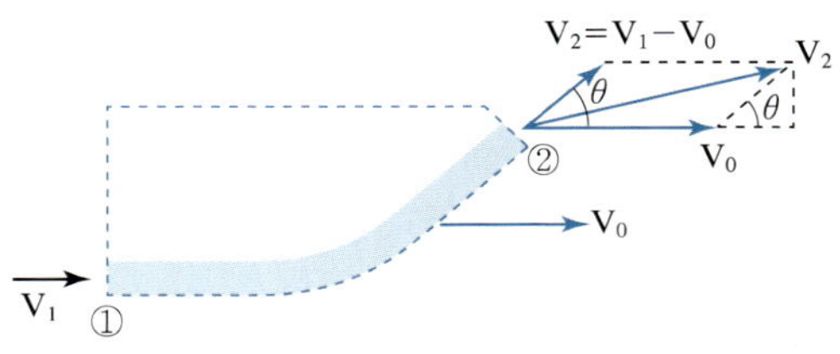

(b)

그림 5.5.7 이동 날개에 작용하는 힘

이상과 같이 노즐로부터 자유 분출되는 유체에 의해 이동하는 날개에 작용하는 힘을 구하는 방법을 알아보았다. 이제 터빈의 축에 연결된 이동 날개에 이와 같은 힘이 작용하여 생성되는 동력을 구해 보기로 한다. 이동 날개에 작용하는 연직방향의 힘 F_y는 거의 축 방향과 일치하게 작용하므로 터빈 축에 대한 모멘트는 F_x에 비해 무시해도 된다. 따라서 분출유체로부터 터빈에 전달되는 동력은

$$P = F_x V_o = \rho Q(V_1 - V_o)(1 - \cos\theta)V_o \tag{5.5.22}$$

만일 날개의 이동속도 $V_o=0$이면 고정날개에 해당되고, $V_o=V_1$이면 분출 유체가 날개에 힘을 미치지 못하므로 이런 경우에는 동력 P=0이 된다. 최대의 동력을 얻기 위한 조건을 구하기 위해 식 (5.5.22)의 P를 V_o에 대해 미분하여 0으로 놓으면

$$\frac{dP}{dV_o} = \rho Q(1 - \cos\theta)(V_1 - 2V_0) = 0$$

$$\therefore V_o = \frac{1}{2}V_1 \tag{5.5.23}$$

식 (5.5.23)으로부터 날개의 이동속도가 분출 유체 속도의 절반이 될 때 최대 동력을 얻게 됨을 알 수 있다. 이 때 최대 동력은 다음과 같이 나타난다.

$$P_m = \rho Q\left(V_1 - \frac{V_1}{2}\right)(1 - \cos\theta)\frac{V_1}{2} = \frac{1}{4}\rho Q V_1^2(1 - \cos\theta) \tag{5.5.24}$$

만일 날개의 각도 θ를 180°로 할 경우 식 (5.5.24)로부터 얻을 수 있는 최대 동력은

$$P_m = \frac{1}{2}\rho Q V_1^2 = \gamma Q\frac{V_1^2}{2g} \tag{5.5.25}$$

이는 노즐을 통해 분출되는 유체가 가지고 있는 속도에너지가 모두 동력으로 변환될 경우에 해당된다. 하지만 날개의 각도를 180°로 하는 경우 작동에 문제가 발생하므로 약 165°정도로 제작하여 사용하고 있다. 이 경우의 최대 동력은 $V_o=0.48V_1$으로 할 때 첨두효율 90%까지 얻을 수가 있게 된다.

예제 5.5.6

직경 10cm인 노즐을 통해 분출되는 유속 30m/s의 물에 의해 직경 1m인 충격식 터빈이 200rpm으로 회전하고 있을 때 165°의 각도를 가진 날개에 작용하는 수평력과 이로 인해 발생하는 동력을 계산하라.

풀이

노즐로부터 분출되는 유량은

$$Q = \frac{\pi \times 0.1^2}{4} \times 30 = 0.2355\text{m}^3/\text{s}$$

터빈이 분당 200회전하고 있으므로 이를 각속도 ω로 변환하면

$$\omega = 2\pi\left(\frac{200}{60}\right) = 20.93\,\text{rad/s}$$

따라서 날개의 이동속도는

$$V_o = r\omega = 0.5 \times 20.93 = 10.47\text{m/s}$$

상대속도는

$$v_1 = v_2 = V_1 - V_o = 30 - 10.47 = 19.53\text{m/s}$$

날개에 수평방향으로 작용하는 힘은 식 (5.5.20)에 의해

$$F_x = \rho Q(V_1 - V_o)(1 - \cos\theta) = \frac{1{,}000}{9.81} \times 0.2355 \times 19.53 \times (1 - \cos 165°) = 921.7\text{kg}$$

따라서 발생동력은

$$P = F_x V_o = 921.7 \times 10.47 = 9{,}650\text{kg}\cdot\text{m/s} \div 75 = 128.7\text{HP}$$

예제 5.5.7

그림 5.5.8과 같이 직경 10cm인 노즐을 통해 분출되는 유속 30m/s의 물이 10m/s의 속도로 이동하는 날개에 부딪혀 135° 로 방향이 바뀔 때 날개에 작용하는 힘을 구하라.

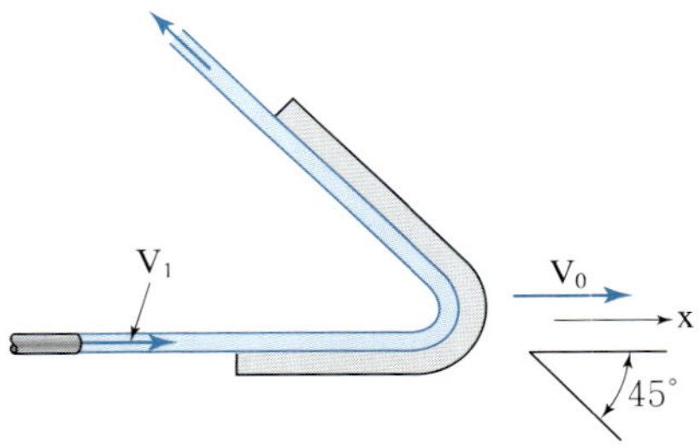

그림 5.5.8

풀이

단일 날개에 해당하므로 유량은 다음과 같다.

$$Q = (V_1 - V_o)A_1 = (30 - 10) \times \frac{\pi}{4} \times 0.1^2 = 0.157\text{m}^3/\text{s}$$

날개에 작용하는 수평력과 연직력은 식 (5.5.20)과 식 (5.5.21)에 의해

$$F_x = \rho Q(V_1 - V_o)(1 - \cos\theta) = \frac{1}{9.81} \times 0.157 \times 20 \times (1 - \cos 135°) = 0.546\text{t}$$

$$F_y = \rho Q(V_1 - V_o)\sin\theta = \frac{1}{9.81} \times 0.157 \times 20 \times \sin 135° = 0.226\text{t}$$

따라서 작용하는 총 힘과 방향은

$$F = \sqrt{F_x^2 + F_y^2} = \sqrt{0.546^2 + 0.226^2} = 0.591\text{t}$$

$$\alpha = \tan^{-1}\left(\frac{0.226}{0.546}\right) = \tan^{-1}(0.4139) = 22.48°$$

라) 수문에 작용하는 힘

하도 상에 그림 5.5.9와 같은 수문(sluice gate)이 설치되어 있는 경우에 수문에 작용하는 힘을 운동량방정식을 적용하여 구해 보기로 하자. 수문과 접하고 있는 부분의 상단부는 이 지점에서 유속이 비교적 작기 때문에 정수압 분포를 나타낸다고 할 수 있다. 하지만 수문 하단부 근처에서는 유속이 비교적 크다. 따라서 정수압 분포와는 차이를 보이게 된다. 이와 같이 수문 하단부에서의 압력 변화 때문에 수문에 작용하는 힘을 구하기가 쉽지가 않다.

간접적이지만 수문에 작용하는 힘을 산정하기 위한 간단한 방법이 그림 5.5.9의 검사체적에 포함되어 있는 물에 운동량방정식을 적용하는 것이다. 수문 상류와 하류의 검사표면을 통과하는 물이 정상등류이고 비점성이라 가정하면, 단면 ①과 단면 ②에서의 압력분포는 정수압 분포를 나타내게 된다. 상류측 단면 ①에 작용하는 정수압은 왼쪽에서 오른쪽으로(x축 양의 방향) 검사체적내의 물에 작용하게 되며, 하류측 단면 ②에 작용하는 정수압은 오른쪽에서 왼쪽으로(x축 음의 방향) 검사체적내의 물에 작용하게 된다. 따라서 수평하도의 수문에 대해 x축방향의 운동량 방정식을 적용하면

$$\sum F_x = F_1 - F_2 - F_{SG} = \rho Q(V_2 - V_1) \tag{5.5.26}$$

$$\therefore F_{SG} = F_1 - F_2 - \rho Q(V_2 - V_1)$$

$$= \frac{\gamma y_1^2 b}{2} - \frac{\gamma y_2^2 b}{2} - \rho Q(V_2 - V_1) \tag{5.5.27}$$

여기서 b는 하도의 폭이다. F_{SG}는 수문이 검사체적 내의 물에 가하는 힘이므로 결국 물이 수문에 가하는 힘은 F_{SG}와 크기가 같고 방향이 반대가 된다. 만일 점성유체라면 점성에 의한 마찰효과 때문에 하상에서의 마찰력을 고려해 주어야 한다. 식 (5.5.27)로부터 유량 또는 수문 상류 및 하류에서의 수심이 주어진다면 수문에 작용하는 힘을 구할 수 있다. 만일 유량과 유속이 모두 주어지지 않는다면 단면 ①과 ②의 수면간에 Bernoulli방정식을 세우고 연속방정식을 이용하여 유속과 유량을 구할 수가 있다.

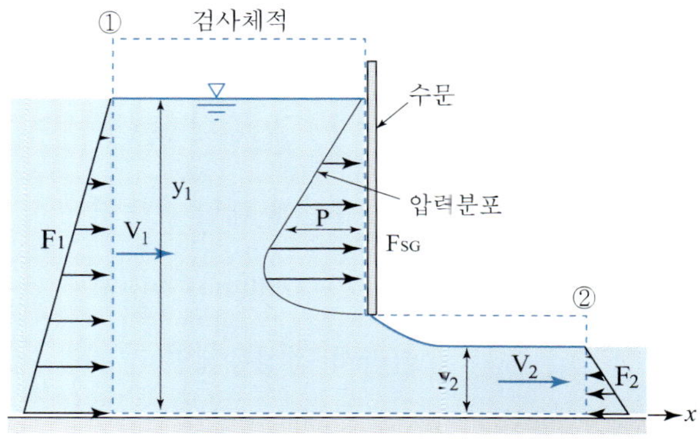

그림 5.5.9 수문에 작용하는 힘

$$\frac{V_1^2}{2g} + y_1 = \frac{V_2^2}{2g} + y_2 \tag{5.5.28}$$

$$b y_1 V_1 = b y_2 V_2 \tag{5.5.29}$$

위 식을 연립하면 V_1과 V_2를 구할 수 있다.

예제 5.5.8

그림 5.5.9와 같은 수문에서 상류의 수심이 5m, 하류의 수심이 1m일 때 수문에 작용하는 힘을 구하라.

풀이

단면 ①과 ②의 수면에 에너지방정식을 적용하면

$$\frac{V_1^2}{2g}+5=\frac{V_2^2}{2g}+1$$

연속방정식은 $q=5V_1=1V_2$

에너지방정식과 연속방정식을 연립하여 풀면

$$V_1=1.81\text{m/s} \qquad V_2=9.05\text{m/s} \qquad \therefore\ q=9.05\text{m}^3\text{/s/m}$$

수로의 단위폭 당 작용하는 힘은

$$F_1=1{,}000\times\frac{5^2}{2}=12{,}500\text{kg/m}, \qquad F_2=1{,}000\times\frac{1^2}{2}=500\text{kg/m}$$

따라서 식 (5.5.27)에 의해 수문에 작용하는 힘은

$$F_{SG}=F_1-F_2-\rho q(V_2-V_1)=12{,}500-500-\frac{1{,}000}{9.81}\times 9.05\times(9.05-1.81)=5{,}321\text{kg/m}$$

5.5.3 운동량 보정계수

실제유체 흐름에서는 점성의 영향으로 인해 마찰이 발생하여 단면을 통한 유속분포가 균일하지 않기 때문에 균일 유속을 가정한 운동량방정식을 적용하기 위해서는 점성에 의한 유속분포를 고려하여 속도항을 보정해 주어야 한다. 5.4.5절에서는 같은 개념으로 운동에너지 보정계수를 유도하였으며 같은 절차로 운동량방정식 보정계수를 유도해 보기로 한다.

그림 5.4.3과 같이 점성유체와 비점성 유체의 유속분포에서 단면 A를 통해 흐르는 유량을 Q라 하고 미소유관 dA를 통해 흐르는 미소유량을 dQ라 하자. 운동량은 질량에 유속을 곱하여 나타낼 수 있으므로 이상유체인 경우의 총 운동량은

$$\rho QV=\rho AV^2 \tag{5.5.30}$$

미소유관에 대한 운동량은

$$\rho dQu=\rho u^2 dA \tag{5.5.31}$$

따라서 점성유체인 경우의 단면을 통한 총 운동량은

$$\rho\int_A u^2 dA \tag{5.5.32}$$

보정계수 β를 사용하여 식 (5.5.30)과 식 (5.5.32)가 같도록 하면

$$\beta\rho A V^2 = \rho \int_A u^2 dA \tag{5.5.33}$$

$$\therefore \quad \beta = \frac{1}{A}\int_A \left(\frac{u}{V}\right)^2 dA \tag{5.5.34}$$

여기서 β를 운동량 보정계수라 하며 원형관 내에서 층류일 경우 β=4/3, 난류일 경우 β=1.0~1.05, 광폭사각형 수로인 경우 β=1.02로 보통 β=1.0정도를 운동량방정식의 속도 항에 적용하여 이상유체에 대한 식을 다음과 같이 점성유체에 적용할 수 있도록 한다.

$$\sum F = \rho Q(\beta_2 V_2 - \beta_1 V_1) \tag{5.5.35}$$

연습문제

5.1 예제 5.3.1의 그림과 같은 검사체적에서 흐름이 정상류일 때 검사체적 내 시스템에서의 에너지 변화율을 구하라. 각 단면에서의 흐름 특성치들은 표 5.1과 같다.

표 5.1 흐름특성치

단면	종류	밀도 $\rho(kg_o/m^3)$	유속 V(m/s)	단면적 $A(m^2)$	에너지 e(J/kg)
1	유입	900	7.0	3.0	200
2	유입	900	10.0	2.0	150
3	유출	900	15.0	3.0	150

5.2 그림 5.2와 같이 $A_1=0.1m^2$, $A_2=0.2m^2$ 그리고 $A_3=0.15m^2$인 장치에 물이 흐르고 있다. 입구 및 출구 단면에서의 유속이 일정할 때 단면 ③을 통한 질량 흐름율을 나타내라. 단, $V_1=5m/s$, $V_2=10+5\cos(4\pi t)m/s$이다.

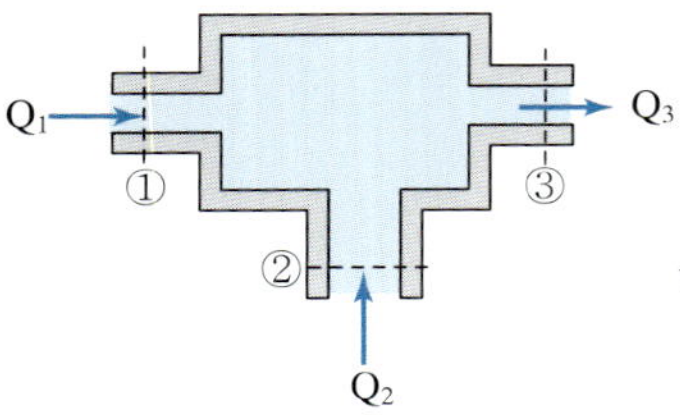

그림 5.2

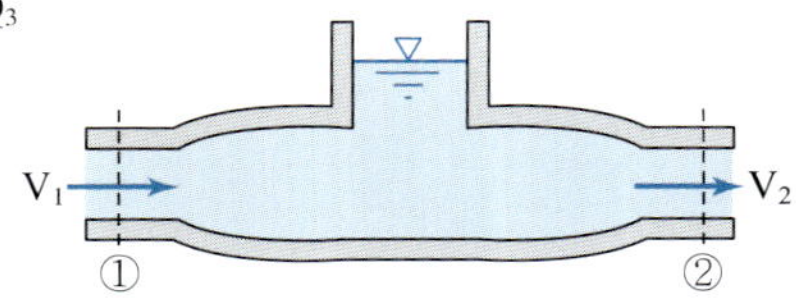

그림 5.3

5.3 그림 5.3과 같은 윗 면이 개방된 확장 수조의 단면적이 $2m^2$이고, 유입부 및 출구부 단면의 단면적이 $1m^2$이다. 어떤 순간에 단면 ①로 물이 3m/s의 속도로 유입되고, 단면 ②로는 $4m^3/s$의 유량이 유출될 때 확장 수조의 수표면의 변화율을 구하라. 수위는 상승하는가 하강하는가?

5.4 직경 0.3m인 원통형 탱크의 바닥 구멍으로부터 물을 배수하고 있다. 원통 내 수심이 0.6m일 때 유출량이 4kg/s였다면 이 순간에 수면의 변화율은 얼마인가?

5.5 그림 5.5와 같은 수조의 바닥에 있는 구멍의 면적이 $0.025m^2$이고 측면 입구부의 면적이 $0.0025m^2$이며, 탱크의 단면적이 $0.1m^2$이다. 어떤 순간에 수위가 1m이고 0.1m/s의 율로 상승하고 있다면 측면 입구부에서의 유속은 얼마인가?

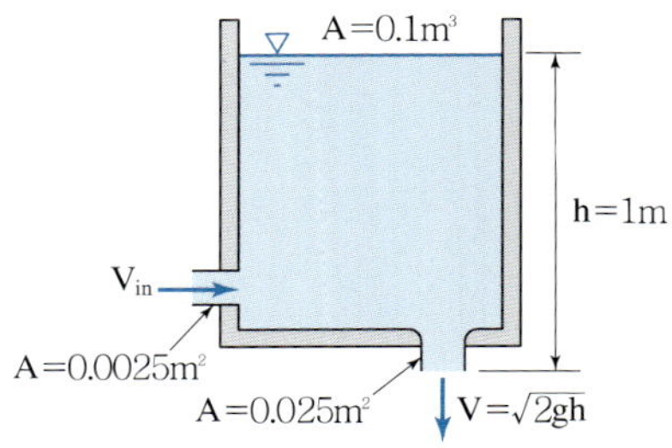

그림 5.5

5.6 직경 30cm의 관인 직경 20cm와 직경 15cm의 두 관으로 분지되고 있을 때 총 유량이 $0.3m^3/s$이고, 각 관에서의 유속이 동일하다면 분지된 두 관에서의 유량은 각각 얼마인가?

5.7 그림 5.7과 같이 세 개가 관이 합류하여 하나의 관으로 흐르고 있다. $V_2=5m/s$이고, $Q_4=120m^3/h$일 때 Q_3가 20% 증가하면 Q_4가 10% 증가한다면 V_1, V_3, V_4는 각각 얼마인가?

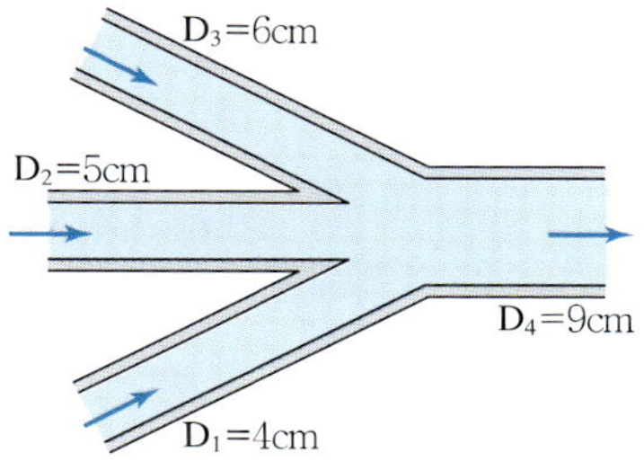

그림 5.7

5.8 그림 5.8과 같은 1m 깊이의 원통형의 서지 탱크에 물이 0.3m깊이로 차 있을 때 탱크의 나머지 부분에 물이 가득 찰 때가지 걸리는 시간은 얼마인가?

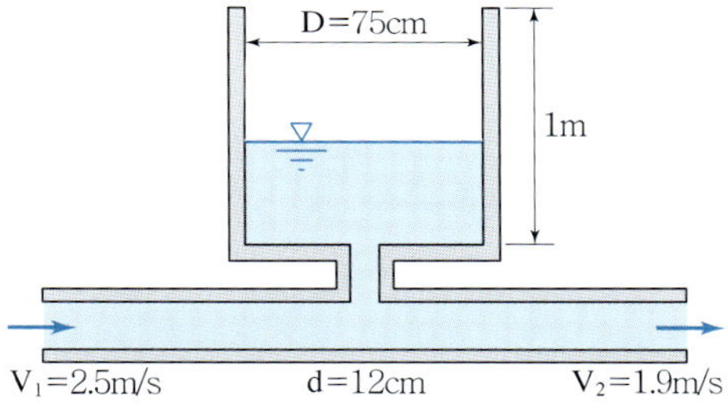

그림 5.8

5.9 예제 5.4.2와 같이 저수지로부터 직경 0.2m의 수평관로를 통해 화력발전소로 $0.06m^3/s$의 냉각수를 공급하고 있다. 관로에서의 손실수두는 다음식과 같이 구할 수 있다면 관로의 1,000m되는 지점에서의 압력은 얼마인가?

$$h_L = 0.02\frac{L}{D}\frac{V^2}{2g}$$

5.10 그림 5.10과 같은 직경 0.5m의 관로를 통해 $0.5m^3/s$의 물이 흐르고 있다. 단면 ①, ②의 중심 사이의 높이차가 10m이고, 단면 ①에서의 압력이 70kPa이라면 단면 ②에서의 압력이 350kPa이 되기 위해서는 펌프를 통해 몇 kW 또는 마력의 동력을 가해야 하는가?

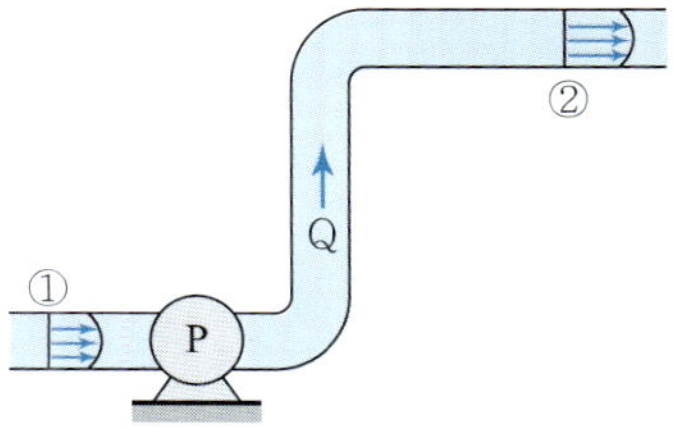

그림 5.10

5.11 예제 5.4.3 같이 저수지에서 관로를 통해 $25m^3/s$의 물이 터빈을 통과하여 3m/s로 대기로 방출되고 있다. 관로 및 터빈을 통한 손실수두가 15m라 하고, 운동에너지 보정계수를 1.06이라 할 때 얻을 수 있는 동력은 얼마인가?

5.12 그림 5.12와 같이 직경이 0.01m인 사이폰을 이용해 수조의 물을 방출하고 있다. z_1=0.6m, z_2=0.25m, z_3=0.9m이면 사이폰을 통해 방출되는 유속과 유량은 얼마인가?

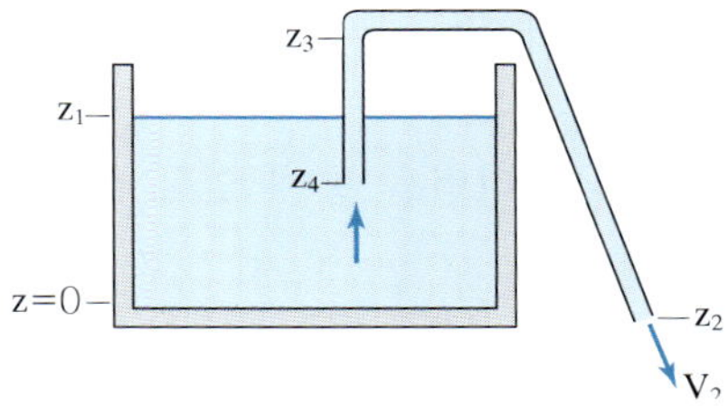

그림 5.12

5.13 그림 5.13과 같이 가압된 수조로부터 다른 수조로 펌프를 이용하여 직경 0.1m의 관로를 통해 물을 보내고 있다. 펌프의 동력이

4kW일 때 펌프를 통과한 관로내 유속은 얼마인가? 관로를 통한 손실수두는 10m이다.

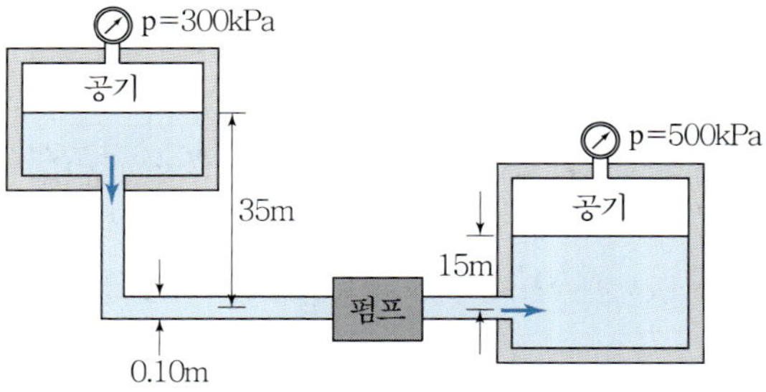

그림 5.13

5.14 그림 5.14와 같이 가압된 수조내 20℃의 물이 윗 방향으로 방출될 때 마찰을 무시할 경우 물의 상승높이 H는 얼마인가?

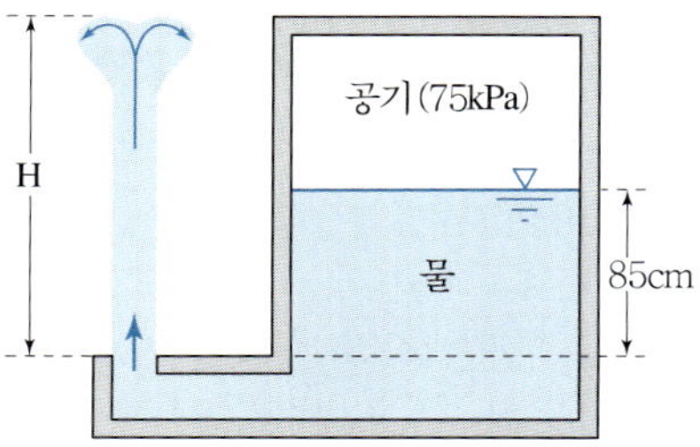

그림 5.14

5.15 그림 5.15와 같이 직경 6ft의 수압관을 통해 250cfs의 물이 터빈을 통해 흐고 있다. 터빈의 효율이 80%이고, 손실수두가 $15V^2/2g$라면 터빈을 통해 얻을 수 있는 동력은 얼마인가?

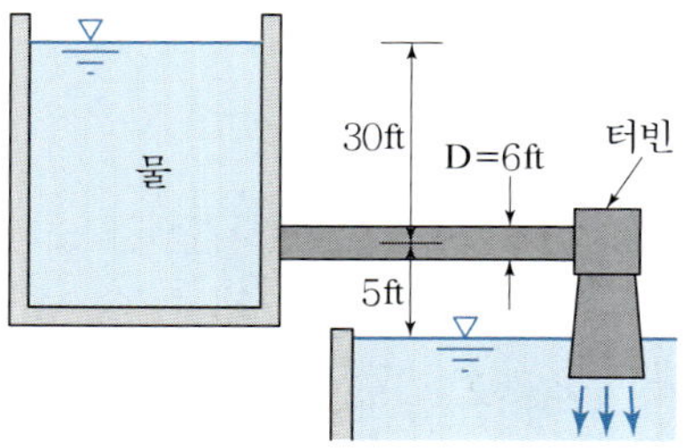

그림 5.15

5.16 그림 5.16과 같이 직경 0.3m의 관을 통해 $0.25m^3/sec$의 물이 흐르고 있다. 저수지로부터 압력계까지의 손실수두가 $2.0V^2/2g$라면 펌프로 가해줘야 할 동력은 얼마인가?

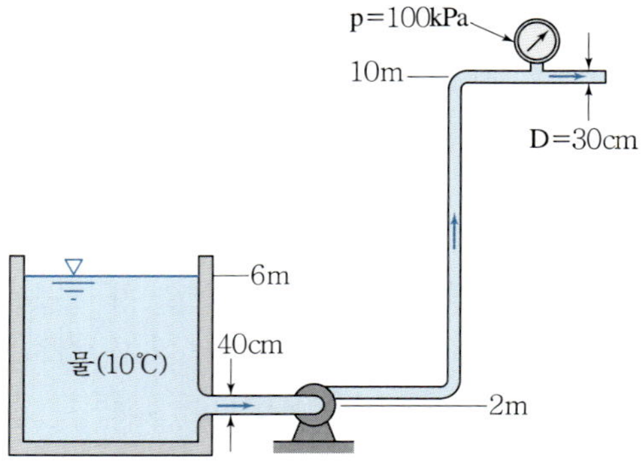

그림 5.16

5.17 그림 5.17과 같이 수조로부터 관로로 물이 방출될 때 유량 및 B점에서의 압력을 구하라. 단, 손실수두는 무시하라.

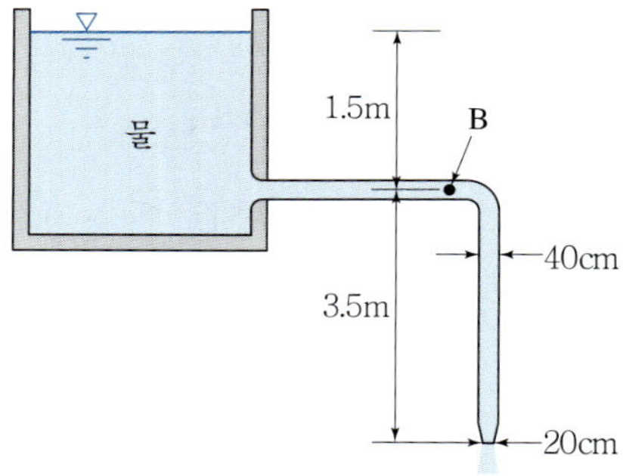

그림 5.17

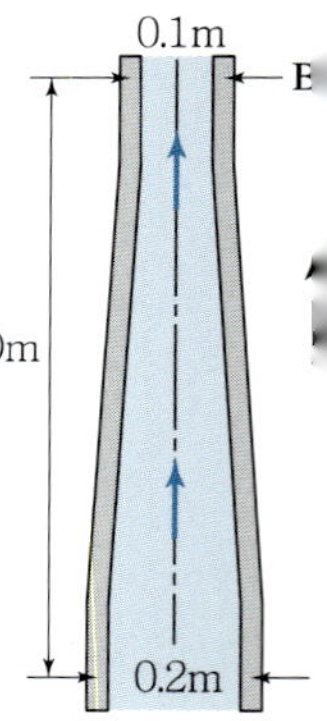

그림 5.18

5.18 그림 5.18과 같이 A점에서의 직경이 0.2m, B점에서의 직경이 0.1m인 연직 관로의 높이차가 1.0m일 때 기름(S=0.9)이 $0.06m^3/s$로 흐를 경우 A와 B점 사이의 압력차는 얼마인가. 단, 손실수두는 무시하라.

5.19 그림 5.19와 같이 100kPa로 가압된 수조의 수심이 출구부로부터 10m이고, 출구부의 유속이 10m/s일 때 손실수두가 $K_L = V^2/2g$로 산정되면 손실수두계수 K_L은 얼마인가?

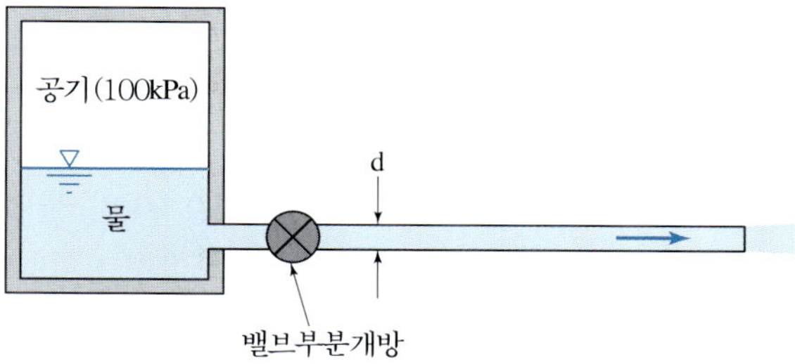

그림 5.19

5.20 그림 5.20과 같이 벤츄리메터에서 직경이 10cm로부터 5cm로 감소될 때 유량 및 질량유량은 얼마인가?

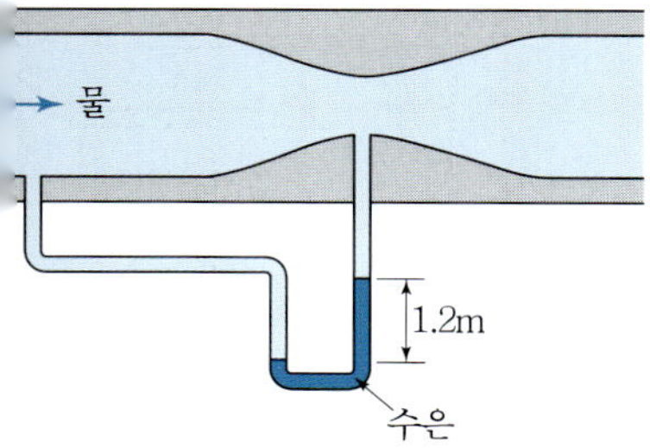

그림 5.20

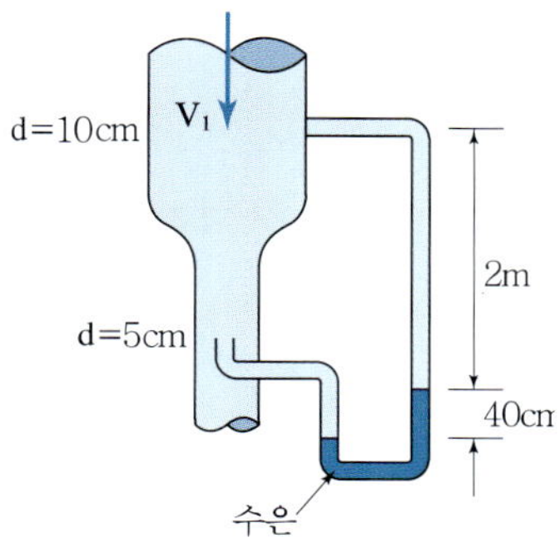

그림 5.21

5.21 그림 5.21과 같이 연직관로의 제원이 주어질 때 V_1을 구하라. 손실수두는 무시하라.

5.22 그림 5.22와 같이 펌프를 통과한 후 압력이 300kPa이 증가하였다면 펌프를 통해 가해줘야 할 동력은 얼마인가? 단, 펌프의 효율은 85%이다.

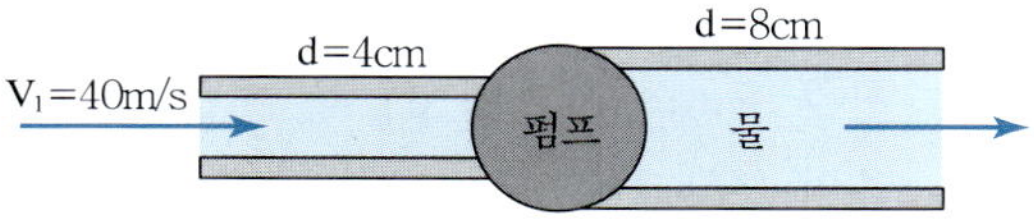

그림 5.22

5.23 직경 0.5m인의 관로를 통해 $2m^3/s$의 물을 효율이 87%인 터빈으로 공급하고 있다. 터빈을 통과한 후 압력이 600kPa 줄었다면 터빈을 통한 출력은 얼마인가? 단, 터빈을 통과한 출구 유속은 무시할 수 있을 정도로 작다.

5.24 그림 5.24와 같이 직경 0.2m의 관로로 물이 유입되어 터빈을 통과한 후 직경 0.15m의 관로로 방출된다. 유량이 $0.6m^3/s$이고 터빈의 효율이 90%이면 터빈의 출력은 얼마인가?

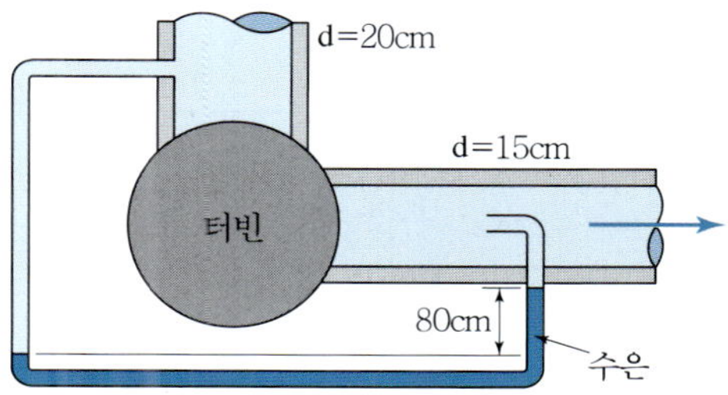

그림 5.24

5.25 직경 0.3m의 관로를 통해 터빈으로 $0.6m^3/s$의 물이 유입되어 직경 0.4m의 관로를 통해 배출되고 있다. 터빈을 통해 60kW의 동력을 얻는다면 터빈 전후의 압력차는 얼마인가?

5.26 예제 5.4.4와 같이 하부 저수지로부터 10m 높이의 상부저수지로 $3m^3/s$의 물을 양수하는데 필요한 펌프의 동력을 kW 및 마력으로 계산하라. 관로에서의 점성으로 인한 마

찰손실수두는 2m이다. 또한 $\alpha=\beta=1$로 가정하라.

5.27 예제 5.5.1과 같이 60°로 휘어진 만곡관내에 물이 흐를 때 만곡관의 벽에 작용하는 힘을 구하라. 단면 ①의 직경은 40cm, 압력은 15ton/m^{2}이고, 단면 ②의 직경은 30cm이고 유량은 0.35m^3/s이다. 단면 ①과 ②사이의 부피는 0.1m^{3}이며 두 단면의 중립축 표고차는 1m이다.

5.28 그림 5.28과 같이 일정한 수심을 유지하는 수조의 노즐(단면적 600mm^2)을 통해 물이 10m/s의 속도로 분출되고 있을 때 수조가 움직이지 않게 하기 위한 케이블의 장력은 얼마인가?

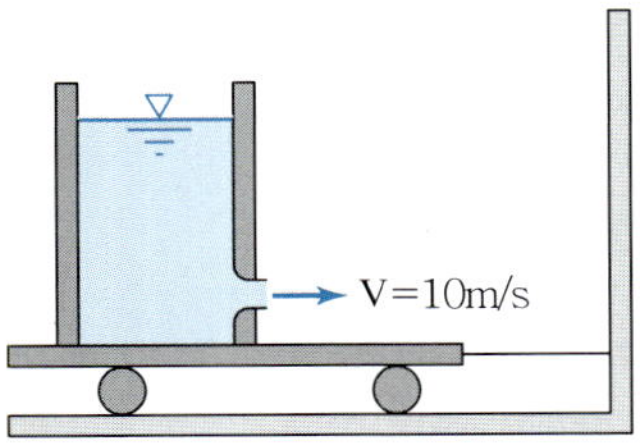

그림 5.28

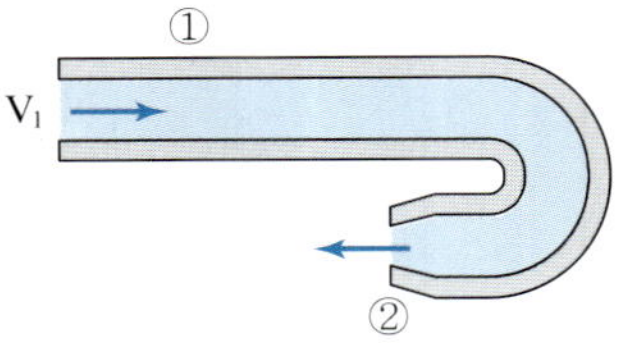

그림 5.29

5.29 그림 5.29와 같이 180°로 휘어진 만곡관에서 단면 ①의 단면적은 A_1=2,600mm^{2}이고 압력은 96kPa이며 유속은 V_1=3.05m/s이다. 단면 ②의 단면적이 650mm^{2}이면 만곡관을 지지하기 위한 수평력은 얼마인가?

5.30 그림 5.30과 같이 20℃의 물이 관로 1을 통해 2m/s의 유속으로 유입되어 관로 2를 통해 유출될 때 수조가 정지하고 있다면 수평력 및 수직력은 얼마인가?

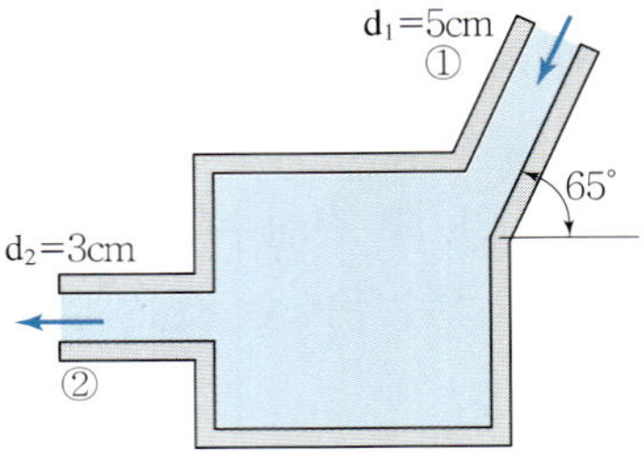

그림 5.30

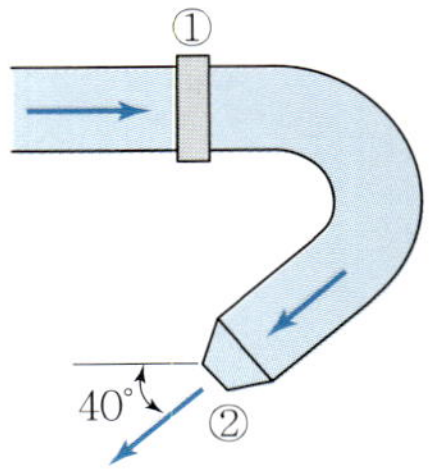

그림 5.31

5.31 그림 5.31과 같이 중량유량 150N/s의 물이 직경 0.1m의 관으로 유입되어 직경 0.03m의 관을 통해 빠져나가는 만곡관에서 단면 ①에서의 압력이 2.3$P_{대기압}$이면 단면 ①의 플랜지 볼트에 작용하는 힘은 얼마인가?

5.32 그림 5.32와 같이 180°휘어진 만곡관에 0.25m^3/s의 물이 흐르고 있다. 유입부에서의 압력이 150kPa이고, 만곡부의 체적이 0.1m^3, 만곡부의 무게가 500N이면 만곡관을 지지하기 위한 수평 및 수직력을 구하라.

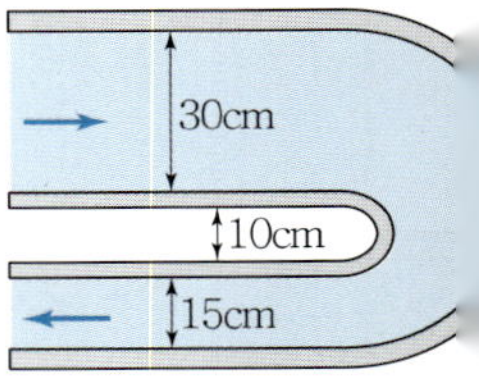

그림 5.32

5.33 직경 1m의 관이 90°로 휘어져 있으며 10m^3/s의 물이 흐르고 있을 때 이 만곡관을 지지하기 위한 수평력은 얼마인가?

5.34 단면이 감소하는 수평의 만곡관이 60°로 휘어져 있다. 입구부의 단면적이 0.001m^{2}이고 출구부의 단면적은 0.0001m^{2}이며 50m/s의 속도로 분출되고 있을 때 만곡관을 지지하기 위한 수평력은 얼마인가?

5.35 직경 3cm의 정원용 호스에 직경 1.5cm의 노즐이 부착되어 있다. 호스를 통해 0.005m^3/s의 물이 분출된다면 노즐과 호스의 연결부

에서는 어떠한 힘을 지탱해야 하는가?

5.36 유입부의 직경이 0.08m, 출구부의 직경이 0.04m인 위 방향으로 90° 휘어진 만곡관에서 유입부의 압력이 400kPa이면 수평지지력은 얼마인가?

5.37 수평의 T형관에서 유입부의 직경이 0.1m이고 유속이 15m/s이며, 유출부의 직경이 각각 0.05m이고 자유분출되고 있을 때 T형관에 작용하는 힘을 구하라.

5.38 폭 40cm 높이 2cm의 노즐을 통해 물이 판 형태로 분출하여 30°로 위 방향으로 휘어진 날개에 부딪힐 때 노즐을 통해 질량흐름 $32kg_o/s$가 흐른다면 날개를 지지하기 위한 단위폭 당 수평 및 연직력은 얼마인가?

5.39 예제 5.5.2와 같이 60°로 휘어진 고정날개로 분출되는 물에 의해 가해지는 힘을 구하라. 직경 5cm의 노즐을 통해 분출되는 물의 유속은 30m/s이다. 분류의 무게는 무시하라.

5.40 예제 5.5.3과 같이 수평으로부터 30°의 각으로 분출된 수맥이 60°로 휘어져 흐를 때 만곡벽에 작용하는 힘을 구하라. 직경 5cm의 노즐을 통해 분출되는 물의 유속은 30m/s이다. 분류의 무게는 무시하라.

5.41 예제 5.5.4와 같이 수평으로부터 직경 10cm의 노즐을 통해 50m/s의 속도로 분출되는 분류가 연직판에 90°로 충돌하여 방향이 변할 때 연직판에 작용하는 힘을 구하라.

5.42 예제 5.5.5와 같이 직경 5cm의 노즐로부터 10m/s의 속도로 물이 분출되어 60°로 경사진 고정벽에 충돌하여 두개의 수맥으로 분류되고 있다. 이때 벽에 가해지는 힘과 분류유량을 구하라. 충돌로 인한 손실수두는 무시하라.

5.43 그림 5.43과 같이 노즐을 통한 고속의 물이 고정된 판에 수직으로 부딪힐 때 판을 고정시키기 위한 힘은 얼마인가? 단, 중력 및 마찰은 무시하라.

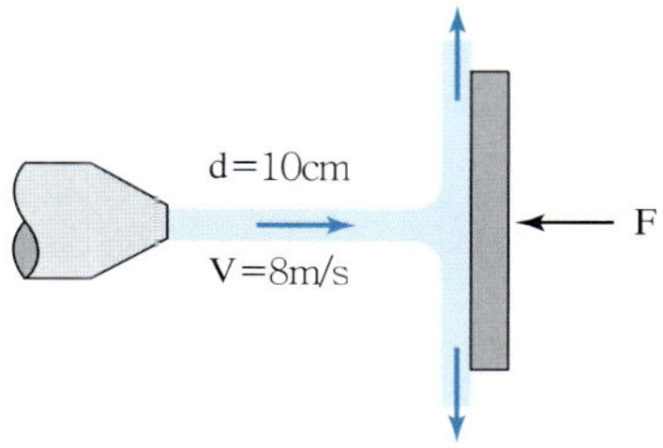

그림 5.43

5.44 그림 5.44와 같이 직경 0.06m의 노즐을 통해 분출하여 직경 0.04m의 구멍을 가진 판에 부딪힐 때 판을 유지하기 위한 수평력은 얼마인가?

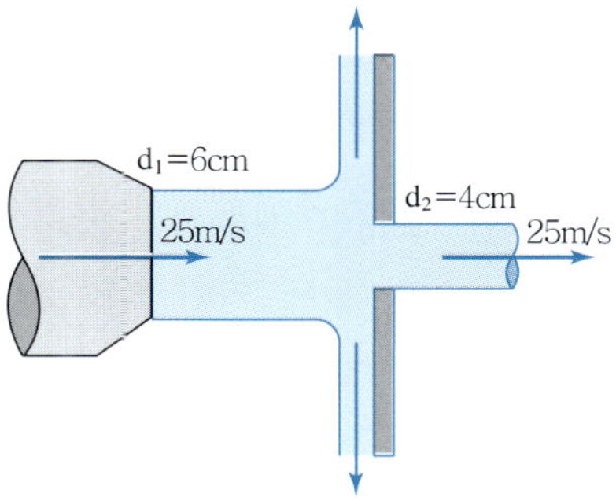

그림 5.44

5.45 두께가 0.1m이고 유속이 7m/s인 판 형태의 수직 물줄기가 수평과 20°로 기울어진 고정판에 부딪힐 대 벽에 작용하는 단위 길이당

수직력과 상류 및 하류로 분류되는 물줄기의 폭을 구하라.

5.46 예제 5.5.7과 같이 직경 5cm인 노즐을 통해 분출되는 유속 40m/s의 물이 10m/s의 속도로 이동하는 날개에 부딪혀 150° 방향이 바뀔 때 날개에 작용하는 힘을 구하라.

5.47 그림 5.47과 같이 직경 0.2m의 노즐을 통해 수직으로 분출되는 물의 속도가 10m/s일 때 질량 1.5kg_o의 물체를 공중에 뜨게 한다면 뜨는 높이 h는 얼마인가?

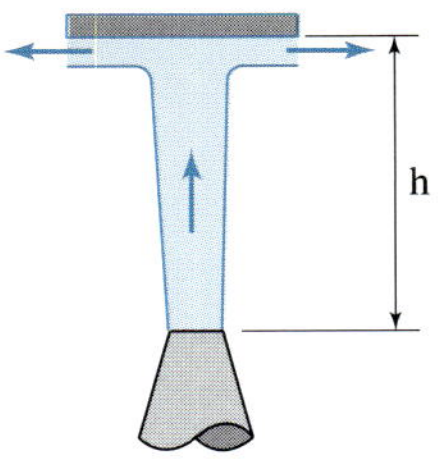

그림 5.47

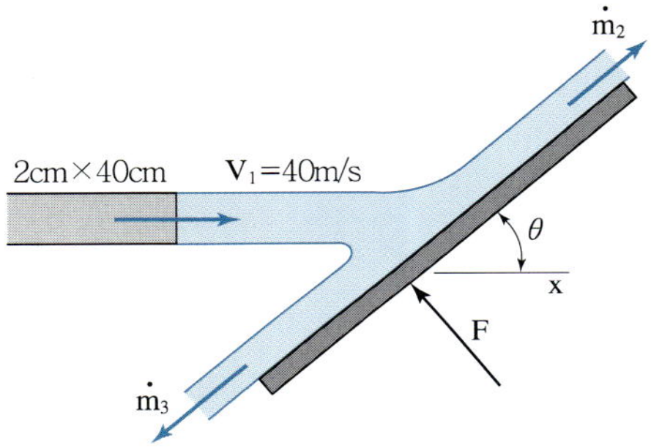

그림 5.48

5.48 그림 5.48과 같이 수평으로 분출되는 물이 45° 경사진 판에 부딪힐 때 판에 작용하는 힘과 분류되는 분출수의 질량유량을 구하라.

5.49 직경 5cm인 노즐을 통해 분출되는 유속 40m/s의 물에 의해 직경 2m인 충격식 터빈이 150rpm으로 회전하고 있을 때 150°의 각도를 가진 날개에 작용하는 수평력과 이로 인해 발생하는 동력을 계산하라.

5.50 예제 5.5.8과 같은 수문에서 상류의 수심이 3m, 하류의 수심이 0.5m일 때 수문에 작용하는 힘을 구하라.

5.51 그림 5.51과 같은 댐에서 상류의 수심이 1.6m, 하류의 수심이 0.7m일 때 댐에 작용하는 힘의 수평성분을 구하라.

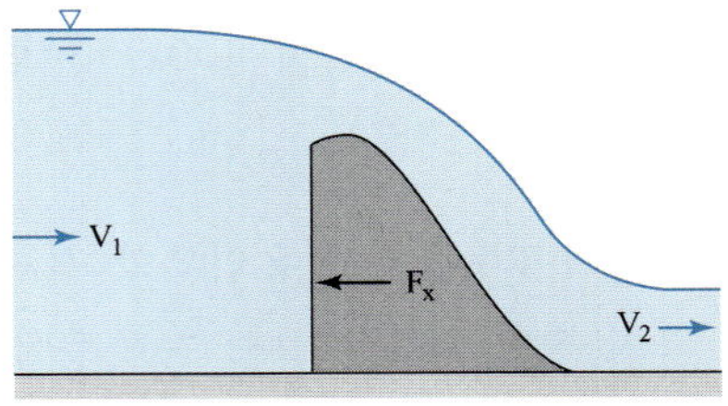

그림 5.51

5.52 그림 5.52와 같이 폭이 4m인 수문의 상류 수심이 6m이고, 하류 수심이 0.2m일 때 수문에 가해지는 힘은 얼마인가?

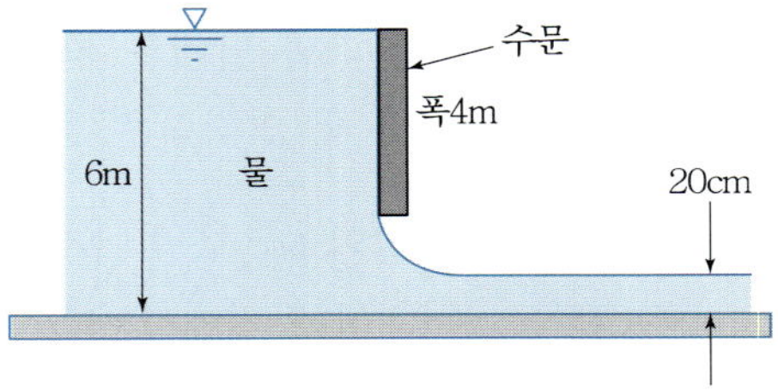

그림 5.52

5.53 그림 5.53과 같이 단면 ①과 ②사이에 1.6 m^3/s의 물이 흐르며 400마력의 동력을 공급하는 펌프가 존재할 때 단면 ①과 ②사이의 손실수두를 구하라. 단면 ①에서의 단면적 $A_1=0.4m^2$, 압력 $p_1=1.5kg/cm^2$이고 단면 ②에서는 $A_2=0.2m^2$, 압력 $p_2=0.8\ kg/cm^2$이다. 두 단면 중심축간의 높이차는 15m이다. α와 β는 1로 가정하라.

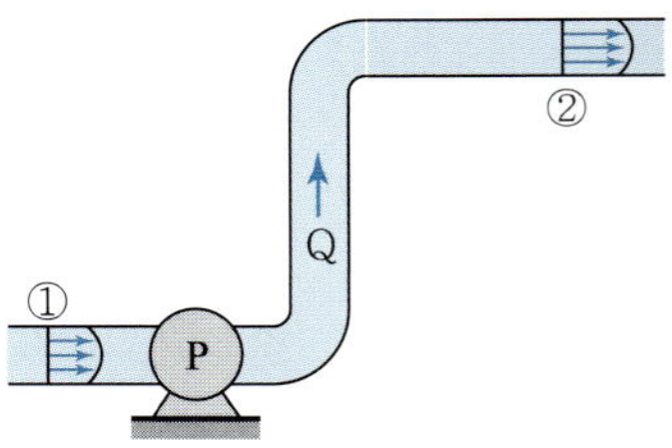

그림 5.53

Chapter 6

유체의 미분방정식

검사체적에 대해 적분형태의 기본방정식들 즉, 연속방정식, 에너지방정식 및 운동량방정식의 유도와 응용에 대해 5장에서 알아보았다. 유체 흐름장의 전체적인 거동 및 다양한 장치에 대한 영향해석에 관심이 있을 경우 적분방정식들은 매우 유용하게 적용할 수가 있다. 이 경우 검사체적 내에서 속도나 압력 등과 같은 유체의 특성에 대한 자세한 내용이 필요하지 않으며, 검사표면에서의 조건만으로도 문제를 해결할 수가 있었다. 하지만 적분방법은 유체의 흐름장에서의 각 지점에 대한 자세한 특성을 얻을 수가 없다. 흐름장의 각 지점에서의 흐름 특성들을 자세히 알기 위해서는 유체 운동방정식을 미분형태로 적용하여야 한다. 따라서 주어진 흐름장 내에서 한 지점이나 최소한 매우 작은 영역에 적용되는 관계식들을 개발할 필요가 있다. 이와 같은 접근 방법은 전체적인 검사체적과는 달리 미소 검사체적에 대해 다루는데, 기본방정식들이 미분방정식으로 나타나므로 미분해석(differential analysis)이라 한다.

유체의 미소요소에 질량보존의 법칙을 적용함으로서 속도장 및 밀도장과 관계를 맺는 미분 연속방정식을 얻을 수가 있다. 뉴톤의 제2법칙을 적용하면 Navier-Stokes방정식으로 불리는 편미분방정식을 얻게 되는데, 이 식은 속도, 압력 및 밀도장과 관련이 있으며, 유체의 흐름에 점성과 중력을 도입하게 된다. 열역학 제1법칙을 적용하면 온도장과 속도, 밀도 및 압력장과 관계를 맺어주는 미분 에너지방정식을 얻게 되며, 비열(specific heat) 및 열전도(thermal conductivity)를 도입한다. 대부분의 기본적인 유체해석에서 온도장이 중요하지 않은 등온, 비압축성유체를 다루므로 3개의 Navier-Stokes방정식과 연속방정식이 압력과 3개의 속도 성분을 맺어주는 4개의 편미분방정식을 제공하게 된다. 따라서 에너지방정식은 사용하지 않아도 된다.

미분방정식들은 매우 복잡하기 때문에 특별한 경우를 제외하면 문제를 단순화하기 위한 몇 가지 가정이 없이는 편미분방정식에 대한 정확한 해를 얻을 수가 없다. 하지만 유체의 흐름장에 대한 자세한 정보를 얻기 위해서는 미분방정식이 매우 유용하므로 실제 흐름해석에서 몇 가지 가정을 함으로서 좋을 결과를 얻고 있다. 편미분방정식들은 독립변수들의 특정한 값에 대한 종속변수들의 특정값을 규정하는 조건들을 필요로 한다. 만일 독립변수가 시간이면 이러한 조건들을 초기조건(initial condition)이라하고, 독립변수가 공간좌표이면 이러한 조건들을 경계조건(boundary condition)이라 한다. 따라서 유체해석의 문제는 초기조건문제 또는 경계조건문제로 언급하게 된다. 본장에서는 질량보존, 열역학 제1법칙 그리고 뉴톤의 제2법칙에 대한 미분방정식들을 소개하기로 한다.

6.1 미분형 연속방정식

6.1.1 질량보존의 법칙

앞에서 언급한 바와 같이 질량보존의 법칙은 시스템이 유체의 흐름장을 따라 움직이면서 시스템의 질량이 일정하게 유지됨을 말하며, 이를 식으로 표현하면 다음과 같다.

$$\frac{dM}{dt}RIGHT|_{sys} = 0 \tag{6.1.1}$$

5장에서 유체의 흐름에 대한 질량보존의 법칙은 Reynolds 이송정리를 이용한 검사체적 방법을 적용하는 것이 편리함을 알았고, Reynolds 이송정리 식 (5.2.7)에 외적특성 B를 질량 M으로 하고, 내적특성 β를 1로 하여 검사체적 공식을 다음과 같이 나타내었다.

$$\left.\frac{dM}{dt}\right|_{sys} = 0 = \frac{d}{dt}\int_{cv}\rho dV + \int_{cs}\rho\vec{V}\cdot d\vec{A} \tag{5.3.1}$$

이와 같이 검사체적으로 나타낸 연속방정식은 검사표면으로 이루어진 한정된 검사체적에 적용되는데 오른쪽 첫 적분 항은 검사체적 내 질량의 시간에 따른 변화량을 의미하고, 두 번째 적분 항은 검사표면을 통해 이동하는 질량유량을 나타낸다. 이러한 적분형태의 연속방정식 (5.3.1)을 직각좌표시스템의 미소 검사체적에 적용하여 미분 형태의 연속방정식으로 나타내기로 한다.

6.1.2 미분형 연속방정식의 유도

직각좌표계에서 그림 6.1.1과 같이 각 변의 길이가 dx, dy, dz인 미소육면체를 검사체적으로 설정하고 미소육면체의 중심 O에서의 밀도를 ρ라 하자. 미소육면체의 체적이 작으므로 식 (5.3.1)의 오른쪽 첫 번째 항은 다음과 같이 적용할 수 있다.

$$\frac{d}{dt}\int_{cv}\rho dV \approx \frac{d\rho}{dt}dx\,dy\,dz \tag{6.1.2}$$

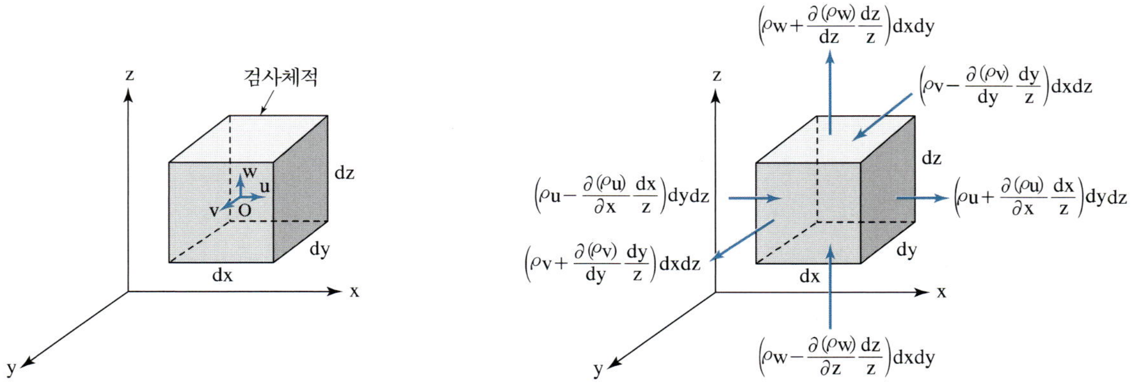

그림 6.1.1 직교좌표계에서의 미소 검사체적

식 (5.3.1)의 오른쪽 두 번째 항을 나타내기 위해서는 3개 검사표면에서의 질량흐름을 고려해야 한다. 유체특성을 알아보기 위해 중심 O점에 대한 Taylor급수 전개를 이용한다. 예를 들어 검사체적의 오른쪽 면인 경우

$$\rho|_{x+\frac{dx}{2}} = \rho + \left(\frac{\partial \rho}{\partial x}\right)\frac{dx}{2} + \left(\frac{\partial^2 \rho}{\partial x^2}\right)\frac{1}{2}\frac{dx}{2} + \cdots \tag{6.1.3}$$

식 (6.1.3)에서 2차 이상의 고차항을 생략하면 다음과 같다.

$$\rho|_{x+\frac{dx}{2}} = \rho + \left(\frac{\partial \rho}{\partial x}\right)\frac{dx}{2} \tag{6.1.4}$$

$$u|_{x+\frac{dx}{2}} = u + \left(\frac{\partial u}{\partial x}\right)\frac{dx}{2} \tag{6.1.5}$$

여기서 ρ, u, $\partial\rho/\partial x$ 그리고 $\partial u/\partial x$는 미소육면체 중심 O에서 산정된 값이다. 검사체적의 왼쪽 면에도 같은 방법을 적용하면

$$\rho|_{x-\frac{dx}{2}} = \rho - \left(\frac{\partial \rho}{\partial x}\right)\frac{dx}{2} \tag{6.1.6}$$

$$u|_{x-\frac{dx}{2}} = u - \left(\frac{\partial u}{\partial x}\right)\frac{dx}{2} \tag{6.1.7}$$

따라서 미소검사체적의 x축 즉, 오른쪽과 왼쪽면에 식 (5.3.1)의 우변 두 번째 항과 같이 나타내면

오른쪽면 : +x방향 $\left[\rho + \left(\frac{\partial \rho}{\partial x}\right)\frac{dx}{2}\right]\left[u + \left(\frac{\partial u}{\partial x}\right)\frac{dx}{2}\right]dy\,dz$

$$= \rho u\,dy\,dz + \frac{1}{2}\left[u\left(\frac{\partial \rho}{\partial x}\right) + \rho\left(\frac{\partial u}{\partial x}\right)\right]dx\,dy\,dz \tag{6.1.8}$$

왼쪽면 : −x방향 $-\left[\rho - \left(\frac{\partial \rho}{\partial x}\right)\frac{dx}{2}\right]\left[u - \left(\frac{\partial u}{\partial x}\right)\frac{dx}{2}\right]dy\,dz$

$$= -\rho u\,dy\,dz + \frac{1}{2}\left[u\left(\frac{\partial \rho}{\partial x}\right) + \rho\left(\frac{\partial u}{\partial x}\right)\right]dx\,dy\,dz \tag{6.1.9}$$

동일한 방법으로 y축 및 z축에 관해서도 나타내어 6개의 검사표면을 통한 질량흐름을 식 (5.3.1)의 우변 두 번째 항에 적용하여 정리하면 다음과 같다.

$$\int_{cs} \rho \vec{V} \cdot d\vec{A} = \left\{ \left[u\left(\frac{\partial \rho}{\partial x}\right) + \rho\left(\frac{\partial u}{\partial x}\right) \right] + \left[v\left(\frac{\partial \rho}{\partial y}\right) + \rho\left(\frac{\partial v}{\partial y}\right) \right] + \left[w\left(\frac{\partial \rho}{\partial z}\right) + \rho\left(\frac{\partial w}{\partial z}\right) \right] \right\} dx\,dy\,dz \tag{6.1.10}$$

또는

$$\int_{cs} \rho \vec{V} \cdot d\vec{A} = \left[\frac{\partial \rho u}{\partial x} + \frac{\partial \rho v}{\partial y} + \frac{\partial \rho w}{\partial z} \right] dx\,dy\,dz \tag{6.1.11}$$

따라서 식 (5.3.1)에 검사체적 내 질량의 시간적 변화를 나타내는 식 (6.1.2)와 검사표면을 통한 질량흐름을 나타내는 식 (6.1.11)을 적용하고 dxdydz으로 나누면 다음과 같은 연속방정식의 미분형태를 얻을 수가 있다.

$$\frac{\partial \rho}{\partial t} + \frac{\partial \rho u}{\partial x} + \frac{\partial \rho v}{\partial y} + \frac{\partial \rho w}{\partial z} = 0 \tag{6.1.12}$$

직교좌표계에서 벡터연산자 ▽(del)은 다음과 같으므로

$$\nabla = \frac{\partial}{\partial x}\hat{i} + \frac{\partial}{\partial y}\hat{j} + \frac{\partial}{\partial z}\hat{k} \tag{6.1.13}$$

식 (6.1.12)는 다음과 같이 벡터식으로 나타낼 수 있다.

$$\frac{\partial \rho}{\partial t} + \nabla \cdot \rho \vec{V} = 0 \tag{6.1.14}$$

정상류 흐름에서는 유체의 모든 특성들이 시간에 따라 변하지 않으므로 연속방정식 (6.1.12)는 다음과 같이 표현된다.

$$\frac{\partial \rho u}{\partial x} + \frac{\partial \rho v}{\partial y} + \frac{\partial \rho w}{\partial z} = 0 \tag{6.1.15}$$

또는

$$\nabla \cdot \rho \vec{V} = 0 \tag{6.1.16}$$

만일 정상류 비압축성 흐름인 경우 밀도 ρ는 일정하므로 식 (6.1.12)는 다음과 같이 표현된다.

$$\frac{\partial u}{\partial x} + \frac{\partial v}{\partial y} + \frac{\partial w}{\partial z} = 0 \tag{6.1.17}$$

또는

$$\nabla \cdot \vec{V} = 0 \tag{6.1.18}$$

예제 6.1.1

비압축성 정상류 흐름장에서의 속도성분이 다음과 같을 때 연속방정식을 만족하는 z방향의 속도성분 w를 구하라.

$u=3x^2+2y^2+z^2$, $v=2xy+4yz+z$, $w=?$

풀이

비압축성 정상류이므로 식 (6.1.17)을 적용하여 각 항을 구하면

$$\frac{\partial u}{\partial x}=6x, \qquad \frac{\partial v}{\partial y}=2x+4z$$

따라서

$$\frac{\partial w}{\partial z}=-6x-(2x+4z)=-8x-4z$$

z에 대해 적분하면

$$w=-8xz-2z^2+f(x,y)$$

여기서 적분함수 f(x,y)는 z을 w에 대해 미분하면 사라지며, w를 완전히 구하기 위해서는 추가적인 정보가 필요하다.

6.1.2 유동함수

특정한 형태의 흐름을 수학적으로 표현할 수 있으면 매우 편리하다. 수학적으로 적절한 표현은 유선(streamline) 형태의 특성과 흐름장의 대표점에서의 속도의 규모를 묘사할 수가 있다. 이러한 목적으로 이용하기 위한 수학적 표현이 유동함수(stream function) ψ이다. 유동함수는 유선과 질량보존의 법칙간의 관계를 수식화하며, 두 개의 속도성분 u(x, y, t)와 v(x, y, t)를 대체하는 하나의 수학적 함수 ψ(x, y, t)로 표현된다.

xy평면에서의 비압축성 정상류 2차원흐름에 대해 에너지방정식 (6.1.17)은 다음과 같이 나타낼 수가 있다.

$$\frac{\partial u}{\partial x}+\frac{\partial v}{\partial y}=0 \tag{6.1.19}$$

식 (6.1.19)를 만족하도록 함수 ψ(x, y)를 다음과 같이 적용해 보자.

$$\frac{\partial}{\partial x}\left(\frac{\partial \psi}{\partial y}\right)+\frac{\partial}{\partial y}\left(-\frac{\partial \psi}{\partial x}\right)=0 \tag{6.1.20}$$

식 (6.1.19)와 식 (6.1.20)을 비교해보면 함수 ψ(x, y)는 다음과 같이 정의할 수 있으며, 이를 유동함수라 한다.

$$u = \frac{\partial \psi}{\partial y} \qquad v = -\frac{\partial \psi}{\partial x} \tag{6.1.21}$$

즉, 유동함수를 연속방정식 (6.1.19)에 적용하면 질량보존의 법칙을 만족함을 알 수 있다.

$$\frac{\partial u}{\partial x} + \frac{\partial v}{\partial y} = \frac{\partial^2 \psi}{\partial x \partial y} - \frac{\partial^2 \psi}{\partial y \partial x} = 0 \tag{6.1.22}$$

이와 같이 유동함수를 정의함으로서 두 개의 속도성분 $u(x, y)$ 및 $v(x, y)$ 대신 한 개의 함수 $\psi(x, y)$를 해석하면 된다.

유동함수를 적용함으로서 유리한 점은 ψ가 일정한 선이 바로 유선이라는 것이다. 4.1.1절에서 소개한 유선의 정의에 의하면 유선은 유맥선에 포함되어 있는 각 지점에서의 속도벡터의 접선을 연결한 선을 말한다. 즉, 유선을 따르는 임의 점에서의 곡선에 대한 접선은 그 점에서의 속도벡터의 방향을 나타낸다. 유선의 정의에 따라 유선상의 임의의 한 점에서의 경사는 다음과 같다.

$$\frac{dy}{dx} = \frac{u}{v} \tag{6.1.23}$$

또는

$$udy - vdx = 0 \tag{6.1.24}$$

식 (6.1.24)에 유동함수 (6.1.21)을 적용하면

$$\frac{\partial \psi}{\partial x} dx + \frac{\partial \psi}{\partial y} dy = d\psi = 0 \tag{6.1.25}$$

따라서 유선을 따르는 ψ의 변화 $d\psi$가 0이므로 ψ는 일정함을 알 수 있다.

유선의 정의에 따르면 유선을 통과하여 흐름이 발생할 수 없으므로 2차원 비압축성 흐름장에서의 어떤 순간에 유선이 그림 6.1.2와 같이 주어진다면 유선 ψ_1과 ψ_2사이의 단면 AB, BC, DE 그리고 DF를 통과하는 유량은 일정하다. x-y 평면에 수직인 단위깊이 당 유선 ψ_1과 ψ_2사이의 체적유량 q는 단면 AB 또는 BC를 통과하는 유량을 고려함으로서 나타낼 수가 있다. 우선 단면 AB를 통과하는 단위깊이 당 유량은

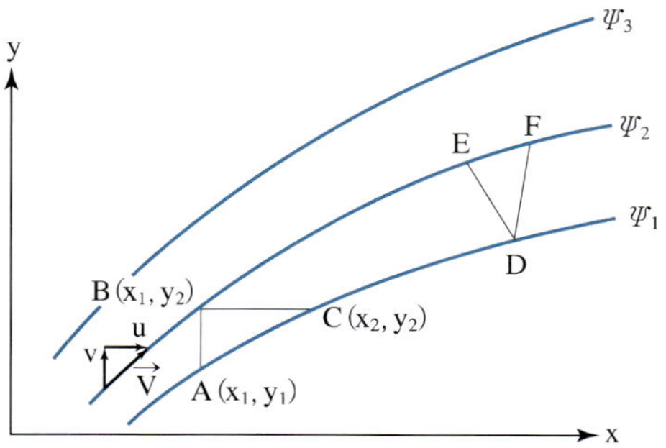

그림 6.1.2 2차원 평면에서의 순간적인 유선

$$q = \int_{y_1}^{y_2} u dy = \int_{y_1}^{y_2} \frac{\partial \psi}{\partial y} dy \tag{6.1.26}$$

단면 AB에서는 x가 일정하므로 $(\partial\psi/\partial y)dy = d\psi$가 되고, 따라서

$$q = \int_{y_1}^{y_2} \frac{\partial \psi}{\partial y} dy = \int_{\psi_1}^{\psi_2} d\psi = \psi_2 - \psi_1 \quad (6.1.27)$$

같은 방법으로 단면 BC를 통과하는 단위깊이 당 유량은

$$q = -\int_{x_1}^{x_2} v dx = -\int_{x_1}^{x_2} \frac{\partial \psi}{\partial x} dx \quad (6.1.28)$$

단면 BC에서는 y가 일정하므로 $(\partial\psi/\partial x)dx = d\psi$가 되고, 그러므로

$$q = -\int_{x_1}^{x_2} \frac{\partial \psi}{\partial x} dx = -\int_{\psi_2}^{\psi_1} d\psi = \psi_2 - \psi_1 \quad (6.1.29)$$

식 (6.1.27)과 식 (6.1.29)로부터 임의의 두 유선사이로 흐르는 유량은 두 유선을 정의하는 유동함수의 차이가 됨을 알 수 있다. 흐름의 방향은 그림 6.1.3과 같이 상부의 유선 ψ_2가 하부유선 ψ_1보다 크면 왼쪽에서 오른쪽(a)으로 흐르고, 반대로 ψ_2가 ψ_1보다 작으면 오른쪽에서 왼쪽(b)으로 흐르게 된다.

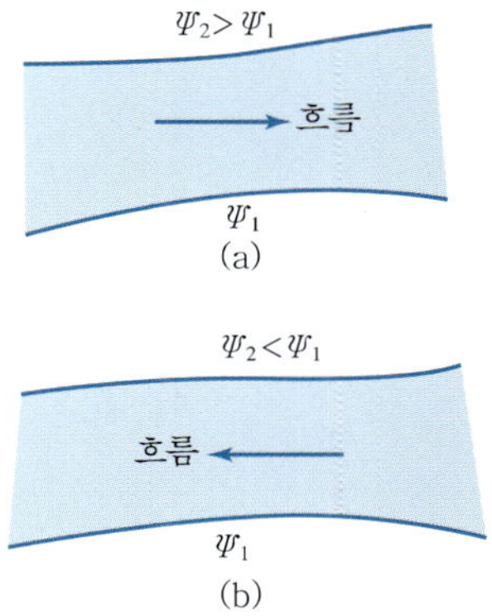

그림 6.1.3 흐름의 방향

예제 6.1.2

비압축성 정상류 2차원 흐름장에서의 속도성분이 다음과 같이 주어질 때 유동함수를 구하고, 적분상수를 0으로 하여 유선을 나타내라.

$u=2y, \qquad v=4x$

풀이

연속방정식의 만족여부를 보자

$$\frac{\partial u}{\partial x} + \frac{\partial v}{\partial y} = 0 + 0 = 0$$

따라서 유동함수가 존재함을 알 수 있다.

속도성분을 식 (6.1.21)을 이용하여 유동함수로 나타내면

$$u = \frac{\partial \psi}{\partial y} = 2y \qquad \therefore \psi = y^2 + f_1(x)$$

$$v = -\frac{\partial \psi}{\partial x} = 4x \qquad \therefore \psi = -2x^2 + f_2(y)$$

따라서 유동함수는 다음과 같다.

$$\psi = -2x^2 + y^2 + C$$

적분상수 C를 0으로 하고 유선을 나타내면 그림 6.1.4와 같다.

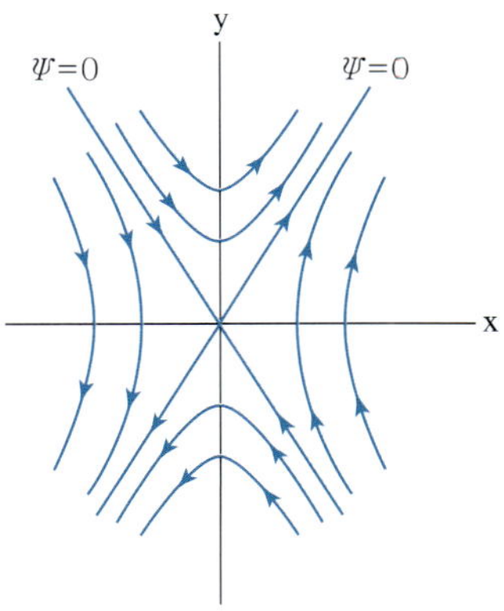

그림 6.1.4

6.2 미분형 운동량방정식

미분형태의 운동량방정식을 유도하기 위해 먼저 5.5절에서 소개한 시스템과 검사체적간의 뉴톤의 제2법칙 관계를 다시 한 번 살펴보자. 시스템에 대한 뉴톤의 제2법칙은 시스템의 운동량의 시간에 대한 변화율은 시스템에 작용하는 외력의 합과 같다는 것이다. 운동량이란 질량과 속도의 곱이므로 미소입자의 질량 ρdV가 가지는 운동량은 $\vec{V}\rho dV$가 된다. 그러므로 뉴톤의 제2법칙은 다음과 같다.

$$\frac{d}{dt}\int_{sys}\vec{V}\rho d\mathbf{V} = \Sigma\vec{F}_{sys} \tag{5.5.1}$$

식 (5.5.1)을 질량 dm인 미소유체입자에 적용하면

$$\Sigma d\vec{F}_{sys} = \left.\frac{d(\vec{V}dm)}{dt}\right|_{sys} \tag{6.2.1}$$

미소유체입자의 질량 dm이 일정하다고 가정하면

$$\Sigma d\vec{F}_{sys} = dm\left.\frac{d\vec{V}}{dt}\right|_{sys} \tag{6.2.2}$$

식 (6.2.2)에서 $d\vec{V}/dt$는 가속도 $\vec{\alpha}$와 같으므로 뉴톤의 제2법칙을 다음과 같은 벡터방정식으로 나타낼 수가 있다.

$$\Sigma d\vec{F} = dm\vec{\alpha} = dm\left(u\frac{\partial\vec{V}}{\partial x} + v\frac{\partial\vec{V}}{\partial y} + w\frac{\partial\vec{V}}{\partial z} + \frac{\partial\vec{V}}{\partial t}\right) \tag{6.2.3}$$

이와 같이 미소유체입자에 대한 운동량방정식을 해석하기 위해서는 미소입자에 작용하는 힘 $d\vec{V}$ 또는 x, y 및 z방향의 힘 dF_x, dF_y 그리고 dF_z을 알아야 한다.

6.2.1 미소유체입자에 작용하는 힘

미소유체입자에 작용하는 힘 $d\vec{F}$는 미소요소의 각 면에 작용하는 표면력(surface force) $d\vec{F}_S$와 미소요소 전체에 작용하는 물체력(body force) $d\vec{F}_B$로 구성된다. 먼저 물체력은 중력, 자력, 전위력 등에 의해 발생하는 것으로 본서에서는 중력에 의한 물체력만 고려하기로 한다. 따라서 물체력은 다음과 같이 나타낼 수 있다.

$$d\vec{F}_B = dm\,\vec{g} \qquad (6.2.4)$$

여기서 $\vec{g}$는 중력가속도를 나타내는 벡터이다. 중력가속도벡터를 x, y 및 z방향의 가속도 성분으로 구분하여 나타내면

$$dF_{Bx} = dm\,g_x \qquad (6.2.5a)$$

$$dF_{By} = dm\,g_y \qquad (6.2.5b)$$

$$dF_{Bz} = dm\,g_z \qquad (6.2.5c)$$

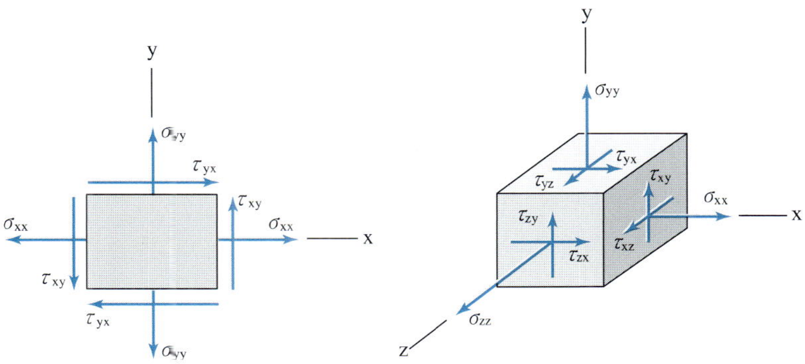

그림 6.2.1 2차원 및 3차원 미소요소에서의 응력요소

미소유체요소의 표면에 작용하는 표면력은 9개의 응력(stress)으로 나타내게 된다. 각 면에서 작용하는 응력요소를 2차원 및 3차원 미소요소에 나타낸 것이 그림 6.2.1과 같다. 응력요소는 작용면이 축 방향과 같은 방향이면 +로 나타내고, 축방향과 반대방향이면 −로 나타낸다. 또한 응력을 나타내는 아래첨자에서 첫 번째 첨자는 미소요소의 각 면에 직각인 방향의 축을 의미하고, 두 번째 첨자는 응력이 작용하는 방향을 의미한다. 예를 들어 응력요소 τ_{xy}는 x축에 직각인 면에서 y방향으로 작용하는 응력인데, 작용면이 +방향이면 작용방향도 +방향이고, 작용면이 −방향이면 작용방향도 −방향이다. 면과 수직인 방향으로 작용하는 응력요소를 법선응력(normal stress)이라 하며 σ_{xx}, σ_{yy} 및 σ_{zz}가 법선응력이다. 한편 면에 접선방향으로 작용하는 응력요소를 전단응력(shear stress)이라 하며 τ_{xy}, τ_{yx}, τ_{xz}, τ_{zx}, τ_{yz} 그리고 τ_{zy}가 전단응력요소이다.

유체의 미소요소에 작용하는 응력요소는 9개가 있음을 알았다. 이제 미분 운동량방정식을 유도하기 위해 그림 6.2.2와 같은 미소유체요소에 작용하는 힘들을 생각해보자. 그림 6.2.2에서는 x방향으로 작용하는 힘요소만 나타내었으며, 일반적으로 응력들이 흐름장의 각 지점마다 변하므로 미소요소의 중심에서의 응력에 각 방향으로 응력변화율을 고려하여 각 면에서의 힘을 나타내었다.

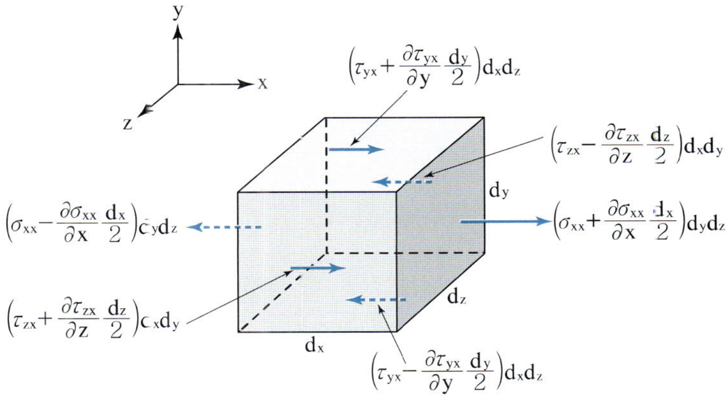

그림 6.2.2 x축 방향에 대한 표면력

6.2.2 미분 운동량방정식 유도

뉴톤의 제2법칙에 의해 미소요소에 작용하는 모든 힘들 즉, 표면력과 물체력의 합은 운동량의 변화량과 같으므로 이를 x축 방향에 대해 적용하면 다음과 같다.

$$\left(\sigma_{xx}+\frac{\partial \sigma_{xx}}{\partial x}\frac{dx}{2}\right)dydz+\left(\tau_{yx}+\frac{\partial \tau_{yx}}{\partial y}\frac{dy}{2}\right)dxdz+\left(\tau_{zx}+\frac{\partial \tau_{zx}}{\partial z}\frac{dz}{2}\right)dxdy$$
$$-\left(\sigma_{xx}-\frac{\partial \sigma_{xx}}{\partial x}\frac{dx}{2}\right)dydz-\left(\tau_{yx}-\frac{\partial \tau_{yx}}{\partial y}\frac{dy}{2}\right)dxdz \tag{6.2.6}$$
$$-\left(\tau_{zx}-\frac{\partial \tau_{zx}}{\partial z}\frac{dz}{2}\right)dxdy+\rho g_x\, dx\, dy\, dz=\rho\, dx\, dy\, dz\frac{du}{dt}$$

식 (6.2.6)의 양변을 미소요소의 질량 $\rho dxdydz$로 나누고 정리하면

$$\rho g_x+\frac{\partial \sigma_{xx}}{\partial x}+\frac{\partial \tau_{yx}}{\partial y}+\frac{\partial \tau_{zx}}{\partial z}=\rho\left(\frac{\partial u}{\partial t}+u\frac{\partial u}{\partial x}+v\frac{\partial u}{\partial y}+w\frac{\partial u}{\partial z}\right) \tag{6.2.7a}$$

같은 방법으로 y축 및 z축에 관해서 뉴톤의 제2법칙을 적용하고 정리하면 다음과 같다.

$$\rho g_y+\frac{\partial \tau_{xy}}{\partial x}+\frac{\partial \sigma_{yy}}{\partial y}+\frac{\partial \tau_{zy}}{\partial z}=\rho\left(\frac{\partial v}{\partial t}+u\frac{\partial v}{\partial x}+v\frac{\partial v}{\partial y}+w\frac{\partial v}{\partial z}\right) \tag{6.2.7b}$$

$$\rho g_z+\frac{\partial \tau_{xz}}{\partial x}+\frac{\partial \tau_{yz}}{\partial y}+\frac{\partial \sigma_{zz}}{\partial z}=\rho\left(\frac{\partial w}{\partial t}+u\frac{\partial w}{\partial x}+v\frac{\partial w}{\partial y}+w\frac{\partial w}{\partial z}\right) \tag{6.2.7c}$$

식 (6.2.7)이 유체의 일반 미분 운동방정식으로 정지하고 있거나 운동하고 있는 연속체인 유체 또는 고체에 적용할 수가 있다. 하지만 특정한 문제를 해결하기 위해 이 식을 적용하기에 앞서 응력에 대한 추가적인 정보를 알고 있어야 한다. 즉, 방정식의 수보다 모든 밀도, 속도 및 응력에 대한 미지수가 더 많다.

6.2.3 Euler 운동방정식

유체의 점성으로 인해 운동하고 있는 유체에 전단응력이 작용한다. 하지만 물과 같이 점성이 비교적 작은 유체에 대해서는 점성효과를 무시하여 전단응력을 고려하지 않음으로서 문제를 간단히 해석할 수가 있다. 이와 같이 전단응력을 무시할 수 있다고 가정하는 흐름을 비점성(inviscid, nonviscous) 흐름이라 한다. 3.3절에서 소개한 바와 같이 전단응력이 작용하지 않는 유체의 한 점

에 작용하는 법선응력은 방향과 상관이 없다. 음의 법선응력을 압력 p로 정의하면 압력은 압축 법선응력이 된다.

$$\sigma_{xx} = \sigma_{yy} = \sigma_{zz} = -p \tag{6.2.8}$$

비점성유체에서는 전단응력을 무시하고, 법선응력을 음의 압력으로 고려하므로 이러한 조건을 일반 미분 운동량방정식 (6.2.7)에 적용하면 다음과 같은 Euler의 운동량방정식을 얻을 수가 있다.

$$\rho\left(\frac{\partial u}{\partial t} + u\frac{\partial u}{\partial x} + v\frac{\partial u}{\partial y} + w\frac{\partial u}{\partial z}\right) = \rho g_x - \frac{\partial p}{\partial x} \tag{6.2.9a}$$

$$\rho\left(\frac{\partial v}{\partial t} + u\frac{\partial v}{\partial x} + v\frac{\partial v}{\partial y} + w\frac{\partial v}{\partial z}\right) = \rho g_y - \frac{\partial p}{\partial y} \tag{6.2.9b}$$

$$\rho\left(\frac{\partial w}{\partial t} + u\frac{\partial w}{\partial x} + v\frac{\partial w}{\partial y} + w\frac{\partial w}{\partial z}\right) = \rho g_z - \frac{\partial p}{\partial z} \tag{6.2.9c}$$

또는

$$\rho\frac{d\vec{V}}{dt} = \rho\vec{g} - \nabla p \tag{6.2.10}$$

정상류이며 밀도가 일정하다고 가정하고 Euler 운동량방정식 (6.2.9)를 유선을 따라 적분하면 에너지방정식인 Bernoulli방정식을 얻을 수가 있다. 3개의 미분 운동량방정식 (6.2.9)에 연속방정식을 추가하면 4개의 미분방정식을 가지게 되고, 4개의 미지수 u, v, w 및 p가 있으므로 적절한 경계 및 초기조건이 있으면 비점성, 비압축성 흐름에 대한 속도장 및 압력장의 해를 얻을 수 있다.

6.2.4 Navier-Stokes방정식

많은 유체가 응력요소와 속도경사 간에 선형관계를 보이고 있으며, 이러한 유체를 뉴톤유체(Newtonian fluid)라고 하며, 물, 기름 그리고 공기와 같은 일반적인 유체가 뉴톤유체에 속한다. 선형성외에 유체가 균등성(isotropic)을 보인다면 단지 두 가지의 유체 특성 즉, 점성 μ와 점성 제2계수 λ만을 이용하여 응력요소와 속도경사 간에 관계를 맺을 수가 있다. 구성방정식(constitutive equation)이라 불리는 응력-속도경사 관계는 다음과 같이 나타낼 수 있다.

법선응력

$$\sigma_{xx} = -p + 2\mu\frac{\partial u}{\partial x} + \lambda\nabla\cdot\vec{V} \tag{6.2.11a}$$

$$\sigma_{yy} = -p + 2\mu\frac{\partial v}{\partial y} + \lambda\nabla\cdot\vec{V} \qquad (6.2.11b)$$

$$\sigma_{zz} = -p + 2\mu\frac{\partial w}{\partial z} + \lambda\nabla\cdot\vec{V} \qquad (6.2.11c)$$

전단응력

$$\tau_{xy} = \tau_{yx} = \mu\left(\frac{\partial u}{\partial y} + \frac{\partial v}{\partial x}\right) \qquad (6.2.12a)$$

$$\tau_{yz} = \tau_{zy} = \mu\left(\frac{\partial v}{\partial z} + \frac{\partial w}{\partial y}\right) \qquad (6.2.12b)$$

$$\tau_{zx} = \tau_{xz} = \mu\left(\frac{\partial w}{\partial x} + \frac{\partial u}{\partial z}\right) \qquad (6.2.12c)$$

대부분의 가스에 있어 점성 제2계수는 점성과 다음과 같은 관계를 가지고 있는데, 이를 Stokes의 가설(hypothesis)이라 한다.

$$\lambda = -\frac{2}{3}\mu \qquad (6.2.13)$$

이와 같은 관계에 의해 세 개의 법선응력의 평균치는 음의 압력과 같게 된다.

$$p = -\frac{1}{3}(\sigma_{xx} + \sigma_{yy} + \sigma_{zz}) \qquad (6.2.14)$$

식 (6.2.11)과 식 (6.2.12)를 이용하여 $\nabla\cdot\vec{V} = 0$인 유체에 대해 식 (6.2.14)가 사실임을 보일 수가 있고, 가스에 대해 Stokes의 가설이 항상 사실임을 보일 수가 있다.

미분 운동량방정식 (6.2.7)에 구성방정식을 대입하고 Stokes의 가설을 적용하면

$$\rho\frac{du}{dt} = -\frac{\partial p}{\partial x} + \rho g_x + \mu\left(\frac{\partial^2 u}{\partial x^2} + \frac{\partial^2 u}{\partial y^2} + \frac{\partial^2 u}{\partial z^2}\right) + \frac{\mu}{3}\frac{\partial}{\partial x}\left(\frac{\partial u}{\partial x} + \frac{\partial v}{\partial y} + \frac{\partial w}{\partial z}\right) \qquad (6.2.15a)$$

$$\rho\frac{dv}{dt} = -\frac{\partial p}{\partial y} + \rho g_y + \mu\left(\frac{\partial^2 v}{\partial x^2} + \frac{\partial^2 v}{\partial y^2} + \frac{\partial^2 v}{\partial z^2}\right) + \frac{\mu}{3}\frac{\partial}{\partial y}\left(\frac{\partial u}{\partial x} + \frac{\partial v}{\partial y} + \frac{\partial w}{\partial z}\right) \qquad (6.2.15b)$$

$$\rho\frac{dw}{dt} = -\frac{\partial p}{\partial z} + \rho g_z + \mu\left(\frac{\partial^2 w}{\partial x^2} + \frac{\partial^2 w}{\partial y^2} + \frac{\partial^2 w}{\partial z^2}\right) + \frac{\mu}{3}\frac{\partial}{\partial z}\left(\frac{\partial u}{\partial x} + \frac{\partial v}{\partial y} + \frac{\partial w}{\partial z}\right) \qquad (6.2.15c)$$

여기서 균등성 유체 즉, 속도를 포함한 유체 특성이 위치에 따라 변하지 않는다는 가정을 하였다.

비압축성 흐름에 대해 구성방정식을 대입하면 식 (6.2.15)가 좀 더 간단해 진다.

$$\rho\frac{du}{dt} = -\frac{\partial p}{\partial x} + \rho g_x + \mu\left(\frac{\partial^2 u}{\partial x^2} + \frac{\partial^2 u}{\partial y^2} + \frac{\partial^2 u}{\partial z^2}\right) \tag{6.2.16a}$$

$$\rho\frac{dv}{dt} = -\frac{\partial p}{\partial y} + \rho g_y + \mu\left(\frac{\partial^2 v}{\partial x^2} + \frac{\partial^2 v}{\partial y^2} + \frac{\partial^2 v}{\partial z^2}\right) \tag{6.2.16b}$$

$$\rho\frac{dw}{dt} = -\frac{\partial p}{\partial z} + \rho g_z + \mu\left(\frac{\partial^2 w}{\partial x^2} + \frac{\partial^2 w}{\partial y^2} + \frac{\partial^2 w}{\partial z^2}\right) \tag{6.2.16c}$$

또는 벡터로 나타내면

$$\rho\frac{d\vec{V}}{dt} = -\nabla p + \rho\vec{g} + \mu\nabla^2\vec{V} \tag{6.2.17}$$

이 식이 Navier-Stokes방정식이다. 이 세 개의 미분방정식에 미분 연속방정식을 추가하여 네 개의 미분방정식을 사용하며, 네 개의 미지수 u, v, w 그리고 ρ가 있게 된다. 점성 및 밀도는 기지의 값으로 가정하는 유체의 특성이며, 적절한 경계조건과 초기조건을 이용하여 문제를 해결할 수가 있다. Navier-Stokes방정식은 비선형 편미분방정식으로 매우 복잡하여 몇 가지 예를 제외하고는 수학적으로 엄밀한 해를 얻을 수가 없지만, 해를 얻은 경우 실험결과와 잘 일치하고 있음을 보여주고 있다. 층류와 난류는 동일한 초기조건 및 경계조건을 가질 수가 있지만 그 결과는 매우 다르게 나타난다.

예제 6.2.1

다음과 같이 정상류 속도장이 주어질 때 이 흐름이 비압축성임을 보이고, 흐름의 압력경사 ∇p를 구하라. 단, 유체의 흐름에서 마찰은 없고, z축이 연직방향이며, 유체의 밀도는 $1.5 kg_o/m^3$으로 가정하라.

$$u = \frac{y}{x^2+y^2} \qquad v = \frac{-x}{x^2+y^2} \qquad w = 0$$

풀이

연속방정식에서 정상류 비압축성 흐름에 대해서는 식 (6.1.17)을 만족해야 하므로

$$\frac{\partial u}{\partial x} + \frac{\partial v}{\partial y} + \frac{\partial w}{\partial z} = 0 = \frac{\partial}{\partial x}\left(\frac{y}{x^2+y^2}\right) + \frac{\partial}{\partial y}\left(\frac{-x}{x^2+y^2}\right)$$

$$= \frac{-y(2x)}{(x^2+y^2)^2} - \frac{-x(2y)}{(x^2+y^2)^2} = \frac{1}{(x^2+y^2)^2}(-2xy+2xy) = 0$$

따라서 정상류 비압축성 흐름임을 알 수가 있다.

비압축성 흐름인 경우의 압력경사 ∇p는 Euler방정식을 이용하여 구할 수가 있다.

x, y, z방향에 대하여 Euler방정식 (6.2.9)를 적용하면

$$\frac{\partial p}{\partial x} = \rho g_x - \rho\left(\frac{\partial u}{\partial t} + u\frac{\partial u}{\partial x} + v\frac{\partial u}{\partial y} + w\frac{\partial u}{\partial z}\right) = -\rho\left(u\frac{\partial u}{\partial x} + v\frac{\partial u}{\partial y}\right)$$

$$= -1.5\left[\frac{y}{x^2+y^2}\frac{-2xy}{(x^2+y^2)^2} + \frac{-x}{x^2+y^2}\frac{(x^2+y^2)-2y^2}{(x^2+y^2)^2}\right] = \frac{1.5x}{(x^2+y^2)^2}$$

$$\frac{\partial p}{\partial y} = \rho g_y - \rho\left(\frac{\partial v}{\partial t} + u\frac{\partial v}{\partial x} + v\frac{\partial v}{\partial y} + w\frac{\partial v}{\partial z}\right) = -\rho\left(u\frac{\partial v}{\partial x} + v\frac{\partial v}{\partial y}\right)$$

$$= -1.5\left[\frac{y}{x^2+y^2}\frac{-(x^2+y^2)+x(2x)}{(x^2+y^2)^2} + \frac{-x}{x^2+y^2}\frac{2xy}{(x^2+y^2)^2}\right] = \frac{1.5y}{(x^2+y^2)^2}$$

$$\frac{\partial p}{\partial w} = \rho g_w - \rho\left(\frac{\partial w}{\partial t} + u\frac{\partial w}{\partial x} + v\frac{\partial w}{\partial y} + w\frac{\partial w}{\partial z}\right) = \rho g_z = 1.5\times(-9.81) = -14.72\text{Pa/m}$$

따라서

$$\nabla p = \frac{1.5}{(x^2+y^2)^2}(x\vec{i} + y\vec{j}) - 14.72\vec{k}\ \text{Pa/m}$$

6.3 미분형 에너지방정식

유체역학에서 대부분의 관심 있는 문제들은 온도변화(gradients)를 고려하지 않으며, 모든 지점에서 온도가 일정하다고 보고 해석하게 된다. 이러한 경우 미분 에너지방정식을 도입할 필요가 없다. 하지만 온도변화가 중요한 압축성 및 비압축성 흐름 상황에서는 미분 에너지방정식이 필요하다. 유도과정을 단순화하기 위해 점성영향을 무시할 수 있다고 가정하고 미분 에너지방정식을 유도해 보기로 한다. 많은 유체 문제에서 점성으로 인해 발생하는 전단응력이 비교적 작기 때문에 이러한 가정을 할 수가 있다. 하지만 이러한 전단응력은 위성이 지구 대기로 재진입할 때 연소되는 것과 같이 높은 온도에서는 고려해야 하며 해석에 포함시켜야 한다.

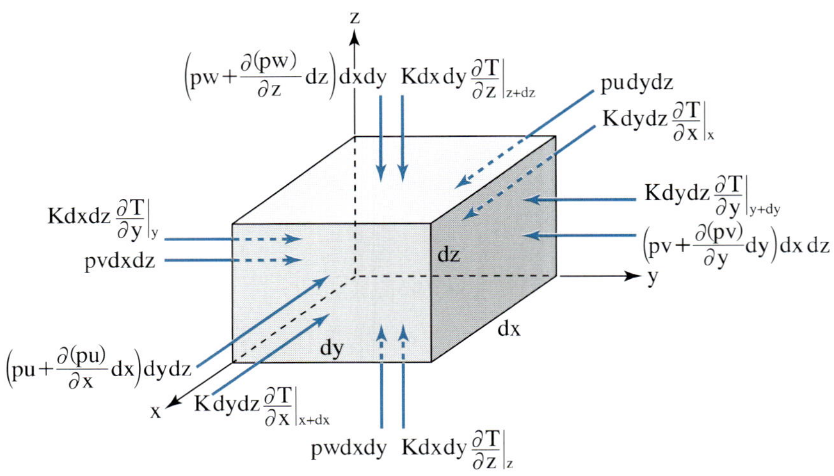

그림 6.3.1 미소유체요소에서의 열전달 및 일률

그림 6.3.1과 같은 미소유체요소를 생각해 보자. 면적 A를 통한 열전

달율은 Fouries의 열전달법칙(law of heat transfer)에 의해 다음과 같이 주어진다.

$$\dot{Q} = -KA\frac{\partial T}{\partial n} \tag{6.3.1}$$

여기서 n은 면적 A와 법선방향이고 K는 열전도도(thermal conductivity)이며 일정하다고 가정한다. 힘에 의해 행해진 일률은 힘이 작용하는 방향의 속도에 힘을 곱한 크기로 나타난다. 즉,

$$\dot{W} = pAV \tag{6.3.2}$$

여기서 V는 압력에 의한 힘 pA 방향으로의 속도이다. 유체입자에 열역학 제1법칙을 적용하면

$$\dot{Q} - \dot{W} = \frac{dE}{dt}\bigg|_{sys} \tag{5.1.4a}$$

그림 6.3.1의 미소유체요소에 포함된 입자에 대해 위와 같은 관계를 고려하여 표현하면

$$\begin{aligned} & K\,dy\,dz\left(\frac{\partial T}{\partial x}\bigg|_{x+dx} - \frac{\partial T}{\partial x}\bigg|_{x}\right) - \frac{\partial (pu)}{\partial x}dx\,dy\,dz \\ & + K\,dx\,dz\left(\frac{\partial T}{\partial y}\bigg|_{y+dy} - \frac{\partial T}{\partial y}\bigg|_{y}\right) - \frac{\partial (pv)}{\partial y}dx\,dy\,dz \\ & + K\,dx\,dy\left(\frac{\partial T}{\partial z}\bigg|_{z+dz} - \frac{\partial T}{\partial z}\bigg|_{z}\right) - \frac{\partial (pw)}{\partial z}dx\,dy\,dz \\ & = \rho\,dx\,dy\,dz\frac{d}{dt}\left(\frac{u^2+v^2+w^2}{2} + gz + \bar{u}\right) \end{aligned} \tag{6.3.3}$$

여기서 E는 운동(kinetic)에너지, 잠재(potential)에너지 그리고 내부(internal)에너지를 포함하고 있으며, z축은 연직방향이라고 가정한다. 또한 유체입자의 질량이 일정하므로 ρdxdydz은 미분밖으로 나타내었다. 양변을 dxdydz로 나누면

$$\begin{aligned} & K\left(\frac{\partial^2 T}{\partial x^2} + \frac{\partial^2 T}{\partial y^2} + \frac{\partial^2 T}{\partial z^2}\right) - \frac{\partial (pu)}{\partial x} - \frac{\partial (pv)}{\partial y} - \frac{\partial (pw)}{\partial z} \\ & = \rho\frac{d}{dt}\left(\frac{u^2+v^2+w^2}{2} + gz + \bar{u}\right) \end{aligned} \tag{6.3.4}$$

식 (6.3.4)를 다시 정리하면

$$K\left(\frac{\partial^2 T}{\partial x^2}+\frac{\partial^2 T}{\partial y^2}+\frac{\partial^2 T}{\partial z^2}\right)-p\left(\frac{\partial u}{\partial x}+\frac{\partial v}{\partial y}+\frac{\partial w}{\partial z}\right)-u\frac{\partial p}{\partial x}-v\frac{\partial p}{\partial y}-w\frac{\partial p}{\partial z}$$

$$=\rho u\frac{du}{dt}+\rho v\frac{dv}{dt}+\rho w\frac{dw}{dt}+\rho g\frac{dz}{dt}+\rho\frac{d\bar{u}}{dt} \qquad (6.3.5)$$

Euler방정식 (6.2.9)를 이와 같은 비점성 유체에 적용할 수 있으므로 다음 관계를 고려하면 식 (6.3.5)의 좌변 마지막 세 항은 우변의 처음 네 항과 같다. 즉, x, y, z 및 t 모두 독립변수이므로

$$\frac{dz}{dt}=\frac{\partial z}{\partial t}+u\frac{\partial z}{\partial x}+v\frac{\partial z}{\partial x}+w\frac{\partial z}{\partial z}=w \qquad (6.3.6)$$

미분 에너지방정식을 좀 더 간략화하여 표현하면 다음과 같다.

$$K\left(\frac{\partial^2 T}{\partial x^2}+\frac{\partial^2 T}{\partial y^2}+\frac{\partial^2 T}{\partial z^2}\right)-p\left(\frac{\partial u}{\partial x}+\frac{\partial v}{\partial y}+\frac{\partial w}{\partial z}\right)=\rho\frac{d\bar{u}}{dt} \qquad (6.3.7)$$

또는

$$\rho\frac{d\bar{u}}{dt}=K\nabla^2 T-p\nabla\cdot\vec{V} \qquad (6.3.8)$$

식 (6.3.8)를 비압축성 가스흐름에 대해 간략히 하기 전에 내부에너지 대신 다음과 같은 엔탈피(enthalpy)의 항으로 나타내기로 한다.

$$\bar{u}=h-\frac{p}{\rho} \qquad (6.3.9)$$

식 (6.1.14)를 이용하면 에너지방정식은 다음과 같이 표현할 수 있다.

$$\rho\frac{dh}{dt}=K\nabla^2 T+\frac{dp}{dt} \qquad (6.3.10)$$

이제 두가지의 특별한 경우를 고려해 보자. 먼저 액체 흐름에서 $\nabla\cdot\vec{V}=0$과 $\bar{u}=C_v T$(여기서 C_v는 비열)를 적용하여 식 (6.3.7)을 간단히 하면

$$\frac{dT}{dt}=\alpha\nabla^2 T \qquad (6.3.11)$$

여기서 α는 열확산(thermal diffusivity)으로 다음과 같다.

$$\alpha = \frac{K}{\rho C_v} \tag{6.3.12}$$

비압축성 가스흐름인 경우는 다음과 같은 흥미로운 결과를 얻을 수가 있다.

$$\left| \frac{d\rho}{dt} \right| \ll | p\nabla \cdot \vec{V} | \tag{6.3.13}$$

따라서 식 (6.3.8)과 식 (6.3.10)을 비교하면 식 (6.3.10)은 다음과 같이 간단히 나타낼 수 있다.

$$\rho C_p \frac{dT}{dt} = K\nabla^2 T \tag{6.3.14}$$

이상가스 가정을 적용하면 비압축성 가스흐름에서는

$$dh = C_v dT \tag{6.3.15}$$

만일 점성효과를 무시할 수 없으면 유도시 전단응력 요소로 인해 추가된 일을 포함시켜야 한다. 이 경우 앞에서 유도한 모든 미분 에너지방정식 (6.3.14)의 우변에 다음과 같은 소실함수(dissipation function) Φ를 추가하게 된다.

$$\Phi = 2\mu\left[\left(\frac{\partial u}{\partial x}\right)^2 + \left(\frac{\partial v}{\partial y}\right)^2 + \left(\frac{\partial w}{\partial z}\right)^2 + \frac{1}{2}\left(\frac{\partial u}{\partial y} + \frac{\partial v}{\partial x}\right)^2 + \frac{1}{2}\left(\frac{\partial v}{\partial z} + \frac{\partial w}{\partial y}\right)^2 + \frac{1}{2}\left(\frac{\partial u}{\partial z} + \frac{\partial w}{\partial x}\right)^2\right] \tag{6.3.16}$$

식 (6.3.14)의 특별한 경우로 유체가 정지하고 있거나 속도를 무시할 수 있는 경우 소실함수와 대류가속도 항은 무시할 수가 있으며 이를 열전도 방정식이라 하며 고체나 정지유체에 대해 적용할 수가 있다.

미분 에너지방정식을 적용함으로서 유체의 흐름에서 온도변화를 포함하는 문제를 해석할 수가 있게 된다. 이러한 문제들은 상태방정식(equation of state)에 의해 압력과 밀도가 온도에 영향을 받는 압축성 흐름에서 볼 수가 있다. 비압축성 유체 및 가스흐름에서는 자주 온도변화를 무시하므로 미분 에너지방정식을 적용할 필요는 없다. 하지만 열교환, 대기흐름, 호수역전, 마찰흐름, 자유대류 등과 같은 액체 흐름이나 비압축성 가스흐름에 온도장이 존재하면 에너지방정식이 필요하게 된다. 온도경사를 포함하는 액체흐름에서는 $\mu=\mu(T)$로 가정할 필요가 종종 있으며, 자유대류(free convection) 흐름에서는 $\rho=\rho(T)$로 가정해야 한다. 가스 흐름에서는 일반적으로 온도변화가 비교적 작으므로 점성이 일정하다고 가정한다.

6.3.1 Bernoulli방정식

4.4절에서 유선을 따라 움직이는 미소 유체에 뉴톤의 제2법칙을 적용하여 Euler방정식을 유도한 후 이를 바탕으로 Bernoulli방정식을 유도하였다. 본 절에서는 미분방정식으로 나타낸 Euler방정식 (6.2.9)를 이용하여 Bernoulli방정식을 유도해 보기로 한다. 식 (6.2.9)를 벡터방정식으로 나타내면 다음과 같다.

$$\rho\left[\frac{\partial \vec{V}}{\partial t}+(\vec{V}\cdot\nabla)\vec{V}\right]=\rho\vec{g}-\nabla p \tag{6.3.18}$$

흐름이 정상류라고 가정하면 식 (6.3.18)은

$$\rho(\vec{V}\cdot\nabla)\vec{V}=\rho\vec{g}-\nabla p \tag{6.3.19}$$

그림 6.3.2와 같이 연직방향을 z축으로 하면 중력가속도 벡터 $\vec{g}$는 다음과 같이 나타낼 수 있다.

$$\vec{g}=-g\nabla z \tag{6.3.20}$$

식 (6.3.19) 좌변을 정리하기 위해 다음과 같은 벡터 항등식을 이용하면

$$(\vec{V}\cdot\nabla)\vec{V}=\frac{1}{2}\nabla(\vec{V}\cdot\vec{V})-\vec{V}\times(\nabla\times\vec{V}) \tag{6.3.21}$$

다음과 같이 나타낼 수가 있다.

$$\frac{\rho}{2}\nabla(\vec{V}\cdot\vec{V})-\rho\vec{V}\times(\nabla\times\vec{V})=-\rho g\nabla z-\nabla p \tag{6.3.22}$$

식 (6.3.22)의 양변을 밀도 ρ로 나누고 정리하면

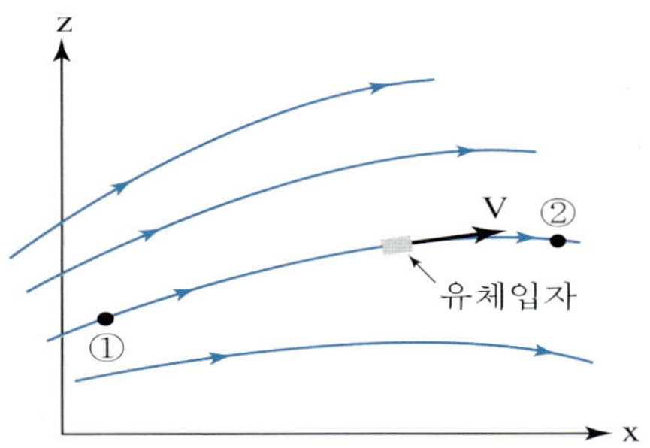

그림 6.3.2 유선을 따라 운동하는 미소 유체

$$\frac{\nabla p}{\rho}+\frac{1}{2}\nabla(V^2)+g\nabla z=\vec{V}\times(\nabla\times\vec{V}) \tag{6.3.23}$$

식 (6.3.23)에 유선을 따라 움직인 미소길이 $\vec{ds}$와 내적을 취하면 다음과 같다.

$$\frac{\nabla p}{\rho}\cdot\vec{ds}+\frac{1}{2}\nabla(V^2)\cdot\vec{ds}+g\nabla z\cdot\vec{ds}=[\vec{V}\times(\nabla\times\vec{V})]\cdot\vec{ds} \tag{6.3.24}$$

$\vec{ds}$는 유선을 따라 움직인 거리이므로 유선과 같은 방향이고, 따라서 $\vec{V}$

와 같은 방향이다. 하지만 식 (6.3.24) 우변의 $\vec{V}\times(\nabla\times\vec{V})$는 $\vec{V}$와 직각을 이루게 되므로 우변은 0이 된다. 또한

$$\nabla p\cdot\vec{ds}=\frac{\partial p}{\partial x}dx+\frac{\partial p}{\partial y}dy+\frac{\partial p}{\partial z}dz=dp \tag{6.3.25}$$

이므로 식 (6.3.24)는 다음과 같이 나타낼 수가 있다.

$$\frac{dp}{\rho}+\frac{1}{2}d(V^2)+gdz=0 \tag{6.3.26}$$

식 (6.3.26)은 식 (4.4.8)과 동일함을 알 수가 있다. 식 (6.3.26)을 적분하면

$$\frac{p}{\rho}+\frac{V^2}{2}+gz=\text{일정} \tag{4.4.10}$$

수두(head)의 형태로 표현하기 위해 양변을 중력가속도 g로 나누면

$$\frac{p}{\gamma}+\frac{V^2}{2g}+z=H \tag{4.4.11}$$

이 식이 Bernoulli의 에너지방정식으로 좌변의 첫째항은 압력수두(pressure head), 두 번째 항은 속도수두(velocity head) 그리고 마지막 항은 위치수두(potential head)라 하며, 이 세 가지의 수두를 합한 총 수두(total head)는 항상 일정함을 나타낸다.

유선상의 임의의 두 지점 ①과 ②에 Bernoulli방정식을 적용하면 다음과 같다.

$$\frac{p_1}{\gamma}+\frac{V_1^2}{2g}+z_1=\frac{p_2}{\gamma}+\frac{V_2^2}{2g}+z_2 \tag{4.4.12}$$

연습문제

6.1 비압축성 정상류 흐름장에서의 속도성분이 다음과 같을 때 연속방정식을 만족하는 z방향의 속도성분 w를 구하라.

$u=x^2+y^2+z^2$, $v=xy+yz+z$, $w=?$

6.2 비압축성 정상류 흐름장에서의 속도성분이 다음과 같을 때 연속방정식을 만족하는 z방향의 속도성분 w를 구하라.

$u=4(x^2-y^2)$, $v=?$, $w=3$

6.3 압축성 흐름장에서의 속도성분(m/s)이 다음과 같고 밀도가 $\rho=2.3\text{kg}_o/\text{m}^3$일 때 위치가 x=2, y=1인 지점에서의 밀도의 변화율은 얼마인가?

$u=200xy$, $v=200(x^2+y^2)$, $w=0$

6.4 다음과 같은 2차원 흐름장에서 연속방정식을 만족하도록 속도 u 및 v를 구하라. 단, 적분상수항은 무시하라.

1) $u=x^2y$ 2) $v=x^2y$

6.5 xy평면에서의 정상류 비압축성 흐름장에서의 x방향 속도성분이 u=A/x이고, A=2 m^2/s일 때 y방향의 속도성분 구하라.

6.6 비압축성 2차원 흐름장에서의 속도성분이 다음과 같을 때 유동함수를 구하라.

$u=x^2$, $v=-2xy+x$

6.7 비압축성 3차원 흐름장에서의 속도성분이 다음과 같을 때 유동함수를 구하라.

$x=a(x^2-y^2)$, $v=-2axy$, $w=0$

6.8 비압축성 흐름의 유동함수가 다음과 같이 주어질 때 직사각형의 꼭지점이 (x, y, z) =(2L, 0,0), (2L, 0, b), (0, L, b), (0, L, 0)인 단면을 통과하는 유량은 얼마인가?

$$\psi(x,y)=\frac{U}{L^2}(3x^2y-y^3)$$

6.9 다음과 같이 정상류 속도장이 주어질 때 이 흐름이 비압축성임을 보이고, 흐름의 압력경사 ∇p를 구하라. 단, 유체의 흐름에서 마찰은 없고, z축이 연직방향이며, 유체의 밀도는 $1.23\text{kg}_o/\text{m}^3$으로 가정하라.

$$u=\frac{10y}{x^2+y^2},\quad v=\frac{-10x}{x^2+y^2},\quad w=0$$

6.10 수평의 사각형 수로에서 모든 유선이 벽과 평행하다고 가정하고, x방향을 흐름방향으로 하여 Navier-Stokes 방정식을 간단히 나타내라.

6.11 직경 2cm의 관로에서 온도 20℃ 공기의 유속분포가 다음과 같이 주어질 때 관벽에서의 소실함수의 크기를 구하라.

$$u(r)=10(1-10{,}000r^2)\text{m/s}$$

Chapter 7

차원해석과 상사법칙

유체역학 및 수리학을 포함한 대부분의 공학적 문제의 해결은 실험을 통해 얻은 자료에 의존하는 경우가 많이 있으며, 실제 설계에서 경험적인 자료들을 필요로 한다. 따라서 이러한 자료들을 대부분 교재나 논문 등과 같은 참고문헌으로부터 찾아 볼 수가 있다. 하지만 많은 문제에 있어 흐름을 통제하는 구조물의 기하학적인 모양이나 흐름 상태 자체가 독특해 흐름 상태와 압력변화를 예측하기 위해 구조물의 모형을 다른 규모로 복제하여 특별한 실험을 필요로 할 때가 있다. 이러한 실험을 수행할 때 복제한 구조물을 모형(model), 실제 설계하려고 하는 구조물을 원형(prototype)이라 한다. 모형은 경제적인 이유로 인해 원형보다는 훨씬 작은 규모로 만들어지게 된다.

모든 실험의 목적은 실험 결과를 가능하면 광범위하게 적용할 수 있도록 하는 것이다. 이러한 목적을 달성하기 위해 한 시스템(실험실 내)에서 얻은 측정치를 다른 비슷한 시스템(실험실 외)의 거동을 설명하는데 사용하기 위해 상사성(similitude) 개념이 자주 사용된다. 실험실에서는 일반적으로 모형을 사용하여 통제된 상태에서 관심 있는 현상을 연구하게 된다. 이러한 모형실험으로부터 경험공식이 개발될 수 있으며, 유사한 시스템에 대한 하나 또는 그 이상의 특성을 예측할 수가 있게 된다. 그러기 위해서는 실험실 모형과 다른 실제 시스템 간의 관계가 수립될 필요가 있다. 본 장에서는 어떻게 이러한 관계가 체계적으로 수립되는지를 소개하기로 하고, 실험을 통해 얻은 자료를 이해하고 서로 연결지어 해석하는 것 뿐 만 아니라, 실험을 계획하고 실행하는데 중요한 기술 및 개념에 대해 소개하기로 한다.

7.1 차원해석의 필요

실험이 필요한 전형적인 유체역학 및 수리학적 문제의 예로 수평의 길고 매끈한 원형관로를 통해 흐르는 비압축성 뉴톤유체 또는 물에 대해 생각해 보자. 이러한 시스템에서 관로를 설계하는 입장에서 중요한 특성은 마찰로 인해 관로를 따라 발생하는 단위길이 당 압력강하 즉, 손실수두라 할 수 있다. 문제가 간단해 보일지 모르지만 실험 자료가 없이는 해석적으로 풀기가 곤란하다.

이러한 문제를 연구하기 위한 실험계획의 첫 번째 단계는 단위길이 당 압력강하 Δp에 영향을 미치는 인자(factor)나 변수(variable)를 결정하는 것이다. 관로 내에 물이 흐르는 상황에서 예상되는 변수나 인자들은 관의 직경 D, 물의 밀도 ρ, 물의 점성 μ 그리고 유속 V가 있다. 따라서 이들 간의 관계를 다음과 같이 나타낼 수 있다.

$$\Delta p = f(D, \rho, \mu, V) \tag{7.1.1}$$

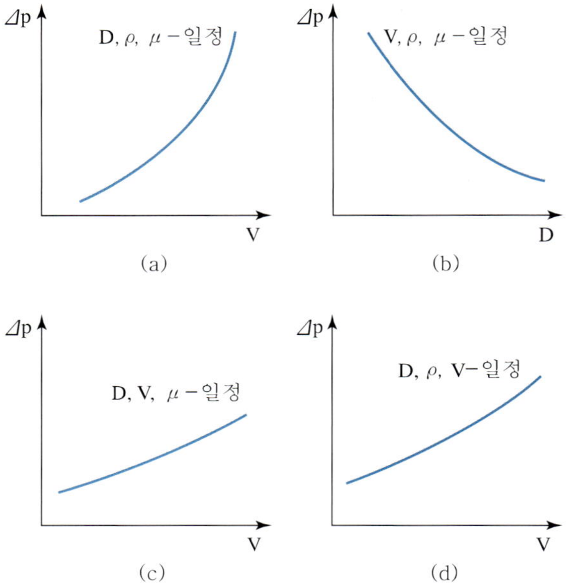

그림 7.1.1 각 변수에 따른 압력강하 곡선

즉, 단위길이 당 압력강하는 수학적으로 괄호 안에 포함된 인자들의 함수라 할 수 있다. 아직까지는 함수의 형태를 알 수가 없으며, 실험의 목적은 이러한 함수의 형태를 결정하는 것이다.

체계적이고 의미 있는 방법으로 실험을 수행하기 위해 다른 변수들은 일정하다고 가정하고 하나의 변수(예를 들어 유속)를 변경하며, 이에 상응하는 압력변화를 관측할 필요가 있다. 이러한 일련의 실험을 통해 그림 7.1.1a와 같은 곡선을 나타내는 자료를 얻을 수가 있다. 여기서 주의 할 것은 이 곡선은 특정 관로 내의 물의 흐름 조건에서만 타당하다는 것이며, 따라서 이 곡선으로는 우리가 찾고 있는 일반적인 관계식을 얻을 수가 없다는 것이다. 같은 방법으로 차례로 다른 변수들에 대해서도 반복하면 그림 7.1.1b, c 및 d를 얻게 된다.

압력강하와 이에 영향을 미치는 변수들 간의 함수적인 관계를 결정하기 위한 이러한 접근 방법은 비록 개념적으로는 논리적이지만 어려움을 내포하게 된다. 즉, 실험의 일부는 수행하기가 어렵다. 예를 들면, 그림 7.1.1c의 결과를 얻기 위해서는 물의 점성 μ를 일정하게 유지시키며 밀도 ρ를 변화시켜야 하지만 그럴 수는 없다. 마지막으로 그림 7.1.1의 네 곡선을 얻은 후에 유사한 관로 시스템에도 타당한 Δp, D, ρ, μ 그리고 V 사이의 일반적인 함수관계를 얻기 위해 어떻게 이들 곡선들을 연계시킬 것인가 하는 문제가 남게 된다.

다행히 위와 같은 어려움을 없애고 이러한 문제를 해결하기 위한 간단한 접근 방법이 있다. 다음 절에서 자세히 소개하는 바와 같이 그림 7.1.1과 같은 원래의 변수들을 이용하기 보다는 무차원 변수(dimensionless parameter)로 불리는 다음과 같은 두 개의 무차원으로 나타낸 변수를 이용하는 것이다.

$$\frac{D\Delta p}{\rho V^2} = \phi\left(\frac{\rho V D}{\mu}\right) \tag{7.1.2}$$

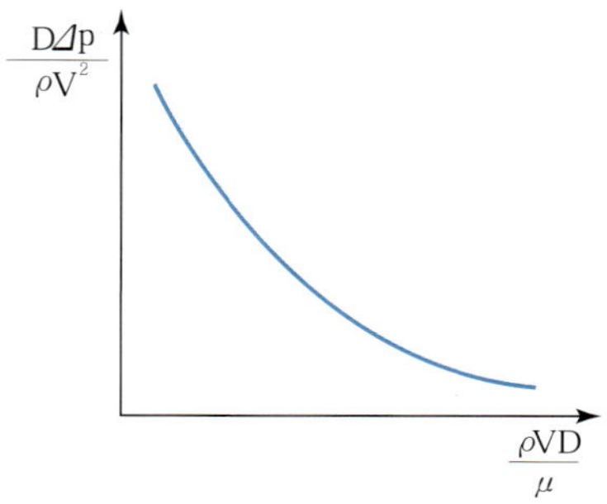

그림 7.1.2 무차원 변수를 사용한 압력강하 자료 곡선

따라서 다섯 개의 변수를 사용하기 보다는 오직 두 개의 변수만을 사용하게 된다. 이제 필요한 실험은 단순히 무차원 변수 $\rho VD/\mu$를 지속적으로 변화시키며 이에 상응하는 $D\Delta p/\rho V^2$을 결정하면 된다. 이러한 실험결과 그림 7.1.2와 같은 일반적인 단일 곡선을 얻게 된다. 이 곡선은 매끈한 관로 내 비압축성 뉴톤유체

에 적용할 수 있다. 이 곡선을 얻기 위해 편리한 크기의 관로와 다루기 쉬운 유체를 결정하기만 하면 된다. 다른 크기의 관로나 유체를 사용하지 않고 실험을 훨씬 쉽고 간단하며 그리고 저렴하게 할 수 있다.

이와 같은 단순함의 바탕에는 관련된 변수들의 차원에 대한 고려가 내포되어 있다. 1장에서 설명한 바와 같이 물리량의 정성적인 표현은 질량 M, 길이 L 그리고 시간 T(MLT계 차원)와 같은 기본 차원의 항으로 나타내게 된다. 또는 다음과 같은 뉴톤의 제2법칙에 의해 힘 F, 길이 L 그리고 시간 T(FLT계 차원)로 나타낼 수도 있다.

$$[F] = [MLT^{-2}] \tag{7.1.3}$$

관로 내 흐름에서 관련된 변수들의 차원은 $\Delta p=[FL^{-3}]$, $D=[L]$, $\rho=[FL^{-4}T^2]$, $\mu=[FL^{-2}T]$ 그리고 $V=[LT^{-1}]$이다. 식 (7.1.2)에서 사용한 무차원 변수들의 차원들은 다음과 같이 무차원 곱으로 나타나게 된다.

$$\frac{D\Delta p}{\rho V^2} = \frac{[L][FL^{-3}]}{[FL^{-4}\ T^2][LT^{-1}]^2} = [F^0L^0T^0] \tag{7.1.4}$$

$$\frac{\rho VD}{\mu} = \frac{[FL^{-4}T^2][LT^{-1}][L]}{[FL^{-2}T]} = [F^0L^0T^0] \tag{7.1.5}$$

변수들을 다섯 개에서 두 개로 줄였을 뿐만 아니다. 두 개의 두차원 변수는 변수들의 무차원 조합으로 이루어져 있다. 이것은 그림 7.1.2의 형태로 나타낸 결과는 사용하기 위해 선택한 단위체계와 상관이 없다는 것을 의미한다. 이러한 해석을 차원해석(dimensional analysis)이라 하며, 차원해석을 광범위한 문제에 적용하기 위한 기본 방법이 Buckingham의 Π-정리(pi theorem)이다.

7.2 Buckingham의 Π-정리

앞에서와 같은 상황에서 원래의 관련 변수들을 얼마나 많은 무차원 변수들로 대체해야 하는가에 대한 기본적인 문제가 발생한다. 이러한 문제에 대한 답변은 차원해석의 기본 이론에 의하면 다음과 같다.

'만일 n개의 변수가 포함된 식이 차원적으로 동일(dimensionally homogeneous)하면 n−r개의 서로 독립적인 무차원 변수들 간의 관계로 줄일 수가 있다. 이때 r은 변수들을 나타내는데 필요한

최소 참조(reference)차원의 수이다.'

무차원 변수는 Π항이라고도 하며 이러한 정리를 Buckingham의 Π-정리라고 한다. Π-정리는 1장에서 소개한 차원의 동차성 개념에 기본을 두고 있다. n개의 변수가 포함된 물리적으로 타당한 함수관계를 생각해보자. 즉,

$$A_1 = f(A_2, A_3, A_4, \cdots, A_n) \tag{7.2.1}$$

식 (7.2.1)의 왼쪽 항과 오른쪽 항의 차원은 동일하다. 이러한 함수관계를 정리하여 무차원 변수(Π항)들로 나타내면

$$\Pi_1 = \phi(\Pi_2, \Pi_3, \Pi_4, \cdots, \Pi_{n-r}) \tag{7.2.2}$$

필요한 Π항의 개수는 처음의 n개 변수에서 r개가 줄어든 n−r개가 되며, 여기서 r은 원래의 변수들을 나타내는데 필요한 참조차원의 최소 개수로 결정된다. 일반적으로 변수들을 나타내는데 필요한 기본차원은 M, L, T 또는 F, L, T가 된다. 하지만 어떤 경우에는 두 개의 기본차원 L과 T가 필요하거나, L만 필요한 경우도 있다. 또한 한 변수가 몇 개의 기본변수들의 조합으로 나타날 수도 있다. 예를 들어 M/T^2과 L로 나타날 경우 참조차원의 수는 r=2가 된다.

7.2.1 Π항의 결정

차원해석에서 무차원 변수 또는 Π항을 결정하기 위한 여러 가지 방법이 있다. 본 절에서는 독립변수들인 무차원 변수들을 체계적으로 결정하는 반복변수방법(method of repeating variables)을 7.1절에서 소개한 내용에 대해 적용하며 설명하기로 한다.

① 1단계 – 관련 변수들의 결정 : 문제 해결을 위해 관련된 변수들을 결정하는 것은 어렵고도 중요하다. 만일 변수들을 잘못 포함시키거나 누락시키면 잘못된 차원해석 결과를 초래한다. 일반적으로 포함되어야 할 변수들로는 7.1절의 예를 들면 시스템의 기하학적인 상태를 나타내는 변수들(관로의 직경 등), 유체의 특성을 나타내는 변수들(점성 등) 그리고 시스템에 영향을 미치는 외적효과들(압력강하 등)이 있다.

$$\Delta p = f(D, \rho, \mu, V) \tag{7.2.3}$$

이때 관련 변수들을 최소화해야 실험량을 줄일 수가 있으며, 모든 변수들은 서로 독립적이어야 한다. 예를 들어, 관로의 단면적이 중요한 변수가 될 수 있으며 이 경우 단면적 또는 직경이 사용될 수가 있지만 포함된 변수들이 서로 독립적이어야 하므로 이 둘을 동시에 포함시켜서는 안 된다. 마찬가지로 물의 밀도 ρ와 단위중량 γ도 중요한 변수이지만 $\gamma=\rho g$이므로 서로

독립적이 아니어서 하나만 포함시킨다.

② 2단계 – 각 변수들의 차원 표시 : 수리학에서 사용하는 기본차원은 M, L, T 또는 F, L, T이다. 이들 간의 관계는 뉴톤의 제2법칙에 의해 $[F]=[MLT^{-2}]$의 관계가 있으며 자세한 내용은 1장에서 소개하였다. 따라서 앞에서 결정한 각 변수들을 [FLT]계 차원으로 나타내면 다음과 같다.

$$
\begin{aligned}
&[\Delta p] = [FL^{-3}] \\
&[D] = [L] \\
&[\rho] = [FL^{-4}T^{2}] \qquad (7.2.4) \\
&[\mu] = [FL^{-2}T] \\
&[V] = [LT^{-1}]
\end{aligned}
$$

③ 3단계 – 무차원 변수수의 결정 : 무차원 변수의 수는 앞에서 설명한 Buckingham의 Π–정리로부터 n–r로 결정하며, 여기서 n은 관련 변수의 수, r은 이 변수들을 나타내기 위한 참조차원의 수이다. 참조차원은 보통 기본차원에 상응하며 2단계에서 나타낸 차원을 검토하여 결정한다. 압력강하에 대한 예를 들면 관련변수의 수는 n=5이고, 참조차원의 수는 r=3이므로 무차원 변수의 수는 5–3=2가 된다.

④ 4단계 – 반복변수의 결정 : 반복변수(repeating variable)의 수는 3단계에서 결정한 참조차원의 수와 같도록 결정한다. 이때 참조차원에 포함된 차원들이 모두 반복변수 안에 포함되어야 하고, 각 반복변수들은 독립된 차원을 가져야 한다. 즉, 한 반복변수의 차원은 나머지 반복변수들의 조합으로 나타낼 수 있으면 안 된다. 분석에 필요한 모든 변수들 중에서 참조차원의 수만큼 반복변수를 선택하여 이들 반복변수와 나머지 변수들을 조합하여 무차원 변수인 Π항을 만들게 된다. 압력강하에 대한 경우 참조차원의 수가 r=3이므로 모든 관련변수들 Δp, D, ρ, μ 그리고 V중에서 3개의 반복변수를 선택하게 된다. 따라서 반복변수로 D, ρ 및 V를 선택하였으며 이들은 모두 차원적으로 독립이다.

⑤ 5단계 – 무차원 변수의 구성 : 선택된 3개의 반복변수의 지수승에 나머지 변수 중 하나를 곱해 무차원 변수를 구성한다. 이들이 무차원이 되도록 지수승을 결정하여 무차원 변수 Π항을 결정한다. 압력강하에 대한 경우 다음과 같은 두 개의 무차원 변수로 나타낼 수 있다.

$$\Pi_1 = \Delta p D^{x_1} V^{y_1} \rho^{z_1} \qquad (7.2.5)$$

$$\Pi_2 = \mu D^{x_2} V^{y_2} \rho^{z_2} \qquad (7.2.6)$$

양변이 무차원이라는 조건을 이용하여 지수승 x_i, y_i 및 z_i를 결정한다. 먼저 첫 번째 무차원 변수 Π_1에 대해 적용하면

$$[FL^{-3}][L]^{x_1}[LT^{-1}]^{y_1}[FL^{-4}T^2]^{z_1} = [F^oL^oT^o] \tag{7.2.7}$$

왼쪽의 각 기본차원의 지수승이 0이 되어야 오른쪽의 무차원과 동일하게 되므로 각 기본차원별로 지수승이 0이 되도록 나타내면

$$\begin{aligned} [F] &: \quad 1 + z_1 = 0 \\ [L] &: \quad -3 + x_1 + y_1 - 4z_1 = 0 \\ [T] &: \quad -y_1 + 2z_1 = 0 \end{aligned} \tag{7.2.8}$$

이 식들을 연립하여 풀면 x_1=1, y_1=-2 그리고 z_1=-1이 된다. 즉, 첫 번째 무차원 변수는 다음과 같이 나타낼 수가 있다.

$$\Pi_1 = \Delta p D^1 V^{-2} \rho^{-1} = \frac{\Delta p D}{\rho V^2} \tag{7.2.9}$$

같은 방법으로 두 번째 무차원 변수 Π_2에 대해 적용하면

$$[FL^{-2}T][L]^{x_2}[LT^{-1}]^{y_2}[FL^{-4}T^2]^{z_2} = [F^oL^oT^o] \tag{7.2.10}$$

따라서

$$\begin{aligned} [F] &: \quad 1 + z_2 = 0 \\ [L] &: \quad -2 + x_2 + y_2 - 4z_2 = 0 \\ [T] &: \quad 1 - y_2 + 2z_2 = 0 \end{aligned} \tag{7.2.11}$$

이 식들을 연립하여 풀면 x_1=-1, y_1=-1 그리고 z_1=-1이 된다. 즉, 두 번째 무차원 변수는 다음과 같이 나타낼 수가 있다.

$$\Pi_2 = \mu D^{-1} V^{-1} \rho^{-1} = \frac{\mu}{D V \rho} \tag{7.2.12}$$

⑥ 6단계 – 무차원 변수의 차원 확인 : 무차원 변수가 제대로 구성되어 있는지 확인하기 위해 각 무차원 변수의 차원이 0인지 확인한다. 차원확인을 위해서는 간단히 각 무차원 변수에 포함된 차원을 적용하여 비교하면 된다. 압력강하에 대한 경우 5단계에서 구성한 두 개의 무차원 변수의 차원을 비교하면 차원이 0이 되어 제대로 무차원 변수를 얻었음을 알 수 있다.

$$\frac{\Delta pD}{\rho V^2} = \frac{[FL^{-3}][L]}{[FL^{-4}T^2][LT^{-1}]^2} = [F^0 L^0 T^0] \quad (7.2.13)$$

$$\frac{\mu}{\rho VD} = \frac{[FL^{-2}T]}{[FL^{-4}T^2][LT^{-1}][L]} = [F^0 L^0 T^0] \quad (7.2.14)$$

⑦ 7단계 – 무차원 변수간의 함수결정 : 마지막으로 5단계에서 얻은 무차원 변수들 간의 함수를 나타내고 이들이 어떠한 의미를 갖는지 분석한다. 일반적인 이들의 함수관계는 다음과 같이 나타낸다.

$$\Pi_1 = \phi(\Pi_2,\ \Pi_3,\ \Pi_4,\ \cdots,\ \Pi_{n-r}) \quad (7.2.2)$$

여기서 Π_1의 분자에 종속변수(예 : 단위길이 당 압력강하)가 포함되어 있어야 한다. 따라서 관련된 모든 변수를 고려할 필요 없이 무차원 변수만을 고려하여 분석하면 된다. 이상이 차원해석을 하는 과정이고 무차원 변수간의 실제적인 함수관계는 실험을 통해 결정 한다.

압력강하에 대한 경우 무차원 변수간의 관계는 다음과 같이 나타낼 수 있다.

표 7.2.1 자주사용되는 무차원 변수들

무차원그룹	이름	힘과의 관계	적용부분
$\frac{\rho Vl}{\mu}$	Reynolds number, R_e	$\frac{관성력}{점성력}$	모든 종류의 유체역학문제에 중요
$\frac{V}{\sqrt{gl}}$	Froude number, F_r	$\frac{관성력}{중력}$	자유 수표면 흐름
$\frac{p}{\rho V^2}$	Euler number, E_u	$\frac{압력}{관성력}$	압력 또는 압력변화에 관련된 문제
$\frac{\rho V^2}{E_v}$	Cauchy number*,C_a	$\frac{관성력}{압축력}$	유체의 압축성과 관련된 흐름
$\frac{V}{c}$	Mach number*, M_a	$\frac{관성력}{압축력}$	유체의 압축성과 관련된 흐름
$\frac{\omega l}{V}$	Strouhal number, S_t	$\frac{국지관성력}{대류관성력}$	진동의 특성을 가진 부정류
$\frac{\rho V^2 l}{\sigma}$	Weber number, W_e	$\frac{관성력}{표면장력}$	표면장력과 관련된 문제

변수: g–중력가속도, E_v–체적 탄성계수, l–특성길이, ρ–밀도, ω–흐름의 진동빈도, p–압력, c–음속, σ–표면장력, V–유속, μ–점성계수

* Cauchy수와 Mach수는 관련이 있으며 관성과 압축력의 상대적인 영향을 나타내는 지표로 사용된다.

$$\frac{\Delta p D}{\rho V^2} = \phi\left(\frac{\mu}{D V \rho}\right) \tag{7.2.15}$$

만일 필요하다면 무차원 변수는 재배열 할 수도 있다. 즉 두 번째 무차원 변수는 역을 취하여 다음과 같이 나타내도 된다.

$$\Pi_2 = \frac{\rho V D}{\mu} \tag{7.2.16}$$

이는 관수로 흐름에서 많이 다룬 잘 알려진 Reynolds수가 된다. 따라서 무차원 변수간의 함수는 다음과 같이 나타낼 수 있다.

$$\frac{\Delta p D}{\rho V^2} = \phi'\left(\frac{\rho V D}{\mu}\right) \tag{7.2.17}$$

지금까지 차원해석방법에 대해 알아보았다. 차원해석을 실시할 때 무차원 변수들의 함수로 나타내게 되는데 수리학에서 많이 사용하는 무차원 변수 형태를 알고 있으면 무차원 변수를 구성하는데 도움이 된다. 이러한 무차원 변수들이 표 7.2.1에 나타나 있다.

예제 7.2.1

관수로 내 마찰에 대한 차원해석을 실시하라. 관로 내 마찰 τ_o와 관련 있는 변수로는 관로의 직경 D, 유체의 밀도 ρ, 점성계수 μ, 관내의 평균유속 V 그리고 관내의 조도 ε이 있다.

풀이

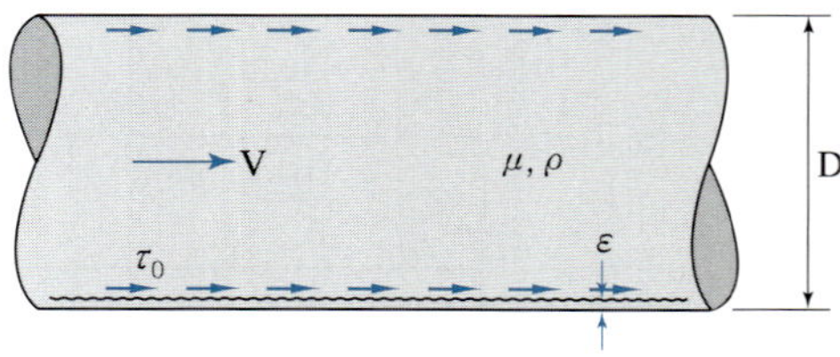

그림 7.2.1

① 1단계 : 관련변수들의 함수를 나타낸다. 문제에서 관련된 변수들을 제시하였으므로 이들을 다음과 같이 나타낼 수 있다.

$$\tau_o = f(V, D, \rho, \mu, \varepsilon)$$

② 2단계 : 각 변수들의 차원을 표시한다.

$$[\tau_o] = [ML^{-1}T^{-2}], \quad [V] = [LT^{-1}], \quad [D] = [L]$$

$$[\rho] = [ML^{-3}], \quad [\mu] = [ML^{-1}T^{-1}], \quad [\varepsilon] = [L]$$

③ 3단계 : 무차원 변수 수를 결정한다. 사용되는 변수들의 수가 n=6이고, 기본차원의 수가 r=3이므로, 무차원 변수의 수는 6-3=3개가 된다.

④ 4단계 : 반복변수를 결정한다. 기본차원의 수가 3개이므로 반복변수도 3개로 결정하며 서로 차원적으로 독립인 V, D 및 ρ를 선택한다.

⑤ 5단계 : 무차원 변수를 구성한다. 반복변수를 V, D 및 ρ로 택하였으므로 이들의 지수승에 나머지

변수들을 곱해 무차원 변수를 구성한다.

$$\Pi_1 = \tau_o V^{x_1} D^{y_1} \rho^{z_1}$$

$$\Pi_2 = \mu V^{x_2} D^{y_2} \rho^{z_2}$$

$$\Pi_3 = \varepsilon V^{x_3} D^{y_3} \rho^{z_3}$$

첫 번째 무차원 변수 Π_1의 차원이 0이므로 이를 이용하여 x_1, y_1 및 z_1을 구한다.

$$[M^o L^o T^o] = [ML^{-1}T^{-2}][LT^{-1}]^{x_1}[L]^{y_1}[ML^{-3}]^{z_1}$$

따라서

$$[M]: \quad 1 + z_1 = 0$$

$$[L]: \quad -1 + x_1 + y_1 - 3z_1 = 0$$

$$[T]: \quad -2 - x_1 = 0$$

이들을 연립하여 풀면 $x_1=-2$, $y_1=0$ 그리고 $z_1=-1$이 되므로 Π_1은 다음과 같다.

$$\Pi_1 = \tau_o V^{-2} D^0 \rho^{-1} = \frac{\tau_o}{\rho V^2}$$

같은 방법으로 두 번째 무차원 변수 Π_2에 대해서는

$$[M^o L^o T^o] = [ML^{-1}T^{-1}][LT^{-1}]^{x_2}[L]^{y_2}[ML^{-3}]^{z_2}$$

$$[M]: \quad 1 + z_2 = 0$$

$$[L]: \quad -1 + x_2 + y_2 - 3z_2 = 0$$

$$[T]: \quad -1 - x_2 = 0$$

따라서 $x_2=-1$, $y_2=-1$ 및 $z_2=-1$이 되므로 Π_2는 다음과 같다.

$$\Pi_2 = \mu V^{-1} D^{-1} \rho^{-1} = \frac{\mu}{\rho VD}$$

같은 방법으로 세 번째 무차원 변수 Π_3에 대하서는

$$[M^o L^o T^o] = [L][LT^{-1}]^{x_3}[L]^{y_3}[ML^{-3}]^{z_3}$$

$$[M]: \quad z_3 = 0$$

$$[L]: \quad 1 + x_3 + y_3 - 3z_3 = 0$$

$$[T]: \quad -x_3 = 0$$

따라서 $x_3=0$, $y_3=-1$ 그리고 $z_3=0$이 되므로 Π_3는 다음과 같다.

$$\Pi_3 = \varepsilon V^0 D^{-1} \rho^0 = \frac{\epsilon}{D}$$

⑥ 6단계 : 무차원 변수들의 차원을 확인한다.

$$\frac{\tau_o}{\rho V^2} = \frac{[ML^{-1}T^{-2}]}{[ML^{-3}][LT^{-1}]^2} = [M^oL^oT^o]$$

$$\frac{\mu}{\rho VD} = \frac{[ML^{-1}T^{-1}]}{[ML^{-3}][LT^{-1}][L]} = [M^oL^oT^o]$$

$$\frac{\varepsilon}{D} = \frac{[L]}{[L]} = [M^oL^oT^o]$$

⑦ 7단계 : 무차원 변수간의 함수를 나타낸다. 무차원 변수의 역수를 적용해도 되므로 Reynolds수의 역을 취해 무차원 변수들간의 관계를 나타내면

$$\frac{\tau_o}{\rho V^2} = \phi\left(\frac{\rho VD}{\mu},\ \frac{\varepsilon}{D}\right)$$

이를 8.4.2절에서 소개할 마찰손실계수 f로 나타내면

$$\frac{8\tau_o}{\rho V^2} = f = \phi'\left(R_e,\ \frac{\varepsilon}{D}\right) \tag{8.4.11}$$

따라서 마찰손실계수 f는 Reynolds수 R_e와 상대조도 ε/D의 함수로 나타낼 수 있으며 실험을 통해 이들 간의 관계를 나타낸 것이 Moody도표로 8.4.3절에서 자세히 소개하기로 한다.

예제 7.2.2

수중의 구형물체에 작용하는 항력 F_D에 대해 차원해석을 실시하라. 항력은 유속 V, 물의 밀도 ρ 및 점성 μ 그리고 구의 직경 D에 의해 영향을 받는다.

풀이

① 1단계 : 관련된 변수들을 다음과 같이 나타낼 수 있다.

$$F_D = f(V, \rho, \mu, D)$$

② 2단계 : 각 변수들의 차원은 다음과 같다.

$[F_D] = [MLT^{-2}]$, $[V] = [LT^{-1}]$, $[\rho] = [ML^{-3}]$,

$[\mu] = [ML^{-1}T^{-1}]$, $[D] = [L]$

③ 3단계 : 사용되는 변수들의 수가 n=5이고, 기본차원의 수가 r=3이므로, 무차원 변수의 수는 5−3=2개가 된다.

④ 4단계 : 기본차원의 수가 3개이므로 반복변수로 V, D 및 ρ를 선택한다.

⑤ 5단계 : 무차원 변수는 다음과 같다.

$$\Pi_1 = F_D V^{x_1} D^{y_1} \rho^{z_1}$$

$$\Pi_2 = \mu V^{x_2} D^{y_2} \rho^{z_2}$$

첫 번째 무차원 변수 Π_1의 차원이 0이므로 이를 이용하여 x_1, y_1 및 z_1을 구한다.

$$[M^oL^oT^o]=[MLT^{-2}][LT^{-1}]^{x_1}[L]^{y_1}[ML^{-3}]^{z_1}$$

따라서

$$[M]: \quad 1+z_1=0$$
$$[L]: \quad 1+x_1+y_1-3z_1=0$$
$$[T]: \quad -2-x_1=0$$

이들을 연립하여 풀면 $x_1=-2$, $y_1=-2$ 그리고 $z_1=-1$이 되므로 Π_1은 다음과 같다.

$$\Pi_1=F_DV^{-2}D^{-2}\rho^{-1}=\frac{F_D}{\rho V^2D^2}$$

같은 방법으로 두 번째 무차원 변수 Π_2에 대해서는

$$[M^oL^oT^o]=[ML^{-1}T^{-1}][LT^{-1}]^{x_2}[L]^{y_2}[ML^{-3}]^{z_2}$$

$$[M]: \quad 1+z_2=0$$
$$[L]: \quad -1+x_2+y_2-3z_2=0$$
$$[T]: \quad -1-x_2=0$$

따라서 $x_2=-1$, $y_2=-1$ 그리고 $z_2=-1$이 되므로 Π_2는 다음과 같다.

$$\Pi_2=\mu V^{-1}D^{-1}\rho^{-1}=\frac{\mu}{\rho VD}$$

⑥ 6단계 : 무차원 변수들의 차원을 확인한다.

$$\frac{F_D}{\rho V^2D^2}=\frac{[MLT^{-2}]}{[ML^{-3}][LT^{-1}]^2[L]^2}=[M^oL^oT^o]$$

$$\frac{\mu}{\rho VD}=\frac{[ML^{-1}T^{-1}]}{[ML^{-3}][LT^{-1}][L]}=[M^oL^oT^o]$$

⑦ 7단계 : 무차원 변수간의 함수를 나타낸다. 무차원 변수의 역수를 적용해도 되므로 Reynolds수의 역을 취해 무차원 변수들간의 관계를 나타내면

$$\frac{F_D}{\rho V^2D^2}=\phi\left(\frac{\rho VD}{\mu}\right)$$

따라서 항력으로 표현하면

$$F_D=\phi(R_e)\rho V^2D^2=C_DA\frac{\rho V^2}{2}$$

여기서 C_D는 항력계수로 $8\phi(R_e)/\pi$이며, A는 구의 흐름방향에 대한 투영면적이다.

7.3 수리학적 상사법칙

해석적인 방법으로만 원하는 정보를 얻을 수 없을 경우 수리모형실험이 필요하며, 이때 수리학적 상사법칙(rule of similitude)이 적용된다. 상사(similitude)는 모형(model)의 관측으로부터 원형(prototype)의 성능을 예측하는 이론이라 할 수 있다. 상사법칙은 모형설계, 모형구축, 실험의 영향 또는 기본적인 이론으로는 획득할 수 없는 결과 분석 등을 결정할 때 필요하다.

수리학 분야에서 댐 여수로(spillway)의 흐름 상태를 예측하기 위해 모형실험이 사용된다. 또한 하천에서의 유사(sediment)의 이동분석뿐 만 아니라, 홍수통제구조물 등을 설계하기 위해 하천모형실험을 실시하기도 한다. 이와 같은 모형실험으로부터 얻은 결과를 원형인 경우로 변환하여 해석하게 되며, 이때 모형과 원형간에 기하학적 상사(geometric similitude), 운동학적 상사(kinematic similitude) 그리고 동력학적 상사(dynamic similitude)가 성립하여야 한다.

7.3.1 기하학적 상사

가장 기본적이며 분명히 지켜져야 할 상사는 모형이 원형과 기하학적으로 정확한 복제물이어야 한다는 것이다. 만일 10:1의 축척으로 모형을 제작한다면 모형의 선형차원이 원형의 1/10이 되어야 한다. 그림 7.3.1과 같이 모형과 원형이 기하학적 상사가 성립하려면 다음 조건을 만족해야 한다.

$$\frac{L_p}{L_m} = \frac{W_p}{W_m} = \frac{c_p}{c_m} = L_r \tag{7.3.1}$$

여기서 L, W 및 c는 모형(m)과 원형(p)간의 특정 선형차원이고, L_r은 모형과 원형간의 축척비이다. 기하학적인 상사가 성립하면 길이뿐 만 아니라 면적 및 체적도 상사가 성립되며, 길이 축척비로 나타내면 다음과 같다.

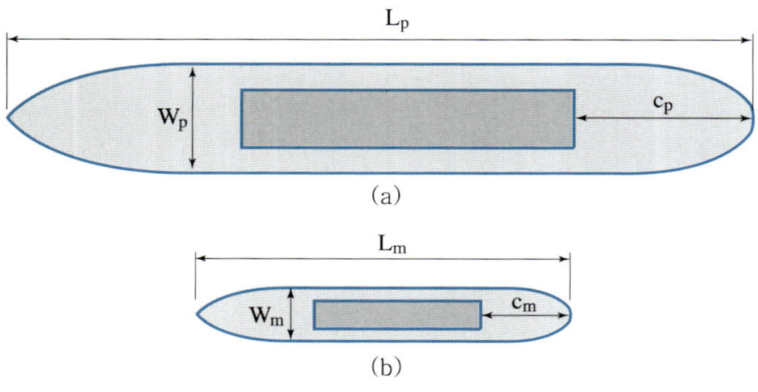

그림 7.3.1 기하학적 상사

$$\frac{L_p}{L_m} = L_r \tag{7.3.2}$$

$$A_r = \frac{A_p}{A_m} = \frac{L_p^2}{L_m^2} = L_r^2 \tag{7.3.3}$$

$$V_r = \frac{V_p}{V_m} = \frac{L_p^3}{L_m^3} = L_r^3 \tag{7.3.4}$$

예제 7.3.1

개수로 모형실험을 하기 위해 모형을 10:1의 축척으로 복제하였다. 실험결과 유량이 $0.1m^3/s$이면 실제 흐름에서의 유량은 얼마인가.

풀이

원형과 모형간의 유량비는

$$Q_r = \frac{Q_p}{Q_m} = \left(\frac{A_p}{A_m}\right)\left(\frac{V_p}{V_m}\right) = \left(\frac{L_p^2}{L_m^2}\right)\left(\frac{L_p/T_p}{L_m/T_m}\right) = \left(\frac{L_p}{L_m}\right)^3\left(\frac{T_m}{T_p}\right)$$

원형과 모형간의 시간은 동일하므로

$$\frac{Q_p}{Q_m} = \left(\frac{L_p}{L_m}\right)^3 = 10^3 = 1{,}000$$

따라서 실제흐름에서의 유량은

$$Q_p = 0.1 \times 1{,}000 = 100m^3/s$$

7.3.2 운동학적 상사

모형과 원형간의 상사가 성립하려면 운동학적 상사도 성립해야 한다. 모형과 원형간에 동일한 지점에서 두 흐름의 방향이 같고 크기가 일정한 축척으로 같다면 흐름의 운동학적 상사가 성립한다고 한다. 따라서 형태도 같은 축척비로 일치하게 된다. 운동학적 상사와 관련된 물리량은 속도 (V), 가속도(α), 유량(Q), 각변위(θ), 각속도(N) 그리고 각가속도(ω) 등이 있다.

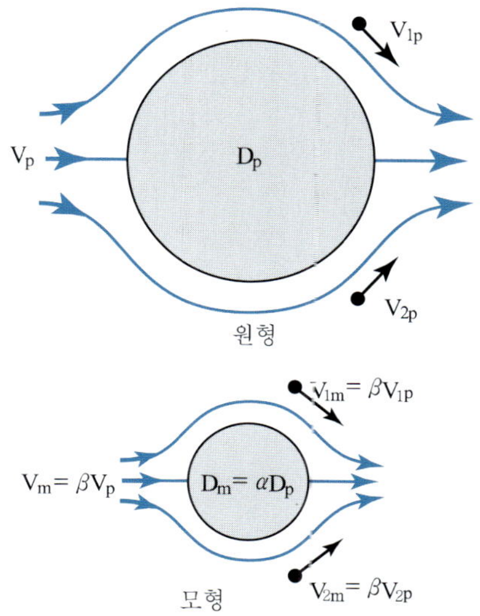

7.3.2 운동학적 상사

속도는 단위시간당 거리이므로 모형과 원형간의 대응속도비는 다음과 같다.

$$V_r = \frac{V_p}{V_m} = \frac{L_p/T_p}{L_m/T_m} = \frac{L_p/L_m}{T_p/T_m} = \frac{L_r}{T_r} \tag{7.3.5}$$

여기서 $T_r = T_p/T_m$은 모형과 원형간의 대응입자가 대응거리를 이동하는 데 필요한 시간의 비를 의미한다. 같은 방법으로 가속도비 α_r과 유량비 Q_r은 다음과 같이 나타낼 수 있다.

$$\alpha_r = \frac{\alpha_p}{\alpha_m} = \frac{V_p/T_p}{V_m/T_m} = \frac{L_p/T_p^2}{L_m/T_m^2} = \frac{L_p/L_m}{T_p^2/T_m^2} = \frac{L_r}{T_r^2} \tag{7.3.6}$$

$$Q_r = \frac{Q_p}{Q_m} = \frac{L_p^3/T_p}{L_m^3/T_m} = \frac{L_p^3/L_m^3}{T_p/T_m} = \frac{L_r^3}{T_r} \tag{7.3.7}$$

동일한 방법으로 모형과 원형간에 각변위비(θ_r), 각속도비(N_r) 그리고 각가속도비(ω_r)를 나타내면 다음과 같다.

$$\theta_r = \frac{\theta_p}{\theta_m} = \frac{L_p/R_p}{L_m/R_m} = \frac{L_p/L_m}{R_p/R_m} = \frac{L_r}{R_r} = \frac{L_r}{L_r} = 1 \tag{7.3.8}$$

$$N_r = \frac{N_p}{N_m} = \frac{\theta_p/T_p}{\theta_m/T_m} = \frac{\theta_p/\theta_m}{T_p/T_m} = \frac{1}{T_r} \tag{7.3.9}$$

$$\omega_r = \frac{\omega_p}{\omega_m} = \frac{N_p/T_p}{N_m/T_m} = \frac{N_p/N_m}{T_p/T_m} = \frac{1}{T_r} \tag{7.3.10}$$

예제 7.3.2

여수로 수리실험을 위해 20:1의 축척으로 모형을 제작하였다. 원형의 여수로를 통한 계획홍수량이 100m^3/s이고, 모형에 흘릴 수 있는 최대유량이 0.1m^3/s일 때 원형과 모형간의 시간비는 얼마인가.

풀이

길이비와 유량비는

$$L_r = \frac{L_p}{L_m} = \frac{20}{1} = 20$$

$$Q_r = \frac{Q_p}{Q_m} = \frac{100}{0.1} = 1{,}000$$

따라서 식 (7.3.7)로부터

$$T_r = \frac{T_p}{T_m} = \frac{L_r^3}{Q_r} = \frac{20^3}{1{,}000} = 8$$

그러므로 원형에서의 시간은 모형에서의 시간의 8배가 된다.

7.3.3 동력학적 상사

동력학적 상사가 성립하기 위한 조건은 모형과 원형간에 대응하는 질량에 작용하는 힘의 비(F_r)가 일정하고 작용방향이 동일해야 한다는 것이다.

$$F_r = \frac{F_p}{F_m} \tag{7.3.11}$$

유체 요소에 작용하는 힘은 이 요소의 움직임을 통제하고 있기 때문에 동력학적 상사는 흐름 형태의 상사를 초래하게 된다. 따라서 기하학적 상사가 성립하고 모형과 원형의 같은 지점의 유체에 작용하는 상대적인 힘이 같으면 모형과 원형간에 흐름 형태도 같게 된다.

동력학적 상사와 관련된 물리량은 일(W)과 동력(P)이 있으며 일은 힘에 거리를 곱한 것이고, 동력은 단위시간당 일이므로 모형과 원형간의 일비(W_r)와 동력비(P_r)를 나타내면 다음과 같다.

$$F_r = \frac{F_p}{F_m} = \frac{M_p \alpha_p}{M_m \alpha_m} = \frac{\rho_p L_p^3 L_p / T_p^2}{\rho_m L_m^3 L_m / T_m^2} = \rho_r L_r^4 T_r^{-2} \tag{7.3.12}$$

$$W_r = \frac{W_p}{W_m} = \frac{F_p L_p}{F_m L_m} = F_r L_r = \rho_r L_r^5 T_r^{-2} \tag{7.3.13}$$

$$P_r = \frac{P_p}{P_m} = \frac{W_r}{T_r} = \frac{F_r L_r}{T_r} = \rho_r L_r^5 T_r^{-3} \tag{7.3.14}$$

예제 7.3.3

펌프를 설계하기 위해 10:1의 축척으로 모형을 제작하였다. 원형과 모형간의 속도비를 2:1로 할 경우 원형 펌프의 출력이 80kW이면 모형 펌프의 출력은 얼마인가.

풀이

길이비, 속도비 그리고 시간비는

$$L_r = 10, \quad V_r = 2, \quad T_r = L_r / V_r = 10/2 = 5$$

물의 밀도가 동일하다면 식 (7.3.14)로부터

$$P_r = \rho_r L_r^5 T_r^{-3} = 1 \times 10^5 \times 5^{-3} = 800$$

따라서 모형 펌프의 출력은

$$P_m = \frac{P_p}{P_r} = \frac{80}{800} = 0.1\text{kW}$$

7.3.4 수리학적 완전상사

앞에서 설명한 바와 같이 동력학적 상사의 성립요건은 좀 더 제한적이며, 동력학적 상사가 성립되기 위해서는 모형과 원형간에 기하학적 상사와 운동학적 상사가 성립되어야 한다. 동력학적 완전상사(complete dynamic similitude)가 성립되기 위해 필요한 조건은 흐름 상황에서 중요한 모든 힘들이 고려되어야 한다는 것이다. 유체의 흐름에 관여하는 힘들은 압력(F_p), 중력(F_g), 점성력(F_f), 표면장력(F_s) 그리고 압축력(F_c) 등이 있으며 모형과 원형에 있어 이들 성분의 크기 비가 동일해야 한다.

수학적으로 뉴톤의 제2법칙에 의하면 이들 힘들의 합은 관성력(inertia force) F_i와 같으며 이를 벡터방정식으로 나타내면

$$\mathbf{F}_p+\mathbf{F}_g+\mathbf{F}_f+\mathbf{F}_s+\mathbf{F}_c=\mathbf{F}_i \tag{7.3.15}$$

이 벡터방정식은 흐름에 관여하는 관성력과 각 힘의 성분을 나타내고, 수리학적 상사가 성립하려면 모형과 원형간의 관성력의 비와 각 힘의 성분력의 비가 같아야 한다.

$$\frac{(F_p)_p}{(F_p)_m}=\frac{(F_g)_p}{(F_g)_m}=\frac{(F_f)_p}{(F_f)_m}=\frac{(F_s)_p}{(F_s)_m}=\frac{(F_c)_p}{(F_c)_m}=\frac{(F_i)_p}{(F_i)_m} \tag{7.3.16}$$

즉,

$$(F_p)_r=(F_g)_r=(F_f)_r=(F_s)_r=(F_c)_r=(F_i)_r \tag{7.3.17}$$

식 (7.3.16)을 관성력 비에 대한 각 힘의 성분비로 나누면

$$\left(\frac{F_i}{F_p}\right)_r=\left(\frac{F_i}{F_g}\right)_r=\left(\frac{F_i}{F_f}\right)_r=\left(\frac{F_i}{F_s}\right)_r=\left(\frac{F_i}{F_c}\right)_r=1 \tag{7.3.18}$$

이와 같이 모형과 원형간에 관성력에 대한 각 힘의 성분비가 모두 동일해야 동력학적 완전상사가 성립된다.

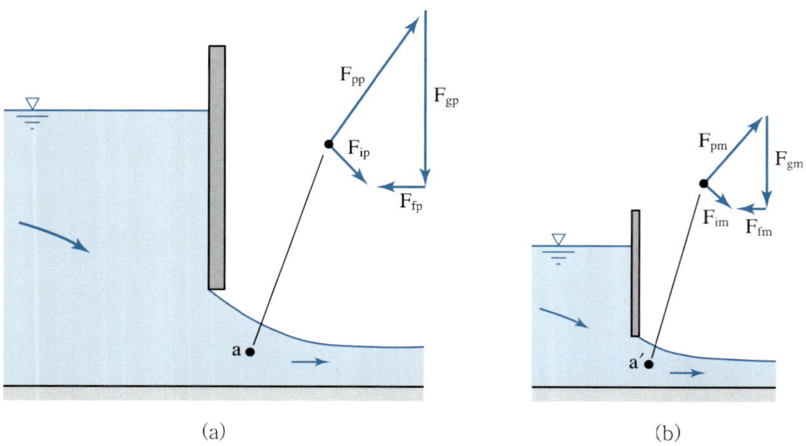

그림 7.3.3 동력학적 완전상사

그림 7.3.3은 수문에서의 모형과 원형간의 동력학적 상사가 성립하는 경우를 보여주고 있다. 여기서 표면장력 및 압축력은 생략을 하였으며 나머지 힘들이 모형과 원형간에 같은 비율 및 방향으로 작용하고 있다.

식 (7.3.18)에서 보인 관성력에 대한 5가지 힘의 성분력에 대한 비는 물리법칙에 의해 흐름 특성을 나타내는 5가지의 무차원 변수와 동일하다. 7.2절에서 설명한 Buckingham의 Π

-정리를 이용하여 차원해석을 실시함으로서 이러한 무차원 변수들을 구할 수가 있다. 일반적으로 유체흐름에 포함되는 물리량들의 관계를 나타내면

$$f(\Delta p, \sigma, \mu, g, \rho, E, L, V) = 0 \tag{7.3.19}$$

여기서 관련된 물리변수의 수는 n=8이고, 기본차원의 수는 r=3이므로 무차원 변수의 수는 n-r=5개가 되면 차원해석 결과 다음과 같이 나타낼 수 있다.

$$\phi\left(\frac{V}{\sqrt{\Delta p/\rho}}, \frac{V}{\sqrt{gL}}, \frac{\rho VL}{\mu}, \frac{\rho V^2 L}{\sigma}, \frac{\rho V^2}{E}\right) = 0 \tag{7.3.20}$$

식 (7.3.20)에서 나타난 무차원 변수들은 차례로 Euler수(E_u), Froude수(F_r), Reynolds수(R_e), Weber수(W_e) 그리고 Cauchy수(C_a)이며, 표 7.2.1에 이들 무차원 변수들에 대한 설명이 포함되어 있으며 다음절에서 자세히 소개하기로 한다. 따라서 모형과 원형간에 완전상사가 성립하기 위해서는 모형과 원형간에 이들 각 무차원 변수들의 값이 같아야 한다.

$$E_{ur} = F_{rr} = R_{er} = W_{er} = C_{ar} = 1 \tag{7.3.21}$$

즉,

$$\frac{V_r}{\sqrt{\Delta p_r/\rho_r}} = \frac{V_r}{\sqrt{g_r L_r}} = \frac{\rho_r V_r L_r}{\mu_r} = \frac{\rho_r V_r^2 L_r}{\sigma_r} = \frac{\rho_r V_r^2}{E_r} = 1 \tag{7.3.22}$$

예제 7.3.4

풍동(wind tunnel)실험 자료로부터 수중음파탐지기(sonar transducer)에 대한 항력을 계산하려고 한다. 300mm 직경의 원형을 5℃의 바닷물에서 시속 5knots(1knot는 1,852m/hr)로 견인하려고 한다. 모형의 직경은 150mm이다. 공기 중에서 필요한 실험 속도를 결정하라. 만일 모형실험에서 항력이 2kg이면 원형에서의 항력은 얼마인가?

풀이

원형은 물에서 작용하고 모형은 공기 중에서 실험을 하므로 원형흐름에서는 공동현상(cavitation effects)이 없고, 모형실험에서는 압축효과가 없는 경우에만 유용한 결과를 예측할 수 있다. 이러한 조건하에서

$$\frac{F}{\rho V^2 D^2} = f\left(\frac{\rho VD}{\mu}\right)$$

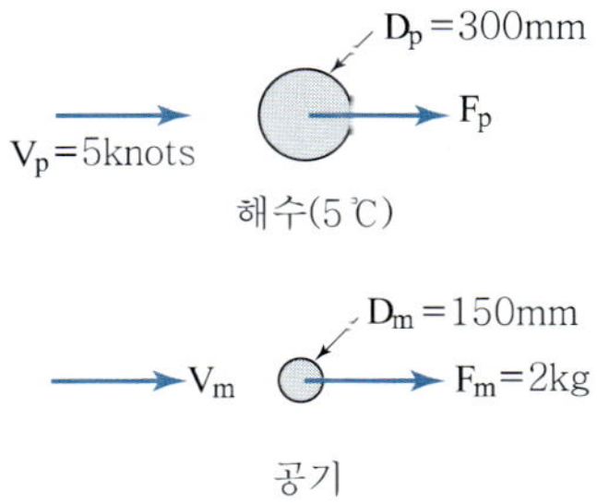

그림 7.3.4 음파탐지기의 항력계산

그리고 실험은 동력학적 상사가 성립하기 위해 다음 조건을 만족해야 한다.

$$R_{em} = R_{ep}$$

5℃ 바닷물의 밀도는 ρ=1,025kg$_o$/m^{3}이고, 동점성계수 $\nu \simeq 1.4\times10^{-6}$m^2/s이므로 원형조건에서는

$$V_p = 5\times\frac{1{,}852\text{m}}{\text{h}}\times\frac{\text{h}}{3{,}600\text{s}} = 2.57\text{m/s}$$

$$R_{ep} = \frac{V_p D_p}{\nu_p} = 2.57\frac{\text{m}}{\text{s}}\times 0.3\text{m}\times\frac{\text{s}}{1.4\times10^{-6}\text{m}^2} = 5.51\times10^5$$

따라서 모형에 대한 R_{em}도 같은 값이 되어야 한다. 즉,

$$R_{em} = \frac{V_m D_m}{\nu_m} = 5.51\times10^5$$

한편 표준대기압에서 공기의 밀도 ρ=1.23kg$_o$/m^{3}이고, 동점성계수 $\nu \simeq 1.45\times10^{-5}$m^2/s이므로 풍동모형실험에서는

$$V_m = R_{em}\frac{\nu_m}{D_m} = 5.51\times10^5\times1.45\times10^{-5}\frac{\text{m}^2}{\text{s}}\times\frac{1}{0.15\text{m}} = 53.3\frac{\text{m}}{\text{s}}$$

이 풍속은 압축효과를 무시할 정도로 충분하다. 이러한 실험조건에서 모형 및 원형이 동력학적 상사를 이루게 된다. 따라서

$$\left.\frac{F}{\rho V^2 D^2}\right)_m = \left.\frac{F}{\rho V^2 D^2}\right)_p$$

위 식에 모형에 관한 값들을 적용하면 원형에 대한 항력을 구할 수 있다.

$$F_p = F_m\frac{\rho_p}{\rho_m}\frac{V_p^2}{V_m^2}\frac{D_p^2}{D_m^2} = 2\text{kg}\times\frac{1{,}025}{1.23}\times\frac{2.57^2}{53.3^2}\times\frac{0.3^2}{0.15^2} = 15.5\text{kg}$$

7.3.5 수리학적 불완전상사

앞에서 기하학적으로 유사한 흐름 간에 동력학적 완전상사가 성립하기 위해서는 모형과 원형간의 무차원 변수들이 같아야 한다고 하였으며, 예제를 통해 적용하여 보았다. 공기중에서의 실험에서 R_e가 완전히 일치해야 하며 물속에서 같은 실험을 해도 마찬가지이다. 실제로 구(sphere)에 대한 항력은 경계층 흐름(boundary-layer flow) 특성에 영향을 받게 된다. 따라서 기하학적인 상사가 성립하기 위해서는 모형과 원형간의 표면 상대조도가 같아야 한다. 즉, 상대조도(relative roughness) 또한 모형과 원형간에 같아야 하는 변수가 된다. 만일 모형이 세밀하게 제작되었다면, 모형실험으로부터 얻은 항력은 원형의 실제 상황에 대한 항력으로 확대 예측할 수가 있다.

많은 모형실험에서 동력학적 상사가 성립되기 위해서는 관련된 여러 무차원 변수들의 크기가 같아야 한다. 하지만 어떤 경우에는 모형과 원형간에 완전상사를 성립시키지 못할 때가 있다. 선박의 항력 결정이 이러한 경우라 할 수 있다. 선박에서의 저항은 선박 표면의 마찰(점성력)과 표면파의 저항(중력)에 의해 발생한다. 동력학적 완전상사는 모형과 원형간에 Reynolds수와 Froude수가 같

아야 한다.

일반적으로 파의 저항을 해석적으로 예측하기가 곤란하므로 모형실험이 필요하며, 다음과 같은 조건을 충족시켜야 한다.

$$F_{rm} = \frac{V_m}{\sqrt{gL_m}} = \frac{V_p}{\sqrt{gL_p}} = F_{rp} \tag{7.3.23}$$

모형과 원형간에 Froude수가 일치하기 위해서는 속도비는 다음과 같아야 한다.

$$\frac{V_m}{V_p} = \left(\frac{L_m}{L_p}\right)^{1/2} \tag{7.3.24}$$

모형의 임의 길이 축척비에 따라 이에 상응하는 Froude수로부터 속도비를 계산할 수가 있다. 그러므로 Reynolds수가 일치하기 위해 오직 동점성계수만이 변화한다. 따라서

$$R_{em} = \frac{V_m L_m}{\nu_m} = \frac{V_p L_p}{\nu_p} = R_{ep} \tag{7.3.25}$$

즉,

$$\frac{\nu_m}{\nu_p} = \frac{V_m L_m}{V_p L_p} \tag{7.3.26}$$

Froude수로부터 얻은 유속비를 사용하면 Reynolds수가 같다는 조건 아래 다음과 같은 동점성계수의 비를 얻을 수가 있다.

$$\frac{\nu_m}{\nu_p} = \left(\frac{L_m}{L_p}\right)^{1/2} \frac{L_m}{L_p} = \left(\frac{L_m}{L_p}\right)^{3/2} \tag{7.3.27}$$

만일 선박모형실험에서 주로 사용하는 길이 축척비 $L_m/L_p=1/100$을 적용한다면, $\nu_m/\nu_p=1/1,000$이 된다. 그림 2.4.3을 보면 물보다 동점성계수가 작은 액체는 수은이 유일하다. 그러나 크기는 작지만 Reynolds수가 같기 위해 필요한 동점성계수의 비를 얻을 수는 없다.

자유수표면 흐름에 대한 모형실험에서는 주로 물을 사용하게 된다. 따라서 동력학적 완전상사를 성립시키기 위해서는 실물크기의 실험을 해야 한다. 하지만 완전상사가 성립하지 않더라도 모형실험으로부터 유용한 정보를 얻을 수가 있다. 그림 7.3.5a는 축척 80:1의 선박모형실험에서 Froude수에 대한 저항계수의 변화 결과를 보여주고 있다. 그림에서 정사각형 자료는 모형실험에서 얻은 총 저항으로부터 계산한 값이다.

모형실험 결과로부터 실물크기의 선박에 대한 저항을 산정하는 방법은 다음과 같다. 표면파의

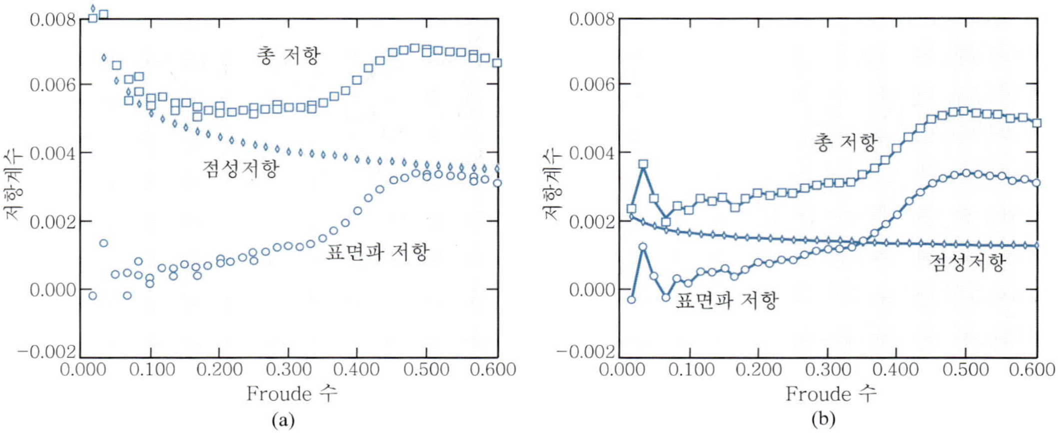

그림 7.3.5 선박모형실험(a) 및 모형실험 자료로부터 예측한 실물실험(b) 결과

형태 및 저항은 이에 상응하는 Froude수에서 모형과 원형간에 일치한다. 모형의 점성항력(viscous drag)을 해석적으로 구해 그림 7.3.5a와 같이 나타내며(마름모꼴), 모형의 표면파 저항은 총 항력과 산정된 점성항력간의 차로서 산정한다(원).

원형의 표면파 저항은 모형과 원형에 대한 표면파 저항계수 관계식을 이용한 Froude수를 사용하여 계산한다. 원형에 대해 그림 7.3.5b의 원으로 표시한 점들이 이에 상응하는 Froude수에서 모형계수와 동일하게 나타난다. 원형에 대해 해석적으로 계산한 표면마찰계수(마름모꼴)에 축척을 적용한 표면파 항력계수를 더하여 원형에 대한 총 항력계수를 산정한다.

선박모형실험에서 Reynolds수가 일치하지 않기 때문에 경계층의 거동이 모형과 원형에 대해 일치하지 않는다. 모형의 Reynolds수는 원형에 비해 $(L_m/L_p)^{3/2}$만큼 크게 되며, 따라서 모형 경계층에서의 층류의 범위가 이에 상응하는 만큼 커지게 된다. 이러한 방법은 경계층의 거동을 축척화할 수 있다고 가정하며, 이러한 가정을 가능하게 하기 위해서는 실물선박의 이에 상응하는 지점에서 난류가 되도록 모형의 경계층을 활성화(stimulated)시킨다. 그림 7.3.5에서 보여준 모형실험결과에 대해 경계층을 활성화시키기 위해 볼트(studs) 등이 사용된다.

간혹 모형실험 자료로부터 계산된 실물 계수에 보정치를 더하게 되며, 이러한 보정은 모형보다는 실물선박에서 필연적으로 뚜렷하게 나타나는 조도, 물결 그리고 울퉁불퉁한 것을 고려하게 된다. 모형실험으로부터 예측한 결과와 실물실험을 통해 측정한 결과치 간에 약 ±5%이내의 정확성을 보여주는 것으로 나타나고 있다.

하천 및 항만의 모형실험에서 Froude수는 중요한 변수가 된다. 이러한 경우에 완전상사를 얻는 것은 실용적이 아니다. 적절한 모형실험에서는 수심이 너무 작게 되어 점성력과 표면장력이 원형에 비해 모형에서의 흐름에서 상대적으로 큰 영향을 미친다. 따라서 수평 및 수직방향으로 서로 다른 축척을 적용하게 된다.

예제 7.3.5

길이 50m인 원형 선박에 작용하는 힘을 구하기 위해 20℃의 물(ρ=101.79kg · s^2/m^4, ν=1.0×10^{-6}m^2/s)에서 모형실험을 실시하였다. 모형 선박의 길이는 1m이고, 수중 투영면적이 0.8m^{2}이며, 실험수조에서 0.5m/s로 이동할 때 작용하는 힘이 0.05g이었다. 원형 선박에 작용하는 힘은 얼마인가. 항력은 다음과 같이 나타낸다.

$$F_D = C_D \frac{1}{2} \rho V^2 A$$

여기서 항력계수 C_D는 다음과 같이 구한다.

$$C_D = \frac{0.06}{R_e^{1/4}} \qquad (10^4 \leq R_e \leq 10^6 \text{ 일 때})$$

$$C_D = 0.0018 \qquad (10^6 < R_e \text{ 일 때})$$

풀이

선박실험에서는 점성력과 중력이 모두 중요하지만 다음 절에서 설명할 Froude 모형법칙을 적용하기로 한다.

$$V_r = L_r^{1/2} = (L_p/L_m)^{1/2} = (50/1)^{1/2} = 7.071$$

$$\therefore\ V_p = 7.071 V_m = 7.071 \times 0.5 = 3.54 \text{m/s}$$

모형에서의 R_e 및 항력계수는

$$R_{em} = \frac{V_m L_m}{\nu_m} = \frac{0.5 \times 1}{1.0 \times 10^{-6}} = 5.0 \times 10^5$$

$$C_{Dm} = \frac{0.06}{(5.0 \times 10^5)^{1/4}} = 0.00226$$

따라서 모형 선박에 작용하는 항력은

$$F_{Dm} = C_{Dm} \frac{1}{2} \rho_m V_m^2 A_m = 0.00226 \times \frac{1}{2} \times 101\ 79 \times 0.5^2 \times 0.8 = 0.023 \text{kg}$$

모형에서의 파의 저항력 F_{Wm}은 전체 작용하는 힘에서 항력 F_{Dm}을 뺀것과 같으므로

$$F_{Wm} = 0.05 - 0.023 = 0.027 \text{kg}$$

원형에 대한 R_e 및 항력계수는

$$R_{ep} = \frac{V_p L_p}{\nu_p} = \frac{3.54 \times 50}{1.0 \times 10^{-6}} = 1.77 \times 10^8$$

$$C_{Dp} = 0.0018$$

따라서 원형 선박에 작용하는 항력은

$$F_{Dp} = C_{Dp}\frac{1}{2}\rho_p V_p^2 A_m L_r^2 = 0.0018 \times \frac{1}{2} \times 101.79 \times 3.54^2 \times 0.8 \times 50^2 = 2{,}296\text{kg}$$

원형에서의 파의 저항력 F_{Wp}는 Froude의 모형법칙($F_r = L_r^3$)에 의해

$$F_{Wp} = F_{Wr}F_{Wm} = L_r^3 F_{Wm} = 50^3 \times 0.027 = 3{,}375\text{kg}$$

따라서 원형 선박에 작용하는 총 저항력 즉, 총 힘은

$$F_p = F_{Dp} + F_{Wp} = 2{,}296 + 3{,}375 = 5{,}671\text{kg}$$

7.4 수리모형법칙

수리학적 완전상사인 경우 모형과 원형간에 관련 무차원 변수 Euler수(E_u), Froude수(F_r), Reynolds수(R_e), Weber수(W_e) 그리고 Cauchy수(C_a)의 값이 같아야 한다. 하지만 완전상사를 만족시키는 모형유체를 얻기가 거의 불가능하기 때문에 실제적으로 완전상사가 성립하기가 어렵다. 실제의 수리현상에서 주 성분력을 제외한 나머지 성분력들은 상대적으로 작기 때문에 주 성분력에 해당하는 무차원 변수를 선택하여 이에 대한 상사조건이 성립하도록 실험을 실시하게 된다. 이와 같은 법칙을 수리모형법칙(hydraulic model laws)이라한다.

수리모형 실험시 관련된 성분력 중에서 중력이 지배적인 힘이면 Froude 모형법칙, 점성력이 지배적이면 Reynolds 모형법칙, 표면장력이 지배적이면 Weber 모형법칙 그리고 탄성력이 지배적이면 Cauchy 모형법칙을 적용하게 되고, 만일 지배적인 힘이 여러 개이면 해당되는 모형법칙을 모두 적용하여 모형실험 및 분석을 하게 된다.

7.4.1 Froude 모형법칙

개수로 흐름, 하천흐름, 위어 및 댐 여수로상의 흐름 등과 같은 자유 수표면을 가지는 흐름은 중력이 지배적인 힘이 되고 점성력, 표면장력 등은 중력에 비해 무시할 수 있을 정도로 작기 때문에 이러한 경우에는 Froude 모형법칙을 적용하게 된다. 따라서 수리학적 상사를 이루기 위해서는 모형과 원형간에 관성력(inertial force)과 중력(gravity force)의 비가 동일해야 한다. 식 (7.3.18)

로부터

$$\left(\frac{F_i}{F_g}\right)_r = \frac{(F_i/F_g)_p}{(F_i/F_g)_m} = 1 \qquad (7.4.1)$$

또는

$$\frac{(F_i)_p}{(F_i)_m} = \frac{(F_g)_p}{(F_g)_m} \qquad (7.4.2)$$

즉, 모형과 원형간에 관성력비와 중력비가 같게 되면 수리학적 상사가 성립된다. 모형과 원형간의 관성력비를 뉴톤의 제2법칙에 의해 나타내면

$$\frac{(F_i)_p}{(F_i)_m} = \frac{M_p \alpha_p}{M_m \alpha_m} = M_r \alpha_r = \rho_r L_r^4 T_r^{-2} \qquad (7.4.3)$$

또한 중력비를 나타내면

$$\frac{(F_g)_p}{(F_g)_m} = \frac{M_p g_p}{M_m g_m} = M_r g_r = \rho_r L_r^3 g_r \qquad (7.4.4)$$

따라서 식 (7.4.2)에 의해 관성력비인 식 (7.4.3)과 중력비인 식 (7.4.4)를 같게 놓으면

$$\rho_r L_r^3 g_r = \rho_r L_r^4 T_r^{-2} \qquad (7.4.5)$$

식 (7.4.5)를 정리하면

$$\frac{V_r}{\sqrt{g_r L_r}} = 1 \qquad (7.4.6)$$

즉,

$$\frac{V_p}{\sqrt{g_p L_p}} = \frac{V_m}{\sqrt{g_m L_m}} \qquad (7.4.7)$$

표 7.4.1 Froude 모형법칙에서의 각 물리량의 비

기하학적상사		운동학적상사		동력학적상사	
물리량	비	물리량	비	물리량	비
길이	L_r	시간	$L_r^{1/2}$	힘	L_r^3
면적	L_r^2	속도	$L_r^{1/2}$	질량	L_r^3
체적	L_r^3	가속도	1	일	L_r^4
		유량	$L_r^{5/2}$	동력	$L_r^{7/2}$
		각속도	$L_r^{-1/2}$		
		각가속도	L_r^{-1}		

따라서 모형과 원형간의 Froude수가 같으며 흐름을 지배하는 힘이 중력인 경우의 수리학적 상사 법칙의 성립조건이 된다. 유체가 동일한 모형과 원형에서의 중력이 같다면 즉, g_r=1이면 Froude 모형법칙에 의해 모형과 원형에서의 각종 물리량의 비는 표 7.4.1과 같게 된다.

예제 7.4.1

선박에 작용하는 항력을 구하기 위해 20:1의 축척으로 모형선박을 제작하여 실험을 실시하였다. 실험 수조에서의 모형 선박의 속도가 2.6m/s일 때 측정된 항력이 2.5kg이었다. 이에 상응하는 원형 선박의 속도와 작용하는 항력은 얼마인가. 점성의 영향은 무시하라.

풀이

원형과 모형간에 Froude수가 같아야 하므로 식 (7.4.7)로부터

$$V_p = V_m\left(\frac{L_p}{L_m}\right)^{1/2} = 2.6\times\sqrt{20} = 11.63\text{m/s}$$

원형 선박에서의 항력을 구하기 위해 항력비와 관성력비를 같게 놓으면

$$\frac{(F_D)_p}{(F_D)_m} = \frac{(F_i)_p}{(F_i)_m} = \frac{\rho_p V_p^2 L_p^2}{\rho_m V_m^2 L_m^2}$$

원형과 모형에서 물의 밀도가 동일하다면

$$(F_D)_p = (F_D)_m\frac{V_P^2 L_p^2}{V_m^2 L_m^2} = 2.5\times\frac{11.63^2}{2.6^2}\times 20^2 = 20{,}008\text{kg}$$

예제 7.4.2

개수로 모형실험을 하기위해 10:1의 축척으로 50m의 모형을 제작하였다. 원형수로에서 계획홍수량이 400m^3/s이면 모형 수로에서의 유량은 얼마인가. 또한 원형과 모형간의 힘의 비는 얼마인가.

풀이

개수로 모형이므로 Froude 모형법칙을 적용하면

$$Q_r = \frac{Q_p}{Q_m} = L_r^{5/2} = 10^{5/2} = 316.2$$

따라서 모형수로에서의 유량은

$$Q_m = \frac{Q_p}{Q_r} = \frac{400}{316.2} = 1.265\text{m}^3/\text{s}$$

원형과 모형간의 힘의 비는

$$F_{rr} = L_r^3 = 10^3 = 1{,}000$$

7.4.2 Reynolds 모형법칙

크고 작은 관로를 통한 흐름, 수면 아래의 잠수함의 이동, 자동차 및 비행기 주위의 공기의 흐름 등과 같이 흐름을 지배하는 힘이 점성력이고, 그 이외의 힘이 그리 크지 않을 경우 Reynolds 모형법칙을 적용하게 된다. 따라서 수리학적 상사를 이루기 위해서는 모형과 원형간에 관성력(inertial force)과 점성력(friction force)의 비가 동일해야 한다. 식 (7.3.18)로부터

$$\left(\frac{F_i}{F_f}\right)_r = \frac{(F_i/F_f)_p}{(F_i/F_f)_m} = 1 \tag{7.4.8}$$

또는

$$\frac{(F_i)_p}{(F_i)_m} = \frac{(F_f)_p}{(F_f)_m} \tag{7.4.9}$$

즉, 모형과 원형간에 관성력비와 점성력비가 같게 되면 수리학적 상사가 성립된다. 모형과 원형간의 관성력비를 뉴톤의 제2법칙에 의해 나타내면 식 (7.4.3)과 같고, 점성력비를 뉴톤의 마찰법칙을 이용하여 나타내면

$$\frac{(F_f)_p}{(F_f)_m} = \frac{\tau_p A_p}{\tau_m A_m} = \tau_r A_r = \mu_r \left(\frac{du}{dy}\right)_r L_r^2 = \mu_r L_r^2 T_r^{-1} \tag{7.4.10}$$

여기서 τ는 마찰응력, μ는 점성계수, du/dy는 속도구배로 $[T^{-1}]$의 차원을 가진다. 따라서 식 (7.4.9)에 의해 관성력의 비인 식 (7.4.3)과 점성력의 비인 식 (7.4.10)을 같게 놓으면

$$\rho_r L_r^4 T_r^{-2} = \mu_r L_r^2 T_r^{-1} \tag{7.4.11}$$

식 (7.4.11)을 정리하면

$$\frac{\rho_r L_r^2}{\mu_r T_r} = \frac{\rho_r V_r L_r}{\mu_r} = 1 \tag{7.4.12}$$

즉,

$$\frac{\rho_p V_p L_p}{\mu_p} = \frac{\rho_m V_m L_m}{\mu_m} \tag{7.4.13}$$

따라서 모형과 원형간의 Reynolds수가 같으며 흐름을 지배하는 힘이 점성력인 경우의 수리학적 상사법칙의 성립조건이 된다. 모형과 원형에서의 유체가 같다면 즉, $\rho_r=1$, $\mu_r=1$이면 Reynolds 모형법칙에 의해 모형과 원형에서의 각종 물리량의 비는 표 7.4.2와 같게 된다.

표 7.4.2 Reynolds 모형법칙에서의 물리량의 비

기하학적상사		운동학적상사		동력학적상사	
물리량	비	물리량	비	물리량	비
길 이	L_r	시 간	L_r^2	힘	1
면 적	L_r^2	속 도	L_r^{-1}	질 량	L_r^3
체 적	L_r^3	가 속 도	L_r^{-3}	일	L_r
		유 량	L_r	동 력	L_r^{-1}
		각 속 도	L_r^{-2}		
		각가속도	L_r^{-4}		

예제 7.4.3

자동차의 항력을 측정하기위해 10:1의 축척으로 모형 자동차를 제작하였다. 원형 자동차의 속도를 90km/h로 할 때 이에 상응하는 풍동실험실에서의 모형 자동차의 속도는 얼마인가. 단 원형 및 모형에서의 Reynolds수가 같다고 가정하라. 또 항력의 비는 얼마인가.

풀이

동일한 유체를 사용하면 Reynolds수가 같으므로

$$\frac{V_p L_p}{\nu_p} = \frac{V_m L_m}{\nu_m}$$

따라서

$$V_m = V_p \frac{L_p}{L_m} = 90 \times 10 = 900\text{km/h}$$

이러한 속도는 원형에서는 발생하지 않는 공기의 압축효과를 초래하므로 이 경우의 모형실험은 부적절하다고 볼 수 있다. 만일 이 속도를 적용한다면 항력의 비는

$$\frac{(F_D)_p}{(F_D)_m} = \frac{\rho_p V_p^2 L_p^2}{\rho_m V_m^2 L_m^2} \qquad \therefore \ \frac{(F_D)_p}{(F_D)_m} = 1$$

따라서 Reynolds수가 같은 동일한 유체를 사용하면 모형에서의 항력과 원형에서의 항력이 같음을 알 수 있다.

예제 7.4.4

점성력이 흐름을 지배하는 수리현상을 실험하기 위해 20:1의 축척을 사용한 모형을 제작하였다. 원형에서 물을 사용할 때 a) 모형에서 물을 사용하는 경우, b) 모형에서 물보다 점성이 4배이고 밀도가 물의 85%인 기름을 사용할 경우의 원형과 모형간의 시간 및 힘의 비를 구하라.

풀이

a) 길이 비 L_r=20이므로

$$T_r = L_r^2 = 20^2 = 400, \qquad F_r = 1$$

b) 물과 기름의 밀도 및 점성의 비는

$$\rho_r = \frac{\rho_p}{\rho_m} = \frac{1}{0.85} = 1.18, \qquad \mu_r = \frac{\mu_p}{\mu_m} = \frac{1}{4} = 0.25$$

Reynolds 모형법칙에서

$$R_{er} = \frac{\rho_r V_r L_r}{\mu_r} = 1 \qquad \therefore\ V_r = \frac{\mu_r}{\rho_r L_r} = \frac{0.25}{1.18 \times 20} = 0.0106$$

따라서

$$T_r = \frac{L_r}{V_r} = \frac{20}{0.0106} = 1{,}887, \qquad F_r = \frac{\rho_r L_r^4}{T_r^2} = \frac{1.18 \times 20^4}{1{,}887^2} = 0.053$$

7.4.3 Weber 모형법칙

표면장력 또는 모세관현상은 수표면 막의 장력으로 흐름에 영향을 주게 되며 물과 공기가 접하고 흐르는 작은 규모의 흐름일 경우 중요한 역할을 하게 된다. 위어상의 수심이 작은 흐름, 사련(ripple)과 같은 작은 표면파의 이동 등과 같이 흐름을 지배하는 힘이 표면장력이고, 그 이외의 힘이 그리 크지 않을 경우 Weber 모형법칙을 적용하게 된다. 따라서 수리학적 상사를 이루기 위하서는 모형과 원형간에 관성력(inertial force)과 표면장력(surface tension)의 비가 동일해야 한다. 식 (7.3.18)로부터

$$\left(\frac{F_i}{F_s}\right)_r = \frac{(F_i/F_s)_p}{(F_i/F_s)_m} = 1 \tag{7.4.14}$$

또는

$$\frac{(F_i)_p}{(F_i)_m} = \frac{(F_s)_p}{(F_s)_m} \tag{7.4.15}$$

즉, 모형과 원형간에 관성력비와 표면장력비가 같게 되면 수리학적 상사가 성립된다. 모형과 원형간의 관성력비를 뉴톤의 제2법칙에 의해 나타내면 식 (7.4.3)과 같고, 표면장력비를 나타내면

$$\frac{(F_s)_p}{(F_s)_m} = \frac{\sigma_p L_p}{\sigma_m L_m} = \sigma_r L_r \tag{7.4.16}$$

여기서 σ는 표면장력이다. 따라서 (7.4.15)에 의해 관성력의 비인 식 (7.4.3)과 표면장력의 비인 식 (7.4.16)을 같게 놓으면

$$\rho_r L_r^4 T_r^{-2} = \sigma_r L_r \tag{7.4.17}$$

식 (7.4.17)을 정리하면

$$\frac{\rho_r V_r^2 L_r}{\sigma_r} = 1 \tag{7.4.18}$$

즉,

$$\frac{\rho_p V_p^2 L_p}{\sigma_p} = \frac{\rho_m V_m^2 L_m}{\sigma_m} \tag{7.4.19}$$

따라서 모형과 원형간의 Weber수가 같으며 흐름을 지배하는 힘이 표면장력인 경우의 수리학적 상사법칙의 성립조건이 된다. 모형과 원형에서의 유체가 같다면 즉, ρ_r=1, σ_r=1이면 식 (7.4.18)에 의해

$$V_r = L_r^{-1/2} \tag{7.4.20}$$

따라서

$$T_r = \frac{L_r}{V_r} = \frac{L_r}{L_r^{-1/2}} = L_r^{3/2} \tag{7.4.21}$$

식 (7.4.20)과 식 (7.4.3)으로부터 Weber 모형법칙에 의해 모형과 원형에서의 각종 물리량의 비는 표 7.4.3과 같다.

표 7.4.3 Weber 모형법칙에서의 물리량의 비

기하학적 상사		운동학적 상사		동력학적 상사	
물리량	비	물리량	비	물리량	비
길이	L_r	시간	$L_r^{3/2}$	힘	L_r
면적	L_r^2	속도	$L_r^{-1/2}$	질량	L_r^3
체적	L_r^3	가속도	L_r^{-2}	일	L_r^2
		유량	$L_r^{3/2}$	동력	$L_r^{1/2}$

7.4.4 Cauchy 모형법칙

수격작용(water hammer)과 같이 흐름을 지배하는 힘이 탄성력이고 그 이외의 힘이 그리 크지 않을 경우 Cauchy 모형법칙을 적용하게 된다. 따라서 수리학적 상사를 이루기 위해서는 모형과 원형간에 관성력(inertial force)과 탄성력(elasticity force)의 비가 동일해야 한다. 식 (7.3.18)로부터

$$\left(\frac{F_i}{F_e}\right)_r = \frac{(F_i/F_e)_p}{(F_i/F_e)_m} = 1 \tag{7.4.22}$$

또는

$$\frac{(F_i)_p}{(F_i)_m} = \frac{(F_e)_p}{(F_e)_m} \tag{7.4.23}$$

즉, 모형과 원형간에 관성력비와 탄성력비가 같게 되면 수리학적 상사가 성립된다. 모형과 원형간의 관성력비를 뉴톤의 제2법칙에 의해 나타내면 식 (7.4.3)과 같고, 탄성력비를 나타내면

$$\frac{(F_e)_p}{(F_e)_m} = \frac{E_p L_p^2}{E_m L_m^2} = E_r L_r^2 \tag{7.4.24}$$

여기서 E는 체적탄성계수(bulk modulus of elasticity)이다. 따라서 (7.4.23)에 의해 관성력의 비인 식 (7.4.3)과 탄성력의 비인 식 (7.4.24)를 같게 놓으면

$$\rho_r L_r^4 T_r^{-2} = E_r L_r^2 \tag{7.4.25}$$

식 (7.4.25)를 정리하면

$$\frac{\rho_r V_r^2}{E_r} = 1 \tag{7.4.26}$$

즉,

$$\frac{\rho_p V_p^2}{E_p} = \frac{\rho_m V_m^2}{E_m} \tag{7.4.27}$$

따라서 모형과 원형간의 Cauchy수가 같으며 흐름을 지배하는 힘이 탄성력인 경우의 수리학적 상사법칙의 성립조건이 된다. 모형과 원형에서의 유체가 같다면 즉, $\rho_r=1$, $E_r=1$이면 식 (7.4.26)에 의해

$$V_r = 1 \tag{7.4.28}$$

그러므로

$$T_r = \frac{L_r}{V_r} = \frac{L_r}{1} = L_r \tag{7.4.29}$$

식 (7.4.28)과 식 (7.4.29)로부터 Cauchy 모형법칙에 의해 모형과 원형에서의 여러 물리량의 비는 표 7.4.4와 같다. 식 (7.4.27)에 제곱근을 취하면 다음과 같은 Mach수(M_a)가 된다.

$$\frac{V_p}{\sqrt{E_p/\rho_p}} = \frac{V_m}{\sqrt{E_m/\rho_m}} \tag{7.4.30}$$

여기서 $\sqrt{E/\rho}$ 는 유체의 파속 즉, 공기인 경우 음속 그리고 물인 경우 압력파의 전파속도가 된다. 따라서 식 (7.4.30)에 모형과 원형간의 Mach수가 같으며 흐름을 지배하는 힘이 탄성력인 경우의 수리학적 상사법칙의 성립조건이 된다.

표 7.4.4 Cauchy 모형법칙에서의 물리량의 비

기하학적 상사		운동학적 상사		동력학적 상사	
물리량	비	물리량	비	물리량	비
길　이	L_r	시　간	L_r	힘	L_r^2
면　적	L_r^2	속　도	1	질　량	L_r^3
체　적	L_r^3	가 속 도	L_r^{-1}	일	L_r^2
		유　량	L_r^2	동　력	L_r^2

7.4.5 두 개 이상의 성분력을 고려하는 경우

유체가 자유표면을 이루며 흐를 경우 점성력이 비교적 크다면 중력과 점성력을 모두 고려할 필요가 있다. 즉, 물위에 떠서 움직이는 선박주위의 흐름, 개수로내의 천류(shallow water flow)에서의 표면파 등과 같이 흐름을 지배하는 힘이 중력과 점성력인 경우 Froude 모형법칙과 Reynolds 모형법칙을 동시에 고려하여야 한다. 따라서 Froude 모형법칙을 나타내는 식 (7.4.6)과 Reynolds 모형법칙을 나타내는 식 (7.4.12)를 같게 놓으면

$$\frac{V_r}{\sqrt{g_r L_r}} = \frac{\rho_r V_r L_r}{\mu_r} \tag{7.4.31}$$

모형과 원형에서의 유체가 동일하다면 $g_r=1$이고, 동점성계수 $\nu=\mu/\rho$를 적용하면

$$\nu_r = L_r^{3/2} \tag{7.4.32}$$

식 (7.4.32)를 이용하면 모형의 축척비 L_r이 주어질 때 실제유체의 동점성계수 ν_p에 대한 모형의 동점성계수 ν_m을 결정할 수가 있다. 하지만 실제유체 즉, 물의 동점성계수에 대한 식 (7.4.32)를 만족하는 유체를 구하기가 쉽지 않으므로 실험을 하는 수리현상에 포함된 중력과 점성력의 상대적인 중요성에 따라 두 가지 방법을 사용하게 된다. 만일 선박에 작용하는 항력실험에서는 Reynolds 모형법칙을 적용하여 모형을 제작한 후 Froude 모형법칙에 의해 모형실험을 실시하여 해석한다.

예제 7.4.5

사각형 예연위어의 단위폭 당 유량 $q(m^3/s/m)$와 수두 $H(m)$사이에는 $q=1.84H^{3/2}$과 같은 관계가 있다. 모형 위어를 제작하여 20℃의 기름($\nu=0.562\times10^{-5}m^2/s$)을 30cm의 수두로 흘릴 때 수리학적 상사를 유지하기 위한 원형 위어에서의 대응수두와 유량은 얼마인가. 또 모형 위어 상의 기름의 유량은 얼마인가. 단, 20℃의 물의 동점성계수는 $1.004\times10^{-6}m^2/s$이다.

풀이

원형과 모형에서 점성이 서로 다른 물과 기름이 흐르므로 점성력과 중력을 동시에 고려한다.

$$H_r = L_r = \nu_r^{2/3} = \left(\frac{1.004\times10^{-6}}{0.562\times10^{-5}}\right)^{2/3} = 0.317$$

따라서 원형 위어에서의 대응수두와 유량은

$$H_p = 0.317H_m = 0.317\times0.3 = 0.0951m$$

$$Q_p = 1.84\times0.0951^{3/2} = 0.054m^3/s$$

Reynolds 모형법칙과 Froude 모형법칙에서

$$\frac{V_r L_r}{\nu_r} = 1 \rightarrow L_r = \frac{\nu_r}{V_r} \qquad \frac{V_r}{\sqrt{g_r L_r}} = 1 \rightarrow L_r = V_r^2$$

따라서 $V_r = \nu_r^{1/3}$

유량비는 식 (7.4.32)로부터 $L_r = \nu_r^{2/3}$을 고려하면

$$Q_r = V_r A_r = V_r L_r^2 = \nu_r^{1/3}\nu_r^{4/3} = \nu_r^{5/3} = \left(\frac{1.004\times10^{-6}}{0.562\times10^{-5}}\right)^{5/3} = 0.057$$

따라서 모형에서의 기름의 유량은

$$Q_m = \frac{Q_p}{0.0566} = \frac{0.054}{0.057} = 0.947m^3/s$$

7.5 수리모형실험

다양한 수리구조물의 특성을 분석하기 위해 여러 종류의 모형이 제작되어 실험에 사용되고 있으며, 모든 실험들이 독특한 특성을 가지고 있으므로 필요한 모든 상사법칙이 성립하는 일반적인 방법을 결정짓는 것이 쉽지가 않다. 하지만 흐름의 일반적인 특성을 바탕으로 한 넓은 범위에서의 분류를 할 수 있고, 따라서 각 분류에 대한 모형설계의 일반적인 특성을 나타낼 수가 있다.

모든 실험에 있어 모형은 세밀하고 정확하게 제작되어야 하며, 관측 또는 측정하려는 현상이 중

요한 지점은 충분히 자세하게 나타내어야 한다. 유체의 흐름 또는 관련되는 힘을 측정하기 위한 측정시스템들은 주의 깊게 배치를 하고 정확한 검정(calibration)을 할 필요가 있다. 또한 측정시스템들을 견고하게 설치하고 측정하려는 현상을 방해하지 않도록 해야 한다. 시험구간에서의 흐름은 가능한 한 등류가 형성되도록 한다.

본 절에서는 관수로에서의 흐름, 댐 여수로상의 흐름, 그리고 개수로에서의 흐름에 대한 수리모형실험방법에 대해 소개하기로 한다.

7.5.1 관로 모형실험

폐합관로 흐름에 대한 모형실험의 일반적인 종류에는 관로 흐름, 밸브, 부속물 및 측정 장비를 통한 흐름 등이 있다. 폐합관로는 일반적으로 원형이지만 다른 형태의 관로를 사용할 수도 있으며 관로가 확장되거나 축소될 수도 있다. 관로 흐름에서는 자유수표면이 존재하지 않기 때문에 지배적인 힘은 관성력과 점성력이 된다. 따라서 Reynolds수가 상사법칙의 중요한 변수가 된다. Mach수가 낮은 흐름($M_a<0.3$)에서는 압축효과는 무시할 수 있다. 이러한 경우 모형과 원형간에 기하학적 상사가 유지되어야 한다.

일반적으로 기하학적 특성은 l_1, l_2, l_3, ⋯, l_i 및 l과 같이 일련의 길이 항으로 나타낼 수가 있으며 여기서 l은 시스템에 대한 특정 길이 치수이다. 이러한 일련의 길이 항은 다음과 같은 i개의 무차원 변수를 형성하게 된다.

$$\Pi_i = \frac{l_i}{l} \tag{7.5.1}$$

기본적인 기하학적인 형태뿐만 아니라 흐름과 접촉하고 있는 내부 표면의 조도 또한 중요하다. 만일 표면 조도요소의 평균 높이를 ε 이라 정의 하면, 조도를 나타내는 무차원 변수는 ε/l이 된다. 이 변수는 완전한 기하학적 상사에 대해 표면 조도 또한 축척률을 가져야 한다는 것을 의미한다. 즉, 길이 축척비가 1보다 작은 경우 모형에서의 조도는 원형에서의 조도보다는 작게 되어 모형에서의 표면이 매끄러워진다. 좀 더 복잡한 문제는 모형과 원형에서의 조도 요소의 형태가 비슷해야 한다는 것으로 이러한 조건을 정확히 만족하기는 사실상 불가능하다. 다행히도 어떤 문제에 있어서는 표면 조도가 중요한 역할을 하지 못해 무시할 수 있다. 하지만 관로 내 난류와 같은 문제에서는 조도가 매우 중요한 역할을 하게 된다.

따라서 관로 내 낮은 Mach수의 흐름에서 종속 무차원 변수 즉, 압력강하(손실수두)와 같이 실험에서 관심 있는 변수를 포함하는 항은 다음과 같이 나타낼 수 있다.

$$\Pi_i = \phi\left(\frac{l_i}{l}, \frac{\varepsilon}{l}, \frac{\rho V l}{\mu}\right) \tag{7.5.2}$$

식 (7.5.2)는 폐합관거 내 흐름 문제에 대한 일반적인 무차원 변수의 함수형태이다. 우변 괄호안의 처음 두 무차원 변수는 다음과 같은 기하학적 상사를 필요로 한다.

$$\frac{l_{im}}{l_m} = \frac{l_i}{l}, \qquad \frac{\varepsilon_m}{l_m} = \frac{\varepsilon}{l} \tag{7.5.3}$$

또는

$$\frac{l_{im}}{l_i} = \frac{\varepsilon_m}{\varepsilon} = \frac{l_m}{l} = \lambda_l \tag{7.5.4}$$

이러한 결과는 길이 축척비 λ_l을 자유롭게 사용할 수 있지만, 일단 결정되면 다른 관련된 길이도 같은 축척비를 적용해야 한다는 것을 의미한다.

또 다른 상사법칙을 유지해야 하는 것으로 Reynolds수가 같아야 한다는 것이다.

$$\frac{\rho_m V_m l_m}{\mu_m} = \frac{\rho V l}{\mu} \tag{7.5.5}$$

이러한 조건으로부터 속도비는 다음과 같이 나타낼 수가 있다.

$$\frac{V_m}{V} = \frac{\mu_m}{\mu}\frac{\rho}{\rho_m}\frac{l}{l_m} \tag{7.5.6}$$

식 (7.5.6)으로부터 속도비의 실제 값은 길이 축척비 뿐만 아니라 점성 및 밀도의 축척비에 의해 결정된다. 모형과 원형간에 서로 다른 유체를 사용할 수가 있지만 만일 같은 유체를 사용한다면 즉, $\mu_m=\mu$, $\rho_m=\rho$이면

$$\frac{V_m}{V} = \frac{l}{l_m} \tag{7.5.7}$$

따라서 $V_m=V/\lambda_l$로 모형의 길이 축척비가 1보다 작은 경우 유체의 속도는 원형보다 커지게 된다. 실제로 모형의 길이 축척비가 1보다 훨씬 작기 때문에 모형에서 유속이 크게 되고 Reynolds수 상사법칙을 얻기가 어려울 수가 있다.

이러한 상사법칙을 만족시킨다면 종속 무차원 변수는 모형과 원형이 동일하게 된다. 예를 들어, 관심 있는 종속변수가 폐합관로 내 임의의 두 점 간의 압력강하(손실수두) Δp이면 종속 무차원 변수는 다음과 같이 나타낼 수 있다.

$$\Pi_i = \frac{\Delta p}{\rho V^2} \tag{7.5.8}$$

원형에서의 압력강하는 다음과 같이 얻을 수가 있다.

$$\Delta p = \frac{\rho}{\rho_m}\left(\frac{V}{V_m}\right)^2 \Delta p_m \tag{7.5.9}$$

따라서 모형에서의 압력강하 Δp_m을 측정하면 원형에서 이에 상응하는 압력강하 Δp를 결정할 수가 있다.

예제 7.5.1

직경 0.4m의 임펠러를 통해 1.5m^3/s의 물을 보내기 위한 펌프를 설계하려고 한다. 모형 펌프 임펠러의 직경이 0.08m인 경우 모형 펌프에서의 유량은 얼마인가. 만일 원형 펌프의 압력증가가 5,000kg/m^{2}이면 모형 펌프에서의 압력증가는 얼마인가.

풀이

이 경우 Reynolds 모형법칙을 적용하면

$$Q_r = \frac{Q_p}{Q_m} = L_r = \frac{L_p}{L_r} = \frac{0.4}{0.08} = 5$$

따라서 모형에서의 유량은

$$Q_m = \frac{Q_p}{Q_r} = \frac{1.5}{5} = 0.3\text{m}^3/\text{s}$$

무차원 압력상승은 Euler수를 사용하면

$$\left(\frac{\Delta p}{\rho V^2}\right)_p = \left(\frac{\Delta p}{\rho V^2}\right)_m$$

따라서 모형 펌프에서의 압력증가는

$$\Delta p_m = \Delta p_p \frac{\rho_m}{\rho_p}\frac{V_m^2}{V_p^2} = 5{,}000 \times 1 \times 5^2 = 125{,}000\text{kg/m}^2$$

7.5.2 댐 여수로 모형실험

댐 여수로 모형실험에서 여수로의 기하학적 형상 이외에 여수로 상의 흐름에 중요한 영향을 미치는 인자는 중력이다. 따라서 댐 여수로 모형실험에서는 Froude수의 상사법칙을 적용하게 된다. 여수로 상의 수심이 3~4m, 유속이 10m/s이상이 되는 대규모의 여수로에서는 Reynolds수가 상당히 커지

그림 7.5.1 댐 여수로 수리모형실험

게 된다. Reynolds수가 큰 경우에 상대적인 점성력은 Reynolds수와 무관하게 된다. 하지만 모형이 작은 경우 흐름에서 표면장력 뿐 만 아니라 점성력이 원형보다 상대적으로 크게 영향을 미치게 된다. 따라서 실제로는 모형과 원형에서 점성에 의한 영향이 상대적으로 같은 크기가 되도록 여수로 모형을 크게 제작하게 된다. 따라서 Froude수가 상사법칙을 성립하게 하는 중요한 인자가 된다.

대부분의 여수로 모형은 높이가 최소 1m이상이 되도록 하는데 더욱 정확한 분석을 하기 위하서는 2~3m가 되도록 하는 경우도 많이 있다. 그림 7.5.1은 댐 여수로 모형실험 모습을 보여주고 있다.

예제 7.5.2

댐 여수로에서의 흐름 상태를 예측하기 위해 원형 댐의 1/49 축척비에 의한 모형실험을 하려고 한다. 원형 여수로에서의 설계홍수량이 1,500m³/s이면 모형에서의 이에 상응하는 유량은 얼마인가? 만일 모형의 한 지점에서 측정한 유속이 1.2m/s이면 원형의 이에 상응하는 지점에서의 유속은 얼마인가?

풀이

Froude수의 상사법칙을 적용하면

$$F_{rm} = \frac{V_m}{\sqrt{g_m L_m}} = \frac{V_p}{\sqrt{g_p L_p}} = F_{rp}$$

중력이 동일하므로 $g_m = g_p$이다. 따라서

$$\frac{V_m}{V_p} = \sqrt{\frac{L_m}{L_p}} \qquad (a)$$

양변에 모형과 원형간의 면적비 A_m/A_p를 곱하면

$$\frac{V_m A_m}{V_p A_p} = \frac{A_m}{A_p}\sqrt{\frac{L_m}{L_p}}$$

위 식의 좌변은 유량에 해당하고 $A_m/A_p = L_m^2/L_p^2$이므로

$$\frac{Q_m}{Q_p} = \left(\frac{L_m}{L_p}\right)^{5/2}$$

따라서

$$Q_m = Q_p\left(\frac{1}{49}\right)^{5/3} = 1{,}500 \times \frac{1}{16{,}800} = 0.089\text{m}^3/\text{s}$$

식 (a)로부터

$$V_p = V_m\sqrt{\frac{L_p}{L_m}} = 1.2 \times 7 = 8.4\text{m/s}$$

7.5.3 개수로 모형실험

하천에서의 설계홍수량에 대한 홍수위를 예측하기 위해서는 11장 개수로내 정상부등류에서 소개한 점변류 수면곡선 계산과 같이 해석적인 방법을 통해 실시할 수도 있지만 자연하천의 불규칙한 단면 및 수로의 만곡 영향을 제대로 반영하지 못하므로 수리모형 실험을 실시하게 된다.

개수로 모형실험에서 기하학적 상사법칙이 성립하기 위해서는 모든 방향의 길이 축척비가 동일해야 한다. 이런 경우 하천의 폭에 비해 수심이 너무 작기 때문에 수심측정 곤란, 하상조도 불일치, 표면장력의 영향 등의 문제가 발생하게 된다. 따라서 이를 방지하기 위해 수심을 충분히 유지시키려하면 하폭이 너무 커져 비경제적이 된다.

이러한 문제를 해결하기 위해 연직축척비 Y_r을 수평축척비 X_r보다 훨씬 작게 만드는 왜곡모형(distorted model)을 적용하게 된다. 왜곡모형을 적용하는 경우 실제의 흐름과 모형에서의 흐름이 다르고 하상세굴양상도 실제와는 다른 결과를 보이지만 위의 두 가지 문제를 고려할 때 왜곡모형을 적용하는 것이 바람직하다.

개수로 흐름에서 Manning의 공식을 이용하여 상사법칙을 나타내면

$$V_r = \frac{1}{n_r} R_{hr}^{2/3} S_r^{1/2} \tag{7.5.10}$$

개수로에서 유속비 V_r과 시간비 T_r을 Froude 모형법칙에 의해 나타내면

$$V_r = Y_r^{1/2} \tag{7.5.11}$$

$$T_r = \frac{L_r}{V_r} = \frac{X_r}{Y_r^{1/2}} \tag{7.5.12}$$

식 (7.5.10)에 식 (7.5.11)과 하상경사비 $S_r = Y_r/X_r$을 적용하면

$$n_r = \frac{n_p}{n_m} = \frac{R_{hr}^{2/3}}{X_r^{1/2}} \tag{7.5.13}$$

따라서 식 (7.5.13)으로부터 수평 및 연직방향 축척과 관련 있는 동수반경 비 R_{hr}을 산정하면 하상경사비 S_r에 대한 조도계수비 n_r을 결정할 수가 있다. 모형과 원형의 개수로가 광폭수로라면 동수반경 R_h는 수심 Y와 같다고 할 수 있으므로 조도계수의 비는 다음과 같이 나타낼 수 있다.

$$n_r = \frac{Y_r^{2/3}}{X_r^{1/2}} \tag{7.5.14}$$

모형과 원형간의 조도계수비가 결정되었을 경우 하상경사비는 식 (7.5.10)으로부터

$$S_r = \frac{Y_r}{X_r} = \frac{n_r^2 V_r^2}{R_{hr}^{4/3}} = \frac{n_r^2 Y_r}{R_{hr}^{4/3}} \tag{7.5.15}$$

따라서 유량의 비 Q_r은 다음과 같다.

$$Q_r = A_r V_r = X_r Y_r Y_r^{1/2} = X_r Y_r^{3/2} \tag{7.5.16}$$

왜곡모형에 사용되는 축척비는 일반적으로 연직방향 $Y_r < 100$, 수평방향 $200 < X_r < 500$ 정도가 적당하며 이에 상응하는 왜곡도(X_r/Y_r)는 3~6정도가 된다.

예제 7.5.3

길이가 5km(직선길이 4.4km)인 하천에서 평수량이 200m^3/s이고, 이때의 수심 및 하폭이 5m와 30m이며, 조도계수는 0.032이다. 실험실에서 하천의 직선길이를 20m로 할 때 적절한 모형수로의 축척과 조도를 결정하라. 만일 최대 홍수량이 500m^3/s라면 모형에서의 최대 홍수량은 얼마가 되겠는가. 단, 물은 20℃(ν=1.004×10^{-6}m^2/s)이다.

풀이

개수로에서의 흐름에 대한 모형실험이므로 Froude 모형법칙을 적용하기로 한다. 하천 길이에 대한 축척비는

$$X_r = \frac{4{,}400}{20} = 220$$

하천길이와 수심간의 축척비를 X_r/Y_r=10으로 하면 수심비는

$$Y_r = \frac{220}{10} = 22$$

수심 축척비가 22이므로 평수량에 대한 모형실험에서 수심을 충분히 측정할 수가 있다.
평수량에 대한 원형 하천에서의 유속은

$$V_p = \frac{200}{5 \times 30} = 1.33\text{m/s}$$

식 (7.5.11)로부터

$$V_r = \frac{V_p}{V_m} = Y_r^{1/2} \quad \rightarrow \quad V_m = \frac{V_p}{Y_r^{1/2}} = \frac{1.33}{22^{1/2}} = 0.284\text{m/s}$$

모형 하천에서의 동수반경 및 Reynolds수는

$$R_{hm} = \frac{A_m}{P_m} = \frac{(30/220) \times (5/22)}{(30/220) + 2 \times (5/22)} = 0.0524$$

$$R_{em} = \frac{V_m R_{hm}}{\nu} = \frac{0.284 \times 0.0524}{1.004 \times 10^{-6}} = 14{,}822$$

따라서 모형 하천에서의 평수량도 난류에 해당되어 원형의 흐름특성을 그대로 나타낸다.
원형 하천에서의 동수반경은

$$R_{hp} = \frac{A_p}{P_p} = \frac{5 \times 30}{30 + 10} = 3.75\text{m}$$

모형 하천에서의 조도비와 조도는

$$n_r = \frac{n_p}{n_m} = \frac{R_{hr}^{2/3}}{X_r^{1/2}} = \frac{(3.75/0.0524)^{2/3}}{220^{1/2}} = 1.162 \quad \rightarrow \quad n_m = \frac{0.032}{1.162} = 0.028$$

따라서 평수량에 해당하는 모형 하천에서의 조도는 0.028로 적용한다.
만일 최대 홍수량 Q=500m^3/s이 흐를 경우 고수부지로 월류하여 흐른다고 가정하여 광폭단면으로 보면

$$n_r = \frac{n_p}{n_m} = \frac{Y_r^{2/3}}{X_r^{1/2}} = \frac{22^{2/3}}{220^{1/2}} = 0.529 \quad \rightarrow \quad n_m = \frac{0.032}{0.529} = 0.060$$

따라서 유량에 따라 적절한 조도로 실험을 해야 한다.
유량비 및 원형 하천에서의 최대 홍수량에 해당하는 모형에서의 유량은 다음과 같다.

$$Q_r = X_r Y_r^{3/2} = 220 \times 22^{3/2} = 22{,}702$$

$$Q_m = \frac{Q_p}{Q_r} = \frac{500}{22{,}702} = 0.022\text{m}^3/\text{s}$$

연습문제

7.1 모세관 상승고 Δh는 관의 직경 D, 액체의 단위중량 γ 그리고 표면장력 σ에 의해 영향을 받는다. 모세관 상승고에 대한 차원해석을 [FLT]계 차원을 이용하여 실시하라.

7.2 모세관 상승고 Δh는 관의 직경 D, 액체의 단위중량 γ, 표면장력 σ 그리고 접촉각 θ에 의해 영향을 받는다. 모세관 상승고에 대한 차원해석을 [MLT]계 차원을 이용하여 실시하라.

7.3 진공상태에서 물체의 낙하속도에 대한 차원해석을 실시하라. 낙하속도 V는 중력가속도 g와 물체의 낙하거리 h와 관련이 있다.

7.4 개수로 모형실험을 하기 위해 모형을 5:1의 축척으로 복제하였다. 실험결과 유량이 0.5 m^3/s라면 실제 흐름에서의 유량은 얼마인가.

7.5 여수로 수리실험을 위해 10:1의 축척으로 모형을 제작하였다. 원형의 여수로를 통한 계획홍수량이 100m^3/s이고, 모형에 흘릴 수 있는 최대유량이 0.2m^3/s 일 때 원형과 모형간의 시간비는 얼마인가.

7.6 펌프를 설계하기 위해 5:1의 축척으로 모형을 제작하였다. 원형과 모형간의 속도비를 3:1로 할 경우 원형 펌프의 출력이 50kW이면 모형 펌프의 출력은 얼마인가.

7.7 예제 7.3.4와 같이 풍동(wind tunnel)실험 자료로부터 수중음파탐지기(sonar transducer)에 대한 항력을 계산하려고 한다. 500mm 직경의 원형을 5℃의 바닷물(ρ=1,025kg_o/m^3, $\nu \simeq 1.4\times10^{-5}m^2/s$)에서 시속 3knots(1knot=1,852m/hr)로 견인하려고 한다. 모형의 직경은 100mm이다. 공기(ρ=1.23kg_o/m^3, $\nu \simeq 1.45\times10^{-5}m^2/s$)중에서 필요한 실험 속도를 결정하라. 만일 모형실험에서 항력이 3kg이면 원형에서의 항력은 얼마인가?

7.8 길이 100m인 원형 선박에 작용하는 힘을 구하기 위해 20℃의 물(ρ=101.79$kg{\cdot}s^2/m^4$, $\nu \simeq 1.0\times10^{-6}m^2/s$)에서 모형실험을 실시하였다. 모형 선박의 길이는 5m이고, 수중 투영면적이 20m^2이며, 실험수조에서 0.5m/s로 이동할 때 작용하는 힘이 1.0kg이었다. 원형 선박에 작용하는 힘은 얼마인가. 항력은 다음과 같이 나타낸다.

$$F_D = C_D \frac{1}{2}\rho V^2 A$$

여기서 항력계수 C_D는 다음과 같이 구한다.

$$C_D = \frac{0.06}{R_e^{1/4}} \quad (10^4 \le R_e \le 10^6 \text{일 때})$$

$$C_D = 0.0018 \quad (10^6 \le R_e \text{일 때})$$

7.9 선박에 작용하는 항력을 구하기 위해 10:1의 축척으로 모형선박을 제작하여 실험을 실시하였다. 실험수조에서의 모형 선박의 속도가 1.5m/s일 때 측정된 항력이 0.5kg이었다. 이에 상응하는 원형 선박의 속도와 작용하는 항력은 얼마인가. 점성의 영향은

무시하라.

7.10 원형과 모형에서 동일한 유체를 사용하여 실험을 할 때 Reynolds 모형법칙을 적용할 때의 시간, 유량, 힘, 질량 및 동력비를 축척비 L_r의 항으로 나타내라.

7.11 개수로 모형실험을 하기위해 25 : 1의 축척으로 30m의 모형을 제작하였다. 원형수로에서 계획홍수량이 500m^3/s이면 모형 수로에서의 유량은 얼마인가. 또한 원형과 모형간의 힘의 비는 얼마인가.

7.12 원형과 모형에서 동일한 유체를 사용하여 실험을 할 때 Froude 모형법칙을 적용할 때의 시간, 유량, 힘, 가속도 및 동력비를 축척비 L_r의 항으로 나타내라.

7.13 여수로의 수리모형 실험을 하기 위해 30:1의 축척으로 모형을 제작하였다. 이 경우 다음을 구하라.

1) 원형의 홍수량이 500m^3/s이면 모형의 홍수량은 얼마인가.
2) 모형 여수로 에이프론에서의 유속이 1.5 m/s이면 원형에서의 유속은 얼마인가.
3) 원형에서 수문을 개방하는데 10분이 소요된다면 모형에서의 수문의 개방시간은 얼마인가.
4) 모형 여수로 에이프론에서 높이 7cm의 도수가 발생하였다면 원형에서의 도수의 높이는 얼마인가.

7.14 하천의 수리모형실험에서 30:1의 축척으로 모형을 제작하였다. 원형 하천에서의 유속이 2m/s이면 모형에서의 유속은 얼마인가. 또 모형에서의 유량이 0.2m^3/s이면 원형에서의 유량은 얼마인가.

7.15 자동차의 항력을 측정하기위해 5:1의 축척으로 모형 자동차를 제작하였다. 원형 자동차의 속도를 80km/h로 할 때 이에 상응하는 풍동실험실에서의 모형 자동차의 속도는 얼마인가. 단 원형 및 모형에서의 Reynolds 수가 같다고 가정하라. 또 항력의 비는 얼마인가.

7.16 저수지 모형실험에서 50:1의 축척으로 모형을 제작하였다. 수문을 열어 20분 만에 여수로 정점부까지 수위가 낮아져 유출이 중단되었다면 원형에서의 수위가 낮아지는데 걸리는 시간은 얼마인가.

7.17 점성력이 흐름을 지배하는 수리현상을 실험하기 위해 15:1의 축척을 사용한 모형을 제작하였다. 원형에서 물을 사용할 때 1) 모형에서 물을 사용하는 경우, 2) 모형에서 물보다 점성이 5배이고 밀도가 물의 80%인 기름을 사용할 경우의 원형과 모형간의 시간 및 힘의 비를 구하라.

7.18 삼각형 위어의 정점부가 90°로 되어 있을 때 유량 Q(m^3/s)와 수두 H(m)사이에는 $Q=1.33H^{2.48}$과 같은 관계가 있다. 모형 위어를 제작하여 20℃의 기름($\nu \simeq 0.562\times10^{-5}$ m^2/s)을 20cm의 수두로 흘릴 때 수리학적 상사를 유지하기 위한 원형 위어에서의 대응수두와 유량은 얼마인가. 또 모형 위어 상의 기름의 유량은 얼마인가. 단, 20℃의

물의 동점성계수는 $1.004 \times 10^{-6} m^2/s$이다.

7.19 직경 0.6m의 임펠러를 통해 $2.0m^3/s$의 물을 보내기 위한 펌프를 설계하려고 한다. 모형 펌프 임펠러의 직경이 0.15m인 경우 모형 펌프에서의 유량은 얼마인가. 만일 원형 펌프의 압력증가가 $7{,}000kg/m^2$이면 모형 펌프에서의 압력증가는 얼마인가.

7.20 댐 여수로에서의 흐름 상태를 예측하기 위해 모형실험을 하기위해 36:1의 축척으로 모형 댐을 제작하였다. 원형 여수로에서의 설계홍수량이 $1{,}000m^3/s$이면 모형에서의 이에 상응하는 유량은 얼마인가? 만일 모형의 한 지점에서 측정한 유속이 1.5m/s이면 원형의 이에 상응하는 지점에서의 유속은 얼마인가?

7.21 길이가 10km(직선길이 8km)인 하천에서 평수량이 $250m^3/s$이고, 이때의 수심 및 하폭이 3m와 50m이며, 조도계수는 0.03이다. 실험실에서 하천의 직선길이를 20m로 할 때 적절한 모형수로의 축척과 조도를 결정하라. 만일 최대 홍수량이 $600m^3/s$이면 모형에서의 최대 홍수량은 얼마가 되겠는가. 단, 물은 20℃($\nu = 1.004 \times 10^{-6} m^2/s$)이다.

7.22 개수로에서의 유량 Q는 동수반경 R_h, 단면적 A, 조도 ε, 중력 g 그리고 경사 S에 의해 영향을 받는다. 차원해석을 실시하여 유량을 이들 변수들의 함수로 나타내라.

7.23 골프공의 항력 F_D는 공의 속도 V, 공의 직경 d, 딤플의 깊이 ε, 딤플의 반경 r, 단위면적당 딤플의 수인 딤플의 밀도 C, 공기의 밀도 ρ및 점성 μ에 영향을 받는다. 차원해석을 실시하여 골프공의 항력을 이들 변수들의 함수로 나타내라.

7.24 위어를 통해 흐르는 유량 Q는 위어상의 수두 H, 위어의 폭 L, 중력가속도 g, 물의 밀도 ρ및 점성 μ 그리고 표면장력 σ에 의해 영향을 받는다. 차원해석을 실시하여 유량을 이들 변수들의 함수로 나타내라.

7.25 수표면이 매우 작은 물결파의 이동 속도 V는 물결파의 길이 L, 물의 밀도 ρ 그리고 표면장력 σ에 의해 영향을 받는다. 차원해석을 실시하여 물결파의 이동속도를 이들 변수들의 함수로 나타내라.

7.26 그림 7.26과 같은 원형관로의 급축소 단면에서 압력강하는 실험을 통해 $\Delta p = p_1 - p_2 = (\rho, \mu, V, d, D)$로 나타난다. 차원해석을 실시하여 단면 급축소부에서의 압력강하를 이들 변수들의 함수로 나타내라.

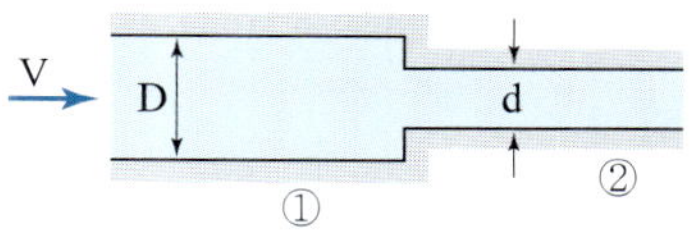

그림 7.26

7.27 그림 7.27과 같은 삼각형 예연 위어를 통해 흐르는 유량 Q는 위어상의 수두 H, 위어의 각도 θ그리고 중력가속도 g에 의해 영향을

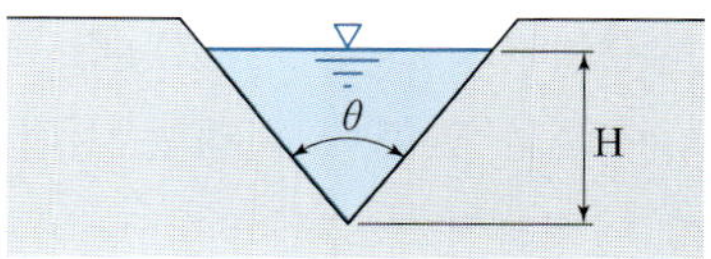

그림 7.27

받는다. 차원해석을 실시하여 유량을 이들 변수들의 함수로 나타내라.

7.28 동점성계수가 $4\times10^{-6}m^2/s$인 기름이 직경 40cm의 매끈한 관로에서 4m/s로 흐르고 있다. 동력학적 상사를 이루기 위해서는 20℃의 물이 직경 5cm의 매끈한 관로에서 어떠한 유속으로 흘러야 하는가.

7.29 여수로 수리모형실험을 하기 위해 25:1의 축척으로 모형을 제작하였다. 원형에서의 유량이 $3{,}000m^3/s$이면 모형에서의 유량은 얼마인가.

7.30 여수로 수리모형실험을 하기 위해 25:1의 축척으로 모형을 제작하였다. 모형 여수로 정점부에서의 유속이 2m/s일 때 원형 여수로 정점부에서의 유속은 얼마인가. 또, 모형에서의 유량이 $0.1m^3/s$이면 원형에서의 유량은 얼마인가.

7.31 직사각형 하천의 수리모형실험에서 수평축척이 200:1, 연직축척이 50:1일 때 다음을 구하라.

1) 원형하천에서의 유량이 $26{,}000m^3/s$이면 모형하천에서의 유량은 얼마인가.
2) 원형하천에서의 조도가 0.02이면 모형에서의 조도는 얼마인가.
3) 모형하천에서 수문을 닫는데 걸리는 시간이 130초가 걸렸다면 원형하천에서 수문을 닫는데 걸리는 시간은 얼마인가.
4) 원형하천의 하폭이 600m이고 모형하천에서의 유속이 0.34m/s일 때 원형하천의 수심은 얼마인가.

7.32 여수로 수리모형실험을 하기 위해 25:1의 축척으로 모형을 제작하였다. 모형에서의 유량이 $0.1m^3/s$이면 원형에서의 유량은 얼마인가. 또한 모형실험에서 입자가 한 지점에서 다른 지점으로 떠가는데 1분이 걸렸다면 원형에서 같은 지점을 이동하는데 걸리는 시간은 얼마인가.

7.33 터빈의 모형실험을 위해 7:1의 축척으로 모형 터빈을 제작하였다. 원형 터빈에서 $1.5m^3/s$의 유량으로 200kW를 발전하였다면 모형 터빈에서는 유량이 얼마이고 이때 몇 kW의 발전을 하겠는가. 단, 수온은 동일하다.

Chapter 8

관로내 흐름

유체동력학 및 적분 그리고 미분형태의 유체방정식에서는 질량보존의 법칙, 에너지 및 운동량과 관련된 기본원리에 대해 소개하고, 다양한 흐름 상황에 대해 이를 적용하는 방법에 대해 알아보았다. 본 장에서는 이와 같은 기본 원리를 관로내의 점성(viscous)유체의 흐름에 대해 적용하여 보기로 한다.

관로흐름은 내부흐름(internal flow)이라고도 하며, 폐합된 관로에 유체가 가득차서 흐르는 흐름을 다룬다. 관로는 폐합수로로 단면이 원형이면 파이프(pipe), 비원형단면이면 덕트(duct)라 한다. 관로내에서의 유체 특히 물의 이동은 우리의 일상생활과 아주 밀접하게 연관되어 있으며 매우 중요하다. 예를 들어, 각 가정으로 물을 공급하기 위해 급수지로부터 수많은 관로가 가정으로 연결되어 있다. 또한 자동차나 기계의 많은 부분이 물 또는 기타 유체를 이동시키기 위해 수많은 호스와 관로로 연결되어 있다. 비록 이러한 모든 유체의 이동시스템은 서로 다르지만 유체를 이동시키기 위한 유체역학의 원리는 동일하다. 따라서 관로를 통한 흐름의 적용은 모든 공학분야에서 나타나게 되며, 이와 같은 흐름이 포함되는 기본 유체역학에 대한 이해를 필요로 한다.

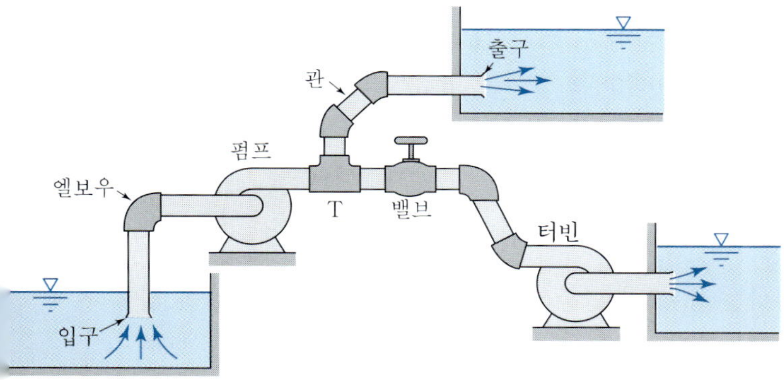

그림 8.1.1 일반적인 관로 시스템

관로시스템을 구성하는 전형적인 요소들은 그림 8.1.1과 같다. 다양한 직경의 관과 개개의 관을 연결하는 접합부, 유량조절장치인 밸브, 관로내의 유체에 에너지를 추가하거나 유체로부터 에너지를 획득하기 위한 펌프 및 터빈 등과 같은 요소로 이루어져 있다.

본 장에서는 단일 관로에서의 점성유체의 흐름 원리를 소개하고, 점성으로 인한 마찰로 발생하는 에너지 손실 및 관의 변화로 인한 미소손실 등에 대해 소개하기로 한다.

8.1 관로내 흐름특성

관로 흐름에 대한 다양한 공식들에 대해 알아보기 전에 먼저 관로 흐름의 기본 개념에 대해 알아보고, 여러 중요한 흐름 문제에 대한 공식의 전개와 해를 구하는 방법을 알아보기로 한다. 관로에서 다루는 흐름은 그림 8.1.2a와 같이 유체가 관로에 완전히 차서 흐르는 흐름이라 가정한다. 그림 8.1.2b와 같이 폐합관로라 하더라도 유체가 부분적으로 차서 흐르는 경우는 관로 흐름이 아닌 개수

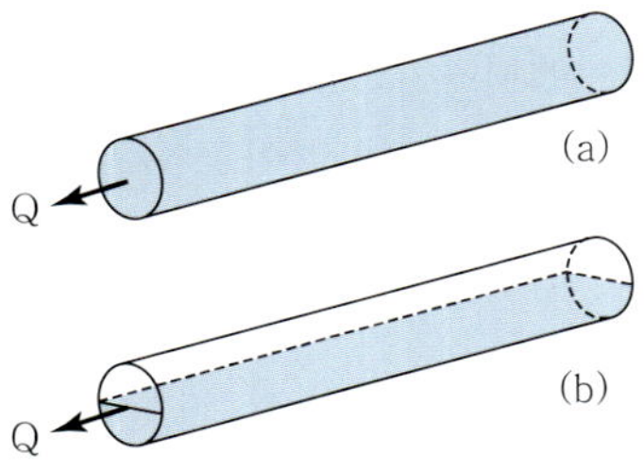

그림 8.1.2 관로 및 개수로 흐름

로 흐름으로 분류하여 11장에서 다루기로 한다. 관로 흐름과 개수로 흐름의 기본적인 차이는 유체를 움직이는 원동력의 차이로, 관로 흐름인 경우 중력보다는 압력차에 의해 유체가 이동되며, 개수로 흐름인 경우 중력에 의해서만 유체가 이동된다.

유체의 분류시 점성의 유무에 따라 점성유체(viscous fluid)와 비점성유체(invicid fluid)로 구분하였고, 압축성에 따라서도 압축성(compressible)유체와 비압축성(incompressible)유체로 분류하였다. 비점성 흐름은 점성효과가 흐름에 큰 영향을 미치지 않기 때문에 점성을 무시한다. 반면에 점성 흐름에서는 점성효과가 아주 중요한 영향을 미치기 때문에 점성을 고려하여 해석하게 된다. 점성유체는 점성으로 인해 유체층간 또는 유체입자와 경계면 사이에 마찰이 발생하여 흐름의 저항을 초래하고, 따라서 유체는 이 저항을 이기고 흐르기 위해 일을 하며, 이때 유체가 가지고 있는 에너지가 열에너지로 변환되어 에너지 손실이 발생하게 된다. 또한 마찰로 인해 관내의 유속분포가 균일하지 않고 유속이 관 벽에서 0으로부터 관 중심으로 갈수록 증가하는 포물선형 분포를 보이게 된다.

점성흐름은 다시 층류(laminar flow)와 난류(turbulent flow)로 분류하게 된다. 층류는 인접한 입자들끼리 잘 혼합되지 않고 층을 이루며 흐르는 흐름이다. 난류는 유체 입자들이 서로 무작위로 혼합되어 흐르는 흐름으로 유속이 작은 경우 층류로 흐르다가 유속이 증가하면 점차 난류로 변하게 된다. 이와 같은 층류 및 난류를 구분하는 기준은 Reynolds의 실험을 바탕으로 구한 Reynolds수(Reynolds number) R_e를 기준으로 한다.

8.1.1 층류 및 난류

흐름이 층류인지 난류인지를 구분하기 위해서는 층류 및 난류상태에서의 흐름 특성을 알아볼 필요가 있으며, 영국의 과학자이자 수학자인 Osborne Reynolds가 실험을 통해 이러한 특성을 보여주었다. 물론 Reynolds 이전에도 많은 과학자들이 층류와 난류간의 물리적 차이를 규명하였지만 Reynolds가 처음으로 난류흐름의 기본법칙을 제시하였다.

Reynolds는 해석적 및 실험적 연구를 통해 난류뿐 만 아니라 층류와도 관계있는 기본 변수인 Reynolds수를 제시하였다. 그림 8.1.3은 층류와 난류를 구분하기 위한 실험장치를 보여주고 있다. 먼저 물 공급관으로부터 물을 수조내로 공급하여 배출관의 높이만큼 일정한 수위를 유지시키고 수조 내에 나팔형 입구를 가진 매끈한 유리관의 밸브를 조절하여 유

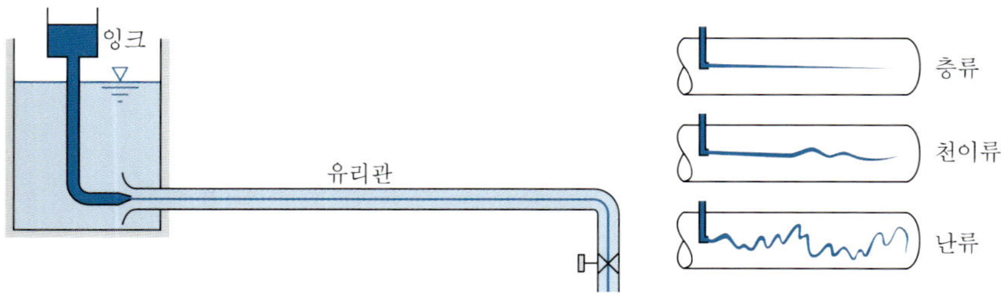

그림 8.1.3 Reynolds 실험장치

리관 내의 유량을 조절한다. 이때 색소를 유리관 입구로 주입하여 유리관내의 유량에 따른 색소의 이동상태를 관찰한다. 유리관 내의 유량이 작아 유속이 작은 경우 색소가 흐트러지지 않고 실과 같이 흐르는데 이때를 층류라 하고, 유량이 증가하여 유속이 커지게 되면 색소가 흐트러져 혼탁해지는데 이때를 난류라 한다.

이러한 실험을 종합하여 Reynolds수(R_e)라는 무차원변량을 다음과 같이 정의하였다.

$$R_e = \frac{\rho V d}{\mu} \quad \text{또는} \quad R_e = \frac{V d}{\nu} \tag{8.1.1}$$

여기서 ρ는 유체의 밀도, V는 유리관 내의 평균유속, d는 유리관의 직경, μ 및 ν는 유체의 점성계수 및 동점성계수이다.

이와 같은 실험을 통해 Reynolds는 유리관 내에서 난류가 발생하기 시작할 때 R_e와 흥미롭게 관계하고 있음을 알아차렸다. 유량이 작은 상태에서 큰 상태로 증가시키면 층류에서 난류로 바뀌게 되는데 이때의 R_e가 약 2,100정도가 되며, 유량이 큰 상태에서 유량을 감소시키면 R_e가 약 2,000 정도에서 난류가 층류로 변하게 됨을 관찰하였다.

그림 8.1.4는 관수로내 A지점에서의 시간에 따른 x방향의 속도성분을 보여주고 있다. 층류인 경우에는 오직 x방향의 속도성분만 존재하는데 반해 난류인 경우 주 속도성분은 x방향이지만 이 방향과 직각인 y 및 z방향의 성분도 무작위하게 발생하게 된다. 일반적인 흐름에서의 이러한 운동은 너무 빨라 관찰하기가 어렵지만 난류 흐름을 촬영하여 느리게 재생하여 보면 무작위하고 불규칙한 특성을 관찰할 수가 있다.

실험을 통해 얻은 층류, 난류 및 천이흐름(transitional flow)간의 R_e의 범위는 명확하지가 않다. 층류로부터 난류로의 실제적인 전환은 유리관의 진동, 입구부의 조도 및 모양 등에 따라 교란되어 다양한 R_e에서 일어나게 된다. 따라서 일반적으로 인정하는 R_e의 범위는 다음과 같다. 즉, 원형관에서 R_e가 2,100보다 작으면 흐름은 층류이고, R_e가 4,000보다 크면 흐름은 난류가 된다. R_e가 2,100~4,000 범위이면 층류와 난류가 공존하여 발생하는데 이러한 흐름을 천이흐름이라 한다.

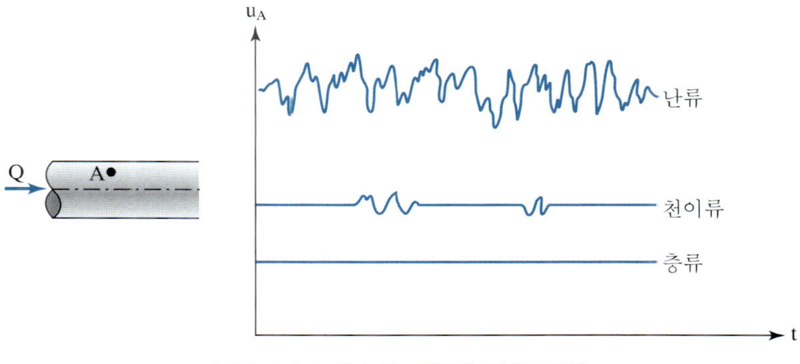

그림 8.1.4 유속의 시간에 따른 변화

예제 8.1.1 직경 150mm인 원관에 0℃의 물이 3.6m/s로 흐르고 있을 때 Reynolds수와 흐름 상태를 판단하라.

단, 0℃에서의 물의 동점성계수는 $1.787 \times 10^{-6} m^2/s$이다.

풀이

식 (8.1.1)로부터 Reynolds수는

$$R_e = \frac{Vd}{\nu} = \frac{3.6 \times 0.15}{1.787 \times 10^{-6}} = 302{,}182 > 4{,}000$$

따라서 흐름은 난류이다.

예제 8.1.2

비중이 0.85인 기름이 직경 15cm의 관내에 흐르고 있을 때 층류로 흐를 수 있는 최대 평균유속과 이때의 유량을 구하라. 단, 기름의 동점성계수는 $6 \times 10^{-4} m^2/s$이다.

풀이

층류의 상한계가 R_e=2,100이므로

$$R_e = \frac{V \times 0.15}{6 \times 10^{-4}} = 2{,}100 \qquad \therefore\ V = 8.4 m/s$$

따라서 유량은

$$Q = AV = \frac{\pi}{4} \times 0.15^2 \times 8.4 = 0.148 m^3/s$$

8.1.2 유입부 흐름과 발달된 흐름

관로 흐름을 분석할 때 유입부보다는 주로 발달된 흐름에 대해 고려하게 된다. 여기서 발달된 흐름(developed flow)은 그림 8.1.5과 같이 유속분포가 흐름 방향에 대해 더 이상 변하지 않는 흐름을 말하고, 유입부 흐름(entrance flow)은 흐름 방향으로 유속분포가 계속 변하는 흐름이다. 그림 8.1.5에서 저수지 또는 수조로부터 관로로 유입되는 부분은 벽면에서 얇은 경계층(boundary layer)이 발생하며 등류가 형성된다. 벽면의 점성층(viscous layer)은 점성응력이 횡단면 전체를 지배하는 비점성 중심길이(invicid core length) L_i까지 점차 성장하며 확대된다. 점성으로 인해 벽에서의 x방향 유속이 방해를 받게 되며, 연속방정식에 의해 하류로 갈수록 중심부의 유

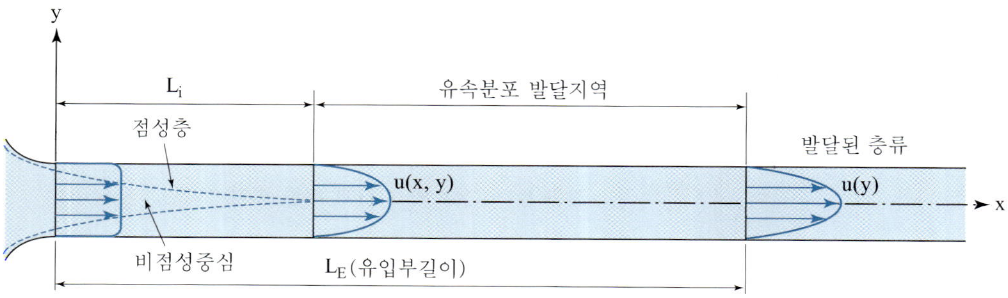

그림 8.1.5 관로 내 층류흐름 형성

속이 증가하게 된다. 비점성 중심길이 L_i 이후부터는 관로 내 흐름은 완전히 점성흐름이 되며, 유속분포는 점성에 의해 유속분포 발달지역(profile development region)에서 발달된 흐름이 형성될 때까지 계속 조정되며 변화한다. 입구부에서 발달된 흐름이 형성되는 지점까지를 유입길이(entrance length) L_E라 하고, 비점성 중심길이는 유입길이의 약 1/4정도가 된다. 7장에서 소개한 차원해석에 의하면 유입길이는 오직 Reynolds수에만 관계하며, 직경 D인 원형관의 유입부가 등류인 층류흐름에서의 유입길이는 다음과 같다.

$$\frac{L_E}{D} = 0.065R_e \tag{8.1.2}$$

난류인 경우의 흐름 상황은 층류에 비해 약간 다르게 나타난다. 그림 8.1.6과 같이 비점성 중심길이 L_i에 이어 유속분포 발달지역이 L_d까지 나타나고, 난류의 유속구조가 완전히 형성되기 위해 추가적인 길이가 필요하다. 난류인 경우 유입길이는 다음과 같이 개략적으로 산정할 수가 있다.

$$\frac{L_E}{D} = 4.4R_e^{1/6} \tag{8.1.3}$$

Reynolds수가 큰($R_e > 10^5$) 흐름인 경우 실험에 의해 얻은 각 구간의 길이는 다음과 같다.

$$\frac{L_i}{D} \simeq 10, \qquad \frac{L_d}{D} \simeq 40, \qquad \frac{L_E}{D} \simeq 120 \tag{8.1.4}$$

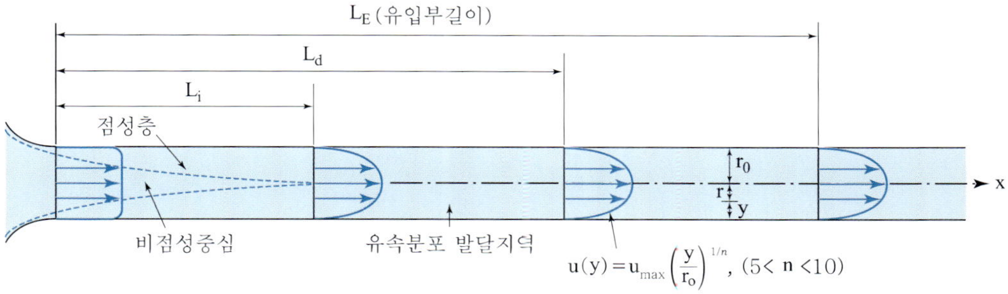

그림 8.1.6 관로 내 난류흐름 형성

예제 8.1.3

저수지로부터 직경 5cm인 원형관에 물이 유입될 때 Reynolds수가 1,000으로 흐른다면 층류의 유입길이는 얼마인가. 만일 난류가 완전히 발달되어 흐른다면 유입길이는 얼마인가.

풀이

층류로 흐를 경우 유입길이는 식 (8.1.2)로부터

$$L_E = 0.065DR_e = 0.065 \times 5 \times 1{,}000 = 325\text{cm}$$

난류로 흐를 경우 유입길이는 식 (8.1.4)로부터

$$L_E \simeq 120D = 120 \times 5 = 600\text{cm}$$

8.1.3 압력분포

일정한 직경의 관로 내에서 완전히 발달된 정상류는 중력 그리고(또는) 압력이 운동의 원동력이 된다. 수평 관로에서 관로 단면에서의 정수압변화 γD(일반적으로 생략)를 제외하고는 중력에 의한 영향은 없으며, 따라서 수평 관로 내 유체를 움직이는 원동력은 두 단면간의 압력차 $\Delta p = p_1 - p_2$가 된다. 점성은 압력과 정확히 균형을 이루는 억제력(restraining force)을 제공하고, 따라서 관로 내의 흐름이 가속되지 않고 흐르게 된다.

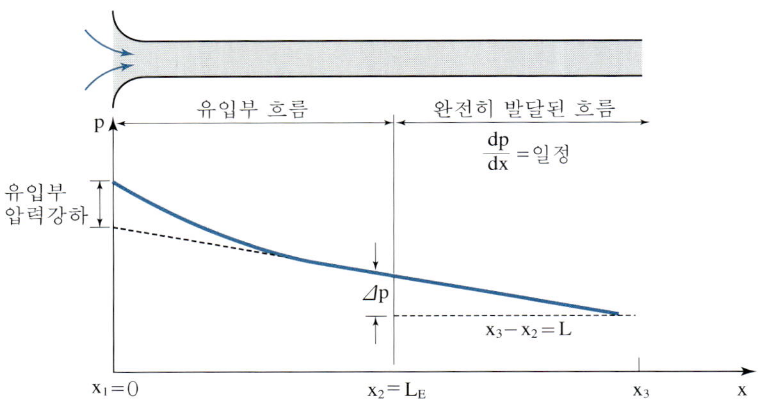

그림 8.1.7 수평 관로를 따른 압력분포

관로의 유입지역처럼 흐름이 충분히 발달되지 않은 지역에서는 흐름이 가속 또는 감속되며, 유입부에서의 등류 유속분포가 유입지역의 끝단에서 완전히 발달된 유속분포를 보이게 된다. 따라서 유입지역에서는 압력, 점성력 그리고 관성력이 균형을 유지하려고 하며, 그 결과 그림 8.1.7과 같이 수평 관로를 따라 압력분포가 형성된다. 압력경사 dp/dx의 크기는 유입지역에서는 크지만 완전히 발달된 지역에서는 일정하게 된다.

8.2 완전히 발달된 층류

앞에서 설명한 바와 같이 균일한 직경의 길이가 충분히 긴 직선의 관로에서의 흐름은 완전히 발달된 흐름(fully developed flow)을 형성하게 된다. 즉, 유속분포가 모든 단면에서 동일하게 유지된다. 비록 층류 및 난류에 대해 모두 같은 상황이 발생하지만 유속분포를 자세히 분석해 보면 두 흐름에서 서로 다른 양상을 보여준다. 완전히 발달된 층류흐름에서의 속도장 즉, 유속분포에 대한 정보를 알게 되면 압력강하, 유량, 수두손실 등과 같은 수리 특성치들을 결정할 수가 있다.

8.2.1 층류의 마찰응력

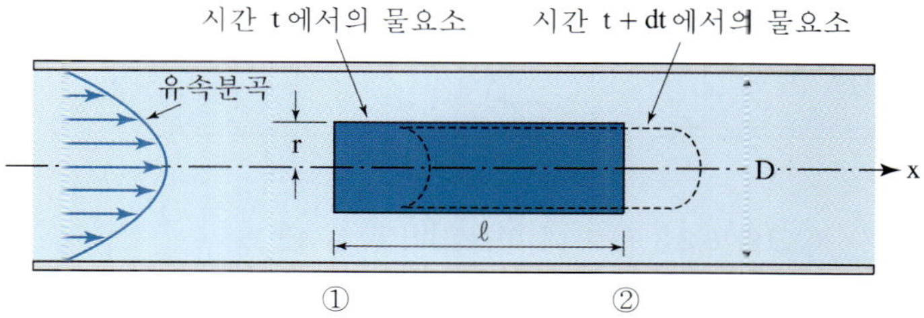

그림 8.2.1 관로 내의 원통형 유체 요소의 운동

그림 8.2.1과 같이 직경 D인 수평 관로의 시간 t에서 반경 r, 길이 l인 원통형 유체 요소를 생각해 보자. 관로 단면을 통해 유속분포가 균일하지 않기 때문에 초기시간 t에서의 원통형 유체 요소 끝단의 편평한 단면이 시간 t+dt에서는 왜곡된 형태(점선)로 이동하게 된다. 만일 흐름이 완전히 발달되었고 정상류라면 양 끝단의 왜곡된 모양이 동일하게 되지만 가속되지는 않는다. 따라서 모든 지점의 유체 입자들이 비록 이웃한 입자들끼리는 약간 다른 유속을 가지지만, 관 벽과 평행한 유적선(pathline)을 따라 일정한 유속으로 흐르게 된다. 즉, 인접한 유적선간의 유속은 다르게 된다. 점성과 관련된 이러한 유속의 변화가 결국 마찰응력(shear stress)을 초래하게 된다.

만일 중력의 영향을 무시한다면 관로의 서로 다른 지점의 단면에서는 압력이 변하지만 임의 단면에서의 연직방향의 압력은 동일하다. 따라서 단면 ①에서의 압력이 p_1이라면 흐름 방향으로 압력이 감소하므로 단면 ②에서는 $p_2=p_1-\Delta p$로 나타낼 수가 있다. 또한 원통형 유체 요소 표면에 마찰(점성)응력 τ가 작용한다. 이 마찰응력은 원통형 유체 요소 반경 r의 함수가 된다.

이 원통형의 유체 요소를 분리하여 즉, 검사체적(control volume)으로 하여 그림 8.2.2와 같이 x방향으로 뉴톤의 제2법칙 $F=m\alpha$를 적용해 보자. 이 경우 유체가 움직이고 있지만 가속되지는 않고 있으므로 x방향으로의 가속도는 $\alpha=0$이다. 따라서 완전히 발달된 수평 관로에서의 흐름은 오직 압력과 점성력만이 평형을 이루고 있다. 즉, 단면적 πr^2인 원통형 끝단에서 압력차가 작용하고 있고, 마찰응력은 면적 $2\pi rl$에 해당하는 원통의 표면에 작용하게 된다. 이러한 압력과 마찰력간의 평형을 식으로 나타내면

$$p_1\pi r^2-(p_1-\Delta p)\pi r^2=\tau 2\pi rl \qquad (8.2.1)$$

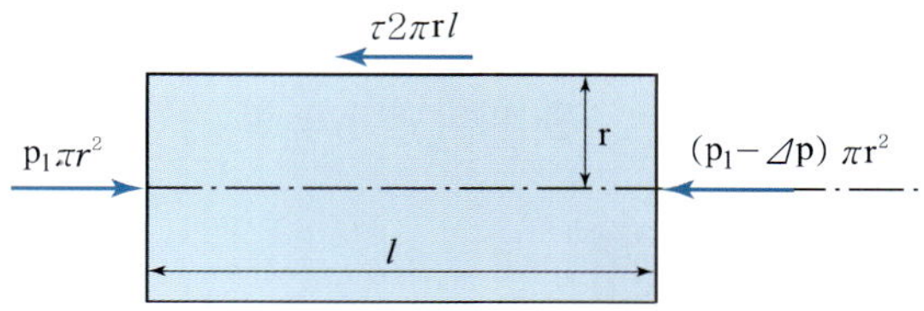

그림 8.2.2 원통형 유체 요소의 검사체적

이 식을 간단히 정리하면

$$\Delta p=\frac{2\pi l}{r} \qquad (8.2.2)$$

식 (8.2.2)는 관로 내에서 유체 입자들이 일정한 유속을 가지고 흐르는데 필요한 힘의 기본적인 평형을 나타낸다. Δp나 l이 반경 r과 관계가 없기 때문에 $2\tau/r$도 반경 r에 영향을 받지 않는다. 즉, $\tau=Cr$로 나타낼 수 있고 C는 상수이다. 관로의 중심(r=0)에서 마찰응력은 $\tau=0$이고, 관로의 벽(r=D/2)에서는 마찰응력이 최대인 벽마찰응력(wall shear stress) τ_w가 된다. 따라서 $C=2\tau_w/D$가

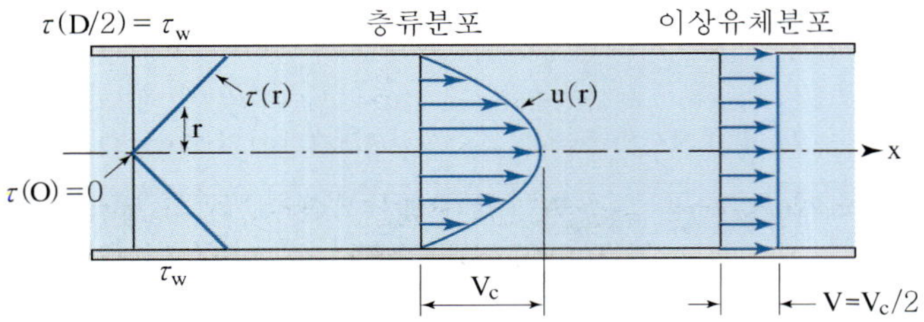

그림 8.2.3 관로 내 마찰응력 및 유속분포

되며 관로 내의 마찰응력분포는 선형으로 그림 8.2.3에서 보는 바와 같이 다음과 같이 표현할 수 있다.

$$\tau = \frac{2\tau_w r}{D} \tag{8.2.3}$$

마찰응력 τ가 반경 r에 직접 비례하는 것은 원통 유체요소 양끝단의 면적이 πr^2이므로 압력이 r^2에 비례하고, 마찰력이 원통 유체요소 측벽의 면적 $2\pi r l$에 작용하므로 마찰력이 r에 비례하기 때문이다. 만일 점성이 없다면 마찰응력이 없게 되고, 따라서 수평 관로를 통해 압력이 일정하게($\Delta p=0$)된다. 식 (8.2.2)와 식 (8.2.3)으로부터 압력 강하량을 마찰응력으로 나타내면

$$\Delta p = \frac{4 l \tau_w}{D} \tag{8.2.4}$$

따라서 관수로가 상대적으로 길면 즉, $l/D \gg 1$이면 작은 마찰응력에도 압력차이가 크게 나타날 수 있다. 식 (8.2.2)~식 (8.2.4)는 비록 층류에 대해 유도하였지만 난류에서도 적용할 수 있다.

이제 마찰응력과 유속과의 관계에 대해 알아보기로 하자. 이 부분부터는 층류와 난류가 서로 다르게 분석된다. 다음절에서 소개하겠지만 난류에서의 마찰응력은 다소 복잡하다. 하지만 뉴톤 유체의 층류에서는 1장에서 설명한 바와 같이 마찰응력이 단순히 속도경사에 비례하게 된다. 따라서 관수로에서 층류의 마찰응력은 다음과 같이 표현할 수 있다.

$$\tau = -\mu \frac{du}{dr} \tag{8.2.5}$$

여기서 유속이 관 중심에서 관 벽으로 갈수록 감소하므로 $du/dr < 0$이고 따라서 $\tau > 0$이 된다.

식 (8.2.2)와 식 (8.2.5)가 수평 관로 내 뉴톤 유체의 완전히 발달된 층류에 대한 지배법칙(governing laws)이 되며, 앞의 식은 뉴톤의 제2운동법칙을 나타내고, 뒤의 식은 뉴톤 유체의 정의를 나타낸다고 할 수 있다.

예제 8.2.1

직경 50cm인 원형관에서 물이 100m를 흐르는 동안 압력강하가 $1kg/cm^2$ 발생하였을 때 관벽 및 관벽에서 10cm 떨어진 지점에서의 마찰응력을 구하라.

풀이

관벽에서의 마찰응력은 식 (8.2.2)로부터

$$\tau_w = \frac{\Delta p r}{2l} = \frac{1kg/cm^2 \times 25cm}{2 \times 10{,}000cm} = 0.00125 kg/cm^2$$

관벽에서 10cm 떨어진 지점에서의 마찰응력은

$$\tau = \frac{\Delta pr}{2l} = \frac{1\text{kg/cm}^2 \times 15\text{cm}}{2 \times 10{,}000\text{cm}} = 0.00075\,\text{kg/cm}^2$$

예제 8.2.2

직경 30cm인 원형관의 벽에서의 마찰응력이 0.002kg/cm^2이라면 100m를 흐르는 동안 발생하는 손실수두는 얼마인가.

풀이

식 (8.2.4)로부터 압력강하는

$$\Delta p = \frac{4l\tau_w}{D} = \frac{4 \times 10{,}000\text{cm} \times 0.002\text{kg/cm}^2}{30\text{cm}} = 2.67\text{kg/cm}^2 = 26{,}700\text{kg/m}^2$$

따라서 손실수두는

$$h_L = \frac{\Delta p}{\gamma} = \frac{26{,}700}{1{,}000} = 26.7\text{m}$$

8.2.2 층류의 유속분포

층류의 마찰응력을 나타내는 식 (8.2.2)와 식 (8.2.5)를 연결하면 다음과 같다.

$$\frac{du}{dr} = -\left(\frac{\Delta p}{2\mu l}\right)r \tag{8.2.6}$$

식 (8.2.6)을 적분하면 다음과 같이 층류의 유속분포식을 얻을 수가 있다.

$$\int du = -\frac{\Delta p}{2\mu l}\int r\,dr \tag{8.2.7}$$

또는

$$u = -\left(\frac{\Delta p}{4\mu l}\right)r^2 + C \tag{8.2.8}$$

여기서 C는 적분상수로 관 벽에서의 경계조건 r=D/2일 때 u=0을 적용하면

$$C = \left(\frac{\Delta p}{16\mu l}\right)D^2 \tag{8.2.9}$$

따라서 식 (8.2.9)를 식 (8.2.8)에 대입하면

$$u(r) = \left(\frac{\Delta p D^2}{16\mu l}\right)\left[1 - \left(\frac{2r}{D}\right)^2\right] = V_c\left[1 - \left(\frac{2r}{D}\right)^2\right] \tag{8.2.10}$$

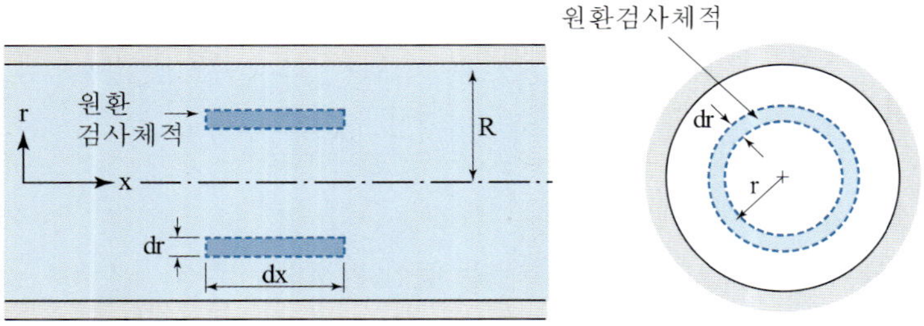

그림 8.2.4 관로내 미소 원환 유체요소

여기서 V_c는 관 중심에서의 최대 유속으로 다음과 같다.

$$V_c = \frac{\Delta p D^2}{16\mu l} \tag{8.2.11}$$

식 (8.2.10)을 압력 강하량 Δp대신 식 (8.2.4)를 이용하여 관 벽에서의 마찰응력 τ_w로 나타내면

$$u(r) = \frac{\tau_w D}{4\mu}\left[1 - \left(\frac{r}{R}\right)^2\right] \tag{8.2.12}$$

여기서 R은 관로의 반경으로 D/2이다. 식 (8.2.10) 또는 식 (8.2.12)를 이용하여 관로 내 층류의 유속분포를 나타내면 그림 8.2.3과 같으며 관의 중심에서 최대유속 V_c가 되고 관 벽에서는 최소(0)가 된다.

관로를 통해 흐르는 유량은 관로 단면전체에 걸쳐 유속분포를 적분하면 얻을 수가 있다. 관로인 경우 중심축에 대해 대칭이므로 그림 8.2.4와 같이 중심으로부터 r만큼 떨어진 미소두께 dr에 해당하는 원환의 유체요소에서는 유속이 일정하다. 따라서

$$Q = \int u\,dA = \int_{r=0}^{r=R} u(r)2\pi r\,dr = 2\pi V_c \int_0^R \left[1 - \left(\frac{r}{R}\right)^2\right] r\,dr \tag{8.2.13}$$

또는

$$Q = \frac{\pi R^2 V_c}{2} \tag{8.2.14}$$

평균유속은 유량을 단면적으로 나눈 값 즉, $V=Q/A=Q/\pi R^2$이므로

$$V = \frac{\pi R^2 V_c}{2\pi R^2} = \frac{V_c}{2} = \frac{\Delta p D^2}{32\mu l} \tag{8.2.15}$$

따라서 관로 내 층류에서의 평균유속은 관 중심에서의 최대유속의 절반이 됨을 알 수 있다. 그리고 유량은 다음과 같이 나타낼 수 있다.

$$Q = \frac{\pi D^4 \Delta p}{128\mu l} \tag{8.2.16}$$

식 (8.2.16)으로부터 층류에서의 유량은 압력 강하량과 직접 비례하고, 점성 및 관거의 길이와는 반비례하며, 관거 직경의 4승에 비례함을 알 수 있다. 이 식은 Hagen과 Poiseuille의 독자적인 실험에 의해 수립되어 Hagen–Poiseuille 흐름이라 하며 보통 Poiseuille의 법칙이라고 한다.

예제 8.2.3

비중이 0.85인 기름이 직경 15cm의 원관에서 $0.02\text{m}^3/\text{s}$의 율로 흐를 때 100m를 흐르는 동안 발생하는 손실수두와 관 중심선에서의 유속 그리고 중심선으로부터 5cm 떨어진 지점에서의 유속을 구하라. 단, 기름의 동점성계수는 $6\times10^{-4}\text{m}^2/\text{s}$이다.

풀이

원관을 통한 평균유속은

$$V=\frac{Q}{A}=\frac{0.02}{\pi D^2/4}=\frac{0.02}{3.24\times0.15^2/4}=1.13\text{m/s}$$

Reynolds수는 $R_e=\frac{VD}{\nu}=\frac{1.13\times0.15}{6\times10^{-4}}=283<2,100$ ∴ 층류이다.

따라서 식 (8.2.15)에서 $\Delta p=\gamma h_L$을 적용하고 손실수두 h_L에 대해 정리하면

$$h_L=\frac{32\mu l V}{\gamma D^2}=\frac{32\nu l V}{g D^2}=\frac{32\times6\times10^{-4}\times100\times1.13}{9.81\times0.15^2}=9.83\text{m}$$

관 중심선에서의 최대유속은 평균유속의 2배이므로

$$V_c=2V=2\times1.13=2.26\text{m/s}$$

관 중심선에서 5cm 떨어진 지점의 유속은 식 (8.2.12)로부터

$$u=V_c\left[1-\left(\frac{r}{R}\right)^2\right]=2.26\times\left[1-\left(\frac{0.05}{0.075}\right)^2\right]=1.26\text{m/s}$$

예제 8.2.4

직경 3cm의 원관에서 15℃의 물(점성계수 $1.161\times10^{-5}\text{g·s/cm}^2$)이 흐르고 있다. 원관의 10cm를 흐르는 동안 압력강하가 0.2g/cm^2일 때 원관내의 유량, 최대유속 및 관벽에서의 마찰응력을 구하라.

풀이

원관을 통해 흐르는 유량은 식 (8.2.16)으로부터

$$Q=\frac{\pi D^4\Delta p}{128\mu l}=\frac{3.14\times3^4\times0.2}{128\times1.161\times10^{-5}\times1,000}=34.23\text{cm}^3/\text{s}$$

관 중심선에서의 최대유속

$$V_c=2V=\frac{2Q}{\pi D^2/4}=\frac{2\times34.23}{3.14\times3^2/4}=9.69\text{cm/s}$$

관벽에서의 마찰응력은 식 (8.2.2)로부터

$$\tau_w=\frac{\Delta p r}{2l}=\frac{0.2\text{g/cm}^2\times1.5\text{cm}}{2\times1,000\text{cm}}=0.00015\text{g/cm}^2$$

Reynolds수는

$$R_e=\frac{\rho VD}{\mu}=\frac{(1/980)\times(9.69/2)\times3}{1.161\times10^{-5}}=1,277<2,100$$ ∴ 층류이다.

8.3 완전히 발달된 난류

지금까지 관로 내 층류의 마찰응력 및 유속분포에 대해 알아보았는데, 관로 내의 실제 흐름이 대부분 난류이기 때문에 발달된 난류의 흐름 해석은 매우 중요하다. 그러나 난류는 매우 복잡한 흐름 과정이기 때문에 많은 과학자들이 연구를 하였지만, 아직도 완전히 이해가 되지 않는 부분이 많이 있다. 따라서 본 절에서는 난류의 기본 개념에 대해서만 소개하기로 한다.

그림 8.3.1과 같이 처음에 유체가 가득 차 있는 긴 관로에서의 흐름을 생각해 보자. 관의 밸브를 열기 시작하면 유속 즉, Reynolds수가 증가하기 시작한다. 초기 단계에서는 Reynolds수가 작아 층류가 형성되며 Reynolds수가 2,100에 도달하면 부분적인 난류가 형성된다. Reynolds수가 더 증가하여 약 4,000을 초과하게 되면 관로 단면 전체에 난류가 형성된다.

그림 8.3.2는 흐름의 한 주어진 지점에서 흐름방향(x방향)의 속도성분 u, 그리고 y 및 z방향의 속도성분 v 및 w를 나타내고 있다. 각 방향 성분의 유속은 불규칙하고 무작위한 난류특성을 보이고 있다.

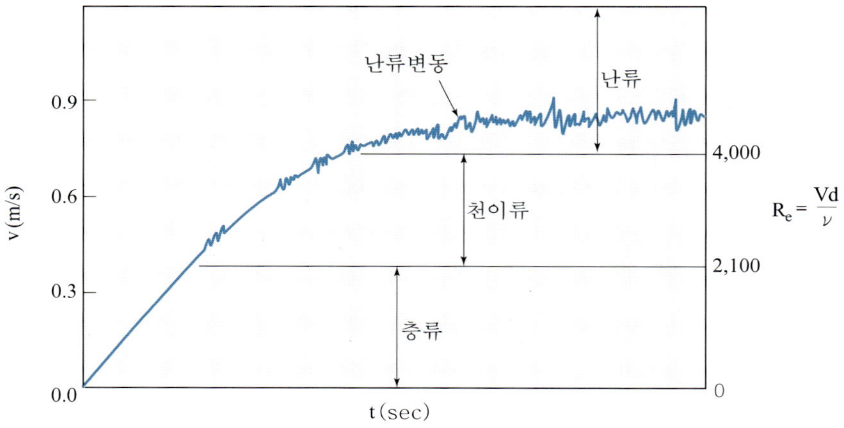

그림 8.3.1 관로 내 흐름의 변화

이와 같은 난류의 x방향 속도성분은 평균치 $\bar{u}$에 변동성분 u′를 더해 표현할 수 있으며, 다른 방향의 속도성분도 마찬가지이다.

$$\begin{aligned} u &= \bar{u} + u' \\ v &= \bar{v} + v' \\ w &= \bar{w} + w' \end{aligned} \tag{8.3.1}$$

여기서 x방향의 속도성분의 평균치는 다음과 같이 정의된다.

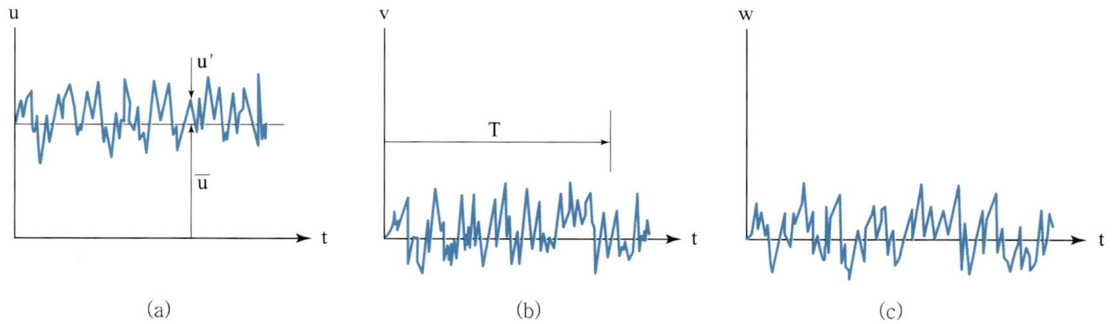

그림 8.3.2 난류의 속도성분

$$\bar{u} = \frac{1}{T}\int_0^T u(t)\,dt \tag{8.3.2}$$

여기서 T는 평균에 사용된 시간구간이다. x방향의 속도성분의 평균 $\bar{u}$는 0이 아니지만, y방향 및 z방향 속도성분의 평균치는 $\bar{v} = \bar{w} = 0$이다. 또한 각 방향의 변동성분 u', v' 그리고 w'의 평균도 0이 된다. 예를 들어 x방향 성분인 경우 다음과 같다.

$$\begin{aligned}\bar{u}' &= \frac{1}{T}\int_0^T (u - \bar{u})\,du = \frac{1}{T}\left(\int_0^T u\,dt - \bar{u}\int_0^T dt\right) \\ &= \frac{1}{T}(T\bar{u} - T\bar{u}) = 0\end{aligned} \tag{8.3.3}$$

8.3.1 난류의 마찰응력

그림 8.3.3과 같은 수평 관로에서의 난류에 대해 생각해 보자. 유체 입자들은 흐름을 통해 무작위하게 움직이고 있다. 어떤 순간에 유체 입자가 유속의 변동성분 v'에 의해 미소면적 dA를 통과하여 더 빠른 x방향의 속도성분을 가진 인접한 층으로 이동하여 인접한 층을 속도를 감소시킨다고 하자. 이와 반대로 빠른 유속을 가진 층에 있는 유체 입자가 낮은 유속을 가진 층으로 이동하면, 유속이 낮은 층의 유속을 가속시키게 된다. 따라서 미소면적 dA를 통과하는 유체 입자의 무작위 운동으로 인해 발생하는 x방향의 힘은

$$dF = -\rho v' dA\, u' \tag{8.3.4}$$

여기서 u'는 운동량 교환에 의한 x방향 속도의 음의 변화이다. 따라서 난류 마찰응력은

$$\tau_{turb} = \frac{dF}{dA} = -\rho u' v' \tag{8.3.5}$$

여기서 v'는 양의 값이고 u'는 음의 값이므로 u'v'는 음의 값을 나타내게 되며, 식 (8.3.5)에 음의 부호가 포함되어 있으므로 결국 양의 마찰응력이 된다. 시간에 대해 평균한 마찰응력을 외견상 마찰응력(apparent shear stress)이라 하며 다음과 같다.

$$\tau_{turb} = -\rho\overline{u'v'} \tag{8.3.6}$$

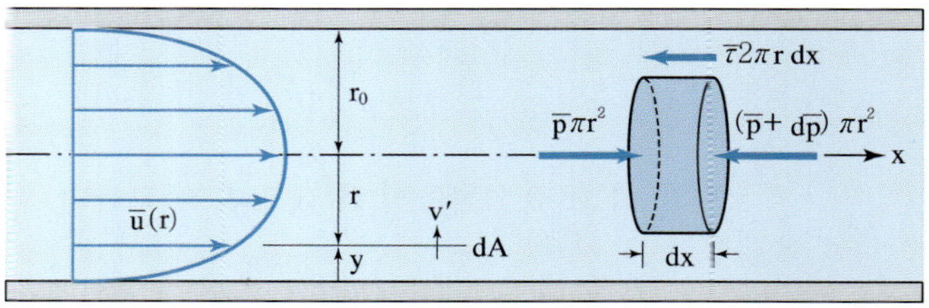

그림 8.3.3 관로 내의 난류

특정 지점에서의 총 마찰응력은 위에서 설명

한 바와 같이 점성 및 운동량의 교환에 의한 것이므로

$$\tau = \tau_{\text{lam}} + \tau_{\text{turb}} = \mu\frac{d\bar{u}}{dy} - \rho\overline{u'v'} \tag{8.3.7}$$

층류인 경우 u'=v'=0이므로 $\overline{u'v'} = 0$이 되고 따라서 층류의 마찰응력에 해당하는 항만 남게 된다. 난류인 경우 운동량의 교환에 의한 마찰응력 $-\rho\overline{u'v'}$가 양의 값이므로 마찰응력은 층류보다는 난류가 더 크게 된다. 운동량의 교환에 의한 마찰응력을 Reynolds 응력이라고 한다.

난류의 마찰응력을 나타내는 또 다른 형태로 와점성계수(eddy viscosity) η의 항으로 나타낼 수가 있다.

$$\tau_{\text{turb}} = \eta\frac{d\bar{u}}{dy} \tag{8.3.8}$$

따라서

$$\bar{\tau} = \mu\frac{d\bar{u}}{dy} + \eta\frac{d\bar{u}}{dy} = (\mu + \eta)\frac{d\bar{u}}{dy} \tag{8.3.9}$$

와점성계수는 층류의 점성계수와 같은 형식으로 프랑스의 Boussinesq에 의해 소개되었다. 비록 와점성계수의 개념이 흥미롭지만 실제로는 사용하기가 쉬운 변수가 아니다. 유체마다 주어진 점성계수 μ와는 달리 와점성계수는 유체와 흐름상태에 따라 결정된다. 즉, 난류상태마다 변하기 때문에 문헌의 표로부터 쉽게 구할 수 있는 값이 아니다.

Reynolds의 응력 $\rho\overline{u'v'}$를 정확히 산정하기 곤란한 것과 마찬가지로 와점성계수도 실제로 산정하기가 곤란하다. 독일의 물리학자 Prandtl은 난류과정을 임의 유속 지점에서 다른 유속 지점까지의 거리인 혼합거리(mixing length) l_m에서의 유체 입자 무리의 무작위 이동으로 볼 수 있다고 제시하였다. 혼합거리는 u' 및 v'와 du/dy간의 비례상수로 다음과 같이 나타낼 수 있다.

$$u' = l_m\frac{du}{dy}, \qquad v' = l_m\frac{du}{dy} \tag{8.3.10}$$

식 (8.3.10)에서 동질난류(homogeneous turbulent)로 간주하여 u'=v'로 가정하였다. 따라서 식 (8.3.10)을 Reynolds의 응력에 적용하면

$$\tau_{\text{turb}} = \rho l_m^2\left(\frac{d\bar{u}}{dy}\right)^2 \tag{8.3.11}$$

식 (8.3.11)을 식 (8.3.8)과 비교하면 와점성계수는 다음과 같다.

$$\eta = \rho l_m^2\frac{d\bar{u}}{dy} \tag{8.3.12}$$

이제 난류의 마찰응력을 구하기 위해 혼합거리를 결정해야 한다. 하지만 혼합거리는 경계면에서 0이 되고 경계면에서 멀어지면 혼합거리도 증가하게 되어 항상 일정하지가 않다. 따라서 von Karman은 혼합거리를 다음과 같이 제시하였다.

$$l_m = \kappa\left(\frac{d\bar{u}}{dy} \Big/ \frac{d^2\bar{u}}{dy^2}\right) \tag{8.3.13}$$

여기서 κ는 Karman의 비례상수(universal constant)로 실험결과에 의하면 약 0.4의 값을 가진다. 따라서 식 (8.3.13)을 (8.3.11)에 대입하면

$$\tau_{turb} = \rho\kappa^2\left(\frac{d\bar{u}}{dy}\right)^4 \Big/ \left(\frac{d^2\bar{u}}{dy^2}\right)^2 \tag{8.3.14}$$

난류의 마찰응력은 식 (8.3.14)에 의해 구하게 되며, 이 식을 Prandtl-Karman 공식이라 한다.

예제 8.3.1

하천의 한 지점에서 정밀한 유속계를 이용하여 2초 간격으로 유속을 측정하였다. 흐름방향의 유속 u와 흐름과 직각방향의 유속 v가 표 8.3.1의 1, 2란과 같을 때 Reynolds의 응력, 혼합거리 그리고 와동점성계수를 구하라. 단, 평균흐름의 속도구배는 0.3m/s이다.

표 8.3.1 유속측정 자료

시간(sec)	u	v	u'	v'	u'^2	v'^2	u'v'
0	1.840	−0.130	0.096	−0.193	0.0092	0.0372	−0.0185
2	1.730	0.080	−0.014	0.017	0.0002	0.0003	−0.0002
4	1.770	0.150	0.026	0.087	0.0007	0.0076	0.0023
6	1.630	−0.180	−0.114	−0.243	0.0130	0.0590	0.0277
8	1.890	0.310	0.146	0.247	0.0213	0.0610	0.0361
10	1.640	0.190	−0.104	0.127	0.0108	0.0161	−0.0132
12	1.780	−0.090	0.036	−0.153	0.0013	0.0234	−0.0055
14	1.500	0.370	−0.244	0.307	0.0595	0.0942	−0.0749
16	1.810	0.140	0.066	0.077	0.0044	0.0059	0.0051
18	1.850	−0.210	0.106	−0.273	0.0112	0.0745	−0.0289
계	17.440	0.630	0.000	0.000	0.1316	0.3792	−0.0700
평균	1.744	0.063	0.000	0.000	0.0132	0.0379	−0.0070

풀이

흐름방향 및 흐름에 직각인 방향의 유속 평균은

$$\bar{u} = 1.744\text{m/s} \qquad \bar{v} = 0.063\text{m/s}$$

따라서 각 방향 유속의 평균치에 대한 편차 u' 및 v가 4란 및 5란과 같다.

Reynolds의 응력은 식 (8.3.6)으로부터

$$\tau = -\rho \overline{u'}\,\overline{v'} = -\frac{\gamma}{g}\overline{u'}\,\overline{v'} = -\frac{1{,}000}{9.81}\times(-0.0070) = 0.7136\text{kg/m}^2$$

혼합거리는 식 (8.3.11)로부터

$$l_m = \frac{\sqrt{\tau/\rho}}{d\bar{u}/dy} = \frac{\sqrt{0.7136/(1{,}000/9.81)}}{0.3} = 0.2789\text{m}$$

와동점성계수는 식(8.3.12)로부터 와점성계수를 밀도 ρ로 나누면 되므로

$$\varepsilon = l_m^2\left(\frac{d\bar{u}}{dy}\right) = 0.2789^2 \times 0.3 = 0.0233\text{m}^2/\text{s}$$

8.3.2 난류의 유속분포

작은 직경의 관로에서 높은 점성의 유체가 흐르는 경우를 제외하면 대부분의 흐름은 난류가 된다. 앞에서 완전히 발달한 관수로 내 난류에서의 마찰응력분포를 설명한 바와 같이 마찰응력과 평균유속간의 명확한 관계를 수립하기는 쉽지가 않다. 따라서 난류에 대한 실험결과에 주로 의존하게 된다.

실험을 통해 구한 매끈한 관로에서의 완전히 발달된 난류의 유속분포가 그림 8.3.4와 같다. 유속분포를 반대수지에 나타내고 있으므로 $\log(yu_*/\nu)$에 대한 $\bar{u}/u_*$를 도시하고 있다. 그림 8.3.4에서 두 부분의 서로 다른 영역으로 구분할 수 있는데, 하나는 벽면 근처의 층류저층 또는 점성저층(laminar or viscous sublayer)으로 이 영역에서는 점성이 중요한 역할을 하고 있다. 다른 영역은 외층(outer layer)으로 층류저층과는 반대이다. 벽과 매우 가까이 있는 점성마찰이 지배적인 층류저층에서는 평균유속분포가 다음과 같은 관계를 보인다.

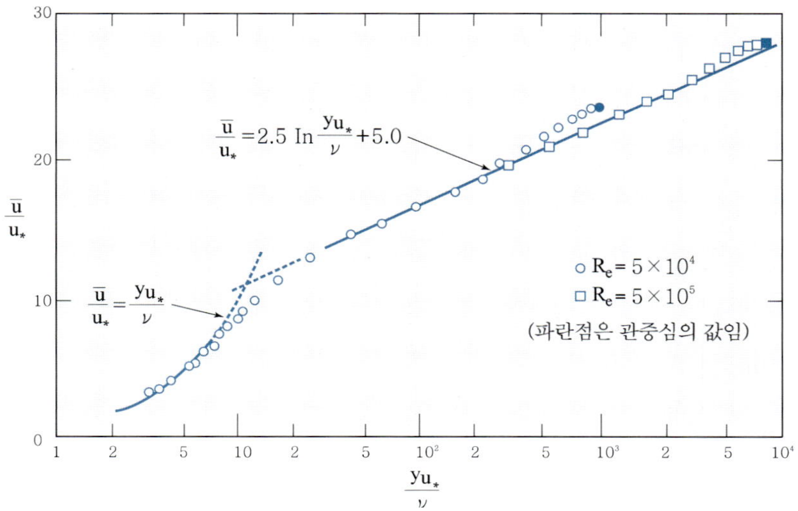

그림 8.3.4 매끈한 관로에서의 완전히 발달한 난류의 유속분포

$$\frac{\bar{u}}{u_*} = \frac{yu_*}{\nu} \quad \left(0 \le \frac{yu_*}{\nu} \le 5\right) \tag{8.3.15}$$

여기서 y=R−r은 벽면으로부터의 거리이고 R은 관의 반경이다. $\bar{u}$는 시간 평균된 x방향의 속도이고 $u_* = \sqrt{\tau_w/\rho}$는 마찰속도(friction velocity)이고, τ_w는 벽면에서의 마찰응력이다. 마찰속도는 물의 실제 속도가 아니고 단지 유속과 같은 단위를 가지고 있다.

점성과 난류마찰이 모두 중요한 외층에서의 유속분포는 다음과 같다.

$$\frac{\bar{u}}{u_*} = 2.5\ln\frac{yu_*}{\nu} + 5.0 \qquad \left(30 < \frac{yu_*}{\nu},\ \frac{y}{R} < 0.15\right) \tag{8.3.16}$$

그림 8.3.4로부터 식 (8.3.16)의 유속분포가 관로의 중심까지 유사하게 나타남을 알 수 있다. 난류마찰이 지배적인 관로의 중심지역에서는 다음과 같은 식이 제시되고 있다.

$$\frac{V_c - \bar{u}}{u_*} = 2.5\ln\frac{R}{y} \tag{8.3.17}$$

여기서 V_c는 관 중심에서의 유속이다.

또 다른 쉽게 적용할 수 있도록 제시된 경험공식으로 다음과 같은 멱함수(power law) 유속분포가 있다.

$$\frac{\bar{u}}{V_c} = \left(1 - \frac{r}{R}\right)^{1/n} \tag{8.3.18}$$

여기서 n은 Reynolds수의 함수로 그림 8.3.5와 같으며 실제 적용할 경우 n=7을 주로 사용하며 이 때 식 (8.3.18)을 7승근법칙(seventh-root law)이라 한다. 그림 8.3.6은 전형적인 층류의 유속분포와 n값에 따른 난류의 유속분포를 보여주고 있다.

식 (8.3.18)의 유속분포를 이용하여 평균 유속은 다음과 같이 산정할 수가 있다.

$$V = \frac{\int_0^R \bar{u}(r)2\pi r\,dr}{\pi R^2} = \frac{2n^2}{(n+1)(2n+1)}V_c \tag{8.3.19}$$

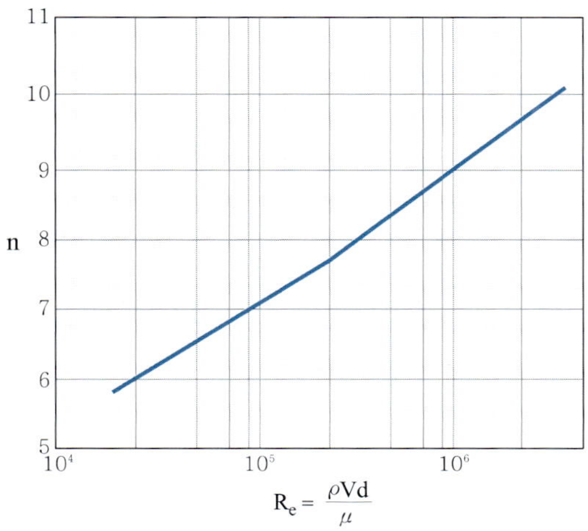

그림 8.3.5 멱함수 유속분포에서의 R_e와 n값의 관계

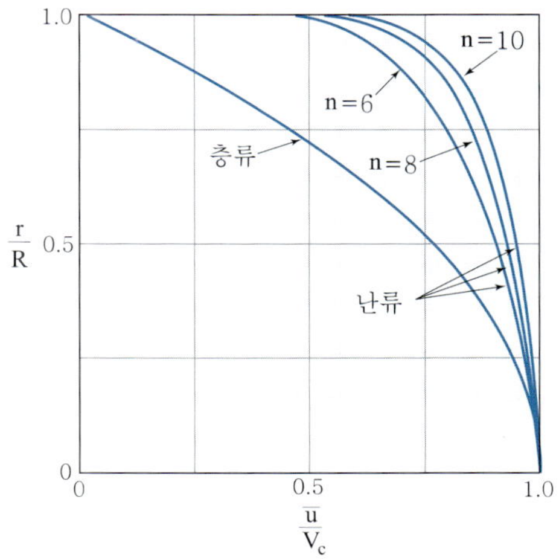

그림 8.3.6 층류 및 난류의 유속분포

예제 8.3.2

직경 0.1m의 수평관로에 20℃의 물(ρ=101.79kg·s^2/m^4, ν=1.004×10^{-6}m^2/s)이 0.04m^3/s의 율로 흐르고 있다. 압력강하가 단위길이 당 260kg/m^{2}일 때 1) 층류저층의 두께, 2) 관중심에서의 유속 그리고 3) 관의 중심과 관벽 사이의 중간지점(r=0.025m)에서 난류와 층류의 마찰응력의 비 τ_{turb}/τ_{lam}를 구하라.

풀이

1) 층류저층의 두께

그림 8.3.4와 식 (8.3.15)에서 층류저층의 적용범위가 5까지이므로 이를 적용하면

$$\frac{yu_*}{\nu}=5 \text{ 즉, } y=5\frac{\nu}{u_*}$$

식 (8.3.4)로부터

$$\tau_w=\frac{D\Delta p}{4l}=\frac{0.1\text{m}\times 260\text{kg/m}^2}{4\times 1\text{m}}=6.5\text{kg/m}^2$$

따라서 마찰속도는

$$u_*=\left(\frac{\tau_w}{\rho}\right)^{1/2}=\left(\frac{6.5\text{kg/m}^2}{101.79\text{kg}\cdot\text{s}^2/\text{m}^4}\right)^{0.5}=0.253\text{m/s}$$

그러므로 층류저층의 두께는

$$y=5\frac{\nu}{u_*}=\frac{5\times 1.004\times 10^{-6}\text{m}^2/\text{s}}{0.253\text{m/s}}=1.98\times 10^{-5}\text{m}\simeq 0.02\text{mm}$$

2) 관 중심에서의 유속

관로를 통한 평균유속은

$$V=\frac{Q}{A}=\frac{0.04\text{m}^3/\text{s}}{\pi(0.1)^2/4}=5.09\text{m/s}$$

식 (8.3.19)로부터 7승근법(n=7)을 적용하면

$$V_c=\frac{(n+1)(2n+1)}{2n^2}V=\frac{8\times 15}{2\times 7^2}\times 5.09=6.23\text{m/s}$$

3) 난류와 층류의 마찰응력의 비 τ_{turb}/τ_{lam}

식 (8.3.3)은 층류 및 난류에 대해 적용할 수 있으므로

$$\tau=\tau_{turb}+\tau_{lam}=\frac{2\tau_w r}{D}=\frac{2\times 6.5\text{kg/m}^2\times 0.025\text{m}}{0.1\text{m}}=3.25\text{kg/m}^2$$

멱함수 유속분포식 (8.3.18)의 평균유속을 r에 대해 미분하면

$$\frac{d\bar{u}}{dr}=-\frac{V_c}{nR}\left(1-\frac{r}{R}\right)^{(1-n)/n}=-\frac{6.23}{7\times 0.05}\left(1-\frac{0.025}{0.05}\right)^{(1-7)/7}=-32.24/\text{s}$$

따라서 층류에 대한 마찰응력은

$$\tau_{lam} = -\mu\frac{d\bar{u}}{dr} = -\nu\rho\frac{d\bar{u}}{dr} = -1.004\times10^{-6}\times 101.79\times(-32.24) = 0.0033\text{kg/m}^2$$

그러므로 층류와 난류의 마찰력의 비는

$$\frac{\tau_{turb}}{\tau_{lam}} = \frac{\tau - \tau_{lam}}{\tau_{lam}} = \frac{3.25 - 0.0033}{0.0033} = 984$$

따라서 이 지점에서의 난류흐름에서 마찰응력은 대부분이 난류마찰응력임을 알 수 있다.

8.4 점성으로 인한 에너지손실

관로 내의 흐름에서는 점성으로 인한 마찰 때문에 유체가 가지고 있는 에너지의 일부를 잃어버리게 되는데, 이와 같은 점성으로 인한 에너지손실을 주손실(major losses) h_L이라 한다. 또한 관로 유입부, 접합부, 관로 단면의 변화, 만곡부 및 밸브 등으로 인해 에너지가 손실되게 되며, 이러한 손실을 미소손실(minor losses) h_m이라 한다. 따라서 관로 내에서의 총 에너지손실은 주손실과 미소손실의 합이 된다. 본 절에서는 주손실인 점성으로 인한 마찰손실에 대해 알아보고, 8.5절에서는 미소손실에 대해 소개하기로 한다.

8.4.1 마찰손실수두

그림 8.4.1과 같은 완전히 발달된 관로흐름 내 검사체적의 단면 ①, ②에서의 연속방정식과 마찰손실을 고려한 에너지방정식은 다음과 같다.

$$Q = A_1V_1 = A_2V_2 \tag{8.4.1}$$

$$\frac{p_1}{\gamma} + \frac{V_1^2}{2g} + z_1 = \frac{p_2}{\gamma} + \frac{V_2^2}{2g} + z_2 + h_L \tag{8.4.2}$$

유량이 일정하고 두 단면의 면적이 동일하므로 연속방정식에 의해 $V_1=V_2$이다. 따라서

$$h_L = \frac{\Delta p}{\gamma} + \Delta z \tag{8.4.3}$$

즉, 관로에서의 에너지손실은 압력에너지 및 위치에너지의 손실로 나타난다. 두 단면사이에 운동량 방정식을 적용하면

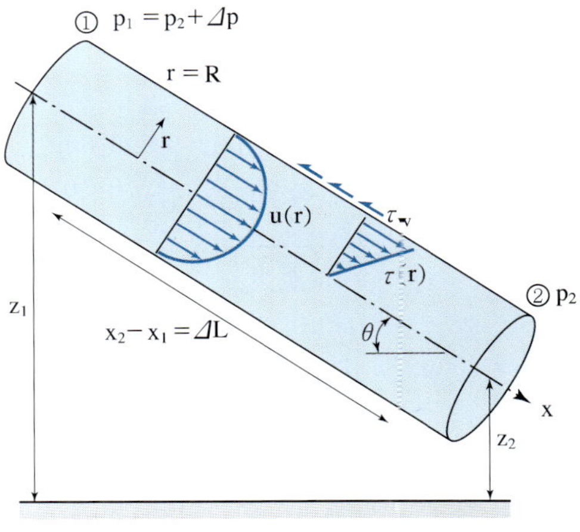

그림 8.4.1 관로 내 흐름의 검사체적

$$\sum F = \rho Q(V_2 - V_1) = 0 \quad (8.4.4)$$

따라서

$$\Delta p \pi R^2 + \gamma \pi R^2 \Delta L \sin\theta - \tau_w (2\pi R) \Delta L = 0 \quad (8.4.5)$$

양변을 $\gamma \pi R^2$으로 나누고 $\Delta L\sin\theta = \Delta z$를 적용하면

$$\frac{\Delta p}{\gamma} + \Delta z - \frac{2\pi R \tau_w \Delta L}{\gamma \pi R^2} = 0 \quad (8.4.6)$$

동수반경을 R_h=A(단면적)/P(윤변)이라 하면 식 (8.4.3)과 식 (8.4.6)으로부터 마찰로 인한 에너지 손실수두는

$$h_L = \frac{\tau_w \Delta L}{\gamma R_h} \quad (8.4.7)$$

원형관인 경우 동수반경 R_h=r/2가 되므로

$$\tau_w = \frac{\gamma h_L R}{2\Delta L} \quad (8.4.8)$$

마찰응력은 관 중심 r=0에서 0이고 관벽 r=R에서 τ_w인 직선분포를 보이므로 중심으로부터 임의의 지점 r까지의 마찰응력은 다음과 같이 나타낼 수 있다.

$$\tau = \left(\frac{\gamma h_L}{2\Delta L}\right) r \quad (8.4.9)$$

이는 압력강하와 손실수두간의 관계 $h_L = \Delta p/\gamma$를 고려하면 8.2.1절에서 설명한 내용과 동일함을 알 수 있다.

예제 8.4.1

가로 1m, 세로 1.5m인 사각형 관로에서 물이 가득차서 100m를 흐를 때 손실수두가 10m였다면 관벽에 작용하는 평균 마찰응력은 얼마인가.

풀이

사각형 관로이므로 식 (8.4.7)을 이용한다.

$$R_h = \frac{A}{P} = \frac{1 \times 1.5}{2(1+1.5)} = 0.3\text{m}$$

$$\tau_w = \frac{\gamma R_h h_L}{\Delta L} = \frac{1{,}000 \times 0.3 \times 10}{100} = 30\text{kg/m}^2$$

8.4.2 마찰손실계수

점성때문에 발생하는 마찰로 인한 마찰손실 및 마찰응력에 대해 알아본 결과 식 (8.4.7) 및 (8.4.8)과 같이 서로 연결되어 있어 결국 마찰손실수두를 산정하기 위해서는 마찰응력을 직접 또는 간접적으로 산정할 필요가 있다. 마찰응력은 물의 밀도 ρ, 관의 직경 d, 물의 점성계수 μ, 유속 V 및 관의 조도 ε과 관련이 있으므로 다음과 같이 이들의 함수로 나타낼 수 있다.

$$\tau_w = F(\rho, V, \mu, d, \varepsilon) \tag{8.4.10}$$

7장에서 소개한 차원해석(dimensional analysis)을 통해 마찰응력과 이들 변수간의 관계를 구한 결과(예제 7.2.1) 다음과 같은 결과를 얻은 바가 있다.

$$\frac{8\tau_w}{\rho V^2} = f = F\left(R_e, \frac{\varepsilon}{d}\right) \tag{8.4.11}$$

여기서 f는 Darcy의 마찰손실계수(friction factor)이며 손실수두와 속도수두, 관의 길이 및 직경 간의 관계를 나타내는 비례상수로 Reynolds수와 관의 상대조도 ε/d를 알면 다음 절에서 소개할 Moody도표를 이용하여 산정할 수가 있다. 식 (8.4.7)과 식 (8.4.11)을 이용하여 다음과 같이 관수로내의 마찰로 인한 주손실 h_L을 나타낼 수 있다.

$$h_L = f\frac{L}{d}\frac{V^2}{2g} \tag{8.4.12}$$

이 식을 Darcy-Weisbach 공식이라 하며, 관로에서의 층류 및 난류에 모두 적용하여 점성으로 인한 마찰손실수두를 산정하게 된다.

예제 8.4.2

직경 0.5m인 관로에 유속 2m/s로 물이 흐를 때 100m 구간에서 발생하는 손실수두를 구하라. 단, 마찰손실계수는 0.019로 가정하라.

풀이

Darcy-Weisbach 공식을 적용하면

$$h_L = f\frac{L}{d}\frac{V^2}{2g} = 0.019 \times \frac{100}{0.5}\frac{2^2}{2 \times 9.81} = 0.775\text{m}$$

8.4.3 Moody도표

차원해석을 통해 마찰손실계수가 Reynolds수 R_e와 관의 상대조도 ε/d의 함수로 표현되는 것을 알았다. 관의 조도에 따른 완전히 발달한 관수로내의 흐름에서의 R_e와 ε/d에 대한 다양한 실험이 이루어졌으며, 이러한 실험 자료로부터 그림 8.4.2와 같은 Moody도표가 제시되었다.

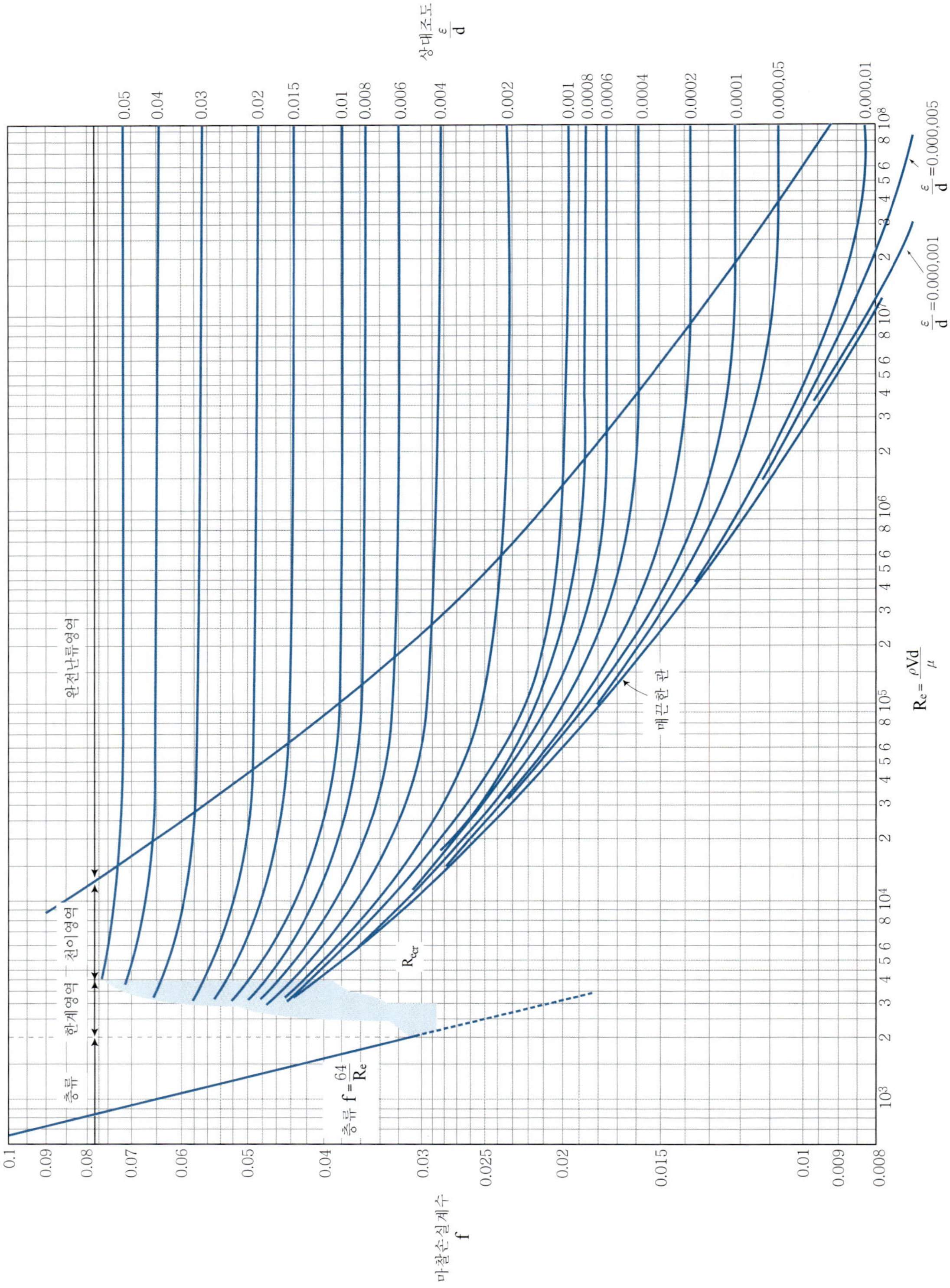

그림 8.4.2 Moody 도표

층류에서의 압력강하와 유속간의 관계는 8.2.2절 식 (8.2.15)르부터

$$V = \frac{\pi R^2 V_c}{2\pi R^2} = \frac{V_c}{2} = \frac{\Delta p d^2}{32\mu L} \tag{8.2.15}$$

$\Delta p = \gamma h_L$이므로 이 관계를 식 (8.2.15)에 적용하고 손실수두 h_L에 관해 정리하면

$$h_L = \frac{32\mu L V}{\gamma d^2} \tag{8.4.13}$$

식 (8.4.13)과 (8.4.12)를 비교하면

$$h_L = \frac{32\mu L V}{\gamma d^2} = \frac{64\mu}{\rho V d}\frac{L}{d}\frac{V^2}{2g} = f\frac{L}{d}\frac{V^2}{2g} \tag{8.4.14}$$

따라서 층류에서의 마찰손실계수는 다음과 같다.

$$f = \frac{64}{R_e} \tag{8.4.15}$$

이 결과는 실험 자료로부터 구한 Moody도표에서의 층류에 대한 마찰계수와 일치함을 알 수 있다.

Moody도표로부터 몇 가지 특징을 알아보면 다음과 같다. 층류역역에서는 관의 조도에 상관없이 마찰손실계수 f는 식 (8.4.15)와 같이 R_e에 의해 결정되며, 이와는 반대로 R_e가 매우 큰 난류영역에서는 마찰손실계수는 R_e에 상관없이 관의 상대조도 ε/d에 의해 결정된다. 그 사이의 흐름 영역에서는 마찰손실계수가 R_e 및 ε/d에 의해 결정된다. 층류와 난류사이의 천이류 영역에서는 흐름 조건에 따라 층류 또는 난류로 흐르기 때문에 마찰손실계수가 명확히 정의되지 않는다.

Moody도표는 다음과 같은 영역별 관계식을 이용하여 작성되었다.

매끈한 관 : $$\frac{1}{f^{0.5}} = 0.86 \ln R_e f^{0.5} - 0.8 \tag{8.4.16}$$

완전난류영역 : $$\frac{1}{f^{0.5}} = -0.86 \ln \frac{\varepsilon}{3.7d} \tag{8.4.17}$$

천이영역 : $$\frac{1}{f^{0.5}} = -0.86 \ln\left(\frac{\varepsilon}{3.7d} + \frac{2.51}{R_e f^{0.5}}\right) \tag{8.4.18}$$

Blasius는 매끈한 관로 내의 난류($4,000 < R_e < 10^5$)영역에 대해 마찰손실계수를 다음과 같이 제시하였다.

$$f = \frac{0.3164}{R_e^{0.25}} \tag{8.4.19}$$

Moody도표를 대신하여 설계목적으로 일부 수리학적 값들이 주어질 때 손실수두, 유량 그리고 직경을 구하기 위해 Swamee 및 Jain은 다음과 같은 경험식들을 제시하였다.

$$h_L = 1.07\frac{Q^2L}{gd^5}\left\{\ln\left[\frac{\varepsilon}{3.7d}+4.62\left(\frac{\nu d}{Q}\right)^{0.9}\right]\right\}^{-2} \qquad (3{,}000 < R_e < 3\times10^8) \qquad (8.4.20)$$

$$Q = -0.965\left(\frac{gd^5h_L}{L}\right)^{0.5}\ln\left[\frac{\varepsilon}{3.7d}+\left(\frac{3.17\nu^2L}{gd^3h_L}\right)^{0.5}\right] \qquad (2{,}000 < R_e) \qquad (8.4.21)$$

$$D = 0.66\left[\varepsilon^{1.25}\left(\frac{LQ^2}{gh_L}\right)^{4.75}+\nu Q^{9.4}\left(\frac{L}{gh_L}\right)^{5.2}\right]^{0.04} \qquad (5{,}000 < R_e < 3\times10^8) \qquad (8.4.22)$$

이 식들은 국제단위제 및 영국단위제 모두 적용할 수가 있다. 다양한 종류의 관에 대한 등가조도(equivalent roughness) ε의 값은 표 8.4.1과 같다.

표 8.4.1 관 종류별 등가조도

관의 종류	등가조도 ε	
	(mm)	(ft)
리벳트 강관	0.9~9.0	0.003~0.03
콘크리트	0.3~3.0	0.001~0.01
나무관	0.18~0.9	0.0006~0.003
주철	0.26	0.00085
아연철	0.15	0.0005
상업용강관 및 단철	0.045	0.00015
호스	0.0015	0.000005
플라스틱, 유리	0.0 (매끈함)	0.0 (매끈함)

예제 8.4.3

직경 0.2m인 관의 벽이 0.12mm의 가는 모래로 피복되어 있다. 20℃의 물(ν=1.004×10^{-6}m^2/s)이 0.05m^3/s의 율로 1,000m를 흐를 때 발생하는 손실수두를 구하라. 매끈한 관일 경우의 손실수두는 얼마인가.

풀이

관로내 유속, Reynold수 및 상대조도는

$$V = \frac{Q}{A} = \frac{0.05}{\pi\times0.2^2/4} = 1.59\text{m/s}$$

$$R_e = \frac{VD}{\nu} = \frac{1.59\times0.2}{1.004\times10^{-6}} = 3.17\times10^5$$

$$\frac{\varepsilon}{d} = \frac{0.12\text{mm}}{200\text{mm}} = 0.0006$$

Moody도표로부터 f값을 읽으면 f=0.019가 된다. 따라서 Darcy-Weisbach 공식으로부터

$$h_L = f\frac{L}{d}\frac{V^2}{2g} = 0.019 \times \frac{1{,}000}{0.2} \times \frac{1.59^2}{2 \times 9.81} = 12.2\text{m}$$

매끈한 관인 경우 식 (8.4.19)로부터

$$f = \frac{0.3164}{R_e^{0.25}} = \frac{0.3164}{(3.17 \times 10^5)^{0.25}} = 0.0134$$

$$h_L = f\frac{L}{d}\frac{V^2}{2g} = 0.0134 \times \frac{1{,}000}{0.2} \times \frac{1.59^2}{2 \times 9.81} = 8.63\text{m}$$

예제 8.4.4

예제 8.4.3과 동일한 경우에서 손실수두를 식 (8.4.20)을 이용하여 결정하라.

풀이

$$h_L = 1.07\frac{Q^2L}{gd^5}\left\{\ln\left[\frac{\varepsilon}{3.7d} + 4.62\left(\frac{\nu d}{Q}\right)^{0.9}\right]\right\}^{-2}$$

$$= 1.07 \times \frac{0.05^2 \times 1{,}000}{9.81 \times 0.2^5}\left\{\ln\left[\frac{0.00012}{3.7 \times 0.2} + 4.62\left(\frac{1.004 \times 10^{-6} \times 0.2}{0.05}\right)^{0.9}\right]\right\}^{-2} = 12.1\text{m}$$

예제 8.4.5

그림 8.4.3과 같은 직경 0.5m의 강관(등가조도 4.6×10^{-5}m)에서 흐르는 유량을 계산하라.

풀이

강관의 상대조도는

$$\frac{\varepsilon}{d} = \frac{4.6 \times 10^{-5}}{0.5} = 9.2 \times 10^{-5}$$

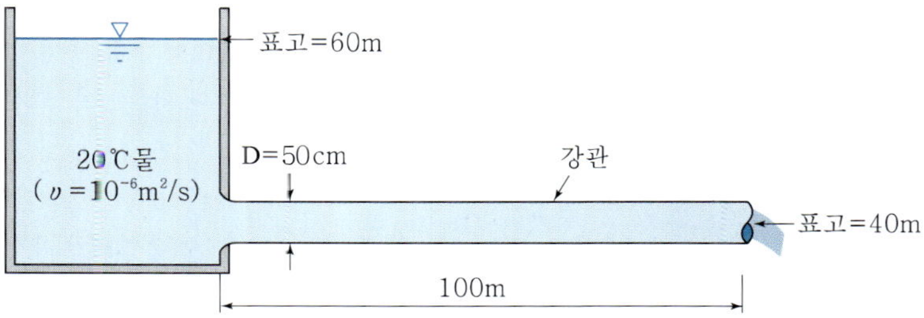

그림 8.4.3

저수지 수면과 자유분출되는 관로의 끝단에 에너지 방정식을 적용하면

$$\frac{p_1}{\gamma} + \frac{V_1^2}{2g} + z_1 = \frac{p_2}{\gamma} + \frac{V_2^2}{2g} + z_2 + h_L$$

$$0 + 0 + 60 = 0 + \frac{V_2^2}{2g} + 40 + f\frac{L}{D}\frac{V_2^2}{2g}$$

따라서

$$V = \left(\frac{2g \times 20}{1 + 200f}\right)^{1/2}$$

먼저 f=0.02로 가정하면 V=8.86m/s가 되며 $R_e = 4.43 \times 10^6$이 된다.
이 값과 상대조도를 이용하며 Moody도표로부터 f를 읽으면 f=0.012가 된다.
그러므로 f=0.012로 다시 가정하면 V=10.7m/s 및 $R_e = 5.35 \times 10^6$이 되며, Moody도표로부터 f=0.012

를 얻게 되어 가정치와 같게 된다. 따라서 이때의 유속 V=10.7m/s를 이용하면

$$Q = VA = 10.7 \times \frac{\pi}{4} \times 0.5^2 = 2.1\text{m}^3/\text{s}$$

8.4.4 비 원형 단면에서의 손실수두

지금까지는 원형 단면의 관로에 대한 손실수두를 결정하는 방법에 대해 알아보았다. 하지만 실제로는 비 원형 단면에서의 손실수두를 결정할 경우도 있다. 이와 같이 비 원형 단면인 경우 다음과 같은 동수반경(hydraulic radius) R_h를 적용하여 Darcy-Weisbach 공식을 적용할 수가 있다.

$$R_h = \frac{A}{P} \tag{8.4.23}$$

여기서 A는 단면적 그리고 P는 윤변(wetted perimeter)이다. 원형관인 경우의 동수반경을 구해보면

$$R_h = \frac{\pi d^2/4}{\pi d} = \frac{d}{4} \qquad \therefore d = 4R_h \tag{8.4.24}$$

이와 같이 직경은 동수반경의 4배에 해당하므로 이러한 조건을 Darcy-Weisbach 공식에 적용하면

$$h_L = f\frac{L}{4R_h}\frac{V^2}{2g} \tag{8.4.25}$$

하지만 동수반경을 사용한 이 관계는 관수로 내 흐름이 난류인 경우에 사용할 수 있으나 점성으로 인한 마찰현상이 지배적인 층류에서는 적절하지 못한 것으로 나타나고 있다.

예제 8.4.6

30cm×20cm의 매끄러운 수평 사각형관로에 20℃의 물(ν=1.004×$10^{-6}$$\text{m}^2$/s)이 0.24$\text{m}^3$/s의 율로 흐르고 있다. 500m를 흐르는 동안 발생하는 압력 강하량을 구하라.

풀이

동수반경은

$$R_h = \frac{A}{P} = \frac{0.3 \times 0.2}{(0.3+0.2) \times 2} = 0.06\text{m}$$

관로를 통해 흐르는 유속 및 Reynolds수는

$$V = \frac{Q}{A} = \frac{0.24}{0.3 \times 0.2} = 4\text{m/s}, \quad R_e = \frac{V4R_h}{\nu} = \frac{4 \times 4 \times 0.06}{1.004 \times 10^{-6}} = 9.6 \times 10^5$$

Moody도표에서 매끈한 관로에 대해 f를 읽으면 0.0115가 된다. 그러므로 손실수두는

$$h_L = f\frac{L}{4R_h}\frac{V^2}{2g} = 0.0115 \times \frac{500}{4 \times 0.06} \times \frac{4^2}{2 \times 9.81} = 19.22\text{m}$$

따라서 압력강하량은

$$\Delta p = \gamma h_L = 1{,}000 \times 19.22 = 19{,}220\text{kg/m}^2$$

8.4.5 관로 유량 경험공식

Darcy-Weisbach 공식은 관로 내에서의 평균유속과 손실수두와의 관계를 나타내는 식으로 마찰손실계수가 주어지면 평균유속이나 손실수두를 구할 수가 있다. 하지만 앞에서 설명한 바와 같이 마찰손실계수는 Reynolds수와 관의 상대조도의 함수로 Moody도표를 이용해야 하는 불편함이 있다. 따라서 마찰손실계수를 경험적으로 구하기 위한 방법들이 많이 제안되고 있으며, 이에 따른 유속 및 유량을 산정하는 경험식이 제시되고 있다. 이 중 관수로 내 유량을 산정하기 위한 경험공식으로 Hazen-Williams 공식과 Manning의 공식 등이 있다.

가) Hazen-Williams 공식

Hazen-Williams 공식은 비교적 큰 관(d〉5cm)에서 유속이 3m/s보다 작은 경우의 상수도 송수관 설계에 적용할 수 있는 경험식으로 유량은 다음과 같이 산정한다.

$$Q = 0.849 C_{HW} A R_h^{0.63} S^{0.54} \tag{8.4.26}$$

여기서 Q는 유량(m^3/sec), A는 단면적(m^2), R_h는 동수반경(m), S는 에너지선의 경사(m/m) 그리고 C_{HW}는 Hazen-Williams의 계수로 표 8.4.2와 같다.

표 8.4.2 Hazen-Williams의 계수

관재료	C_{HW}	관재료	C_{HW}
석면시멘트	140	유리	140
청동	130~140	납	130~140
벽돌	100	프라스틱	140~150
주철(신품)	130	강철(신품)	140~150
주철(10년)	107~113	리벳강철	110
주철(20년)	89~200	주석	130
주철(30년)	75~90	나무관	120
주철(40년)	64~83	구리	120
콘크리트(강철거푸집)	140	토관	110
콘크리트(합판거푸집)	130	소방호스	110~140
아연철	120		

나) Manning 공식

Manning 공식은 관로 내 경험공식으로 개수로 설계에도 널리 사용되며 유량은 다음과 같이 산정한다.

$$Q = \frac{1}{n} A R_h^{2/3} S_o^{1/2} \tag{8.4.27}$$

Manning 공식에서 관로의 조도는 조도계수 n으로 적용되며 관 재료별 조도계수는 표 8.4.3과 같다. 완전난류인 경우 Darcy-Weisbach의 마찰손실계수 f와 Manning 조도계수 n과의 관계는 다음과 같다.

$$f = \frac{8gn^2}{R_h^{1/3}} = \frac{124.5n^2}{d^{1/3}} \tag{8.4.28}$$

Darcy-Weisbach 공식과 Hazen-Williams 및 Manning의 공식을 비교해보면 경험공식은 실제 적용에 있어 많은 제한을 가지게 된다. 이들 경험공식들은 난류에 대해서 적용이 가능하며, Manning의 공식은 관로 내의 완전히 거친 흐름 영역에서만 적용할 수 있다.

표 8.4.3 Manning의 조도계수 n값

관재료	n	관재료	n
유리, 청동, 구리	0.009~0.013	시멘크 몰탈면	0.011~0.015
매끈한 시멘트면	0.010~0.013	타일	0.011~0.017
나무	0.010~0.013	단철	0.012~0.017
매끈한 하수관	0.010~0.017	벽돌(몰탈 접착)	0.012~0.017
주철	0.011~0.015	리벳트 강관	0.014~0.017
콘크리트	0.011~0.015	주름진 금속배수관	0.020~0.024
에나멜수지 코팅관	0.009~0.010	용접강관	0.010~0.013

예제 8.4.7

직경이 0.3m인 관에서 물이 500m를 흐르는 동안 발생한 손실수두가 15m일 때 유량을 Hazen-Williams 방법과 Manning의 방법을 이용하여 구하라. 단, 계수 C_{HW}=110, Manning의 n값은 0.012이다.

풀이

500m를 흐르는 동안 손실수두가 15m이므로 에너지선의 경사 및 동수반경은

$$S_o = \frac{h_L}{L} = \frac{15}{500} = 0.03, \quad R_h = \frac{d}{4} = \frac{0.3}{4} = 0.075\text{m}$$

Hazen-Williams 방법에 의한 유량

$$Q = 0.849 C_{HW} A R_h^{0.63} S_o^{0.54} = 0.849 \times 110 \times \frac{\pi}{4} \times 0.3^2 \times 0.075^{0.63} \times 0.03^{0.54} = 0.194 m^3/s$$

Mannig 방법에 의한 유량

$$Q = \frac{1}{n} A R_h^{2/3} S_o^{1/2} = \frac{1}{0.012} \frac{\pi \times 0.3^2}{4} \times 0.075^{2/3} \times 0.03^{1/2} = 0.181 m^3/s$$

예제 8.4.8

두 저수지의 수면표고차가 10m일 때 500m 길이의 콘크리트관을 사용하여 $1m^3/s$의 물을 송수하려면 직경을 얼마로 하여야 하는가. Hazen-Williams 방법과 Manning의 방법을 이용하여 구하라.

풀이

Hazen-Williams 방법에서 계수는 콘크리트관(합판거푸집)인 경우 C_{HW}=130이다.

따라서 식 (8.4.26)으로부터

$$1 = 0.849 \times 130 \times \frac{\pi}{4} \times d^2 \times \left(\frac{d}{4}\right)^{0.63} \left(\frac{10}{500}\right)^{0.54} \qquad \therefore d = 0.571m$$

Mannig의 방법에서 콘크리트 관인 경우 조도계수 n=0.013을 적용한다.

따라서 식 (8.4.27)로부터

$$1 = \frac{1}{0.013} \times \frac{\pi}{4} \times d^2 \times \left(\frac{d}{4}\right)^{2/3} \times \left(\frac{10}{500}\right)^{1/2} \qquad \therefore d = 0.644m$$

8.5 미소손실

관로를 통해 흐르는 유체는 다양한 변화를 겪게 된다. 즉, 유체는 유입부 및 유출부, 밸브 및 부속물, 만곡부, 단면의 급변화 및 점변화 등을 통해 이동한다. 이러한 변화를 겪는 동안 유체가 가지고 있는 에너지가 손실되며 이러한 손실을 미소손실(minor losses)이라 한다. 미소손실수두는 실험에 의하면 다음과 같이 속도수두에 비례하는 것으로 나타나고 있다.

$$h_m = K_L \frac{V^2}{2g} \qquad (8.5.1)$$

여기서 K_L은 미소손실계수(minor loss coefficient)로 각 상황에 대한 이론 및 실험으로부터 얻은 값을 이용한다. 미소손실수두는 같은 손실이 발생하는 등가길이의 개념을 이용하여 다음과 같이 나타낼 수도 있다.

$$h_m = f\frac{L_e}{D}\frac{V^2}{2g} \tag{8.5.2}$$

여기서 L_e는 등가길이(equivalent length)로 미소손실수두에 상응하는 관의 길이로 식 (8.5.1)과 식 (8.5.2)로부터 다음과 같다.

$$L_e = \frac{K_L D}{f} \tag{8.5.3}$$

본 절에서는 관로의 단면변화 및 부속물에 의한 미소손실수두를 결정하는 방법에 대해 소개하기로 한다.

8.5.1 단면 급확대 손실

단면이 급확대(sudden expansion)되는 경우는 주로 관로의 출구부가 큰 탱크나 저수지에 연결되어 있는 경우라 할 수 있다. 그림 8.5.1과 같이 작은 단면의 관으로부터 유출되어 큰 단면의 관으로 유입되는 유체는 분사(jet) 형태로 흐르다 곧 큰 단면 전체로 퍼지게 된다. 단면 ②와 ③에서의 이러한 과정에 의해 유체가 가지고 있던 운동에너지가 점성효과로 인해 손실되게 된다.

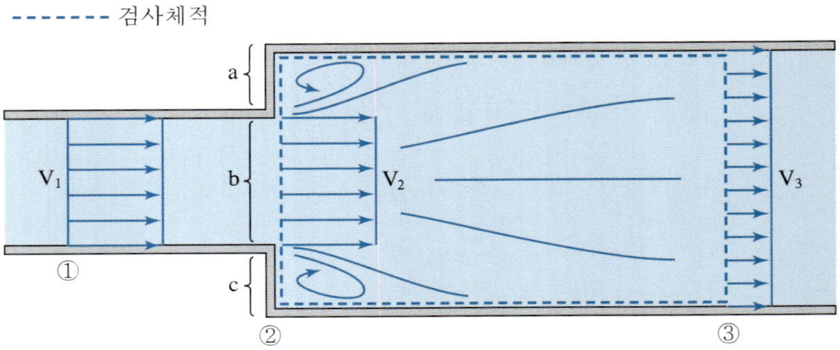

그림 8.5.1 단면 급확대에 대한 검사체적

이와 같은 단면 급확대로 인한 에너지손실을 구하기 위해 연속방정식과 운동량방정식 그리고 에너지방정식을 적용해 보기로 한다. 단면 ①, ② 및 ③에서 흐름은 균일하고 검사체적 왼쪽에서의 압력은 일정($p_a=p_b=p_c=p_1$)하다고 가정한다.

연속방정식 : $A_1V_1 = A_2V_2 = A_3V_3$ (8.5.4)

운동량방정식 : $p_1A_3 - p_3A_3 = \rho A_3V_3(V_3 - V_1)$ (8.5.5)

에너지방정식 : $\frac{p_1}{\gamma} + \frac{V_1^2}{2g} = \frac{p_3}{\gamma} + \frac{V_3^2}{2g} + h_m$ (8.5.6)

식 (8.5.5)와 식 (8.5.6)을 $(p_1-p_3)/\gamma$로 정리하여 서로 같게 놓으면

$$\frac{V_3(V_3 - V_1)}{g} = \frac{V_3^2 - V_1^2}{2g} + h_m \qquad (8.5.7)$$

식 (8.5.7)에 $V_3=A_1V_1/A_3$와 $A_3=A_2$를 적용하여 손실수두 h_m에 대해 정리하면

$$h_m = \frac{(V_1 - V_3)^2}{2g} = \left(1 - \frac{A_1}{A_2}\right)^2 \frac{V_1^2}{2g} \qquad (8.5.8)$$

따라서 단면 급확대로 인한 미소손실계수는 다음과 같다.

$$K_{se} = \left(1 - \frac{A_1}{A_2}\right)^2 \qquad (8.5.9)$$

다른 미소손실과 같이 단면 급확대로 인한 미소손실도 점성에 의한 마찰손실이기 보다는 유속이 감소됨으로 인한 운동에너지 손실이라 할 수 있다. 관수로의 출구부가 저수지나 수조로 연결된 경우는 $A_1/A_2=0$에 해당하므로 단면 급확대 미소손실계수 $K_{se}=1$이 된다. 이 경우 흐름의 운동에너지($V_1^2/2g$)가 탱크나 저수지로 유입됨에 따라 점성효과로 인해 모두 소실되고 결국 흐름이 정지하게 된다. 면적비에 따른 단면급확대로 인한 미소손실계수는 그림 8.5.2를 이용하여 구할 수 있다.

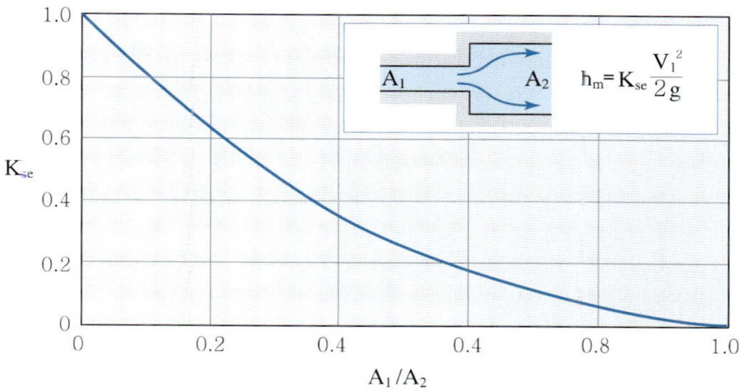

그림 8.5.2 단면 급확대로 인한 미소손실계수

예제 8.5.1

그림 8.5.1과 같이 직경이 0.1m에서 0.5m로 급확대되는 관로에서 물이 0.2m³/s의 율로 흐를 때 단면 급확대로 인한 손실수두를 구하라. 만일 직경 0.1m에서 큰 단면의 수조로 유입된다면 손실수두는 얼마인가. 마찰로 인한 손실은 무시하라.

풀이

두 단면의 단면적 및 유속은

$$A_1 = \frac{\pi d_1^2}{4} = \frac{3.14}{4} \times 0.1^2 = 0.0079\text{m}^2, \qquad A_2 = \frac{\pi d_2^2}{4} = \frac{3.14}{4} \times 0.5^2 = 0.1963\text{m}^2$$

$$V_1 = \frac{Q}{A_1} = \frac{0.2}{0.0079} = 25.32\text{m/s}$$

미소손실계수 및 단면 급확대로 인한 손실수두는

$$K_{se}=\left(1-\frac{A_1}{A_2}\right)^2=\left(1-\frac{0.0079}{0.1963}\right)^2=0.92,\qquad h_m=K_{se}\frac{V_1^2}{2g}=0.92\times\frac{25.32^2}{2\times 9.81}=30.06\text{m}$$

만일 큰 단면의 수조로 물이 유입되면 $A_1/A_2 \simeq 0$이 되어 $K_{se}=1$이 되므로 물이 가지고 있는 운동에너지가 모두 손실된다. 그러므로

$$h_m=K_{se}\frac{V_1^2}{2g}=1\times\frac{25.32^2}{2\times 9.81}=32.68\text{m}$$

8.5.2 단면 급축소 손실

단면 급축소는 직경이 큰 관으로부터 직경이 작은 관으로 급격하게 단면이 축소되거나, 저수지나 탱크로부터 관로로 유입되는 경우에 발생한다. 이러한 경우 그림 8.5.3a와 같이 축소된 관의 입구부에서는 유체가 90°로 휘어져 흐를 수가 없기 때문에 수축단면(vena contracta)이 형성된다. 수축단면에서의 유속이 단면 ②에서의 유속보다 크며 압력은 낮다. 만일 수축단면에서의 빠른 유속이 효율적으로 감속된다면 운동에너지가 압력에너지로 바뀌며 그림 8.5.3b와 같이 이상적인 압력에너지 분포(점선)를 나타내며 에너지손실이 발생하지 않을 것이다. 하지만 감속시 점성효과로 인해 운동에너지의 일부가 손실되며 그림 8.5.3b의 실선과 같은 압력분포를 보이게 된다.

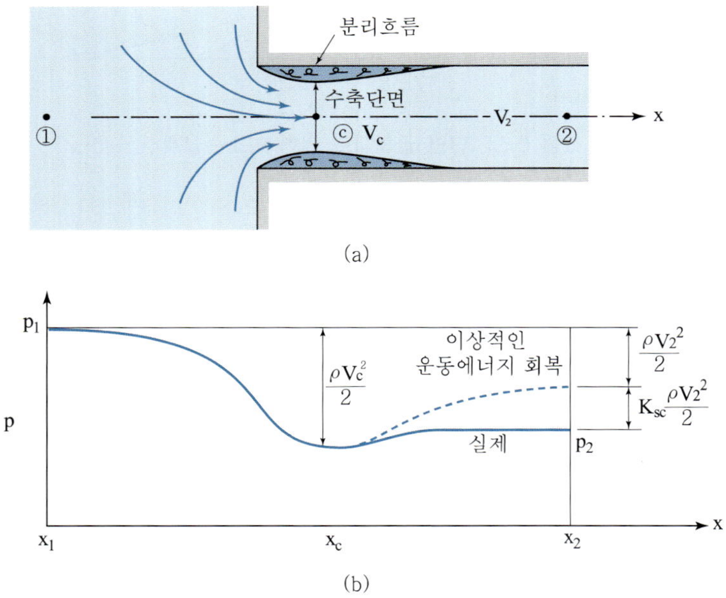

그림 8.5.3 단면 급축소로 인한 에너지손실

이와 같은 단면 급축소로 인한 손실수두는 다음과 같이 나타낼 수 있다.

$$h_m=\frac{(V_c-V_2)^2}{2g}=\left(\frac{V_c}{V_2}-1\right)^2\frac{V_2^2}{2g}\qquad(8.5.10)$$

수축단면과 단면 ②에서의 연속방정식을 적용하여 식 (8.5.10)을 다시 나타내면

$$h_m=\left(\frac{A_2}{A_c}-1\right)^2\frac{V_2^2}{2g}=\left(\frac{1}{C_c}-1\right)^2\frac{V_2^2}{2g}\qquad(8.5.11)$$

따라서 단면 급축소로 인한 손실계수는 다음과 같다.

$$K_{sc}=\left(\frac{1}{C_c}-1\right)^2\qquad(8.5.12)$$

여기서 $C_c=A_c/A_2$는 단면수축계수이고 다음과 같

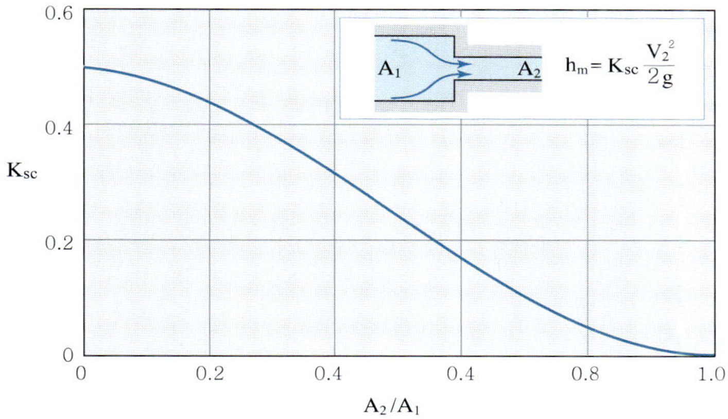

그림 8.5.4 단면 급축소로 인한 미소손실계수

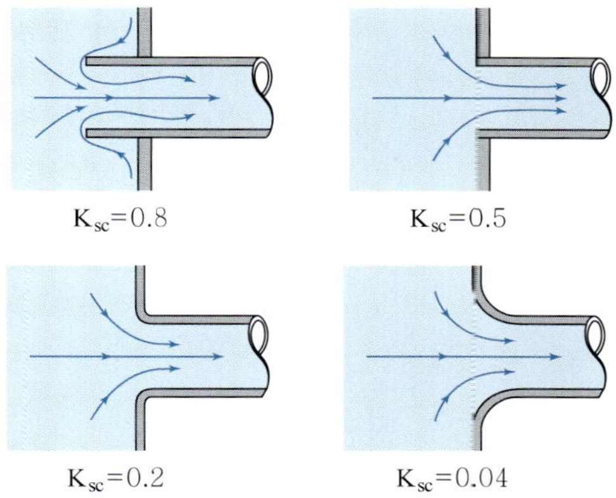

8.5.5 유입부 형태에 따른 손실계수

이 개략적으로 산정할 수 있다.

$$C_c = 0.62 + 0.38\left(\frac{A_2}{A_1}\right)^3 \qquad (8.5.13)$$

실제로는 수축단면에서 단면 ②지점까지의 손실 이외에 축소 전 단면 말단부에서의 가속으로 인한 에너지손실도 발생하며 이를 고려하여 단면 급축소로 인한 손실계수를 나타내면 그림 8.5.4와 같다.

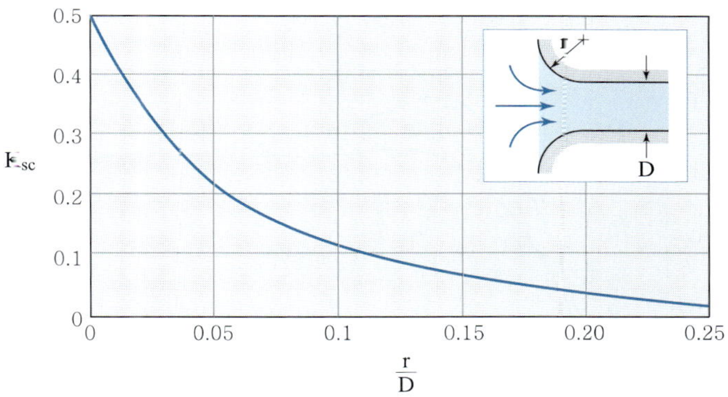

8.5.6 유입부 끝단의 둥근 정도에 따른 손실계수

저수지나 탱크로부터 관로로 유체가 유입되는 경우는 단면 급축소에서 $A_2/A_1=0$에 해당하는 경우라 할 수 있다. 이때 유입부의 형태에 따라 손실계수가 그림 8.5.5와 같이 다양하게 변하며, 유입부 끝단이 둥근 경우 직경 D에 대한 끝단 극률반경 r에 대한 비를 이용하여 그림 8.5.6으로부터 손실계수를 산정할 수 있다.

예제 8.5.2

직경 0.3m의 관로가 직경 0.1m로 급축소 될 때 유량이 $0.2m^3/s$라면 단면 급축소로 인한 손실수두는 얼마인가. 마찰로 인한 손실은 무시하라.

풀이

두 단면에서의 면적 및 유속은

$$A_1 = \frac{3.14}{4} \times 0.3^2 = 0.0707m^2,\ A_2 = \frac{3.14}{4} \times 0.1^2 = 0.0079m^2,\ V_2 = \frac{Q}{A_2} = \frac{0.2}{0.0079} = 25.32m/s$$

식 (8.5.13)으로부터 단면수축계수는

$$C_c = 0.62 + 0.38\left(\frac{A_2}{A_1}\right)^3 = 0.62 + 0.38\left(\frac{0.0079}{0.0707}\right)^3 = 0.6205$$

따라서 단면 급축소로 인한 손실수두는

$$h_m = \left(\frac{1}{C_c} - 1\right)^2 \frac{V_2^2}{2g} = \left(\frac{1}{0.6205} - 1\right)^2 \times \frac{25.32^2}{2 \times 9.81} = 12.22\text{m}$$

8.5.3 단면 점확대 손실

단면이 점진적으로 확대되는 경우를 확대관(diffuser)이라 하며, 그림 8.5.7과 같이 직경비 D_2/D_1과 확대각 θ에 의해 에너지손실이 결정된다. 실험결과에 의하면 점확대 손실은 다음과 같이 급확대 손실과 비슷하게 나타낼 수가 있다.

$$h_m = K_{ge}\frac{(V_1 - V_2)^2}{2g} \qquad (8.5.14)$$

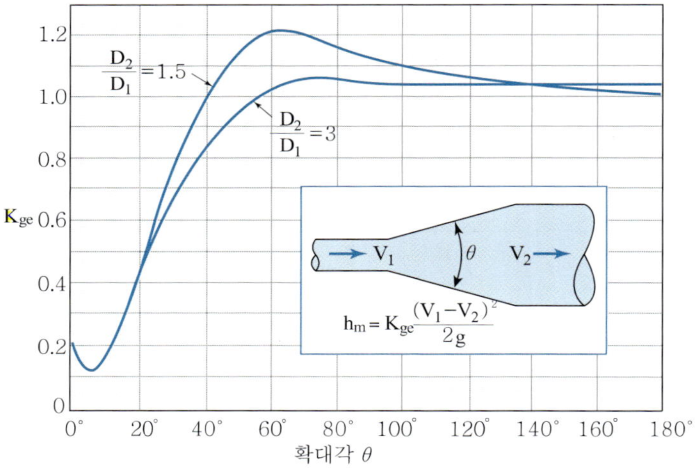

그림 8.5.7 단면 점확대로 인한 손실계수

여기서 K_{ge}는 단면 점확대 손실계수로 그림 8.5.7과 같이 직경비 및 확대각에 의해 결정한다. 확대관에서 확대각은 중요한 역할을 하는데, 확대각이 작은 경우 확대부가 길어지게 되고 대부분의 손실이 관 벽에서의 마찰로 인해 발생하게 된다. 확대각이 약 8°인 경우 최소의 손실계수를 나타내게 된다. 직경비가 1.5인 경우 확대각이 약 40°이상이 되면 손실계수가 1보다 크게 되어 급확대인 경우보다 에너지손실이 크게 된다.

예제 8.5.3

직경 0.1m의 관로가 직경 0.3m로 점확대 될 때 유량이 $0.2\text{m}^3/\text{s}$라면 단면 점확대로 인한 손실수두는 얼마인가. 확대각은 40°이며, 마찰로 인한 손실은 무시하라.

풀이

두 단면에서의 면적과 유속을 구하면

$$A_1 = \frac{\pi d_1^2}{4} = \frac{3.14}{4} \times 0.1^2 = 0.0079\text{m}^2, \qquad A_2 = \frac{\pi d_2^2}{4} = \frac{3.14}{4} \times 0.3^2 = 0.0707\text{m}^2$$

$$V_1 = \frac{Q}{A_1} = \frac{0.2}{0.0079} = 25.32\text{m/s}, \qquad V_2 = \frac{Q}{A_2} = \frac{0.2}{0.0707} = 2.83\text{m/s}$$

그림 8.5.7로부터 확대각 40°, 직경비 D_2/D_1=3을 이용하면 점확대 손실계수는 K_{ge}=0.83이 된다. 따라서 단면 점확대로 인한 손실수두는

$$h_m = K_{ge}\frac{(V_1 - V_2)^2}{2g} = 0.83 \times \frac{(25.32 - 2.83)^2}{2 \times 9.81} = 21.40\text{m}$$

8.5.4 단면 점축소 손실

단면이 점진적으로 축소되는 경우도 점확대인 경우와 마찬가지로 축소각 θ와 축소 전후 단면의 면적비에 의해 결정된다. 단면 점축소로 인한 에너지손실은 다음과 같다.

$$h_m = K_{gc}\frac{V_2^2}{2g} \qquad (8.5.15)$$

여기서 점축소 손실계수 K_{gc}를 Weisbach는 다음 식과 같이 제시하였으며, 축소 전후의 면적비 및 축소각에 따른 손실계수가 그림 8.5.8과 같다.

$$K_{gc} = \frac{0.025}{8\sin\frac{\theta}{2}}\left[1 - \left(\frac{A_2}{A_1}\right)^2\right] \qquad (8.5.16)$$

여기서 θ는 축소각, A_1 및 A_2는 축소 전, 후의 단면적이다.

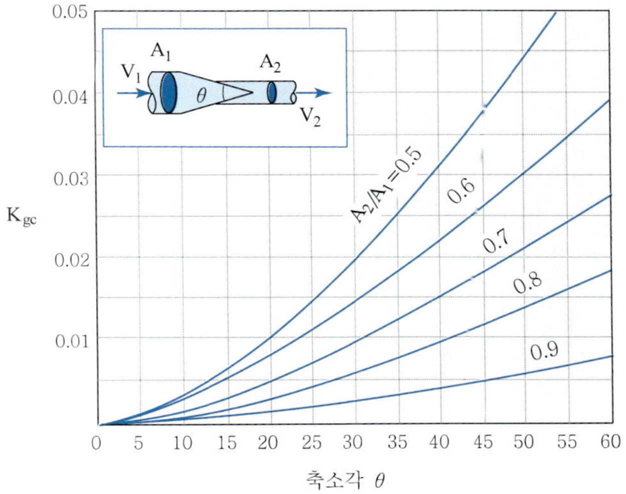

그림 8.5.8 단면 점축소로 인한 에너지손실계수

예제 8.5.4

직경 0.3m의 관로가 직경 0.1m로 점축소 될 때 유량이 0.2m^3/s라면 단면 점축소로 인한 손실수두는 얼마인가. 축소각은 20°이며, 마찰로 인한 손실은 무시하라.

풀이

두 단면에서의 면적과 유속을 구하면

$$A_1 = \frac{\pi d_1^2}{4} = \frac{3.14}{4} \times 0.3^2 = 0.0707\text{m}^2, \qquad A_2 = \frac{\pi d_2^2}{4} = \frac{3.14}{4} \times 0.1^2 = 0.0079\text{m}^2$$

$$V_1 = \frac{Q}{A_1} = \frac{0.2}{0.0707} = 2.83\text{m/s}, \qquad V_2 = \frac{Q}{A_2} = \frac{0.2}{0.0079} = 25.32\text{m/s}$$

식 (8.5.16)으로부터 단면 점축소 손실계수는

$$K_{gc} = \frac{0.025}{8\sin\frac{\theta}{2}}\left[1-\left(\frac{A_2}{A_1}\right)^2\right] = \frac{0.025}{8\sin\frac{20}{2}}\left[1-\left(\frac{0.0079}{0.0707}\right)^2\right] = 0.018$$

따라서 단면 점축소 손실수두는

$$h_m = K_{gc}\frac{V_2^2}{2g} = 0.018 \times \frac{25.32^2}{2\times 9.81} = 0.59\text{m}$$

8.5.5 만곡 및 굴절로 인한 손실

관로가 만곡(bend)되어 있으면 직선으로 되어 있을 경우보다 에너지손실이 더 크게 발생한다. 이와 같이 만곡부에서의 에너지손실은 만곡부 안쪽에서 흐름이 분리되고, 또한 2차류가 형성되기 때문이다. 일반적으로 만곡부에서의 에너지손실도 다음과 같이 나타낸다.

$$h_m = K_b\frac{V^2}{2g} \tag{8.5.17}$$

여기서 K_b는 만곡부 손실계수로 Weisbach는 실험을 통해 다음과 같이 제시하였다.

$$K_b = \left[0.131 + 1.847\left(\frac{r}{R}\right)^{3.5}\right]\frac{\theta}{90}, \qquad 1 < \frac{R}{r} < 5, \quad 0° < \theta < 90° \tag{8.5.18}$$

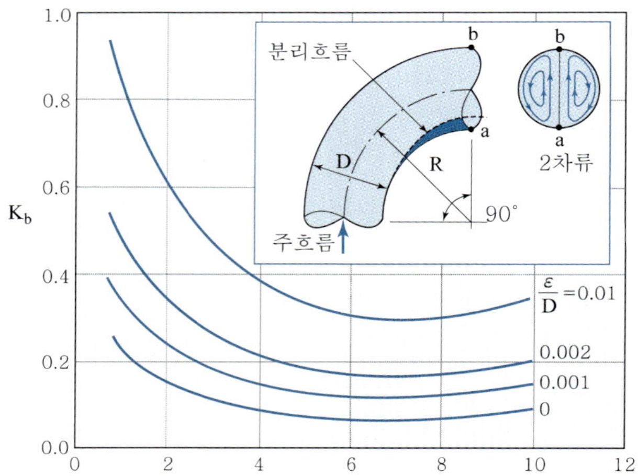

그림 8.5.9 $\theta = 90°$인 만곡관에서의 손실계수

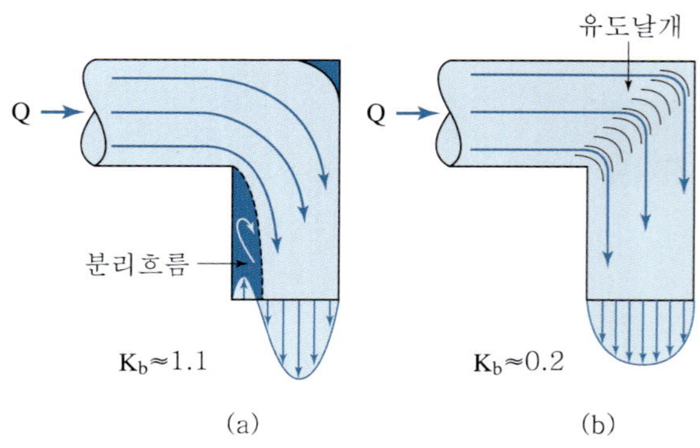

그림 8.5.10 마이터 곡관 : 유도날개가 없는 경우(a)와 유도날개가 있는 경우(b)

여기서 r은 만곡관의 반경, R은 곡률반경 그리고 θ는 만곡각도이다. θ=90°인 경우 관의 상대조도 ε/D 및 R/D에 대한 만곡부 손실계수가 그림 8.5.9와 같다. 만일 관로가 부드럽게 만곡되어 있지 않고 각지게 즉, 곡률반경 R=0으로 만곡된 경우 굴절(elbow)관이라 한다. 굴절관인 경우 손실계수를 Weisbach는 다음과 같이 제시하였다.

$$K_b = 0.946\sin^2\frac{\theta}{2} + 2.05\sin^4\frac{\theta}{2} \tag{8.5.19}$$

그림 8.5.10과 같은 경우의 관을 마이터 곡관(miter bend)이라 하며, 큰 곡률반경의 만곡부를 설치할 공간이 부족할 때 널리 사용되고 있다. 마이터 곡관을 사용할 경우 유도날개(guide vane)를설치하면 손실수두를 크게 줄일 수가 있다.

예제 8.5.5

직경 0.2m의 매끄러운 관로에 0.1m³/s의 유량이 흐르고 있다. 만곡각 θ=90°로 휘어질 때 손실수두를 구하라. 만곡부의 곡률반경은 0.4m이며, 마찰로 인한 손실은 무시하라. 만일 곡률반경이 0인 굴절관인 경우 손실수두는 얼마인가.

풀이

만곡부 손실계수를 식 (8.5.18)을 이용하여 구하면

$$K_b = \left[0.131 + 1.847\left(\frac{r}{R}\right)^{3.5}\right]\frac{\theta}{90} = \left[0.131 + 1.847\left(\frac{0.1}{0.4}\right)^{3.5}\right]\frac{90}{90} = 0.145$$

만곡관의 단면적 및 유속은

$$A = \frac{\pi d^2}{4} = \frac{3.14}{4} \times 0.2^2 = 0.0314\text{m}^2, \qquad V = \frac{Q}{A} = \frac{0.1}{0.0314} = 3.185\text{m/s}$$

따라서 만곡관에 의한 손실수두는

$$h_m = K_b\frac{V^2}{2g} = 0.145 \times \frac{3.185^2}{2\times 9.81} = 0.075\text{m}$$

만일 곡률반경이 0인 굴절관이면 식 (8.5.19)로부터

$$K_b = 0.946\sin^2\frac{\theta}{2} + 2.05\sin^4\frac{\theta}{2} = 0.946\sin^2\frac{90}{2} + 2.05\sin^4\frac{90}{2} = 0.986$$

따라서 굴절관에 의한 손실수두는

$$h_m = K_b\frac{V^2}{2g} = 0.986 \times \frac{3.185^2}{2\times 9.81} = 0.51\text{m}$$

8.5.6 밸브에 의한 손실

밸브(valve)는 관로내의 유량을 조절하기 위한 부속물로 밸브의 종류 및 개방정도에 따라 에너지 손실이 다양하게 변한다. 그림 8.5.11과 같이 밸브로 인한 에너지손실은 밸브지점의 빠른 유속에서의 운동에너지손실로 인해 발생한다. 밸브로 인한 에너지 손실은 다음과 같이 나타낸다.

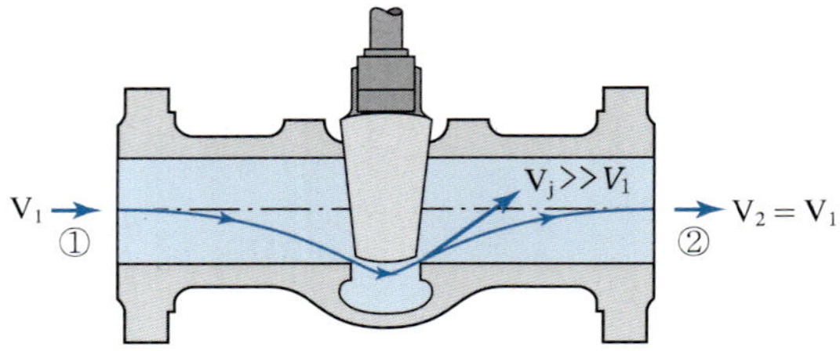

그림 8.5.11 밸브로 인한 에너지손실

$$h_m = K_v \frac{V^2}{2g} \qquad (8.5.20)$$

여기서 K_v는 밸브로 인한 손실계수로 밸브의 종류 및 개방정도에 따라 표 8.5.1과 같다.

표 8.5.1 밸브의 종류 및 개방정도에 따른 손실계수

밸브의 종류	개방정도	손실계수 K_v
Globe valve	완전개방	10
Gate valve	완전개방 1/4개방 1/2개방 3/4개방	0.15 0.26 2.1 17
Check valve – swing type – ball type – lift type	 전방흐름 후방흐름 완전개방 1/3개방 2/3개방 완전개방	 2 ∞ 0.05 210 5.5 12
Angle valve	완전개방	2
Foot valve	완전개방	15
Rotary valve	완전개방	10

예제 8.5.6

직경 0.02m의 관로에 Gate 밸브가 설치되어 있다. 관로내 유속이 1m/s일 때 밸브가 1/4정도 개방되어 있다면 밸브로 인한 손실수두는 얼마인가. 마찰로 인한 손실은 무시하라.

풀이

Gate 밸브가 1/4정도 개방되어 있으므로 표 8.5.1로부터 손실계수는 0.26을 적용한다. 따라서

$$h_m = K_v \frac{V^2}{2g} = 0.26 \times \frac{1^2}{2 \times 9.81} = 0.013\text{m}$$

연습문제

8.1 직경 100mm인 원관에 0℃의 물이 2.5m/s로 흐르고 있을 때 Reynolds수와 흐름 상태를 판단하라. 단, 0℃에서의 물의 동점성계수는 $1.787\times10^{-6}m^2/s$이다.

8.2 직경 10mm인 원관에 0℃의 물이 0.5m/s로 흐르고 있을 때 Reynolds수와 흐름 상태를 판단하라. 단, 0℃에서의 물의 동점성계수는 $1.787\times10^{-6}m^2/s$이다.

8.3 비중이 0.85인 기름이 직경 10cm의 관내에 흐르고 있을 때 층류로 흐를 수 있는 최대 평균유속과 이때의 유량을 구하라. 단, 기름의 동점성계수는 $6.0\times10^{-4}m^2/s$이다.

8.4 직경 10cm의 원관에 20℃의 물이 1,000 cm^3/s의 율로 흐르고 있다. 이 때의 R_e와 흐름 상태를 판단하라. 단, 20℃에서의 물의 동점성계수는 $0.01cm^2/s$이다.

8.5 직경 10cm의 관내에 20℃의 물이 흐르고 있을 때 난류로 흐를 수 있는 최소 평균유속과 이때의 유량을 구하라. 단, 20℃물의 동점성계수는 $0.01cm^2/s$이다.

8.6 원관 내에서 $0.002m^3/s$의 물이 흐를 때 층류상태로 흐를 수 있는 관의 최소 직경을 구하라. 단, 물의 동점성계수는 $0.01cm^2/s$이다.

8.7 20℃의 물이 차 있는 두 개의 탱크가 직경 0.4cm, 길이 3.5m의 모세관으로 연결되어 있다. 탱크 1의 수면은 탱크 2의 수면보다 30cm가 높을 때 (a) 유량, (b) 층류 및 난류여부 그리고 (c) Reynolds수가 500이 되는 모세관의 직경은 얼마인가?

8.8 저수지로부터 직경 10cm인 원형관에 물이 유입될 때 Reynolds수가 500으로 흐른다면 층류의 유입길이는 얼마인가.

8.9 저수지로부터 직경 10cm인 원형관에 물이 유입될 때 완전히 발달된 난류가 형성되기까지의 유입길이는 얼마인가.

8.10 직경 40cm인 원형관에서 물이 100m를 흐르는 동안 압력강하가 $2kg/cm^2$ 발생하였다면 관벽과 관벽에서 10cm 떨어진 지점에서의 마찰응력을 구하라.

8.11 직경 0.02m인 관로에 밀도 $\rho=900kg_o/m^3$, 점성계수 $\mu=0.4N\cdot s/m^2$인 기름이 흐를 때 a) 수평 관로의 유량이 $2.0\times10^{-5}m^3/s$가 되려면 관로의 10m 구간 사이에서의 압력차는 얼마인가. b) 만일 10m 구간에서의 압력이 같으면 유량이 $2.0\times10^{-5}m^3/s$를 흐르게 하기 위한 관로의 경사는 얼마인가?

8.12 직경 40cm인 원형관의 벽에서의 마찰응력이 $0.001kg/cm^2$이라면 100m를 흐르는 동안 발생하는 손실수두를 구하라.

8.13 직경 0.2cm, 길이 2m인 매끈한 수평관로에 유체가 2.1m/s로 흐를 때 이 유체가 a) 공

기, b) 물 그리고 c) 수은일 경우 손실수두와 압력강하를 구하라.

8.14 직경 0.7cm, 길이 4m의 유리관에 20℃의 수은이 5m/s로 흐를 때 손실수두와 압력강하를 구하라.

8.15 직경 4cm, 길이 500m인 수평 관로(ε=0.046)에 20℃의 물이 0.003m^3/s의 율로 흐르고 있을 때 손실수두와 압력강하를 구하라.

8.16 직경 10cm, 길이 300m인 수평 관로에 비중 0.9, 동점성계수 $\nu=10^{-5}m^2/s$인 기름이 흐를 때 압력강하가 700kPa이면 유량은 얼마인가?

8.17 직경 15cm, 길이 100m인 관로에 비중 0.85, 동점성계수 $\nu=6\times10^{-4}m^2/s$인 기름이 0.02 m^3/s로 흐를 때 손실수두는 얼마인가?

8.18 직경 50cm인 원형관에서 물이 50m를 흐르는 동안 발생한 손실수두가 5m였다면 관벽에서의 마찰응력은 얼마인가.

8.19 비중이 0.85인 기름이 직경 20cm의 원관에서 0.05m^3/s의 율로 흐를 때 100m를 흐르는 동안 발생하는 손실수두와 관 중심선에서의 유속 그리고 중심선으로부터 3cm 떨어진 지점에서의 유속을 구하라. 단, 기름의 동점성계수는 $6\times10^{-4}m^2/s$이다.

8.20 직경 D인 원형 관로의 층류에서 실제속도가 평균속도와 같은 곳의 위치는 중심으로부터 얼마 떨어진 곳이 되는가?

8.21 직경 0.1cm의 수평으로 된 튜브에 20℃의 물이 흐르고 있다. 1m 거리를 두고 압력을 측정한다면 층류로 흐를 수 있는 범위 내에서의 가능한 최대 압력강하는 얼마인가?

8.22 하천의 한 지점에서 정밀한 유속계를 이용하여 2초 간격으로 유속을 측정하였다. 흐름방향의 유속 u와 흐름과 직각방향의 유속 v가 표 8.22의 2, 3란과 같을 때 Reynolds의 응력, 혼합거리 그리고 와동점성계수를 구하라. 단, 평균흐름의 속도구배는 0.25/sec이다.

표 8.22 유속측정자료

시간(s)	u (m/s)	v (m/s)	u'	v'	u'^2	v'^2	u'v'
0	1.920	−0.150					
2	1.920	−0.220					
4	1.740	0.420					
6	1.620	0.180					
8	1.660	−0.070					
10	1.520	0.020					
12	1.910	0.060					
14	1.600	−0.110					
16	1.980	−0.040					
18	2.000	0.070					
계	17.870	0.160					
평균	1.787	0.016					

8.23 직경 2cm의 원관에서 15℃의 물(점성계수 $1.161\times10^{-5}g{\cdot}s/cm^2$)이 흐르고 있다. 원관의 5m를 흐르는 동안 압력강하가 0.1g/cm^2일 때 원관내의 유량, 최대유속 및 관벽에서의 마찰응력을 구하라.

8.24 직경 0.2m의 수평관로에 20℃의 물(ρ=101.79 $kg{\cdot}s^2/m^4$, $\nu=1.004\times10^{-6}m^2/s$)이 0.1$m^3$/s의 율로 흐르고 있다. 압력강하가 단위길이 당 150kg/m^2일 때 a) 층류저층의 두께, b) 관중심에서의 유속 그리고 c) 관의 중심과 관벽사이

의 중간지점(r=0.005m)에서 난류와 층류의 마찰응력의 비 τ_{turb}/τ_{lam}를 구하라.

8.25 가로 1.2m, 세로 1.5m인 사각형 관로에서 물이 가득차서 500m를 흐를 때 손실수두가 25m였다면 관벽에 작용하는 평균 마찰응력은 얼마인가.

8.26 직경 0.2m인 관로에 유속 3m/s로 물이 흐를 때 150m 구간에서 발생하는 손실수두를 구하라. 단, 마찰손실계수는 0.02로 가정하라.

8.27 직경 0.1m인 관로에 유속 4m/s로 물이 흐를 때 100m 구간에서 발생하는 손실수두를 측정하였더니 15m로 나타났다. 마찰손실계수는 얼마인가.

8.28 직경 0.3m인 관의 벽이 1.5mm의 모래로 피복되어 있다. 20℃의 물(ν=1.004×10^{-6} m^2/s)이 0.04m^3/s의 율로 500m를 흐를 때 발생하는 손실수두를 구하라. 매끈한 관일 경우의 손실수두는 얼마인가.

8.29 연습문제 8.28과 동일한 경우에서 손실수두를 식 (8.4.20)을 이용하여 결정하라.

8.30 그림 8.30와 같이 직경 0.3m의 강관에서 흐르는 유량을 계산하라. 단 관의 등가조도는 0.0001m이다.

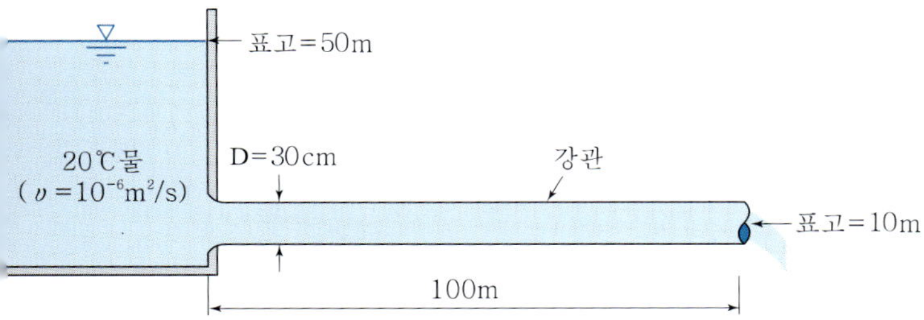

그림 8.30

8.31 직경 2m, 길이 100m의 주철관을 이용하여 유량 6.28m^3/s를 송수하려면 관로의 경사를 얼마로 해야 하는가. 단, 마찰손실계수는 0 03이다.

8.32 직경 20cm, 길이 500m의 주철관(ε=0.26)에 딜도 ρ=900kg_o/m^3, 점성계수 μ=0.00001 m^2/s인 기름이 흐를 때 (a)손실수두와 (b)관로가 흐름방향으로 10°기울어졌을 때의 압력강하를 구하라.

8.33 40cm×50cm의 매끄러운 수평 사각형관로에 20℃의 물(ν=1.004×$10^{-6}$$m^2$/s)이 0.3$m^3$/s의 율로 흐르고 있다. 400m를 흐르는 동안 발생하는 압력 강하량을 구하라.

8.34 40cm×40cm의 매끄러운 수평 사각형관로에 20℃의 물(ν=1.004×$10^{-6}$$m^2$/s)이 3m/s의 속도로 흐르고 있다. 300m를 흐르는 동안 발생하는 압력 강하량을 구하라.

8.35 직경이 50cm인 관에서 물이 200m를 흐르는 동안 발생한 손실수두가 10m일 때 유량을 Hazen-Williams 방법과 Manning의 방법을 이용하여 구하라. 단, 계수 C_{HW}=110, Manning의 n값은 0.014이다.

8.36 두 저수지의 수면표고차가 5m일 때 1,000m 길이의 리벳트 강관을 사용하여 초당 1.5m^3의 물을 송수하려면 직경을 얼마로 하여야 하는가. Hazen-Williams 방법과 Manning의 방법을 이용하여 구하라.

8.37 직경 0.2m, 길이 100m인 관에 0.03m^3/s의 물이 흐르고 있을 때 Hazen-Williams 방법

을 이용하여 손실수두를 구하라. 단, 계수 C_{HW}=130이다.

8.38 직경 0.4m, 경사 1/100인 주철관을 통해 물을 송수할 때 관내의 유속을 Manning 공식으로 구하라. 단, n=0.013이다.

8.39 직경 1.2m, 경사 2/1,000인 용접강관을 통해 물을 송수할 때 유량을 Manning의 공식을 이용하여 구하라. 단, n=0.012이다.

8.40 직경이 0.1m에서 0.3m로 급확대되는 관로에서 물이 0.1m^3/s의 율로 흐를 때 단면 급확대로 인한 손실수두를 구하라. 만일 직경 0.1m에서 큰 단면의 수조로 유입된다면 손실수두는 얼마인가. 마찰로 인한 손실은 무시하라.

8.41 관수로에서 직경이 0.15m로부터 0.3m로 급확대 될 때 유량이 0.15m^3/s이면 단면급확대로 인한 손실수두는 얼마인가. 마찰로 인한 손실은 무시하라.

8.42 직경 0.5m의 관로가 직경 0.2m로 급축소될 때 유량이 0.3m^3/s라면 단면 급축소로 인한 손실수두는 얼마인가. 마찰로 인한 손실은 무시하라.

8.43 직경 0.2m의 관로가 직경 0.3m로 점확대될 때 유량이 0.1m^3/s라면 단면 점확대로 인한 손실수두는 얼마인가. 확대각은 30° 이며, 마찰로 인한 손실은 무시하라.

8.44 직경 0.3m의 관로가 직경 0.2m로 점축소될 때 유량이 0.1m^3/s라면 단면 점축소로 인한 손실수두는 얼마인가. 축소각은 10°이며, 마찰로 인한 손실은 무시하라.

8.45 직경 0.3m의 매끄러운 관로에 0.5m^3/s의 유량이 흐르고 있다. 만곡각도 θ=90°로 휘어질 때 손실수두를 구하라. 만곡부의 곡률반경은 0.5m이며, 마찰로 인한 손실은 무시하라. 만일 곡률반경이 0인 굴절관인 경우 손실수두는 얼마인가.

8.46 직경 0.05m의 관로에 Gate 밸브가 설치되어 있다. 관로내 유속이 1.5m/s일 때 밸브가 1/2정도 개방되어 있다면 밸브로 인한 손실수두는 얼마인가. 마찰로 인한 손실은 무시하라.

Chapter 9

관로시스템 해석

관로내 층류 및 난류의 기본 이론 그리고 점성으로 인한 마찰손실과 단면변화 및 부속물에 의한 미소손실을 산정하는 방법에 대해 알아보았으며, 이들 공식들의 적용을 통해 공학적으로 중요한 문제를 단순한 계산과 함께 간단하게 해결할 수가 있다. 관로 흐름을 해석하는데 필요한 주요 개념은 마찰손실 및 미소손실을 포함한 손실수두의 고려와 함께 관로시스템(pipeline system) 내 적절한 위치에서 에너지방정식을 적용하는 것이다.

그림 9.1.1은 관로시스템에서의 마찰손실 및 미소손실을 고려한 에너지선과 동수경사선이 변하는 예를 보여주고 있다. 관로시스템에서의 동수경사선(hydraulic grade line, HGL)은 관로의 중심지점으로부터 압력수두만큼 떨어진 위치의 점들, 또는 임의의 기준점 위로부터 압력수두와 위치수두를 합한 만큼 떨어진 위치의 점들을 연결한 선을 말한다. 에너지선(energy line, EL)은 동수경사선위로 속도수두만큼 떨어진 위치의 점들이나, 임의의 기준점 위로부터 모든 수두를 합한 만큼 떨어진 즉, 총에너지 수두를 나타내는 선을 말한다. 따라서 동수경사선과 에너지선은 속도수두만큼 차이가 나게 된다.

동수경사선과 에너지선간의 관계를 그림 9.1.1과 관련하여 알아보면, 먼저 유속이 0으로 되면 동수경사선 및 에너지선이 접근하게 되고, 따라서 저수지에서는 두선이 일치하게 되며 수표면에 위치하게 된다. 관로를 통해 물이 흐르기 시작하면 마찰손실로 인해 동수경사선 및 에너지선이 낮아지게 된다. 관로의 평균유속이 증가하면 낮아지는 경사도 증가한다. 단면 급확대나 급축소와 같이 관로 단면의 기하학적인 변화가 있는 곳에서는 동수경사선 및 에너지선도 급격하게 변하게 된다. 펌프를 통에 에너지가 공급되면 동수경사선 및 에너지선이 급격하게 높아지며, 터빈을 통해 에너지가 유출되면 두 선이 급격하게 낮아지게 된다. 마지닥으로 동수경사선이 관로의 중심지점을 통과하면 압력은 0이 되고, 중심선보다 낮아지게 되면 진공상태가 되므로 사이폰(siphon) 설계를 제외하고는 바람직하지가 않다.

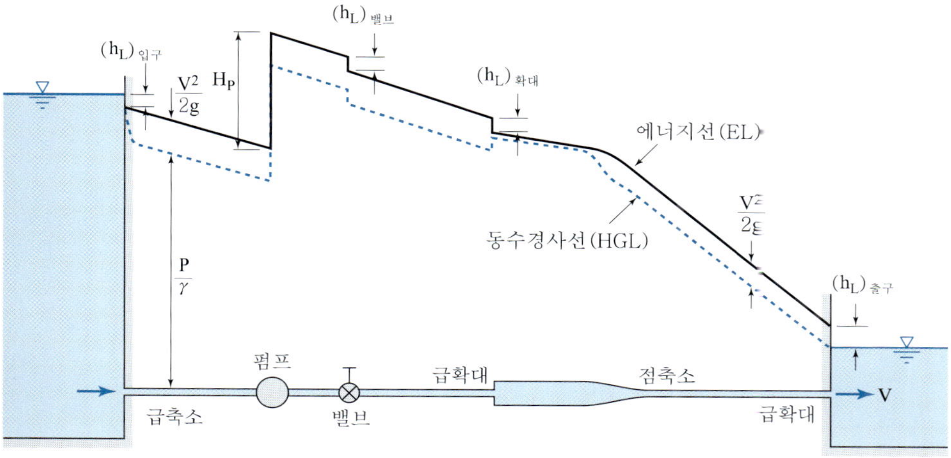

그림 9.1.1 관로시스템에서의 에너지 변화

이러한 개념을 바탕으로 본 장에서는 관로 내 흐름의 기본 이론을 바탕으로 다양한 실제문제를 해석하는 방법 즉, 실무에서 자주 접하는 단일관로 및 복합관로를 포함하는 관로시스템과 관망(pipe network)에서의 정상류 해석방법에 대해 소개하기로 한다.

9.1 관로흐름 해석유형

관로 흐름 문제의 해결 과정은 특정 변수 들이 주어질 때 어떤 변수를 구하려고 하는가에 따라 변하게 된다. 가장 일반적인 관로 흐름 해석문제 유형은 표 9.1.1과 같이 세 가지로 분류할 수가 있다. 관로시스템에서 유체를 원하는 지점으로 보내기 위해 필요한 관거의 길이, 엘보우, 만곡부 및 밸브의 형태 및 수, 관의 조도 그리고 유체의 특성치들이 주어져 있다고 가정하고, 설계에 필요한 압력강하 또는 손실수두, 유량 그리고 관로의 크기를 산정하게 된다.

① 문제유형 I : 유량 또는 유속이 주어질 때 압력강하량 또는 손실수두를 구하는 문제
② 문제유형 II : 압력강하량 또는 손실수두가 주어질 때 유량 및 유속을 구하는 문제
③ 문제유형 III : 손실수두 및 유량이 주어질 때 관로의 직경을 구하는 문제

문제유형 I은 Darcy-Weisbach 공식과 연속방정식 및 Moody도표를 이용하여 마찰손실계수 f를 결정함으로서 간단히 해결할 수 있다. 하지만 문제유형 II 및 III는 시행착오법으로 해결하게 된다.

문제유형 II는 Darcy-Weisbach 공식에서 유속을 구하면 되는데, 마찰손실계수 f도 유속의 함수로 직접 구할 수가 없다. 따라서 마찰손실계수 f를 먼저 가정하고 Darcy-Weisbach 공식으로부터 유속 V를 산정한다. 따라서 Reynolds수 R_e를 산정할 수 있고, 상대조도 ε/d를 이용하여 Moody도표로부터 마찰손실계수 f'를 찾는다. 이때 가정한 마찰손실계수 f와 f'가 같으면, 이때의 유속 V가 옳은 값이므로 단면적 A를 곱해 유량 A를 산정하게 된다. 만일 f와 f'가 서로 다르면 f를 다시 가정하여 위의 과정을 반복한다.

$$h_L \fallingdotseq H = f\frac{L}{d}\frac{V^2}{2g} \tag{9.1.1}$$

문제유형 III는 Darcy-Weisbach 공식에서 직경 d를 구해야 하는데 마찰손실계수 f 또한 유속

표 9.1.1 관로 흐름해석의 3가지 문제 유형

변 수		문제유형 I	문제유형 II	문제유형 III
유체	밀도 점성	주어짐 주어짐	주어짐 주어짐	주어짐 주어짐
관로	직경 길이 조도	주어짐 주어짐 주어짐	주어짐 주어짐 주어짐	결정 주어짐 주어짐
흐름	유량 및 유속	주어짐	결정	주어짐
압력	압력강하 또는 수두손실	결정	주어짐	주어짐

의 함수로 단면적을 알아야 구할 수가 있다. 따라서 먼저 마찰손실계수 f를 가정하고 Darcy-Weisbach 공식으로부터 d를 산정하여 단면적 A를 구한다. 유량이 주어져 있으므로 유속 V를 산정할 수 있고, 따라서 R_e를 산정하여 ε/d와 함께 Moody도표로부터 마찰손실계수 f'를 찾는다. 이때 가정한 마찰손실계수 f와 f'가 같으면 이때의 직경 d가 옳은 값이므로 계산이 끝난다. 만일 f와 f'가 서로 다르면 f를 다시 가정하여 위의 과정을 반복한다.

$$h_L \fallingdotseq H = f\frac{L}{d}\frac{V^2}{2g} = f\frac{L}{d}\frac{Q^2}{2g\left(\frac{\pi d^2}{4}\right)^2} \tag{9.1.2}$$

예제 9.1.1

문제유형 I : 그림 9.1.2와 같은 저수지로부터 길이 100m, 직경 7.5cm의 매끈한 수평관이 연결되어 있다. 관로의 유량을 $0.0084m^3/s$로 일정하게 유지하기 위해서는 관로 중심으로부터 저수지 표면까지의 수심을 얼마로 해야 하는가. 단, 물의 동점성계수는 $1.006\times10^{-6}m^2/s$이고, 입구부 손실계수는 0.5로 가정하라.

풀이

저수지 수면과 관로의 출구지점에 에너지 방정식을 적용하면

$$\frac{p_1}{\gamma}+\frac{V_1^2}{2g}+z_1=\frac{p_2}{\gamma}+\frac{V_2^2}{2g}+z_2+f\frac{L}{d}\frac{V_2^2}{2g}+K_L\frac{V_2^2}{2g}$$

수표면과 관로 출구부에서 $p_1=p_2=0$이고, $V_1=0$, $z_1=z$

그리고 $z_2=0$이므로 에너지 방정식을 다시 정리하면

$$z=\frac{V_2^2}{2g}+f\frac{L}{d}\frac{V_2^2}{2g}+K_L\frac{V_2^2}{2g}=\left(1+f\frac{L}{d}+K_L\right)\frac{V_2^2}{2g}$$

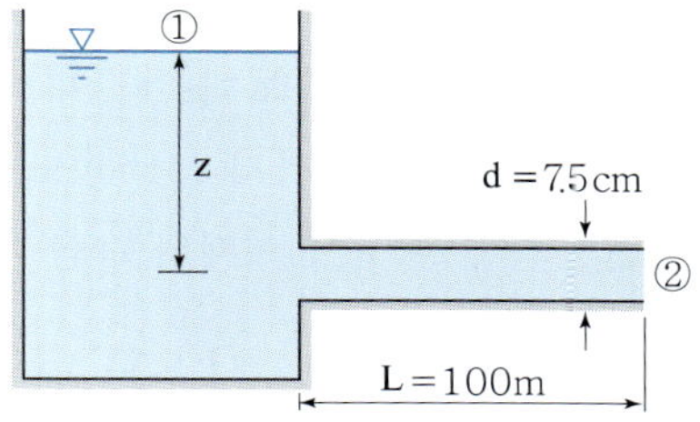

그림 9.1.2

관로내의 유속 및 Reynolds수는

$$V_2=\frac{Q}{A}=\frac{0.0084}{\pi\times0.075^2/4}=1.90m/s, \qquad R_e=\frac{Vd}{\nu}=\frac{1.90\times0.075}{1.006\times10^{-6}}=1.42\times10^5$$

Moody도표로부터 매끈한 관로에 대한 마찰손실계수를 구하면 f=0.017이 된다. 따라서

$$z=\left(1+f\frac{L}{d}+K_L\right)\frac{V_2^2}{2g}=\left(1+0.017\times\frac{100}{0.075}+0.5\right)\frac{1.9^2}{2\times9.81}=4.45m$$

예제 9.1.2

문제유형 II : 그림 9.1.3과 같은 24m 높이에 있는 고가수조에 길이 180m, 직경 0.1m의 수평관로가 연결되어 있을 때 관로를 통해 흐르는 유량을 구하라. 단, 물의 동점성계수는 $1.006\times10^{-6}m^2/s$이고, 관의 조도는 0.25mm이며, 미소손실은 무시하라.

풀이

고가수조의 수표면과 관로의 끝단에 에너지 방정식을 적용하면

$$\frac{p_1}{\gamma}+\frac{V_1^2}{2g}+z_1=\frac{p_2}{\gamma}+\frac{V_2^2}{2g}+z_2+f\frac{L}{d}\frac{V_2^2}{2g}$$

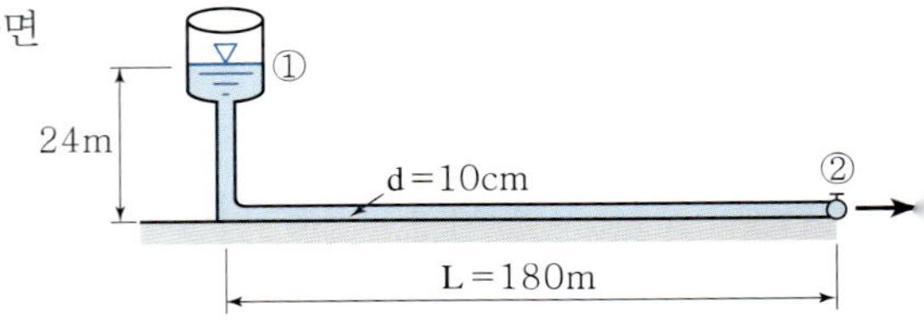

그림 9.1.3

고가수조의 수표면과 관로 출구부에서의 압력 $p_1=p_2=0$이고, $V_1=0$, $z_1=h$ 그리고 $z_2=0$이므로 에너지 방정식을 다시 정리하면

$$h=\frac{V_2^2}{2g}+f\frac{L}{d}\frac{V_2^2}{2g}=\left(1+f\frac{L}{d}\right)\frac{V_2^2}{2g}\qquad \therefore V_2=\left[\frac{2gh}{f(L/d)+1}\right]^{1/2}$$

주어진 값들을 적용하면

$$V_2=\left[\frac{2\times 9.81\times 24}{f(180/0.1)+1}\right]^{1/2}$$

따라서 f=0.03으로 가정하면 윗 식으로부터 $V_2=2.75\text{m/s}$가 되며, Reynolds수는

$$R_e=\frac{Vd}{\nu}=\frac{2.75\times 0.1}{1.006\times 10^{-6}}=2.73\times 10^5$$

관의 상대조도 $\varepsilon/d=0.25/100=0.0025$이므로 Moody도표로부터 f=0.026을 읽을 수 있어 처음 가정한 f=0.03과 다르다. 따라서 f=0.026으로 다시 가정하여 V_2를 구하면 2.95m/s가 되고, $R_e=2.93\times10^5$이 된다. 따라서 Moody도표로부터 f를 다시 읽으면 f=0.026이 되어 가정한 f와 같게 된다.

따라서 이때의 유속 $V_2=2.95\text{m/s}$가 옳은 값이며 유량은

$$Q=AV=\frac{\pi\times 0.1^2}{4}\times 2.95=0.023\text{m}^3/\text{s}$$

예제 9.1.3

문제유형 III : 매끈한 관을 통해 $0.5\text{m}^3/\text{s}$의 물을 송수하려고 한다. 500m 길이를 송수하는 동안 손실수두가 2m가 되도록 할 때 필요한 관의 직경을 구하라. 단, 물의 동점성계수는 $1.006\times10^{-6}\text{m}^2/\text{s}$이다.

풀이

식 (9.1.2)로부터 Darcy Weisbach 공식에 의한 손실수두는

$$h_L=f\frac{L}{d}\frac{V^2}{2g}=f\frac{L}{d}\frac{Q^2}{2g\left(\frac{\pi d^2}{4}\right)^2}$$

이식을 직경 d로 다시 표현하면

$$d=\left(\frac{8LQ^2}{g\pi^2h_L}f\right)^{1/5}=\left(\frac{8\times 500\times 0.5^2}{9.81\times 3.14^2\times 2}f\right)^{1/5}=1.39f^{1/5}$$

f=0.025로 가정하면 d=0.665m이고 유속 및 R_e는

$$V=\frac{Q}{A}=\frac{0.5}{\pi\times0.665^2/4}=1.44\text{m/s},\qquad R_e=\frac{Vd}{\nu}=\frac{1.44\times0.665}{1.006\times10^{-6}}=9.52\times10^5$$

Moody도표로부터 f=0.0117이 되고 가정한 0.025와 다르다. 따라서 f=0.0117로 재 가정하면 직경 d=0.57m가 되며 V=1.96m/s, $R_e=1.11\times10^6$이 된다.

Moody도표로부터 f를 다시 읽으면 f≒0.0117이 되며 이때의 직경 d=0.57m가 구하는 값이 된다.

9.2 단일관로의 흐름해석

단일관로(single pipe line)는 관로가 합류되거나 분류되지 않고 단일관로로 구성되어 있으며 등단면, 부등단면, 노즐이 붙은관, 사이폰, 단일 관로내의 펌프 또는 터어빈 등 다양하다. 이러한 단일관로에서의 유체흐름의 해석은 연속방정식, Darcy-Weisbach공식 및 에너지방정식을 적용하여 해결할 수 있다.

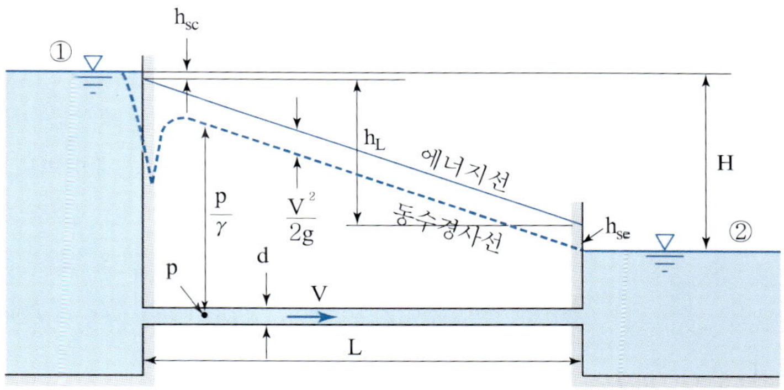

그림 9.2.1 두 수조를 연결하는 등단면 관수로

9.2.1 두 수조를 연결하는 등단면 관로

높이차가 H인 두 수조가 길이 L, 직경 d인 관으로 연결된 그림 9.2.1과 같은 경우를 생각해 보자. 두 수조의 높이가 일정하게 유지된다고 가정하고, 두 수조사이에 에너지방정식을 적용하면

$$\frac{p_1}{\gamma}+\frac{V_1^2}{2g}+z_1=\frac{p_2}{\gamma}+\frac{V_2^2}{2g}+z_2+h_L+\Sigma h_{m_i} \tag{9.2.1}$$

여기서 h_L은 길이 L인 관로에서의 마찰손실수두이고, Σh_{mi}는 단면 급축소와 급확대로 인한 미소손실수두의 합이다. 두 수조의 표면에서 $p_1=p_2=0$이고, 두 수조가 상당히 크다고 가정하면 $V_1=V_2=0$이다. 이러한 조건을 식 (9.2.1)에 적용하고 다시 정리하면

$$z_1=z_2+h_L+\Sigma h_{mi} \tag{9.2.2}$$

$$z_1 - z_2 = H = f\frac{L}{d}\frac{V^2}{2g} + \left(K_{sc}\frac{V^2}{2g} + K_{se}\frac{V^2}{2g}\right) \tag{9.2.3}$$

단면 급축소 및 급확대 손실계수가 K_{sc}=0.5 및 K_{se}=1.0이라 하면

$$H = \left(1.5 + f\frac{L}{d}\right)\frac{V^2}{2g} \tag{9.2.4}$$

식 (9.2.4)를 유속과 유량으로 나타내면

$$V = \sqrt{\frac{2gH}{1.5 + fL/d}} \tag{9.2.5}$$

$$Q = \frac{\pi d^2}{4}\sqrt{\frac{2gH}{1.5 + fL/d}} \tag{9.2.6}$$

마찰손실수두와 미소손실수두의 크기를 비교하기 위해 식 (9.2.4)에서 마찰손실계수를 f=0.03이라 가정하자. 미소손실계수의 합은 1.5이다. 만일 L/d=100이면 괄호 안의 마찰손실과 관련된 값이 fL/d=3, L/d=1,000이면 fL/d=30, L/d=10,000이면 fL/d=300이 되어 직경에 비해 관의 길이가 길어지면 미소손실부분보다 마찰로 인한 손실이 크게 된다. 따라서 일반적으로 L/d〈3,000이면 마찰손실과 미소손실을 고려하고, L/d〉3,000이면 마찰손실만 고려하게 된다.

예제 9.2.1

그림 9.2.1과 같이 수면의 높이차가 10m인 두 수조가 길이 500m, 직경 0.2m의 관으로 연결되어 있을 때 이 관을 통해 흐르는 유량을 구하라. 단, 20℃인 물의 동점성계수는 $1.006\times10^{-6}m^2/s$이고, 관의 조도는 0.2mm이다.

풀이

유량을 구하는 문제이므로 문제유형 II에 속하는 문제이다. 단면 급축소 및 급확대 손실계수가 K_{sc}=0.5, K_{se}=1.0이라 하고 f=0.025로 가정하면 식 (9.2.5)에 의해

$$V = \sqrt{\frac{2gH}{1.5 + fL/d}} = \sqrt{\frac{2\times9.81\times10}{1.5 + 0.025\times500/0.2}} = 1.75\text{m/s}$$

Reynolds수는

$$R_e = \frac{Vd}{\nu} = \frac{1.75\times0.2}{1.006\times10^{-6}} = 3.48\times10^5$$

관의 상대조도는 ε/d=0.2/200=0.001이므로 Moody도표로부터 f=0.021이 된다. 가정치 0.025와 다르므로 f=0.021로 다시 가정하면 V=1.91m/s, $R_e=3.80\times10^5$이 되며, Moody도표로부터 f를 다시 읽으면 f=0.021이 되어, 가정치와 같게 된다. 따라서 V=1.91m/s가 구하는 값이며 유량은

$$Q = AV = \frac{\pi d^2}{4}V = \frac{3.14 \times 0.2^2}{4} \times 1.91 = 0.06\text{m}^3/\text{s}$$

9.2.2 두 수조를 연결하는 부등단면 관로

수위차가 H인 두 수조를 단면이 서로 다른 관로로 직렬 연결한 그림 9.2.2와 같은 경우를 생각해 보자. 이때 두 수조사이에 에너지 방정식을 수립하면

$$H = h_{sc} + h_{L1} + h_{se1} + h_{L2} + h_{se2}$$

$$= K_{sc}\frac{V_1^2}{2g} + f_1\frac{L_1}{d_1}\frac{V_1^2}{2g} + \frac{(V_1 - V_2)^2}{2g} + f_2\frac{L_2}{d_2}\frac{V_2^2}{2g} + K_{se}\frac{V_2^2}{2g} \tag{9.2.7}$$

여기서 h_{sc}는 단면 급축소로 인한 미소손실수두, h_L 과 h_{L2}는 1번 및 2번관에서의 마찰손실수두, h_{se1} 및 h_{se2}는 1번 및 2번관에서의 단면 급확대로 인한 미소손실수두이다. 다음과 같은 연속방정식을 이용하여 식 (9.2.7)에서 V_2를 V_1으로 대체하고 정리하면

$$V_2 = \frac{A_1}{A_2}V_1 = \frac{d_1^2}{d_2^2}V_1 \tag{9.2.8}$$

$$H = \left[K_{sc} + f_1\frac{L_1}{d_1} + \left(1 - \frac{d_1^2}{d_2^2}\right)^2 + f_2\frac{L_2}{d_2}\left(\frac{d_1}{d_2}\right)^4 + K_{se}\left(\frac{d_1}{d_2}\right)^4\right]\frac{V_1^2}{2g} \tag{9.2.9}$$

K_{sc}, d_1, d_2 그리고 K_{se}가 주어지면 최종적으로 다음과 같이 정리할 수 있다.

$$H = (C_o + C_1 f_1 + C_2 f_2)\frac{V_1^2}{2g} \tag{9.2.10}$$

식 (9.2.10)을 이용하여 세 가지의 문제유형에 대해 9.1절에서 설명한 방법에 의해 흐름 해석을 할 수 있다. 단 문제유형 II 및 III인 경우 시행착오법으로 해석을 하는데, 이때 f_1과 f_2를 동시에 가정하여 비교하는 방법을 사용한다.

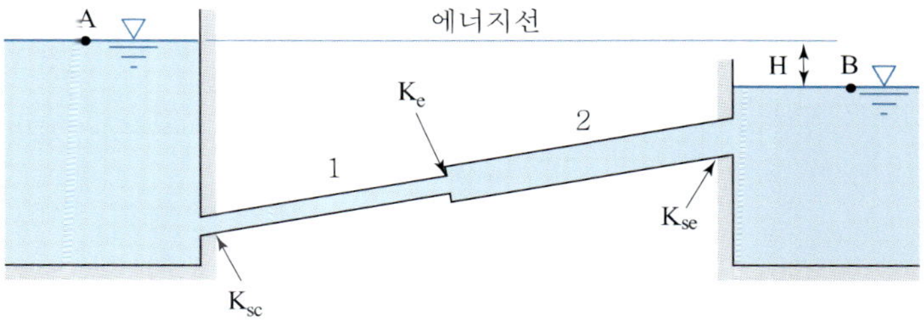

그림 9.2.2 두 수조를 연결하는 부등단면 관수로

예제 9.2.2

그림 9.2.2와 같이 수면의 높이차가 5m인 두 수조가 길이 300m, 직경 0.2m, 조도 0.3mm의 관과 길이 200m, 직경 0.5m, 조도 0.4mm의 관으로 연결되어 있을 때, 이 관을 통해 흐르는 유량을 구하라.

단, 20℃인 물의 동점성계수는 $1.006\times10^{-6}m^2/s$이다.

풀이

유량을 구하는 문제이므로 문제유형 II에 속하고 시행착오법으로 구하게 된다. 식 (9.2.9)에 주어진 값들을 적용하여 정리하면

$$5=\left[0.5+f_1\frac{300}{0.2}+\left(1-\frac{0.2^2}{0.5^2}\right)^2+f_2\frac{200}{0.5}\left(\frac{0.2}{0.5}\right)^4+\left(\frac{0.2}{0.5}\right)^4\right]\frac{V_1^2}{2g}$$
$$=(1.231+1{,}500f_1+10.24f_2)\frac{V_1^2}{2g}$$

관의 상대조도는 $\varepsilon_1/d_1=0.3/200=0.0015$, $\varepsilon_2/d_2=0.4/500=0.0008$이므로 Moody도표에서 완전난류에 해당하는 값 $f_1=0.021$, $f_2=0.018$로 가정한다. 이 값을 윗 식에 적용하여 V_1 및 R_{e1}을 구하고 연속방정식에 의해 V_2 및 R_{e2}를 구하면

$$V_1=1.725m/s,\qquad R_{e1}=\frac{V_1d_1}{\nu}=\frac{1.725\times0.2}{1.006\times10^{-6}}=3.43\times10^5$$

$$V_2=\left(\frac{d_1}{d_2}\right)^2V_1=\left(\frac{0.2}{0.5}\right)^2\times1.725=0.276m/s,\qquad R_{e2}=\frac{V_2d_2}{\nu}=\frac{0.276\times0.5}{1.006\times10^{-6}}=1.37\times10^5$$

Reynolds수와 상대조도를 이용하여 Moody도표로부터 f_1과 f_2를 읽으면 $f_1=0.022$, $f_2=0.021$.

가정한 값과 약간 차이가 있으므로 $f_1=0.022$, $f_2=0.021$로 다시 가정하고 V_2 및 R_{e2}를 구하면

$$V_1=1.686m/s,\qquad R_{e1}=\frac{V_1d_1}{\nu}=\frac{1.686\times0.2}{1.006\times10^{-6}}=3.35\times10^5$$

$$V_2=\left(\frac{d_1}{d_2}\right)^2V_1=\left(\frac{0.2}{0.5}\right)^2\times1.685=0.270m/s,\qquad R_{e2}=\frac{V_2d_2}{\nu}=\frac{0.270\times0.5}{1.006\times10^{-6}}=1.34\times10^5$$

Reynolds수와 상대조도를 이용하여 Moody도표로부터 f_1과 f_2를 다시 읽으면 $f_1=0.022$, $f_2=0.021$.

가정한 값과 같으므로 이때의 $V_1=1.686m/s$가 구하는 값이 된다. 따라서 유량은

$$Q=A_1V_1=\frac{\pi d_1^2}{4}V_1=\frac{3.14\times0.2^2}{4}\times1.686=0.053m^3/s$$

9.2.3 노즐이 연결된 관로

한쪽이 수조와 연결된 관로 끝단에 노즐(nozzle)이 붙어 있는 그림 9.2.3과 같은 경우를 생각해 보자. 수조의 표면과 노즐의 중심부 사이의 높이차를 H라 할 때, 수조의 표면과 노즐의 출구지점사이에 에너지방정식을 적용하면

$$\frac{p_o}{\gamma}+\frac{V_o^2}{2g}+z_o=\frac{p_2}{\gamma}+\frac{V_2^2}{2g}+z_2+K_{sc}\frac{V_1^2}{2g}+f_1\frac{L_1}{d_1}\frac{V_1^2}{2g}+K_{gc}\frac{V_2^2}{2g}+f_2\frac{L_2}{d_2}\frac{V_2^2}{2g} \quad (9.2.11)$$

수조의 표면과 자유 수맥에서의 압력 $p_o=p_2=0$이고, 표면에서의 유속 $V_o=0$, $z_o-z_2=H$이므로 식 (9.2.11)을 정리하면

$$H=K_{sc}\frac{V_1^2}{2g}+f_1\frac{L_1}{d_1}\frac{V_1^2}{2g}+K_{gc}\frac{V_2^2}{2g}+f_2\frac{L_2}{d_2}\frac{V_2^2}{2g}+\frac{V_2^2}{2g} \quad (9.2.12)$$

식 (9.2.12)를 이용하여 세 가지 문제유형의 흐름 해석을 시행하면 된다. 만일 L_1/d_1이 비교적 크고 L_2는 L_1에 비해 작다면 관로에서의 마찰로 인한 에너지손실이 주를 이루므로 단면 급축소 및 노즐부에서의 단면 점축소 손실수두항을 무시하고, 노즐부에서의 마찰손실을 무시할 수 있으므로 다음과 같이 간단하게 표현할 수 있다.

$$H=f_1\frac{L_1}{d_1}\frac{V_1^2}{2g}+\frac{V_2^2}{2g} \quad (9.2.13)$$

연속방정식을 이용하여 식 (9.2.13)의 V_1을 V_2로 대체하면

$$H=f_1\frac{L_1}{d_1}\frac{V_2^2}{2g}\left(\frac{d_2}{d_1}\right)^4+\frac{V_2^2}{2g}$$

$$=\left[1+f_1\frac{L_1}{d_1}\left(\frac{d_2}{d_1}\right)^4\right]\frac{V_2^2}{2g} \quad (9.2.14)$$

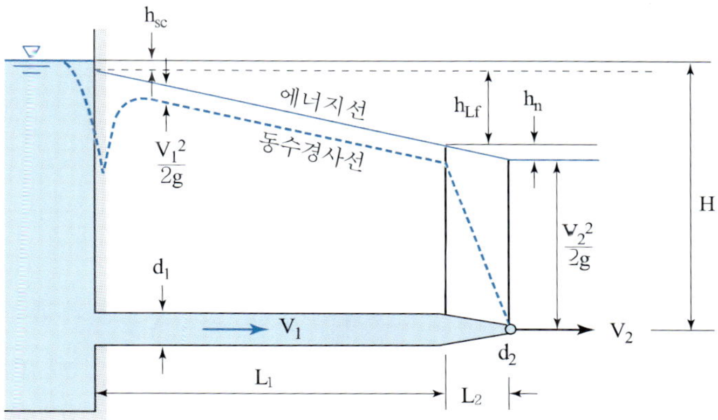

그림 9.2.3 노즐이 연결된 관로

이와 같이 관로 말단부에 노즐을 설치하는 경우로 수력발전소에서 노즐을 통한 자유수맥을 이용하여 터빈을 돌려 발전을 하는 것이 있으며, 이때 노즐을 통해 얻을 수 있는 동력은 다음과 같이 나타낼 수 있다.

$$P=\gamma Q\frac{V_2^2}{2g}=\gamma Q\left(H-f_1\frac{L_1}{d_1}\frac{V_1^2}{2g}\right)=\gamma Q\left(H-f_1\frac{L_1}{d_1}\frac{Q^2}{2gA_1^2}\right) \quad (9.2.15)$$

동력이 최대가 될 조건을 구하기 위해 식 (9.2.15)를 Q에 대해 미분하고 0으로 놓으면

$$\gamma H-3\left(f_1\frac{L_1}{d_1}\frac{\gamma Q^2}{2gA_1^2}\right)=0 \quad (9.2.16)$$

또는

$$H = 3\left(f_1 \frac{L_1}{d_1} \frac{V_1^2}{2g}\right) \tag{9.2.17}$$

이 조건을 식 (9.2.15)에 적용하면 최대로 얻을 수 있는 동력은 다음과 같다.

$$P_{max} = \gamma Q\left(H - \frac{H}{3}\right) = \frac{2}{3} H \gamma Q \tag{9.2.18}$$

식 (9.2.18)과 식 (9.2.15)를 비교하면

$$\frac{V_2^2}{2g} = \frac{2}{3} H \tag{9.2.19}$$

즉, 노즐을 통해 최대의 동력을 얻기 위해서는 노즐을 통해 분출되는 수맥의 속도수두가 수조의 수면과 노즐간의 수두차의 2/3일 경우이며, 이때 노즐을 통해 분출되는 수맥의 유속은 다음과 같다.

$$V_2 = \sqrt{2g \times \frac{2}{3} H} \tag{9.2.20}$$

예제 9.2.3

그림 9.2.3과 같이 수조의 수면과 노즐 출구와의 높이차가 30m이고, L_1=100m, d_1=0.4m, ε_1=0.3mm의 관로와, 노즐부 L_2=1m, d_2=0.1m, ε_2=0.2mm가 연결되어 있다. 노즐을 통해 분출되는 유량과 이로 인해 얻을 수 있는 동력을 구하라. 단, 20℃인 물의 동점성계수는 $1.006 \times 10^{-6} m^2/s$이다.

풀이

식 (9.2.13)으로부터

$$H = f_1 \frac{L_1}{d_1} \frac{V_1^2}{2g} + \frac{V_2^2}{2g} = \left[f_1 \frac{L_1}{d_1} + \left(\frac{d_1}{d_2}\right)^4\right] \frac{V_1^2}{2g}$$

$$30 = \left[f_1 \frac{100}{0.4} + \left(\frac{0.4}{0.1}\right)^4\right] \frac{V_1^2}{2g} = (250 f_1 + 256) \frac{V_1^2}{2g}$$

f_1=0.019라 가정하면

$$V_1 = 1.50 m/s, \quad R_{e1} = \frac{V_1 d_1}{\nu} = \frac{1.50 \times 0.4}{1.006 \times 10^{-6}} = 5.96 \times 10^5, \quad \frac{\varepsilon_1}{d_1} = \frac{0.3}{400} = 0.00075$$

Moody도표로부터 f_1=0.019로 가정한 값과 같다. 따라서 V_1=1.5m/s가 옳은 값이며 이때의 유량은

$$Q = A_1 V_1 = \frac{\pi d_1^2}{4} V_1 = \frac{3.14 \times 0.4^2}{4} \times 1.5 = 0.188 m^3/s$$

$$V_2 = \left(\frac{d_1}{d_2}\right)^2 V_1 = \left(\frac{0.4}{0.1}\right)^2 \times 1.5 = 24\text{m/s}$$

따라서 동력은

$$P = \gamma Q \frac{V_2^2}{2g} = 1{,}000 \times 0.188 \times \frac{24^2}{2 \times 9.81} = 5{,}519\text{kg·m/s} = 54.09\text{kW}$$

9.2.4 사이폰

관로를 통해 유체를 이송할 때 동수경사선보다 높은 곳으로 유체를 끌어 올린 후 낮은 곳으로 보내는 관로를 사이폰(siphon)이라 하며, 동수경사선보다 높은 지점에 있는 관로부분에서는 부압이 작용하여 낮은 곳의 유체를 끌어 올릴 수가 있게 된다. 그림 9.2.4와 같이 관로의 직경이 d, BC=L_1, CD=L_2, 유입부 손실수두를 h_{sc}, C점의 만곡부에서의 손실수두를 h_b, D점에서의 유출부 손실수두를 h_{se}, 관로내 마찰손실수두를 h_L이라 할때 두 수조 사이의 표면 높이차 H는 손실수두항으로 나타내면

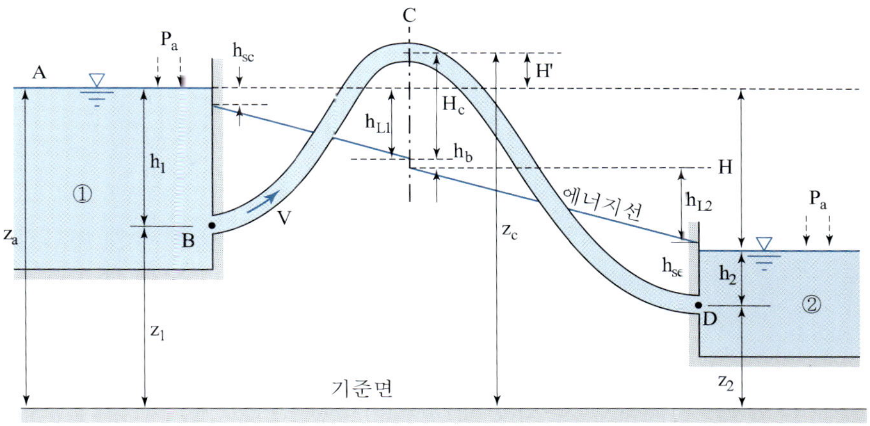

그림 9.2.4 두 수조를 연결하는 사이폰

$$H = h_{sc} + h_{L1} + h_b + h_{L2} + h_{se}$$

$$= \left(K_{sc} + f\frac{L_1}{d} + K_b + f\frac{L_2}{d} + K_{se}\right)\frac{V^2}{2g} = C_1\frac{V^2}{2g} \tag{9.2.21}$$

식 (9.2.21)을 이용하여 세 가지 문제유형의 흐름 해석을 할 수 있다. 사이폰 작용이 가능한 C점에서의 최대 부압수두를 결정하기 위해 수조의 표면과 사이폰의 정점부 C사이에 에너지 방정식을 적용하면

$$z_a = z_c + \frac{p_c}{\gamma} + \frac{V^2}{2g} + K_{sc}\frac{V^2}{2g} + f\frac{L_1}{d}\frac{V^2}{2g} + K_b\frac{V^2}{2g} \tag{9.2.22}$$

따라서

$$\frac{p_c}{\gamma} = (z_a - z_c) - \frac{V^2}{2g}\left(1 + K_{sc} + f\frac{L_1}{d} + K_b\right) \tag{9.2.23}$$

식 (9.2.23)의 속도수두항 뒤의 괄호안의 값을 C_o라 하고, 식 (9.2.21)에서 속도수두는 H/C_1이므로 이들 조건을 적용하면

$$\frac{p_c}{\gamma} = z_a - z_c - \frac{C_o}{C_1}H = H' - \frac{C_o}{C_1}H \tag{9.2.24}$$

여기서 H'는 수조의 표면과 사이폰 정점부간의 높이차로 사이폰의 정점부가 수조의 표면보다 높은 경우 $H'<0$이다. C_o 및 C_1은 관의 제원 및 손실계수로부터 결정할 수 있다.

만일 H'가 C_oH/C_1보다 작으면 $p_c/\gamma<0$이 되어 사이폰 정점부에서 부압이 발생하게 되어 사이폰 작용이 시작된다. 하지만 사이폰 정점부에서의 부압이 절대영압(absolute zero pressure) 이하가 될 수 없으므로 사이폰 작용이 가능한 최대 부압수두는 다음과 같다.

$$\frac{p_c}{\gamma} = -\frac{p_a}{\gamma} = -\frac{1.013\times10^5\mathrm{N/m^2}}{1{,}000\times9.8\mathrm{N/m^3}} = -10.337\mathrm{m} \tag{9.2.25}$$

그러나 실제로는 최대 부압수두 −10.337m에 이르기 전에 수중에 포함되어 있는 공기나 기타 기체가 분리되어 사이폰 정점부에 모이게 되어 사이폰 작용이 중단될 수 있다. 따라서 실제로는 이보다 작은 −8m~−9m의 부압수두를 한계치로 하여 설계하게 된다.

설계부압수두가 주어질 때 사이폰이 정상적으로 작용하기 위한 두 수조의 표면 높이차 H의 최대치는 식 (9.2.24)로부터 구할 수가 있다.

$$H_{max} = \frac{C_1}{C_o}\left(H' - \frac{p_c}{\gamma}\right) \tag{9.2.26}$$

식 (9.2.26)으로부터 산정한 H_{max}보다 수조 수면의 높이차 H가 크게 되면 주어진 부압수두조건에서 사이폰 작용이 중단되고, H가 작으면 사이폰이 정상적으로 작용하게 된다.

예제 9.2.4

그림 9.2.4와 같은 사이폰에서 수조 ①의 수면표고가 50m이고, C점 중심부의 표고가 53m이다. 사이폰 정점부 앞부분의 관로는 L_1=200m, 뒷부분의 관로는 L_2=300m이며, 두 관로의 직경이 0.5m일 때 사이폰 작용이 가능한 수조 ②의 최저 수면표고 및 이때의 유량을 구하라. 두 관로의 마찰손실계수는 0.02이고, 단면급축소, 만곡부 및 급확대 손실계수는 각각 0.5, 1.0 그리고 1.0이다.

풀이

사이폰의 정점부가 수조 ①의 수표면 보다 높으므로 H'=50−53=−3m이며, 설계부압수두는 −9m로 한다. 식 (9.2.21)과 식 (9.2.23)으로부터

$$C_1 = K_{sc} + f\frac{L_1}{d} + K_b + f\frac{L_2}{d} + K_{se} = 0.5 + 0.02 \times \frac{200}{0.5} + 1 + 0.02 \times \frac{300}{0.5} + 1 = 22.5$$

$$C_o = 1 + K_{sc} + f\frac{L_1}{d} + K_b = 1 + 0.5 + 0.02 \times \frac{200}{0.5} + 1 = 10.5$$

이 값들을 식 (9.2.26)에 적용하면

$$H_{max} = \frac{C_1}{C_o}\left(H' - \frac{p_c}{\gamma}\right) = \frac{22.5}{10.5} \times (-3 + 9) = 12.86\text{m}$$

따라서 수조 ②의 수면표고가 50−12.86=37.14m 이하로 내려가면 사이폰 작용이 중단된다. 이때의 유량은 식 (9.2.21)로부터

$$V = \sqrt{\frac{2gH_{max}}{C_1}} = \sqrt{\frac{2 \times 9.81 \times 12.86}{22.5}} = 3.349\text{m/s}$$

$$Q = AV = \frac{\pi d^2}{4}V = \frac{3.14 \times 0.5^2}{4} \times 3.349 = 0.657\text{m}^3/\text{s}$$

9.2.5 펌프 혹은 터빈이 포함된 관로

지금까지 단일 관로에서의 여러 가지 상황에 대한 흐름 해석을 하는 방법에 대해 알아보았다. 본 절에서는 그림 9.2.5와 같이 단일 관로 내에 에너지를 공급하는 펌프나, 물이 가지고 있는 에너지로부터 동력을 얻기 위한 터빈이 포함된 경우의 해석 방법에 대해 소개하기로 한다.

그림 9.2.5a와 같이 펌프를 사용하여 낮은 수조(A)로부터 높은 수조(B)로 유체를 보내는 경우를 생각해보자. 펌프가 단위 무게의 유체에 가해주는 에너지수두를 E_p라고 할 때, A, B 두 지점 간에 에너지 방정식을 적용하면

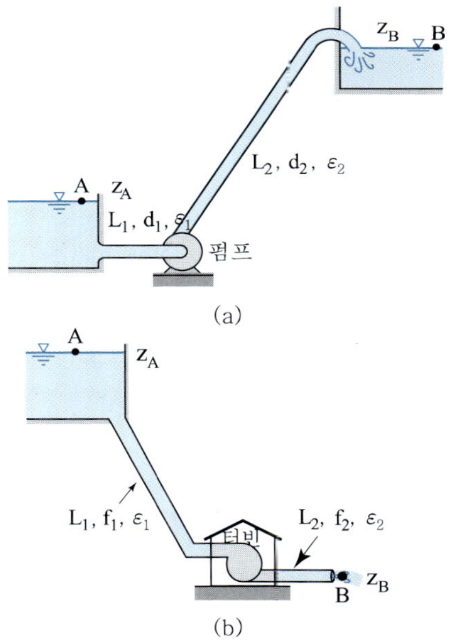

그림 9.2.5 펌프와 터빈이 포함된 관수로

$$\frac{p_A}{\gamma} + \frac{V_A^2}{2g} + z_A + E_P = \frac{p_B}{\gamma} + \frac{V_B^2}{2g} + z_B + \sum h_L + \sum h_{m_i} \qquad (9.2.27)$$

두 수조의 표면에서의 압력 및 유속이 0이고 미소손실수두를 무시하면

$$E_P = z_B - z_A + \sum h_L + \sum h_{m_i} = H + f_1 \frac{L_1}{d_1}\frac{V_1^2}{2g} + f_2 \frac{L_2}{d_2}\frac{V_2^2}{2g} \tag{9.2.28}$$

같은 방법으로 그림 9.2.5b와 같이 터빈을 이용하여 단위 무게의 유체로부터 얻는 에너지 수두를 E_T라고 할 때, A, B 두 지점 간에 에너지 방정식을 적용하면

$$\frac{p_A}{\gamma} + \frac{V_A^2}{2g} + z_A = \frac{p_B}{\gamma} + \frac{V_B^2}{2g} + z_B + \sum h_L + \sum h_{m_i} + E_T \tag{9.2.29}$$

두 수조의 표면에서의 압력 및 유속이 0이고 미소손실수두를 무시하면

$$E_T = z_A - z_B - \frac{V_B^2}{2g} - \sum h_L - \sum h_{m_i} = H - \frac{V_B^2}{2g} - f_1 \frac{L_1}{d_1}\frac{V_1^2}{2g} - f_2 \frac{L_2}{d_2}\frac{V_2^2}{2g} \tag{9.2.30}$$

만일 관로시스템에 펌프 및 터빈이 모두 포함되어 있으면 E_p는 에너지 방정식의 왼쪽항에 E_T는 오른쪽에 포함시켜 해석하면 된다.

예제 9.2.5

그림 9.2.5a와 같이 수면의 높이차가 30m인 두 수조가 L_1=10m, d_1=0.4m, ε_1=0.2mm의 관로와 펌프 그리고 L_2=100m, d_2=0.3m, ε_2=0.2mm인 관로로 연결되어 있다. 위 수조로 물을 0.3m^3/s로 일정하게 양수하기 위해 필요한 펌프의 소요동력을 구하라. 단, 20℃인 물의 동점성계수는 $1.006\times10^{-6}m^2/s$이며 미소손실은 무시하라.

풀이

①번 관로에서의 수리량을 구하면

$$V_1 = \frac{Q}{\pi d_1^2/4} = \frac{0.3}{3.14\times 0.4^2/4} = 2.389\,\mathrm{m/s},$$

$$R_{e1} = \frac{V_1 d_1}{\nu} = \frac{2.389\times 0.4}{1.006\times 10^{-6}} = 9.50\times 10^5$$

$$\frac{\varepsilon_1}{d_1} = \frac{0.2}{400} = 0.0005$$

Moody도표로부터 f_1=0.017이 된다.

②번 관로에서의 수리량을 구하면

$$V_2 = \frac{Q}{\pi d_2^2/4} = \frac{0.3}{3.14\times 0.3^2/4} = 4.246\,\mathrm{m/s}, \qquad R_{e2} = \frac{V_2 d_2}{\nu} = \frac{4.246\times 0.3}{1.006\times 10^{-6}} = 1.27\times 10^6,$$

$$\frac{\varepsilon_2}{d_2} = \frac{0.2}{300} = 0.00067$$

Moody도표로부터 $f_2=0.018$이다. 두 수조 A, B의 수표면 사이에 에너지방정식을 적용하면

$$\frac{p_A}{\gamma} + \frac{V_A^2}{2g} + z_A + E_P = \frac{p_B}{\gamma} + \frac{V_B^2}{2g} + z_B + f_1 \frac{L_1}{d_1} \frac{V_1^2}{2g} + f_2 \frac{L_2}{d_2} \frac{V_2^2}{2g}$$

수표면의 압력 $p_A=p_B=0$, 수조가 상당히 크다고 가정하면 $V_A=V_B=0$, $z_B-z_A=30$m이므로 위 식을 다시 정리하면

$$E_P = z_B - z_A + f_1 \frac{L_1}{d_1} \frac{V_1^2}{2g} + f_2 \frac{L_2}{d_2} \frac{V_2^2}{2g} = 30 + 0.017 \times \frac{10}{0.4} \times \frac{2.389^2}{2 \times 9.81} + 0.018 \times \frac{100}{0.3} \times \frac{4.246^2}{2 \times 9.81}$$

$$= 35.64\text{m}$$

따라서 필요한 동력은

$$P = \gamma Q E_P = 1{,}000 \times 0.3 \times 35.64 = 10{,}692\text{kg}\cdot\text{m/s} = 104.78\text{kW}$$

예제 9.2.6

그림 9.2.5b와 같이 상부 저수지로부터 낙하하는 $3\text{m}^3/\text{s}$의 물에 의해 터빈을 돌려 발전하고 있다. 저수지 수면과 자유 분출되는 관로의 끝단에서의 높이차가 100m일 때, 터빈의 효율이 90%인 경우 발전되는 동력을 구하라. 관로의 직경은 1m이고 길이는 $L_1=120$m, $L_2=5$m이고 $f_1=f_2=0.02$이다. 미소손실은 무시하라.

풀이

터빈 전후의 두 관로의 직경이 1m로 동일하므로 관로의 유속은

$$V = \frac{Q}{\pi d^2/4} = \frac{3}{3.14 \times 1^2/4} = 3.82\text{m/s}$$

저수지 수표면과 관로의 끝단 사이에 에너지방정식을 적용하면

$$\frac{p_A}{\gamma} + \frac{V_A^2}{2g} + z_A = \frac{p_B}{\gamma} + \frac{V_B^2}{2g} + z_B + E_T + f_1 \frac{L_1}{d_1} \frac{V_1^2}{2g} + f_2 \frac{L_2}{d_2} \frac{V_2^2}{2g}$$

저수지 수표면과 자유분출되는 물의 압력은 0이므로 $p_A=p_2=0$, 수조가 상당히 크다고 가정하면 $V_A=0$, $V_B=V_2$, $V_1=V_2=V$, $z_2-z_A=100$m이므로 위 식을 다시 정리하면

$$E_T = z_A - z_2 - \left(1 + f_1 \frac{L_1}{d_1} + f_2 \frac{L_2}{d_2}\right) \frac{V^2}{2g}$$

$$= 100 - \left(1 + 0.02 \frac{120}{1} + 0.02 \frac{5}{1}\right) \times \frac{3.82^2}{2 \times 9.81} = 97.4\text{m}$$

따라서 발전할 수 있는 동력은

$$P = 0.9 \gamma Q E_T = 0.9 \times 1{,}000 \times 3 \times 97.4 = 262{,}980\text{kg}\cdot\text{m/s} = 2{,}577\text{kW}$$

9.3 복합 관로시스템의 해석

대부분의 관로시스템에서는 하나 이상의 관이 서로 연결되어 있는 경우가 많으며, 우리 몸에서의 혈관이나 도시지역의 급수시스템이 이러한 예라 할 수 있다. 복합 관로(multiple pipe line)의 해석 절차도 앞에서 소개한 단일 관로에서의 해석 방법과 비슷하다. 하지만 미지의 변수가 많이 포함되기 때문에 해석 절차가 다소 복잡하다. 복합 관로시스템에는 직렬관로(series pipe line), 병렬관로(parallel pipe line) 그리고 다지관로(branching pipe line)가 있으며, 본 절에서는 이러한 복합 관로시스템의 해석 방법에 대해 소개하기로 한다.

9.3.1 직렬 및 병렬 관로

직렬 및 병렬 관로는 가장 간단한 복합 관로시스템으로 그림 9.3.1과 같다. 직렬 및 병렬 관로에서의 유량은 전기회로를 통한 전류의 흐름과 유사하다. 전기회로인 경우 전압(V), 전류(I) 그리고 저항(R)간에는 Ohm의 법칙에 의해 V=IR의 관계가 성립한다. 유체의 흐름에서는 압력강하(Δp), 유량(Q) 또는 유속(V) 그리고 저항에 해당하는 마찰손실 및 미소손실이 있다. 간단한 흐름인 경우 $\Delta p = Q^2 R$의 관계가 성립하며, 여기서 R은 마찰손실계수 f와 비례하는 흐름의 저항이다. 전기회로 문제의 해결방법과 유량문제의 해결방법의 중요한 차이는 전기회로인 경우 Ohm의 법칙이 선형인데 반해, 관수로에서의 유체 방정식은 비선형이라는 것이다. 또한 병렬관수로 해석에서는 일반적으로 미소손실이나 속도수두를 무시한다.

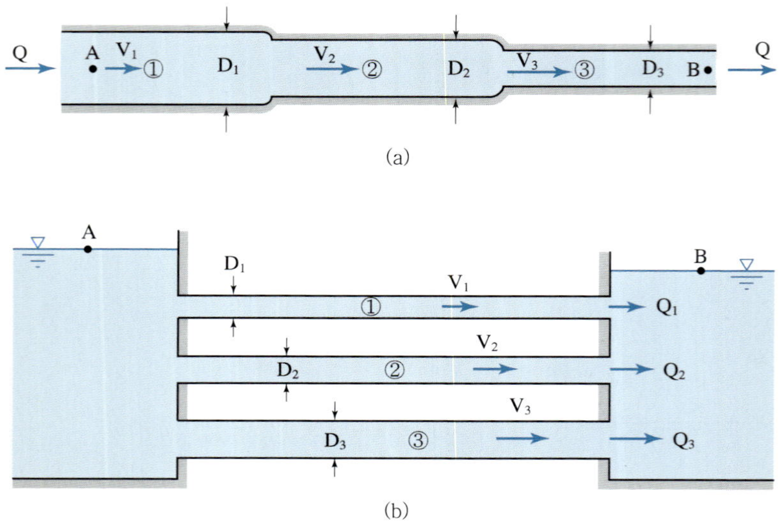

그림 9.3.1 직렬 및 병렬 관로시스템

그림 9.3.1a와 같은 직렬관로에서는 연속방정식에 의해 각 관에서의 유량은 동일하며, A지점으로부터 B지점까지의 에너지 손실수두는 각 관에서의 손실수두를 모두 합한 값이 된다. 따라서 직렬관로의 지배방정식은 다음과 같다.

$$Q_1 = Q_2 = Q_3 \tag{9.3.1}$$

$$h_{L_{A-B}} = h_{L_1} + h_{L_2} + h_{L_3} \tag{9.3.2}$$

일반적으로 각 관에서의 Reynolds수와 상대조도가 다르기 때문에 마찰손실계수 또한 다르다. 만일 유량이 주어지면 압력강하 또는 손실수두를 구할 수 있고(문제유형 I), 압력강하가 주어지면 시행착오법을 통해 유량 또는 유속을 구할 수 있다(문제유형 II). 이 경우 각 관에서의 마찰손실계수 f가 다르기 때문에 9.2.2절에서 설명한 단일 부등단면 관로 해석보다는 더 많은 시행착오를 적용해야 한다. 유량 및 손실수두가 주어진 경우 관의 직경을 구하는 문제도(문제유형 III) 앞의 경우와 유사하다.

그림 9.3.1b와 같은 병렬관로에서는 수조 A에서 수조 B로 이동하는 유체입자는 3개의 관로를 통하여 이동할 수가 있으며, 총 유량은 각 관로의 유량을 합한 것이 된다. 하지만 수조 A와 B에 에너지방정식을 세우면 유체입자가 어떠한 관로를 통해 흐르더라도 손실수두는 모두 같다. 따라서 병렬관로의 지배방정식은 다음과 같다.

$$Q = Q_1 + Q_2 + Q_3 \tag{9.3.3}$$

$$h_{L_1} = h_{L_2} = h_{L_3} = \left(\frac{p_A}{\gamma} + z_A\right) - \left(\frac{p_B}{\gamma} + z_B\right) \tag{9.3.4}$$

병렬관로의 흐름 문제는 A, B간에 손실수두가 주어질 때 각 관로에서의 유량을 구해 총 유량을 구하거나, 총 유량 Q가 주어질 때 각 관로에서의 유량을 구하는 문제로 구분할 수 있다. 첫 번째 문제인 경우 각 관로에 Darcy–Weisbach 공식을 적용하여 유속 및 유량을 구하여 모두 합하면 된다. 두 번째 문제인 경우 다음과 같이 시행착오법으로 풀게 된다.

① 임의의 한 관에서의 유량을 가정하여 유속을 구하고($Q_1' \rightarrow V_1'=Q'/A_1'$), Darcy–Weisbach 공식을 이용하여 h_{L1}'를 계산한다.

② $h_{L1}'=h_{L2}'=h_{L3}'$로 놓고 V_2'와 V_3'를 계산하여 Q_2'와 Q_3'를 계산한다.

③ 산정된 각 관로에서의 유량이 $Q_1'+Q_2'+Q_3'=Q$를 만족하는지 검토한다.

④ 만일 ③의 내용을 만족하지 못하면 가정유량을 다음과 같이 수정한다.

$$Q_1'' = Q\frac{Q_1'}{\Sigma Q_i'} \qquad Q_2'' = Q\frac{Q_2'}{\Sigma Q_i'} \qquad Q_3'' = Q\frac{Q_3'}{\Sigma Q_i'} \tag{9.3.5}$$

⑤ ④에서 수정된 Q_1'', Q_2'', Q_3''로부터 각 관에서의 손실수두를 구해 $h_{L1}''=h_{L2}''=h_{L3}''$를 만족하는지 검사한다.

예제 9.3.1

그림 9.3.1b와 같은 병렬 관로시스템에서 수조의 수표면 A, B지점의 높이차가 20m이다. 관로 1, 2 및 3의 직경이 0.2m, 0.3 및 0.4m이고, 길이가 $L_1=L_2=L_3=500$m이며 $f_1=f_2=f_3=0.02$일 때 각 관을 통해 흐르는 유량과 총 유량을 구하라.

풀이

직경 0.2m인 관에서의 유속 및 유량은 Darcy-Weisbach 공식으로부터

$$V_{0.2}=\left(\frac{h_{L1}d_1 2g}{f_1 L_1}\right)^{1/2}=\left(\frac{20\times 0.2\times 2\times 9.81}{0.02\times 500}\right)^{1/2}=2.801\text{m/s}$$

$$Q_{0.2}=A_{0.2}V_{0.2}=\frac{3.14\times 0.2^2}{4}\times 2.801=0.088\text{m}^3/\text{s}$$

직경 0.3m인 관에서의 유속 및 유량은

$$V_{0.3}=\left(\frac{h_{L2}d_2 2g}{f_2 L_2}\right)^{1/2}=\left(\frac{20\times 0.3\times 2\times 9.81}{0.02\times 500}\right)^{1/2}=3.431\text{m/s}$$

$$Q_{0.3}=A_{0.3}V_{0.3}=\frac{3.14\times 0.3^2}{4}\times 3.431=0.242\text{m}^3/\text{s}$$

직경 0.4m인 관에서의 유속 및 유량은

$$V_{0.4}=\left(\frac{h_{L3}d_3 2g}{f_3 L_3}\right)^{1/2}=\left(\frac{20\times 0.4\times 2\times 9.81}{0.02\times 500}\right)^{1/2}=3.962\text{m/s}$$

$$Q_{0.4}=A_{0.4}V_{0.4}=\frac{3.14\times 0.4^2}{4}\times 3.962=0.498\text{m}^3/\text{s}$$

따라서 총 유량은

$$Q=Q_{0.2}+Q_{0.3}+Q_{0.4}=0.088+0.242+0.498=0.828\text{m}^3/\text{s}$$

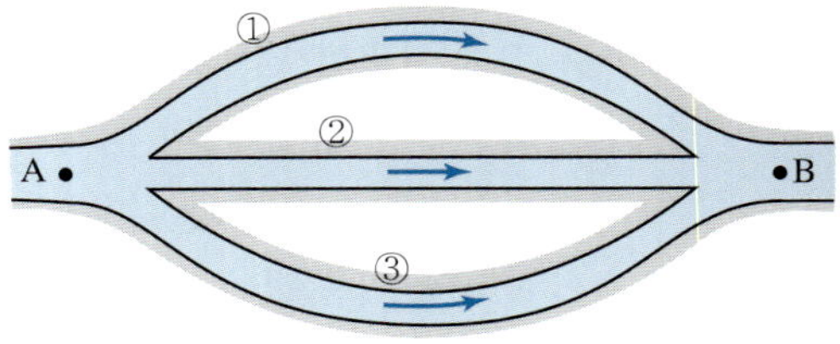

그림 9.3.2

예제 9.3.2

그림 9.3.2와 같은 병렬 관로에서 20℃인 물(ν=1.006×10^{-6}m^2/s)이 0.6m^3/s 흐르고 있다. 각 관의 제원이 L_1=500m, d_1=0.3m, ε_1=0.2mm; L_2=400m, d_2=0.2m, ε_2=0.2mm 그리고 L_3=600m, d_3=0.4m, ε_3=0.2mm일 때 각 관을 통한 유량을 구하라.

풀이

각 관의 단면적과 상대조도는

$$A_1=\frac{3.14\times 0.3^2}{4}=0.0707\text{m}^2,\qquad \frac{\varepsilon_1}{d_1}=\frac{0.2}{300}=0.00067$$

$$A_2=0.0314\text{m}^2,\qquad \frac{\varepsilon_2}{d_2}=\frac{0.2}{200}=0.001$$

$$A_3=0.1256\text{m}^2,\qquad \frac{\varepsilon_3}{d_3}=\frac{0.2}{400}=0.0005$$

첫 번째 관에서의 유량을 Q_1'=0.15m^3/s로 가정하면

$$V_1'=\frac{Q_1'}{A_1}=\frac{0.15}{0.0707}=2.12\text{m/s},\qquad R_{e1}=\frac{V_1'd_1}{\nu}=\frac{2.12\times 0.3}{1.006\times 10^{-6}}=6.32\times 10^5$$

따라서 Moody도표에서 f를 읽으면 f_1'=0.0185

$$h_{L1}' = f_1' \frac{L_1}{d_1} \frac{V_1'^2}{2g} = 0.0185 \times \frac{500}{0.3} \frac{2.12^2}{2 \times 9.81} = 7.06\text{m}$$

두 번째 관에서는

$$h_{L2}' = h_{L1}' = 7.06 = f_2' \frac{400}{0.2} \frac{V_2'^2}{2g}$$

$f_2'=0.015$로 가정하면

$$V_2' = 2.15\text{m}, \qquad R_{e2}' = \frac{2.15 \times 0.2}{1.006 \times 10^{-6}} = 4.27 \times 10^5$$

Moody도표로부터 $f_2'=0.02$를 읽어 가정치와 다르그로 $f_2'=0.02$로 다시 가정하면

$$V_2' = 1.86\text{m}, \qquad R_{e2}' = \frac{1.86 \times 0.2}{1.006 \times 10^{-6}} = 3.70 \times 10^5$$

Moody도표로부터 $f_2'=0.02$를 읽어 가정치와 같으므로 이때의 유량은

$$Q_2' = A_2 V_2' = 0.0314 \times 1.86 = 0.058\text{m}^3/\text{s}$$

세 번째 관에서는

$$h_{L3}' = h_{L1}' = 7.06 = f_3' \frac{600}{0.4} \frac{V_3'^2}{2g}$$

$f_3'=0.017$로 가정하면

$$V_3' = 2.33\text{m}, \qquad R_{e3}' = \frac{2.33 \times 0.4}{1.006 \times 10^{-6}} = 9.26 \times 10^5$$

Moody도표로부터 $f_3'=0.017$을 읽어 가정치와 같다. 따라서 유량은

$$Q_3' = A_3 V_3' = 0.1256 \times 2.33 = 0.293\text{m}^3/\text{s}$$

그러므로 가정치로부터 구한 총 유량은

$$\Sigma Q_i' = 0.15 + 0.058 + 0.293 = 0.501\text{m}^3/\text{s}$$

실제의 총 유량 $0.6\text{m}^3/\text{s}$와 차이가 있으므로 다음과 같이 각 관로의 유량을 보정한다.

$$Q_1'' = \frac{Q_1'}{\Sigma Q_i'} \times Q = \frac{0.15}{0.501} \times 0.6 = 0.180\text{m}^3/\text{s}$$

$$Q_2'' = \frac{Q_2'}{\Sigma Q_i'} \times Q = \frac{0.058}{0.501} \times 0.6 = 0.069\text{m}^3/\text{s}$$

$$Q_3'' = \frac{Q_3'}{\Sigma Q_i'} \times Q = \frac{0.298}{0.501} \times 0.6 = 0.351\text{m}^3/\text{s}$$

결과를 검토하기 위해 보정된 유량을 이용하여 손실수두를 구하면

$$V_1 = 2.55\text{m/s}, \quad R_{e1} = 7.60 \times 10^5, \quad f_1 = 0.018, \quad h_{L1} = 9.94\text{m}$$

$$V_2 = 2.20\text{m/s}, \quad R_{e2} = 4.37 \times 10^5, \quad f_2 = 0.02, \quad h_{L2} = 9.87\text{m}$$

$$V_3 = 2.79\text{m/s}, \quad R_{e3} = 1.11 \times 10^6, \quad f_3 = 0.017, \quad h_{L2} = 10.12\text{m}$$

따라서 $h_{L1} \simeq h_{L2} \simeq h_{L3}$이고 평균 손실수두는 $h_L = (9.94+9.87+10.12)/3 = 9.98\text{m}$가 된다.

9.3.2 다지 관로

다지 관로는 그림 9.3.3과 같이 한 개의 교차점(junction)을 갖는 여러 개의 관이 서로 다른 저수지 또는 수조로 연결되어 있는 관로로, A수조로부터 B 및 C수조로 유체가 흐르면 분기관로, A 및 B 수조의 유체가 합류하여 C수조로 흐르게 되면 합류관로가 된다.

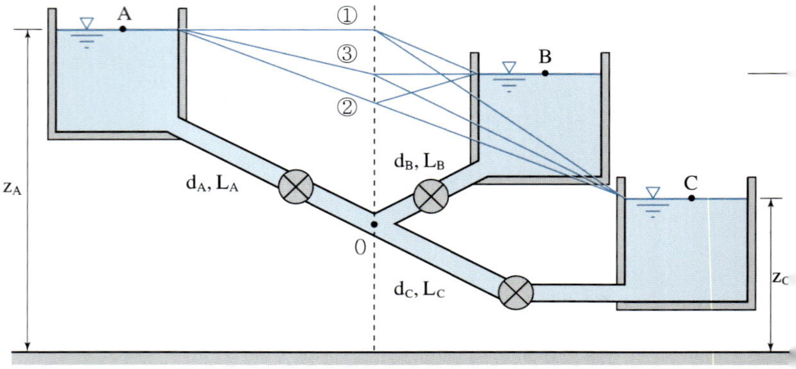

그림 9.3.3 다지 관로

다지 관로에서 주로 접하는 문제는 각 수조의 유체표면 표고와 각 관의 제원이 주어질 때 각 관을 통해 흐르는 유량을 계산하는 것으로 연속방정식과 에너지방정식을 적용하여 해석할 수가 있다.

① 분기관로 : A수조로부터 B 및 C수조로 유체가 흐르는 경우

$$Q_A = Q_B + Q_C \qquad \therefore d_A^2 V = d_B^2 V_B + d_C^2 V_C \tag{9.3.6}$$

$$z_A - z_B = f_A \frac{L_A}{d_A} \frac{V_A^2}{2g} + f_B \frac{L_B}{d_B} \frac{V_B^2}{2g} \tag{9.3.7}$$

$$z_A - z_C = f_A \frac{L_A}{d_A} \frac{V_A^2}{2g} + f_C \frac{L_C}{d_C} \frac{V_C^2}{2g} \tag{9.3.8}$$

식 (9.3.6) ~ 식 (9.3.8)에서 수조의 유체표면 표고와 관의 제원이 주어지면 미지수는 V_A, V_B 및 V_C가 되므로 서로 연립하여 풀 수가 있으며 따라서 Q_A, Q_B 및 Q_C를 산정하게 된다.

② 합류관로 : A 및 B수조가 합류하여 C수조로 유체가 흐르는 경우

$$Q_A + Q_B = Q_C \qquad \therefore d_A^2 V + d_B^2 V_B = d_C^2 V_C \tag{9.3.9}$$

$$z_A - z_C = f_A \frac{L_A}{d_A} \frac{V_A^2}{2g} + f_C \frac{L_C}{d_C} \frac{V_C^2}{2g} \tag{9.3.10}$$

$$z_B - z_C = f_B \frac{L_B}{d_B} \frac{V_B^2}{2g} + f_C \frac{L_C}{d_C} \frac{V_C^2}{2g} \tag{9.3.11}$$

식 (9.3.9) ~ 식 (9.3.11)에서도 분기관로와 마찬가지로 수조의 유체표면 표고와 관의 제원이 주어지면 미지수는 V_A, V_B 및 V_C가 되므로 Q_A, Q_B 및 Q_C를 산정하게 된다.

③ A수조로부터 C수조로만 유체가 흐르는 경우

$$Q_A = Q_C \qquad \therefore d_A^2 V_A = d_C^2 V_C \tag{9.3.12}$$

$$z_A - z_C = f_A \frac{L_A}{d_A}\frac{V_A^2}{2g} + f_C \frac{L_C}{d_C}\frac{V_C^2}{2g} \tag{9.3.13}$$

이 경우는 B 수조로부터 유체가 흐르지 않으므로 $V_B=0$이다. 따라서 미지수는 V_A와 V_C이므로 두식을 연립하여 풀면 유속과 유량 Q_A 및 Q_C를 산정할 수 있다.

문제를 처음 시작할 때 어느 방향으로 시작할지 모르므로 합류 또는 분지관로에 대해 적용하여 유량이 모두 양인 경우 가정한 상황이 옳은 것이고, 만일 어느 하나라도 유량이 음의 값이 나오면 흐름 방향을 다시 가정하여 적용한다. 만일 $Q_B=0$이 되면 ③의 경우에 속한다.

예제 9.3.3

그림 9.3.3과 같이 수면표고가 z_A=50m, z_B=40m, z_C=25m인 세 개의 저수지가 관로로 연결되어 있다. 저수지를 연결하고 있는 각 관로의 제원이 L_A=1,000m, d_A=0.5m, ε_A=0.2mm; L_B=700m, d_B=0.3m, ε_B=0.2mm ; L_C=900m, d_B=0.4m, ε_C=0.2mm일 때 각 관을 통한 유량을 구하라. 단, 흐름은 완전난류로 가정하여 마찰손실계수를 결정하라.

풀이

각 관의 상대조도를 구하면

$$\frac{\varepsilon_1}{d_1} = \frac{0.2}{500} = 0.0004, \qquad \frac{\varepsilon_2}{d_2} = \frac{0.2}{300} = 0.00067, \qquad \frac{\varepsilon_3}{d_3} = \frac{0.2}{400} = 0.0005$$

완전난류라 가정하면 마찰손실 계수는 관의 상대조도에 의해 결정되므로 Moody도표로부터

$$f_1 = 0.014, \qquad f_2 = 0.018, \qquad f_3 = 0.017$$

먼저 물이 A저수지로부터 B, C저수지로 흐른다고 가정하면 식 (9.3.6) ~ 식 (9.3.8)로부터

$$0.5^2 V_A = 0.3^2 V_B + 0.4^2 V_C \qquad \rightarrow \qquad 0.25V_A = 0.09V_B + 0.16V_C \tag{a}$$

$$50 - 40 = 0.014\frac{1,000}{0.5}\frac{V_A^2}{2g} + 0.018\frac{700}{0.3}\frac{V_B^2}{2g} \qquad \rightarrow \qquad 10 = 1.427V_A^2 + 2.141V_B^2 \tag{b}$$

$$50 - 25 = 0.014\frac{1,000}{0.5}\frac{V_A^2}{2g} + 0.017\frac{900}{0.4}\frac{V_C^2}{2g} \qquad \rightarrow \qquad 25 = 1.427V_A^2 + 1.950V_C^2 \tag{c}$$

식 (a)는 $V_A=0.36V_B+0.64V_C$이므로 이를 식 (b), (c)에 대입하면

$$2.327V_B^2 + 0.658V_BV_C + 0.585V_C^2 = 10 \qquad \text{(d)}$$

$$0.186V_B^2 + 0.658V_BV_C + 2.535V_C^2 = 25 \qquad \text{(e)}$$

식 (d)에 2.5를 곱한 후 식 (e)를 빼면

$$5.632V_B^2 + 0.987V_BV_C - 1.073V_C^2 = 0 \qquad \text{(f)}$$

식 (f)를 V_C^2으로 나누면

$$5.632\frac{V_B^2}{V_C^2} + 0.987\frac{V_B}{V_C} - 1.073 = 0$$

따라서

$$\frac{V_B}{V_C} = \frac{-0.987 \pm \sqrt{(-0.987)^2 - 4 \times 5.632 \times (-1.073)}}{2 \times 5.632} = 0.358\text{과 } -0.533$$

양의 실근이 존재한다는 것은 가정한 물의 흐름방향이 옳다는 것이다. 따라서

$$V_B = 0.358V_C$$

이 값을 식 (d)에 대입하면 V_C=2.989m/s를 얻게 되고 V_B=0.358×2.989=1.07m/s가 된다. 식 (a)에 이들 값을 적용하면 V_A=2.298m/s가 된다. 따라서 각 관을 통한 유량은

$$Q_A = \frac{3.14 \times 0.5^2}{4} \times 2.298 = 0.451\text{m}^3/\text{s}$$

$$Q_B = \frac{3.14 \times 0.3^2}{4} \times 1.07 = 0.076\text{m}^3/\text{s}$$

$$Q_C = \frac{3.14 \times 0.4^2}{4} \times 2.989 = 0.375\text{m}^3/\text{s}$$

연속방정식 $Q_A=Q_B+Q_C$를 만족함을 알 수 있다.

앞에서는 연속방정식과 에너지방정식을 적용하여 해석적으로 문제를 해결하는 방법에 대해 알아보았다. 하지만 여러 개의 수조가 연결될 경우 해석적으로 문제를 해결하기가 대단히 복잡해진다. 이러한 경우 다음과 같은 시행착오법을 사용하여 해결할 수도 있다.

① 분기관로 : A수조로부터 B 및 C수조로 유체가 흐를 경우

$$Q_A = Q_B + Q_C \qquad (9.3.14)$$

$$h_{LA} = z_A - \left(z_o + \frac{p_o}{\gamma}\right) = f_A\frac{L_A}{d_A}\frac{V_A^2}{2g} \qquad (9.3.15)$$

$$h_{LB} = \left(z_o + \frac{p_o}{\gamma}\right) - z_B = f_B\frac{L_B}{d_B}\frac{V_B^2}{2g} \qquad (9.3.16)$$

$$h_{LC} = \left(z_o + \frac{p_o}{\gamma}\right) - z_C = f_C \frac{L_C}{d_C}\frac{V_C^2}{2g} \tag{9.3.17}$$

② 합류관로 : A 및 B수조가 합류하여 C수조로 유체가 흐를 경우

$$Q_A + Q_B = Q_C \tag{9.3.18}$$

$$h_{LA} = z_A - \left(z_o + \frac{p_o}{\gamma}\right) = f_A \frac{L_A}{d_A}\frac{V_A^2}{2g} \tag{9.3.19}$$

$$h_{LB} = z_B - \left(z_o + \frac{p_o}{\gamma}\right) = f_B \frac{L_B}{d_B}\frac{V_B^2}{2g} \tag{9.3.20}$$

$$h_{LC} = \left(z_o + \frac{p_o}{\gamma}\right) - z_C = f_C \frac{L_C}{d_C}\frac{V_C^2}{2g} \tag{9.3.21}$$

③ A수조에서 C수조로만 유체가 흐를 경우

$$Q_A = Q_C \tag{9.3.22}$$

$$h_{LA} = z_A - \left(z_o + \frac{p_o}{\gamma}\right) = f_A \frac{L_A}{d_A}\frac{V_A^2}{2g} \tag{9.3.23}$$

$$h_{LC} = \left(z_o + \frac{p_o}{\gamma}\right) - z_C = f_C \frac{L_C}{d_C}\frac{V_C^2}{2g} \tag{9.3.24}$$

시행착오법을 적용할 경우 먼저 세 가지 경우 중 어떤 경우인지를 선택하고, O지점에서의 에너지선의 높이 (z_o+p_o/γ)를 가정하여 Darcy 공식을 이용하여 유속을 구하여 유량을 구한 후, 연속방정식을 만족하는지 검토한다. 만일 연속방정식을 만족시키지 못하면 O점에서의 에너지를 다시 가정하여 반복한다.

예제 9.3.4

예제 9.3.3과 동일한 경우에 대해 시행착오법을 이용하여 각 관을 통한 유량을 구하라.

풀이

예제 9.3.3에서 구한 마찰손실계수는

$f_1 = 0.014,\qquad f_2 = 0.018,\qquad f_3 = 0.017$

먼저 분기관로인 경우로 가정하고 O점에서의 에너지수두를 45m로 가정한다.

따라서

$$50 - 45 = 0.014\frac{1{,}000}{0.5}\frac{V_A^2}{2g} \quad \rightarrow \quad V_A = 1.872\text{m/s} \quad \therefore Q_A = 0.367\text{m}^3\text{/s}$$

$$45-40=0.018\frac{700}{0.3}\frac{V_B^2}{2g} \quad \rightarrow \quad V_B=1.528\text{m/s} \quad \therefore Q_B=0.108\text{m}^3/\text{s}$$

$$45-25=0.017\frac{900}{0.4}\frac{V_C^2}{2g} \quad \rightarrow \quad V_C=3.203\text{m/s} \quad \therefore Q_C=0.402\text{m}^3/\text{s}$$

연속방정식을 적용하면

$$Q_A-(Q_B+Q_C)=0.367-(0.108+0.402)=-0.143\text{m}^3/\text{s}$$

Q_A가 음의 값으로 가정한 O점에서의 에너지수두가 크다고 볼 수 있다.

따라서 O점에서의 에너지수두를 42m로 다시 가정하면

$$50-42=0.014\frac{1{,}000}{0.5}\frac{V_A^2}{2g} \quad \rightarrow \quad V_A=2.368\text{m/s} \quad \therefore Q_A=0.465\text{m}^3/\text{s}$$

$$42-40=0.018\frac{700}{0.3}\frac{V_B^2}{2g} \quad \rightarrow \quad V_B=0.967\text{m/s} \quad \therefore Q_B=0.068\text{m}^3/\text{s}$$

$$42-25=0.017\frac{900}{0.4}\frac{V_C^2}{2g} \quad \rightarrow \quad V_C=2.953\text{m/s} \quad \therefore Q_C=0.371\text{m}^3/\text{s}$$

연속방정식을 적용하면

$$Q_A-(Q_B+Q_C)=0.465-(0.068+0.371)=0.026\text{m}^3/\text{s}$$

이 정도 오차면 개략적으로 만족하는 것으로 간주하여 계산을 종료한다. 만일 좀 더 정확한 결과를 얻으려면 처음 가정치와 두 번째 가정치의 유량을 이용하여 연속방정식을 만족하는 즉, 유량차가 0이 되는 에너지수두를 구해 적용하면 된다.

9.4 관망해석

도시지역의 생활용수나 공업용수 급수관처럼 여러 개의 관이 서로 연결되어 폐합회로를 형성하는 복합관로를 관망(pipe network)이라 한다. 관망을 구성하는 각 관로의 유량이나 압력을 구하는 것을 관망해석이라 하며 지금까지 다루어 온 관로 문제 중 제일 복잡하다고 할 수 있다. 하지만 관망해석도 결국 연속방정식과 에너지방정식을 적용하여 이루어진다. 관망해석에서 유량이나 압력을 해석적으로 직접 푸는 것은 불가능하고, 시행착오법을 이용하여 해석하게 된다. 가장 널리 알려진 관망해석 방법이 Cross에 의해 개발되었으며, 전자관망분석방법(electronic network analyzer)과 같은 관망을 해석하기 위한 방법과 컴퓨터를 이용한 다양한 해석방법들이 개발되어져 왔다. 본 절에서는 관망해석의 기본 개념을 알 수 있는 Hardy Cross 방법에 의한 관망해석방법을 소개하기로 한다.

9.4.1 Hardy Cross 관망해석방법

이 방법은 관망 내의 각 관에서 가정한 유량 및 압력손실에 대해 체계적인 방법으로 연속적으로 보정함으로서 관망을 해석하는 것이다. 복잡한 관망은 전체 관망시스템에서 적절한 흐름조건이 이루어지도록 하는 단일 폐합회로들의 조합으로 보게 되며, 이들 각 단일 폐합회로들은 다음 조건을 만족시켜야 한다.

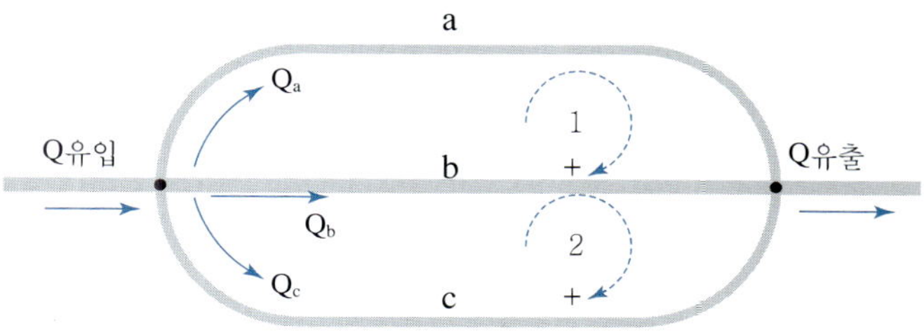

그림 9.4.1 관망시스템

① 관망 내 모든 교차점(junction)에서는 연속방정식을 만족해야 한다. 즉, 각 교차점에서 유입되는 유량의 합과 유출되는 유량의 합이 동일해야 한다.

② 관망 내 임의의 두 교차점 사이에서 발생하는 에너지손실의 크기는 두 교차점을 연결하는 경로에 상관없이 항상 동일하다. 따라서 폐합회로에서 발생하는 에너지손실을 모두 합하면 0이 되어야 한다.

에너지손실은 다음과 같은 형태로 구하게 되며 미소손실과 운동에너지손실은 무시한다.

$$h_L = kQ^n \tag{9.4.1}$$

여기서 k는 관로의 기하학적 형태와 조도의 함수이다. 만일 Darcy-Weisbach 공식을 사용하면

$$h_L = f\frac{L}{d}\frac{V^2}{2g} = f\frac{L}{d}\frac{16}{2g(\pi d^2)^2}Q^2 = \frac{0.0828fL}{d^5}Q^2 = kQ^2 \tag{9.4.2}$$

따라서 Darcy-Weisbach 공식을 적용하면 n=2, $k=0.0828fL/d^5$이 된다. 같은 방법으로 Hazen-Williams 공식을 적용하면 n=1.85, $k=10.66L/C_{HW}^{1.85}d^{4.867}$이 된다.

Hardy Cross방법은 각 관로에서의 유량을 가정하여 이를 시행착오법으로 보정함으로서 관로의 실제 유량을 결정하는 방법이라 하였다. 따라서 가정유량을 보정하는 절차가 중요하며 보정유량을 산정하는 방법은 다음과 같다. 만일 임의의 관로의 실제 유량을 Q라 하고 초기 가정유량을 Q_o, 보정유량을 ΔQ라 하면 실제유량은 가정유량에 보정유량을 더한 값이 된다.

$$Q = Q_o + \Delta Q \tag{9.4.3}$$

각 관로에서의 손실수두는 식 (9.4.1)을 이용하여 다음과 같이 나타낼 수 있다.

$$h_L = kQ^n = k\left[Q_o + \Delta Q\right]^n$$
$$= k\left[Q_o^n + nQ_o^{n-1}\Delta Q + n(n-1)Q_o^{n-2}\Delta Q^2 + \ldots\right] \quad (9.4.4)$$

일반적으로 보정유량 ΔQ는 초기 가정유량 Q_o에 비해 매우 작으므로 식 (9.4.4)에서 세 번째 항 이후부터 무시하면

$$h_L = k\left(Q_o^n + nQ_o^{n-1}\Delta Q\right) \quad (9.4.5)$$

관망의 각 폐합회로에서는 손실수두의 합이 0 즉, $\Sigma h_L=0$이어야 하므로

$$\Sigma h_L = k\Sigma\left(Q_o^n + nQ_o^{n-1}\Delta Q\right) = 0 \quad (9.4.6)$$

식 (9.4.6)을 보정유량 ΔQ에 대해 정리하면

$$\Delta Q = -\frac{\Sigma kQ_o^n}{\Sigma knQ_o^{n-1}} \quad (9.4.7)$$

만약 손실수두를 Darcy-Weisbach 공식을 사용하여 나타낼 경우 n=2이므로

$$\Delta Q = -\frac{\Sigma kQ_o^2}{2\Sigma kQ_o} \quad (9.4.8)$$

식 (9.4.7) 또는 식 (9.4.8)과 같은 보정유량 ΔQ를 이용하여 초기의 가정유량 Q_o을 보정하여 실제유량 Q를 산정하는 Hardy Cross의 관망해석절차를 요약하면 다음과 같다.

① 관망의 기하학적 구조를 파악하고 각 관에서의 특성제원을 이용하여 식 (9.4.1)의 계수 k를 결정한다.
② 각 관에서의 $h_L \sim Q$의 관계를 결정한다. Darcy-Weisbach 공식을 이용할 경우 $h_L=kQ^2$이고, Hazen-Williams 공식을 적용하면 $h_L=kQ^{1.85}$이다.
③ 관망상의 각 연결점에서의 연속방정식을 만족시키도록 Q_o를 가정한다.
④ 각 폐합회로마다 다음을 결정한다.

- 식 (9.4.1)을 이용하여 각 관로에서의 손실수두 h_L을 결정한다.
- 흐름의 방향이 시계방향이면 +, 반시계방향이면 -로 하여 폐합관로에서의 각 관로의 손실수두를 더한다.
- 폐합관로에서의 손실수두를 더한 값이 0이면 가정유량이 옳은 값이고 해석은 종료된다.
- 그렇지 않으면 보정유량을 ΔQ를 구하기 위해 ΣknQ_o^{n-1}을 구한다.
- 식 (9.4.7)을 이용하여 보정유량을 산정한다.

⑤ 앞에서 산정된 보정유량을 이용하여 가정유량을 보정한다. 이때 보정유량 ΔQ의 부호를 유지한 채 가정유량 방향이 시계방향이면 보정유량을 더해주고, 반시계방향이면 빼준다.

⑥ 보정유량 ΔQ의 값이 허용오차 범위에 들 때까지 위의 과정을 반복한다.

예제 9.4.1

그림 9.4.2와 같이 관망시스템 외부와의 유입 및 유출이 있을 때 관망에서의 유량을 계산하라. 각 관로의 제원 및 Hazen-Williams 공식을 이용하여 산정된 k값이 표 9.4.1의 1~5란과 같다.

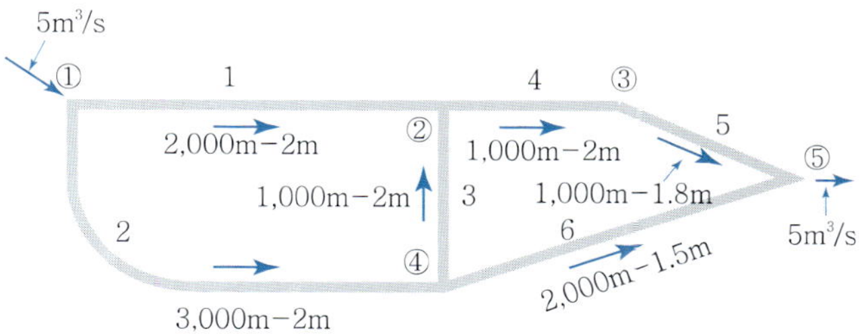

그림 9.4.2

표 9.4.1 관망의 제원 및 유량보정결과

폐합회로	관로	길이 (m)	직경 (m)	k	가정유량 Q_0	보정유량 ΔQ	1차수정유량 Q	보정유량 ΔQ	2차수정유량 Q
I	1	2000	2.0	0.146	+2.5	+0.291	+2.791	-0.011	+2.780
	2	3000	2.0	0.218	-2.5		-2.209		-2.220
	3	1000	2.0	0.073	-1.0		-0.414		-0.441
II	3	1000	2.0	0.073	+1.0	-0.295	+0.414	+0.016	+0.441
	4	1000	2.0	0.073	+3.5		+3.205		+3.221
	5	1000	1.8	0.122	+3.5		+3.205		+3.221
	6	2000	1.5	0.590	-1.5		-1.795		-1.779

풀이

관망이 두 개의 폐합회로와 6개의 관로로 구성되어 있다. Hazen-Williams 공식을 적용하였으므로 $n=1.85$이다. 관로의 흐름은 시계방향인 경우 +, 반시계 방향인 경우 −로 나타내었으며 초기 가정유량은 표 9.4.1의 6란과 같다.

이러한 자료를 바탕으로 1차 보정유량을 산정하는 절차가 표 9.4.2와 같다. 1차 보정유량 산정결과 폐합회로 I에서는 $\Delta Q=0.291$, 폐합회로 II에서는 $\Delta Q=-0.295$이다. 따라서 폐합회로 I의 1번 관로의 보정은 가정유량이 시계방향(+방향)이므로 보정유량을 더해주면 $Q=2.5+0.291=2.791$이 된다. 3번 관로인 경우 폐합회로 I및 II에 모두 포함되므로 양쪽의 보정유량을 동시에 고려해야 한다. 즉, 폐합회로 I에서 3번 관로의 가정유량이 반시계방향(−방향)이므로 폐합회로 I에서의 보정유량은 빼주고, 폐합회로 II에서는 시계방향(+방향)이므로 폐합회로 II에서의 보정유량을 더해 준다. 따라서 폐합회로 I인 경우 관로 3에서의 유량은 $1.0-0.291+(-0.295)=0.414$로 방향은 반시계방향이므로 결국 -0.414가 된다.

동일한 방법으로 1차 보정된 유량에 대해 2차로 보정한 결과 폐합회로 I에서는 $\Delta Q=-0.011$, 폐합회로 II에서는 $\Delta Q=0.016$으로 나타났으며, 이를 이용하여 보정한 결과가 표 9.4.1의 10란과 같다. 2차 보정유량 값이 작다고 판단되므로 여기서 해석을 완료한다. 보정된 유량이 적정한지 판단하기 위해 각 교차점에서의 연속방정식을 만족하는지 여부를 판단한 결과 연속방정식을 만족함을 할 수 있다.

표 9.4.2 1차 보정유량 산정과정

관로	보정유량산정	
폐합회로 I	ΣkQ_o^n	ΣknQ_o^{n-1}
1	$+0.146 \times 2.5^{1.85} = +0.795$	$1.85 \times 0.146 \times 2.5^{0.85} = 0.589$
2	$-0.218 \times 2.5^{1.85} = -1.188$	$1.85 \times 0.218 \times 2.5^{0.85} = 0.879$
3	$-0.073 \times 1.0^{1.85} = -0.073$	$1.85 \times 0.073 \times 1.0^{0.85} = 0.135$
	$\Sigma = -0.466$	$\Sigma = 1.603$
		$\Delta Q = -\dfrac{-0.466}{1.603} = 0.291$
폐합회로 II	ΣkQ_o^n	ΣknQ_o^{n-1}
3	$+0.073 \times 1.0^{1.85} = +0.073$	$1.85 \times 0.073 \times 1.0^{0.85} = 0.135$
4	$+0.073 \times 3.5^{1.85} = +0.741$	$1.85 \times 0.073 \times 3.5^{0.85} = 0.392$
5	$+0.122 \times 3.5^{1.85} = +1.239$	$1.85 \times 0.122 \times 3.5^{0.85} = 0.655$
6	$-0.590 \times 1.5^{1.85} = -1.249$	$1.85 \times 0.590 \times 1.5^{0.85} = 1.541$
	$\Sigma = +0.804$	$\Sigma = 2.723$
		$\Delta Q = -\dfrac{0.804}{2.723} = -0.295$

표 9.4.3 2차 보정유량 산정과정

관로	보정유량산정	
폐합회로 I	ΣkQ_o^n	ΣknQ_o^{n-1}
1	$+0.146 \times 2.791^{1.85} = +0.975$	$1.85 \times 0.146 \times 2.791^{0.85} = 0.646$
2	$-0.218 \times 2.209^{1.85} = -0.945$	$1.85 \times 0.218 \times 2.209^{0.85} = 0.791$
3	$-0.073 \times 0.414^{1.85} = -0.014$	$1.85 \times 0.073 \times 0.414^{0.85} = 0.064$
	$\Sigma = +0.016$	$\Sigma = 1.501$
		$\Delta Q = -\dfrac{0.016}{1.501} = -0.011$
폐합회로 II	ΣkQ_o^n	ΣknQ_o^{n-1}
3	$+0.073 \times 0.414^{1.85} = +0.014$	$1.85 \times 0.073 \times 0.414^{0.85} = 0.064$
4	$+0.073 \times 3.205^{1.85} = +0.630$	$1.85 \times 0.073 \times 3.205^{0.85} = 0.363$
5	$+0.122 \times 3.205^{1.85} = +1.052$	$1.85 \times 0.122 \times 3.205^{0.85} = 0.607$
6	$-0.590 \times 1.795^{1.85} = -1.741$	$1.85 \times 0.590 \times 1.795^{0.85} = 1.795$
	$\Sigma = -0.045$	$\Sigma = 2.829$
		$\Delta Q = -\dfrac{-0.045}{2.829} = 0.016$

연습문제

9.1 예제 9.1.1과 같이 저수지로부터 길이 350m, 직경 10cm의 매끈한 수평관이 연결되어 있다. 관로의 유량을 $0.01m^3/s$로 일정하게 유지하기 위해서는 관로 중심으로부터 저수지 표면까지의 수심을 얼마로 해야 하는가. 단, 물의 동점성계수는 $1.004 \times 10^{-6} m^2/s$이고, 입구부 손실계수는 0.5로 가정하라.

9.2 직경이 0.1m인 매끈한 관을 통해 30℃의 물($\nu = 0.804 \times 10^{-6} m^2/s$)이 $0.02m^3/s$로 흐르고 있다. 관로의 길이가 400m라면 손실수두는 얼마인가.

9.3 예제 9.1.2와 같이 h=30m 높이에 있는 고가수조에 길이, 200m, 직경 0.2m의 수평관로가 연결되어 있다. 관로를 통해 흐르는 유량을 구하라. 단, 물의 동점성계수는 $1.004 \times 10^{-6} m^2/s$이고, 관의 조도는 0.3mm이며, 미소손실은 무시하라.

9.4 직경 0.25m인 관을 통해 23℃의 물($\nu = 1.0 \times 10^{-6} m^2/s$)이 흐르고 있다. 400m를 흐르는 동안 발생한 손실수두가 6m라면 관을 통해 흐르는 유량은 얼마인가. 관의 조도는 4mm이다.

9.5 매끈한 관을 통해 $0.3m^3/s$의 물을 송수하려고 한다. 1,000m 길이를 가는 동안 손실수두가 4m가 되도록 할 때 필요한 관의 직경을 구하라. 단, 물의 동점성계수는 $1.004 \times 10^{-6} m^2/s$이다.

9.6 조도가 0.0457mm 관로를 통해 $0.2m^3/s$의 기름을 송유하려고 한다. 1,000m 길이를 송수하는 동안 손실수두가 8m가 되도록 할 때 필요한 관의 직경을 구하라. 단, 기름의 동점성계수는 $0.7 \times 10^{-5} m^2/s$이다.

9.7 수면이 높이차가 15m인 두 수조가 길이 1,000m, 직경 0.5m의 수평관으로 연결되어 있을 때 이 관을 통해 흐르는 유량을 구하라. 단, 20℃인 물의 동점성계수는 $1.004 \times 10^{-6} m^2/s$이고, 관의 조도는 0.1mm이다.

9.8 수면이 높이차가 65m인 두 수조가 길이 650m, 직경 0.2m인 관으로 연결되어 있을 때 이 관을 통해 흐르는 유량을 구하라. 단, 단면급축소 및 급확대 손실계수는 0.5와 1이며 f=0.63이다.

9.9 직경 0.4m, 길이 35m인 주철관으로 두 저수지를 연결할 때 저수지의 수면차가 2.5m이면 관로를 통해 흐르는 유량은 얼마인가. 단, 마찰손실계수 f=0.0234이다.

9.10 두 저수지의 수면차가 3m일 때 직경 0.5m, 길이 80cm, 조도 n=0.013인 콘크리트 관으로 연결할 때 관로를 통해 흐르는 유량은 얼마인가.

9.11 예제 9.2.2와 같이 수면의 높이차가 10m인 두 수조가 길이 500m, 직경 0.3m, 조도 0.2mm의 관과 길이 300m, 직경 0.4m, 조도 0.3mm의 관으로 연결되어 있을 때 이 관을

통해 흐르는 유량을 구하라. 단, 20℃인 물의 동점성계수는 $1.006\times10^{-6}m^2/s$이다.

9.12 수면의 높이차가 8m인 두 수조가 길이 400m, 직경 0.6m, 조도 1.5mm의 관과 길이 300m, 직경 1m, 조도 0.4mm의 관으로 연결되어 있을 때 이 관을 통해 흐르는 유량을 구하라. 단, 23℃인 물의 동점성계수는 $1.0\times10^{-6}m^2/s$이다.

9.13 예제 9.2.3과 같이 수조의 수면과 노즐 출구와의 높이차가 20m이고, L_1=200m, d_1=0.3m, ε_1=0.2mm의 관로와, 노즐부 L_2=1m, d_2=0.15m, ε_2=0.2mm가 연결되어 있다. 노즐을 통해 분출되는 유량과 이로 인해 얻을 수 있는 동력을 구하라. 단, 20℃인 물의 동점성계수는 $1.006\times10^{-6}m^2/s$이다.

9.14 수조의 수면과 노즐 출구와의 높이차가 46.6m이고, L_1=200m, d_1=0.3m, ε_1=0.26mm의 관로와, 노즐부 L_2=1m, d_2=0.1m, ε_2=0.26mm가 연결되어 있다. 노즐을 통해 분출되는 유량과 이로 인해 얻을 수 있는 동력을 구하라. 단, 20℃인 물의 동점성계수는 $1.006\times10^{-6}m^2/s$이다.

9.15 수조의 수면과 노즐 출구와의 높이차가 50m이고, 직경 0.3m인 관로의 끝에 지름 0.075m인 노즐이 연결되어 있다. 노즐 출구까지의 모든 손실수두가 10m일 때 관로를 통해 흐르는 유량을 구하라.

9.16 예제 9.2.4과 같은 사이폰에서 수조 ①의 수면표고가 100m이고, C점 중심부의 표고가 103m이다. 사이폰 정점부 앞부분의 관로는 L_1=500m, 뒷부분의 관로는 L_2=800m이며 두 관로의 직경이 0.4m일 때 사이폰 작용이 가능한 수조 ②의 최저 수면표고 및 이때의 유량을 구하라. 두 관로의 마찰손실계수는 0.025이고, 단면급축소, 만곡부 및 급확대 손실계수는 각각 0.5, 1.0 그리고 1.0이다.

9.17 수표면의 높이차가 15m인 두 저수지를 길이 20m, 직경 0.4m인 사이폰관에 의해 연결하여 물을 송수하고 있다. 단면 급축소, 급확대 그리고 만곡부 손실계수가 각각 0.5, 1.0 및 0.2이고, Manning의 조도계수가 0.013일 때 사이폰에 의해 송수하는 유량을 구하라.

9.18 사이폰에서 수조 ①의 수면표고가 100m이고, 사이폰 정점 중심부의 표고가 102m이다. 사이폰 정점부 앞부분의 관로는 L_1=1,000m, 뒷부분의 관로는 L_2=2,000m이며 두 관로의 직경이 0.4m일 때 사이폰 작용이 가능한 수조 ②의 최저 수면표고 및 이때의 유량을 구하라. 두 관로의 마찰손실계수는 0.02이고, 단면급축소, 만곡부 및 급확대 손실계수는 각각 0.5, 1.0 그리고 1.0이다.

9.19 예제 9.2.5와 같이 수면의 높이차가 20m인 두 수조가 L_1=50m, d_1=0.5m, ε_1=0.36mm의 관로와, 펌프 그리고 L_2=200m, d_2=0.4m, ε_2=0.2mm인 관로로 연결되어 있다. 위 수조로 물을 $0.5m^3/s$로 일정하게 양수하기위해 필요한 펌프의 소요동력을 구하라. 단, 20℃인 물의 동점성계수는 $1.006\times10^{-6}m^2/s$이다.

9.20 길이 50m, 직경 0.3m인 관을 통해 높이차가 20m인 상부수조로 물을 0.5m^3/s의 율로 양수하려고 한다. 관의 마찰손실계수가 0.03이고 미소손실을 무시한다면 필요한 펌프의 용량은 얼마인가.

9.21 직경 0.3m, 길이 60m인 관로를 통해 물이 0.2m^3/s로 낮은 저수지에서 10m높은 저수지로 양수된다. 펌프를 통해 40kW의 에너지를 공급하고 있다면 관로의 조도는 얼마인가?

9.22 높이차가 30m인 상부수조로 물을 0.35m^3/s의 율로 양수하려고 한다. 관의 길이가 800m, 직경이 0.3m라면 필요한 펌프의 동력은 얼마인가. 관의 마찰손실계수는 0.03이고 펌프의 효율은 80%이다.

9.23 그림 9.23과 같이 펌프를 이용하여 C수조로 20℃인 물은 0.25m^3/s의 율로 양수하려고 한다. 펌프로부터 C수조까지의 관의 길이가 2,000m 이고 직경이 0.4m, 조도가 4mm일 때 필요한 펌프의 동력을 구하라. 만일 A점에서 직경 0.3m, 압력 1.4t/m^{2}이면 B점에서의 압력은 얼마인가. 단, 20℃인 물의 동점성계수는 1.006×10^{-6}m^2/s이다.

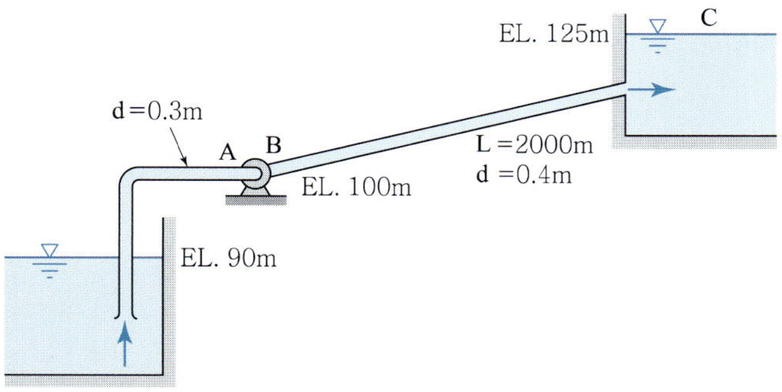

그림 9.23

9.24 예제 9.2.6과 같이 상부 저수지로부터 낙하하는 5m^3/s의 물에 의해 터빈을 돌려 발전하고 있다. 저수지 수면과 자유 분출되는 관로의 끝단에서의 높이차가 60m일 때 터빈의 효율이 85%인 경우 발전되는 동력을 구하라. 관로의 직경은 1.2m이고 길이는 L_1=70m, L_2=10m, f_1=f_2=0.025이다. 미소손실은 무시하라.

9.25 그림 9.25와 같이 저수지로부터 입구가 90° 모서리로 된 직경 0.05m의 강관으로 물이 유입되어 길이 125m지점에 터빈이 설치되어 있다. 유량이 0.004m^3/s일 때 터빈을 통해 얻을 수 있는 동력은 얼마인가?

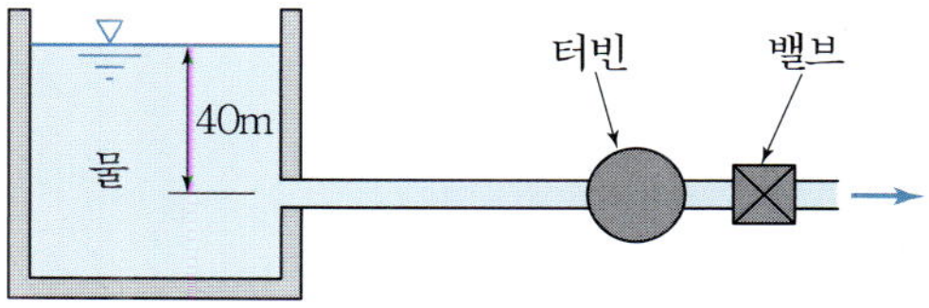

그림 9.25

9.26 상부 저수지로부터 낙하하는 1m^3/s의 물에 의해 터빈을 돌려 발전하고 있다. 두 저수지 수면의 높이차가 120m일 때 터빈의 효율이 80%인 경우 발전되는 동력을 구하라. 관로의 직경은 0.6m이고 길이는 240m, 단면 급확대, 급축소 및 마찰손실계수는 C.5, 1.0 그리고 0.03이다.

9.27 그림 9.27과 같이 하부 수조에서 상부 수조로 기름을 0.2m^3/s의 율로 보내려면 펌프를 통해 공급해야 하는 동력은 얼마인가?

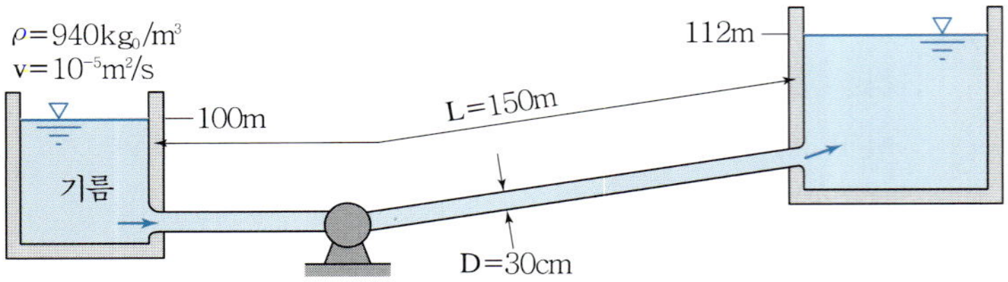

그림 9.27

9.28 그림 9.28과 같이 조도가 0.1mm인 두 관을 통해 $0.1m^3/s$의 물이 흐르고 있다. L_1=50m, d_1=0.15m, L_2=160m, d_2=0.3m일 때 두 수조의 높이차를 구하라.

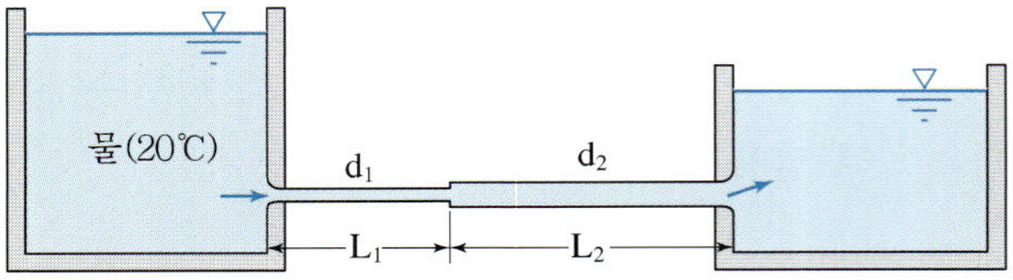

그림 9.28

9.29 상부 저수지로부터 낙하하는 $6m^3/s$의 물에 의해 터빈을 돌려 발전하고 있다. 두 저수지 수면의 높이차가 80m일 때 터빈의 효율이 85%인 경우 발전되는 동력을 구하라. 상부저수지에서 터빈까지 관로의 길이는 100m, 직경은 1.5m이고, 터빈부터 하부저수지까지 관로의 길이는 10m, 직경은 1.5m이다. 단면 급확대, 급축소 및 마찰손실계수는 0.5, 1.0 그리고 0.0244이다.

9.30 그림 9.30과 같이 3개의 관로가 직렬로 연결되어 밀도 $\rho=1{,}000kg_o/m^3$, 동점성계수 $\nu=1.02\times10^{-6}m^2/s$인 물이 흐르고 있다. 각 관의 제원은 L_1=100m, d_1=0.08m, ε_1=0.24mm; L_2=150m, d_2=0.06m, ε_2=0.12mm; L_3=80m, d_3=0.04m, ε_3=0.2mm이다. A 및 B지점에서의 압력강하는 150,000Pa이고, 높이차가 5m일 때 관로를 통해 흐르는 유량은 얼마인가?

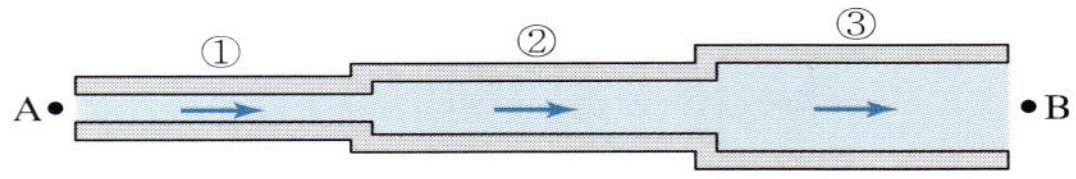

그림 9.30

9.31 그림 9.31과 같이 직경 0.08m의 아스팔트를 입힌 주철관이 직렬 및 병렬로 연결되어 있다. 단면 1, 2에서의 압력강하가 750kPa일 때 물의 온도가 20℃이면 유량은 얼마인가. 단, 미소손실은 무시하라.

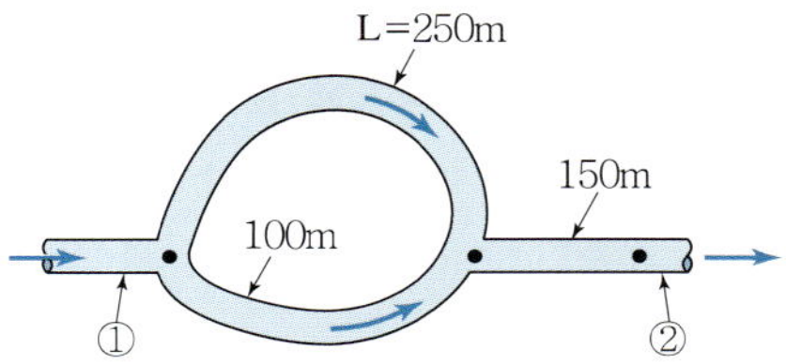

그림 9.31

9.32 예제 9.3.1과 같은 병렬관수로 시스템에서 수조의 수표면 A, B지점의 높이차가 50m이다. 관로 1, 2 및 3의 직경이 0.1m, 0.3m 및 0.5m이고, 길이가 $L_1=L_2=L_3$=1,000m 이며 $f_1=f_2=f_3$=0.025일 때 각 관을 통해 흐르는 유량과 총유량을 구하라.

9.33 예제 9.3.2와 같은 병렬관수로에서 20℃인 물($\nu=1.006\times10^{-6}m^2/s$)이 $0.3m^3/s$ 흐르고 있다. 각 관의 제원이 L_1=1,000m, d_1=0.4m, ε_1=0.25mm; L_2=700m, d_2=0.2m, ε_2=0.2mm; L_3=1,200m, d_3=0.3m, ε_3=0.25mm일 때 각 관을 통한 유량을 구하라.

9.34 그림 9.34와 같은 병렬관수로 시스템에서 A, B지점 이의 손실수두가 48m이다. 각 관의 제원이 L_1=300m, d_1=0.15m, L_2=300m, d_2=0.15m, L_3=600m, d_3=0.2m일 때 각 관을 통한 유량을 구하라. 단 관로의 마찰손실계수는 0.022로 가정하라.

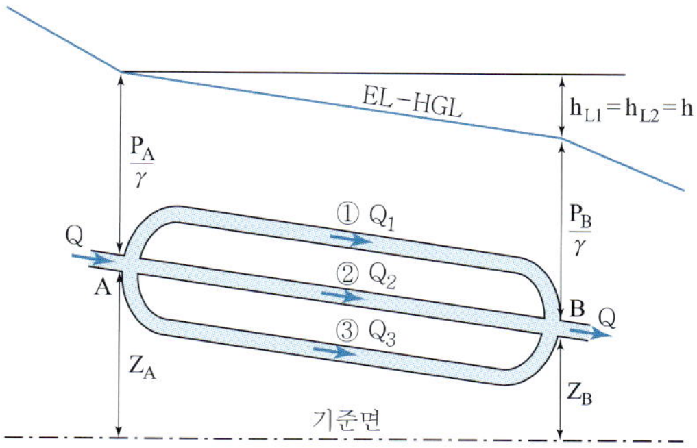

그림 9.34

9.35 그림 9.34와 같은 병렬 관로시스템에서 20℃인 물(ν=1.006×10−6m^2/s)이 200m^3/h 흐르고 있다. 각 관의 제원 이 L_1=800m, d_1=0.12m, L_2=600m, d_2=0.08m, L_3=900m, d_3=0.1m일 때 각 관을 통한 유량은 얼마인가?

9.35 그림 9.34와 같은 병렬관수로에서 20℃인 물(ν=1.006×10−6m^2/s)이 0.45m^3/s 흐르고 있다. 각 관의 제원이 L_1=1,000m, d_1=0.3m, ε_1=0.3mm; L_2=700m, d_2=0.2m, ε_2=0.03mm; L_3=1,300m, d_3=0.4m, ε_3=0.25mm일 때 각 관을 통한 유량을 구하라.

9.37 예제 9.3.3과 같이 수면표고가 z_A=40m, z_B=35m, z_C=25m인 세 개의 저수지가 관로로 연결되어 있다. 저수지를 연결하고 있는 각 관로의 제원이 L_A=800m, d_A=0.4m, ε_A=0.2mm; L_B=600m, d_B=0.3m, ε_B=0.2mm; L_C=700m, d_C=0.3m, ε_C=0.2mm일 때 각 관을 통한 유량을 구하라. 단, 흐름은 완전난류로 가정하여 마찰손실계수를 결정하라.

9.38 그림 9.38과 같이 수면표고가 z_A=20m, z_B=18m, z_C=9m인 세 개의 저수지가 관로로 연결되어 있다. 저수지를 연결하고 있는 각 관로의 제원이 L_A=3,000m, d_A=0.9m, ε_A=0.18mm; L_B=600m, d_B=0.45m, ε_B=0.9mm; L_C=1,200m, d_C=0.6m, ε_C=0.6mm일 때 각 관을 통한 유량을 구하라. 단, 흐름은 완전난류로 가정하여 마찰손실계수를 결정하라.

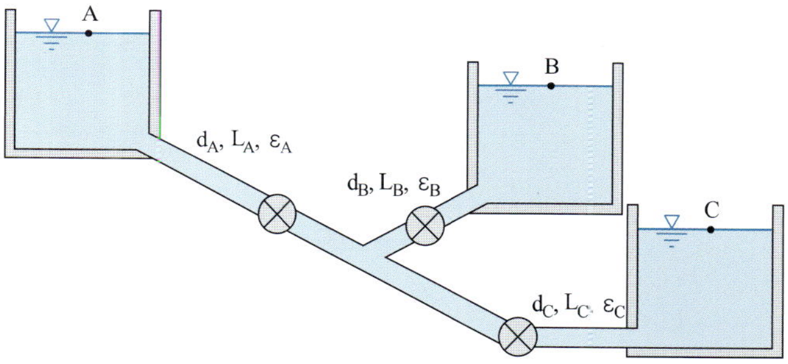

그림 9.38

9.39 연습문제 9.38과 동일한 경우에 대해 시행착오법을 이용하여 각 관을 통한 유량을 구하라.

9.40 그림 9.40과 같이 수면표고가 z_A=20m, z_B=60m, z_C=0m인 세 개의 저수지가 관로로 연결되어 있다. 저수지를 연결하고 있는 각 관로의 제원이 L_A=200m, d_A=0.08m, ε_A=0.02; L_B=200m, d_B=0.1m, ε_B=0.015; L_C=

400m, d_C=0.08m, ε_C=0.02일 때 각 관을 통한 유량을 구하라. 단, 미소손실은 무시하라.

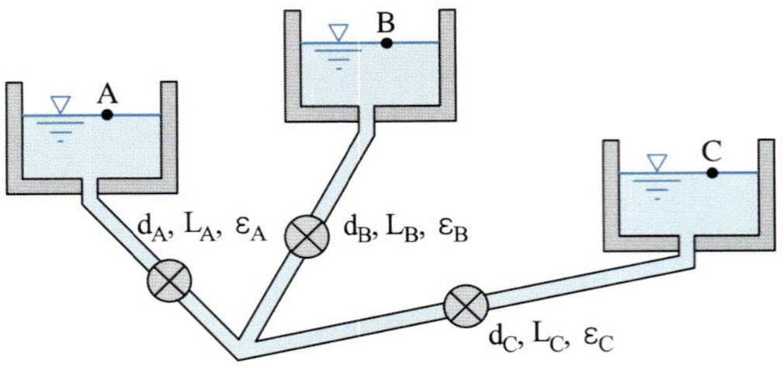

그림 9.40

9.41 예제 9.4.1과 같이 관망시스템 외부와의 유입 및 유출이 있을 때 관망에서의 유량을 계산하라. 각 관로의 제원 및 Darcy-Weisbach 공식을 이용하여 산정된 k값이 표 9.41과 같다.

표 9.41 관망의 제원

폐합 회로	관로	길이 (m)	직경 (m)	k	가정유량 Q_o
I	1	1000	1.0	0.073	+2.5
	2	1500	1.0	0.110	−2.5
	3	700	1.0	0.146	−1.0
II	3	700	1.0	0.146	+1.0
	4	600	1.0	0.073	+3.5
	5	500	0.9	0.146	+3.5
	6	1000	0.8	0.350	−1.5

9.42 그림 9.42와 같은 관망시스템에서의 유량을 Hardy-Cross방법으로 계산하라. Darcy-Weisbach 공식을 이용하여 산정된 k값과 초기 가정유량이 표 9.42와 같다.

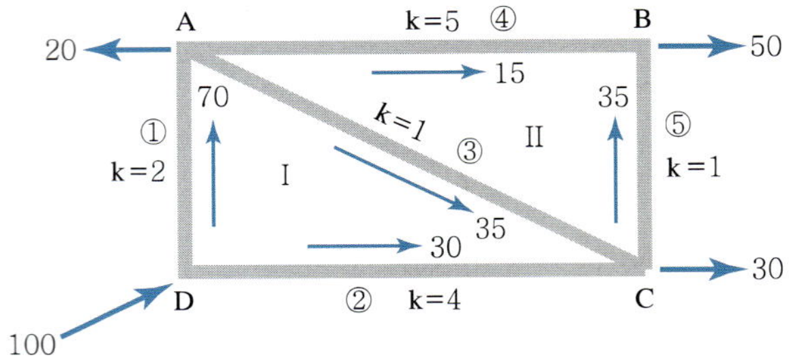

그림 9.42

표 9.42 k값

폐합 회로	관로	k	가정유량 Q_o
I	1	2	+70
	2	4	−30
	3	1	+35
II	3	1	−35
	4	5	+15
	5	1	−35

Chapter 10

물체 주위의 흐름

물체 주위의 흐름은 외부흐름(external flow)이라고도 하는데, 8장 및 9장에서 소개한 관로 경계 내에서 흐르는 흐름을 내부흐름(internal flow)이라 부르는 것과 비교되는 흐름으로 물체가 경계가 없는 유체 내에 위치하고 있는 경우의 유체 흐름에 대해 다루게 된다.

외부흐름에 대한 연구는 비행기의 각종 구성요소 주위의 공기흐름을 분석하는 항공역학(aerodynamics) 분야에서 매우 중요하며, 현재의 외부흐름에 대한 지식은 항공역학 분야의 연구로부터 얻어진 것이 대부분이라 할 수 있다. 하지만 이외에도 다양한 공학 분야 즉, 터빈 날개, 자동차, 건물, 운동경기장, 교량의 교대 및 교각, 수중 파이프라인 등과 같은 구조물 주위에서의 유체흐름, 하천 하상에서의 퇴적 등에서도 외부흐름에 대한 연구결과가 활용되고 있다.

흐르는 유체 내에 놓인 물체는 유체의 흐름으로 인한 압력 및 점성력을 받게 된다. 이러한 힘들 중 하나 또는 둘 모두를 합한 힘의 유체흐름과 수직방향인 성분을 양력(lift)이라 하며, 유체흐름과 평행한 방향의 성분을 항력(drag)이라 한다. 부력 및 무게 또한 물체에 작용하지만 흐르는 유체의 동력학적인 작용에 의해 발생하는 힘이라는 정의에 의하면 흐르는 유체에 놓인 물체에 작용하는 힘은 양력과 항력으로 제한 할 수 있다.

물체 주위의 흐름에 대한 해석 방법은 이론적인 방법과 실험적인 방법이 있는데, 수치해석적인 방법을 이용하는 이론적 방법은 흐름에 대한 많은 정보를 주지만 지배방정식의 복잡성 및 물체의 기하학적인 다양성으로 인해 실제로 얻을 수 있는 정보는 제한되어 있다. 따라서 부족한 정보를 얻기 위해 실험적인 방법을 사용하게 된다. 실험적인 방법에서 유체가 공기인 경우 풍동(wind tunnel)을 이용하게 되며, 유체가 물인 경우 수동(water tunnel) 또는 수조(towing tank)를 이용한 실험을 통해 필요한 자료를 얻게 된다.

본 장에서는 물체 주위의 흐름을 해석하기 위해 필요한 물체 주위의 흐름 특성 및 경계층이론과 같은 기본적인 내용에 대해 소개를 하고, 이를 바탕으로 유체에 의해 물체에 작용하는 힘 즉, 항력과 양력을 결정하는 방법에 대해 알아보기로 한다.

10.1 물체 주위의 흐름특성

10.1.1 물체 주위의 흐름

기하학적으로 단순한 물체라도 물체 주위에서의 흐름장 및 물체 표면에서의 압력분포를 결정하기는 쉽지가 않다. 특정한 형태의 물체에 대한 흐름 특성은 물체의 크기, 유체의 특성 및 흐름방향과 속도 등과 같은 변수에 영향을 받게 된다. 차원해석에 의하면 흐름 특성은 다양한 무차원변수들에 의해 영향을 받는데, 이러한 무차원변수에는 Reynolds수($R_e=\rho Vl/\mu$), Mach수($M_a=V/c$) 그리고 Froude수($F_r=V/\sqrt{gl}$) 등이 있다.

8.1.1절에서 소개한 바와 같이 Reynolds수는 점성력에 대한 관성력의 비를 나타내는데, 점성의 영향이 없는 경우 즉, $\mu=0$인 경우 R_e는 ∞가 되며, 관성의 영향이 없는 경우 즉, $\rho=0$인 경우 R_e는 0이 된다. 우리가 공학적으로 관심 있는 물체의 크기는 일반적으로 길이가 $0.01\text{m}<l<10\text{m}$정도이며, 유체는 주로 공기나 물로 유속은 $0.01\text{m/s}<V<100\text{m/s}$ 정도이다. 따라서 이와 같은 조건에서 R_e의 범위는 $10<R_e<10^9$을 나타나게 된다. 일반적으로 $100<R_e$인 경우 흐름은 관성에 지배를 받게 되며, $R_e<1$인 경우에는 점성에 지배를 받게 되므로 공학적으로 관심 있는 대부분의 외부 흐름은 관성에 지배를 받게 된다.

그림 10.1.1은 길이가 l인 평판을 지나는 흐름 즉, Reynolds수가 0.1, 10 그리고 10^7인 흐름상태를 보여주고 있다. 그림 10.1.1a와 같이 R_e가 매우 작은 경우 점성의 영향이 매우 커 평판의 상류부, 상부 및 하부 그리고 하류부에 영향을 미쳐 결국 평판 주위의 넓은 범위까지 점성으로 인해 흐름에 영향을 미치게 된다. 흐름의 유속이 증가하여 R_e가 증가하면 그림 10.1.1b와 같이 하류부를 제외한 평판 주위의 점성의 영향이 미치는 범위가 줄어들게 되며, 상류부 유체 흐름의 유선이 그림 10.1.1a에 비해 그대로 유지되어 오다가 평판에 인접하여 유선이 변하게 된다.

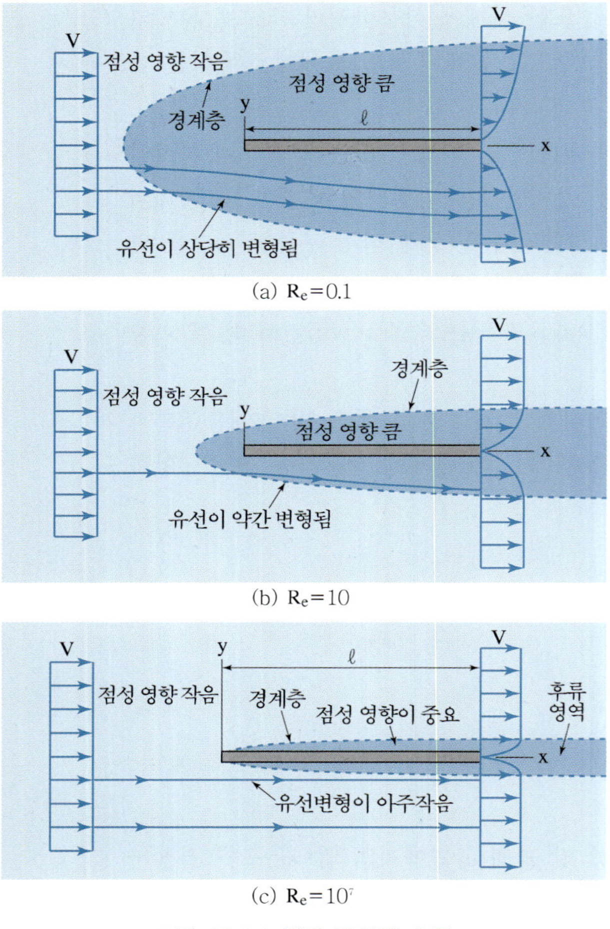

그림 10.1.1 평판 주위의 흐름

만일 Reynolds수가 상당히 증가하면 흐름은 관성에 주로 영향을 받게 되며, 그림 10.1.1c와 같이 평판에 근접한 지역과 평판 하류의 후류(wake)영역을 제외하고는 점성의 영향은 무시할 수가 있게 된다. 사실 유체의 점성은 0이 아니므로 유체는 고체표면에 점착(stick)되어 평판 경계에서 미끄러짐이 없는 조건이 형성된다. 따라서 평판에서 δ만큼 떨어진 지점의 유속 u가 상류부에서의 유속 V와 같은 지점부터 유속이 $u=0$인 평판까지 두께가 얇은 층 즉, 경계층(boundary layer)이 형성된다. 경계층의 두께는 평판의 선단부에서 0이 되며 하류로 갈수록 증가하게 되는데, 경계층 내의 흐름은 관련되는 변수에 따라 층류 또는 난류가 된다. 이 경계층 바깥에서의 흐름의 유선은 상류부의 유선과 같이 평판에 거의 평행하게 나타나며, 하류로 갈수록 경계층이 증가함에 따라 유선도 평행한 상태에서 약간 변형된다.

독일의 물리학자인 Ludwig Prandtl이 1904년에 유체의 점성은 전반적으로 같지만 경계층 내부 및 외부에서 점성의 영향이 다르게 나타나는 즉, 경계층 내부에서는 점성의 영향이 매우 크고, 외부에서는 점성의 영향이 거의 없는 것처럼 흐르는 경계층의 개념을 제시하여 Reynolds수가 큰 흐름에 대한 해를 구할 수 있게 되었다.

일반적으로 경계층의 두께 δ는 평판에 평행인 유속 u가 상류부 접근속도 V의 99%가 되는 위치로 정의하는데, 평판 흐름인 경우 평판 선단으로부터 흐름방향으로 x위치에서의 경계층 두께 δ를 구하기 위한 식이 다음과 같이 제시되어 있다.

$$\frac{\delta}{x} \simeq \frac{5.0}{R_e^{1/2}} \qquad \text{층류} \quad 10^3 < R_e < 10^6 \qquad (10.1.1a)$$

$$\frac{\delta}{x} \simeq \frac{0.16}{R_e^{1/7}} \qquad \text{난류} \quad 10^6 < R_e \qquad (10.1.1b)$$

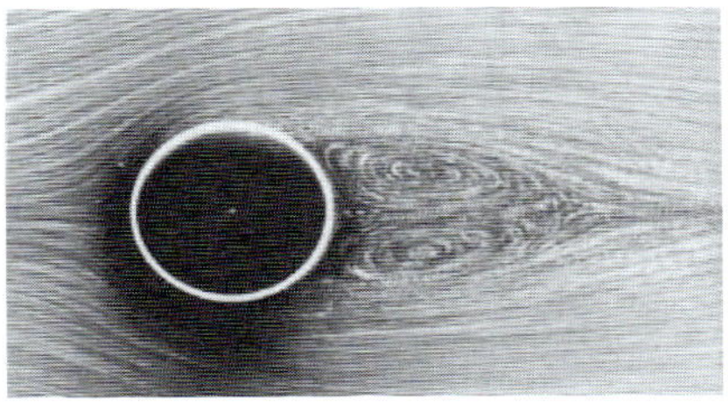

앞에서 평판 주위로 흐르는 흐름이 Reynolds수의 변화에 따라 어떻게 변하는지 알아보았다. 원형실린더와 같은 뭉툭한 물체 주위의 흐름도 Reynolds수에 따라 변하지만 평판인 경우와는 다른 특성이 나타나게 된다. 그림 10.1.2는 원형실린더 주위의 유체 흐름 상태를 나타낸 것으로 x축을 중심으로 대칭이므로 윗부분만 흐름 상태를 나타내었다. 그림 10.1.2a와 같이 R_e가 매우 작은 흐름에서는 실린더 주위 넓은 영역에서 점성의 영향이 나타나게 되며, 유선의 형태도 실린더 전후로 같은 형태를 보이게 된다.

Reynolds수가 증가하게 되면 그림 10.1.2b와 같이 점성의 영향이 나타나는 지역이 하류 방향으로 이동되며 실린더 전면부에서는 좁아지게 되어, 실린더 전후로의 대칭 양상이 변하게 된다. R_e가 증가한다는 것은 점성력에 비해 관성력이 증가하는 것으로 박리(separation) 지점으로부터 흐름이 분리되기 시작한다. 즉, 유체의 관성력에 의해 박리지점부터 유체가 실린더 주위로 흐르지 못하고 분리되어 흐르며, 실린더 후면부에서는 상류부의 흐름과 반대되는 흐름이 생기게 된다. R_e가 매우 크게 되면 그림 10.1.2c와 같이 점

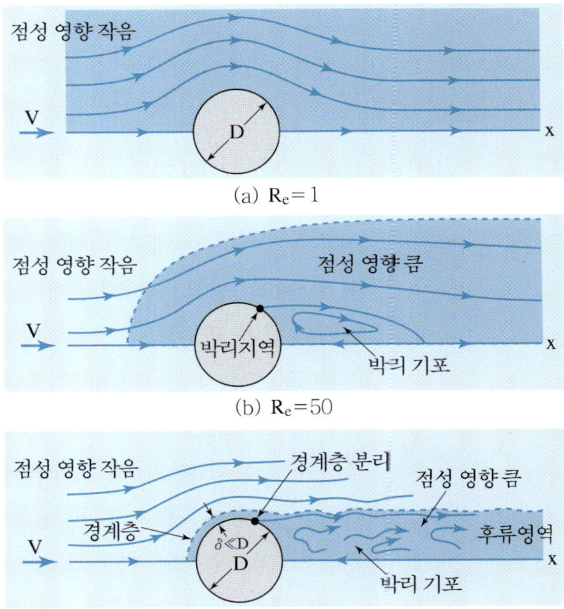

(a) $R_e = 1$

(b) $R_e = 50$

(c) $R_e = 10^5$

그림 10.1.2 원형실린더 주위의 흐름

성의 영향을 받는 영역이 더욱 축소되어 실린더 전면부에는 두께 δ에 해당하는 얇은 경계층이 형성되고, 후면부에는 흐름에 따라 압력이 증가하여 박리지점에서 경계층이 떨어져 나가고 넓은 후류영역이 형성된다. 경계층과 후류영역을 벗어나는 지역에서의 유체의 흐름은 비점성 유체처럼 나타나게 된다.

예제 10.1.1

얇은 평판에 20℃의 물이 5m/s의 속도로 흐를 때 경계층의 두께가 2cm가 되는 지점은 평판 전면부로부터 흐름방향으로 얼마나 떨어진 지점이 되는가? 단, 20℃의 물은 ν=1.004×10^{-6}m^2/s이다.

풀이

층류라 가정하고 식 (10.1.1a)를 적용하면

$$\frac{0.02}{x} = \frac{5.0}{[(5\text{m/s})x/(1.004\times10^{-6}\text{m}^2/\text{s})]^{1/2}}$$

따라서 x=79.7m가 된다.

층류조건을 만족하는지 Reynolds수를 구하면

$$R_e = \frac{Vx}{\nu} = \frac{(5\text{m/s})\times79.7\text{m}}{1.004\times10^{-6}\text{m}^2/\text{s}} = 3.97\times10^8$$

층류조건을 벗어나게 되므로 난류식 (10.1.1b)를 적용하면

$$\frac{0.02}{x} = \frac{0.16}{[(5\text{m/s})x/(1.004\times10^{-6}\text{m}^2/\text{s})]^{1/7}}$$

따라서 x=1.155m가 된다. Reynolds수를 구하면 R_e=5.75×10^6으로 조건을 만족한다.

10.1.2 항력 및 양력의 개념

유체속에서 물체가 이동할 때 유체와 물체 사이에서 상호작용이 발생하는데, 이는 유체와 물체 경계에서의 힘으로 나타낼 수가 있다. 이러한 힘은 점성의 영향으로 인한 벽면에서의 전단응력 τ_w와 압력에 의한 법선응력 p의 항으로 나타낼 수가 있다. 물체의 표면을 따라 벽면 전단응력과 법선응력은 크기와 방향이 변하게 되는데, 일반적인 압력 및 전단응력의 분포가 그림 10.1.3과 같다. 물체 표면에서의 전단응력과 압력의 분포는 비록 구하기가 쉽지는 않지만 이러한 정보를 알고 있으면 유용하게 사용할 수가 있다. 하지만 대부분의 경우 이러한 전단응력이나 압력 분포의 적분값이나 합력이 사용되게 된다. 물체 상류부의 유입속도와 같은 방향의 힘의 합력을 항력(drag) F_D라 하고, 유입속도와 수직인 방향의 힘의 합력을 양력(lift) F_L이라 한다.

전단응력 분포 및 압력 분포의 합력은 그림 10.1.4와 같이 물체 표면에서의 이러한 두 특성의 영향을 적분함으로서 얻을 수가 있다. 유체가 미소면적 dA에 작용하는 x 및 y방향의 힘의 성분은 다

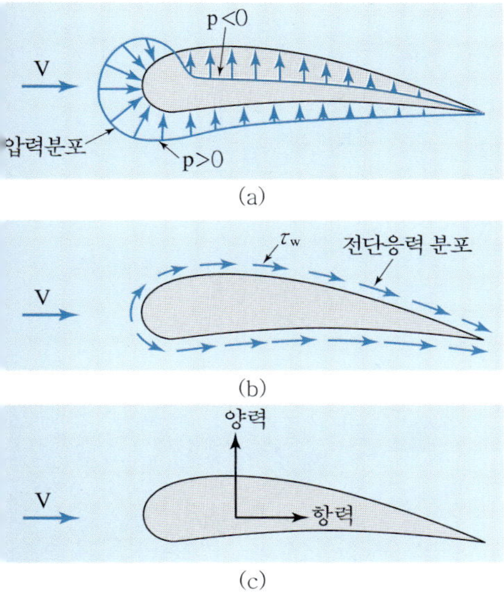

그림 10.1.3 압력 및 전단응력분포

음과 같이 나타낼 수가 있다.

$$dF_x = p\,dA\cos\theta + \tau_w\,dA\sin\theta \tag{10.1.2}$$

$$dF_y = -p\,dA\sin\theta + \tau_w\,dA\cos\theta \tag{10.1.3}$$

따라서 x 및 y방향으로 작용하는 순 힘은 윗 식들을 적분하여 구하게 된다.

$$F_D = \int_S dF_x = \int_S p\cos\theta\,dA + \int_S \tau_w\sin\theta\,dA \tag{10.1.4}$$

$$F_L = \int_S dF_y = -\int_S p\sin\theta\,dA + \int_S \tau_w\cos\theta\,dA \tag{10.1.5}$$

항력 및 양력을 구하기 위해 위와 같이 적분을 하기 위해서는 물체의 형태 및 물체의 표면에서의 벽면 전단응력 τ_w와 압력 p의 분포를 알아야 하지만 이러한 분포는 이론적이나 실험적으로 얻기가 매우 어렵다. 압력분포는 물체의 표면에 일련의 정압공을 설치하여 실험을 통해 쉽게 얻을 수가 있지만 벽면 전단응력은 실험적으로 측정하기가 매우 어렵다. 따라서 특정 물체에 대해 식 (10.1.4) 및 식 (10.1.5)를 적용할 때 물체 표면에서의 적절한 전단응력 및 압력분포 구하는 것이 문제가 되며, 이러한 분포를 자세히 알지 못하면 적용할 수가 없다.

이러한 경우 대신 사용할 수 있는 방법으로 식 (10.1.6)과 같이 무차원의 항력계수(drag coefficient) C_D 및 양력계수(lift coefficient) C_L을 정의하고, 이들 계수들의 근사값을 단순화한 해석이나 수치해석 또는 적절한 실험을 통해 결정하는 것이 있다.

$$C_D = \frac{F_D}{\frac{1}{2}\rho V^2 A}, \qquad C_L = \frac{F_L}{\frac{1}{2}\rho V^2 A} \tag{10.1.6}$$

여기서 A는 특성면적(characteristic area)으로 상류부 유체의 속도 V와 평행한 방향으로 물체를 보았을 때 즉, 흐름 방향과 직각인 면에 물체를 투영한 면적을 의미한다. 이와 같은 항력 및 양력계수를 이용하여 항력 및 양력을 산정하는 방법은 10.5~10.6절에서 자세히 소개하기로 한다.

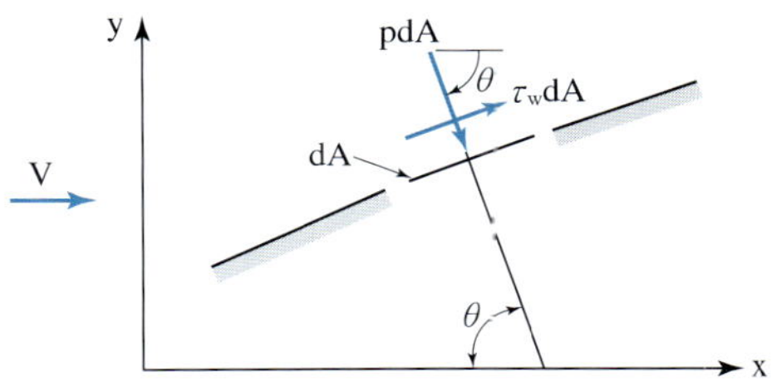

그림 10.1.4 미소면적에 작용하는 압력 및 전단응력

10.2 박리

10.1.1절에서 뭉툭한 물체 즉, 원형실린더 주위로 흐르는 흐름에서는 Reynolds수가 증가함에 따라 실린더 표면으로부터 흐름이 분리되는 박리(separation) 현상이 발생한다고 소개하였다. 박리는 상류부로부터 유입되는 주 흐름이 물체를 벗어날 때 발생하며, 따라서 그림 10.2.1과 같이 물체의 후면부에 박리영역(separated region)이 형성된다.

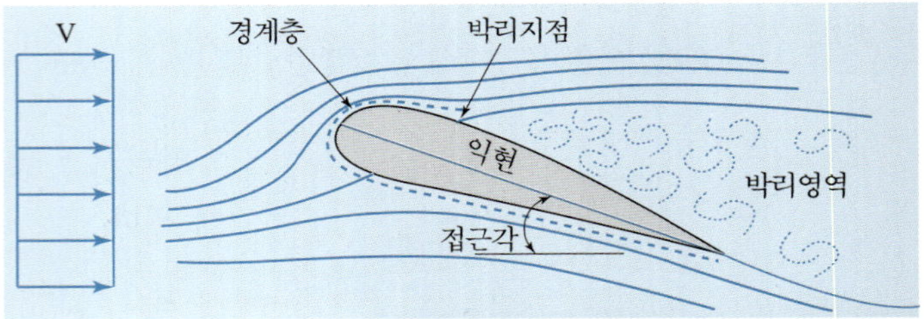

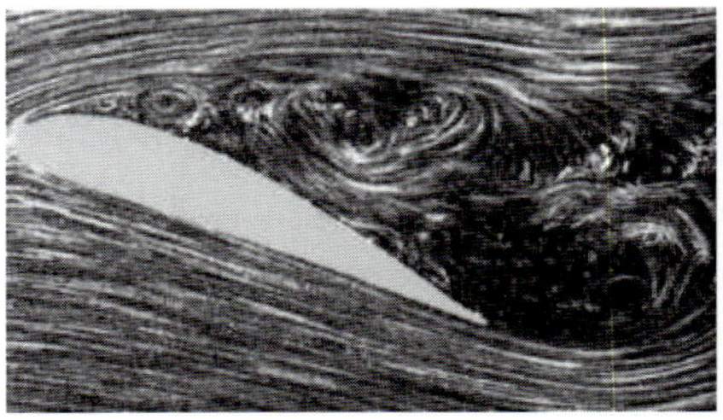

그림 10.2.1 유선형 물체 주위의 흐름 및 실험사진

유선형 물체에서 선단과 후미를 연결하는 익현(chord)과 상류부 유입유속과 이루는 각도가 충분히 크게 유지되며 전면부 근처에서 박리가 발생할 때 실속(stall)이라고 한다. 이러한 실속은 비행기기 순항할 때 바람직하지 못하며, 터빈 날개에서 발생하게 되면 효율이 떨어지게 된다. 하지만 비행기가 착륙할 때는 실속으로 인해 큰 항력이 발생하므로 도움이 된다. 뭉툭한 물체 주위의 흐름에서는 Reynolds수가 높을 경우 박리를 피할 수가 없으므로 이에 대한 영향을 충분히 이해하고 있어야 한다.

박리지점의 위치는 주로 물체의 기하학적인 형상에 영향을 받게 된다. 그림 10.2.2와 같이 물체의 기하학적인 모양이 급격히 변하는 경우 급변하는 지점 또는 근처에서 박리가 발생하게 되지만, 상류의 평편한 표면 위에서 또한 박리가 발생할 수 있다. 이와 함께 박리가 발생한 하류지점에서 흐름이 재 부착(reattachment) 될 수도 있다.

형상이 급변하지 않는 표면에서의 박리지점의 위치를 예측하기 위한 기준을 알아보기 위해 그림 10.2.2의 원으로 표시한 돌출부 전면부의 편평한 표면 위의 흐름에 대해 생각해 보자. 박리점 전후의 흐름 상태를 확대하여 나타낸 것이 그림 10.2.3과 같다. x축은 표면 위를 따라 흐름방향으로 나타내고, y축은 표면과 수직인 방향으로 설정한다. 박리지점 하류부에서는 표면 근처의 유속의 x방향 성분은 −방향 즉, 주 흐름과 반대 방향을 나타내게 되므로 표면에서의 $\partial u/\partial y$는 음이 된다. 박리지점 상류부 표면 근처에서의 유속의 x방향 성분은 +이므로 표면에서의 $\partial u/\partial y$는 양의 값이 된다. 따라서

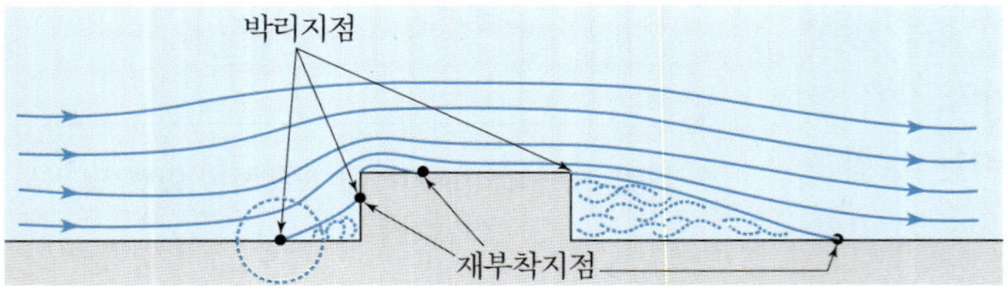

그림 10.2.2 급변하는 형태로 인한 박리

박리지점의 위치는 표면 즉, y=0인 지점에서의 y방향의 속도변화율 $\partial u/\partial y$가 0인 지점이라고 결론을 내릴 수가 있다.

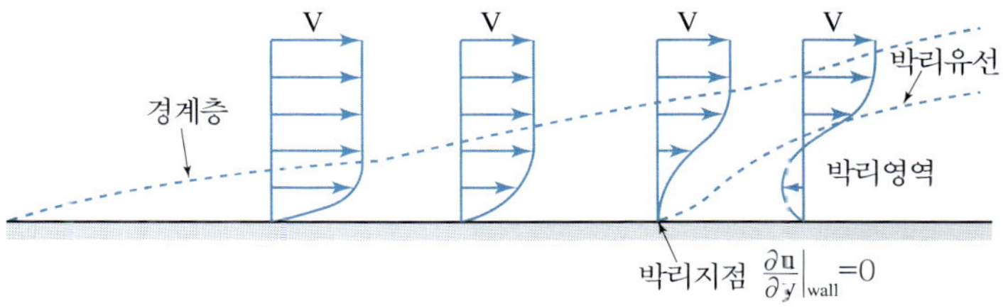

그림 10.2.3 양압력경사로 인한 평판 표면에서의 박리

관찰에 의하면 편평한 표면에서 박리의 발생은 흐름이 유속이 매우 낮고 압력이 매우 높은 정체(stagnation)지역으로 접근함에 따라 발생함을 보여주고 있다. 흐름이 정체지역으로 접근함에 따라 압력이 증가하여 압력경사 $\partial p/\partial x$가 양의 값이 된다. 일반적으로 박리 현상이 바람직하지는 않으므로 양압력경사를 불리 압력경사(adverse pressure gradient)라 하고, 음압력경사를 유리 압력경사(favorable pressure gradient)라고 부르기도 한다. 음압력경사의 영향으로 유선방향으로의 속도가 감소하기 되며, 음압력경사가 표면을 따라 충분한 거리에서 작용하게 되면 박리가 발생할 수 있다.

지금까지 물체의 기하학적인 형상 및 압력경사의 영향으로 인한 박리의 발생을 알아보았는데 이외에도 박리에 영향을 주는 인자들이 있다. 이러한 인자들에는 표면 조도와 함께 매우 중요한 변수인 Reynolds수, 경계로부터 떨어져서 발생하는 고란의 정도를 나타내는 흐름의 변동 수준, 때로는 중요한 영향을 미치는 표면 온도 등이 있다. 예를 들어 구 주위의 흐름에서 Reynolds수가 매우 작은 경우 박리가 발생하지 않지만, R_e가 특정 값까지 증가하게 되면 구 후미의 좁은 지역에서 박리가 발생하게 된다. 이와 같이 박리가 발생하는 지역이 R_e가 증가함에 따라 계속 증가하다 R_e가 충분히 커지게 되면 박리지역이 더 이상 증가하지 않게 된다.

박리가 발생하기 전의 경계층은 층류를 나타내게 되는데, 박리가 발생하기 전에 경계층에서 난류가 형성되면 재미있는 현상이 나타나게 된다. 즉, 갑자기 박리지점의 위치가 구의 후미쪽으로 이동하게 되고, 따라서 박리지역의 감소와 함께 항력도 감소하게 된다. 이러한 현상은 그림 10.2.4와 같이 층류경계층과 난류경계층에서의 속도분포를 비교함으로서 설명할 수가 있다. 관로 흐름에서와 같이 난류유속분포는 벽면 또는 표면에서 속도차사가 가장 크므로 난류 경계층에서 벽면 근처 유체의 운동량이 상당히 크게 된다. 주어진 기하학적 형상에서 벽면 근처에서의 속도가 0으로 감소하기까지는 상당히 긴 거리를 필요하게 되고, 따라서 박리지점이 구의 후미로 이동하게 된다. 그림 10.2.5는 직경 21.6cm의 볼링공이 약 7.7m/s의 속도로 물속에 잠길 때 층류경계층 및 난류경계층에서의 박리 발생지점의 차이를 보여주고 있다. 그림 10.2.5a는 볼링공의 표면이 매끄러워 층류경계층이 발생한 경으 박리 발생지점이 공의 중심보다 전면부에서 발생하고 있음을 보여주고 있으며, 그림 10.2.5b는 공의 표면을 모래로 거칠게 마감하여 난류경계층이

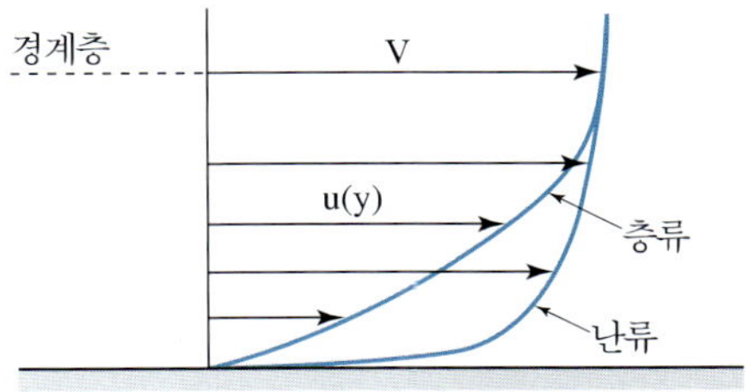

그림 10.2.4 층류 및 난류의 속도분포

발생하도록 한 경우로 박리가 층류경계층인 경우보다 공의 후미로 이동하여 발생하고 있음을 보여주고 있다. 이와 같은 현상을 이용한 것이 골프공이라 할 수 있다. 골프공의 표면에 딤플(dimple)을 만들어 난류경계층이 발생하도록 하여 박리 지점이 공의 뒷부분에 발생하여 항력을 감소시킴으로서 더 멀리 날아가도록 하였다.

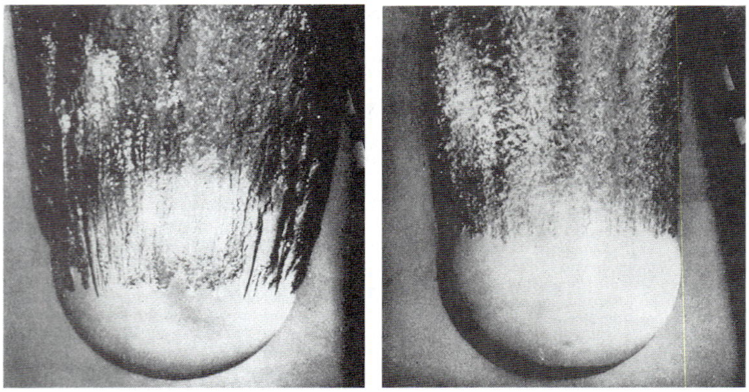

그림 10.2.5 박리 발생지점 (a) 층류경계층, (b) 난류경계층

10.3 경계층 이론

10.3.1 경계층의 개념

1.6절 유체역학의 역사에서도 설명한 바와 같이 독일의 항공학자 Ludwig Prandtl이 1904년에 처음으로 경계층(boundary layer) 개념을 소개하였다. Prandtl 이전에는 유체역학 분야가 두 개의 서로 다른 방향으로 전개되고 있었는데, 이론적인 동수역학은 비점성유체에 대한 Euler의 운동방정식으로부터 발전되어 왔다. 동수역학의 결과가 여러 실험적 관찰결과와 모순되는 경우가 많이 발생하자 경험에 바탕을 둔 기술자들은 수리학 분야로 그들의 경험을 발전시켜 왔으며, 이들의 실험적인 자료는 이론 동수역학의 수학적인 접근방법에 의한 결과와 많은 차이를 보였다.

비록 점성유체의 운동을 설명할 수 있는 완전한 방정식들이 Prandtl 이전에 제시되어 있었지만 이들 방정식들을 해석하는데 있어서의 수학적 어려움은 점성유체를 이론적으로 다루는 것을 곤란하게 하였다. Prandtl은 여러 점성 흐름을 두 영역 즉, 고체 경계근처 영역과 나머지 흐름영역으로 분리함으로서 해석할 수 있다는 것을 보여주었다. 오직 경계층으로 불리는 고체 경계에 인접한 얇은 지역만이 점성의 영향이 중요하다. 경계층 바깥 영역에서는 점성의 영향이 무시될 수 있으며 따라서 비점성유체로 간주할 수가 있다.

경계층 개념은 이론과 실제사이의 부족한 부분을 연결할 수 있는 기틀을 마련하였으며, 또한 경계층 개념은 완전한 흐름장에 Navier-Stokes방정식을 적용하는 것을 불가능하게 하였던 점성 흐름 문제의 해석을 가능하게 하였다. 따라서 경계층 개념의 도입은 현대 유체역학의 시작을 의미한다고 할 수 있다.

관로 흐름에서 경계층 내의 흐름은 층류 또는 난류가 될 수 있으며, 경계층 내에서 층류로부터 난류 흐름으로 전환되는 특정한 Reynolds수는 없다. 경계층에서의 흐름의 전환에 영향을 미치는 인자로는 압력경사, 표면조도, 열전달, 물체력 그리고 상류부 유입흐름의 교란 등이 있다. 대부분의 실제 흐름 상황에서 경계층의 발달은 선박 및 잠수함 선체 주위의 흐름, 비행기의 날개 그리고 편평한 지형위의 공기의 흐름과 같이 편평한 표면 위의 긴 구간에서 이루어진다. 이와 같은 흐름은 평판 위에서의 흐름으로 간략화 할 수가 있으므로 평판위에서의 흐름에 대해 알아보기로 한다.

평판위에서의 경계층의 발달 상황이 그림 10.3.1에 나타나 있다. 평판 선단으로부터 짧은 구간에서 경계층은 층류가 되며, 평판위의 한 지점보다는 일정한 범위의 지역에서 난류로의 천이(transition)가 이루어지고, 이 천이 영역은 하류부에서 경계층 흐름이 완전한 난류가 되는 지역까지 확장된다. 매끈한 평판위의 비압축성 흐름 즉, 압력경사가 0인 흐름에서 열의 전달이 없고 상류부 유입흐름의 교란이 최소화 된다면 경계층에서의 층류로부터 난류로의 천이는 R_e가 10^6보다 크게 될 때까지 지체되게 된다.

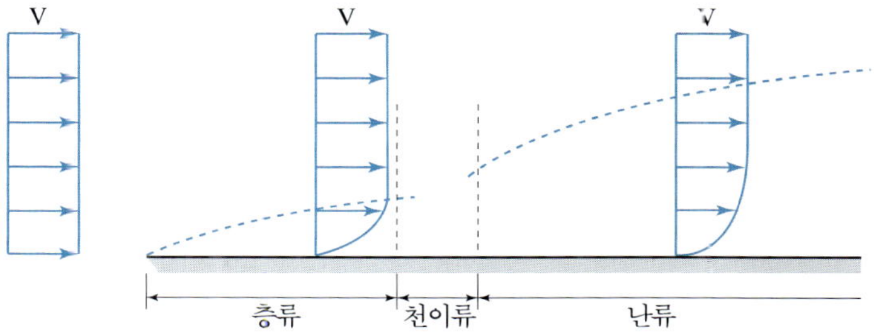

그림 10.3.1 평판위에서의 경계층 흐름의 천이

10.3.2 경계층 두께

경계층은 점성력이 중요한 역할을 하는 고체 표면에 인접한 지역이다. 경계층 교란두께(disturbance thickness) δ는 일반적으로 표면으로부터 유체속도 u가 상류부 접근속도 V의 99%에 해당하는 지점까지의 거리를 의미한다. 속도분포 곡선을 보면 경계층에서의 유속과 경계층 외부에서의 유속이 매끈하게 연결되기 때문에 경계층 두께 δ를 측정하기는 쉽지가 않다.

경계층 내에서의 점성력의 영향으로 흐름은 지체되게 된다. 즉, 고체 표면에 인접한 지역에서의 질량흐름은 동일한 지역에서 경계층이 없을 경우의 질량흐름보다 작게 된다. 만일 점성력이 없다면 표면위에서의 유속은 상류부 접근유속 V와 같게 된다. 경계층 배제두께(displacement thickness) δ_d를 그림 10.3.2a와 같이 실제 유속 분포 u로 인해 감소한 질량흐름과 점성이 없을 경우 동일한 질량흐름이 감소하도록 평판을 위

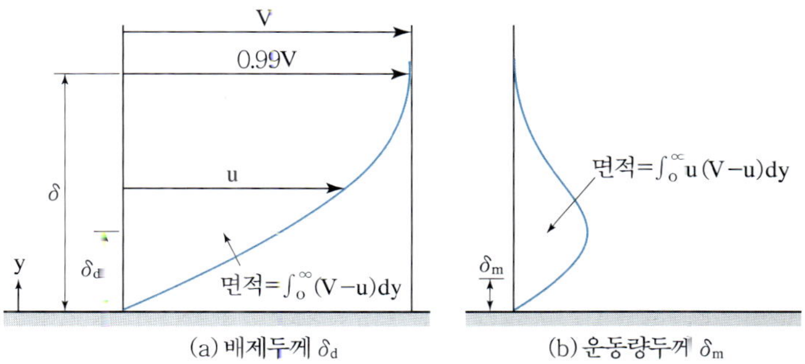

그림 10.3.2 경계층 두께의 정의

로 이동한 높이라고 정의하자. 따라서 배제두께 δ_d만큼 표면을 이동함으로서 감소된 질량흐름은 $\rho V\delta_d B$가 된다. 여기서 B는 평판위의 흐름과 수직인 평판의 폭이다. 그러므로 점성력의 영향으로 감소된 질량흐름은 다음과 같이 나타낼 수 있다.

$$\rho V \delta_d B = \int_0^\infty \rho (V-u) B\, dy \tag{10.3.1}$$

흐름이 비압축성흐름이라 가정하면 밀도 ρ가 일정하고, $y=\delta$인 지점에서는 경계층 유속 u가 상류 접근 유속 V에 접근하므로 식 (10.3.1)을 다음과 같이 나타낼 수 있다.

$$\delta_d = \int_o^\infty \left(1-\frac{u}{V}\right) dy \approx \int_0^\delta \left(1-\frac{u}{V}\right) dy \tag{10.3.2}$$

이와 같은 경계층 배제두께 개념을 이용하여 실제 표면을 배제두께 만큼 높임으로서 경계층을 대신할 수 있고 이 경계층 주위를 흐르는 흐름을 비점성 유체흐름으로 해석할 수가 있게 된다.

경계층 내에서의 흐름의 지체로 인해 운동량흐름 또한 비점성 흐름에 비해 감소가 된다. 경계층 배제두께의 개념과 같은 방법으로 운동량 두께(momentum thickness) δ_m을 실제 유속 분포 u로 인해 감소한 운동량흐름과 점성이 없을 경우 동일한 운동량흐름이 감소하도록 평판을 위로 이동한 높이라고 정의하자. 만일 점성력이 없다면 표면을 운동량 두께 δ_m만큼 높였을 때의 운동량흐름의 감소량은 $\rho V^2 \delta_m B$가 된다. 따라서 점성력의 영향으로 감소된 운동량흐름은 다음과 같다.

$$\rho V^2 \delta_m B = \int_0^\infty \rho u (V-u) B\, dy \tag{10.3.3}$$

흐름이 비압축성흐름이라 가정하면 밀도 ρ가 일정하고, $y=\delta$에서 $u \approx V$이므로 식 (10.3.3)을 다음과 같이 나타낼 수 있다.

$$\delta_m = \int_o^\infty \frac{u}{V}\left(1-\frac{u}{V}\right) dy \approx \int_0^\delta \frac{u}{V}\left(1-\frac{u}{V}\right) dy \tag{10.3.4}$$

경계층 교란두께 δ, 배제두께 δ_d 그리고 운동량두께 δ_m을 경계층 해석에 이용하게 된다. δ_d와 δ_m은 정의에 따라 식 (10.3.2) 및 식 (10.3.4)과 같이 적분 두께를 의미하며, 상류부 접근유속에 대해서는 0이 되는 적분의 항으로 나타나므로 경계층 교란두께 δ보다는 실험 자료를 정확히 평가하는데 용이하다.

10.3.3 평판위에서의 층류 경계층

수평의 평판위에서의 층류 경계층의 해는 1908년 Blasius에 의해 얻어지게 되었다. 6장에서 소개한 바와 같이 압력경사가 0인 중력을 무시할 수 있는 2차원 정상류 비압축성흐름에 대한 지배방정식인 Navier-Stokes방정식과 연속방정식은 다음과 같다.

$$\rho\left(u\frac{\partial u}{\partial x}+v\frac{\partial u}{\partial y}\right)=-\frac{\partial p}{\partial x}+\mu\left(\frac{\partial^2 u}{\partial x^2}+\frac{\partial^2 u}{\partial y^2}\right) \tag{10.3.5}$$

$$\rho\left(u\frac{\partial v}{\partial x}+v\frac{\partial v}{\partial y}\right)=-\frac{\partial p}{\partial y}+\mu\left(\frac{\partial^2 v}{\partial x^2}+\frac{\partial^2 v}{\partial y^2}\right) \tag{10.3.6}$$

$$\frac{\partial u}{\partial x}+\frac{\partial v}{\partial y}=0 \tag{10.3.7}$$

평판위의 층류 경계층이 매우 얇기 때문에 평판에 수직인 속도성분 v는 흐름방향 속도성분 u에 비해 매우 작으며, 수직방향으로의 흐름변수들의 변화율은 흐름방향으로의 변화율보다 매우 크므로 이와 같은 조건을 적용하면 식 (10.3.5) ~ 식 (10.3.7)은 다음과 같은 경계층방정식으로 간단히 나타낼 수가 있다.

$$u\frac{\partial u}{\partial x}+v\frac{\partial u}{\partial y}=\nu\frac{\partial^2 u}{\partial y^2} \tag{10.3.8}$$

$$\frac{\partial u}{\partial x}+\frac{\partial v}{\partial y}=0 \tag{10.3.7}$$

경계층방정식에 대한 경계조건은

$$y=0 \quad \rightarrow \quad u=0 \tag{10.3.9}$$

$$y=\infty \quad \rightarrow \quad u=V,\quad \frac{du}{dy}=0 \tag{10.3.10}$$

Blasius는 표면으로부터의 무차원 거리에 대해 무차원 속도분포 u/V를 도시하면 모든 x값에 대해 비슷한 결과로 나타나므로, 표면으로부터의 거리를 무차원화하기 위해 경계층 두께 δ를 사용하여 다음과 같이 적용하였다.

$$\frac{u}{V}=g(\eta) \tag{10.3.11}$$

여기서 $\eta \propto y/\delta$이다. 경계층 내 유체에 작용하는 힘의 크기에 대한 Stokes의 해를 바탕으로 Blasius는 경계층의 두께가 상류부 접근유속 V의 제곱근에 반비례하고, x의 제곱근에 비례한다고 보고 $\delta \propto \sqrt{\nu x/V}$ 로 하여 η를 다음과 같이 나타내었다.

$$\eta = y\sqrt{\frac{V}{\nu x}} \tag{10.3.12}$$

6.1.2절에서 소개한 유동함수(stream function) ψ를 도입하면 다음과 같고 연속방정식 (10.3.7)을 만족함을 알 수 있다.

$$u = \frac{\partial \psi}{\partial y}, \qquad v = -\frac{\partial \psi}{\partial x} \tag{6.1.21}$$

식 (6.1.21)을 운동량방정식 (10.3.8)에 적용함으로서 하나의 종속변수 ψ를 갖는 식으로 나타낼 수가 있다. 다음과 같이 무차원 유동함수를 정의하면 식 (10.3.8)은 독립변수 η와 종속변수 $f(\eta)$로 표현된다.

$$f(\eta) = \frac{\psi}{\sqrt{\nu x V}} \tag{10.3.13}$$

식 (10.3.12)와 식 (10.3.13)을 운동량방정식 (10.3.8)에 적용하면 속도성분은 다음과 같다.

$$u = \frac{\partial \psi}{\partial y} = \frac{\partial \psi}{\partial \eta}\frac{\partial \eta}{\partial y} = \sqrt{\nu x V}\,\frac{df}{d\eta}\sqrt{\frac{V}{\nu x}} = V\frac{df}{d\eta} \tag{10.3.14}$$

$$v = -\frac{\partial \psi}{\partial x} = -\left[\sqrt{\nu x V}\,\frac{\partial f}{\partial x} + \frac{1}{2}\sqrt{\frac{\nu V}{x}}\,f\right]$$

$$= -\left[\sqrt{\nu x V}\,\frac{df}{d\eta}\left(-\frac{1}{2}\eta\frac{1}{x}\right) + \frac{1}{2}\sqrt{\frac{\nu V}{x}}\,f\right] = \frac{1}{2}\sqrt{\frac{\nu V}{x}}\left[\eta\frac{df}{d\eta} - f\right] \tag{10.3.15}$$

속도성분 u를 x 및 y에 대해 미분하면

$$\frac{\partial u}{\partial x} = -\frac{V}{2x}\eta\frac{d^2 f}{d\eta^2} \tag{10.3.16}$$

$$\frac{\partial u}{\partial y} = V\sqrt{\frac{V}{\nu x}}\,\frac{d^2 f}{d\eta^2} \tag{10.3.17}$$

$$\frac{\partial^2 u}{\partial y^2} = \frac{V^2}{\nu x}\frac{d^3 f}{d\eta^3} \tag{10.3.18}$$

식 (10.3.16) ~ 식 (10.3.18)을 식 (10.3.8)에 적용하면 평판에서의 층류 경계층 지배방정식인 2차 편미분 방정식이 경계조건과 함께 다음과 같이 비선형 3차 상미분방정식으로 표현된다.

$$2\frac{d^3f}{d\eta^3} + f\frac{d^2f}{d\eta^2} = 0 \tag{10.3.19}$$

$$\eta = 0 \quad \rightarrow \quad f = \frac{df}{d\eta} = 0 \tag{10.3.20}$$

$$\eta \rightarrow \infty \quad \rightarrow \quad \frac{df}{d\eta} = 1 \tag{10.3.21}$$

식 (10.3.19)는 해석적으로 해를 구할 수가 없지만 컴퓨터를 통한 수치적분으로 구할 수가 있으며, 표 10.3.1은 f, $df/d\eta$, $d^2f/d\eta^2$ 값을 보여주고 있다.

표 10.3.1로부터 η=5일 때 u/V=0.9915가 되며, 경계층의 두께 δ를 경계층 내의 유속 u가 상류부 접근유속 V의 99%가 되는 즉, u/V=0.99인 높이로 정의하였으므로 식 (10.3.12)로부터

$$\delta \approx \frac{5.0}{\sqrt{V/\nu x}} = \frac{5.0x}{\sqrt{R_{ex}}} \tag{10.3.22}$$

또는

$$\frac{\delta}{x} = \frac{5.0}{\sqrt{R_{ex}}} \tag{10.3.23}$$

여기서 R_{ex}는 평판을 따라 흐르는 x방향의 Reynolds수이다. Blasius의 속도분포를 이용하여 경계층 배제두께 δ_d와 운동량두께 δ_m을 구할 수가 있으며 다음과 같다.

$$\frac{\delta_d}{x} = \frac{1.721}{\sqrt{R_{ex}}} \tag{10.3.24}$$

$$\frac{\delta_m}{x} = \frac{0.664}{\sqrt{R_{ex}}} \tag{10.3.25}$$

표 10.3.1 평판에서의 층류 경계층에 대한 함수의 Blasius해

$\eta = y\sqrt{\frac{V}{\nu x}}$	f	$f' = \frac{u}{V}$	f''	$\eta = y\sqrt{\frac{V}{\nu x}}$	f	$f' = \frac{u}{V}$	f''
0.0	0	0	0.3321	4.5	2.7901	0.9795	0.0340
0.5	0.0415	0.1659	0.3309	5.0	3.2833	0.9915	0.0159
1.0	0.1656	0.3298	0.3230	5.5	3.7806	0.9969	0.0066
1.5	0.3701	0.4868	0.3026	6.0	4.2796	0.9990	0.0024
2.0	0.6500	0.6298	0.2668	6.5	4.7793	0.9997	0.0008
2.5	0.9963	0.7513	0.2174	7.0	5.2792	0.9999	0.0002
3.0	1.3968	0.8460	0.1614	7.5	5.7792	1.0000	0.0001
3.5	1.8377	0.9130	0.1078	8.0	6.2792	1.0000	0.0000
4.0	2.3057	0.9555	0.0642				

속도분포를 알면 벽면 전단응력은 다음과 같이 나타낼 수 있다.

$$\tau_w = \mu \frac{\partial u}{\partial y}\Big|_{y=0} = \mu V \sqrt{\frac{V}{\nu x}} \frac{d^2 f}{d\eta^2}\Big|_{\eta=0} \tag{10.3.26}$$

따라서

$$\tau_w = 0.332 V \sqrt{\frac{\rho \mu V}{x}} = 0.332 \frac{\rho V^2}{\sqrt{R_{ex}}} \tag{10.3.27}$$

하류로 이동할수록 즉, x가 증가할수록 경계층의 두께가 증가하므로 벽면 전단응력은 감소하게 됨을 알 수 있다. 표면마찰계수(skin friction coefficient) C_f는 다음과 같이 정의한다.

$$C_f = \frac{\tau_w}{\frac{1}{2}\rho V^2} = \frac{0.664}{\sqrt{R_{ex}}} \tag{10.3.28}$$

경계층 두께 δ, 배제두께 δ_d, 운동량두께 δ_m, 벽면 전단응력 τ_w 그리고 표면마찰계수 C_f 모두 $R_{ex}^{1/2}$에 반비례하고 있음을 알 수 있다.

예제 10.3.1

표 10.3.1을 이용하여 평판위의 층류 경계층에 대해 (a) η=5일 때와 $\eta \to \infty$일 때의 δ_d/δ, (b) 경계층의 경계지점에서의 v/V를 구하라.

풀이

(a) 식 (10.3.12)에서 $\eta = y\sqrt{V/\nu x}$ 이므로 $y = \eta\sqrt{\nu x/V}$ 이고, 따라서 $dy = d\eta\sqrt{\nu x/V}$

식 (10.3.22)로부터

$$\delta \approx \frac{5}{\sqrt{V/\nu x}} \quad \rightarrow \quad \frac{\delta}{5} = \sqrt{\frac{\nu x}{V}}$$

배제두께 δ_d는 식 (10.3.2)로부터

$$\delta_d = \int_0^{\delta}\left(1-\frac{u}{V}\right)dy = \int_0^{\eta_{max}}\left(1-\frac{u}{V}\right)\sqrt{\frac{\nu x}{V}}\,d\eta = \sqrt{\frac{\nu x}{V}}\int_0^{\eta_{max}}\left(1-\frac{u}{V}\right)d\eta$$

따라서

$$\frac{\delta_d}{\delta} = \frac{1}{5}\int_0^{\eta_{max}}\left(1-\frac{u}{V}\right)d\eta$$

식 (10.3.14)로부터 $u/V=df/d\eta=f'(\eta)$이므로

$$\frac{\delta_d}{\delta} = \frac{1}{5}\int_0^{\eta_{max}}[1-f'(\eta)]\,d\eta = \frac{1}{5}[\eta - f(\eta)]_0^{\eta_{max}}$$

따라서 η_{max}=5일 때

$$\frac{\delta_d}{\delta}=\frac{1}{5}(5.0-3.2833)=0.343$$

η_{max}=8일 때

$$\frac{\delta_d}{\delta}=\frac{1}{5}(8.0-6.2792)=0.344$$

(b) 식 (10.3.15)로부터

$$v=\frac{1}{2}\sqrt{\frac{\nu V}{x}}\,[\eta f'(\eta)-f] \quad \rightarrow \quad \frac{v}{V}=\frac{1}{2}\sqrt{\frac{\nu}{Vx}}\,[\eta f'(\eta)-f(\eta)]=\frac{1}{2\sqrt{R_{ex}}}[\eta f'(\eta)-f(\eta)]$$

경계층의 경계이므로 η=5를 적용하면

$$\frac{v}{V}=\frac{1}{2\sqrt{R_{ex}}}[5\times(0.9915)-3.2833]=\frac{0.837}{\sqrt{R_{ex}}}$$

10.4 운동량 적분방정식

평판위에서의 층류 경계층 흐름에 대한 미분방정식의 해를 해석적으로 구하기가 곤란하기 때문에 근사적인 방법을 사용하게 되며, 난류 경계층의 발달 특성에 대한 해를 구할 경우에도 동일한 근사적인 방법을 사용하게 된다. 난류 경계층에 대한 해를 해석적으로 구할 수가 없으므로 이 경우에도 근사해 기법이 필요하다. 본 절에서는 물체 표면을 따라서 거리에 대한 함수로 층류 또는 난류 경계층의 두께를 근사적으로 얻을 수 있는 해석 방법 즉, 적분방정식을 미소 검사체적에 적용함으로서 물체 표면 거리의 함수로 경계층의 발달을 예측할 수 있는 방정식의 전개 과정을 소개하기로 한다.

운동량 적분방정식을 적용하기 위해 고체 표면 위를 흐르는 2차원 정상류 비압축성 흐름에 대허 그림 10.4.1과 같이 길이 dx, 경계층 두께 $\delta(x)$ 그리고 폭 b인 미소 검사체적을 고려해 보자. 경계층 두께 δ는 거리 x가 증가함에 따라 증가하게 되며, 층류 및 난류에서의 x에 따른 경계층의 두께를 구해보기로 한다. 미소 검사체적 ABCD의 표면 AB 및 CD를 통해 질량흐름이 발생하게 된다. 검사표면 BC도 경계층의 상부 경계로 유선이 아니므로 질량흐름이 발생하게 된다. 하지만 고체 표면과 접하고 있는 AD면에서는 질량흐름이 발생하지 않는다. 미

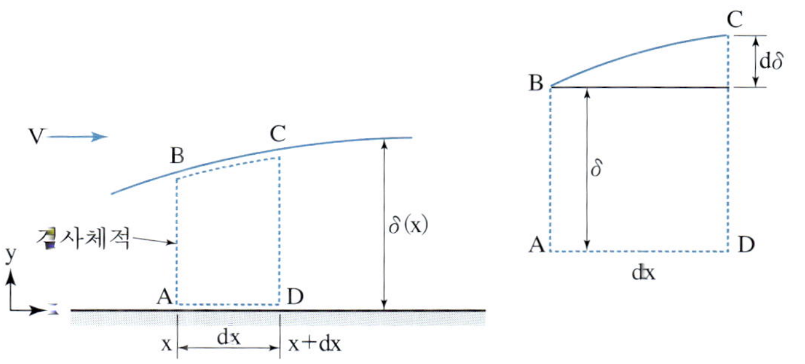

그림 10.4.1 경계층 내의 미소 검사체적

소 검사체적에 작용하는 힘과 검사표면을 통한 운동량 흐름을 고려하기 전에 검사체적의 각 표면을 통한 질량흐름을 결정하기 위해 연속방정식을 적용하기로 한다.

10.4.1 연속방정식

5.3.1절에서 소개한 연속방정식의 기본적인 적분형태를 다시 보자.

$$\left.\frac{dM}{dt}\right|_{sys} = \frac{d}{dt}\int_{cv}\rho\, dV + \int_{cs}\rho\,\vec{V}\cdot d\vec{A} \tag{5.3.1}$$

미소 검사체적의 흐름이 2차원 정상류 비압축성 흐름이므로 식 (5.3.1)은 다음과 같이 정리할 수 있다.

$$0 = \int_{cs}\rho\,\vec{V}\cdot d\vec{A} = \dot{m}_{AB} + \dot{m}_{BC} + \dot{m}_{CD} \tag{10.4.1a}$$

또는

$$\dot{m}_{BC} = -\dot{m}_{AB} - \dot{m}_{CD} \tag{10.4.1b}$$

이제 미소 검사체적의 각 표면을 통한 질량흐름을 알아보자. 먼저 위치 x에 있는 검사표면 AB를 통해 흐르는 질량은

$$\dot{m}_{AB} = -\left(\int_0^{\delta}\rho u\, dy\right)b \tag{10.4.2}$$

검사표면 CD는 x+dx 위치에 있으므로 $\dot{m}$을 위치 x에서의 Taylor급수로 확장하면

$$\dot{m}_{x+dx} = \dot{m}_x + \left.\frac{\partial \dot{m}}{\partial x}\right|_x dx \tag{10.4.3}$$

따라서

$$\dot{m}_{CD} = \left[\int_o^{\delta}\rho u\, dy + \frac{\partial}{\partial x}\left(\int_0^{\delta}\rho u\, dy\right)dx\right]b \tag{10.4.4}$$

검사표면 BC에서의 질량흐름은 다음과 같이 나타낼 수 있다.

$$\dot{m}_{BC} = -\left[\frac{\partial}{\partial x}\left(\int_0^{\delta}\rho u\, dy\right)dx\right]b \tag{10.4.5}$$

10.4.2 운동량방정식

미소 검사체적 ABCD와 관련 있는 운동량흐름과 힘을 알아보기 위해 운동량방정식을 적용하기로 한다. 5.5.1절에서 소개한 운동량방정식을 보면

$$\Sigma\vec{F} = \vec{F}_S + \vec{F}_B = \frac{d}{dt}\int_{cv} \vec{V}\rho dV + \int_{cs} \vec{V}\rho\vec{V}\cdot\vec{A} \tag{5.5.3}$$

검사체적 ABCD에 대한 x방향의 운동량 방정식은

$$F_x = F_{S_x} + F_{B_x} = \frac{d}{dt}\int_{cv} u\rho dV + \int_{cs} u\rho\vec{V}\cdot d\vec{A} \tag{5.5.4a}$$

2차원 정상류 흐름이며, 물체력을 무시하면

$$F_{S_x} = \int_{cs} u\rho\vec{V}\cdot d\vec{A} = mf_{AB} + mf_{BC} + mf_{CD} \tag{10.4.6}$$

여기서 mf는 x방향 성분의 운동량흐름을 의미한다. 식 (10.4.6)을 미소 검사체적 ABCD에 적용하기 위해서 검사표면을 통한 x방향의 운동량흐름과 검사체적에 작용하는 x방향의 표면력을 알 필요가 있다. 먼저 x위치에 있는 검사표면 AB를 통한 운동량흐름은

$$mf_{AB} = -\left(\int_0^{\delta} u\rho u dy\right) b \tag{10.4.7}$$

검사표면 CD는 x+dx 위치에 있으므로 mf를 위치 x에서의 Taylor급수로 확장하면

$$mf_{x+dx} = mf_x + \left.\frac{\partial mf}{\partial x}\right|_x dx \tag{10.4.8}$$

따라서

$$mf_{CD} = \left[\int_0^{\delta} u\rho u dy + \frac{\partial}{\partial x}\left(\int_0^{\delta} u\rho u dy\right) dx\right] b \tag{10.4.9}$$

검사표면 BC를 통과하는 질량은 x방향의 속도성분이 상류부 접근 유속인 V와 같으므로 검사표면 BC를 통한 운동량 흐름은 다음과 같다.

$$mf_{BC} = V\dot{m}_{BC} \tag{10.4.10a}$$

$$mf_{BC} = -V\left[\frac{\partial}{\partial x}\left(\int_0^{\delta} \rho u dy\right) dx\right] b \tag{10.4.10b}$$

식 (10.4.7), 식 (10.4.9) 및 식 (10.4.10b)를 식 (10.4.6)에 적용하여 검사표면을 통한 x방향의 운동량흐름을 나타내면

$$\int_{CS} u\,\rho\vec{V}\cdot d\vec{A} = -\left(\int_0^\delta u\rho u dy\right)b + \left[\int_o^\delta u\rho u dy + \frac{\partial}{\partial x}\left(\int_0^\delta u\rho u dy\right)dx\right]b$$
$$- V\left[\frac{\partial}{\partial x}\left(\int_0^\delta \rho u dy\right)dx\right]b \qquad (10.4.11)$$

또는

$$\int_{CS} u\,\rho\vec{V}\cdot d\vec{A} = \left[\frac{\partial}{\partial x}\left(\int_0^\delta u\rho u dy\right)dx - V\frac{\partial}{\partial x}\left(\int_0^\delta \rho u dy\right)dx\right]b \qquad (10.4.12)$$

이제 검사체적에서 x방향으로 작용하는 표면력에 대해 알아보기로 하자. 검사표면의 세면에 직각방향의 압력에 의한 힘이 작용하고 있으며, 이외에도 검사표면 AD에 전단력이 작용하고 있다. 경계층의 경계면인 BC에서는 속도경사가 0이므로 검사표면 BC에 작용하는 전단력은 무시할 수가 있다.

먼저 경계층이 매우 얇아 y방향으로의 압력의 변화는 무시할 수가 있으므로 x위치에서의 압력은 p가되고, 따라서 검사표면 AB에 작용하는 힘은

$$F_{AB} = p\,b\,\delta \qquad (10.4.13)$$

Taylor급수를 전개하면 x+dx에서의 압력은

$$p_{x+dx} = p + \frac{dp}{dx}\bigg|_x dx \qquad (10.4.14)$$

따라서 검사표면 CD에 작용하는 힘은

$$F_{CD} = -\left(p + \frac{dp}{dx}\bigg|_x dx\right)b(\delta + d\delta) \qquad (10.4.15)$$

검사표면 BC에 작용하는 평균 압력은

$$p + \frac{1}{2}\frac{dp}{dx}\mathrm{RIGHT}|_x dx \qquad (10.4.16)$$

따라서 표면 BC에 작용하는 직각방향의 힘의 x방향성분은

$$F_{BC} = \left(p + \frac{1}{2}\frac{dp}{dx}\bigg|_x dx\right)b d\delta \qquad (10.4.17)$$

마지막으로 검사표면 AD에 작용하는 전단력은 다음과 같다.

$$F_{AD} = -\left(\tau_w + \frac{1}{2}d\tau_w\right)bdx \qquad (10.4.18)$$

위와 같이 구한 검사체적에 작용하는 각 힘의 x방향 성분들을 합하면

$$Fs_x = \left(-\frac{dp}{dx}\delta\,dx - \frac{1}{2}\frac{dp}{dx}dx\,d\delta - \tau_w\,dx - \frac{1}{2}d\tau_w\,dx\right)b \qquad (10.4.19)$$

dx 및 $d\delta$는 미소길이이므로 $dxd\delta \ll \delta dx$이고, $d\tau_w \ll \tau_w$이므로 식 (10.4.9)에서 우변 괄호안의 두 번째 및 네 번째 항은 생략할 수가 있다. 따라서 식 (10.4.12)와 식 (10.4.19)를 x방향의 운동량방정식 (10.4.6)에 적용하면

$$\left(-\frac{dp}{dx}\delta\,dx - \tau_w\,dx\right)b = \left[\frac{\partial}{\partial x}\left(\int_0^\delta u\,\rho\,u\,dy\right)dx - V\frac{\partial}{\partial x}\left(\int_0^\delta \rho\,u\,dy\right)dx\right]b \qquad (10.4.20)$$

식 (10.4.20)의 양변을 bdx로 나누고 정리하면 경계층에 작용하는 힘의 x방향 성분과 x방향의 운동량흐름간의 관계를 나타내는 운동량적분(momentum integral)식을 얻게 된다.

$$-\delta\frac{dp}{dx} - \tau_w = \frac{\partial}{\partial x}\int_0^\delta u\,\rho\,u\,dy - V\frac{\partial}{\partial x}\int_0^\delta \rho\,u\,dy \qquad (10.4.21)$$

압력경사 dp/dx는 경계층 바깥의 비점성 흐름에 Bernoulli방정식을 적용하여 결정할 수가 있다

$$\frac{dp}{dx} = -\rho V\frac{dV}{dx} \qquad (10.4.22)$$

또한 $\delta = \int_0^\delta dy$이므로 식 (104.21)은 다음과 같이 나타낼 수가 있다.

$$\tau_w = -\frac{\partial}{\partial x}\int_0^\delta u\,\rho\,u\,dy + V\frac{\partial}{\partial x}\int_0^\delta \rho\,u\,dy + \frac{dV}{dx}\int_0^\delta \rho V\,dy \qquad (10.4.23)$$

윗 식 우변의 두 번째항은 다음과 같으므로

$$V\frac{\partial}{\partial x}\int_0^\delta \rho\,u\,dy = \frac{\partial}{\partial x}\int_0^\delta \rho\,uV\,dy - \frac{dV}{dx}\int_0^\delta \rho\,u\,dy \qquad (10.4.24)$$

식 (10.4.23)은 다음과 같이 표현된다.

$$\tau_w = \frac{\partial}{\partial x}\int_0^{\delta}\rho u(V-u)dy + \frac{dV}{dx}\int_0^{\delta}\rho(V-u)dy \qquad (10.4.25a)$$

또는

$$\tau_w = \frac{\partial}{\partial x}V^2\int_0^{\delta}\rho\frac{u}{V}(1-\frac{u}{V})dy + V\frac{dV}{dx}\int_0^{\delta}\rho(1-\frac{u}{V})dy \qquad (10.4.25b)$$

경계층의 배제두께 δ_d의 식 (10.3.2)와 운동량 두께 δ_m의 식 (10.3.4)를 이용하면 식 (10.4.25b)는 최종적으로 다음과 같이 나타낼 수가 있다.

$$\frac{\tau_w}{\rho} = \frac{d}{dx}(V^2\delta_m) + \delta_d V\frac{dV}{dx} \qquad (10.4.26)$$

식 (10.4.26)은 경계층 두께에 대한 상미분방정식으로 운동량 적분방정식(momentum integral equation)이라 하며, 속도분포를 적절히 가정함으로서 벽면 전단응력과 다른 변수들과의 관계를 맺어주게 된다. 일단 경계층의 두께가 결정되면 운동량두께, 배제두께 그리고 벽면 전단응력을 계산할 수가 있다.

벽면 전단응력 τ_w와 속도분포 사이의 관계를 맺어주는 특정한 가정을 하지 않았으므로 식 (10.4.26)은 층류 또는 난류 경계흐름에 모두 적용할 수 있다. 이 식을 이용하여 x의 함수로 경계층의 두께를 산정하기 위해서는 먼저 상류부 접근유속분포 V(x)의 첫 번째 근사치를 얻어야 하는데, 이는 점성층이 없는 비점성흐름 이론으로부터 결정할 수가 있다. 경계층에서의 압력은 Bernoulli방정식을 이용하여 상류부 접근속도 V(x)와 관계를 맺을 수 있다. 두 번째로 경계층 내에서의 속도분포 형태를 적절히 가정한다. 그리고 마지막으로 벽면 전단응력과 속도장과의 관계를 맺어준다. 경계층 흐름에 운동량적분방정식의 적용을 위해 평판위의 압력경사가 0인 흐름에 대해 고려해 보기로 한다.

10.4.3 평판에서의 운동량적분방정식의 적용

운동량적분방정식을 적용하기 위해 먼저 상류부 접근유속 V가 일정한 평판위의 흐름인 경우 Bernoulli방정식으로부터 압력 p가 일정하고, 따라서 x방향으로의 압력경사 dp/dx가 0이 된다. 운동량적분방정식 (10.4.26)에 이러한 조건을 적용하면

$$\tau_w = \rho V^2\frac{d\delta_m}{dx} = \rho V^2\frac{d}{dx}\int_0^{\delta}\frac{u}{V}\left(1-\frac{u}{V}\right)dy \qquad (10.4.27)$$

경계층 내에서는 일반적으로 속도분포 u/V가 y/δ의 함수로 나타나므로 적분변수 y를 y/δ로 변환

하는 것이 편리하다. 따라서 $\eta=y/\delta$로 정의하면 $dy=\delta d\eta$가 되고, 압력경사 0에 대한 운동량적분방정식은 다음과 같이 나타낼 수 있다.

$$\tau_w = \rho V^2 \frac{d\delta_m}{dx} = \rho V^2 \frac{d\delta}{dx}\int_0^1 \frac{u}{V}\left(1-\frac{u}{V}\right)d\eta \tag{10.4.28}$$

x의 함수로 경계층 두께에 대한 식 (10.4.28)의 해를 구하기 위해서는 먼저 경계층 내의 속도분포를 다음과 같은 함수의 형태로 가정한다.

$$\frac{u}{V} = f\left(\frac{y}{\delta}\right) \tag{10.4.29}$$

가정한 속도분포는 다음과 같은 경계조건을 만족해야 한다. 즉, $y=0$에서 $u=0$이고, $y=\delta$에서는 $u=V$ 그리고 $\partial u/\partial y=0$을 만족해야 한다. 일단 속도분포를 가정하면 식 (10.4.28)에서의 적분값은 다음과 같게 된다.

$$\int_0^1 \frac{u}{V}\left(1-\frac{u}{V}\right)d\eta = \delta_m = \text{일정} = \beta \tag{10.4.30}$$

따라서 운동량적분방정식은 다음과 같이 간단히 나타낼 수가 있다.

$$\tau_w = \rho V^2 \frac{d\delta}{dx}\beta \tag{10.4.31}$$

경계층 두께 δ의 항으로 벽면 전단응력 τ_w를 나타내던 층류 및 난류에 대한 $\delta(x)$를 구할 수가 있게 된다.

10.4.4 층류흐름

평판위에서의 층류흐름인 경우 적절한 속도분포로 다음과 같이 y에 대한 다항식으로 가정할 수가 있다.

$$u = a_o + a_1 y + a_2 y^2 \tag{10.4.32}$$

경계조건은 $y=0$에서 $u=0$이고, $y=\delta$에서는 $u=V$ 그리고 $\partial u/\partial y=0$을 만족해야 하므로 상수 a_o, a_1 및 a_2를 구해 식 (10.4.32)에 적용하면

$$\frac{u}{V} = 2\left(\frac{y}{\delta}\right)-\left(\frac{y}{\delta}\right)^2 = 2\eta-\eta^2 \tag{10.4.33}$$

벽면 전단응력은 다음과 같이 주어지므로

$$\tau_w = \mu \frac{\partial u}{\partial y}\Big|_{y=0} \tag{10.4.34}$$

가정한 속도분포를 식 (10.4.34)에 대입하면

$$\tau_w = \mu \frac{\partial u}{\partial y}\Big|_{y=0} = \mu \frac{V\partial(u/V)}{\delta\partial(y/\delta)}\Big|_{y/\delta=0} = \frac{\mu V}{\delta}\frac{d(u/V)}{d\eta}\Big|_{\eta=0} \tag{10.4.35}$$

또는

$$\tau_w = \frac{\mu V}{\delta}\frac{d}{d\eta}(2\eta-\eta^2)\Big|_{\eta=0} = \frac{\mu V}{\delta}(2-2\eta)\Big|_{\eta=0} = \frac{2\mu V}{\delta} \tag{10.4.36}$$

식 (10.4.33)의 u/V와 식 (10.4.36)의 τ_w를 운동량적분방정식 (10.4.28)에 대입하면

$$\frac{2\mu V}{\delta} = \rho V^2 \frac{d\delta}{dx}\int_0^1 (2\eta-\eta)^2(1-2\eta+\eta^2)d\eta \tag{10.4.37}$$

또는

$$\frac{2\mu V}{\delta\rho V^2} = \frac{d\delta}{dx}\int_0^1 (2\eta-5\eta^2+3\eta^3-\eta^4)d\eta \tag{10.4.38}$$

윗 식을 적분하면

$$\frac{2\mu}{\delta\rho V} = \frac{2}{15}\frac{d\delta}{dx} \tag{10.4.39}$$

또는

$$\delta\, d\delta = \frac{15\mu}{\rho V}dx \tag{10.4.40}$$

식 (10.4.40)은 δ에 대한 미분방정식이므로 적분하면

$$\frac{\delta^2}{2} = \frac{15\mu}{\rho V}x + C \tag{10.4.41}$$

평판의 선단에서는 아직 경계층이 형성되지 않으므로 x=0에서 δ=0이 되고, 따라서 적분상수 C=0이 된다. 그러므로

$$\delta = \sqrt{\frac{30\mu x}{\rho V}} \tag{10.4.42}$$

표 10.4.1 속도분포에 따른 평판에서의 층류 경계층 흐름 결과

속 도 분 포 $\frac{u}{V}=f(\frac{y}{\delta})=f(\eta)$	$\frac{\delta_m}{\delta}$	$\frac{\delta_d}{\delta}$	$H=\frac{\delta_d}{\delta_m}$	$a=\frac{\delta}{x}\sqrt{R_e}$	$b=C_f\sqrt{R_e}$
$f(\eta)=\eta$	$\frac{1}{6}$	$\frac{1}{2}$	3.00	3.46	0.577
$f(\eta)=2\eta-\eta^2$	$\frac{2}{15}$	$\frac{1}{3}$	2.50	5.48	0.730
$f(\eta)=\frac{3}{2}\eta-\frac{1}{2}\eta^3$	$\frac{39}{280}$	$\frac{3}{8}$	2.69	4.64	0.647
$f(\eta)=2\eta-2\eta^3+\eta^4$	$\frac{37}{315}$	$\frac{3}{10}$	2.55	5.84	0.685
$f(\eta)=\sin(\frac{\pi}{2}\eta)$	$\frac{4-\pi}{2\pi}$	$\frac{\pi-2}{\pi}$	2.66	4.80	0.654
Exact	0.133	0.344	2.59	5.0	0.664

또는

$$\frac{\delta}{x}=\sqrt{\frac{30\mu}{\rho Vx}}=\frac{5.48}{\sqrt{R_{ex}}} \tag{10.4.43}$$

식 (10.4.43)으로부터 평판을 따른 거리에 대한 층류 경계층의 두께의 비는 Reynolds수의 제곱근에 반비례하고 있음을 알 수가 있다. 이는 10.3.5절에서 소개한 Blasius에 의한 운동의 미분방정식으로부터 구한 정해(exact solution)와 같은 형태를 이루고 있음을 보여주며, 정해의 식 (10.3.23)에서는 상수가 5인데 반해 운동량적분방정식으로부터 구한 식 (10.4.43)에서의 상수는 5.48로 오차의 범위가 10% 이내로 나타나고 있다. 표 10.4.1은 평판에서의 다양한 속도분포에 대해 운동량적분방정식과 정해로부터 구한 층류 경계층 흐름의 결과를 비교하여 보여주고 있다.

이상과 같은 방법으로 경계층의 두께가 결정되면 흐름과 관련된 모든 값들을 결정할 수가 있게 된다. 벽면 전단응력계수 또는 표면마찰(skin friction)계수 C_f를 다음과 같이 정의 한다.

$$C_f=\frac{\tau_w}{\frac{1}{2}\rho V^2} \tag{10.4.44}$$

식 (10.4.44)에 속도분포와 식 (10.4.43)을 대입하면

$$C_f=\frac{\tau_w}{\frac{1}{2}\rho V^2}=\frac{2\mu(V/\delta)}{\frac{1}{2}\rho V^2}=\frac{4\mu}{\rho V\delta}=\frac{4\mu}{\rho Vx}\frac{x}{\delta}=\frac{4}{R_{ex}}\frac{\sqrt{R_{ex}}}{5.48} \tag{10.4.45}$$

최종적으로

$$C_f = \frac{0.730}{\sqrt{R_{ex}}} \qquad (10.4.46)$$

그러므로 벽면 전단응력 τ_w의 변화가 결정되면 평판 위 면적에 대해 적분함으로서 표면에서의 점성 항력을 구할 수가 있게 된다.

예제 10.4.1

평판위로 표준상태에서의 공기가 접근속도 V=20m/s로 흐르고 있을 때 Reynolds수가 2.5×10^5이라면 평판 선단으로부터 25cm 떨어진 지점에서의 층류 경계층의 두께는 얼마인가?

풀이

식 (10.4.43)으로부터

$$\frac{\delta}{x} = \frac{5.48}{\sqrt{R_{ex}}} = \frac{5.48}{\sqrt{2.5\times10^5}} = 0.01096$$

따라서 경계층의 두께는

$$\delta = 0.01096\times25(\text{cm}) = 2.74\text{mm}$$

10.4.5 층류에서 난류로의 천이

지금까지 압력경사가 0인 평판위에서의 층류 경계층 흐름에 대해 Blasius의 정해와 운동량적분방정식을 이용하여 상류부 유입속도분포를 가정한 근사해를 결정하는 방법에 대해 소개하였는데, 유체나 상류부 유입속도에 상관없이 평판의 길이가 긴 경우 경계층이 난류로 천이(transition)되기 전까지는 실험결과와 잘 일치하는 것으로 나타나고 있다. 이는 Reynolds수가 층류에서 난류로의 천이를 나타내는 변수인데, 평판을 따라 흐름방향으로의 거리 x에 따라 변하기 때문이다.

천이지점에서의 Reynolds수는 표면조도, 표면곡률 그리고 경계층 바깥에서의 흐름의 교란 등에 의해 영향을 받는다. 날카로운 선단을 가진 평판에서의 공기 흐름인 경우 층류로부터 난류로의 천이는 Reynolds수가 $2\times10^5 < R_e < 3\times10^6$ 범위에서 나타나는 위치 x에서 발생하게 되므로 일반적으로 천이에 해당하는 한계 Reynolds수는 $R_{ecr}=5\times10^5$으로 적용하고 있다.

층류로부터 난류로의 실제적인 천이의 발생위치는 단일 지점이 아니고 평판의 특정한 영역에서 나타나게 되며, 천이의 복잡한 과정은 흐름의 불안정과도 관련이 있다. 평판의 표면조도나 진동에 의해 경계층 흐름에 작은 교란이 발생하면 교란이 발생한 위치에 따라 교란이 확대되기도 하고 쇠퇴되기도 한다. 만일 교란의 발생위치가 한계 Reynolds수보다 작은 곳이면 교란은 소멸되어 층류 경계층으로 다시 형성되며, 한계 Reynolds수보다 큰 곳에서 교란이 발생하면 교란이 성장하여 하류부에서는 난류 경계층 흐름으로 천이되게 된다.

예제 10.4.2

평판위로 20℃의 물이 3m/s로 흐를 때 난류 경계층 흐름으로 천이되는 위치와 이곳에서의 경계층의 두께는 얼마인가? 단, 20℃ 물의 동점성계수는 ν=1.004×10^{-6}m^2/s이다.

풀이

층류가 유지되는 위치의 한계는 R_{ecr}=5×10^{5}이므로 Reynolds수로부터

$$R_e = \frac{Vx}{\nu} \quad \rightarrow \quad x = \frac{\nu R_e}{V}$$

따라서

$$x_{cr} = \frac{(1.004\times10^{-6}\text{m}^2/\text{s})(5\times10^5)}{3\text{m/s}} = 0.167\text{m}$$

경계층의 두께는 식 (10.3.22)에 의해

$$\delta_{cr} = \delta\,|_{x=x_{cr}} = \frac{5.0}{\sqrt{V/\nu x_{cr}}} = \frac{5.0}{\sqrt{3/(1.004\times10^{-6}\times0.167)}} = 0.682\text{mm}$$

10.4.6 난류 흐름

압력경사가 0인 평판 흐름에서의 경계층 내 난류 속도분포는 관거 및 하도에서의 난류흐름과 매우 흡사하다. 하지만 난류흐름의 구조는 매우 복잡하며 무작위하고 불규칙하다. 따라서 난류 경계층 흐름에 대한 정해(exact solution)를 구하기가 곤란하다. 층류 경계층 흐름에서는 Prandtl의 방정식을 풀어 Blasius의 해를 구하는 것이 가능하였지만, 난류 경계층 흐름에서는 전단응력을 정확히 나타내기가 곤란하므로 해를 얻을 수가 없다.

층류 경계층 흐름에서 운동량적분방정식을 이용하여 근사해를 얻을 수 있는 것처럼 난류 경계층 흐름도 운동량적분방정식을 적용함으로서 근사해를 얻을 수가 있다. 난류 흐름에 대한 경계층을 해석하기 위해서는 매끈한 평판의 난류 경계층에서는 다음과 같은 멱함수(power law) 속도분포식을 이용한다.

$$\frac{u}{V} = \left(\frac{y}{\delta}\right)^{1/n} = \eta^{1/n} \qquad n = \begin{cases} 7 & R_e < 10^7 \\ 8 & 10^7 < R_e < 10^8 \\ 9 & 10^8 < R_e < 10^9 \end{cases} \tag{10.4.47}$$

난류 경계층 흐름을 해석하기 위해 일반적으로 n=7을 적용한다. 그러나 표면 근처에서는 du/dy=∞이므로 표면에 인접한 지역에서는 식 (10.4.47)은 적절하지가 않다. 따라서 층류 경계층 흐름에서와 같이 벽면 전단응력 τ_w를 경계층의 두께 δ의 항으로 표현하기 위한 τ_w의 정의에서 이 속도분포를 사용하지는 않는다. 난류 경계층 흐름에 대해 관로 흐름에서 유도한 식 (10.4.48)을 사용하는데 이 식은 식 (8.4.19)를 벽면 전단응력 식 (8.4.8) 그리고 마찰손실계수

식 (8.4.12)와 연계하여 정리하면 얻을 수가 있다.

$$\tau_w = 0.03325\,\rho\,\overline{V}^2\left(\frac{\nu}{R\overline{V}}\right)^{1/4} \tag{10.4.48}$$

관로에서의 평균유속식 (8.3.19)에 n=7을 적용하면 $\overline{V}/V_c$=0.817이 된다. 따라서 관로 중심에서의 유속 V_c 대신 접근유속 V로 대체하면 $\overline{V}$=0.817V로 적용할 수 있고, 관의 반경 R을 δ로 놓으면 식 (10.4.48)은 다음과 같이 나타낼 수 있다.

$$\tau_w = 0.0233\,\rho\,V^2\left(\frac{\nu}{V\delta}\right)^{1/4} \tag{10.4.49}$$

운동량적분방정식 (10.4.28)에 식 (10.4.49)를 대입하고, u/V=$\eta^{1/7}$을 적용하면

$$0.0233\left(\frac{\nu}{V\delta}\right)^{1/4} = \frac{d\delta}{dx}\int_0^1 \eta^{1/7}(1-\eta^{1/7})d\eta = \frac{7}{72}\frac{d\delta}{dx} \tag{10.4.50}$$

따라서 다음과 같이 δ에 대한 미분방정식을 얻게 된다.

$$\delta^{1/4}d\delta = 0.240\left(\frac{\nu}{V}\right)^{1/4}dx \tag{10.4.51}$$

식 (10.4.51)을 적분하면

$$\frac{4}{5}\delta^{5/4} = 0.240\left(\frac{\nu}{V}\right)^{1/4}x + C \tag{10.4.52}$$

평판의 선단 즉, x=0인 지점에서는 경계층의 두께 δ=0으로 가정할 수 있으므로 적분상수는 C=0이 된다. 따라서 식 (10.4.52)는

$$\delta = 0.382\left(\frac{\nu}{V}\right)^{1/5}x^{4/5} \tag{10.4.53}$$

또는

$$\frac{\delta}{x} = 0.382\left(\frac{\nu}{Vx}\right)^{1/5} = \frac{0.382}{R_e^{1/5}} \tag{10.4.54}$$

식 (10.4.49)과 식 (10.4.53)으로부터 표면마찰계수 C_f를 다음과 같이 나타낼 수 있다.

$$C_f = \frac{\tau_w}{\frac{1}{2}\rho V^2} = 0.0466\left(\frac{\nu}{V\delta}\right)^{1/4} = \frac{0.0594}{R_e^{1/5}} \tag{10.4.55}$$

실험에 의하면 식 (10.4.55)에 의한 난류 표면마찰 예측치가 $5\times10^5 < R_e < 10^7$에서 잘 일치하는 것으로 나타난다.

예제 10.4.3

평판위로 20℃의 물이 1m/s로 흐를 때 평판 선단에서 난류가 형성되기 시작하였다면 평판의 1.5m되는 지점에서의 난류 경계층 두께 δ, 배제두께 δ_d 그리고 벽면전단응력 τ_w는 얼마인가. 단 난류 속도분포는 멱함수 공식에서 지수 1/7를 적용하고, 20℃ 물의 동점성계수는 $\nu=1.004\times10^{-6}m^2/s$이다.

풀이

먼저 길이 x=1.5m 지점에서의 Reynolds수를 구하면

$$R_e = \frac{Vx}{\nu} = \frac{1m/s \times 1.5m}{1.004\times10^{-6}m^2/s} = 1.49\times10^6$$

식 (10.4.54)로부터 경계층 두께는

$$\delta = \frac{0.382x}{R_e^{1/5}} = \frac{0.382\times1.5}{(1.49\times10^6)^{1/5}} = 0.0334m = 33.4mm$$

식 (10.3.2)로부터 배제두께는

$$\delta_d = \int_0^\infty \left(1-\frac{u}{V}\right)dy = \delta\int_0^1\left(1-\frac{u}{V}\right)d\left(\frac{y}{\delta}\right)$$

$u/V=(y/\delta)^{1/7}=\eta^{1/7}$을 적용하면

$$\delta_d = \delta\int_0^1(1-\eta^{1/7})d(\eta) = \delta\left[\eta-\frac{7}{8}\eta^{8/7}\right]_0^1 = \frac{\delta}{8} = \frac{33.4}{8} = 4.175mm$$

벽면 전단응력은 식 (10.4.55)로부터

$$C_f = \frac{\tau_w}{\frac{1}{2}\rho V^2} = \frac{0.0594}{R_e^{1/5}} = \frac{0.0594}{(1.49\times10^6)^{1/5}} = 0.00346$$

따라서 τ_w는

$$\tau_w = \frac{C_f\rho V^2}{2} = \frac{0.00346\times999(kg_o/m^3)\times1.5^2(m^2/s^2)}{2} = 3.89\frac{kg_o}{ms^2}\frac{Ns^2}{kg_o m} = 3.89N/m^2$$

10.5 항력

유체에 물체가 놓여 있을 때 유체와 물체간에 상호 운동으로 인해 물체는 유체로 인해 힘 $\vec{F}$를 받게 된다. 일반적으로 미소 표면적에 작용하는 미소 힘 $d\vec{F}$는 표면에 수직이나 평행하게만 작용하-

지는 않는다. 만일 물체가 점성유체를 통해 움직인다면 물체에 전단력과 압력이 작용하게 된다.

$$\vec{F} = \int_{surface} d\vec{F} = \int_{surface} d\vec{F}_s + \int_{surface} d\vec{F}_p \tag{10.5.1}$$

여기서 $d\vec{F}_s$ 및 $d\vec{F}_p$는 미소 표면적에 작용하는 미소 전단력과 압력을 의미한다. 표면에 작용하는 힘들의 합 $\vec{F}$는 운동방향에 대해 수직 및 평행방향 요소로 해석하게 된다. 운동방향과 평행하게 작용하는 힘의 성분을 항력(drag force) F_D라하고, 운동방향과 수직하게 작용하는 힘의 성분을 양력(lift force) F_L이라 한다.

미소 면적에 작용하는 전단력과 압력은 다음과 같이 나타내게 된다.

$$d\vec{F}_s = \vec{\tau}_w dA \tag{10.5.2}$$

$$d\vec{F}_p = -p d\vec{A} \tag{10.5.3}$$

실험적인 결과 없이 항력과 양력을 해석적으로 구할 수 있는 경우는 매우 드물다. 10.2절에서 소개한 것과 같이 음압력경사는 종종 박리(separation)를 초래하고, 박리로 인해 물체에 작용하는 힘을 해석적으로 결정하기가 곤란해진다. 따라서 우리가 관심 있는 대부분의 물체 형상에 대해 항력과 양력을 구하기 위해 실험적으로 측정한 계수를 이용하게 된다.

항력은 운동과 평행한 방향으로 물체에 작용하는 힘의 성분이라 하였다. 7.2.1절 예제 7.2.2에서 본 것처럼 차원해석을 통해 비점성, 비압축성유체를 통해 속도 V로 움직이는 직경 D의 매끄러운 구에 작용하는 항력 F_D를 결정하기 위해 유체의 밀도 ρ와 점성 μ를 고려하였다. 따라서 항력 F_D와 관련된 변수들을 다음과 같이 함수의 형태로 나타내었다.

$$F_D = \phi_1(v, D, \rho, \mu) \tag{10.5.4}$$

Buckingham의 Π-정리로부터 두 개의 무차원변수를 구해 다음과 같이 무차원변수들의 함수로 나타내었다.

$$\frac{F_D}{\rho V^2 D^2} = \phi_2\left(\frac{\rho V D}{\mu}\right) \tag{10.5.5}$$

D^2이 단면적에 비례하므로 식 (10.5.5)에 단면적 A를 대체하면

$$\frac{F_D}{\rho V^2 A} = \phi_3\left(\frac{\rho V D}{\mu}\right) = \phi_3(R_e) \tag{10.5.6}$$

식 (10.5.6)은 직경 D인 구에 대하여 구한 식이지만 임의의 물체에 작용하는 비압축성 흐름에 대해

적용할 수가 있다. Reynolds수에서 사용한 특성길이(characteristic length)는 물체의 형상에 의존하게 된다.

항력계수(drag coefficient) C_D를 다음과 같이 정의하자.

$$C_D = \frac{F_D}{\frac{1}{2}\rho V^2 A} \tag{10.5.7}$$

따라서 식 (10.5.6)으로부터

$$C_D = \phi(R_e) \tag{10.5.8}$$

식 (10.5.8)에서는 항력에 압축성이나 상류부 유입속도의 영향에 대해서는 고려하지 않았는데 이들을 고려하면 항력계수는 다음과 같이 나타낼 수가 있다.

$$C_D = \phi(R_e,\ F_r,\ M_a) \tag{10.5.9}$$

여기서 F_r은 Forude수이고, M_a는 Mach수를 의미한다. 하지만 당분간 식 (10.5.8)이 유효한 물체에 대해서만 항력을 고려해 보기로 한다. 총 항력은 마찰항력(friction drag)와 압력항력(pressure drag)의 합으로 나타내지만 항력계수는 오직 Reynolds수의 함수로만 된다.

10.5.1 마찰항력

흐름과 평행한 평판 위에서의 흐름은 10.4절에서 자세히 알아보았다. 압력경사가 0인 경우에 대해 고려하였으므로 총 항력은 다음과 같이 마찰항력으로만 나타나게 된다.

$$F_D = \int_{surface} \tau_w dA \tag{10.5.10}$$

따라서 항력계수는

$$C_D = \frac{F_D}{\frac{1}{2}\rho V^2 A} = \frac{\int_s \tau_w dA}{\frac{1}{2}\rho V^2 A} \tag{10.5.11}$$

여기서 A는 유체와 접하고 있는 총 표면적이다. 흐름과 평행한 평판에서의 항력계수는 평판을 따른 전단응력 분포에 따라 변하게 된다. 평판위의 층류흐름에서 전단응력계수 또는 마찰계수 C_f는 식 (10.4.44)와 같이 정의하였었다.

$$C_f = \frac{\tau_w}{\frac{1}{2}\rho V^2} \tag{10.4.44}$$

길이 L, 폭 b인 평판위로 상류부 유입속도 V로 흐르는 층류에 대한 항력계수는 식 (10.4.44)의 τ_w를 식 (10.5.11)에 대입함으로서 얻을 수가 있다.

$$\begin{aligned} C_D &= \frac{1}{A}\int_A 0.664\, R_e^{-0.5}\, dA = \frac{1}{bL}\int_0^L 0.664\left(\frac{V}{\nu}\right)^{-0.5} x^{-0.5}\, b dx \\ &= \frac{0.664}{L}\left(\frac{\nu}{V}\right)^{0.5}\left[\frac{x^{0.5}}{0.5}\right]_0^L = 1.328\left(\frac{\nu}{VL}\right)^{0.5} \\ &= \frac{1.328}{\sqrt{R_{eL}}} \end{aligned} \tag{10.5.12}$$

평판의 선단부터 경계층이 난류라고 가정하면 10.4.6절에서 소개한 난류 경계층 흐름의 근사해로부터 전단응력계수는 다음과 같다.

$$C_f = \frac{\tau_w}{\frac{1}{2}\rho V^2} = \frac{0.0594}{R_e^{1/5}} \tag{10.4.55}$$

난류에 대한 항력계수는 식 (10.4.55)의 τ_w를 식 (10.5.11)에 대입함으로서 얻을 수가 있다.

$$\begin{aligned} C_D &= \frac{1}{A}\int_A 0.0594\, R_e^{-0.2}\, dA = \frac{1}{bL}\int_0^L 0.0594\left(\frac{V}{\nu}\right)^{-0.2} x^{-0.2}\, b dx \\ &= \frac{0.0594}{L}\left(\frac{\nu}{V}\right)^{0.2}\left[\frac{x^{0.8}}{0.8}\right]_0^L = 0.074\left(\frac{\nu}{VL}\right)^{0.2} \\ &= \frac{0.074}{R_{eL}^{1/5}} \end{aligned} \tag{10.5.13}$$

난류 항력계수는 Reynolds수의 범위가 $5\times10^5 < R_{eL} < 10^7$에서 적용할 수 있으며, Schlichting에 의해 제시된 다음 경험식은 $5\times10^5 < R_{eL} < 10^9$에서 적용할 수 있으며 실험결과와 잘 일치하고 있다.

$$C_D = \frac{0.455}{(\log R_{eL})^{2.58}} \tag{10.5.14}$$

초기에는 층류였다가 평판의 일부지역에서 난류로 천이되는 경계층에서는 난류 항력계수는 초기의 층류흐름을 고려하여 보정을 할 필요가 있는데, 발달된 난류 흐름에 대해 계산된 항력계수 C_D에서 B/R_{eL}을 빼주어 보정을 하게 된다. 여기서 B는 천이지점에서의 Reynolds수에 따라 변하며 다음과 같다.

$$B = R_{etr}\left(C_{D_{turbulent}} - C_{D_{laminar}}\right) \tag{10.5.15}$$

따라서 천이 Reynolds수가 5×10^5인 경우 보정된 항력계수는 다음과 같다.

$$C_D = \frac{0.074}{R_{eL}^{1/5}} - \frac{1,740}{R_{eL}} \qquad (5\times10^5 < R_{eL} < 10^7) \tag{10.5.16}$$

Schlichting에 의해 제시된 경험식 (10.5.14)는 다음과 같이 보정된다.

$$C_D = \frac{0.455}{(\log R_{eL})^{2.58}} - \frac{1,610}{R_{eL}} \tag{10.5.17}$$

예제 10.5.1

그림 10.5.1과 같이 길이 200m, 폭 30m, 흘수 20m인 유조선이 10℃의 바닷물(ν=1.4×10^{-6}m^2/s 및 ρ =1,020kg$_o$/m^3)에서 5m/s로 이동할 때 표면마찰항력을 극복하기 위해 필요한 동력은 얼마인가.

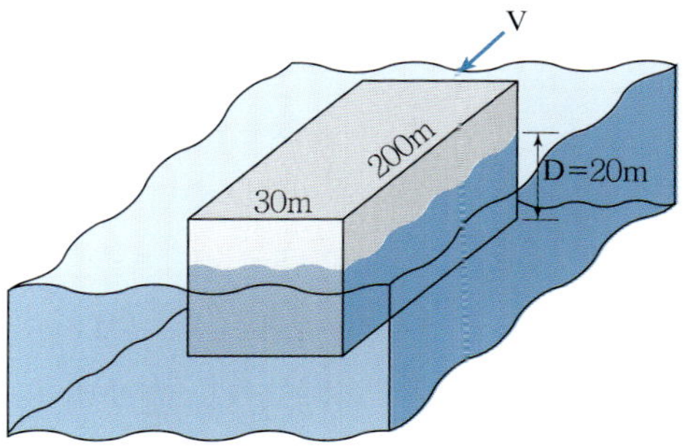

그림 10.5.1

풀이

표면마찰항력을 발생시키는 면적은 길이 L=200m이고,
폭은 b=30m+2×20m=70m이므로
A=200m×70m=14,000m^{2}이 된다.

$$R_{eL} = \frac{VL}{\nu} = \frac{5\text{m/s}\times200\text{m}}{1.4\times10^{-6}\text{m}^2/\text{s}} = 7.14\times10^8$$

따라서 식 (10.5.17)을 적용하면

$$C_D = \frac{0.455}{(\log R_{eL})^{2.58}} - \frac{1,610}{R_{eL}} = \frac{0.455}{(\log 7.14\times10^8)^{2.58}} - \frac{1,610}{7.14\times10^8} = 0.00164$$

식 (10.5.10)으로부터 항력 F_D를 구하면

$$F_D = C_D A\frac{1}{2}\rho V^2 = 0.00164\times14,000\text{m}^2\times0.5\times1,020\text{kg}_o/\text{m}^3\times5^2\text{m}^2/\text{s}^2$$
$$= 292,740\text{kg}_o\text{m/s}^2 = 293\text{kN/m}^2$$

따라서 필요한 동력은

$$F_D V = 293\times10^3\text{N}\times5\frac{\text{m}}{\text{s}}\times\frac{\text{W s}}{\text{N m}} = 1.47\text{MW}$$

10.5.2 압력항력

그림 10.5.2와 같이 평판이 흐름과 수직으로 놓인 경우 평판에 압력과 전단력이 모두 작용한다. 하지만 전단응력은 흐름과 수직으로 평판을 가로질러 발생하고 또한 판의 중심으로부터 대칭으로 작용한다. 따라서 전단력은 평판의 항력이나 양력에 직접적으로 기여를 하지 못한다. 오직 평판에 작용하는 압력만 흐름과 평행한 방향으로 힘을 가하므로 물체에 작용하는 총 항력은 압력에 의한 항력만 기여한다. 따라서 항력은 다음과 같이 나타낼 수 있다.

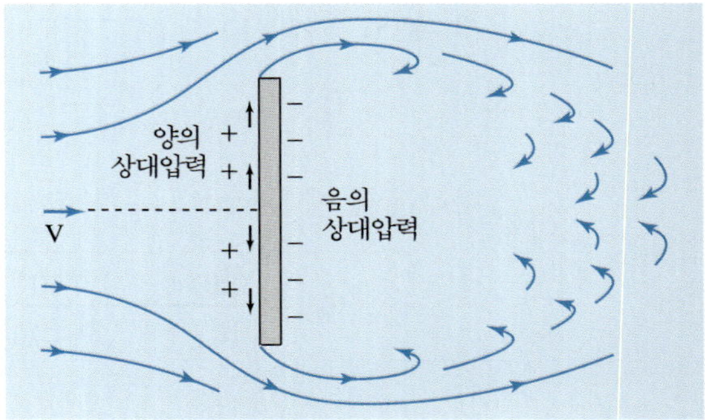

그림 10.5.2 흐름에 수직인 평판

$$F_D = \int_s p\,dA \tag{10.5.18}$$

이와 같은 평판의 흐름에서는 평판 끝부분에서 박리가 발생하며 후면부에서는 역류가 발생한다. 평판의 후면부에서의 압력이 일반적으로 일정하지만 해석적으로 결정할 수가 없다. 따라서 항력을 결정하기 위해서는 실험결과에 의존하게 된다.

흐름에 수직인 유한한 크기의 평판에 대한 항력계수는 평판의 높이에 대한 폭의 비 즉, 형상비(aspect ratio) b/h와 Reynolds수에 따라 변하게 되며, 그림 10.5.3은 평판의 높이에 대한 폭의 비에 따른 항력계수 C_D의 변화를 보여주고 있다. 높이를 기준으로 한 R_e가 10^3보다 크면 항력계수는 근본적으로 Reynolds수와 무관하게 된다. 형상비 b/h가 1.0인 경우 항력계수는 C_D=1.18로 최소가 되는데, 이는 높은 Reynolds수에서의 원판에 대한 C_D=1.17보다 약간 크다. 다양한 물체에 대한 항력계수 C_D의 근사값이 표 10.5.1에 나타나 있다.

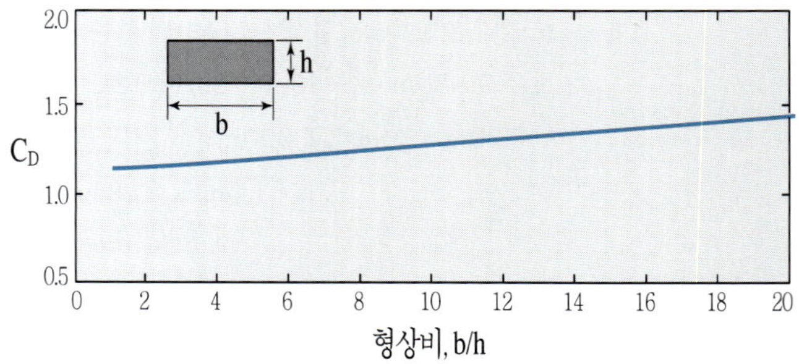

그림 10.5.3 흐름에 수직인 평판의 형상비에 따른 항력계수

10.5.3 3차원 물체에 대한 항력

2차원 물체 주위를 흐르는 유체에 의한 항력과 마찬가지로 축에 대해 대칭이나 3차원 물체에 유체가 미치는 항력은 같은 원리를 적용하여 구할 수가 있다. 즉, Reynolds수가 매우 작은 경우 항력계수는 C_D와 R_e간의 관계를 나타내는 정해로 주어지게 된다. 그러나 높은 R_e에서는 모가 난 물체에

표 10.5.1 다양한 물체에 대한 항력계수의 근사치

물체의 형태		길이비	R_e	C_D
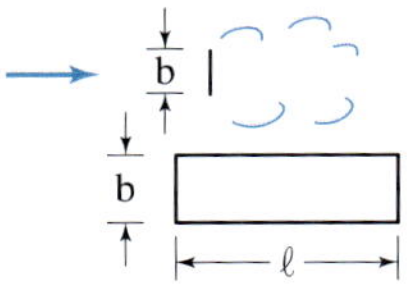	사각형판	$l/b=1$	$>10^4$	1.18
		$l/b=5$	$>10^4$	1.20
		$l/b=10$	$>10^4$	1.30
		$l/b=20$	$>10^4$	1.50
		$l/b=\infty$	$>10^4$	1.98
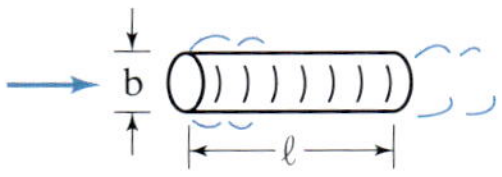	원형실린더	$l/b=0$ (원판)	$>10^4$	1.17
		$l/b=0.5$	$>10^4$	1.15
		$l/b=1$	$>10^4$	0.90
		$l/b=2$	$>10^4$	0.85
		$l/b=4$	$>10^4$	0.87
		$l/b=8$	$>10^4$	0.99
	사각형 막대	∞	$>10^4$	2.00
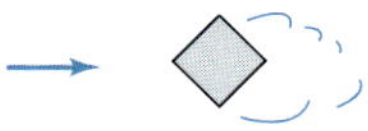	사각형 막대	∞	$>10^4$	1.50
	삼각형 막대	∞	$>10^4$	1.39
	반원형 껍질	∞	$>10^4$	1.20
	반원형 껍질	∞	$>10^4$	2.30
	반구		$>10^4$	0.39
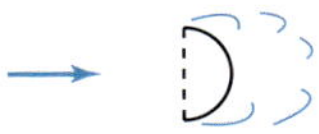	반구		$>10^4$	1.40
	정육면체		$>10^4$	1.10
	정육면체		$>10^4$	0.81
	원추-60°		$>10^4$	0.49
	낙하산		$\approx 3\times10^7$	1.20

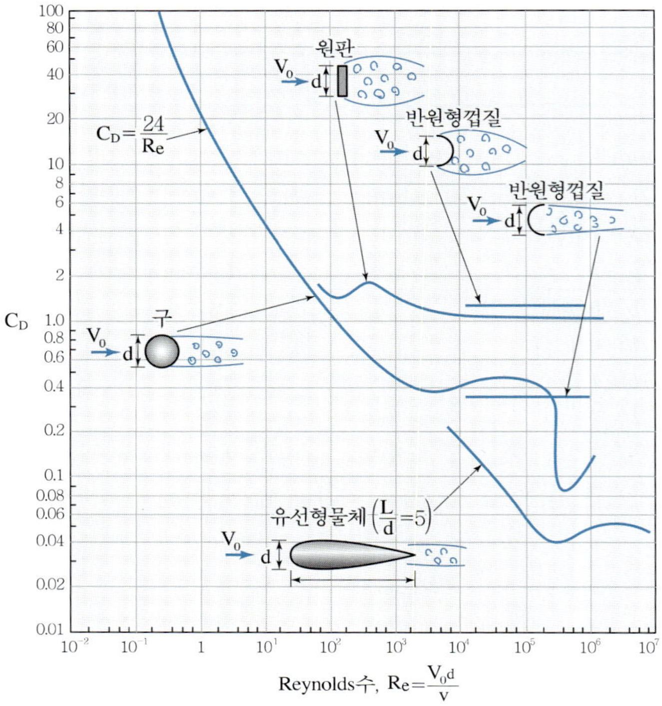

그림 10.5.4 축 대칭 물체에 대한 항력계수

대한 항력계수는 일정하게 나타나지만 둥근 물체에 대해서는 C_D의 급격한 변화가 나타나게 된다. 이와 같은 특징들을 몇 가지 축 대칭인 물체에 대해 R_e에 대한 C_D를 도시한 그림 10.5.4에서 볼 수가 있다.

Reynolds수가 0.5보다 작은 경우 구 주위의 흐름은 층류가 되며 해석적인 해를 얻을 수가 있다. 구에 대한 항력을 Stokes가 해석적으로 구해 다음과 같은 Stokes의 법칙으로 불리는 식을 제시하였다.

$$F_D = 3\pi\mu VD \tag{10.5.19}$$

이와 같은 층류흐름 조건에서의 항력은 접근유속 V에 직접적으로 비례하게 되는데 모든 층류 흐름 과정에서의 특징이라고 할 수 있다. 완전히 발달된 난류흐름에서는 항력은 V^2의 함수로 나타나게 된다. 식 (10.5.19)와 식 (10.5.11)을 동시에 풀면 Stokes법칙에 해당하는 항력계수를 얻을 수가 있다.

$$C_D = \frac{24}{R_e} \tag{10.5.20}$$

따라서 Reynolds수가 0.5보다 작은 구 주위의 흐름에서 식 (10.5.20)과 같이 R_e만으로 항력계수를 구할 수가 있다. 비교적 높은 (R_e〉10^4)에 대한 다양한 축 대칭 및 3차원 물체의 항력계수 C_D값이 표 10.5.1에 주어져 있다.

예제 10.5.2

직경이 1.5cm인 구가 비중 0.85, 점성계수 $\mu=10^{-1}$N·s/m^2 인 기름에서 0.1m/s의 속도로 침강하고 있을 때 항력은 얼마인가?

풀이

비중이 0.85이므로 밀도는

$$\rho = 0.85 \times 1{,}000 \text{kg}_o/\text{m}^3$$

따라서 Reynlods수는

$$R_e = \frac{\rho VD}{\mu} = \frac{(850\text{kg}_o/\text{m}^3)(0.1\text{m/s})(0.015\text{m})}{10^{-1}\text{Ns.m}^2} = 12.75$$

그림 10.5.4로부터 R_e=12.75인 경우 C_D=4.3이므로

$$F_D = \frac{C_D A \rho V^2}{2} = \frac{(4.3)(\pi 0.01^2 m^2/4)(850kg_o/m^3)(0.1^2 m^2/s^2)}{2} = 1.44 \times 10^{-3} N$$

10.5.4 침강속도

공학분야에서 항력을 이용하여 물체의 침강속도(terminal velocity 또는 fall velocity)를 계산할 필요가 종종 있는데, 수리학에서의 토사입자의 침강속도를 구하는 것이 그 예라고 할 수 있다. 물체를 공기 또는 물에 자유 낙하시킬 때 처음에는 물체의 무게로 인해 가속이 되며, 물체의 속도가 증가함에 따라 항력도 증가하게 된다. 이 후 물체에 작용하는 외력의 합이 0이 되는 크기까지 항력이 증가하게 된다. 이 때 가속은 중지되며 물체는 최종 침강속도에 도달하게 된다. 따라서 침강속도는 낙하하는 물체가 가질 수 있는 최대 속도라고 말할 수 있다. 이 때 물체가 낙하하는 유체는 일정한 특성을 가지고 있다고 가정한다.

이러한 침강속도는 구의 물리적 상태, 유체의 특성에 따라 다르게 나타나며, 항력은 물체의 공기 중 무게 및 유체 내에서의 무게로 나타낼 수가 있다. 물속에 구가 낙하하는 경우의 항력은 다음과 같이 나타낼 수가 있다.

$$F_D = (\gamma_s - \gamma_w)\left(\frac{4}{3}\right)\pi r^3 = (\gamma_s - \gamma_w)\left(\frac{4}{3}\right)\pi\left(\frac{D^3}{8}\right) = \frac{1}{6}\pi D^3(\gamma_s - \gamma_w) \qquad (10.5.21)$$

따라서 식 (10.5.11)과 식 (10.5.21)을 이용함으로서 물체의 침강속도 V를 구할 수가 있다.

예제 10.5.3

비중 1.5, 직경 3cm인 구가 20℃인 물(ρ=1,000kg_o/m^3, μ=1.0×10^{-3}N·s/m^2)에서 자유낙하 할 때 침강속도는 얼마인가?

풀이

구의 비중이 1.5이므로 단위중량은

$$\gamma_s = 1.5 \times 9.81 kN/m^3 = 14.72 kN/m^3$$

식 (10.5.11)로부터

$$V = \left(\frac{2F_D}{C_D A \rho}\right)^{1/2} = \left[\frac{(\gamma_s - \gamma_w)(4/3)D}{C_D \rho_w}\right]^{1/2}$$

$$= \left[\frac{(14.72 - 9.81)(10^3 N/m^3)(4/3)(0.03m)}{C_D \times 10^3 kg_o/m^3}\right]^{1/2} = \left(\frac{0.196}{C_D}\right)^{1/2} = \frac{0.443}{C_D^{1/2}} m/s$$

항력계수를 0.5로 가정하면

$$V = \frac{0.443}{0.5^{0.5}} = 0.626\text{m/s}$$

이에 상응하는 Reynolds수를 구하면

$$R_e = \frac{\rho VD}{\mu} = \frac{(10^3\text{kg}_o/\text{m}^3)(0.626\text{m/s})(0.03\text{m})}{1.0\times 10^{-3}\text{Ns/m}^2} = 1.88\times 10^4$$

그림 10.5.4로부터 C_D=0.43이므로 가정한 0.5와 다르므로 C_D=0.43으로 다시 가정하면

$$V = \frac{0.443}{0.43^{0.5}} = 0.676\text{m/s}$$

$$R_e = \frac{\rho VD}{\mu} = \frac{(1000\text{kg}_o/\text{m}^3)(0.676\text{m/s})(0.03\text{m})}{1.0\times 10^{-3}\text{Ns/m}^2} = 2.03\times 10^4$$

그림 10.5.4로부터 C_D=0.43이므로 가정치가 맞으며 따라서 침강속도는 v=0.625m/s가 된다.

10.6 양력

유체 내에서 운동하고 있는 모든 물체는 힘을 받는데 유체의 흐름방향과 같은 방향으로 작용하는 힘을 항력(drag)이라 하였다. 이와 함께 유체 내의 물체는 유체의 흐름방향과 수직 방향으로도 힘을 받게 되는데 이를 양력(lift)이라 한다. 대표적인 양력의 예가 비행기 날개주위로의 유체의 흐름이 있다. 양력계수(lift coefficient) C_L은 다음과 같이 정의한다.

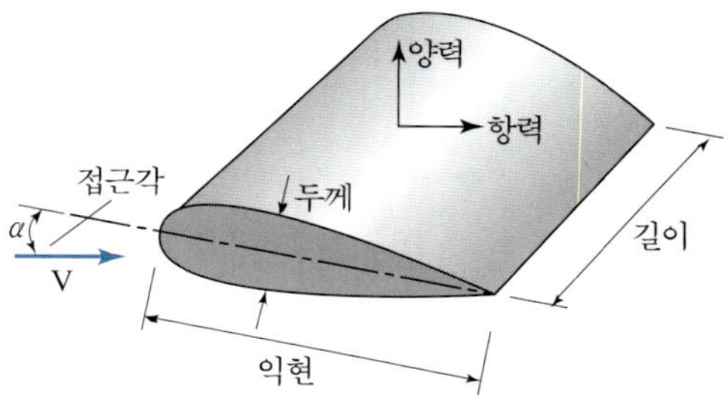

그림 10.6.1 날개의 제원

$$C_L = \frac{F_L}{\frac{1}{2}\rho V^2 A} \qquad (10.6.1)$$

10.5.1절에서 소개한 항력계수와 마찬가지로 비행기의 날개에 대한 양력계수도 Reynolds수의 함수로 나타난다. 또한 항력 및 양력 모두 날개의 이동각도 θ에 영향을 받는데, 이동각도는 그림 10.6.1과 같이 날개의 선단과 후미를 연결하는 익현(chord)과 유체의 흐름방향과 이루는 각도를 말한다. 날개 단면의 형상은 평균선(mean line)과 두께분포의 조합으로 나타내는데, 날개가 대칭이면 평균선과 현이 모두 직선으로 나타나며 일치한다. 평균선이 곡선으로 이루어진 날개를 만곡(cambered)날개라 한다. 흐름과 직각인 방향의 면적은 날개의 이동각도 θ에 따라 변하게 되므로, 날개의 항력 및 양력계수를 정의하는데 투영면적 A가 이용된다.

현 NASA의 전신인 NACA(National Advisory Committee for Aeronautics)에서 익현길이(chord length)를 바탕으로 Reynolds수가 $R_e=9\times10^6$일 때 전형적인 날개에 대해 날개의 이동각도 θ에 대한 항력 및 양력계수를 실험을 통해 얻은 결과가 그림 10.6.2와 같다. 그림 10.6.2에서 NACA 23015의 첫 번째 숫자 2는 설계양력계수(0.2×3/2=0.3), 30은 최대곡률위치(30×1/2=15%익현길이), 15는 단면두께(15%)를 의미한다. 또한 NACA 66_2-215에서 첫 번째 숫자 6은 층류흐름을 의미하고, 다음 6은 최소압력의 위치(x/익현길이≈0.6), 2는 유리압력경사에 대한 최대 양력계수(0.2), 다음 2는 설계양력계수(0.2) 그리고 15는 단면두께(익현길이의 15%)를 의미한다.

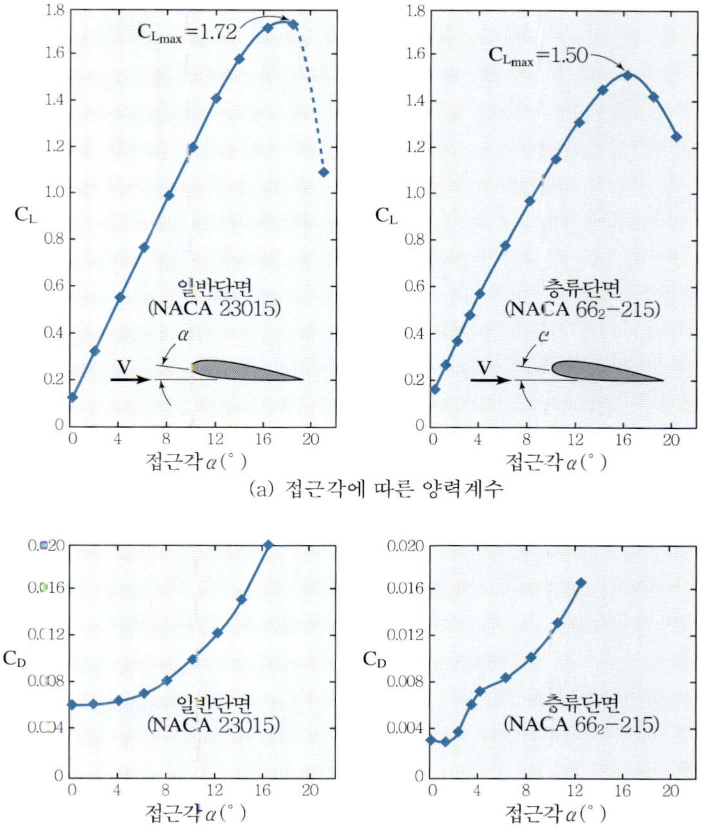

(a) 접근각에 따른 양력계수

(b) 접근각에 따는 항력계수

그림 10.6.2 두께비가 15%인 전형적인 날개의 θ에 대한 양력 및 항력계수

두 개의 단면 모두 날개의 이동각도 θ =0°에서 양력이 발생하도록 만곡되어 있는데, 이동각도가 증가할수록 양력계수도 완만히 증가하여 최대 1.72에 도달한다. 그 이상 이동각도가 증가하게 되면 양력계수도 급격히 감소하는데, 이를 실속(stall)했다고 하며, 낮은 고도에서 비행하고 있는 비행기가 이와 같이 실속하게 되면 상당히 위험해진다.

양력-항력극선(lift-drag polars)으로 불리는 양력계수 대 항력계수가 그림 10.6.3에 나타나 있는데, 양력을 발생시키기 위한 장치 설계시 사용되게 되며, 항력에 대한 양력의 비 C_L/C_D도 사용된다. 특정한 속도의 비행기가 수평비행을 하는데 필요한 동력은 C_L/C_D에 반비례한다.

그림 10.6.2 및 10.6.3은 무한한 길이를 가진 날개의 단면 즉, 2차원흐름에 대한 결과를 보여주고 있는데, 유한한 길이를 가진 실제 날개에 대해서는 날개의 끝단 효과로 인해 양력은 감소하고 항력은 증가하게 된다. 따라서 실제에서 얻은 C_L/C_D는 무한한 길이를 가진 날개 단면에 대한 경우의 C_L/C_D보다 작게 된다.

날개의 유한길이 영향은 형상비(aspec ratio) A_R로 나타낼 수가 있다.

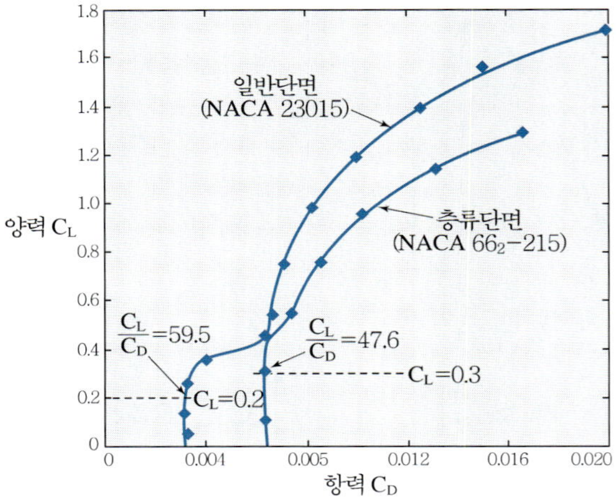

그림 10.6.3 두께비가 15%인 날개에 대한 양력-항력극선

$$A_R \equiv \frac{b^2}{A} \tag{10.6.2}$$

여기서 A는 날개의 투영면적, b는 날개의 길이 그리고 c는 익현길이이다. 따라서 직사각형 투영면적을 가진 날개의 형상비는 다음과 같다.

$$A_R = \frac{b^2}{A} = \frac{b^2}{bc} = \frac{b}{c} \tag{10.6.3}$$

일반적으로 형상비 A_R이 증가하면 양력은 증가하고, 항력은 감소하게 된다. 현대의 항력이 낮은 단면에 대한 C_L/C_D의 최대치는 형상비가 무한할 경우 400까지도 나타난다. 형상비가 40인 글라이더인 경우 C_L/C_D가 약 40정도가 되며, 전형적인 경비행기는 $C_L/C_D=20$ 정도가 된다.

항력은 Reynolds수 이외에도 Mach수 M_a에도 영향을 받는다. Mach수가 약 0.75에 이르기까지는 비행기의 날개에 대한 항력계수는 근본적으로 일정한데, 그 후 Mach수가 1에 이르는 동안 항력계수는 갑자기 증가하고, Mach수가 1이 넘어가면 항력계수는 천천히 감소하게 된다. 따라서 비행기는 항력계수가 최대가 되는 Mach수가 1 근처가 되는 상황을 피해야 하며, $M_a<0.75$ 또는 $1.5<M_a$로 비행하는 것이 바람직하다.

예제 10.6.1

날개길이 10m, 익현길이 1.5m, 무게가 8kN인 비행기의 탑재 중량이 2kN일 때 a) 날개각도 8°로 이륙하기 위한 속도, b) 실속 속도, c) 비행기가 30m/s로 순항하기 위해 필요한 동력은 얼마인가? 단, 공기의 질량은 $\rho_a=1.2\text{kg}_o/\text{m}^3$이다.

풀이

a) 그림 10.6.2a로부터 날개 이동 각도 8°일 때의 양력계수 $C_L=1$을 적용한다.
비행기가 이륙하기 위해서는 양력이 비행기의 총 무게(10kN)와 같아야 하므로 식 (10.6.1)로부터

$$V = \left(\frac{F_L}{\frac{1}{2}C_L\rho_a A}\right)^{1/2} = \left(\frac{10{,}000}{0.5\times1.0\times1.2\times1.5\times10}\right)^{1/2} = 19.25\text{m/s}$$

b) 그림 10.6.2a에서 실속 속도는 최대의 양력계수 $C_{Lmax}=1.72$에서 나타나므로

$$V = \left(\frac{F_L}{\frac{1}{2}C_{L\max}\rho_a A}\right)^{1/2} = \left(\frac{10{,}000}{0.5\times1.72\times1.2\times1.5\times10}\right)^{1/2} = 14.67\text{m/s}$$

c) 그림 10.6.3에서 설계양력계수가 0.3이므로 이때의 항력계수는 0.0063이 된다. 따라서

$$F_D = \frac{1}{2} C_D \rho V^2 A = \frac{1}{2} \times 0.0063 \times 1.2 \times 30^2 \times 1.5 \times 10 = 51\text{N}$$

비행기가 순항하기 위한 동력은 항력×속도이므로

$$P = 51\text{N} \times 30\text{m/s} = 1{,}530\text{W}$$

10.7 공동현상

공동현상(cavitation)은 액체 내에서 국지압력이 증기압과 같거나 작을 때 액체로부터 증기로 급격하게 상태가 바뀌는 현상을 말한다. 공동현상이 처음으로 나타나는 곳은 흐름장에서 압력이 가장 낮은 지점이다. 공동현상은 다음과 같이 4가지로 구분할 수가 있다.

① 이동 공동현상(traveling cavitation)
기포나 공동이 발생하면 하류로 이동하여 파괴되는 경우

② 고정 공동현상(fixed cavitation)
기포나 공동이 발생한 지역에 그대로 남아 있는 경우. 박리(separation)지역이 물체에 다시 달라붙거나 물체 뒤에서 주 흐름에 의해 둘러쌓여 머무는 경우를 초공동현상(supercavitation)이라 한다.

③ 와동 공동현상(vortex cavitation)
매우 높은 유속 즉, 매우 낮은 압력에서 나타나며, 프로펠러를 떠나는 선단 와동(tip vortex)에서 자주 관찰된다.

④ 진동 공동현상(vibratory cavitation)
압력파(pressure wave)가 액체 내에서 이동할 때 발생한다. 압력파는 높은 압력과 낮은 압력이 교대로 나타나는 압력진동으로 구성되는데, 파의 낮은 압력부분에서 공동현상이 나타난다.

기포가 형성되어 파괴되는 첫 번째 형태의 이동 공동현상은 잠재적인 피해를 초래하게 된다. 기포의 파괴로 형성되는 압력은 약 1,400MP_a로 매우 높으며, 스테인레스강의 표면도 파괴시킨다.

공동현상은 다음과 같이 정의되는 Cavitation수(cavitation number) σ가 물체의 형상과 Reynolds수에 따라 변하는 한계 Cavitation수 σ_{crit}보다 작으면 발생하게 된다.

$$\sigma = \frac{p_\infty - p_v}{\frac{1}{2}\rho V^2} \tag{10.7.1}$$

표 10.7.1 뭉툭한 물체에 대한 $\sigma = 0$에 대한 항력계수

2차원 물체			대칭물체		
형태	θ	$C_D(0)$	형태	θ	$C_D(0)$
평판	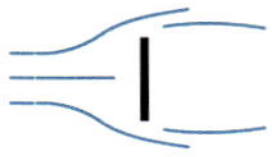	–	원판	–	0.8
원형실린더		–	구	–	0.30
		120	원추	120	0.64
모서리	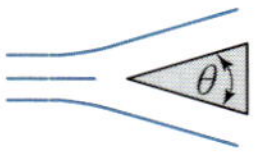	90	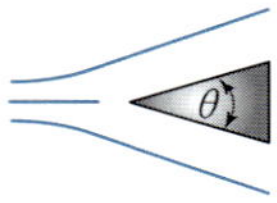	90	0.52
		60		60	0.38
		30		30	0.20

표 10.7.2 전형적인 수중날개에 대한 항력계수, 양력계수 그리고 한계 Cavitation수

각도(°)	항력계수(C_D)	양력계수(C_L)	한계 Cavitation수(σ_{crit})
−2	0.014	0.2	0.5
0	0.014	0.4	0.6
2	0.015	0.6	0.7
4	0.018	0.8	0.8
6	0.022	0.95	1.2
8	0.03	1.10	1.8
10	0.04	1.22	2.5

여기서 p_∞는 상류부의 교란되지 않은 흐름의 절대압력을 의미하고, p_v는 증기압을 의미한다. 공동현상 수 σ가 σ_{crit}보다 작게 되면, 이동 공동현상에서 고정 공동현상으로 그리고 초공동현상으로 이동하면서 공동현상의 강도가 증가하게 된다.

물체의 항력계수는 Cavitation수에 의해 변하게 되는데, 작은 Cavitation수에 대해서는 다음과 같은 관계를 가진다.

$$C_D(\sigma) = C_D(0)(1+\sigma) \tag{10.7.2}$$

여기서 일반적인 물체의 형상에 대한 $R_e \simeq 10^5$인 경우의 $C_D(0)$값이 표 10.7.1에 주어져 있다.

물에서 선박을 뜨게 만드는데 사용되는 공기 중의 날개와 같은 형태인 수중날개(hydrofoil)는 공동현상을 항상 발생하게 만드는 형태이다. Reynolds수가 $10^5 < R_e < 10^6$ 범위에서의 일반적인 수중날개에 대한 항력계수, 양력계수 그리고 한계 Cavitation수가 표 10.7.2와 같다. 여기서 Reynolds수는 익현길이(chord length)를 이용하여 계산하게 되며, 항력계수와 양력계수를 계산하는데 이용하는 면적은 날개길이에 익현길이를 곱해 구한다.

예제 10.7.1

길이 3m, 익현길이 1m인 수중날개가 수표면으로부터 1m 깊이에서 작용하고 있다. 수중날개의 이동각도가 8°를 유지하며 20m/s로 이동하고 있다면 항력 및 양력은 얼마인가? 이 경우 공동현상은 발생하는가? 단 공기 및 증기의 절대압력은 p_a=1.0×10^5Pa, p_v=2,540Pa, 물의 밀도는 1,000kg_o/m^3이다.

풀이

수표면으로부터 1m 깊이에서의 절대압력은

$$p_\infty = \gamma h \times p_a = 9{,}800 \times 1 + 1.0 \times 10^5 = 109{,}800\text{Pa}$$

따라서 Cavitation수는 식 (10.7.1)로부터

$$\sigma = \frac{p_\infty - p_v}{\frac{1}{2}\rho V^2} = \frac{109{,}800 - 2{,}540}{0.5 \times 1{,}000 \times 20^2} = 0.54$$

표 (10.7.2)로부터 수중날개의 이동각도 8°에 대한 한계 Cavitation수 σ_{crit}=1.8이므로 공동현상이 발생함을 알 수 있다.

항력은 $F_D = \frac{1}{2} C_D \rho V^2 A = 0.5 \times 0.03 \times 1{,}000 \times 20^2 \times (3 \times 1) = 18\text{kN}$

양력은 $F_L = \frac{1}{2} C_L \rho V^2 A = 0.5 \times 1.1 \times 1{,}000 \times 20^2 \times (3 \times 1) = 660\text{kN}$

연습문제

10.1 얇은 평판에 20℃의 물이 5m/s의 속도로 흐를 때 경계층의 두께가 2cm가 되는 지점은 평판 전면부로부터 흐름방향으로 얼마나 떨어진 지점이 되는가? 단, 20℃ 물의 동점성계수는 $1.004 \times 10^{-6}m^2/s$이다.

10.2 표 10.3.1을 이용하여 평판위의 층류 경계층에 대해 η=3일 때의 (a) δ_d/δ와 (b) v/V를 구하라.

10.3 평판위로 표준상태에서의 공기가 접근속도 V=30m/s로 흐르고 있을 때 Reynolds수가 5×10^5이라면 평판 선단으로부터 0.24m떨어진 지점에서의 층류 경계층의 두께는 얼마인가?

10.4 평판위로 20℃의 물이 2m/s로 흐를 때 난류 경계층 흐름으로 천이되는 위치와 이곳에서의 경계층의 두께는 얼마인가? 단, 20℃ 물의 동점성계수는 $\nu=1.004 \times 10^{-6}m^2/s$이다.

10.5 길이 6m, 폭이 4m인 매끄러운 평판이 상류부 유입속도 0.5m/s인 물속에 놓여 있을 때 층류 경계층이 형성되어 있다면 평판의 중앙과 끝단에서의 경계층 두께와 전단응력은 얼마인가?

10.6 길이 0.5m, 폭이 3m인 매끄러운 평판이 상류부 유입속도 2.5m/s인 물속에 놓여 있을 때 층류 경계층이 형성되어 있다면 평판의 끝단에서의 경계층 두께는 얼마인가?

10.7 평판위로 물이 상류부 유입속도 0.02m/s로 흐르고 있을 때 평판의 선단으로부터 1.5m와 15m 위치에서 평판으로부터 1cm 떨어진 지점의 속도는 얼마인가?

10.8 길이 0.3m, 폭 1m인 두께가 얇은 평판이 수조에 설치되어 있다. 상류부 유입속도가 1.6m/s이고, 평판의 양쪽에 층류 경계층이 형성되어 있다. 경계층 속도분포가 포물선 형태라고 가정하고 압력항력을 무시할 경우 평판에 작용하는 점성 항력은 얼마인가?

10.9 길이 0.4m, 폭 1m인 평판이 15℃의 물에 놓여 있으며 상류부 유입속도가 1m/s이다. 평판의 양쪽에 층류가 형성되었을 때 속도분포를 선형이라 가정하고 판에 작용하는 항력을 계산하라.

10.10 평판위로 20℃의 공기($\nu=1.6 \times 10^{-5}m^2/s$)가 상류부 유입속도 5m/s로 흐를 때 평판 선단으로부터 4m되는 지점에서의 난류 경계층 두께 δ는 얼마인가?

10.11 20℃의 공기가 평판 위로 100m/s로 흐르고 있을 때 평판의 선단으로부터 6m 떨어진 지점에서의 표면마찰계수, 벽 전단응력, 경계층 두께를 구하라.

10.12 예제 10.5.1에서 길이 360m, 폭 70m, 흘수 25m인 유조선이 10℃의 바닷물($\nu=1.4 \times 10^{-6}m^2/s$ 및 $\rho=1,020kg_o/m^3$)에서 13노트(6.69m/s)로 이동할 때 표면마찰항력과

이를 극복하기 위해 필요한 동력은 얼마인가?

10.13 길이 25m, 폭 10m, 흘수가 1.5m인 바닥이 편평한 바지선이 상류로 8km/s로 운행할 때 표면 마찰을 극복하기 위해 필요한 동력은 얼마인가? 단, 물의 온도는 15℃이다.

10.14 직경이 1.2cm인 구가 비중 0.85, 점성계수 $\mu=10^{-1}$N·s/m^{2}인 기름에서 0.08m/s의 속도로 침강하고 있을 때 항력은 얼마인가?

10.15 비중 1.3, 직경 5cm인 구가 20℃인 물(ρ =1,000kg$_o$/m^3, μ=1.0×10^{-3}N·s/m^2)에서 자유낙하 할 때 침강속도는 얼마인가?

10.16 무게가 0.01lb인 풍선에 헬륨으로 직경 12 in인 크기로 불었을 때 공기의 온도가 60 °F이면 풍선의 낙하속도는 얼마인가?

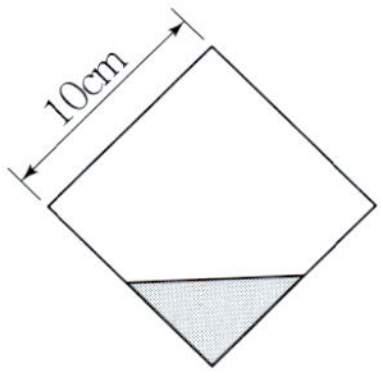

그림 10.17

10.17 무게가 19.8N인 그림 10.17과 같은 정육면체가 수중에서 침강할 때 최종침강속도는 얼마인가?

10.18 공기 중에서의 무게가 45N, 물속에서의 무게가 25N인 구형의 암석이 20℃의 물에서 침강한다면 최종침강속도는 얼마인가?

10.19 공기 중에서의 먼지입자의 낙하속도가 2 mm/s일 때 입자의 비중이 4.5라면 입자의 크기는 얼마인가?

10.20 깊이 2.5m의 침사지를 통해 20℃의 물이 0.35m/s로 흐를 때 직경이 a) 0.1cm 및 b) 100μm보다 큰 입자들이 모두 바닥으로 가라앉도록 하려면 침사지의 길이를 최소한 얼마로 해야 하는가? 단, 입자의 비중은 2.55이다.

10.21 직경 0.3m, 비중이 1.02인 매끈한 구가 20℃의 a) 물과 b)공기에서 침강할 때 항력계수 및 최종 침강속도는 얼마인가?

10.22 직경 3.81cm, 무게 0.0245N인 탁구공이 수조의 바닥에서 떠오를 때 최종 상승속도는 얼마인가?

10.23 길이 0.3m, 높이 0.05m인 직사각형 단면의 실린더가 긴면에 평행하게 12m/s로 흐르는 20℃물에 잠겨있다. 실린더가 편평한 앞면인 경우와 둥근 앞면인 경우의 실린더에 단위 길이당 작용하는 항력은 얼마인가?

10.24 가로 3m, 세로 3m의 간판이 길이 20m, 직경 0.3m의 기둥에 의해 지지되어 있다. 바람의 풍속이 30m/s일 때 기중의 바닥면에 작용하는 모멘트는 얼마인가? 단, 공기의 밀도는 1.2kg$_o$/m^3, 간판 및 기중에 작용하는 항력계수 각각 1.1과 0.8을 적용하라.

10.25 날개길이 12m, 익현길이 1.8m, 무게가 10kN

인 비행기의 탑재 중량이 2kN일 때 a) 날개 각도 8°로 이륙하기 위한 속도, b) 실속 속도, c) 비행기가 50m/s로 순항하기 위해 필요한 동력은 얼마인가? 단, 공기의 질량은 ρ_a=1.2kg$_o$/m^{3}이다.

10.26 길이 2m, 익현길이 0.6m인 수중날개가 수표면으로부터 1m 깊이에서 작용하고 있다. 수중날개의 이동각도가 8°를 유지하며 15m/s로 이동하고 있다면 항력 및 양력은 얼마인가? 이 경우 공동현상은 발생하는가? 단 공기 및 증기의 절대압력은 p_a=1.0×10^{5}Pa, p_v=2,540Pa, 물의 밀도는 1,000kg$_o$/m^{3}이다.

10.27 수심 5m에서 이동하고 있는 물체에 한계 Cavitation수가 0.7인 유선형 형태의 지지대를 부착한 경우 공동현상이 발생하지 않을 물체의 최대속도는 얼마인가?

10.28 직경이 약 0.8m인 구와 비슷한 물체가 수심 5m깊이에서 20m/s로 견인되고 있을 때 물체에 작용하는 항력은 얼마인가?

Chapter 11

개수로 흐름

개수로 흐름(open channel flow)은 하도에서의 흐름이나 관로에서 부분적으로 차서 흐르는 흐름을 말한다. 따라서 개수로 흐름은 흐르는 액체와 그 위의 대기 사이에 자유 표면이 존재하게 된다. 이러한 흐름의 주 원동력은 액체의 무게 즉, 액체를 아래 방향으로 흐르게 하는 중력(gravity force)이다. 개수로 흐름인 경우 자유 표면에서의 압력은 대기압으로 일정하며, 따라서 동수경사선과 자유 표면이 일치하게 된다.

다양한 액체가 개수로를 통해 흐를 수가 있지만 우리가 공학적으로 관심을 가지고 있는 개수로 흐름은 주위의 많은 계곡으로부터 하천시스템을 통해 자연적인 물의 배수를 나타내는 우리가 일상생활에서 접하고 있는 물의 흐름이다. 개수로 흐름의 예로 주택지역에서의 우수거를 통한 강우의 흐름, 인공수로 및 하천을 통한 흐름, 하수관거 흐름, 도로를 따라 설치된 배수구, 공항 및 주차장 표면에서의 흐름, 그리고 놀이공원에서의 수차를 위한 흐름 등 매우 다양하다. 이러한 지형학적 흐름 시스템은 경제적, 생태학적 및 위락공간으로서 중요한 고려대상이 된다.

개수로 흐름의 특성은 매우 다양하게 변한다. 일정한 경사를 가지고 부분적으로 차서 흐르는 관로에 대한 흐름의 기하학적인 경계는 비교적 간단하지만, 단면과 경사가 다양하게 변하고, 만곡부를 가지고 흐르는 일반 하천의 경우는 매우 복잡하다. 따라서 개수로 흐름은 관로 흐름보다 훨씬 더 경험적이고 실험적인 그리고 수치해석적인 방법을 통해 해결하는 경우가 많다.

본 장에서는 개수로 흐름의 기본개념 및 흐름상태, 등류 그리고 최적수리단면에 대해 알아보고, 정상부등류 해석에서 필요한 비에너지 및 비력에 대한 개념을 소개하고, 비교적 짧은 수로구간에서 수심 및 유속이 급변하는 급변류(rapidly varied flow)에 대해 알아본 후, 수로의 비교적 긴 구간에 걸쳐 점진적으로 수심 및 유속이 변하는 점변류(gradually varied flow)에 대해 소개하기로 한다.

11.1 개수로 흐름특성 및 분류

관거(conduit)를 통한 흐름은 개수로(open channel) 또는 관로(pipe) 흐름으로 구분할 수가 있다. 이 두 종류의 흐름은 여러 가지 면에서 매우 비슷하지만 한 가지 측면에서 보면 매우 다르다. 즉, 개수로 흐름은 대기압이 작용하는 자유수면(free surface)을 가지고 있는 반면, 관로 흐름은 관거내로 물이 꽉 차서 흐르므로 자유수면이 없고 수압만 작용하게 된다.

관로 및 개수로 흐름에 대한 비교가 그림 11.1.1과 같다. 관로 흐름에서 단면 ①, ②지점에 압력수두계(piezometer)가 설치되어 있어 관내의 수압에 의해 일정한 높이까지 올라가게 되며, 이를 연결한 선을 동수경사선(hydraulic grade line)이라 하겠다. 관내의 물에 의한 압력수두는 관의 중심으로부터 동수경사선까지의 높이인 y가 된다. 특정 단면에서 기준선을 기준으로 한 흐름이 가지

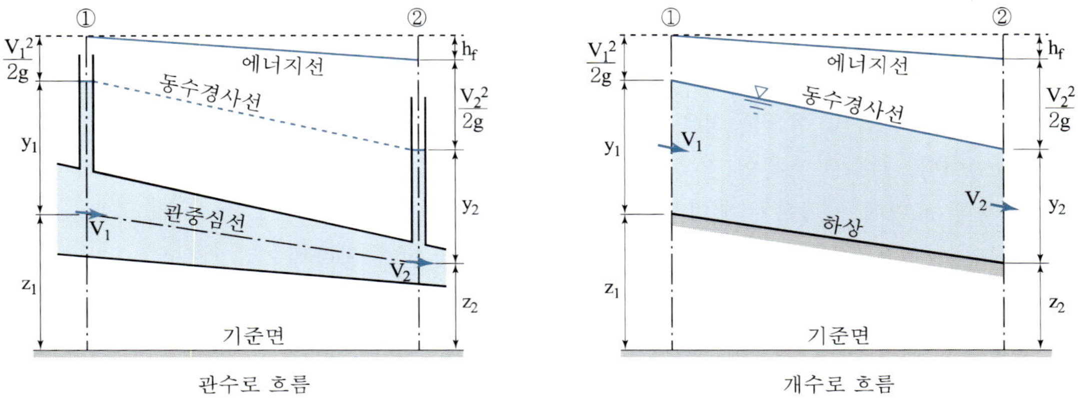

그림 11.1.1 관수로 및 개수로 흐름

는 총 에너지는 기준선으로부터 관의 중심부까지의 위치수두 z와 압력수두 y 그리고 속도수두 $V^2/2g$가 된다. 이러한 총 에너지를 연결한 선을 에너지선(energy line)이라 한다. 단면 ①로부터 단면 ②로 흐르는 동안 발생하는 에너지손실은 h_f가 된다. 개수로 흐름도 관로와 비슷한 개념으로 나타낼 수 있다. 단면을 통한 유속분포가 균일하고 하상의 경사가 작다고 가정하면, 수표면이 동수경사선이 되고 수심이 압력수두계의 높이가 된다.

이와 같이 관로 및 개수로 흐름이 비슷함에도 불구하고 개수로 흐름문제를 해결하는 것이 관로 흐름보다 훨씬 어렵다. 개수로에서의 흐름조건은 자유수표면의 위치가 시간과 공간에 따라 변하고, 수심, 유량, 하상경사 및 수표면이 서로 영향을 미치고 있기 때문에 매우 복잡하며, 또한 개수로의 물리적인 조건이 관로보다는 매우 다양하게 변한다. 관로에서는 흐름이 관거의 기하학적인 모양에 의해 완전히 정의되고 고정된다. 관거의 단면은 보통 원형이지만 개수로인 경우 원형으로부터 자연 상태의 불규칙한 단면과 같이 다양한 단면을 이루고 있다.

폐합된 수로의 흐름이 모두 관로 흐름인 것은 아니다. 폐합된 수로라 하더라도 자유수표면을 가지고 흐르게 되면 개수로 흐름으로 분류하게 된다. 예를 들어 우수관거나 하수관거는 폐합된 단면을 가지고 있지만 평상시에는 자유수표면을 가지고 흐르기 때문에 개수로 흐름으로 설계하게 된다. 개수로 흐름은 다양한 형태로 분류할 수가 있으며 표현하는 방법도 다양하다. 하지만 일반적으로 시간에 따른 흐름특성의 변화 여부에 따라 정상류와 부정류로 구분하고, 공간에 따른 흐름특성의 변화 양상에 따라 등류와 부등류로 분류하게 된다. 또한 Reynolds수와 Froude수에 따라 흐름 상태가 변하게 된다.

11.1.1 정상류와 부정류

정상류(steady flow)와 부정류(unsteady flow)의 구분은 특정지점에서 시간에 따라 흐름 특성이 변하는지 여부로 판단하게 된다. 즉, 개수로 흐름의 수심이 시간이 지남에 따라 변하지 않거나 특정 시간 동안 변하지 않고 일정하다면 정상류라 하고, 시간이 지남에 따라 수심이 변하게 되면 부정류라 한다. 대부분의 개수로 흐름문제를 해석할 때 정상류로 가정하는 경우가 많으며, 홍수 흐름과 같이 시간에 따라 흐름조건이 급격하게 변하는 경우에는 부정류로 해석하여야 한다.

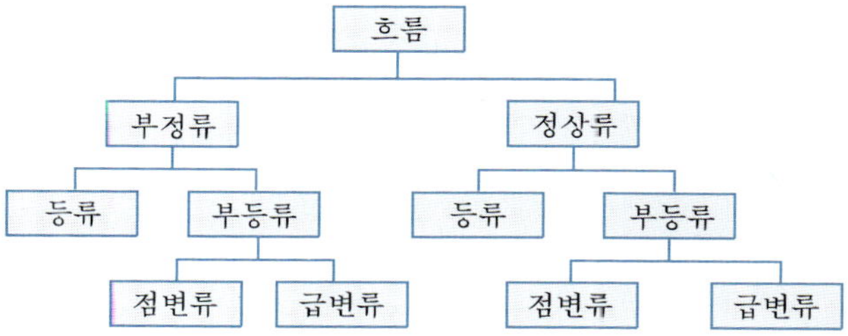

그림 11.1.2 흐름의 분류

대부분의 정상류문제에서 하도의 임의 구간에서 유량은 항상 일정하며, 연속방정식에 의해 서로 다른 단면에서의 유량은 다음과 같이 나타낸다.

$$Q = V_1 A_1 = V_2 A_2 = \cdots \tag{11.1.1}$$

만일 하도로부터 물이 다른 구간으로 유출되거나 유입되는 경우에는 식 (11.1.1)을 적용할 수가 없다. 이와 같은 경우의 흐름을 공간변화류(spatially varied flow)라 하며, 도로를 따라 설치된 배수구(gutters)나 댐 여수로의 측면수로(side channel), 하수처리조 주위의 하수수로, 관개시스템의 급수수로 등이 이에 속한다고 볼 수 있다.

부정류에서의 연속방정식은 시간의 변화에 따른 흐름특성의 변화를 고려하여야 한다. 따라서 부정류의 연속방정식에서는 시간의 변화에 따른 수심과 유속의 변화를 나타내는 항이 포함되는 미분방정식으로 나타나게 된다.

11.1.2 등류와 부등류

등류(uniform flow)와 부등류(non-uniform 또는 varied flow)의 구분은 공간적으로 흐름 특성이 변하는지 여부로 판단하게 된다. 즉, 흐름의 수심이 하도의 모든 지점에서 동일하다면 개수로 흐름은 등류가 되고, 지점마다 수심이 변하게 되면 부등류가 된다.

등류는 또한 시간에 따라 수심이 변하는지 여부에 따라 정상등류(steady uniform flow)와 부정등류(unsteady uniform flow)로 구분하게 된다. 정상등류는 시간과 공간적으로 흐름의 수심이 변하지 않고 항상 일정한 흐름으로 개수로 흐름에서 가장 기본적인 흐름이다. 부정등류는 시간적으로는 수심이 변하되 모든 지점에서 동일하도록 변하는 흐름으로 시간에 따라 수면이 하상과 항상 평행하게 변해야 하므로 일반 자연상태에서는 나타나지 않는 이론적으로 가능한 흐름이다. 따라서 등류는 일반적으로 정상등류만을 나타내게 된다.

부등류 또한 시간에 따라 수심이 변하는지 여부에 따라 정상부등류(steady varied flow)와 부정

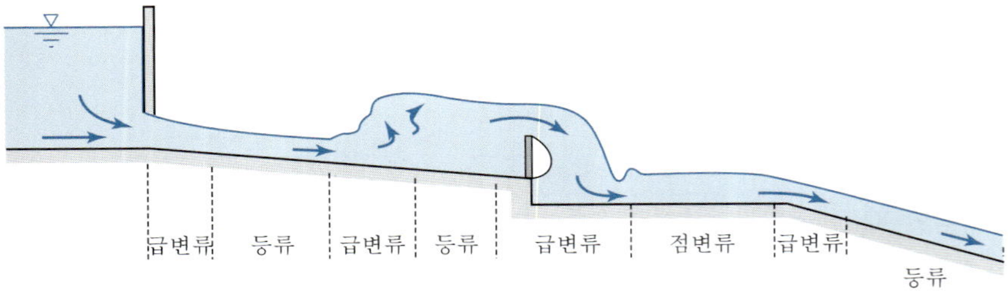

그림 11.1.3 흐름의 공간적 분류

부등류(unsteady varied flow)로 구분하게 된다. 정상부등류는 수심이 시간에 따라서는 변하지 않지만 공간적으로는 변하는 흐름으로 일반적인 개수로 흐름문제에서 많이 다루는 흐름이다. 부정부등류는 시간과 공간적으로 모두 변하는 흐름으로 홍수흐름이 이에 속하며 가장 해석하기가 복잡하다. 일반적으로 부정등류가 존재하지 않기 때문에 부정류는 부정부등류를 의미하게 된다.

부등류는 공간적인 흐름의 변화정도에 따라 점변류(gradually varying flow, GVF)와 급변류(rapidly varying flow, RVF)로 구분할 수가 있다. 짧은 하도구간에서 점진적으로 수심이 완만히 변하는 경우를 점변류라하고, 비교적 급하게 수심이 변하는 경우를 급변류라하며 도수(hydraulic jump)나 수리강하(hydraulic drop)와 같은 국지적인 현상이 급변류에 해당된다.

11.1.3 Reynolds수

8.1.1절에서 설명한 바와 같이 관성력(inertial forces)과 점성력(viscous forces)의 비에 따라 흐름의 상태를 층류(laminar flow), 천이류(transitional flow) 그리고 난류(turbulent flow)로 구분하였다. 이러한 구분은 무차원 변수인 Reynolds수를 기준으로 하였다. 개수로 흐름에서의 Reynolds수(R_e)는 다음과 같이 나타낼 수가 있다.

$$R_e = \frac{VR_h}{\nu} \tag{11.1.2}$$

여기서 V는 흐름 단면에서의 평균유속(m/s), R_h는 흐름 단면적을 윤변으로 나눈 동수반경(m) 그리고 ν는 동점성계수(m^2/s)이다.

층류는 관성력에 비해 점성력이 상당히 커서 흐름이 점성력에 의해 지배를 받는 상태로 물 입자가 제한된 완만한 경로를 따라 서로 인접하여 움직이는 경향을 보이게 된다. 난류는 관성력이 점성력에 비해 상대적으로 큰 경우로 관성력이 지배적인 흐름 상태이며, 물 입자가 서로 떨어져서 무작위(random)하게 이동하는 경향을 보이게 된다. 천이류는 층류와 난류사이의 흐름 상태로 부분적으로 층류와 난류가 공존하여 흐르는 경향을 보인다. 흐름의 저항을 고려할 때 관성력과 점성력의 비에 의한 흐름 상태는 매우 중요한 역할을 하게 된다.

관로 흐름에서는 동수반경 R_h대신 직경 d가 사용되었고 R_h=d/4의 관계가 있으므로 개수로 흐름에서는 관로 흐름에서의 층류 및 난류구분 Reynolds수의 1/4정도가 됨을 알 수 있고, 따라서 다음과 같이 구분한다.

$$R_e \le 500 \quad : \text{층류}$$
$$500 \le R_e \le 12{,}500 \quad : \text{천이류} \tag{11.1.3}$$
$$12{,}500 \le R_e \quad : \text{난류}$$

예제 11.1.1

폭 10m의 사각형 수로에 2m의 깊이로 20℃의 물(ν=1.006×$10^{-6}m^2/s$)이 흐르고 있다. 유량이 $5m^3/s$라면 이 흐름은 층류인가 난류인가.

풀이

흐름의 동수반경 및 유속은

$$R_h = \frac{A}{P} = \frac{10\times 2}{10+2\times 2} = 1.43\text{m}, \qquad V = \frac{Q}{A} = \frac{5}{20} = 0.25\text{m/s}$$

식 (11.1.2)로부터 Reynolds수는

$$R_e = \frac{VR_h}{\nu} = \frac{0.25\times 1.43}{1.006\times 10^{-6}} = 3.55\times 10^5 > 12{,}500$$

따라서 흐름은 난류이다.

11.1.4 Froude수

관성력과 중력(gravity force)의 비에 따라 흐름 상태를 상류(subcritical flow), 한계류(critical flow) 그리고 사류(supercritical flow)로 구분하게 된다. 이러한 구분의 기준이 되는 변수로 다음과 같은 Froude수(Fr)를 사용한다.

$$F_r = \frac{V}{\sqrt{gD}} \tag{11.1.4}$$

여기서 V는 흐름단면에서의 평균유속(m/s), D는 단면적을 수표면의 폭으로 나눈 수리심(hydraulic depth, m) 그리고 g는 중력가속도(9.81m/s^2)이다.

만일 F_r=1이면 관성력과 중력이 평형을 이루는 한계상태의 흐름으로 이때를 한계류라 한다. F_r<1이면 흐름의 상태를 상류라 하고, 관성력보다는 중력이 지배적인 흐름으로 비교적 수심이 크고 유속이 작은 흐름이 된다. F_r>1이면 흐름의 상태를 사류라 하고, 중력보다는 관성력이 지배적인 흐름으로 비교적 수심이 작고 유속이 큰 흐름이 된다.

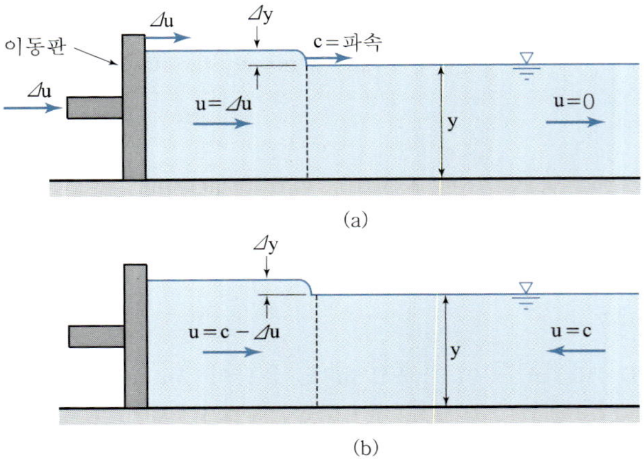

그림 11.1.4 표면파의 전파

식 (11.1.4)의 분모는 수심이 작은 흐름에서의 중력에 의한 표면파의 전파속도(celerity)가 된다. 그림 11.1.4a와 같이 왼쪽의 판을 오른쪽으로 Δu라는 속도로 이동하여 Δy의 표면파를 발생시킨다고 생각해 보자. 표면파의 전파속도는 c이고 표면파 앞부분의 흐름은 0이다. 이 경우 좌표축을 표면파의 전파속도 c와 같이 움직인다고 가정하면 그림 11.1.4b와 같이 나타낼 수가 있다. 즉, 그림 11.1.4a에서는 관찰자가 한 지점에서 관측하는 경우이고, 그림 11.1.4b는 관찰자가 표면파의 이동속도와 같게 움직이는 경우라 할 수 있다. 이 경우 표면파 상류지점과 표면파가 위치한 지점에 단위폭 당 정상류 1차원 흐름의 연속방정식을 적용하면

$$cy = (y + \Delta y)(c - \Delta u) \tag{11.1.5}$$

간단히 하면

$$c = y\frac{\Delta u}{\Delta y} \tag{11.1.6}$$

정상류 1차원 운동량방정식을 적용하면

$$\frac{1}{2}\gamma y^2 - \frac{1}{2}\gamma(y + \Delta y)^2 = \rho cy[(c - \Delta u) - c] \tag{11.1.7}$$

또는

$$\frac{\Delta u}{\Delta y} = \frac{g}{c} \tag{11.1.8}$$

식 (11.1.8)을 식 (11.1.6)에 대입하면

$$c = \sqrt{gy} \tag{11.1.9}$$

만일 흐름 단면이 광폭 사각형 단면이라면 식 (11.1.4)에서 수리심 $D \simeq y$가 되므로 결국 Froude수의 분모는 표면파의 전파속도 c와 같게 된다. 따라서 그림 11.1.5와 같이 상류인 경우($F_r < 1$) 흐름의 유속이 표면파의 전파속도보다 작아서 파가 상류방향으로 전파될 수가 있어 상류흐름이 하류지역의 영향을 받을 수 있게 된다. 사류인 경우($F_r > 1$) 흐름의 유속이 표면파의 전파속도보다 커서 파가 상류로 전파되지 못하여 하류의 영향이 상류에 미치지 못하게 된다.

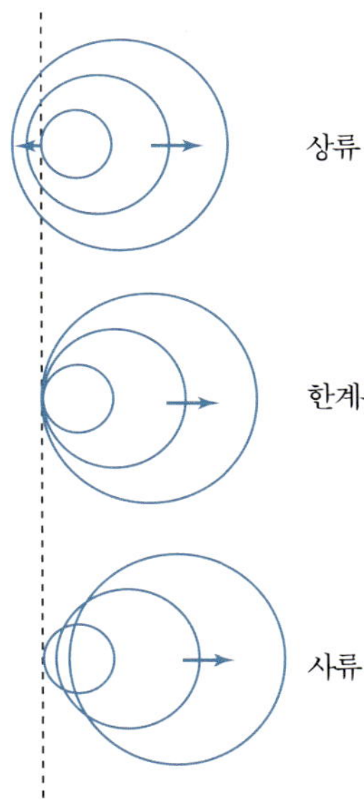

그림 11.1.5 표면파의 전파

예제 11.1.2

폭이 넓은 사각형 수로에서 수심 0.5m로 물이 흐를 경우 단위폭 당 유량이 $0.3\text{m}^3/\text{s/m}$라면 이 흐름은 상류인가 사류인가.

풀이

흐름의 유속은

$$V = \frac{Q}{A} = \frac{q}{y} = \frac{0.3}{0.5} = 0.6\text{m/s}$$

식 (11.1.4)로부터

$$F_r = \frac{V}{\sqrt{gy}} = \frac{0.6}{\sqrt{9.81 \times 0.5}} = 0.271 < 1$$

따라서 이 흐름은 상류이다.

11.2 개수로 형상 및 유속분포

11.2.1 개수로의 종류

개수로는 크게 자연(natural)수로 및 인공(artificial)수로로 나눌 수가 있다. 자연수로는 자연과정에 의해 형성되었고 인위적인 개입이 그리 심하지 않은 수로로 시내(creeks), 크고 작은 강(rivers) 그리고 강의 어귀(estuary) 등이 이에 속한다. 인공수로는 인위적인 노력에 의해 형성된 수로로 주운(navigation)수로, 발전(power) 및 관개 운하(irrigation canals), 배수로(drainage ditches) 등이 이에 속하며 다음과 같이 분류할 수가 있다.

① 대상수로(prismatic channel) : 대상수로는 수로 단면 형상과 하상 경사가 일정한 수로를 말한다. 이러한 조건을 만족하지 못하면 비대상(nonprismatic)수로라 한다.

② 운하(canal) : 운하는 일반적으로 지표면보다 낮게 형성된 비교적 길고 완만한 경사를 가진 수로이다. 운하는 콘크리트, 시멘트, 잔디, 목재, 금속 또는 인공물질 등으로 피복을 한 경우(lined)와 하지 않은 경우(unlined)로 나뉜다.

③ 플륨(flume) : 플륨은 저지대를 통과하여 물을 보내기 위해 지표면보다 위에 설치된 수로로 콘크리트, 석재, 금속 및 목재 등의 재료를 사용한다. 연구를 위해 설치한 실험실에서의 수로도 플륨에 속한다.

④ 슈트(chute)와 낙차(drop) : 슈트는 급경사를 가진 수로이며, 낙차는 급경사를 이루고 있지만 슈트보다는 짧은 경우에 해당된다.

⑤ 암거(culvert) : 암거는 부분적으로 물이 차서 흐르도록 설계하며, 고속도로나 철도의 제방을 통과하여 물을 배수하기 위한 비교적 짧은 피복된 수로를 말한다.

11.2.2 개수로 단면형상

수로의 단면은 다양한 기하학적인 형상으로 이루어져 있다. 일반적으로 수로는 단면과 경사가 일정한 균일수로형태로 이루어져 있으며, 피복된 운하인 경우 보통 직사각형(rectangular) 또는 사다리꼴(trapezoidal) 단면으로 이루어지고, 단면이 작은 배수로인 경우 삼각형(triangular) 형상으로 이루어지기도 한다. 암거와 터널은 일반적으로 원형(circular) 또는 타원형(elliptical) 형상으로 구성한다. 자연수로인 경우 단면이 매우 불규칙하고 비균일 수로로 되어 있지만, 사다리꼴이나 포물선형(paraboloid) 단면으로 간주하기도 한다. 일반적인 개수로 형상의 기하학적인 특성은 표 11.2.1과 같다.

개수로 단면의 기하학적인 모양과 수심에 의해 결정되는 단면 특성치들은 다음과 같다.

① 수심(y) : 수심(depth)은 수로단면의 가장 낮은 지점으로부터 수표면까지의 연직거리를 의미한다. 대부분의 경우 수로바닥과 직각으로 측정한 깊이 d와 혼용하여 사용하는데 실제로는 다음과 같은 차이가 있다.

$$y = \frac{d}{\cos\theta} \tag{11.2.1}$$

여기서 θ는 수평선과 수로 바닥경사간의 각도로 만일 기울기 즉, θ가 작으면 $y \simeq d$가 되고, 경사가 급한 수로인 경우에는 y와 d간의 차이가 발생하게 된다.

② 수위 : 수위(stage)는 기준면(datum)을 기준으로 한 수표면까지의 높이를 의미한다. 만일 수로의 가장 낮은 지점을 기준으로 정하면 수위는 수심과 같아지게 된다.

③ 수면폭(T) : 수면폭(top width)은 수면을 기준으로 측정한 수로의 폭을 의미한다.

④ 단면적(A) : 단면적(flow area)은 흐름방향과 직각인 수로단면의 면적을 의미한다.

⑤ 윤변(P) : 윤변(wetted perimeter)은 수로 단면에서 물이 접하고 있는 변의 길이이다.

⑥ 동수반경(R_h) : 동수반경(hydraulic radius)은 흐름 단면적을 윤변으로 나눈 것이다.

$$R_h = \frac{A}{P} \tag{11.2.2}$$

⑦ 수리심(D) : 수리심(hydraulic depth)은 흐름 단면적을 수로폭으로 나눈 것으로 수로의 평균수심을 의미한다.

$$D = \frac{A}{T} \tag{11.2.3}$$

표 11.2.1 개수로 단면 형상의 기하학적 특성

단면구분	단면형상	단면적(A)	윤변(P)	동수반경(R_h)
사다리꼴	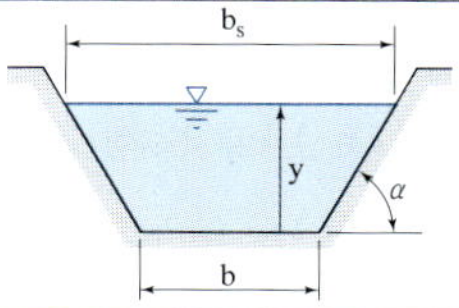	$y(b+y\cot\alpha)$	$b+\dfrac{2y}{\sin\alpha}$	$\dfrac{y(b+y\cot\alpha)}{b+\dfrac{2y}{\sin\alpha}}$
삼각형	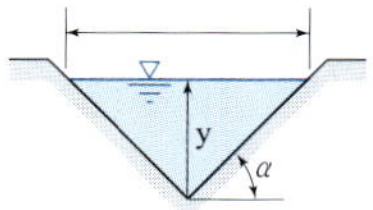	$y^2\cot\alpha$	$\dfrac{2y}{\sin\alpha}$	$\dfrac{y\cos\alpha}{2}$
사각형	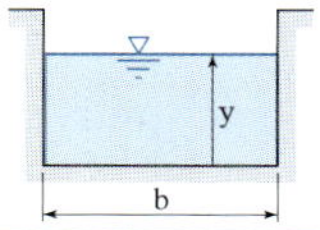	by	$b+2y$	$\dfrac{by}{b+2y}$
광폭사각형	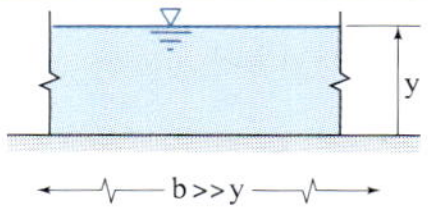	by	b	y
원형	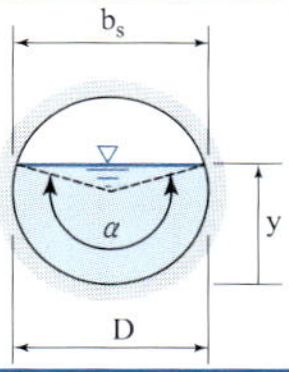	$(\alpha-\sin\alpha)\dfrac{D^2}{8}$	$\dfrac{\alpha D}{2}$	$\dfrac{D}{4}\left(1-\dfrac{\sin\alpha}{\alpha}\right)$

표 11.2.1에 일반적으로 사용하는 개수로 단면 형상에 대한 단면적, 윤변 및 동수반경이 나타나 있다.

예제 11.2.1

그림 11.2.1과 같은 사다리꼴 단면의 수로에서 바닥 폭이 2m, 수심이 1m, 측면경사가 2:1일 때 동수반경을 구하라.

풀이

주어진 자료를 이용하여 단면적, 윤변, 동수반경을 구하면 다음과 같다.

$$A=(b+zy)y=(2+2\times1)\times1=4\text{m}^2$$

$$P=b+2y\sqrt{1+z^2}=2+2\times1\times\sqrt{1+2^2}=6.47\text{m}$$

$$R_h=\frac{A}{P}=\frac{4}{6.47}=0.62\text{m}$$

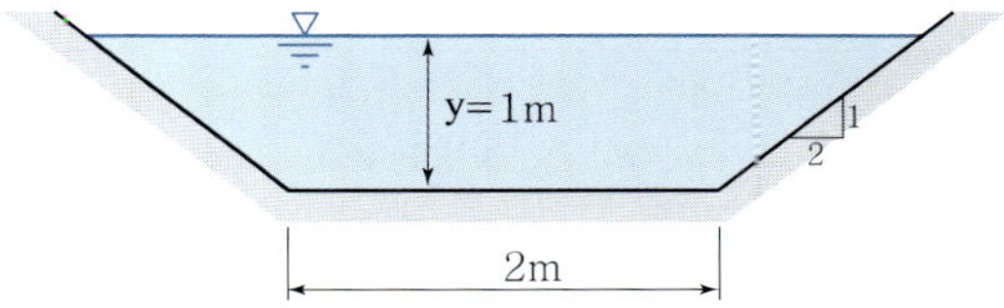

그림 11.2.1

11.2.3 개수로내 유속분포

개수로 흐름에서는 자유수표면의 존재와 수로벽에 작용하는 마찰로 인해 수로 단면에서 균일한 유속분포를 보이지 않게 된다. 일반적인 개수로에서의 최대 유속은 자유수표면 아래 수심의 약 5~25% 깊이에서 나타나고, 수로 벽으로부터 멀리 떨어져서 최대 유속이 발생하며, 개수로 단면의 다양한 형태에 따른 일반적인 유속분포는 그림 11.2.2와 같다.

개수로 흐름에서의 유속분포는 단면의 형상, 수로의 조도, 만곡부의 유무 등에 따라 다양하게 변한다. 광폭의 수심이 얕고 유속이 빠른 단면 또는 매우 매끈한 수로에서는 최대 유속이 자유수표면에서 나타날 수도 있다. 수로의 조도는 그림 11.2.3과 같이 연직방향의 유속분포를 초래한다. 만곡부에서는 흐름의 원심력으로 인해 볼록한 부분에서 유속이 더 증가하게 된다.

그림 11.2.2 개수로 단면에 따른 유속분포

지속적으로 흐르는 하천이나 밀폐된 관로에서의 유속은 위치 및 시간에 따라 변하게 되므로 유량을 산정하기 위해서는 여러 지점 및 깊이에서 유속을 측정해야 한다. 자연하천의 하상 근처의 유속은 하상의 마찰로 인해 유속이 작아지게 되고 하상으로부터 멀어질수록 유속이 증가한다. 하천의 깊이가 0.6m이상이 되면 그 단면에서의 평균 유속은 수표면으로부터 수심의 0.2배 및 0.8배되는 깊이의 유속을 평균하여 구하게 된다. 만일 수심이 0.6m보다 작게 되면 수심의 0.6배되는 지점에서의 유속을 그 단면에서의 평균유속으로 한다. 표 11.2.2는 하천의 깊이에 따른 평균 유속 산정 방법을 보여주고 있다.

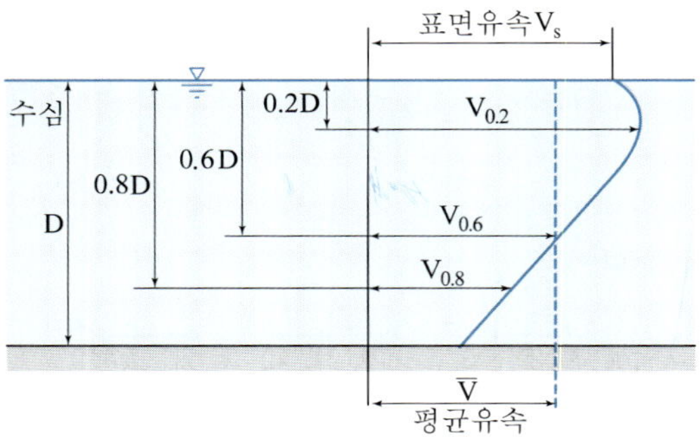

그림 11.2.3 조도에 의한 연직방향의 유속분포

표 11.2.2 수심에 따른 평균유속 산정

측점수	수심범위 (m)	수심범위 (ft)	관측지점 (수표면으로부터)	평균유속 ($\bar{V}$)
1	0.3~0.6	1~2	0.6D	$\bar{V} = V_{0.6D}$
2	0.6~3.0	2~10	0.2D, 0.8D	$\bar{V} = 0.5(V_{0.2D} + V_{0.8D})$
3	3.0~6.0	10~20	0.2D, 0.6D, 0.8D	$\bar{V} = 0.25(V_{0.2D} + 2V_{0.6D} + V_{0.8D})$
5	6.0<	20<	수면으로부터 0.3m, 0.2D, 0.6D, 0.8D, 하상으로부터 0.3m	$\bar{V} = 0.1(V_S + 3V_{0.2D} + 2V_{0.6D} + 3V_{0.8D} + V_B)$

D : 수심 S : 수면으로부터 0.3m B : 하상으로부터 0.3m

예제 11.2.2

어떤 하천에 대해 표 11.2.3과 같이 수심의 20% 및 80% 되는 지점에서 유속을 측정하였을 때 유출량을 산정하라.

표 11.2.3 소단면 깊이에서의 측정유속 및 단면적

단 면		1	2	3	4	5
유속 (m/sec)	0.2D	0.4	0.8	1.2	1.0	0.6
	0.8D	0.3	0.6	1.3	1.2	0.6
단면적 (m^2)		3	6	10	8	4

풀이

각 소단면에서의 깊이에 따른 유속을 산술평균하고 단면적을 곱하면 소단면에서의 유량이 산정되며 이를 합하면 총 유량이 된다.

$$Q = \Sigma Q_i = \Sigma A_i \bar{V}_i = \Sigma A_i (V_{0.2} + V_{0.8})_i / 2$$

$$= 3(0.35) + 6(0.70) + 10(1.25) + 8(1.1) + 4(0.6) = 29 m^3/sec$$

11.3 등류의 형성 및 경험공식

11.3.1 등류의 형성 및 가정

대부분의 수로들은 등류가 형성되도록 설계되고 있다. 특히 관개수로인 경우 상당한 길이에 걸쳐

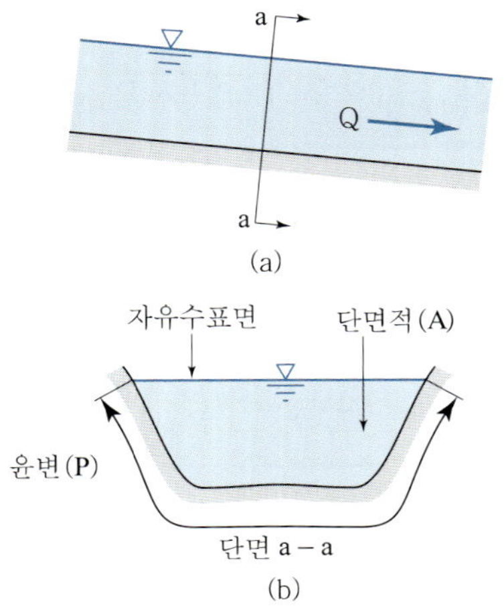

그림 11.3.1 개수로에서의 등류

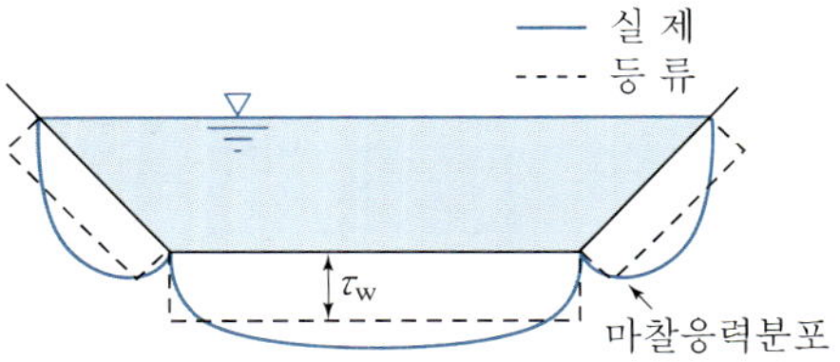

그림 11.3.2 윤변을 따른 마찰응력의 분포

동일한 단면 및 등류수심이 되도록 설계한다. 하천과 같은 일반적인 수로인 경우 대부분 불규칙한 단면을 가지고 있고 등류가 거의 형성되지 않지만 등류로 가정하여 개략적인 유량을 산정하게 된다.

등류는 수로경사 S_o를 조정하여 에너지선의 경사 S_f와 같도록 조정함으로서 얻을 수가 있다. 에너지 관점에서 볼 때 등류는 물이 하류로 흐를 때 발생하는 잠재에너지의 손실 및 전단응력과 관계된 점성효과에 의한 에너지손실(수두손실)간에 균형을 이룰 때 나타나게 된다. 힘의 개념으로 보면 중력에 의해 물에 작용하는 흐름방향의 성분과 이에 저항하는 수로 벽면에 작용하는 마찰력의 성분이 같을 때 등류가 형성된다.

그림 11.3.1과 같이 수로 단면의 형상과 크기가 일정하여 수심이 일정하게 유지되는 단면적 A, 윤변 P인 개수로에서의 흐름을 생각해 보자. 수표면과 대기간의 상호작용은 무시하여 윤변에는 포함시키지 않는다. 앞 절에서 설명한 바와 같이 물과 수로 표면에서의 마찰 때문에 실제유속분포는 연직방향으로 균일하지가 않다. 수로 벽면에서의 마찰응력 또는 소류력(shear stress) τ_w로 인해 벽면에서의 유속은 0이 된다. 마찰응력은 그림 11.3.2와 같이 윤변 전체를 통해 일정하지가 않다. 따라서 등류의 형성 및 경험공식을 유도하기 위해 하도 단면에서의 유속분포가 V로 균일하고, 윤변을 따라 마찰응력 τ_w가 일정하다는 가정을 한다.

11.3.2 등류의 경험공식

개수로에서 등류 유량을 결정하기 위한 기본 식들이 오래 전부터 개발되었으며, 관련된 경험상수들의 보다 정확한 산정을 위해 지속적으로 보완되어 왔다. 이들 중 대표적인 등류경험공식으로 Chezy와 Manning의 공식이 있으며 이들의 유도과정에 대해 알아보기로 한다.

정상등류 가정 하에 그림 11.3.3과 같은 검사체적(control volume)에 x방향의 운동량방정식을 적용하면 $V_1=V_2$이므로

$$\Sigma F = \rho Q(V_2 - V_1) = 0 \qquad (11.3.1)$$

따라서 검사체적의 물에는 가속도가 발생하지

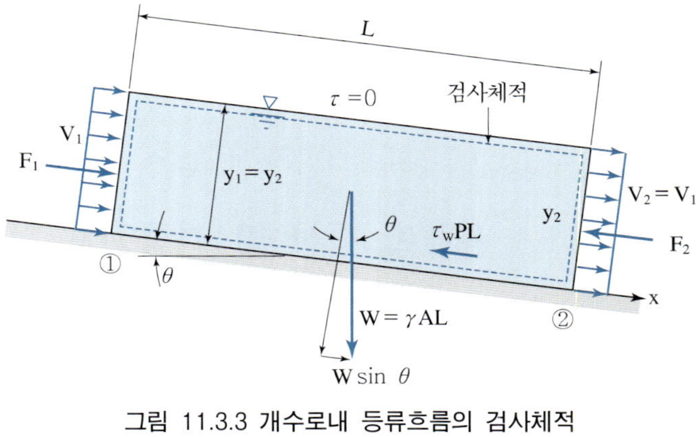

그림 11.3.3 개수로내 등류흐름의 검사체적

않고, 단면 ①과 ②에서의 운동량 흐름율(flux)은 동일하게 된다. 그러므로 흐름은 흐름방향으로의 힘들 즉, 중력에 의한 관성력과 흐름을 방해하는 마찰력과의 균형에 의해 영향을 받게 되고, 두 힘이 같을 때 등류가 형성된다. 즉, $\Sigma F=0$일 때

$$F_1 - F_2 - \tau_w PL + W\sin\theta = 0 \tag{11.3.2}$$

여기서 F_1과 F_2는 검사체적의 단면 ①, ②에 작용하는 정수압에 의한 힘으로 등류인 경우 두 단면에서의 수심 $y_1=y_2$이므로 결국 $F_1=F_2$가 되어 서로 상쇄된다. $W\sin\theta$는 검사체적 내 물 무게의 흐름방향 성분, $\tau_w PL$은 물과 윤변사이에 작용하는 마찰력이다. 따라서 식 (11.3.2)는

$$\tau_w = \frac{W\sin\theta}{PL} = \frac{WS_o}{PL} \tag{11.3.3}$$

여기서 수로의 바닥경사가 작은 경우($S_o \ll 1$) $\sin\theta \simeq \tan\theta = S_o$가 된다. 검사체적의 무게 $W=\gamma AL$이고, 동수반경 $R_h=A/P$이므로 식 (11.3.3)을 다시 나타내면

$$\tau_w = \frac{\gamma ALS_o}{PL} = \gamma R_h S_o \tag{11.3.4}$$

대부분의 개수로 흐름은 층류보다는 난류로 흐르게 되고, 따라서 Reynolds수도 상당히 크게 된다. 관수로 흐름에서 설명한 바와 같이 Reynolds수가 큰 경우 마찰손실계수 f는 Reynolds수와는 무관하고 관 표면의 조도에만 영향을 받게 된다. 이러한 경우 마찰응력은 동압력 $\rho V^2/2$에만 비례하고 점성과는 무관하게 되므로

$$\tau_w = K\frac{\rho V^2}{2} \tag{11.3.5}$$

여기서 K는 관의 조도에 따른 상수이다. 관수로에서의 큰 Reynolds수에 대한 마찰응력의 관계가 개수로에서도 적용된다고 볼 수 있으므로 식 (11.3.4)와 식 (11.3.5)를 같게 놓아

$$K\frac{\rho V^2}{2} = \gamma R_h S_o \tag{11.3.6}$$

또는

$$V = C\sqrt{R_h S_o} \tag{11.3.7}$$

여기서 $C=\sqrt{2g/K}$를 Chezy의 평균유속계수라 하고, 식 (11.3.7)을 Chezy의 공식이라 한다. 일련의 실험을 통하여 유속과 수로경사간의 관계($V \sim S_o^{1/2}$)가 적절한 것으로 나타나지만 유속과 동수반경의 관계에 대해서는 분명한 관계를 나타내지는 못하고 있다.

그 후 아일랜드 기술자인 Manning은 Chezy의 계수 C와 동수반경 및 조도계수 n사이에 다음과 같은 관계가 있음을 발표하였다.

$$C = \frac{R_h^{1/6}}{n} \tag{11.3.8}$$

식 (11.3.8)을 Chezy의 평균유속공식 (11.3.7)에 적용하면

$$V = \frac{1}{n} R_h^{2/3} S_o^{1/2} \tag{11.3.9}$$

이 식을 Manning의 공식이라 한다. n을 Manning의 조도계수(resistance coefficient)라 하며, 수로의 표면 구성 물질에 따라 변하고 실험을 통해 값을 얻을 수가 있으며, 무차원 값이 아닌 $sec/m^{1/3}$의 단위를 가지고 있다.

다양한 조건에 대한 Manning의 조도계수 n값이 표 11.3.1과 같으며, 수로표면을 구성하고 있는 물질의 조도가 클수록 n값이 크게 나타남을 알 수 있다. 예를 들어 홍수터의 조도가 목초지(pasture)에서 잡목(brush) 그리고 나무(tree)로 변할수록 n값이 증가하게 된다.

예제 11.3.1

예제 11.2.1과 같은 사다리꼴 단면의 수로에서 바닥 폭이 2m, 수심이 1m, 측면경사가 2:1일 때 Manning의 공식을 이용하여 유속 및 유량을 구하라. 단, Manning의 조도계수는 0.012, 하상경사는 0.001이다.

풀이

예제 11.2.1에서 구한 값들은 $A=4m^2$, $P=6.47m$, $R_h=0.62m$

따라서 식 (11.3.9)에 의해 유속을 구하면

$$V = \frac{1}{n} R_h^{2/3} S_o^{1/2} = \frac{1}{0.012} \times 0.62^{2/3} \times 0.001^{1/2} = 1.916 m/s$$

유량은 $Q = AV = 4 \times 1.916 = 7.664 m^3/s$

11.3.3 복합단면의 등가조도

지금까지는 수로단면의 윤변을 통해 조도가 동일하다고 가정하여 적용하였지만 자연하천 수로에서는 단면 전체에 대해 조도가 동일하지 않는 경우가 많다. 예를 들어 수로의 바닥과 측면이 서로 다른 물질로 구성되어 있을 수가 있으며, 이런 경우 Manning의 n값이 수로 바닥과 측면이 서로 다르게 된다. 따라서 개수로에서의 흐름 해석을 용이하게 하기 위해 수로 단면을 대표하는 등가조도(equivalent roughness) n_e를 산정할 필요가 있다.

개수로 단면이 그림 11.3.4와 같이 N개(그림에서는 N=3)로 나뉘어지고 각 소단면에서의 윤변을 P_i, Manning의 조도를 n_i라 하자. 각 소단면에서의 평균유속이 전체 단면에서의 평균유속과

표 11.3.1 Manning의 조도계수 n

하상표면	최량	양호	적절	불량
코팅되지 않은 주철관	0.012	0.013	0.014	0.015
코팅된 주철관	0.011	0.012*	0.013*	
상업용 단철관, black	0.012	0.013	0.014	0.015
상업용 단철관, 아연도금	0.013	0.014	0.015	0.017
매끈한 청동 및 유리관	0.009	0.010	0.011	0.013
매끈한 lockbar 및 용접된 OD관	0.010	0.011*	0.013*	
리벳트 강관	0.013	0.015*	0.017*	
유리모양의 하수관	0.010	0.013*	0.015	0.017
일반적인 점토배수 토관	0.011	0.012*	0.014*	0.017
유약을 바른 벽돌	0.011	0.012	0.013*	0.015
시멘트 반죽내 벽돌, 벽돌 하수거	0.012	0.013	0.015*	0.017
깨끗한 시멘트 표면	0.010	0.011	0.012	0.013
시멘트 반죽 표면	0.011	0.012	0.013*	0.015
콘크리트 관	0.012	0.013	0.015*	0.016
나무 통관	0.010	0.011	0.012	0.013
판자 수로:				
평면	0.010	0.012*	0.013	0.014
비평면	0.011	0.013*	0.014	0.015
마디를 포함	0.012	0.015*	0.016	
콘크리트 피복 수로	0.012	0.014*	0.016*	0.018
시멘트와 잡석 혼합 표면	0.017	0.020	0.025	0.030
건조한 잡석 표면	0.025	0.030	0.033	0.035
각진 돌 표면	0.013	0.014	0.015	0.017
반원형 금속 수로, 매끈함	0.011	0.012	0.013	0.015
반원형 금속 수로, 주름짐	0.0225	0.025	0.0275	0.030
수로 및 도랑:				
흙, 직선 및 균일	0.017	0.020	0.0225*	0.025
암석, 매끈하고 균일	0.025	0.030	0.033*	0.035
암석, 매끈하지 않고 비균일	0.035	0.040	0.045	
만곡된 완만한 수로	0.0225	0.025*	0.0275	0.030
준설된 흙 하도	0.025	0.0275*	0.030	0.033
암석하상의 수로, 흙 제방의 잡초	0.025	0.030	0.035*	0.040
흙 하상, 잡석 측면	0.028	0.030*	0.033*	0.035
자연하도:				
(1) 깨끗하고, 직선제방, 만수, 갈라진 틈이나 깊은 웅덩이가 없음	0.025	0.0275	0.030	0.033
(2) (1)과 같지만 약간의 잡초와 암석포함	0.030	0.033	0.035	0.040
(3) 만곡, 약간의 웅덩이와 모래톱, 깨끗함	0.033	0.035	0.040	0.045
(4) (3)과 같지만 낮은 수위, 영향을 주지 않는 경사 및 단면	0.040	0.045	0.050	0.055
(5) (3)과 같지만 약간의 잡초와 암석포함	0.035	0.040	0.045	0.050
(6) (4)와 같지만 암석단면 포함	0.045	0.050	0.055	0.060
(7) 완만한 하천구간이지만 잡초와 깊은 웅덩이가 존재	0.050	0.060	0.070	0.080
(8) 잡초가 매우 많은 구간	0.075	0.100	0.125	0.150

* 설계에 일반적으로 사용하는 값

같다고 가정하면 Horton과 Einstein에 의해 제시된 등가조도는 다음과 같이 나타낼 수가 있다.

$$n_e = \left(\frac{\sum P_i n_i^{3/2}}{\sum P_i} \right)^{2/3} \tag{11.3.10}$$

같은 방법으로 Muhlhofer와 Einstein은 각 소단면에서의 흐름에 대한 저항력을 모두 합한 값이 전체 단면에서의 흐름의 저항력과 같다는 가정하에 등가조도를 다음과 같이 제시하였다.

$$n_e = \left(\frac{\Sigma P_i n_i^2}{\Sigma P_i}\right)^{1/2} \tag{11.3.11}$$

Lotter는 각 소단면에서의 유량의 합이 전체 단면에서의 유량과 같다는 사실을 이용하여 다음과 같이 등가조도를 제시하였다.

$$n_e = \frac{P R_h^{5/3}}{\Sigma \dfrac{P_i R_h^{5/3}}{n_i}} \tag{11.3.12}$$

Krishnamurthy와 Christensen은 대수 유속분포를 가정하여 다음과 같이 제시하였다.

$$\ln n_e = \Sigma P_i y_i^{3/2} \frac{\ln n_i}{\Sigma P_i y_i^{3/2}} \tag{11.3.13}$$

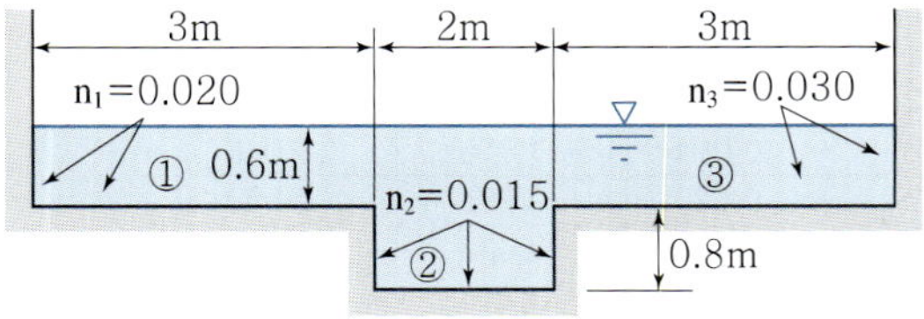

그림 11.3.4 복합단면의 등가조도

미지질조사국(USGS)에서 36개의 자연 개수로 단면에서 획득한 자료를 이용하여 분석한 결과 Horton과 Einstein의 식에 의한 결과가 다른 식들에 의한 결과보다 오차가 가장 적은 것으로 나타나고 있다.

예제 11.3.2

그림 11.3.4와 같은 복합단면에서의 등가조도를 Horton-Einstein방법에 의해 구하라.

풀이

각 단면에서의 $P_i n_i^{3/2}$의 합을 구하면

$$\Sigma P_i n_i^{3/2} = (0.6+3)\times 0.02^{3/2} + (0.8+2+0.8)\times 0.015^{3/2} + (3+0.6)\times 0.03^{3/2} = 0.0355$$

윤변의 총합은

$$\Sigma P_i = 0.6+3+0.8+2+0.8+3+0.6 = 10.8$$

따라서 등가조도는

$$n_e = \left(\frac{\Sigma P_i\ n_i^{3/2}}{\Sigma P_i}\right)^{2/3} = \left(\frac{0.0355}{10.8}\right)^{2/3} = 0.022$$

11.3.4 등류의 계산

앞에서 설명한 Manning의 공식을 이용하여 등류와 관련된 다양한 계산을 할 수가 있다. 개수로

내 등류와 관련된 주요 변수들로는 수로 단면의 크기와 형태(A, R_h), 수로 바닥의 경사(S_o), 수로 바닥과 측면의 구성물질의 특성(n), 평균 유속(V) 또는 유량(Q) 등이 있다. 비록 Manning의 공식은 간단하지만, 어떤 변수들이 주어지고 어떤 변수들을 결정해야 하는지에 따라 간단할 수도 복잡할 수도 있다.

개수로에서의 등류유량을 계산하기 위해서는 등류공식 즉, Manning의 공식과 연속방정식을 이용하게 된다.

$$Q = AV = \frac{1}{n} A R_h^{2/3} S_o^{1/2} \tag{11.3.14}$$

이 식에서 A와 R_h는 등류수심(y_n)과 수로 단면의 함수가 되며, Manning의 조도계수 n은 수토표면과 앞 절에서 설명한 인자들의 함수가 된다. 따라서 특정수로 단면 및 경사에 대해 등류수심이 주어지면 오직 하나의 유량만 가능하게 된다. 그러므로 식 (11.3.14)를 이용하여 주어진 등류수심에 해당하는 유량을 산정할 수 있다. 식 (11.3.14)를 간단히 나타내면

$$Q = K S_o^{1/2} \tag{11.3.15}$$

여기서 K는 통수능인자(conveyance factor)로 수심, 단면의 기하학적 특성 그리고 Manning의 조도 n값의 함수이며 다음과 같다.

$$K = \frac{1}{n} A R_h^{2/3} \tag{11.3.16}$$

식 (11.3.14)를 변경하면

$$A R_n^{2/3} = \frac{nQ}{S_o^{1/2}} \tag{11.3.17}$$

여기서 왼쪽 항을 단면인자(section factor)라 한다. 다라서 유량 Q, 조도 n 그리고 경사 S_o가 주어지면 시행착오법(trial and error procedure)으로 등류수심을 결정할 수가 있다.

가. 등류유량

등류유량은 등류수심 y_n과 수로의 제원, 수로경사 S_o 및 조도 n이 주어지게 되면 수로의 단면적 A와 동수반경 R_h를 구한 후 식 (11.3.4)를 이용하여 간단히 계산할 수 있다.

예제 11.3.3

그림 11.3.5와 같이 수로 폭이 3m이고 측면경사가 1.5:1인 사다리꼴 수로의 경사가 0.0016이다. 등류수심이 2.6m이고 조도계수 n=0.013이면 등류유량은 얼마인가?

풀이

주어진 자료를 이용하여 단면적, 윤변, 동수반경을 구하면 다음과 같다.

$$A = (b + zy_n)y_n = (3 + 1.5 \times 2.6) \times 2.6 = 18\text{m}^2$$

$$P = b + 2y_n\sqrt{1+z^2} = 3 + 2 \times 2.6 \times \sqrt{3.25} = 12\text{m}$$

$$R_h = \frac{A}{P} = \frac{18}{12} = 1.5\text{m}$$

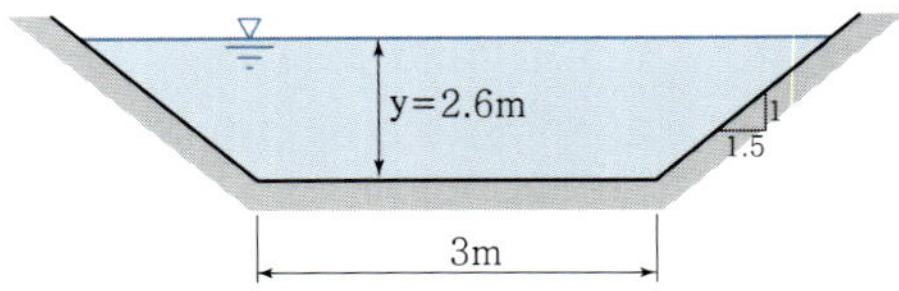

그림 11.3.5 등류유량 계산

식 (11.3.14)를 적용하면

$$Q = \frac{1}{n}AR_h^{2/3}S_o^{1/2} = \frac{1}{0.013} \times 18 \times 1.5^{2/3} \times 0.0016^{1/2} = 73\text{m}^3/\text{sec}$$

나. 등류수심

등류의 수심은 유량 Q와 수로의 제원, 수로경사 S_o 및 조도 n이 주어지게 되면 식 (11.3.17)을 이용하여 시행착오법으로 계산할 수 있다.

예제 11.3.4

그림 11.3.6과 같이 수로 폭이 10m, 측면경사가 2:1인 수로에 30m^3/s의 유량이 흐르고 있다. 수로의 경사가 0.001, 조도계수가 0.013이면 등류수심은 얼마인가?

풀이

식 (11.3.17)의 우변에 주어진 Q, S_o, n값을 적용하면

$$AR_h^{2/3} = \frac{nQ}{S_o^{1/2}} = \frac{0.013 \times 30}{0.001^{1/2}} = 12.33 \qquad \text{(a)}$$

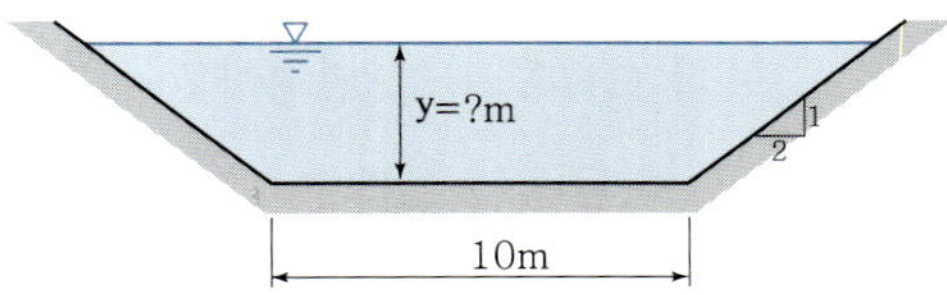

그림 11.3.6 등류수심 계산

단면적과 동수반경을 등류수심 y_n으로 표현하면

$$A = \frac{1}{2}y_n(10 + 10 + 2 \times 2y_n) = y_n(10 + 2y_n)$$

$$P = b + 2y_n\sqrt{2^2 + 1} = 10 + 4.47y_n$$

$$R_h = \frac{y_n(10 + 2y_n)}{10 + 4.47y_n}$$

이들 값을 식 (a)에 적용하면

$$[y_n(10 + 2y_n)]\left[\frac{y_n(10 + 2y_n)}{10 + 4.47y_n}\right]^{2/3} = 12.33$$

따라서

$$[y_n(10 + 2y_n)]^{5/3} - 12.33 \times (10 + 4.47y_n)^{2/3} = 0$$

시행착오법으로 y_n을 구하면 1.09m가 된다.

다. 등류수로 경사

등류수로의 경사는 유량 Q와 등류수심 y_n, 수로의 제원 및 조도 n이 주어지게 되면 식 (11.3.14)를 이용하여 계산할 수 있다.

예제 11.3.5

예제 11.3.3과 같이 수로 폭이 3m이고 측면경사가 1.5:1인 사다리꼴 수로에 73m³/s의 유량이 흐르고 있다. 등류수심이 2.6m이고, 조도계수 n=0.013이면 등류수로의 경사는 얼마인가?

풀이

주어진 자료를 이용하여 단면적, 윤변, 동수반경을 구하면 다음과 같다.

$$A = (b + zy_n)y_n = (3 + 1.5 \times 2.6) \times 2.6 = 18m^2$$

$$P = b + 2y_n\sqrt{1+z^2} = 3 + 2 \times 2.6 \times \sqrt{3.25} = 12m$$

$$R_h = \frac{A}{P} = \frac{18}{12} = 1.5m$$

식 (11.3.14)를 적용하면

$$73 = \frac{1}{0.013} \times 18 \times 1.5^{2/3} \times S_o^{1/2}$$

따라서 등류수로 경사는 S_o=0.0016이 된다.

11.4 최적수로단면

최적수로단면(optimum channel cross section)은 수로의 경사 및 조도가 주어질 때 주어진 유량이 흐르기 위한 최소의 흐름 단면을 가진 수로단면을 의미하며, 개수로를 설계할 때 가장 경제적인 단면이라고 할 수 있다. Manning의 공식으로부터

$$\frac{Q}{A} = \frac{R_h^{2/3} S_o^{1/2}}{n} \tag{11.4.1}$$

식 (11.4.1)로부터 주어진 유량에 대한 최소의 흐름 단면은 경사 및 조도가 주어지면 동수반경 R_h가 최대가 될 경우임을 알 수 있고, 동수반경은 R_h=A/P이므로 결국 윤변 P가 최소가 될 때 최대가 된다. R_h=A/P를 식 (11.4.1)에 적용하고 단면적에 관하여 정리하면

$$A = \left(\frac{nQ}{S_o^{1/2}}\right)^{3/5} P^{2/5} \tag{11.4.2}$$

식 (11.4.2)로부터 윤변 P가 최소가 될 때 흐름 단면적 A가 최소가 됨을 알 수 있으며, 윤변이 최소가 되는 단면은 반원형단면이다.

윤변 P는 수로 단면 형상에 따라 변하게 되며 위와 같은 조건을 적용하면 직사각형, 사다리꼴, 삼각형, 원형 등과 같은 단면이 일정구간 동안 변하지 않고 유지되는 대상(prismatic) 단면에 대한 최적수로단면을 설계할 수가 있다. 주어진 수로 경사에 대한 최적수로단면을 결정하면 유량의 함수인 등류수심과 단면적을 구할 수가 있다. 본 절에서는 개수로의 대표적인 형상인 직사각형과 사다리꼴 단면에 대한 최적수로단면을 결정하는 방법을 설명하기로 한다.

11.4.1 최적 직사각형단면

수심 y, 수로 폭 b인 직사각형단면 수로인 경우 면적 및 윤변은 다음과 같이 나타낼 수 있다.

$$A = by \tag{11.4.3}$$

$$P = b + 2y \tag{11.4.4}$$

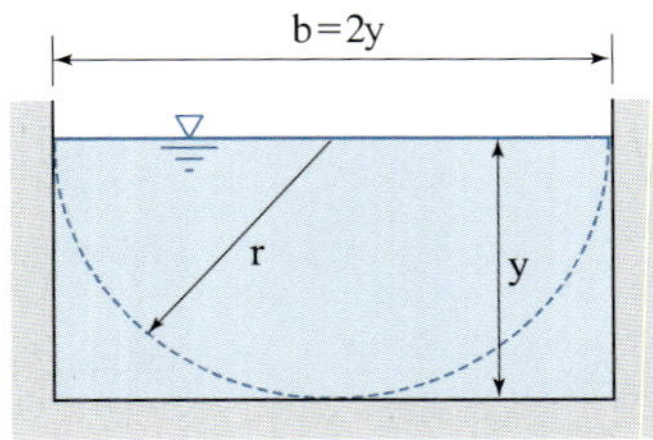

그림 11.4.1 직사각형 최적수로단면

식 (11.4.3)과 식 (11.4.4)에서 수로 폭 b를 소거하면

$$P = \frac{A}{y} + 2y \tag{11.4.5}$$

최적수로단면은 윤변 P가 최소 즉, dP/dy=0인 경우이므로

$$\frac{dP}{dy} = -\frac{A}{y^2} + 2 = 0 \tag{11.4.6}$$

따라서

$$y = \frac{b}{2} \tag{11.4.7}$$

그러므로 직사각형 최적수로단면은 수심이 수로 폭의 절반일 경우가 된다. 이때의 동수반경은 다음과 같이 수심의 절반이 된다.

$$R_h = \frac{A}{P} = \frac{2y^2}{4y} = \frac{y}{2} \tag{11.4.8}$$

예제 11.4.1

경사가 0.001, 조도계수가 0.012인 사각형수로에 $5m^3/s$의 유량을 흐르게 할 때 최적단면을 결정하라.

풀이

식 (11.4.4)의 우변에 주어진 Q, S_o, n값을 적용하면

$$AR_h^{2/3} = \frac{nQ}{S_o^{1/2}} = \frac{0.012 \times 5}{0.001^{1/2}} = 1.897 \qquad \text{(a)}$$

최적 단면적과 동수반경을 수심 y로 표현하면

$$A = by = 2y^2, \qquad R_h = \frac{y}{2}$$

이들 값을 식 (a)에 적용하면

$$2y^2\left(\frac{y}{2}\right)^{2/3} = 1.897 \quad \rightarrow \quad y = 1.166\text{m}$$

따라서 최적단면은

$$y = 1.166\text{m}, \qquad b = 2y = 2.332\text{m}, \qquad A = 2.719\text{m}^2$$

11.4.2 최적 사다리꼴단면

그림 11.4.2와 같이 저변 폭 b, 측면경사 z, 수심 y인 사다리꼴단면 수로의 최적수로단면을 구해 보자. 이 경우 수로의 단면적과 윤변은 다음과 같다.

$$A = (b + zy)y \qquad (11.4.9)$$

$$P = b + 2y\sqrt{1 + z^2} \qquad (11.4.10)$$

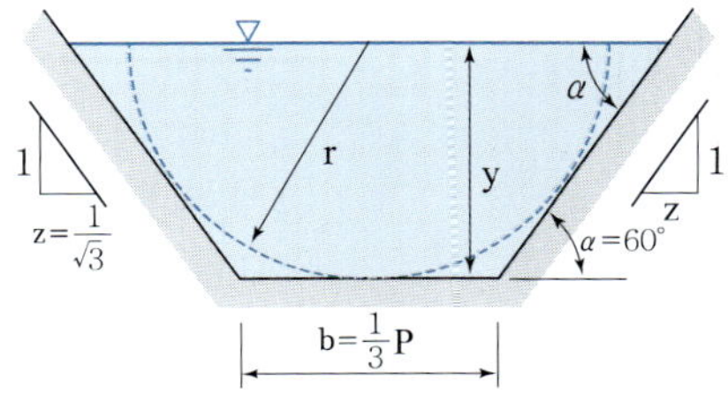

그림 11.4.2 사다리꼴 최적수로 단면

식 (11.4.10)을 b로 정리하여 식 (11.4.9)에 대입하면

$$A = (P - 2y\sqrt{1 + z^2})y + zy^2 \qquad (11.4.11)$$

유량과 수로 경사 및 조도계수가 주어지면 단면적은 일정하므로 측면경사 z를 상수로 간주하고 식 (11.4.11)을 수심 y에 관해 미분하고 0으로 놓으면

$$\frac{dA}{dy} = \left(\frac{dP}{dy} - 2\sqrt{1 + z^2}\right)y + (P - 2y\sqrt{1 + z^2}) + 2zy = 0 \qquad (11.4.12)$$

최적수로단면이 되기 위해서는 윤변 P가 최소가 되어야 하므로 dP/dy=0을 적용하면

$$P = 4y\sqrt{1 + z^2} - 2zy \qquad (11.4.13)$$

표 11.4.1 최적수로단면 제원

단면구분	단면형상	최적조건	등류수심(y_n)	단면적(A)
사다리꼴	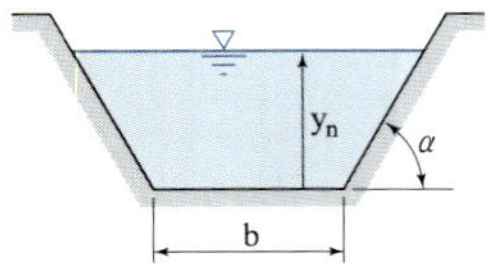	$\alpha = 60°$ $b = \frac{2}{\sqrt{3}} y_n$	$0.968\left[\frac{Qn}{S_o^{1/2}}\right]^{3/8}$	$1.622\left[\frac{Qn}{S_o^{1/2}}\right]^{3/4}$
사각형	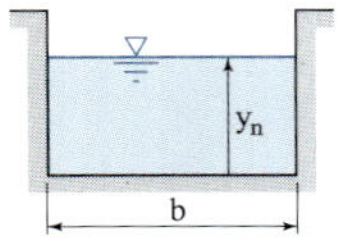	$b = 2y_n$	$0.917\left[\frac{Qn}{S_o^{1/2}}\right]^{3/8}$	$1.682\left[\frac{Qn}{S_o^{1/2}}\right]^{3/4}$
삼각형	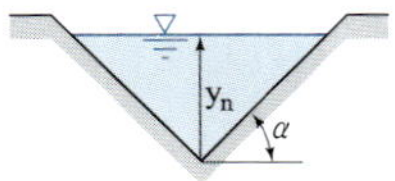	$\alpha = 45°$	$1.297\left[\frac{Qn}{S_o^{1/2}}\right]^{3/8}$	$1.682\left[\frac{Qn}{S_o^{1/2}}\right]^{3/4}$
광폭사각형	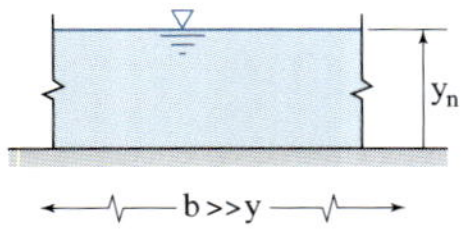	−	$1.00\left[\frac{(Q/b)n}{S_o^{1/2}}\right]^{3/8}$	−
원 형	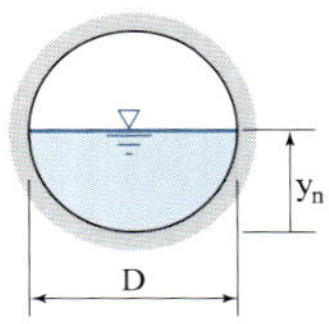	$D = 2y_n$	$1.00\left[\frac{Qn}{S_o^{1/2}}\right]^{3/8}$	$1.583\left[\frac{Qn}{S_o^{1/2}}\right]^{3/4}$

식 (11.4.13)은 측면경사 z가 결정되어 있을 경우 최소단면을 가지는 최적단면이다. 만일 최적단면이 되기 위한 측면경사 z를 결정하려면 식 (11.4.13)을 z에 관해 미분하여 0으로 놓으면 된다.

$$\frac{dP}{dz} = \frac{4zy}{\sqrt{1+z^2}} - 2y = 0 \tag{11.4.14}$$

$$\therefore \ z = \frac{1}{\sqrt{3}} \tag{11.4.15}$$

따라서 최적수로단면이 되기 위한 측면경사는 $1/\sqrt{3}$ 즉, θ가 60°인 경우가 된다. 기타 최적수로단면의 제원을 결정하기위해 이 조건을 적용하면

$$P = 4y\sqrt{1+z^2} - 2zy = 2\sqrt{3}\,y \tag{11.4.16}$$

$$b = P - 2y\sqrt{1+z^2} = \frac{2\sqrt{3}}{3}y = \frac{1}{3}P \tag{11.4.17}$$

$$A = by + zy^2 = \sqrt{3}\,y^2 \qquad (11.4.18)$$

$$R_h = \frac{A}{P} = \frac{\sqrt{3}\,y^2}{2\sqrt{3}\,y} = \frac{y}{2} \qquad (11.4.19)$$

그러므로 사다리꼴 최적수로단면은 정육각형의 절반으로 이루어진 단면임을 알 수 있다. 이상과 같은 방법으로 구한 개수로의 주요 단면형상에 대한 최적수로단면의 폭, 등류수심 및 단면적에 대한 제원이 표 11.4.1과 같다.

예제 11.4.2

사다리꼴 단면 수로에 $5m^3/s$의 유량을 흐르게 하려고 한다. 경사가 0.0005, 조도계수가 0.02일 때 최적수로단면을 구하라. 또한 저변폭을 4m, 측면경사를 2:1로 할 경우 최적수로단면 및 이때의 유량을 구하라.

풀이

Manning의 공식에 주어진 Q, S_o, n값을 적용하면

$$AR_h^{2/3} = \frac{nQ}{S_o^{1/2}} = \frac{0.02 \times 5}{0.0005^{1/2}} = 4.472 \qquad (a)$$

최적 단면적과 동수반경을 수심 y로 표현하면

$$A = \sqrt{3}\,y^2, \qquad R_h = \frac{y}{2}$$

이들 값을 식 (a)에 적용하면

$$\sqrt{3}\,y^2\left(\frac{y}{2}\right)^{2/3} = 4.472 \quad \rightarrow \quad y = 1.697m$$

따라서 최적수로단면은

$$y = 1.697m, \qquad b = \frac{2\sqrt{3}}{3} \times 1.697 = 1.96m, \qquad z = \frac{1}{\sqrt{3}} = 0.557$$

저변폭과 측면경사가 주어질 경우 식 (11.4.13)을 적용하면 되고, 이를 식 (11.4.10)과 같게 놓으면

$$P = 4y\sqrt{1+z^2} - 2zy = b + 2y\sqrt{1+z^2}$$

주어진 값 b=4m, z=2를 대입하여 수심을 구하면 y=5.27m가 된다. 그러므로

$$A = by + zy^2 = 4 \times 5.27 + 2 \times 5.27^2 = 72.63m^2$$

$$P = b + 2y\sqrt{1+z^2} = 4 + 2 \times 5.27 \times \sqrt{1+2^2} = 27.57m$$

$$R_h = \frac{A}{P} = \frac{72.63}{27.57} = 2.634m$$

따라서 유량은

$$Q = \frac{1}{0.02} \times 72.63 \times 2.634^{2/3} \times 0.0005^{1/2} = 154.38m^3/s$$

11.5 폐합관거내 개수로 흐름

폐합관거내 흐름이라도 자유수표면을 가지면 압력보다는 중력의 영향으로 흐르므로 개수로 흐름으로 분류할 수가 있다. 원형관거의 경우 전단면에 물이 가득 차서 흐를 때의 유량 및 유속에 대한 부분적으로 차서 흐를 때의 유량 및 유속의 비가 일정한 관계를 가지고 있으므로 이러한 관계곡선을 준비하면 관거 설계시 유용하게 사용할 수가 있다. 이러한 곡선을 수리특성곡선(hydraulic characteristic curve)이라 하며 다음과 같은 절차에 의해 구할 수가 있다.

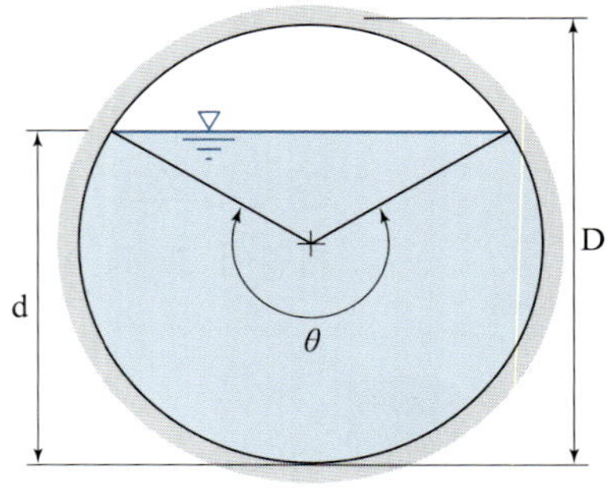

그림 11.5.1 관거내 등류 흐름

그림 11.5.1과 같이 직경 D인 관거에 물이 깊이 d로 부분적으로 차서 흐를 때 관 중심에서의 수표면과 이루는 각을 θ(radian)라 하자. 이 경우 통수단면적과 윤변은 다음과 같이 나타낼 수가 있다.

$$A = \frac{\pi D^2}{4} \times \frac{\theta}{2\pi} + \frac{D}{2}\sin\left(\frac{2\pi-\theta}{2}\right)\frac{D}{2}\cos\left(\frac{2\pi-\theta}{2}\right)$$
$$= \frac{D^2}{8}(\theta - \sin\theta) \tag{11.5.1}$$

$$P = \frac{D}{2}\theta \tag{11.5.2}$$

따라서 동수반경은 다음과 같다.

$$R_h = \frac{A}{P} = \frac{D}{4}\left(\frac{\theta - \sin\theta}{\theta}\right) \tag{11.5.3}$$

Manning의 공식을 이용하여 유량을 나타내면

$$Q = \frac{1}{n}\left[\frac{D^2}{8}(\theta - \sin\theta)\right]\left[\frac{D}{4}\left(\frac{\theta - \sin\theta}{\theta}\right)\right]^{2/3} S_o^{1/2}$$

$$= K\frac{D^{8/3}}{8 \times 4^{2/3}}\left[\frac{(\theta - \sin\theta)^{5/3}}{\theta^{2/3}}\right] \tag{11.5.4}$$

여기서 $K=S_o^{1/2}/n$으로 수로 경사 및 조도가 주어지면 일정하다. 관거 내에 물이 가득차서 흐를 경우의 유량 Q_F는 $\theta=2\pi$를 적용하여 다음과 같이 나타낼 수 있다.

$$Q_F = \frac{KD^{8/3}\theta}{8 \times 4^{2/3}} \tag{11.5.5}$$

따라서 관거 내 물이 가득 차서 흐를 경우에 대한 부분적으로 차서 흐르는 유량의 비는 다음과 같다.

$$\frac{Q}{Q_F} = \frac{1}{2\pi}\left[\frac{(\theta - \sin\theta)^{5/3}}{\theta^{2/3}}\right] \tag{11.5.6}$$

관거가 가득 차서 흐를 때 유량이 최대가 되지 않는다. 최대의 유량이 흐르는 조건을 구하기 위해 식 (11.5.4)를 θ에 관해 미분하여 0으로 놓으면 θ=5.28rad일 때 즉, θ=303°일 때 최대유량 Q_{max}가 발생하게 된다. 이 조건을 식 (11.5.6)에 적용하면

$$\frac{Q_{max}}{Q_F} = 1.076 \tag{11.5.7}$$

이때의 관 직경 D에 대한 수심 d의 비는 다음과 같다.

$$\frac{d}{D} = 0.938 \tag{11.5.8}$$

동일한 방법으로 물이 가득차서 흐를 때의 유속 V_F에 대한 부분적으로 차서 흐를 때의 유량 V의 비는 다음과 같다.

$$\frac{V}{V_F} = \left(\frac{\theta - \sin\theta}{\theta}\right)^{2/3} \tag{11.5.9}$$

다라서 최대유속이 발생하는 조건은 θ=4.38rad일 때 즉, θ=257°일 경우로 다음과 같다.

$$\frac{V_{max}}{V_F} = 1.14, \qquad \frac{d}{D} = 0.81 \tag{11.5.10}$$

이와 같은 수심비 d/D에 대한 유량비 Q/Q_F 및 유속비 V/V_F를 나타내는 수리특성곡선이 그림 11.5.2와 같다.

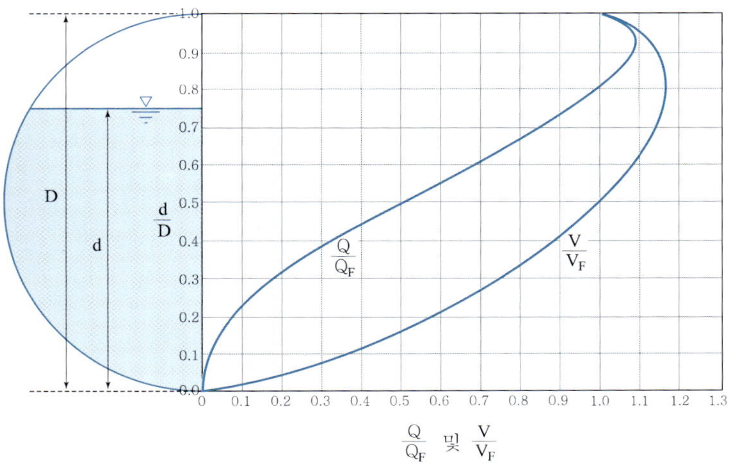

그림 11.5.2 수리특성곡선

예제 11.5.1 콘크리트 관거의 직경이 1.2m이고 경사가 0.001일 때 최대로 흐르는 유량과 이때의 수심을 구하라. 관거의 조도는 n=0.014이다.

풀이

최대의 유량이 흐를 때 수심비가 d/D=0.938이므로

$$d = 0.938 \times 1.2 = 1.126\text{m}$$

$$\cos\left(\frac{2\pi-\theta}{2}\right) = \frac{1.126-0.6}{0.6} = 0.876$$

$$\therefore\ \theta = 5.28\text{rad} = 303°$$

그러므로 최대유량이 흐르는 조건에 합당하다. 이때의 단면적과 동수반경을 구하면

$$A = \frac{D^2}{8}(\theta - \sin\theta) = \frac{1.2^2}{8}(5.28 - \sin 5.28) = 1.102\text{m}^2$$

$$R_h = \frac{D}{4}\left(\frac{\theta - \sin\theta}{\theta}\right) = \frac{1.2}{4}\left(\frac{5.28 - \sin 5.28}{5.28}\right) = 0.348\text{m}$$

따라서

$$Q = \frac{1}{0.014} \times 1.102 \times 0.348^{2/3} \times 0.001^{1/2} = 1.232\text{m}^3/\text{sec}$$

11.6 개수로에서의 에너지

지금까지 개수로내 정상등류(steady uniform flow)와 관련된 여러 가지 흐름상황에 대해 알아보았다. 등류인 경우 대상(prismatic)수로를 따라 수심이 일정하며, 이러한 수심을 등류수심이라 한다. 좀 더 복잡한 흐름분류로 정상부등류(steady nonuniform flow)가 있으며, 이러한 흐름은 특정한 지점에서는 시간에 상관없이 유속이 일정하지만, 수로를 따라 서로 다른 지점에서는 유속이 변하는 흐름이다. 유속의 변화는 직선 대상수로를 따라 수심이 변하거나, 만곡부, 수로 단면의 변화 또는 수로경사의 변화와 같이 수로 형상이 변하기 때문에 발생한다.

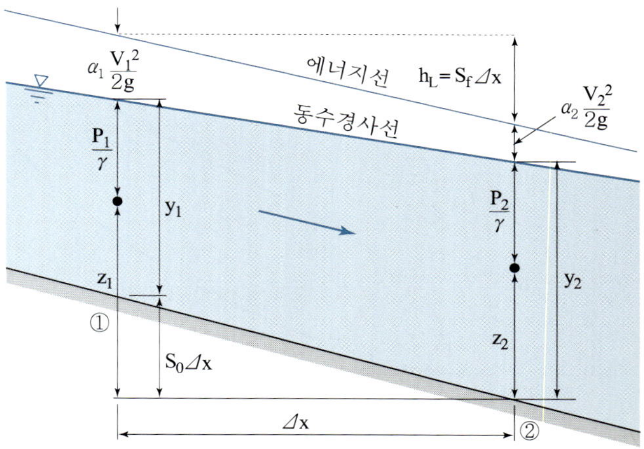

그림 11.6..1 개수로내 부등류

유체역학 특히 수리학에서는 개수로 흐름을 정상부등류로 가정하여 해석할 경우가 많이 있으며, 이 때 에너지방정식과 운동량방정식을 이용하여 해석하게 된다. 따라서 본절 및 다음절에서는 개수로에서의 에너지와 운동량에 대해 알아보도록 한다.

그림 11.6.1과 같은 개수로 흐름에서의 임의 단면구간을 생각해 보자. 수로바닥의 경사 S_o가 일정하다고 가정하며, 단면 ①과 ②지점에서의 수심이 y_1과 y_2, 유속이 V_1과 V_2이다. 수로의 각 단면에서의 유속분포가 균일하다고 가정하고 1차원 에너지방정식을 적용하면

$$\frac{p_1}{\gamma}+\alpha_1\frac{V_1^2}{2g}+z_1=\frac{p_2}{\gamma}+\alpha_2\frac{V_2^2}{2g}+z_2+h_L \tag{11.6.1}$$

여기서 h_L은 두 단면사이에서 점성으로 인한 손실수두(head loss)이다. 그림 11.6.1로부터 기준면으로부터 수면까지의 에너지 수두를 수심으로 나타내면

$$\frac{p_1}{\gamma}+z_1=y_1+S_o\Delta x \quad \text{그리고} \quad \frac{p_2}{\gamma}+z_2=y_2 \tag{11.6.2}$$

에너지 보정계수 $\alpha_1=\alpha_2=1$이라 가정하고 식 (11.6.2)를 식 (11.6.1)에 적용하면

$$y_1+\frac{V_1^2}{2g}+S_o\Delta x=y_2+\frac{V_2^2}{2g}+h_L \tag{11.6.3}$$

관로 흐름에서도 설명한 바와 같이 개수로 흐름에서도 곤란한 점은 손실수두 h_L을 다른 물리변수들과 연계하여 결정해야 한다는 것이다. 현재로서는 자세한 사항은 고려하지 않고 일단 손실수두를 에너지선의 경사와 관련시키면 $S_f=h_L/\Delta x$가 된다. 특별한 경우로 수로하상 경사를 $S_o=0$, 손실수두 $h_L=0$이라 가정하면 식 (11.6.3)은 다음과 같이 나타낼 수 있다.

$$y_1+\frac{V_1^2}{2g}=y_2+\frac{V_2^2}{2g} \tag{11.6.4}$$

11.6.1 비에너지

개수로 단면에서의 비에너지(specific energy)는 수로바닥을 기준으로 하여 나타낸 단위 무게의 물이 가지는 에너지 즉, 흐름의 수심과 속도수두를 더한 에너지로 정의하며 다음과 같이 나타낸다.

$$E=y+\frac{V^2}{2g} \tag{11.6.5}$$

따라서 식 (11.6.4)는 단면 ①에서의 비에너지 E_1과 단면 ②에서의 비에너지 E_2가 같음을 의미하

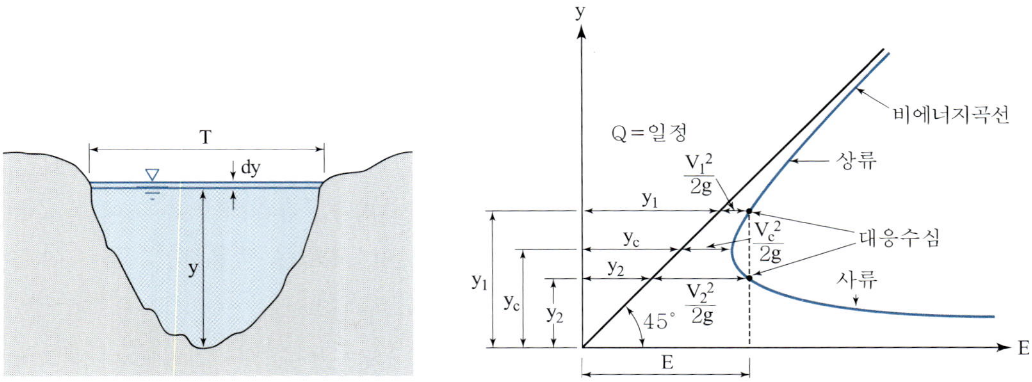

그림 11.6.2 비에너지곡선

고, 두 단면을 수로의 임의의 지점에서 택하였으므로 결국 모든 단면에서 비에너지가 같음을 의미한다. 두 단면간에 연속방정식을 적용하면

$$Q = A_1V_1 = A_2V_2 \tag{11.6.6}$$

그러므로 비에너지 식 (11.6.5)는 다음과 같이 나타낼 수 있다.

$$y_1 + \frac{Q^2}{2gA_1^2} = y_2 + \frac{Q^2}{2gA_2^2} \tag{11.6.7}$$

단면적 A_1과 A_2가 수심 y의 함수이므로 비에너지는 결국 각 단면에서 수심만의 함수가 된다.

만일 주어진 수로단면과 유량에 대해 수심과 비에너지간의 관계곡선을 그리면 그림 11.6.2와 같은 비에너지곡선(specific energy curve)을 얻을 수가 있다. 동일한 유량에 대해 수로의 경사를 변화시키며 비에너지를 구하면, 식 (11.6.7)로부터 수심 $y \to \infty$일 때 비에너지 $E \to \infty$이고, 수심 $y \to 0$일 때 비에너지 $E \to \infty$가 되어 그림과 같은 형태의 곡선이 된다.

비에너지곡선으로부터 동일한 비에너지를 가지며 흐를 수 있는 수심이 얕은 수심 y_2와 깊은 수심 y_1 두 가지가 존재함을 알 수가 있다. 이 두 가지의 수심을 물리적인 의미로 해석하면 얕은 수심이 가지고 있는 비에너지는 운동에너지($Q^2/2gA^2$)가 주를 이루고, 깊은 수심이 가지고 있는 비에너

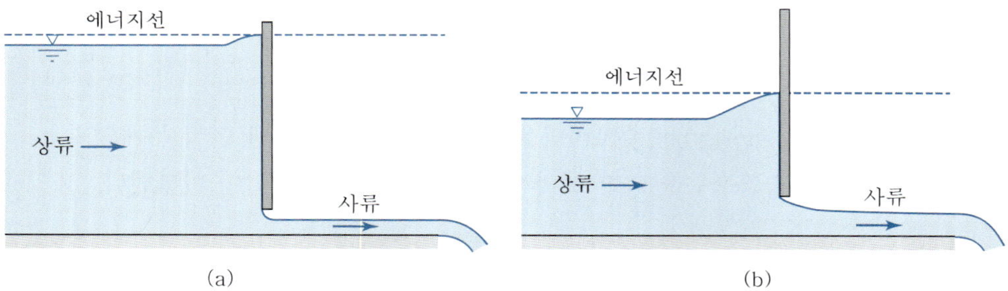

그림 11.6.3 수문 상하류의 흐름

$$V_c = \frac{q}{y_c} = \sqrt{gy_c} \tag{11.6.15}$$

따라서 최소 비에너지는 한계류일 경우이므로 한계수심과 한계유속을 적용하면

$$E_{min} = y_c + \frac{V_c^2}{2g} = \frac{3}{2}y_c \tag{11.6.16}$$

또는

$$y_c = \frac{2}{3}E_{min} \tag{11.6.17}$$

직사각형이 아닌 단면에서의 한계수심 및 한계유속을 구하기 위해서는 식 (11.6.11)로부터

$$\frac{A_c^3}{T_c} = \frac{Q^2}{g} \tag{11.6.18}$$

따라서 유량이 주어진 경우 식 (11.6.18)의 우변은 결정되므로 수심을 적절하게 가정하여 좌변의 값을 구한 후 우변과 같을 때까지 반복하고 같게 되는 경우의 수심이 한계수심이 된다.

이제 비에너지가 E_o로 일정할 때 수심에 따라 유량이 어떻게 변하는지를 알아보기로 하자. 직사각형단면 수로인 경우 식 (11.6.8)은 다음과 같이 나타낼 수 있다.

$$E_o = y + \frac{q^2}{2gy^2} \tag{11.6.19}$$

수심 $y \to E_o$일 때 $V \to 0$이고 따라서 $q \to 0$이 된다. 같은 방법으로 $y \to 0$일 때 $q \to 0$이 된다. 따라서 비에너지가 일정할 때 수심에 따른 유량의 변화는 그림 11.6.5와 같은 형태가 되고, 수심이 0과 E_o사이에 있을 때 유량이 최대가 된다. 유량이 최대가 되는 조건을 알아보기 위해 먼저 식 (11.6.19)를 유량으로 정리하면

$$q^2 = 2gy^2(E_o - y) \tag{11.6.20}$$

식 (11.6.20)을 수심 y에 대해 미분하고 0으로 놓으면

$$2q\frac{dq}{dy} = 4gyE_o - 6gy^2 = 0 \tag{11.6.21}$$

따라서

$$6gy^2 = 4gyE_o \qquad \therefore y = \frac{2}{3}E_o \tag{11.6.22}$$

그러므로 식 (11.6.17)과 같이 식 (11.6.22)도 한계수심에 해당하고

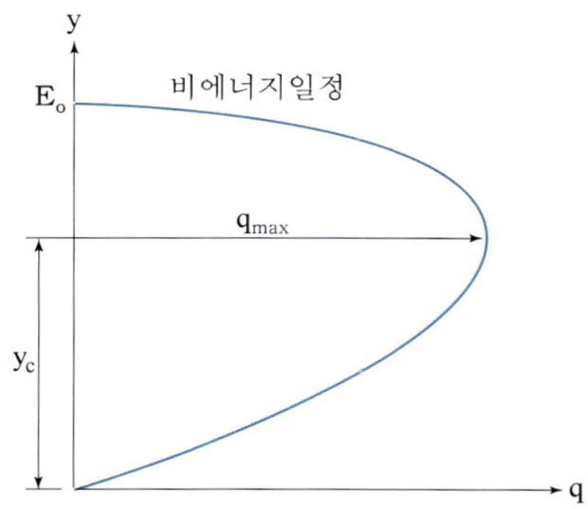

그림 11.6.5 수심과 유량간의 관계

결국 비에너지가 일정할 때 한계류인 경우에 유량이 최대로 흐름을 알 수 있다.

예제 11.6.2

그림 11.6.6과 같은 사다리꼴 단면수로에 15m^3/s의 물이 흐르고 있다. 수로의 저변 폭이 10m이고, 측면경사가 1:1일 때 한계수심, 한계유속 및 최소 비에너지를 구하라.

풀이

한계수심의 초기 가정치를 구하기 위해 폭이 11m인 사각형 수로를 고려하면 식 (11.6.14)로부터

$$y_c = \left(\frac{q^2}{g}\right)^{1/3} = \left[\frac{(15/11)^2}{9.81}\right]^{1/3} = 0.57\text{m}$$

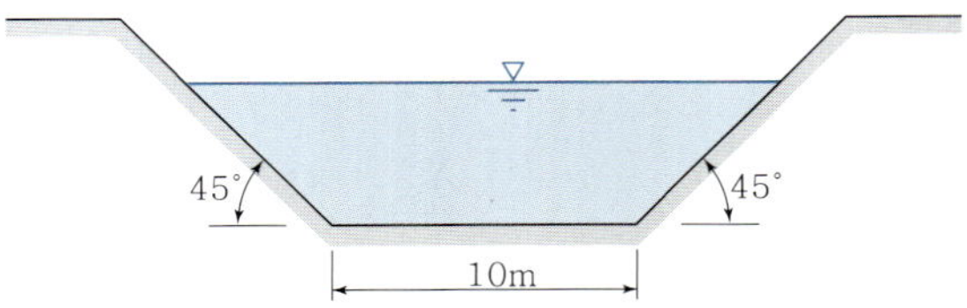

그림 11.6.6

사다리꼴단면 수로의 수면폭과 단면적은

$$T_c = b + 2y_c = 10 + 2y_c$$

$$A_c = by_c + y_c^2 = 10y_c + y_c^2$$

한계조건에 해당하는 식 (11.6.18)에 이들 식과 주어진 값을 적용하면

$$\frac{A_c^3}{T_c} = \frac{Q^2}{g} \quad \rightarrow \quad \frac{(10y_c + y_c^2)^3}{(10+2y_c)} = \frac{15^2}{9.81} = 22.94$$

따라서 초기치 y_c=0.57m를 시작으로 시행착오법으로 한계수심을 구하면 y_c=0.60m이다. 이때의 한계유속 및 최소비에너지는

$$V_c = \frac{Q}{A_c} = \frac{15}{10 \times 0.6 + 0.6^2} = 2.36\text{m/s}, \qquad E_{min} = y_c + \frac{V_c^2}{2g} = 0.6 + \frac{2.36^2}{2 \times 9.81} = 0.88$$

11.6.3 한계류의 발생

한계류가 발생하는 경우는 여러 가지가 있지만 대표적인 예로 물이 광정위어(broad-crested weir)를 통과할 때 볼 수가 있다. 광정위어의 원리는 그림 11.6.7a와 같이 수문을 닫아 저수지로부터 물의 유출을 방지한 경우로부터 생각할 수 있다. 만일 수문을 조금만 개방하면(수문위치 a'-a') 그림 11.6.3에서 설명한 바와 같이 수문 상류의 흐름은 상류가 되고 하류의 흐름은 사류가 된다. 수문을 더 개방함에 따라 궁극적으로는 수문 상류의 수심과 하류의 수심이 같아지게 된다. 이때가 바로 한계류가 형성되는 조건이 된다. 이 보다 수문을 더 개방하더라도 수문은 물의 흐름에 더 이상 영향을 미치지 못하게 되며 그림 11.6.7b와 같은 상태가 된다.

만일 위어위의 수심을 측정하면 한계수심 관계식 (11.6.14)를 이용하여 유량은 다음과 같이 쉽게 산정할 수 있다.

$$q = \sqrt{gy_c^3} \tag{11.6.23}$$

또는

$$Q = B\sqrt{gy_c^3} \tag{11.6.24}$$

여기서 B는 위어의 폭이다. 한계류인 경우 비에너지와 수심과의 관계는

$$y_c = \frac{2}{3}E_c \tag{11.6.17}$$

식 (11.6.17)을 식 (11.6.24)에 대입하면

$$Q = 0.385B\sqrt{2g}\,E_c^{3/2} \tag{11.6.25}$$

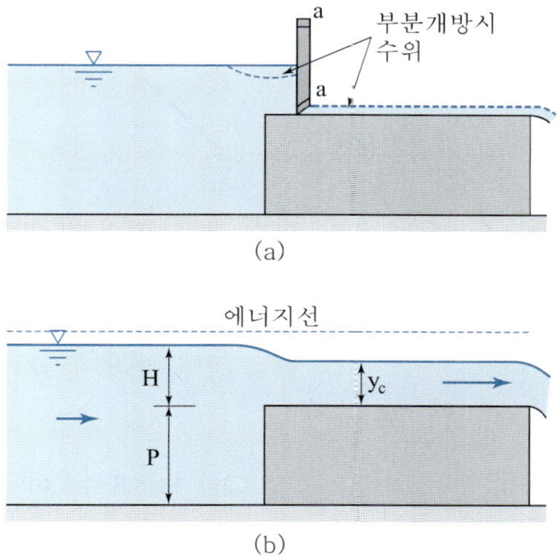

그림 11.6.7 광정위어 위의 한계류

위어 상류부의 접근 수심이 깊은 경우 접근 유속은 거의 0에 가까우므로 위어에서의 총에너지 H와 비에너지 E_c가 같게 되어 결국 위어에서의 유량은 다음과 같다.

$$Q = 0.385CB\sqrt{2g}\,H^{3/2} \tag{11.6.26}$$

여기서 C는 위어 상류부의 수심이 낮아 접근유속을 고려하게 되면 실제로는 더 많은 유량이 흐르고, 또한 위어상에서의 손실수두가 존재하기 때문에 이를 고려하기 위한 유량계수(discharge coefficient)이다.

예제 11.6.3

폭 30m인 광정위어 상의 수심이 1m, 유속이 1.5m/s일 때 유량은 얼마인가. 단, 유량계수는 0.7이다.

풀이

광정위어 상의 수두는

$$H = y + \frac{V^2}{2g} = 1 + \frac{1.5^2}{2\times 9.81} = 1.115\text{m}$$

광정위어에서의 유량은 식 (11.6.26)으로부터

$$Q = 0.385CB\sqrt{2g}\,H^{3/2} = 0.385\times 0.7\times 30\times\sqrt{2\times 9.81}\times 1.115^{3/2} = 42.15\text{m}^3/\text{s}$$

11.6.4 수로단면의 변화

수로를 따라 단면 형상 및 크기가 변하는 경우를 수로의 변이(transition)라 한다. 지금까지 설명한 에너지 즉, 비에너지 관계를 이용하여 직사각형단면 수로의 바닥이 높아지는 경우와 수로의 폭

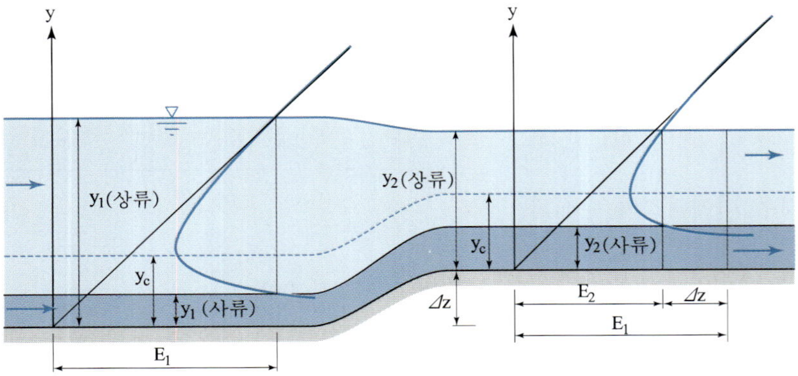

그림 11.6.8 수로바닥의 상승

이 좁아지는 경우의 수심의 변화에 대해 알아보기로 한다.

먼저 그림 11.6.8과 같이 직사각형단면 수로의 바닥이 높아지는 경우에 대해 생각해 보자. 이때 수로를 통한 수두손실은 무시하기로 한다. 수로바닥의 상승에 따른 수심의 변화를 알아보기 위해 변화지점 상류부와 하류부에서의 비에너지 곡선을 그림에 함께 나타내었다. 유량이 일정할 경우 상하류부에서의 비에너지 곡선은 동일하다. 앞에서 설명한 바와 같이 상류부 흐름이 최소 비에너지 E_c보다 큰 비에너지 E_1을 유지할 때 한계수심보다 크게 흐르는 상류(subcritical flow) 수심 y_1이 형성되거나 또는 한계수심보다 작은 사류(critical flow) 수심 y_1이 형성된다. 상류수심이 형성되었을 경우 수로바닥이 높아짐에 따라 하류부에서의 상류수심은 감소하게 된다. 그 이유는 하류부에서의 비에너지 E_2가 상류부에 비해 Δz만큼 감소하였기 때문이다. 따라서 하류부에서의 비에너지 E_2에 상응하는 상류수심 y_2가 상류부의 상류수심 y_1보다 낮아지게 된다. 같은 이유로 상류부에 사류가 형성되었을 경우 하류부의 사류수심 y_2는 상류부의 사류수심 y_1에 비해 증가하게 된다.

그림 11.6.9와 같이 수로바닥의 높이는 변화 없이 그대로 유지하면서 수로 폭이 감소하는 경우를 생각해 보자. 비에너지 E는 상하류 모두 동일하므로 수심에 따른 유량곡선도 상하류 모두 동일하다. 유량 Q가 동일할 경우 수로 폭이 감소하였으므로 단위폭당 유량 q는 변화지점 하류부에서 더 크게 나타난다. 따라서 동일한 수위-유량곡선에서 상류의 단위폭당 유량 q_1에 비해 하류부의 단위폭당 유량 q_2가 크므로, 상류부에 상류가 형성되었을 경우 이에 상응하는 상류부의 상류수심 y_1에 비해 하류부의 상류수심 y_2는 감소하게 되고, 상류부에 사류가 형성되었을 경우 이에 해당하는 상류부의 사류수심 y_1에 비해 하류부의 사류수심 y_2는 증가하게 된다.

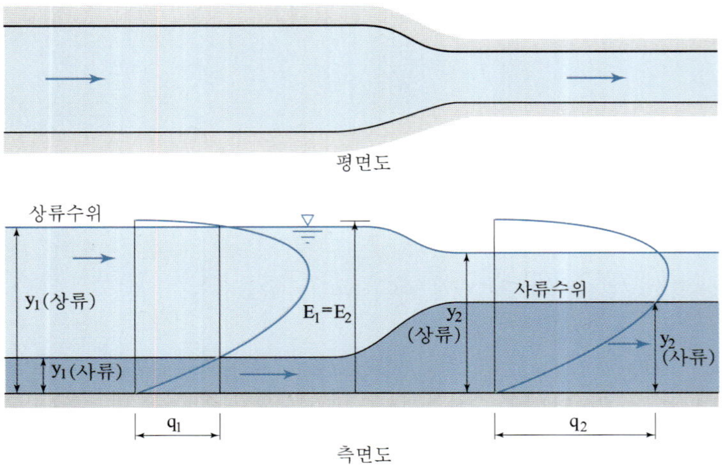

그림 11.6.9 수로 폭의 감소에 따른 수심의 변화

예제 11.6.4

그림 11.6.10과 같은 폭 4m의 사각형단면 수로에 2.5m의 수심으로 $10m^3/s$의 유량이 흐르고 있다. 하류방향으로 하상고가 0.2m 상승할 때 하류단면에서의 수심을 결정하라. 단면변화로 인한 손실수두는 무시하라.

풀이

상류부에서의 유속 및 비에너지는

$$V_1 = \frac{Q}{A_1} = \frac{10}{4 \times 2.5} = 1\text{m/s}$$

$$E_1 = y_1 + \frac{V_1^2}{2g} = 2.5 + \frac{1}{2 \times 9.81} = 2.55\text{m}$$

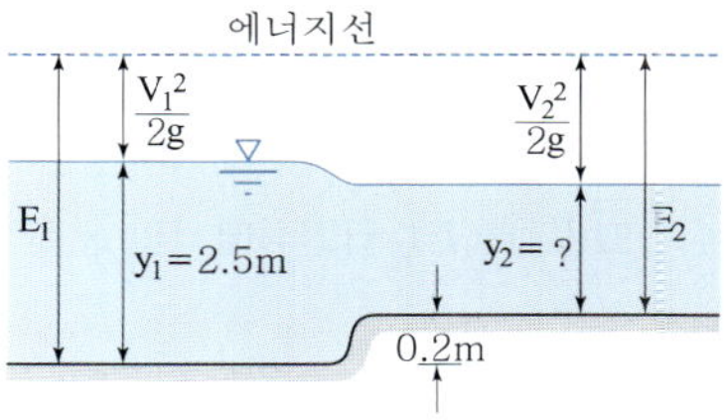

그림 11.6.10

하류부에서의 비에너지는

$$E_2 = E_1 - 0.2 = 2.55 - 0.2 = 2.35\text{m}$$

또한

$$E_2 = y_2 + \frac{Q^2}{2gA_2^2}$$

E_2, Q 및 $A_2=4y_2$를 대입하고 정리하면

$$y_2^3 - 2.35y_2^2 + 0.32 = 0$$

이 식을 풀면 y_2=2.29, 0.405, −0.345m를 얻을 수 있다. 음의 값은 의미가 없으므로 무시하고, 상류부에서의 흐름이 $F_r<1$인 상류이므로 두 번째의 수심인 경우 하상고 상승부에서 한계류가 발생해야 하므로 이 또한 맞지 않는다. 따라서 하류지점에서의 수심은 2.29m가 되고 수위는 2.29+0.2=2.49m가 된다.

11.7 개수로에서의 운동량

앞 절에서 개수로에서의 에너지 즉, 비에너지와 이에 관련된 내용에 대해 알아보았다. 개수로 내의 흐름을 해석하는데 운동량방정식 또한 중요한 역할을 한다. 운동량방정식을 연속방정식 및 에너지방정식과 연계하여 적용하면 도수(hydraulic jump)와 같은 급변류를 해석하는데 도움이 된다. 본 절에서는 개수로 내에서의 운동량을 나타내는 비력(specific force)에 대한 소개와 이를 이용한 도수의 해석에 대해 알아보기로 한다.

11.7.1 비력

그림 11.7.1과 같이 비교적 짧은 구간에 흐름이 변하는 급변류에 대해 운동량방정식을 적용해 보

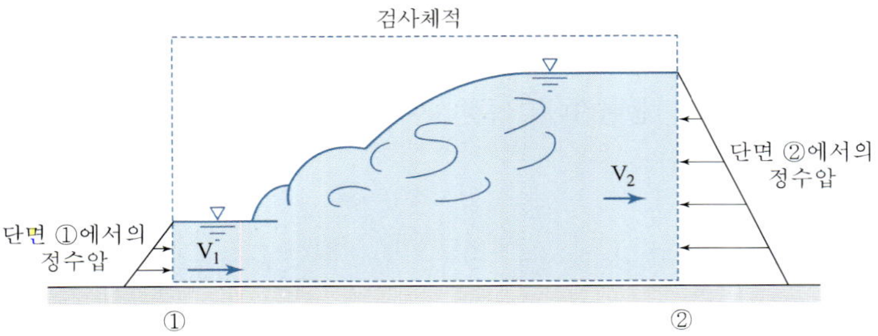

그림 11.7.1 급변류에서의 운동량

기로 하자. 변화지점의 상류 및 하류에서 등류가 형성되고 수로바닥에서의 마찰은 무시한다고 가정한다. 검사체적에 대해 물의 흐름 방향으로 운동량방정식을 적용하면

$$\Sigma F = F_1 - F_2 = \rho Q (V_2 - V_1) \qquad (11.7.1)$$

여기서 F_1 및 F_2는 단면 ①, ②에서의 정수압으로 인해 작용하는 힘이므로 $F=\gamma h_c A$를 적용하면

$$\gamma h_{C_1} A_1 - \gamma h_{C_2} A_2 = \rho Q V_2 - \rho Q V_1 \qquad (11.7.2)$$

여기서 h_c는 각 단면에서 수면으로부터 도심까지의 깊이이다.
식 (11.7.2)를 각 단면의 항으로 정리하고 단위중량 γ로 나누면

$$h_{C_1} A_1 + \frac{QV_1}{g} = h_{C_2} A_2 + \frac{QV_2}{g} \qquad (11.7.3)$$

또는

$$h_{C_1} A_1 + \frac{Q^2}{gA_1} = h_{C_2} A_2 + \frac{Q^2}{gA_2} \qquad (11.7.4)$$

식 (11.7.4)의 양변은 각각 단위무게 당 정수압(hydrostatic pressure)과 운동량(momentum flux) 또는 동수압으로 표현되며 이들을 합한 값이 두 단면에서 같음을 나타내고 있다. 즉,

$$M = h_C A + \frac{Q^2}{gA} \qquad (11.7.5)$$

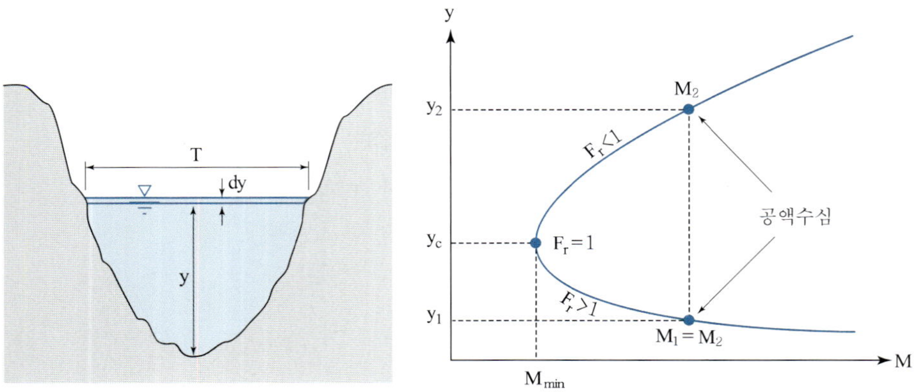

그림 11.7.2 비력곡선

여기서 M을 운동량함수 또는 비력(specific force)이라 하며 모든 흐름 단면에서 같다. 비력과 수심과의 관계를 나타내면 그림 11.7.2와 같다. 그림에서 알 수 있는 바와 같이 유량이 일정할 때 특정 비력에 대한 수심이 상류수심 y_2와 사류수심 y_1 한 쌍

이 존재하며, 이 두 수심을 공액수심(conjugate depths)이라 한다.

비에너지곡선과 마찬가지로 비력곡선에서도 비력이 최소가 되는 수심이 하나 존재한다. 비력이 최소가 되는 조건을 구하기 위해 식 (11.7.5)를 수심에 대해 미분하여 0으로 놓으면

$$\frac{dM}{dy}=\frac{d}{dy}(h_C A)-\frac{Q^2}{gA^2}\frac{dA}{dy}=0 \tag{11.7.6}$$

식 (11.7.6)에서 우변의 첫 항은 수심의 변화에 대한 1차 단면모멘트의 변화와 같으므로

$$\frac{d(h_C A)}{dy}=\frac{\left[A(h_C+dy)+\frac{dy}{2}T\,dy\right]-h_C A}{dy}=\frac{A\,dy}{dy}=A \tag{11.7.7}$$

여기서 dy는 미소수심변화이므로 dy^2은 생략한다. 따라서 식 (11.7.6)은

$$\frac{dM}{dy}=A-\frac{Q^2}{gA^2}\frac{dA}{dy}=0 \tag{11.7.8}$$

여기서 수면 폭 $T=dA/dy$이므로

$$\frac{Q^2T}{gA^3}=1 \tag{11.7.9}$$

따라서 비력이 최소가 되는 조건은 $F_r=1$인 한계류인 경우이고, 이때의 수심이 한계수심 y_c임을 알 수 있다.

예제 11.7.1

그림 11.7.3과 같은 폭 5m의 사각형단면 수로에 $14\text{m}^3/\text{s}$의 유량이 흐르고 있다. 수문 상류부에서의 수심이 2m이고 하류부에서의 수심이 0.5m일 때 수문에 가해지는 힘을 구하라.

풀이

수문 상하류에서의 비력은 식 (11.7.5)를 이용하면

$$M_1=h_{C1}A_1+\frac{Q^2}{gA_1}=1\times5\times2+\frac{14^2}{9.81\times5\times2}=12\text{m}^3$$

$$M_2=h_{C2}A_2+\frac{Q^2}{gA_2}=0.25\times5\times0.5+\frac{14^2}{9.81\times5\times0.5}$$

$$=8.62\text{m}^3$$

따라서 수문에 작용하는 힘은

$$F=\gamma(M_1-M_2)=1{,}000\times(12-8.62)=3{,}380\text{kg}$$

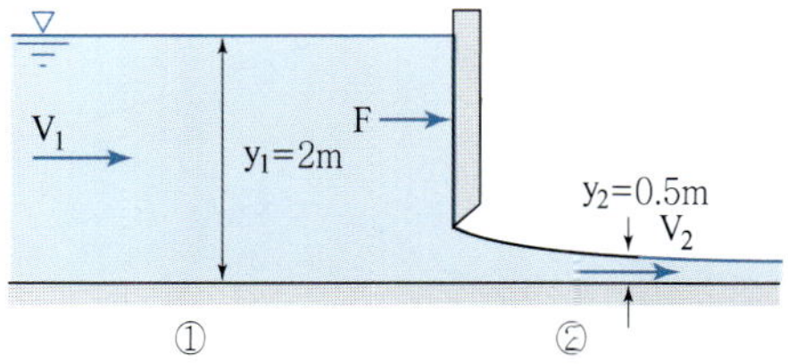

그림 11.7.3

11.7.2 도수

도수(hydraulic jump)는 사류상태로 흐르던 흐름이 상류상태로 급격하게 변하는 현상이라고 할 수가 있으며, 도수 상하류간의 흐름조건에 의해 도수의 위치뿐만 아니라 크기가 결정되게 된다. 이상적인 도수현상이 그림 11.7.4와 같다.

도수구간에서는 와류로 인해 에너지의 손실이 발생하게 되므로 에너지방정식을 직접 적용하기는 곤란하다. 직사각형단면 수로에서 단면 ①과 ②에서 비력이 일정하다는 조건을 적용하면

$$\frac{y_1^2}{2}+\frac{q^2}{gy_1}=\frac{y_2^2}{2}+\frac{q^2}{gy_2} \tag{11.7.10}$$

또는

$$y_1y_2^2+y_1^2y_2-\frac{2q^2}{g}=0 \tag{11.7.11}$$

여기서 q는 직사각형단면 수로에서의 단위폭 당 유량이고, y_1과 y_2는 도수전후의 수심이다. 식 (11.7.11)의 양변을 y_1^3으로 나누면

$$\left(\frac{y_2}{y_1}\right)^2+\left(\frac{y_2}{y_1}\right)-\frac{2q^2}{gy_1^3}=0 \tag{11.7.12}$$

여기서 $F_{r1}^2=q^2/gy_1^3$는 도수 상류부의 Froude수이다. y_2/y_1에 대한 2차방정식을 풀면

$$\frac{y_2}{y_1}=\frac{1}{2}(-1+\sqrt{1+8F_{r1}^2}) \tag{11.7.13}$$

같은 방법으로 식 (11.7.11)의 양변을 y_2^3으로 나누고 y_1/y_2에 대한 2차방정식을 풀면

$$\frac{y_1}{y_2}=\frac{1}{2}(-1+\sqrt{1+8F_{r2}^2}) \tag{11.7.14}$$

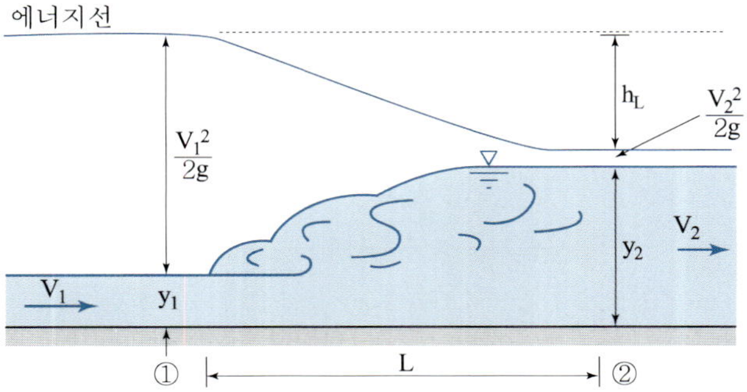

그림 11.7.4 도수현상

식 (11.7.13)과 식 (11.7.14)는 도수 전후의 수심과 Froude수간의 관계를 나타내고 있으며, 도수현상인 경우 y_1이 y_2보다 작으므로 이러한 조건은 식 (11.7.13)으로부터 F_{r1}이 1보다 커야 한다. 즉, 도수가 발생하려면 상류부가 사류로 흘러야 함을 알 수 있다.

그림 11.7.5는 도수와 관련하여 비에너지곡선 및 비력곡선을 함께 나타내어 비교하고 있다. 도수전의 수심 y_1에 대응하는 비에너지는 E_1이고 이때의 비력은 M_1이

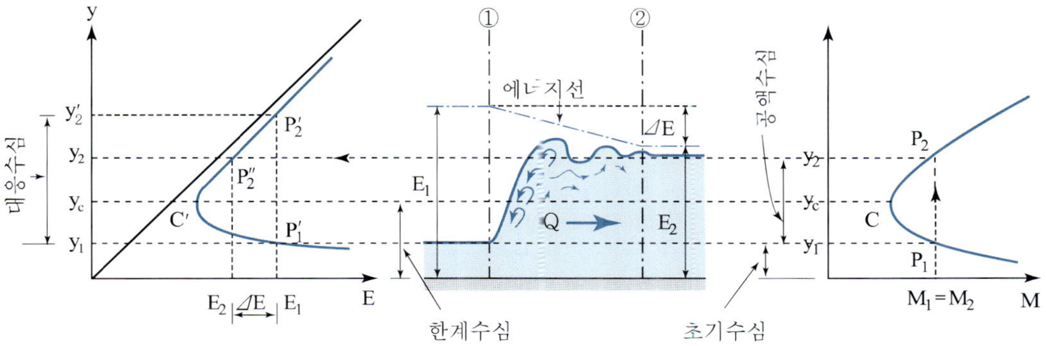

그림 11.7.5 도수와 비에너지 및 비력관계

다. 비력은 모든 단면에서 동일하므로 도수가 발생한 후의 수심은 비력이 M_1에 해당하는 공액수심인 y_2가 된다. 수심 y_2에 해당하는 비에너지를 보면 E_2로 도수전의 수심 y_1에 해당하는 비에너지 E_1보다 ΔE만큼 감소하였다. 이는 도수로 인해 발생한 에너지손실 때문이다.

이와 같이 도수발생 전후의 단면에서 비력은 동일하지만, 도수로 인한 에너지손실 ΔE가 발생하므로 비에너지는 같지가 않다. 따라서 도수로 인한 에너지손실 $\Delta E=E_1-E_2$는 다음과 같이 구할 수가 있다.

$$\Delta E = E_1 - E_2 = \left(y_1 + \frac{V_1^2}{2g}\right) - \left(y_2 + \frac{V_2^2}{2g}\right)$$

$$= (y_1 - y_2) + \frac{q^2}{2g}\left(\frac{1}{y_1^2} - \frac{1}{y_2^2}\right) = (y_2 - y_1)\left[\frac{q^2}{2g}\frac{(y_2 + y_1)}{y_1^2\ y_2^2} - 1\right] \tag{11.7.15}$$

식 (11.7.10)으로부터 얻은 $\frac{1}{2}(y_1 + y_2) = \frac{q^2}{gy_1y_2}$의 관계를 식 (11.7.15)에 대입하면

$$\Delta E = (y_2 - y_1)\left[\frac{q^2}{gy_1y_2}\frac{(y_2 + y_1)}{2y_1y_2} - 1\right] = (y_2 - y_1)\left[\frac{(y_2 + y_1)^2}{4y_1y_2} - 1\right]$$

$$\therefore\ \Delta E = \frac{(y_2 - y_1)^3}{4y_1y_2} \tag{11.7.16}$$

따라서 도수로 인한 에너지손실은 도수 전후의 수심을 알면 구할 수가 있다.

표 11.7.1은 도수전 상류부의 Froude수에 따른 다양한 도수의 형태를 보여주고 있다. 일반적으로 도수로 인한 에너지손실을 이용하여 댐이나 여수로(spillway) 하류부에 설치하는 감세공(energy dissipator)은 흐름의 조건이 $4.5<F_r<9.0$인 정상(steady)도수가 발생하도록 설계하고 있

표 11.7.1 도수의 종류

도수전 F_r	종류	설명	
1.0−1.7	파상도수 (Undular)	파상적인 표면류가 형성되고 F_r=1.7부근에서 로울러 형태의 표면형성	
1.7−2.5	약도수 (Weak)	완만한 흐름이 주를 이루고 있고 에너지 손실이 작다.	
2.5−4.5	진동도수 (Oscillating)	하상으로부터 표면까지 간헐적인 Jet류로 인해 하류에 표면파가 발생	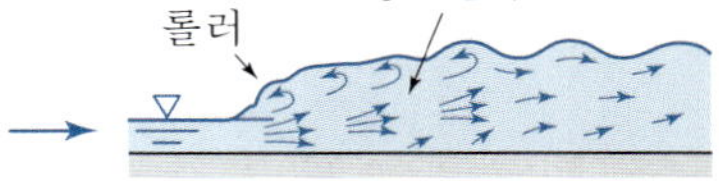
4.5−9.0	정상도수 (Steady)	안정된 도수로 에너지 손실이 도수부분에서 발생	
> 9.0	강도수 (Strong)	강한도수로 하류부에 큰 표면파가 발생	

다. 도수의 길이는 도수 발생지점부터 도수 발생 후 매끈한 수면이 나타나는 지점까지로 정상도수인 경우 도수의 길이는 상류수심의 약 6배 정도가 된다.

예제 11.7.2

그림 11.7.6과 같이 사각형단면 수로에 수심 0.3m, 유속 16m/s로 물이 흐르고 있을 때 하류의 영향으로 도수가 발생하였다. 도수후의 수심, 유속 및 도수로 인한 에너지손실을 구하라.

풀이

그림 11.7.6

도수 발생전의 Froude수는

$$F_{r1} = \frac{V}{\sqrt{gy_1}} = \frac{16}{\sqrt{9.81 \times 0.3}} = 9.33$$

도수후의 수심은 식 (11.7.13)으로부터

$$y_2 = \frac{y_1}{2}\left(-1+\sqrt{1+8F_{r1}^2}\right) = \frac{0.3}{2}\left(-1+\sqrt{1+8\times 9.33^2}\right) = 3.81\text{m}$$

따라서 도수후의 유속은

$$V_2 = \frac{q}{y_2} = \frac{16\times 0.3}{3.81} = 1.26\text{m/s}$$

에너지손실은 식 (11.7.16)으로부터

$$\Delta E = \frac{(y_2-y_1)^3}{4y_1y_2} = \frac{(3.81-0.3)^3}{4\times 0.3\times 3.81} = 9.46\text{m}$$

11.8 점변류 해석

대부분의 개수로 흐름에서 수로를 따라 수심이 동일하지가 않고 변하게 된다. 이러한 수심의 변화는 짧은 구간에서 급하게 변하는 급변류가 있으며, 이러한 예를 11.7.2절 도수에서 알아보았다. 본 절에서는 비교적 긴 구간에서 점진적으로 수심이 변하는 점변류에 대해 소개하기로 한다.

급변류인 경우 짧은 구간에서 흐름상태가 바뀌며 와류로 인하여 에너지손실이 발생하게 되므로 마찰로 인한 에너지손실은 무시하였다. 하지만 점변류인 경우 에너지손실이 주로 마찰로 인해 발생하기 때문에 마찰손실을 고려하여야 한다. 점변류는 수심과 유속이 급격하게 변하지 않고 점진적으로 변하는 정상부등류로, 수표면이 완만하게 연결되는 것으로 간주한다. 따라서 수로를 따라 흐름방향에 대한 수심의 변화율을 구할 수 있으며, 이러한 해석을 통해 수로의 변화에 따른 수면곡선을 예측할 수가 있다. 본 절에서는 점변류 수면곡선의 종류 및 점변류 기본방정식을 알아보고 수면곡선을 계산하는 방법에 대해 소개하기로 한다.

11.8.1 수면곡선의 분류

점변류의 특성은 한계등류의 발생에 필요한 경사 S_c와 비교한 실제 수로경사 S_o의 항으로 나타낼 수가 있다. 또한 흐름 특성은 수심이 주어진 유량과 경사에서 발생하는 등류수심 y_n보다 크거나 작음에 따라 변하게 된다. 점변류는 흐름 상태와 경사에 따라 표 11.8.1과 같이 13가지의 수면곡선으로 분류할 수가 있으며, 경사의 종류는 다음과 같이 다섯 가지로 나눌 수가 있다.

① 완경사(mild slope) : 등류로 흐를 경우 상류가 발생하는 경사($S_o<S_c$)
② 한계경사(critical slope) : 등류로 흐를 경우 $F_r=1$이 되는 경사($S_o=S_c$)
③ 급경사(steep slope) : 등류로 흐를 경우 사류가 발생하는 경사($S_o>S_c$)
④ 수평경사(horizontal slope) : 수평인 경사($S_o=0$)
⑤ 역경사(adverse slope) : 수로 바닥이 높아지는 경우($S_o<0$)

부등류에 대해 고려하고 있으므로 이러한 흐름의 분류는 실제 수심과 한계수심간의 관계 $y>y_c$ 또는 $y<y_c$에 따라 상류($F_r<1$) 또는 사류($F_r>1$)가 된다. 수로를 따라 흐름이 등류수심을 유지하고 있다면 흐름 상태가 상류인지 또는 사류인지는 경사가 $S_o<S_c$ 또는 $S_o>S_c$에 따라 결정된다.

13가지의 수면곡선형은 댐, 수문, 수로바닥의 변화 등과 같은 장애물 또는 수로의 기하학적인 변화 등으로 인해 나타날 수가 있으며, 이러한 경우가 그림 11.8.1~11.8.4에 묘사되어 있다. 점변류는 수로바닥의 경사가 변하는 지점 즉, 경사가 급해지거나 완만해지는 지점 근처에서도 발생한다. 본서에서 그림은 수로 길이 방향으로 축소를 하여 나타내고 있기 때문에, 실제 수면곡선은 그림처

표 11.8.1 수면곡선의 분류

경사종류	경사분류	Froude수	수면곡선분류
$S_o < S_c$	완경사 (M)	$F_r < 1$	M1
		$F_r < 1$	M2
		$F_r > 1$	M3
$S_o = S_c$	한계경사 (C)	$F_r < 1$	C1
		$F_r = 1$	C2
		$F_r > 1$	C3
$S_o > S_c$	급경사 (S)	$F_r < 1$	S1
		$F_r > 1$	S2
		$F_r > 1$	S3
$S_o = 0$	수평경사 (H)	$F_r < 1$	H2
		$F_r > 1$	H3
$S_o < 0$	역경사 (A)	$F_r < 1$	A2
		$F_r > 1$	A3

럼 눈에 띄게 변하지는 않는다.

가. 완경사 수면곡선

가장 일반적인 점변류는 그림 11.8.1a와 같은 완경사 상의 M1곡선이다. M1곡선은 상류로 흐르는 흐름이 댐이나 수문에 의해 장애를 받을 경우 상류부에서 발생하게 된다. 이러한 경우 댐이 없을 때 보다 댐으로 인해 상류로 얼마나 수위가 상승하는지 결정할 때 중요한 인자가 되며, 이러한 수면을 배수곡선(backwater curve)이라 한다. 댐의 직상류 수표면은 수평을 유지하게 된다. M2곡선은 수로의 단락부에 의해 하류부의 저항이 감소될 때 발생한다. 상류가 수로의 단락부에 접근함에 따라 가속되고 낙차(drop-down) 수면곡선이 형성된다. M2곡선의 상류는 등류수심선에 접근하고 하류는 한계수심선과 직교한다. M3곡선은 수문하류부에서 완경사가 사류상태를 유지할 정도로 충분하지 않을 경우 발생한다. 하류부의 한 지점에서 사류상태가 도수를 통해 상류상태로 변하게 된다.

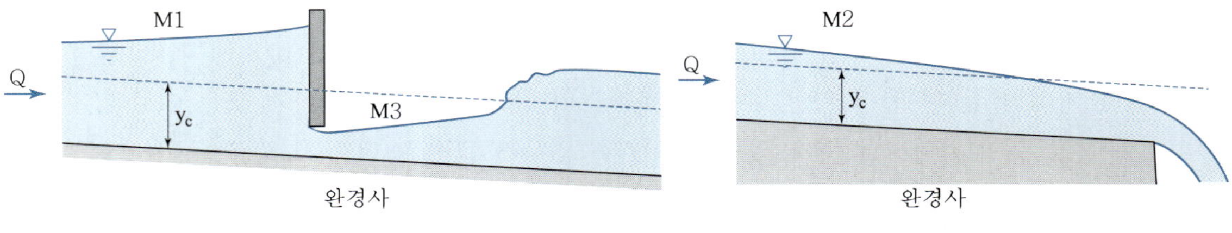

그림 11.8.1 완경사 흐름에서의 수면곡선

나. 급경사 수면곡선

급경사에 대한 수면곡선형은 주로 완경사에서의 M1과 M3곡선과 같이 댐이나 수문과 같은 장애물이 있을 경우 발생하며 그림 11.8.2와 같다. 급경사에서의 수면곡선의 경우 완경사에서의 수면곡선과 비교할 때 곡률(curvature)이 서로 반대로 되어 있다. S1곡선은 사류로부터 도수가 발생하여 시작하며 수문과 같은 구조물지점에서는 수평수면을 유지한다. S2곡선은 저수지로부터 수로로 유출될 때 형성되는 한계수심상태로 수로로 유입될 경우 발생하며 상류는 한계수심선과 직교하고 하류는 등류수심선에 점근한다. S3곡선은 급경사 수로상의 수문하류나 상류보다 완만한 급경사로 변할 때 발생하며 상류는 수로바닥과 직교하는 형태로 시작하고 하류는 등류수심선에 점근한다.

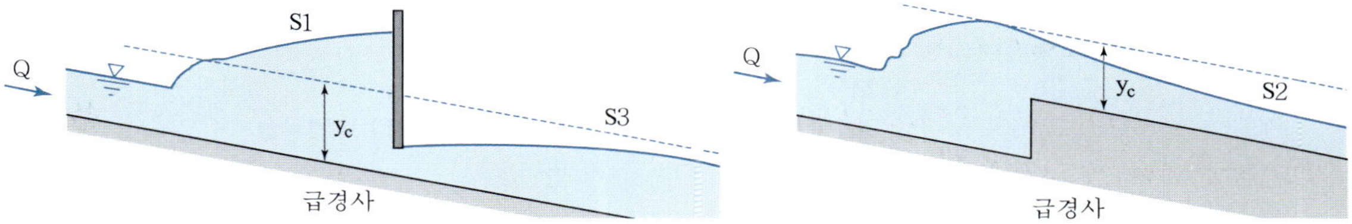

그림 11.8.2 급경사 흐름에서의 수면곡선

다. 한계경사 수면곡선

한계경사의 수면곡선 C1과 C3는 한계경사 수로상의 수문에 의해 발생하게 되며 그림 11.8.3과 같다. C1곡선의 상류는 등류 또는 한계수심에 직교하며 발생하고 하류는 수평에 점근하게 된다. C3곡선은 수로 바닥과 직교하는 형태로 시작하여 한계수심선에 점근하게 된다. C2곡선은 한계등류에 해당하는 수로와 평행한 수면곡선이다. $S_o=S_c$인 경사가 흔하지 않기 때문에 한계경사에 해당하는 수면곡선형은 쉽게 볼 수는 없다.

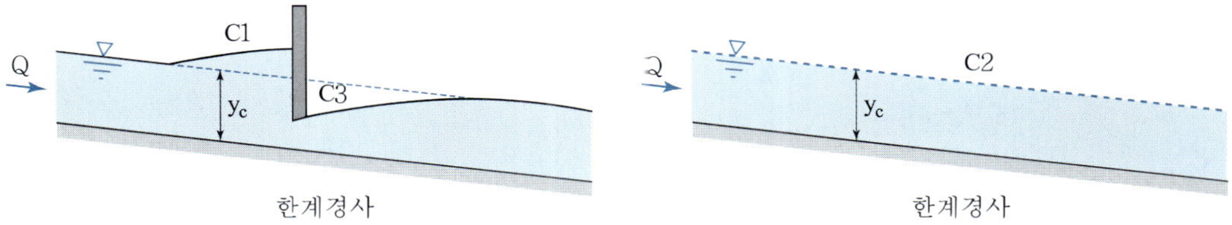

그림 11.8.3 한계경사 흐름에서의 수면곡선

라. 수평 및 역경사 수면곡선

수평경사 및 역경사는 이러한 경사로는 등류상태를 유지할 수가 없기 때문에 독특한 경우라 할 수 있다. 따라서 두 경우 등류수심을 정의할 수 없으므로 H1 및 A1곡선은 존재하지 않는다. 수평경사인 경우 중력에 의한 흐름방향 성분이 0이고, 역경사인 경우에는 흐름과 반대방향이므로 관성력에 의해 흐름이 유지된다. 수평경사 및 역경사의 수면곡선이 그림 11.8.4와 같다. H2 및 H3곡선은 수평경사에서 M2 및 M3가 발생하는 상황과 유사한 상황에서 발생하며 수면곡선의 모양도 비슷하다. 역경사인 A2 및 A3곡선도 M2 및 M3곡선과 유사하다.

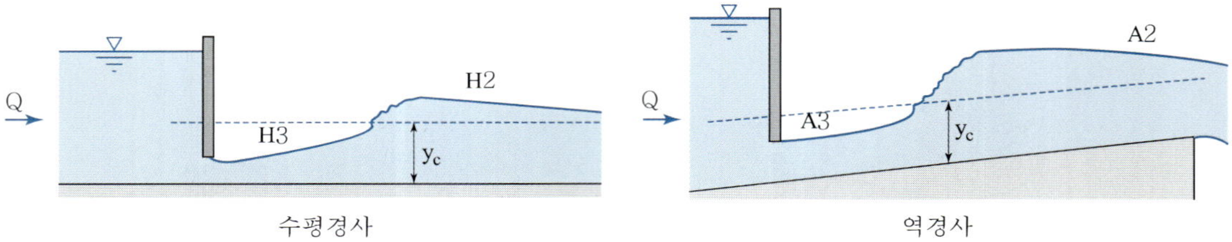

그림 11.8.4 수평경사 및 역경사 흐름에서의 수면곡선

11.8.2 점변류의 기본방정식

개수로 흐름이 등류수심을 만나거나 수로경사가 변하게 되면 수심이 점진적으로 변하게 되며 수로경사에 따른 수면의 변화에 대해 알아보았다. 이와 같이 수로를 따르는 점진적인 수심의 변화는 에너지 방정식을 미소검사체적에 적용함으로서 알 수가 있다. 그림 11.8.5와 같이 길이 dx에 해당하는 미소검사체적을 생각해보자. 미소검사체적의 상류부에서의 총 에너지수두와 각 에너지수두의 변화를 고려하여 하류부에서의 총에너지 수두를 표현하면 다음과 같다.

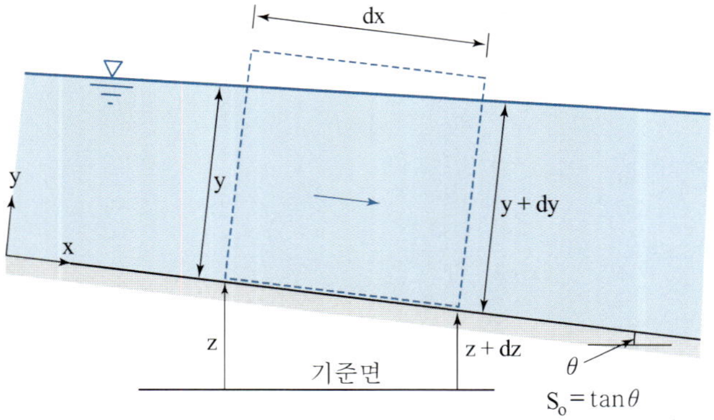

그림 11.8.5 점변류 해석을 위한 미소검사체적

$$\frac{V^2}{2g} + y + z = \frac{V^2}{2g} + d\left(\frac{V^2}{2g}\right) + (y + dy) + (z + dz) + S_f dx \qquad (11.8.1)$$

여기서 S_f는 에너지선의 경사이다. 수로바닥의 높이 변화 $dz = -S_o dx$로 나타낼 수가 있으므로 식 (11.8.1)을 정리하면

$$d\left(\frac{V^2}{2g}\right) + dy = (S_o - S_f)dx \tag{11.8.2}$$

또는

$$\frac{dy}{dx} + \frac{d}{dx}\left(\frac{V^2}{2g}\right) = S_o - S_f \tag{11.8.3}$$

직사각형단면 수로에서 폭이 b이면 Q=Vby이므로

$$\frac{d}{dx}\left(\frac{V^2}{2g}\right) = \frac{d}{dx}\left(\frac{Q^2}{2gb^2y^2}\right) = -2\frac{Q^2}{2gb^2y^3}\frac{\partial y}{\partial x} = -\frac{V^2}{gy}\frac{dy}{dx} \tag{11.8.4}$$

식 (11.8.4)에 $F_r = V/\sqrt{gy}$ 를 적용하면

$$\frac{d}{dx}\left(\frac{V^2}{2g}\right) = -F_r^2\frac{dy}{dx} \tag{11.8.5}$$

식 (11.8.5)를 식 (11.8.3)에 적용하면

$$\frac{dy}{dx} = \frac{S_o - S_f}{1 - F_r^2} \tag{11.8.6}$$

식 (11.8.6)이 점변류의 수면곡선을 구하기 위한 기본방정식이다.

수면곡선의 일반적인 거동을 쉽게 알아보기 위해 광폭($b \gg y$)인 직사각형단면 수로($R_h \simeq y$)에 대해 점변류의 기본방정식을 적용해 보자. 식 (11.8.3)을 변경하면

$$\frac{dy}{dx} = \frac{S_o - S_f}{1 - F_r^2} = \frac{S_o\left(1 - \dfrac{S_f}{S_o}\right)}{1 - F_r^2} \tag{11.8.7}$$

Manning의 등류 경험공식을 부등류에 적용하면

$$V = \frac{1}{n}R_h^{2/3}S_f^{1/2} \tag{11.8.8}$$

따라서 에너지선의 경사는

$$S_f = \frac{n^2V^2}{R_h^{4/3}} = \frac{n^2V^2}{y^{4/3}} = \frac{n^2Q^2}{b^2y^{10/3}} \tag{11.8.9}$$

조도계수가 일정한 광폭 직사각형단면 수로에서 유량이 일정할 경우 수로경사는 등류수심과 직

접관련이 있으므로

$$Q = \frac{1}{n} A R_h^{2/3} S_o^{1/2} = \frac{1}{n} b y_n y_n^{2/3} S_o^{1/2} \tag{11.8.10}$$

따라서

$$S_o = \frac{n^2 Q^2}{b^2 y_n^{10/3}} \tag{11.8.11}$$

식 (11.8.9)와 식 (11.8.11)로부터

$$\frac{S_f}{S_o} = \left(\frac{y_n}{y}\right)^{10/3} \tag{11.8.12}$$

한편 연속방정식으로부터 F_r은 다음과 같이 나타낼 수 있으므로

$$Q = V_c b y_c = V b y \tag{11.8.13}$$

$$F_r = \frac{V}{\sqrt{gy}} = \frac{V_c y_c}{y\sqrt{gy}} = \frac{\sqrt{g y_c}\, y_c}{y\sqrt{gy}} = \left(\frac{y_c}{y}\right)^{3/2} \tag{11.8.14}$$

따라서 식 (11.8.12)와 식 (11.8.14)를 식 (11.8.7)에 대입하고 정리하면

$$\frac{dy}{dx} = S_o \frac{1 - \left(\frac{y_n}{y}\right)^{10/3}}{1 - \left(\frac{y_c}{y}\right)^3} \tag{11.8.15}$$

식 (11.8.15)는 점변류의 수심 y, 등류수심 y_n 그리고 한계수심 y_c로부터 수면의 변화를 알 수 있는 점변류의 기본방정식이다.

11.8.3 수면곡선형의 결정

점변류의 기본방정식 (11.8.15)에서 우변항의 계산 결과가 0이면 dy/dx=0이 되어 수로를 따라 수심의 변화가 없으므로 수심이 동일한 등류가 형성된다. 만일 dy/dx〉0이면 수로를 따라 흐름방향으로 수심이 증가하게 되며 이러한 수면곡선을 배수곡선(backwater curve)이라 하고, dy/dx〈0이면 수로를 따라 흐름방향으로 수심이 감소하는 저하곡선(drawdown curve)이 형성된다. 따라서 수면곡선은 등류곡선, 배수곡선 또는 저하곡선 중의 하나가 되며 수로경사는 완경사, 급경사, 한계경사, 수평경사, 역경사가 존재하므로 총 15가지의 수면곡선형이 나타날 수 있으나, 수평경사 및 역경사인 경우 등류수심이 존재하지 않으므로 결국 13가지의 수면곡선형이 나타난다. 이들 13가지

수면곡선형의 분류 및 특성은 11.8.1절에서 설명을 하였으므로 본 절에서는 13가지의 수면형을 결정하는 방법에 대해 알아보기로 하고 종합적으로 요약한 것이 표 11.8.2에 나타나 있다.

가. 완경사 수로상의 수면곡선($S_o < S_c$)

완경사인 경우 모두 $y_n > y_c$이다. M1곡선인 경우 수심 $y > y_n$이므로 상류이고, 식 (11.8.15)에서 우변의 분모 및 분자가 모두 +이므로 결국 $dy/dx > 0$이 되어 배수곡선이 형성된다. 수심 y가 증가함에 따라 dy/dx가 S_o와 같아져 수면은 수평을 이루게 된다. M2곡선인 경우 수심 $y_n > y > y_c$이므로 상류이고, 식 (11.8.15)에서 우변의 분모는 +, 분자는 -로 결국 $dy/dx < 0$이 되어 저하곡선이 형성된다. 수심 y가 y_c에 접근함에 따라 $dy/dx \to \infty$가 되어 한계수심과 직교하게 된다. M3곡선인 경우 수심 $y_n > y_c > y$이므로 사류이고, 식 (11.8.15)에서 우변의 분모 및 분자 모두 -로 결국 $dy/dx > 0$이 되어 배수곡선이 형성된다. 수심 y가 y_c에 접근함에 따라 $dy/dx \to \infty$가 되어 한계수심과 직교하며 도수가 발생하게 된다.

나. 급경사 수로상의 수면곡선($S_o > S_c$)

급경사인 경우 모두 $y_n < y_c$이다. S1곡선인 경우 수심 $y > y_c$이므로 상류이고, 식 (11.8.15)에서 우변의 분모 및 분자가 모두 +이므로 결국 $dy/dx > 0$이 되어 배수곡선이 형성된다. 수심 y가 증가함에 따라 dy/dx가 S_o와 같아져 수면은 수평을 이루게 된다. S2곡선인 경우 수심 $y_c > y > y_n$이므로 사류이고, 식 (11.8.15)에서 우변의 분모는 -, 분자는 +로 결국 $dy/dx < 0$이 되어 저하곡선이 형성된다. 수심 y가 y_n에 접근함에 따라 $dy/dx \to 0$이 되어 등류수심과 접근하게 된다. S3곡선인 경우 수심 $y_c > y_n > y$이므로 사류이고, 식 (11.8.15)에서 우변의 분모 및 분자 모두 -로 결국 $dy/dx > 0$이 되어 배수곡선이 형성된다. 수심 y가 y_n에 접근함에 따라 $dy/dx \to 0$이 되어 등류수심과 접근하게 된다.

다. 한계경사 수로상의 수면곡선($S_o = S_c$)

한계경사인 경우 $y_n = y_c$이다. C1곡선인 경우 수심 $y > y_c$이므로 상류이고, 식 (11.8.15)에서 우변의 분모 및 분자가 모두 +이므로 결국 $dy/dx > 0$이 되어 배수곡선이 형성된다. 수심 y가 증가함에 따라 dy/dx가 S_o와 같아져 수면은 수평을 이루게 된다. C2곡선인 경우 수심 $y = y_n = y_c$이므로 한계등류가 형성되고 수면은 수로와 평행하게 된다. C3곡선인 경우 수심 $y < y_c$이므로 사류이고, 식 (11.8.15)에서 우변의 분모 및 분자 모두 -로 결국 $dy/dx > 0$이 되어 배수곡선이 형성된다. 수심 y가 y_n에 접근함에 따라 $dy/dx \to 0$이 되어 등류수심과 접근하게 된다.

표 11.8.2 점변류의 수면곡선형

수면곡선	곡선형	수심	흐름상태	수면경사
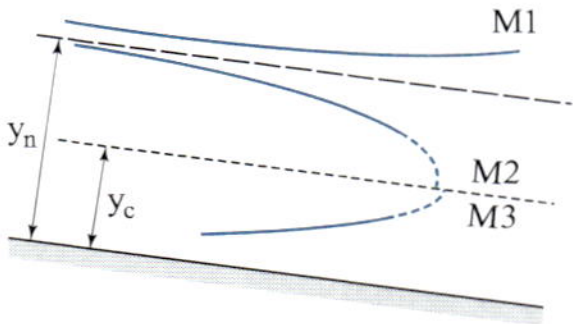	M1 M2 M3	$y > y_n > y_c$ $y_n > y > y_c$ $y_n > y_c > y$	상류 상류 사류	+ - +
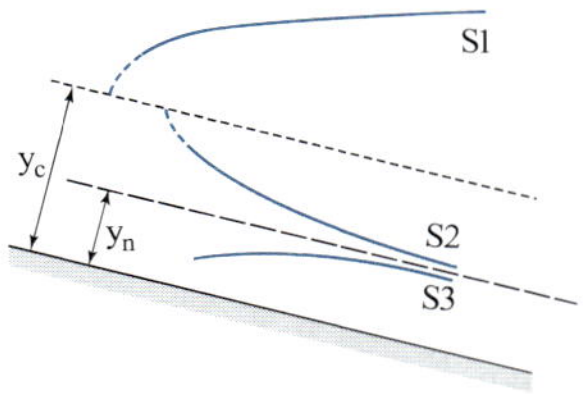	S1 S2 S3	$y > y_c > y_n$ $y_c > y > y_n$ $y_c > y_n > y$	상류 사류 사류	+ - +
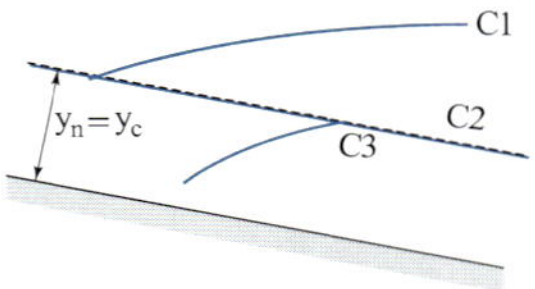	C1 C2 C3	$y > y_c = y_n$ $y_c = y_n$ $y < y_c = y_n$	상류 등류 사류	+ ○ +
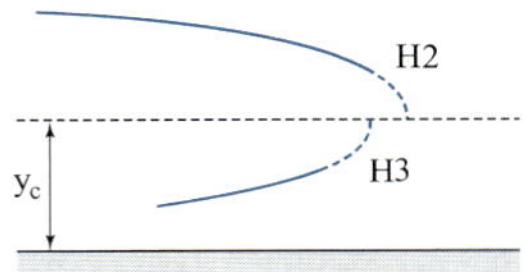	H2 H3	$y > y_c$ $y < y_c$	상류 사류	- +
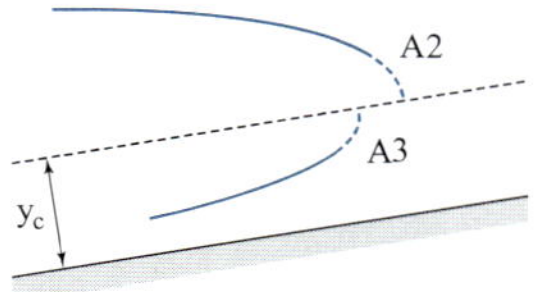	A2 A3	$y > y_c$ $y < y_c$	상류 사류	- +

라. 수평경사 수로상의 수면곡선(S_o=0)

수평경사인 경우 S_o=0이고 등류수심은 무한대가 된다. 따라서 H1곡선은 존재하지 않는다. H2 및 H3곡선은 S_o=0일 때의 M2 및 M3곡선과 동일하다. S_o=0과 $y_n \to \infty$인 경우 식 (11.8.15)는 결정할 수 없으므로 곡선의 경사는 식 (11.8.6)으로 결정한다. H2곡선인 경우 수심 $y > y_c$이므로 상류이고 $dy/dx < 0$이 되어 저하곡선이 형성된다. 수심 y가 y_c에 접근함에 따라 $dy/dx \to \infty$가 되어 한계수심과 직교하게 된다. H3곡선인 경우 수심 $y < y_c$이므로 사류이고, $dy/dx > 0$이 되어 배수곡선이 형성된다. y가 y_c에 접근함에 따라 $dy/dx \to \infty$가 되어 한계수심과 직교하게 된다.

마. 역경사 수로상의 수면곡선($S_o<0$)

역경사인 경우 $S_o<0$이고 등류수심은 존재하지 않는다. 식 (11.8.6)으로부터 A2 및 A3곡선은 H2곡선 및 H3곡선과 유사함을 알 수 있다. A2곡선인 경우 수심 $y>y_c$이므로 상류이고, $dy/dx<0$이 되어 저하곡선이 형성된다. 수심 y가 y_c에 접근함에 따라 $dy/dx\to\infty$가 되어 한계수심과 직교하게 된다. A3곡선인 경우 수심 $y<y_c$이므로 사류이고, $dy/dx>0$이 되어 배수곡선이 형성된다. y가 y_c에 접근함에 따라 $dy/dx\to\infty$가 되어 한계수심과 직교한다.

11.8.4 수면곡선의 경계조건

지금까지 흐름 조건 및 수로 경사에 따른 점변류의 수면형에 대해 알아보았는데 이들 수면곡선이 등류수심, 한계수심 그리고 수로바닥에 접근할 때 어떻게 변하는지에 알아보기로 한다.

① 등류수심에 접근하는 경우 : 이 경우 $y=y_n$이 되므로 식 (11.8.15)에서 오른쪽 항의 분자가 0이 되므로 $dy/dx=0$이 되어 수심의 변화가 없게 되므로 등류수심 y_n에 접근하게 된다.

② 한계수심에 접근하는 경우 : 이 경우 $y=y_c$가 되므로 식 (11.8.15)에서 오른쪽 항의 분모가 0이 되므로 $dy/dx=\infty$이 되어 수면경사가 무한대가 되므로 한계수심 y_c와 직교하게 된다. 이런 경우는 도수가 발생하여 한계수심을 통과하는 경우라 할 수 있다.

③ 수심이 깊어지는 경우 : 이 경우는 $y\to\infty$로 식 (11.8.15)에서 $dy/dx=S_o$가 된다. 즉, 수심의 증가가 하상경사와 같으므로 수면은 수평을 유지하게 된다.

④ 수로바닥에 접근하는 경우 : 이 경우 $y=0$이 되므로 식 (11.8.15)에서 $dy/dx=\infty/\infty$가 되어 부정이 된다. 따라서 식 (11.8.15)을 다음과 같이 변형시키면

$$\frac{dy}{dx}=S_o\frac{y^3-y^3\left(\frac{y}{y^n}\right)^{1/3}_{n}}{y^3-y_c^3} \tag{11.8.16}$$

등류수심 및 한계수심은 0이 아니므로 결국 $y=0$이면 $dy/dx=\infty$가 되어 수로바닥과 직교하는 형태가 된다.

예제 11.8.1

폭이 10m인 사각형 단면 수로에 $50m^3/s$의 물이 흐르고 있다. 수로의 경사가 0.001, 조도계수가 0.02일 때 하류의 한 단면에서 측정한 수심이 1.5m였다면 수면곡선은 어떤 형태인가. 만일 수로의 경사가 0.005로 증가하면 수면형은 어떻게 변하겠는가.

풀이

먼저 한계수심을 구하면

$$y_c = \left(\frac{q^2}{g}\right)^{1/3} = \left[\frac{(50/10)^2}{9.81}\right]^{1/3} = 1.366\text{m}$$

등류수심을 구하기 위하여 Mannig의 공식을 적용하면

$$AR_h^{2/3} = \frac{nQ}{\sqrt{S_o}} \quad \rightarrow \quad 10y_n\left(\frac{10y_n}{10+2y_n}\right)^{2/3} = \frac{0.02 \times 50}{0.001^{1/2}} = 31.623$$

시행착오법으로 y_n을 구하면 y_n=2.324m가 된다. 따라서 등류수심이 한계수심보다 크므로 완경사이고 측정한 수심이 그 사이에 있으므로 수면형은 M2곡선이 된다. 만일 수로경사가 0.005로 변하면 한계수심은 변화가 없지만 등류수심이 변하게 된다.

$$AR_h^{2/3} = \frac{nQ}{\sqrt{S_o}} \quad \rightarrow \quad 10y_n\left(\frac{10y_n}{10+2y_n}\right)^{2/3} = \frac{0.02 \times 50}{0.005^{1/2}} = 14.142$$

시행착오법으로 y_n을 구하면 y_n=1.355m가 된다. 등류수심이 한계수심보다 작으므로 급경사이고 측정수심이 제일 크므로 S1곡선이 된다.

11.8.5 통제단면 및 복합수로

이상과 같은 수면곡선형의 분석을 통해 설계하려고 하는 수로상에서 발생할 수 있는 가능한 수면곡선형을 미리 예상해 볼 수가 있다. 따라서 점변류에 대한 수로 설계시 수면곡선형의 분석은 중요한 부분이 된다. 수면곡선은 일반적으로 통제단면(control section)으로 불리는 지점을 기준으로 상류 또는 하류방향으로 작성하게 된다. 따라서 통제단면이 되는 지점을 파악할 필요가 있으며, 이러한 통제단면은 한계수심 또는 등류수심이 형성되는 지점이나 구조물 등에 의해 수심을 알 수 있는 지점이 된다. 통제단면은 다음과 같이 세 가지로 분류할 수가 있다.

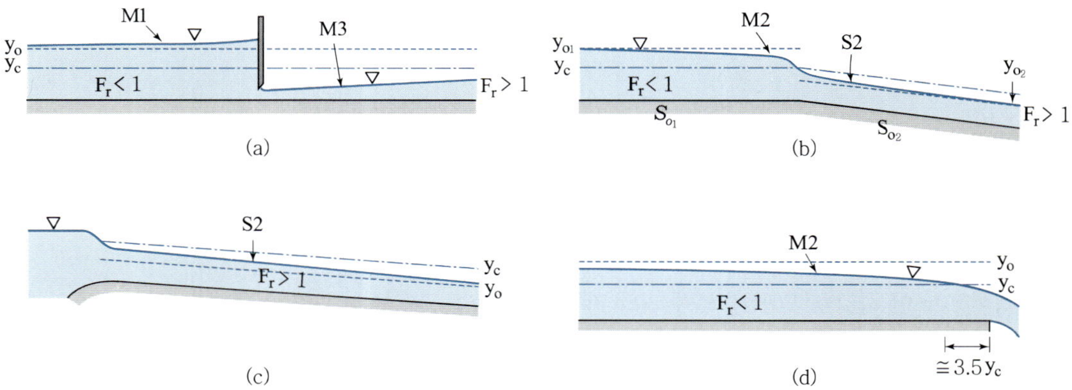

그림 11.8.6 통제단면의 예

① 상류통제단면(upstream control section, US): 급경사 수로의 상류부 끝단에서 흐름이 한계단면 즉, 한계수심을 통과하여 하류부에서는 S1 또는 S2수면곡선이 발생하기 때문에 급경사의 상류부 끝단이 통제단면이 될 수가 있다. 만일 하류부의 수심이 매우 크면 상류 통제단면까지 수위가 올라갈 수 있다. 여러 개의 급경사 수로가 서로 연결되어 있을 경우에는 가장 상류의 수로의 끝단이 통제단면이 된다. 긴 완경사 수로상에서는 M1 또는 M2곡선이 상류부 끝단에서 등류수심에 점근하기 때문에 긴 완경사 상류부 끝단이 통제단면이 될 수 있다.

② 하류통제단면(downstream control section, DC): 긴 급경사 수로인 경우 흐름이 하류부 끝단에서 등류에 점근하기 때문에 긴 급경사 수로의 하류부 끝단이 통제단면이 될 수 있다. 만일 완경사 수로의 하류부 끝단이 자유 낙차부로 되어 있으면 낙차부에서 한계수심이 발생하므로 완경사 수로의 자유 낙차부가 통제단면이 될 수 있다.

③ 인위적 통제단면(artificial control section, AC): 위어, 댐 또는 수문과 같은 통제구조물 지점에서 수심을 알 수 있기 때문에 통제단면이 될 수 있다.

이와 같이 통제단면이 결정되면 이 지점에서의 수심을 알 수가 있으므로 통제단면을 기준으로 상류 또는 하류로 수면곡선을 계산하게 된다. 만일 흐름의 상태가 상류이면 $F_r = V/\sqrt{gy} < 1$이 되어 흐름의 유속보다 표면파의 전파속도가 커서 표면파가 상류부로 전파되므로 하류통제를 받게 되어 상류방향으로 수면곡선을 계산하게 된다. 만일 흐름의 상태가 사류이면 $F_r = V/\sqrt{gy} > 1$이 되어 흐름의 유속보다 표면파의 전파속도가 작아서 표면파가 상류부로 전파되지 못하고 하류로 전파되므로 상류통제를 받게 되어 하류방향으로 수면곡선을 계산하게 된다.

수로의 경사가 다양하게 변하고 인위적인 구조물이 설치된 복합수로인 경우도 수면곡선을 작성하는 방법은 동일하다. 즉, 각 수로에서의 등류 및 한계수심을 계산하여 표시한 후 통제단면을 선정하여 상, 하류로 앞에서 분류한 수면곡선형을 적용하여 작성하게 된다. 그림 11.8.7은 복합수로에서의

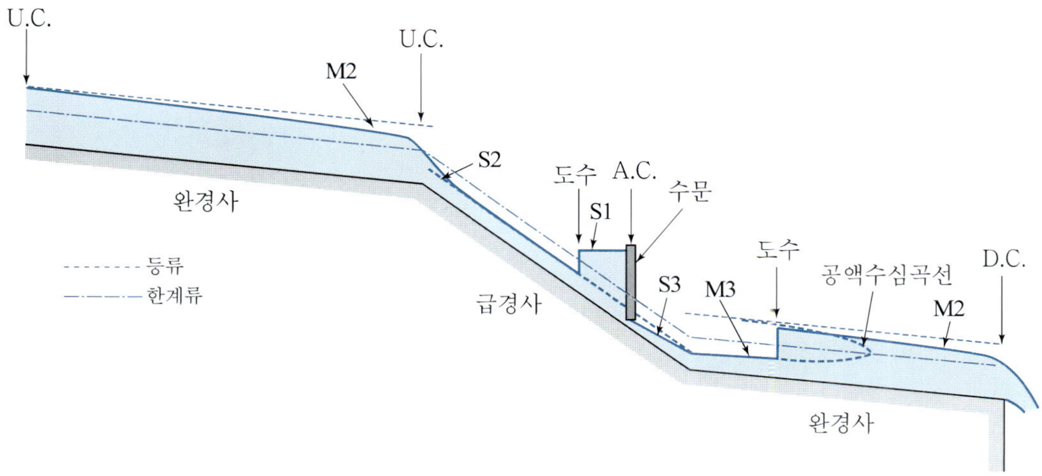

그림 11.8.7 복합수로에서의 수면곡선 및 통제단면

수면곡선 작성 예를 보여주고 있다.

먼저 그림 11.8.7에서 등류수심과 한계수심을 표시한다. 다음으로 가능한 통제단면 즉, 상류통제단면(UC), 하류통제단면(DC) 그리고 인위적인 통제단면(AC)을 파악한다. 그림에서는 인위적인 통제단면으로 수문이 있다. 상류부 완경사에서는 등류가 형성되어 흐르므로 상류부 완경사 끝단이 상류통제단면(UC)이 된다. 완경사 수로가 중간지점의 급경사 수로로 변환되면 완경사 수로에서는 M2곡선이 형성되고, 급경사 수로에서는 등류수심이 한계수심보다 낮으므로 상류부 완경사 수로의 하류 끝단에서 한계수심을 통과하여 급경사 수로의 등류수심에 접근하며 S2곡선이 형성되게 된다. 이 때 급경사 수로의 상류부 끝단이 상류통제단면(UC)이 된다. 수문 상류부는 S1곡선이 형성되고 S2곡선과는 도수로 연결 된다.

수문 하류부 급경사에서는 등류수심보다 낮게 흐르므로 S3곡선이 형성되어 사류로 흐르게 되고, 완경사 지점에서는 한계수심보다 낮은 사류인 M3곡선이 형성된다. 하류단 완경사가 유지되면 M2곡선이 형성되고 M3와 M2곡선간에 도수가 발생하게 된다. M2곡선이 하류 낙차부로 이어지게 되면 낙차부가 하류통제단면이 되고 이때 한계수심을 통과하게 된다.

예제 11.8.2

그림 11.8.8과 같이 상류 저수지로부터 콘크리트로 피복된(n=0.013) 폭 10m, 경사 0.01의 사각형단면 수로로 물이 유입되고 있다. 저수지 수표면이 수로 하상보다 6m가 높을 때 수로로 유입되는 유량과 수면형을 그려라. 수로입구부 손실 및 저수지의 접근유속은 무시하라.

풀이

먼저 입구부 통제, 즉 수로의 경사를 급경사 또는 한계경사로 가정한다. 따라서

$$y_c = \frac{2}{3}H = \frac{2}{3}\times 6 = 4\text{m}$$

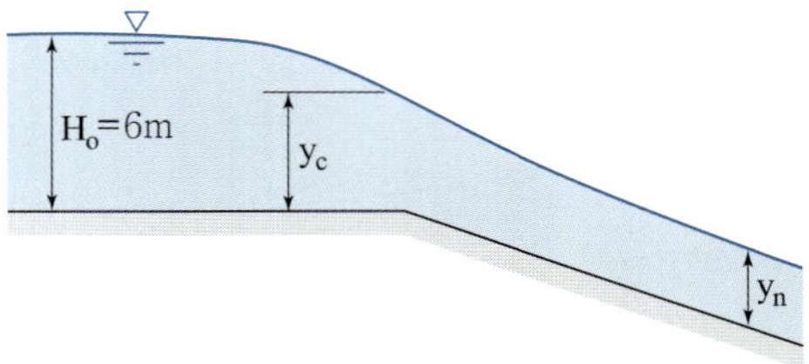

그림 11.8.8

한계수심일 때의 단위폭당 유량은

$$q = \sqrt{gy_c^3} = \sqrt{9.81\times 4^3} = 25.06\text{m}^3/\text{s}/\text{m}$$

$$Q = bq = 10\times 25.06 = 250.6\text{m}^3/\text{s}$$

Manning의 공식을 이용하여 한계경사를 구하면

$$S_c = \frac{n^2Q^2}{A^2R_h^{4/3}} = \frac{0.013^2\times 250.6^2}{(10\times 4)^2\times\left[\frac{40}{10+8}\right]^{4/3}} = 0.00229$$

등류수심경사 0.01이 한계경사 0.00229보다 크므로 급경사가 맞고 따라서 가정이 맞으므로 수로로 유입되는 유량은 250.6m^3/s가 된다. 등류수심을 구하기 위해 Manning 공식을 이용하면

$$AR_h^{2/3} = \frac{nQ}{\sqrt{S_o}} \quad \rightarrow \quad 10y_n\left(\frac{10y_n}{10+2y_n}\right)^{2/3} = 0.013 \times \frac{250.6}{0.01^{1/2}} = 32.57$$

시행착오법으로 y_n을 구하면 y_n=2.37m가 된다. 따라서 저수지 수위 6m로 수로로 접근하여 수로 입구부에서 한계수심을 거쳐 수로 하류부로 갈수록 등류수심 2.37m에 접근해 가게 된다.

11.9 점변류의 수면곡선계산

앞 절에서 개수로의 점변류에 대한 수면곡선형의 분류 및 모양에 대해 알아보았다. 하지만 대부분의 공학적인 적용에 있어 수면곡선형의 모양과 함께 실제의 수면곡선을 계산할 필요가 있다. 수면곡선계산(water-surface profile calculations)으로 부르는 이러한 계산은 주어진 유량에 대해 수로를 따라 수위를 계산하는 것으로 개수로의 계획, 설계 및 운영에 필요하며, 추가적인 수로의 개수 등으로 인한 수위의 변화를 분석하는데 또한 필요하다.

점변류의 수면곡선을 계산하는 방법에는 크게 도식적분법(graphical-integration method), 직접적분법(direct integration) 그리고 축차계산법(step method)으로 분류할 수가 있다. 도식적분법은 점변류 기본방정식을 도식적으로 적분하여 수면곡선을 계산하는 방법이다. 직접적분법은 점변류 기본방정식을 직접 적분하여 수면곡선을 계산하는 방법으로 광폭 직사각형단면 수로에만 적용할 수 있는 Bresse방법과 자연하천단면과 같은 임의 단면에 적용할 수 있는 Chow방법이 있다.

축차계산법은 수로를 짧은 구간으로 나누어 한 지점으로부터 다른 지점으로 단계적으로 수면곡선을 계산하는 방법으로 단면형이 일정한 대상수로에만 적용할 수 있는 직접축차계산법(direct step method)과 자연하천과 같은 임의 하천에 적용할 수 있는 표준축차계산법(standard step method)이 있다. 본 절에서는 실무에서 많이 적용되고 있는 수면곡선계산 컴퓨터 프로그램에서 사용하고 있는 방법인 축차계산법에 대해 소개하기로 한다.

11.9.1 직접축차계산법

축차계산법은 수로의 통제단면지점으로부터 상류 또는 하류로 구간을 짧게 나누어 수면곡선을 축차적으로 계산하는 방법으로, 직접축차계산법은 주로 단면이 수로를 따라 변하지 않는 대상(prismatic)수로에 적용하는 간단한 방법이다.

그림 11.9.1과 같이 Δx의 짧은 수로구간에서의 에너지 관계를 생각해 보자. 두 단면 ①과 ②에서의 총 에너지수두를 나타내면 다음과 같다.

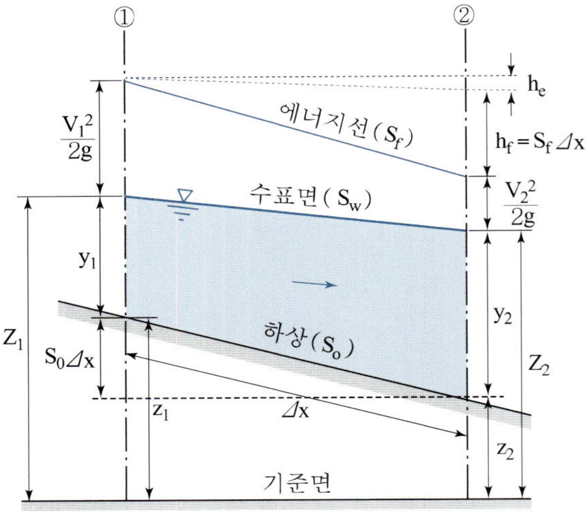

그림 11.9.1 직접적분법을 위한 수로 구간

$$S_o \varDelta x + y_1 + \frac{V_1^2}{2g} = y_2 + \frac{V_2^2}{2g} + S_f \varDelta x + h_e \qquad (11.9.1)$$

여기서 y는 각 단면에서의 수심, V는 유속이며, S_o는 수로의 경사, S_f는 에너지선의 경사이다. 다른 항에 비해 와류손실 h_e는 작으므로 생략하고 $\varDelta x$에 관해 정리하면

$$\varDelta x = \frac{E_2 - E_1}{S_o - S_f} = \frac{\varDelta E}{S_o - S_f} \qquad (11.9.2)$$

여기서 E는 흐름의 비에너지로 다음과 같다.

$$E = y + \frac{V^2}{2g} \qquad (11.6.5)$$

에너지선의 경사 S_f를 Manning의 공식을 이용하여 나타내면 직사각형단면 수로인 경우

$$S_f = \frac{n^2 V^2}{R_h^{4/3}} = \frac{n^2 q^2}{y^{10/3}} \qquad (11.9.3)$$

에너지선의 경사는 계산 구간 $\varDelta x$에 적용할 때 다음과 같이 두 단면에서의 값을 평균하여 적용한다.

$$S_f = \frac{1}{2}(S_{f_1} + S_{f_2}) \qquad (11.9.4)$$

따라서 직접축차계산법은 기지의 통제단면 수심으로부터 시작하여 인접한 지점의 가정수심이 발생하는 지점까지의 거리 $\varDelta x$를 식 (11.9.2)를 이용하여 축차적으로 계산하게 된다.

예제 11.9.1

수로 경사가 0.001인 사다리꼴단면 수로에 $30m^3/s$의 유량이 흐르고 있다. 수로의 저변 폭이 10m이고 측면경사는 2:1이다. 수로의 하류부 끝단에 구조물이 설치되어 이지점에서의 수심이 5m로 측정되었다. Manning의 조도계수가 0.013일 때 직접축차계산법에 의해 수면곡선을 계산하라.

풀이

먼저 등류수심을 구하기 위해 Manning의 공식을 이용하면

$$AR_h^{2/3} = \frac{nQ}{\sqrt{S_o}} = 0.013 \times \frac{30}{0.001^{1/2}} = 12.33$$

$$A = \frac{1}{2} y_n (10 + 10 + 2zy_n) = y_n (10 + 2y_n)$$

표 11.9.1 직접축차계산법에 의한 수면곡선 계산

y	A	R_h	V	S_f	$\overline{S_f}$	$S_o-\overline{S_f}$	E	⊿E	⊿x	L
5.00	100.0	3.09	0.30	0.000003			5.00459			0
4.50	85.5	2.84	0.35	0.000005	0.000004	0.000996	4.50627	0.49831	500.5	500.5
4.00	72.0	2.58	0.42	0.000008	0.000007	0.000993	4.00885	0.49743	500.8	1,001.2
3.66	63.4	2.40	0.47	0.000012	0.000010	0.000990	3.67142	0.33743	340.8	1,342.1
3.33	55.5	2.23	0.54	0.000017	0.000014	0.000986	3.34490	0.32651	331.3	1,673.4
3.00	48.0	2.05	0.63	0.000025	0.000021	0.000979	3.01991	0.32499	332.0	2,005.4
2.75	42.6	1.91	0.70	0.000035	0.000030	0.000970	2.77525	0.24466	252.3	2,257.7
2.50	37.5	1.77	0.80	0.000050	0.000043	0.000957	2.53262	0.24263	253.5	2,511.2
2.25	32.6	1.63	0.92	0.000075	0.000063	0.000937	2.29310	0.23952	255.5	2,766.7
2.00	28.0	1.48	1.07	0.000115	0.000095	0.000905	2.05851	0.23459	259.2	3,025.9
1.80	24.5	1.36	1.23	0.000169	0.000142	0.000858	1.87655	0.18196	212.1	3,238.0
1.60	21.1	1.23	1.42	0.000258	0.000214	0.000786	1.70284	0.17371	220.9	3,458.9
1.40	17.9	1.10	1.67	0.000416	0.000337	0.000663	1.54285	0.15999	241.4	3,700.3
1.30	16.4	1.04	1.83	0.000541	0.000478	0.000522	1.47097	0.07188	137.8	3,838.1
1.20	14.9	0.97	2.02	0.000717	0.000629	0.000371	1.40718	0.06379	171.9	4,010.0

$$P = b + 2y_n\sqrt{1+z^2} = 10 + 4.47y_n$$

따라서 Manning의 공식은 다음과 같이 정리된다.

$$[y_n(10+2y_n)]^{5/3} - 12.33(10+4.47y_n)^{2/3} = 0$$

시행착오법으로 등류수심을 구하면 y_n=1.09m를 얻는다. 한계수심은 다음관계로부터

$$\frac{A_c^3}{T_c} = \frac{Q^2}{g} \quad \rightarrow \quad \frac{(10y_c+2y_c^2)^3}{(10+4y_c)} = \frac{30^2}{9.81} = 91.74$$

따라서 시행착오법으로 한계수심을 구하면 y_c=0.912m이다.

등류수심이 한계수심보다 크므로 완경사이고 댐지점의 수심이 5m로 등류수심보다 크므로 M1곡선이 된다. 구조물 지점을 통제단면으로 기지의 수심 5m로부터 상류방향으로 수심이 등류수심에 점근하는 지점까지 계산한 절차가 표 11.9.1에 나타나 있으며 계산절차를 요약하면 다음과 같다.

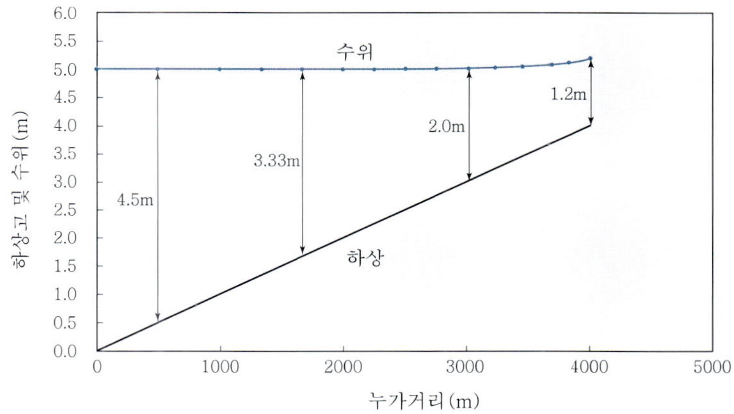

그림 11.9.2 직접축차계산법에 의한 수면곡선계산

① 1란 y ; 수심은 시작 지점의 5m를 시작으로 등류수심에 점근하도록 감소시킨다.

② 2란 A : 1란의 수심에 대한 사다리꼴단면의 면적

③ 3란 R_h : 동수반경으로 A/P로 계산되며 윤변 P는 수심 y토부터 산정한다.

④ 4란 V : 주어진 유량 Q를 2란 단면적 A로 나누어 산정

⑤ 5란 S_f : Manning의 공식으로부터 산정

⑥ 6란 $\overline{S}_f$: 현재 단면과 이전단면에서의 S_f의 평균값. 따라서 첫줄에서는 공란임

⑦ 7란 $S_o - \overline{S}_f$: S_o=0.001과 6란 값의 차

⑧ 8란 E : 비에너지로 1란의 수심 y와 4란의 유속 V로부터 계산

⑨ 9란 $\Delta E = E_2 - E_1$: 현재 단면 깊이에 대한 E에서 이전 단면 깊이에서의 E값의 차.
따라서 첫줄에서는 공란임

⑩ 10란 $\Delta x = x_2 - x_1$: 식 (11.9.2)에 의해 9란의 값을 7란의 값으로 나눈 값

⑪ 11란 L : 시작지점으로부터의 누가거리

11.9.2 표준축차계산법

표준축차계산법은 자연하천과 같이 비대상(nonprismatic)수로에 적용할 수 있는 방법으로 이 경우 실제 하천 계산지점에서의 횡단면 자료가 필요하다. 수면곡선계산은 수리학적 특성이 결정된 단면간에 축차적으로 수행하게 된다. 시작 단면에서 거리가 주어진 인접단면에서의 수심을 시행착오법으로 결정한다. 그림 11.9.1의 두 단면에서 기준면으로부터의 수면까지의 높이를 Z_1과 Z_2라 하면

$$Z_1 = S_o \Delta x + y_1 + z_2 \tag{11.9.5}$$

$$Z_2 = y_2 + z_2 \tag{11.9.6}$$

두 단면간의 마찰손실수두는

$$h_f = \overline{S}_f \Delta x = \frac{1}{2}(S_{f_1} + S_{f_2})\Delta x \tag{11.9.7}$$

여기서 $\overline{S}_f$는 두 단면에서 산정한 에너지선의 경사의 평균값이다. 따라서 두 단면에서의 총 에너지를 나타내면

$$Z_1 + \frac{V_1^2}{2g} = Z_2 + \frac{V_2^2}{2g} + h_f + h_e \tag{11.9.8}$$

와류손실 h_e를 마찰손실의 일부로 간주하면 마찰손실 h_f 계산시 Manning의 조도가 이에 상응하여 증가하는 것으로 고려가 되므로 와류손실을 무시하기로 한다. 두 단면에서의 총 수두는

$$H_1 = Z_1 + \frac{V_1^2}{2g} \tag{11.9.9}$$

$$H_2 = Z_2 + \frac{V_2^2}{2g} \tag{11.9.10}$$

따라서 식 (11.9.8)은 다음과 같다.

$$H_1 = H_2 + \overline{S}_f \Delta x \tag{11.9.11}$$

식 (11.9.11)을 이용하여 수면곡선을 계산하게 된다. 즉, 시작단면에서의 수면표고 Z_2가 주어지므로 식 (11.9.10)에 의해 H_2를 계산하고, Δx만큼 떨어져 있는 단면에서의 Z_1을 가정하여 H_1을 식 (11.9.9)에 의해 계산한 후, 두 단면간의 마찰손실수두를 계산하여 식 (11.9.11)의 관계가 성립하는지 판단한다. 만일 성립하지 않으면 Z_1을 다시 가정하여 반복하고, 성립하면 가정한 Z_1이 원하는 수면표고가 된다.

예제 11.9.2

수로 경사가 0.001인 사다리꼴단면 수로에 30m^3/s의 유량이 흐르고 있다. 수로의 저변 폭이 10m이고 측면경사는 2:1이다. 수로의 하류부 끝단에 구조물이 설치되어 이지점에서의 수심이 5m로 측정되었다. 표준축차계산법에 의해 구조물 상류 1, 2 및 4km지점에서의 수위를 계산하라. Manning의 조도계수는 0.013이고 하류부 구조물 지점에서의 수로 바닥의 높이는 0m이다.

풀이

예제 11.9.1에서 y_n=1.09m, y_c=0.912m이므로 M1곡선이 되어 구조물 지점의 위치를 x=0이라 하고 상류로 1, 3, 4km에 대해 수리량을 계산하여 식 (11.9.11)이 성립하는지 판단한다. 이러한 계산 과정이 표 11.9.2와 같으며 각 란에 해당하는 설명은 다음과 같다.

표 11.9.2 표준축차계산법에 의한 계산

L	y	A	P	R_h	V	$V^2/2g$	z	H	S_f	$\overline{S_f}$	Δx	h_f	H
0	5.000	100.00	32.36	3.090	0.300	0.0046	0.0	5.0046	0.00000338				
1000	4.001	72.03	27.89	2.582	0.417	0.0088	1.0	5.0098	0.00000828	0.00000583	1000	0.00583	5.0104
1000	4.002	72.05	27.90	2.583	0.416	0.0088	1.0	5.0108	0.00000827	0.00000582	1000	0.00582	5.0104
2000	3.003	48.07	23.43	2.051	0.624	0.0199	2.0	5.0229	0.00002526	0.00001676	1000	0.01676	5.0276
2000	3.007	48.15	23.45	2.054	0.623	0.0198	2.0	5.0268	0.00002513	0.00001670	1000	0.01670	5.0275
3000	2.014	28.25	19.01	1.486	1.062	0.0575	3.0	5.0715	0.00011233	0.00006873	1000	0.06873	5.0955
3000	2.038	28.69	19.11	1.501	1.046	0.0557	3.0	5.0937	0.00010756	0.00006634	1000	0.06634	5.0931
4000	1.078	13.10	14.82	0.884	2.289	0.2671	4.0	5.3451	0.00104376	0.00057566	1000	0.57566	5.6694
4000	1.232	15.36	15.51	0.990	1.954	0.1945	4.0	5.4265	0.00065369	0.00038063	1000	0.38063	5.4744
4000	1.263	15.82	15.65	1.011	1.896	0.1833	4.0	5.4463	0.00059892	0.00035324	1000	0.35324	5.4470

① 1란 L : 수심을 계산하기 위한 지점

② 2란 y : 가정수심

③ 3란 A : 2란 가정수심에 의해 계산된 단면적

④ 4란 P : 2란 가정수심에 대한 윤변

⑤ 5란 R_h : 가정수심에 대한 동수반경으로 3란/4란으로 계산

⑥ 6란 V : 주어진 유량 Q를 3란 단면적으로 나눈 유속

⑦ 8란 z : 수로 바닥의 높이로 구조물 지점에서 z=0이므로 수로경사 S_o를 이용하여 계산

⑧ 9란 H : 2란 가정수심에 대한 총 수두로 2란+7란+8란으로 산정

⑨ 10란 S_f : Manning의 공식으로부터 산정

⑩ 11란 $\overline{S}_f$: 현재 단면과 이전단면에서의 S_f의 평균값. 따라서 첫줄에서는 공란임

⑪ 12란 Δx : 두 단면간의 거리

⑫ 13란 h_f : 두 단면사이에 발생하는 수두손실로 11란과 12란을 곱해 산정

⑬ 14란 H : 이전 단면의 총 수두(9란)에 현재단면의 수두손실 13란을 합한 값

식 (11.9.11)에 의해 9란과 14란의 값을 비교하여 허용 오차범위 내에 들면 계산을 종료하고 그렇지 않으면 2란을 다시 가정하여 반복한다.

연습문제

11.1 폭 5m의 사각형 수로에 1m의 깊이로 20℃의 물(ν=1.006×$10^{-6}$$m^2$/s)이 흐르고 있다. 유량이 0.2$m^3$/s이면 이 흐름은 층류인가 난류인가.

11.2 폭 0.6m의 사각형 수로에 0.1m의 깊이로 20℃의 물(ν=1.006×$10^{-6}$$m^2$/s)이 흐르고 있다. 유량이0.005$m^3$/s라면 이 흐름은 층류인가 난류인가.

11.3 폭이 넓은 사각형 수로에서 수심 2m로 물이 흐를 경우 단위폭 당 유량이 2m^3/s이면 이 흐름은 상류인가 사류인가.

11.4 폭이 5m인 사각형 수로에서 수심 1m로 물이 흐를 경우 유량이 10m^3/s이면 이 흐름은 상류인가 사류인가.

11.5 폭이 5m인 사각형 수로에서 수심 0.5m로 물이 흐를 경우 유량이 15m^3/s이면 이 흐름은 상류인가 사류인가.

11.6 사다리꼴 단면의 수로에서 바닥 폭이 6m, 수심이 2m, 측면경사가 1.5:1일 때 동수반경을 구하라.

11.7 직경 d인 관거내에 물이 절반만 차서 흐를 때 동수반경을 구하라.

11.8 다음 표 11.8과 같이 수심 6m의 하천단면에서 수심에 따른 유속이 주어질 때 표 11.2.2에서 주어진 각 측점수별로 평균유속을 산정하라.

표 11.8 하천 수심에 따른 유속

수심(m)	0.3	1.2	3.6	4.8	5.7	6.0
유속 (m/sec)	2.2	2.1	1.8	1.4	0.8	0.4

11.9 어떤 하천에 대해 표 11.9와 같이 수심의 20% 및 80%되는 지점에서 유속을 측정하였을 때 유출량을 산정하라.

표 11.9 하천 수심에 따른 유속

단면		1	2	3	4	5
유속 (m/sec)	0.2D	1.2	2.4	3.6	3.0	1.8
	0.8D	0.6	1.2	2.6	2.4	1.2
단면적(m^2)		3	6	10	8	4

11.10 어떤 하천에 대해 표 11.10과 같이 수심의 20%, 60% 및 80%되는 지점에서 유속을 측정하였을 때 유출량을 산정하라.

표 11.10 하천 수심에 따른 유속

단면		1	2	3	4	5
유속 (m/sec)	0.2D	1.2	2.4	3.6	3.0	1.8
	0.6D	1.0	2.0	3.3	2.8	1.6
	0.8D	0.6	1.2	2.6	2.4	1.2
단면적(m^2)		3	6	10	8	4

11.11 사다리꼴 단면의 수로에서 바닥 폭이 6m, 수심이 2m, 측면경사가 1.5:1일 때 Manning의 공식을 이용하여 유속 및 유량을 구하라. 단, Manning의 조도계수는 0.012, 하상경사는 0.001이다.

11.12 폭이 4m, 수심 2m인 사각형 수로의 흐름에서 조도계수가 0.02이면 Chezy의 평균유속계수는 얼마인가.

11.13 그림 11.13과 같은 사다리꼴 단면의 수로에서 Manning의 공식을 이용하여 유량을 구하라. 단, Manning의 조도계수는 0.014이고, 하상경사는 0.001이다.

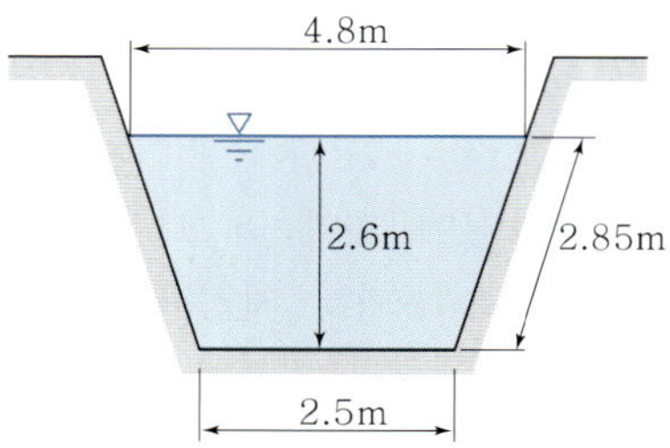

그림 11.13

11.14 그림 11.14와 같은 복합단면에서의 등가조도를 Horton-Einstein방법에 의해 구하라.

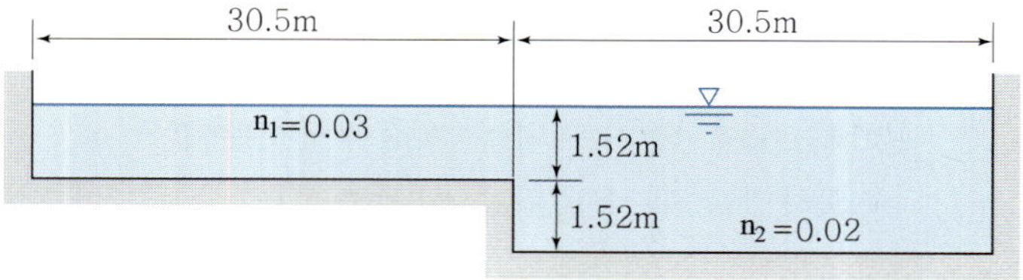

그림 11.14

11.15 예제 11.3.2와 같은 복합단면에서 n_1=0.015, n_2=0.02, n_3=0.035일 때 등가조도를 Horton-Einstein방법에 의해 구하라.

11.16 수로 폭이 5m이고 측면경사가 2:1인 사다리꼴 수로의 경사가 0.001이다. 등류수심이 2m이고 조도계수 n=0.013이라면 등류유량은 얼마인가?

11.17 수로 폭이 6m, 측면경사가 1.5:1인 수로에 $10m^3/s$의 유량이 흐르고 있다. 수로의 경사가 0.001, 조도계수가 0.012이면 등류수심은 얼마인가?

11.18 수로 폭이 5m이고 측면경사가 2:1인 사다리꼴 수로에 $52m^3/s$의 유량이 흐르고 있다. 등류수심이 2m이고 조도계수 n=0.013이면 등류수로의 경사는 얼마인가?

11.19 폭이 10m이고 경사가 0.001인 사각형 수로에서 등류수심이 2m이고 조도계수 n=0.012이면 등류유량은 얼마인가?

11.20 폭이 5m, 경사가 0.001, 조도계수가 0.012인 사각형 수로에 $5m^3/s$의 유량이 흐르고 있다면 등류수심은 얼마인가?

11.21 폭이 10m, 등류수심이 2m, 조도계수 0.012인 사각형 수로에 $50m^3/s$의 유량이 흐르고 있다면 등류수로의 경사는 얼마인가?

11.22 경사가 0.0015, 조도계수가 0.013인 사각형 수로에 $10m^3/s$의 유량을 흐르게 할 때 최적단면을 결정하라.

11.23 사다리꼴 단면 수로에 $10m^3/s$의 유량을 흐르게 하려고 한다. 경사가 0.0001, 조도계수가 0.022일 때 최적수로단면을 구하라. 또한 저변폭을 5m, 측면경사를 1.5:1로 할 경우 최적수로단면 및 이때의 유량을 구하라.

11.24 콘크리트 관거의 직경이 1.2m이고 경사가 0.002일 때 최대로 흐르는 유량과 이때의 수심을 구하라. 관거의 조도는 0.014이다.

11.25 그림 11.25와 같이 직경이 2m이고 경사가 0.0008, 조도계수가 0.015일 때 관로를 통해 흐르는 유량을 구하라.

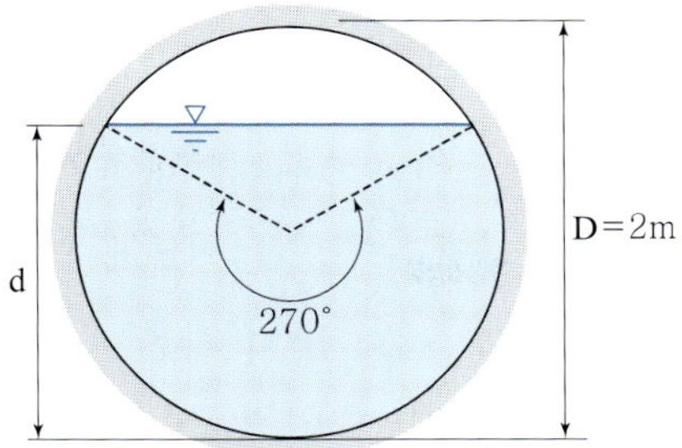

그림 11.25

11.26 폭이 10m인 사각형 수로에 유량이 $15m^3/s$로 흐를 때 수심에 따른 비에너지곡선을 작성하라.

11.27 사다리꼴 단면수로에 $20m^3/s$의 물이 흐르고 있다. 수로의 저변 폭이 8m이고, 측면 경사가 2:1일 때 한계수심, 한계유속 및 최소 비에너지를 구하라.

11.28 사각형 수로에 단위폭당 유량이 $1.5m^2/s$일 때 한계수심은 얼마인가. 만일 수심이 1m이면 흐름은 어떤 상태인가.

11.29 폭 10m인 광정위어 상의 수심이 0.5m, 유속이 1m/s일 때 유량은 얼마인가. 단, 유량계수는 0.65이다.

11.30 사각형 단면 수로에서 최소 비에너지가 10cm이면 한계수심은 얼마인가.

11.31 폭이 5m인 사각형 수로에 $3m^3/s$의 유량이 흐르고 있다. 수심이 1.2m이면 이 흐름은 상류인가 사류인가.

11.32 저변 폭이 5m인 사다리꼴 단면 수로에 $20m^3/s$의 유량이 흐르고 있다. 측면경사가 1:1 수심이 1m이면 이 흐름은 상류인가 사류인가.

11.33 사각형 수로에서 폭이 5m, 최소 비에너지가 1.5m인 경우 최대 유량은 얼마인가.

11.34 폭이 20m인 사각형 수로에 수심이 1.8m로 흐를 때 하상경사가 0.0025이면 비에너지는 얼마인가. 단, Manning의 조도계수는 0.025이다.

11.35 폭이 10m인 사각형 단면 수로에 $25m^3/s$의 물이 수심 1.4m로 흐를 때 한계유속을 구하라.

11.36 예제 11.6.4와 같이 폭 10m의 사각형단면 수로에 2m의 수심으로 $15m^3/s$의 유량이 흐르고 있다. 하류방향으로 하상고가 0.3m 상승할 때 하류단면에서의 수심을 결정하라. 단면변화로 인한 손실수두는 무시하라.

11.37 예제 11.7.1와 같이 폭 10m의 사각형단면 수로에 $25m^3/s$의 유량이 흐르고 있다. 수문 상류부에서의 수심이 3m이고 하류부에서의 수심이 1m일 때 수문에 가해지는 힘을 구하라.

11.38 폭 5m인 사각형단면 수로에 $10m^3/s$의 유량이 흐르고 있다. 수심이 3m일 때 비력은 얼마인가.

11.39 사각형단면 수로에 수심 0.5m, 유속 25 m^3/s로 물이 흐르고 있을 때 하류의 영향으로 도수가 발생하였다. 도수후의 수심 및 도수로 인한 에너지 손실을 구하라.

11.40 댐 여수로 아래 사각형 단면의 감세공에서

도수가 발생하고 있다. 단위폭당 유량이 $2m^3/s$이고 도수전의 수심이 0.5m이다. 도수 후의 수심 및 도수로 인한 에너지손실을 구하라.

11.41 그림 11.41과 같이 $800m^3/s$의 유량이 월류하는 30m폭의 댐 여수로 상류부 저수지 수위가 200m이고 여수로 아래 감세공에서의 수위가 100m일 때 감세공에서 도수가 발생하기 위한 감세공 저부의 높이를 결정하라. 단, 여수로에서의 에너지 손실은 무시하라.

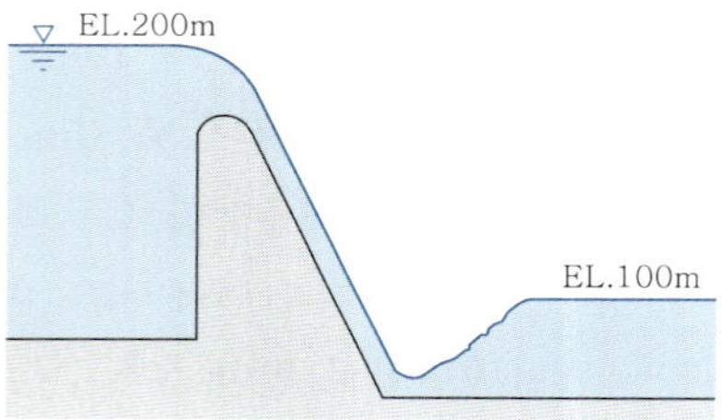

그림 11.41

11.42 그림 11.42과 같이 폭이 5m인 수문하류부에서 도수가 발생하고 있다. 수문 상류 및 직하류에서의 수심이 10m 및 2m이고 유량이 $150m^3/s$일 때 하류부 도수 발생후의 수심 및 도수로 인한 에너지 손실을 구하라. 단, 수문에서의 에너지 손실은 무시하라.

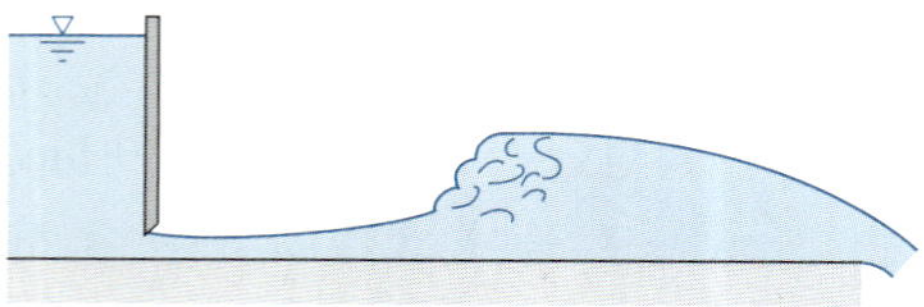

그림 11.42

11.43 폭이 5m인 사각형 단면 수로에 $30m^3/s$의 물이 흐르고 있다. 수로의 경사가 0.002, 조도계수가 0.03일 때 하류의 한 단면에서 측정한 수심이 1.8m였다면 수면곡선은 어떤 형태인가. 만일 수로의 경사가 0.01로 증가하면 수면형은 어떻게 변하겠는가.

11.44 그림 11.44와 같이 상류 저수지로부터 폭 5m, 경사 0.01의 사각형단면 수로(n=0.02)로 물이 유입되고 있다. 저수지 수표면이 수로 하상보다 3m가 높을 때 수로로 유입되는 유량과 수면형을 그려라. 수로 입구부 손실 및 저수지의 접근유속은 무시하라.

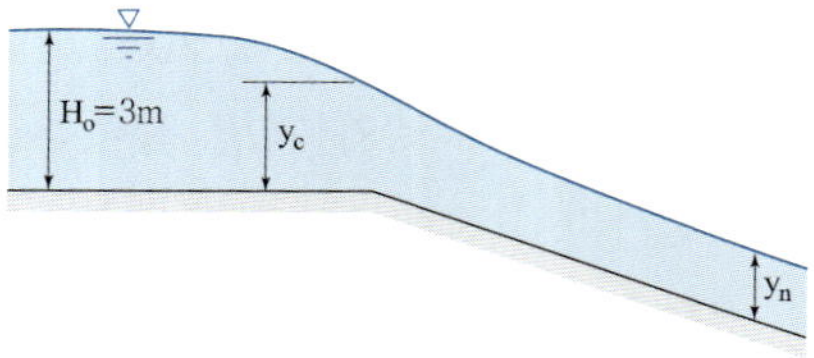

그림 11.44

11.45 수로 경사가 0.001인 사다리꼴단면 수로에 $20m^3/s$의 유량이 흐르고 있다. 수로의 저변 폭이 5m이고 측면경사는 2:1이다. 수로의 하류부 끝단에 구조물이 설치되어 이지점에서의 수심이 6m로 측정되었다. Manning의 조도계수가 0.02일 때 직접축차계산법에 의해 수면곡선을 계산하라.

11.46 수로 경사가 0.001인 사다리꼴단면 수로에 $20m^3/s$의 유량이 흐르고 있다. 수로의 저변 폭이 5m이고 측면경사는 2:1이다. 수로의 하류부 끝단에 구조물이 설치되어 이지점에서의 수심이 6m로 측정되었다. 표준축차계산법에 의해 구조물 상류 1, 2, 3, 4 및 5km지점에서의 수위를 계산하라. Manning

의 조도계수는 0.02이고 하류부 구조물 지점에서의 수로 바닥의 높이는 0m이다.

11.47 수로 경사가 0.001인 광폭 사각형단면 수로에 단위폭당 2.5m^3/s/m의 유량이 흐르고 있다. 하류부에 댐이 설치되어 있으며 댐 지점에서의 수심이 2m일 때 직접축차계산법에 의해 수면곡선을 계산하라. Manning의 조도계수는 0.025이다.

11.48 수로 경사가 0.001인 광폭 사각형단면 수로에 단위폭 당 2.5m^3/s/m의 유량이 흐르고 있다. 하류부에 댐이 설치되어 있으며 댐 지점에서의 수심이 2m로 측정되었다. 표준축차계산법에 의해 댐 상류 200, 500, 1,000 및 1,500m지점에서의 수위를 계산하라. Manning의 조도계수는 0.025이고 댐 지점에서의 수로 바닥의 높이는 0m이다.

11.49 직경 300mm의 원형 배수관거에 물이 반쯤 차서 흐를 때 동수반경은 얼마인가.

11.50 저변 폭이 150mm, 측면경사가 1.5:1인 사다리꼴단면 수로에 수심 62mm로 물이 흐를 때 동수반경은 얼마인가.

11.51 폭 3m 사각형단면 수로에 10m^3/s의 물이 흐르고 있다. 수심이 0.3m, 2m일 때의 흐름의 종류를 결정하라. 또한 한계수심은 얼마인가.

11.52 광폭 사각형단면 수로에 단위폭 당 유량 2.3m^3/s/m가 흐르고 있다. 만일 수심이 각각 0.2m, 0.8m, 2.5m일 때 흐름의 종류를 결정하라.

11.53 사다리꼴단면 수로에 12m^3/s의 물이 흐르고 있다. 수로의 저변 폭이 3m이고, 측면경사가 1:1일 때 수심이 1m이면 흐름은 상류인가 사류인가.

11.54 폭 6m인 사각형단면 수로에 18m^3/s의 물이 흐르고 있다. 비에너지의 범위 E_{min}~E=7m에 대해 수심에 따른 비에너지곡선을 구하고, 수심 0.3m에 대한 공액수심과 대응수심을 구하라.

11.55 폭 10m인 월류형 여수로의 정점부 표고 100m 위로 25m^3/s의 물이 월류하고 있다. 이때의 저수지 수표면의 수위는 얼마인가.

11.56 저변 폭이 3m, 측면경사가 1:1인 사다리꼴단면 수로에 15m^3/s의 율로 물이 흐르고 있다. 수로의 경사가 0.001이고 조도계수가 n=0.017이면 수심은 얼마인가.

11.57 사각형단면 수로에 수심 3m로 유속 3m/s의 물이 흐르고 있다. 하상고가 점진적으로 0.3m 상승하면 수심은 얼마나 변하겠는가. 또한 하상고가 점진적으로 0.3m 하강하면 수심은 얼마나 변하겠는가.

11.58 폭 3m인 사각형단면 수로에 60m^3/s의 물이 흐르고 있다. 만일 흐름이 사류이면 최대 수심은 얼마인가.

11.59 저변 폭이 5m, 측면경사가 1:1인 사다리꼴단면 수로에 수심 0.4m, 유속 10m/s로 물이 흐를 때 도수가 발생하였다. 도수 발생후의 수심은 얼마인가.

11.60 저변 폭이 2.4m, 측면경사가 1:1인 사다리꼴단면 수로에 7.1m^3/s의 물이 흐르고 있

다. 등류수심이 1.2m이면 하상경사는 얼마인가. 단, n=0.022이다. 의 흐름의 종류를 결정하라. 또한 한계수심은 얼마인가.

11.61 그림 11.61과 같은 사다리꼴단면 수로에 유량 Q가 흐르고 있다. 다른 조건이 동일한 상태에서 수심을 변화시키지 않고 유량을 2Q로 하기 위해서는 추가로 필요한 저변폭 L은 얼마인가.

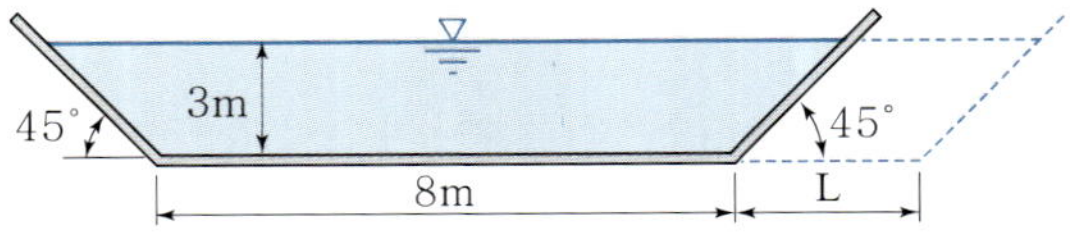

그림 11.61

11.62 관개용 수로로 물을 $250m^3/s$의 율로 보내려고 한다. 사다리꼴단면으로 하상경사를 0.0004, 측면경사를 1:1로 할 경우 최적수로단면을 구하라. 단, n=0.022이다.

11.63 높이 2m의 광정위어 위로 물이 흐르고 있다. 위어 위의 수두가 0.5m이면 위어 위로 흐르는 단위폭 당 유량은 얼마인가.

11.64 폭이 1m인 사각형단면 수로에 $6.5m^3/s$의 유량이 흐르고 있다. 도수 발생 전의 수심이 0.4m일 때 도수 발생 후의 수심 및 유속을 구하라.

11.65 폭이 4m, 경사가 0.0008, 조도계수 n=0.014인 사각형단면 수로에 수문이 설치되어 있다. 수문 상류의 수심이 1.85m, 하류의 수심이 0.35m일 때 유량, 등류수심 및 한계수심을 구하고 수면곡선을 그려라. 단, 손실수두는 무시한다.

Chapter 12

흐름의 측정 및 분석

실험실 및 현장에서 압력, 유속, 유량과 같은 흐름 특성 및 다양한 흐름 변수를 측정하는 것은 매우 중요하다. 예를 들어 관로 및 관개용 수로에서의 유량, 하천에서의 오염물 및 유사량, 홍수시 하천에서의 유량 등과 같은 흐름 특성치들의 측정은 흐름 시스템의 운영 및 분석 그리고 유체역학 및 수리수문학적 연구에 필수적이다.

이러한 흐름 변수들을 측정하기 위한 다양한 장비들이 개발되어 왔으며, 이들 각 장비들은 특정 목적으로 설계되었다. 측정을 하기 전에 특정 변수를 측정하기 위한 필요성을 분명하게 정의하는 것이 중요하며, 또한 관련된 유체역학, 수리학 및 물리적인 원리를 이해하는 것은 적절한 측정 장비의 선정 및 성공적인 측정을 위해 필수적이라 할 수 있다.

본 장에서는 실험실이나 현장에서 흐름 변수들을 측정하기 위한 기본 개념, 장비 및 기술을 소개하기로 한다. 먼저 관로에서의 압력, 유속 및 유량을 측정하기 위한 압력계, 피토관, 오리피스, 노즐, 벤츄리메터 그리고 엘보우메터 등과 같은 관로 흐름측정과 관련된 장비에 대해 원리 및 적용방법을 소개하고, 위어, 수로(flume) 및 수문과 같은 개수로 흐름 측정과 관련된 구조물의 원리 및 측정방법에 대해 알아보고 끝으로 측정된 자료의 분석방법에 대해 소개하기로 한다.

12.1 관로 흐름 측정

관로에서의 유속 및 유량을 실험적으로 결정할 필요가 종종 있게 된다. 4장에서 Bernoulli방정식을 이용하여 유속 및 유량을 측정하기 위한 장치 및 방법을 소개하였으며, 본 절에서는 이들을 포함하여 추가적으로 관로 흐름을 측정할 수 있는 장치 및 방법에 대해 소개하기로 한다.

12.1.1 압력측정

유체의 압력은 다양한 방법을 이용하여 측정할 수가 있다. 압력측정을 위한 장비의 선택은 특정 목적에 요구되는 정확성 및 활용성에 따라 변하게 된다. 사실 모든 압력측정은 액주계(manometer) 원리 또는 광석, 막(membrane), 튜브(tube) 및 판(plate)과 같은 고체 물질의 변형을 전기신호 또는 기계적 송신으로 변형하는 압력변형 개념에 바탕을 두고 있다.

압력은 정적(static) 또는 동적(dynamic) 상태로 측정할 수 있으며, 부정류 및 동수역학적인 압력의 교란으로 인해 시간에 따라 변할 수도 있다. 난류에서는 부정류가 존재하므로 정압력(static pressure) 측정은 시간 평균값을 사용하기도 한다. 일반적인 압력계(pressure gages) 및 압력변환기(pressure transducers)로 다음과 같은 것들이 있다.

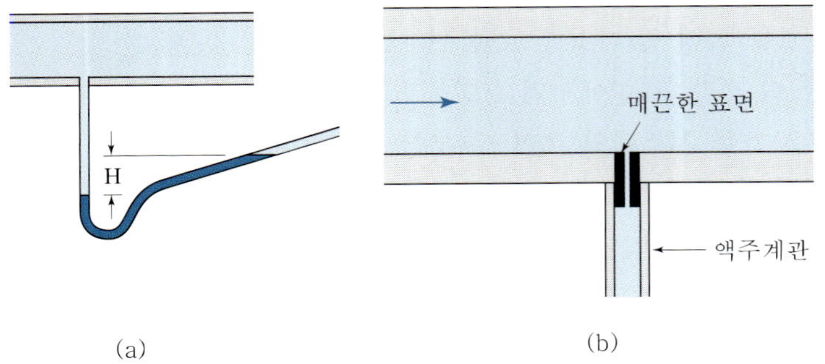

그림 12.1.1 경사식 액주계 및 연결 구멍

액주계는 3장에서 소개를 하였으며 정압력을 측정하기 위한 간단하면서도 저렴한 장치로 기계적으로 움직이는 부분이 포함되어 있지 않다. 그림 12.1.1a의 경사식 액주계나 그림 3.6.4의 미차액주계(micro manometer)를 사용하면 보다 정밀한 압력측정을 할 수가 있다. 만일 그림 12.1.1b와 같이 액주계로 연결되는 구멍 입구부가 관로 벽에 돌출되는 부분이 없이 매끈하고, 직경이 충분히 작게(약 1mm) 제작되면 압력을 충분한 정밀도로 측정할 수가 있다. 버어돈 압력계(Bourdon Gage)는 비교적 높은 압력을 측정하기 위한 장비로 과도한 압력 진동이 없거나 외부의 충격이 없을 경우 가장 일상적으로 사용되는 압력계이다.

압력변환기(pressure transducer)는 전기기계적인 장치로 정상류 또는 부정류 상태의 동수역학적 압력을 측정하기위해 개발되었다. 압력변환기는 유연성 있는 막 또는 압력의 변화에 반응하는 압전기(piezoelectric) 요소로 구성되어 있다. 압력변환기에 의해 압력이 전기신호로 변환된 후, 오실로스코프나 디지털장치에 전송되어 시스템을 조작 및 통제하는데 적용되거나 저장장치에 저장되게 된다.

대부분의 변환기는 한쪽 면이 시스템의 실제 압력에 노출되어 있는 격판(diaphragm)을 가지고 시스템에 부착되어 있다. 압력이 변하게 되면 격판이 휘어지고 격판의 반대쪽에 연결되어 있는 감지부에서 신호를 발생시킨다. 여러 종류의 감지장치가 있지만 가장 보편적으로 사용되는 것은 그림 12.1.2a와 같은 유연성 있는 격판에 부착된 저항선 응력계(resistance-wire strain gage)로 주로 액체의 압력을 측정하는데 사용된다. 그림 12.1.2b와 같은 콘덴서 마이크(condenser microphone)는 주로 항공음향(aeroacoustic) 분야에서 사용하는 압력변환기이다. 그림 12.1.2c와 같은 압전기 압력변환기는 주로 액체의 압력측정에 사용되며 변형되면 전기장을 형성하는 석영과

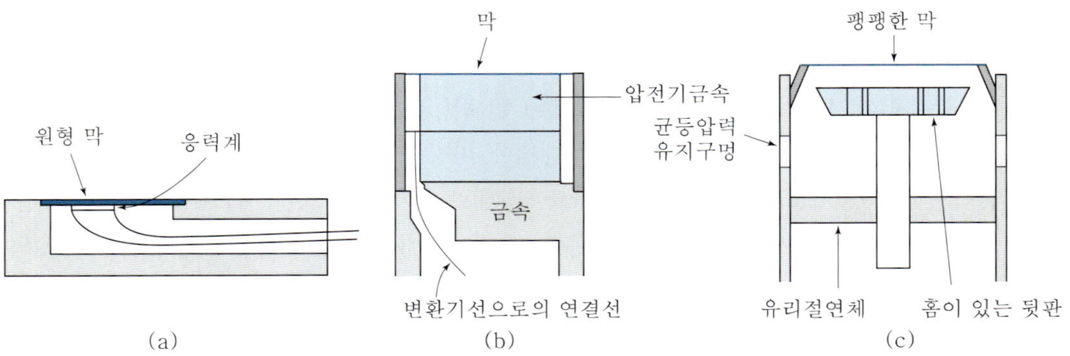

그림 12.1.2 압력변환기의 종류

같은 수정질(crystalline) 물질이 포함되어 있다. 이 변환기는 2.5mm의 직경까지 작게 만들 수가 있으며, 관로의 벽에 부착하여 설치하고 다양한 범위의 동력학적 압력을 측정한다.

12.1.2 정체관

정체관(stagnation tube)은 4.4.3절에서 소개를 하였으며, 그림 12.1.3의 ①지점과 ②지점 간에 Bernoulli방정식을 적용하여 다음과 같이 유속을 구하는 식을 유도하였다.

$$V_1 = \sqrt{2gl} \qquad (4.4.20)$$

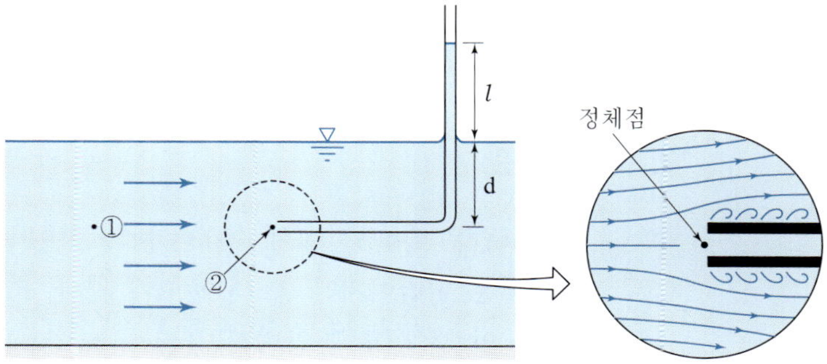

그림 12.1.3 정체관

이 식은 점성의 영향을 고려하지 않은 식으로 적절하게 높은 유속으로 물이 흐를 때 일반적인 크기의 정체관을 사용할 경우 적용할 수 있다. 하지만 측정하려고 하는 유속이 매우 작거나 정체관이 매우 작을 경우 즉, Reynolds수가 감소하면 점성 효과가 커지게 되며 따라서 식 (4.4.20)을 보정해야 한다.

압력보정계수 C_p는 Reynolds수에 의해 다음과 같이 결정되며, 그림 12.1.6에 Reynolds수에 대한 압력보정계수 관계곡선이 나타나 있다.

$$C_p = \frac{p - p_o}{\frac{1}{2}\rho V_o^2} \qquad (12.1.1)$$

여기서 p는 관로내의 압력, p_o와 V_o는 정체관 유입부에서의 압력과 유속이다. 그림 12.1.4에서 원형 정체관에 대한 Reynolds수가 60보다 클 때 유속의 측정오차가 1%보다 작음을 알 수 있다. 경계층에서 측정할 경우에는 정체관 끝단이 납작한 것을 사용하게 된다.

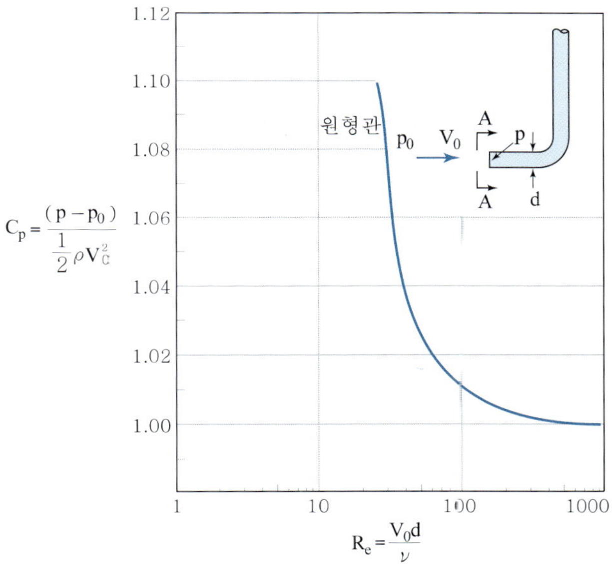

그림 12.1.4 정체관에서의 압력보정계수

예제 12.1.1

개수로상에 정체관을 설치하여 유속을 측정하려고 한다. 정체관내 물이 수면으로부터 15cm 상승하였다면 유속은 얼마인가. 단, 흐름은 완전난류로 가정하라.

풀이

식 (4.4.20)으로부터

$$V = \sqrt{2gl} = \sqrt{2 \times 9.81 \times 0.15} = 1.72 m/s$$

흐름은 완전난류이므로 압력보정계수 C_p=1로 간주할 수 있다.

12.1.3 Pitot관

Pitot관은 4.4.3절에서 소개한 바와 같이 프랑스 수리기술자인 Pitot에 의해 개발된 장치로 정체관과 같은 원리이지만 좀 더 용도가 넓다. Pitot관은 그림 12.1.5와 같이 상류부 끝 단에서의 정체압력을 알 수 있도록 압력꼭지(pressure tap)를 가지고 있으며, 관 주위로 정수압을 나타낼 수 있도록 구멍이 뚫려 있다. 구멍 주위의 유속은 접근 유속과 같다. ①지점과 ②지점 간에 Bernoulli방정식을 적용함으로서 다음과 같이 유속을 산정할 수 있는 식을 얻을 수 있다.

$$V = \sqrt{2g(h_1 - h_2)} \tag{4.4.22}$$

여기서 h_1 및 h_2는 ①지점 및 ②지점에서의 수압관 수두이다. 식 (4.4.22)는 Pitot관이 흐름을 크게 교란시키지 않고 흐름방향으로 배치되어 유속 V가 Pitot관과 평행할 경우에만 적용할 수 있다. 그림 12.1.5는 Pitot관의 특별한 경우인 Prandtl관으로 수평관을 따라 위치한 정압구멍(static pressure hole)이 있어 흐름이 관의 끝단을 지나면서 감소된 압력이 연직방향의 관에 의해 증가된 압력에 의해 평형을 이루게 된다. 일반적으로 Pitot관의 직경을 바탕으로 한 Reynolds수가 1,000 근처이므로 점성의 영향은 심하지가 않다.

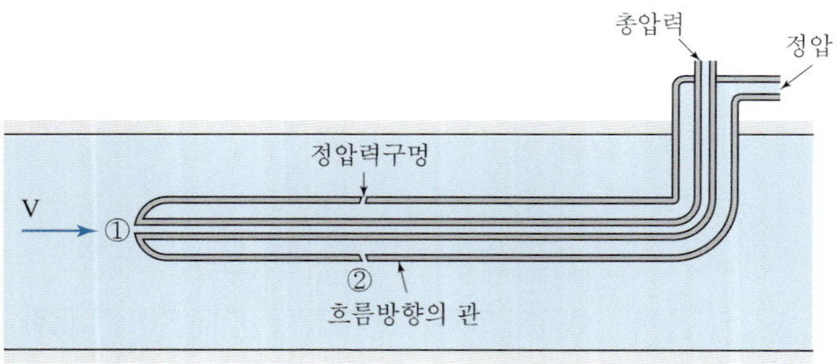

그림 12.1.5 Pitot관

만일 Pitot관의 방향과 흐름의 방향이 평행하지 않으면 흐름과 Pitot관의 각도 차이가 약 5°일 때 1%의 측정오차를 수반하게 된다. 만일 각도 차이가 5°보다 크게 되면 측정오차는 커지게 된다. Pitot관이 관벽에 가까이 위치하게 되면 Pitot관과 관벽의 상호작용에 의해 유선이 변형되고, Pitot관의 중심과 관벽 사이의 거리가 Pitot관 직경의 두 배보다 작으면 측정오차가 발생하게 된다.

예제 12.1.2

그림 12.1.6과 같은 Pitot관에서 정압관과 Pitot관이 액주계로 연결되어 있으며 액주계에는 비중이

13.6인 수은이 들어 있다. 액주계의 높이차가 10cm일 때 관로내의 유속을 구하라. 관의 직경이 10cm 이면 유량은 얼마인가. 단, 관내의 유속분포는 일정하다.

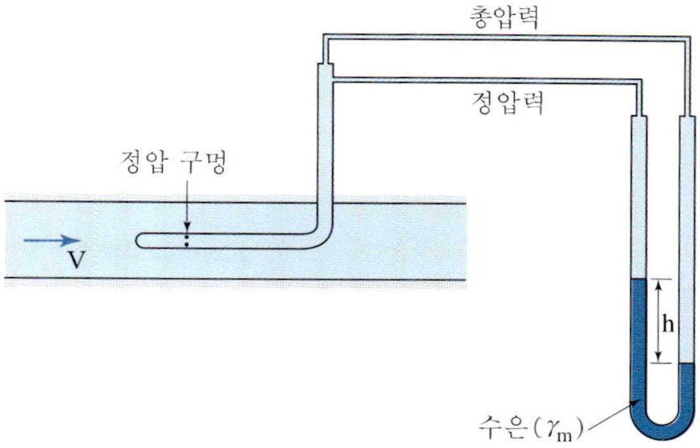

그림 12.1.6

풀이

Pitot관의 유속식에서

$$V = \sqrt{2gh(\gamma_s - \gamma)/\gamma}$$
$$= \sqrt{2 \times 9.81 \times 0.1 \times 12.6} = 4.97\text{m/s}$$
$$Q = AV = \frac{\pi D^2}{4} V = \frac{3.14 \times 0.1^2}{4} \times 4.97 = 0.039\text{m}^3/\text{s}$$

12.1.4 오리피스

오리피스(orifices)는 그림 12.1.7과 같이 관로 내 흐름에서 축소된 출구를 말한다. 만일 오리피스의 기하학적인 특징과 유체의 특성이 주어진다면, 오리피스를 이용하여 유량을 산정할 수가 있다. 그림 12.1.7은 예연 관오리피스로 유선은 오리피스 단면을 지나 짧은 하류구간에서도 계속적으로 수렴하며 따라서 최소 흐름 단면은 실제로는 오리피스의 단면보다 작게 된다. Vena contracta라고 부르는 축소된 최소 단면적 A_2와 오리피스의 단면적 A_o와의 관계를 나타내기 위해 다음과 같은 단면수축계수(area contraction coefficient)를 사용한다.

$$A_2 = C_c A_o \quad \text{또는} \quad C_c = \frac{A_2}{A_o} \tag{12.1.2}$$

따라서 원형 오리피스인 경우 다음과 같이 단면수축계수를 나타낼 수 있다.

$$C_c = \frac{\pi d_2^2/4}{\pi d^2/4} = \left(\frac{d_2}{d}\right)^2 \tag{12.1.3}$$

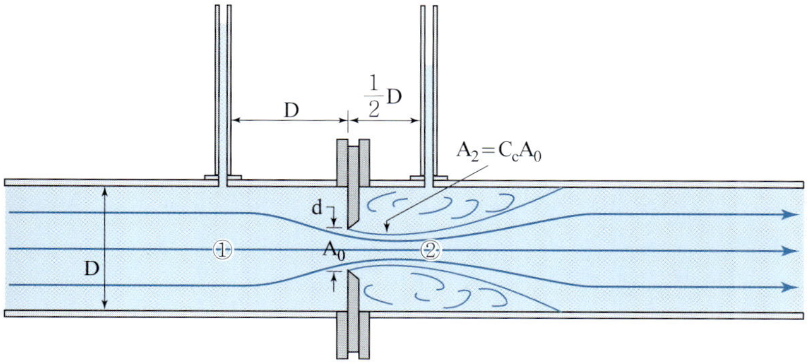

그림 12.1.7 예연 관오리피스

Reynolds수가 작은 경우 단면수축계수 C_c는 R_e의 함수가 된다. 하지만 높은 Reynolds수에서는 C_c는 오리피스의 기하학적인 형태의 함수가 된다. 관로와 오리피스의 직경비가 $d/D < 0.3$인 경우 C_c는 약 0.62가 되며, d/D가 0.8까지 증가하면 C_c는 0.72까지 증가하게 된다.

오리피스에 대한 유량공식은 단면 ①과 단

면 ② 사이에 Bernoulli식을 적용하여 유도할 수 있다.

$$\frac{p_1}{\gamma}+\frac{V_1^2}{2g}+z_1=\frac{p_2}{\gamma}+\frac{V_2^2}{2g}+z_2 \tag{12.1.4}$$

연속방정식 $V_1A_1=V_2A_2$에 의해 V_1을 소거하고 V_2에 대해 정리하면

$$V_2=\left\{\frac{2g[(z_1+p_1/\gamma)-(z_2+p_2/\gamma)]}{1-(A_2/A_1)^2}\right\}^{1/2} \tag{12.1.5}$$

$A_2=C_cA_o$이고, $h=p/\gamma+z$이므로 식 (12.1.5)는 다음과 같이 정리할 수 있다.

$$V_2=\sqrt{\frac{2g(h_1-h_2)}{1-C_c^2A_o^2/A_1^2}} \tag{12.1.6}$$

따라서 오리피스를 통한 유량은 다음과 같다.

$$Q=\frac{C_cA_o}{\sqrt{1-C_c^2A_o^2/A_1^2}}\sqrt{2g(h_1-h_2)} \tag{12.1.7}$$

식 (12.1.7)이 비압축성 및 비점성유체에 대한 오리피스 유량공식으로 비교적 Reynolds수가 큰 경우에 적용할 수 있다. 만일 Reynolds수가 작으면 점성의 영향이 크게 되고, 유속계수(coefficient of velocity) C_v를 추가적으로 적용하게 된다.

$$Q=\frac{C_cC_vA_o}{\sqrt{1-C_c^2A_o^2/A_1^2}}\sqrt{2g(h_1-h_2)} \tag{12.1.8}$$

여기서 C_cC_v를 유량계수 C_d라 한다. 따라서 유량은

$$Q=\frac{C_dA_o}{\sqrt{1-C_c^2A_o^2/A_1^2}}\sqrt{2g(h_1-h_2)}=KA_o\sqrt{2g(h_1-h_2)} \tag{12.1.9}$$

여기서 K는 흐름계수로 다음과 같다.

$$K=\frac{C_d}{\sqrt{1-C_c^2A_o^2/A_1^2}} \tag{12.1.10}$$

만일 $\Delta h=h_1-h_2$라 하면 오리피스 유량공식은

$$Q = KA_o\sqrt{2g\Delta h} \tag{12.1.11}$$

오리피스 전 후로 압력계를 설치하면 압력변화 Δp를 측정할 수 있고 $\Delta p=\gamma\Delta h$ 관계를 이용하여 다음과 같이 유량을 나타낼 수 있다.

$$Q = KA_o\sqrt{2\frac{\Delta p}{\rho}} \tag{12.1.12}$$

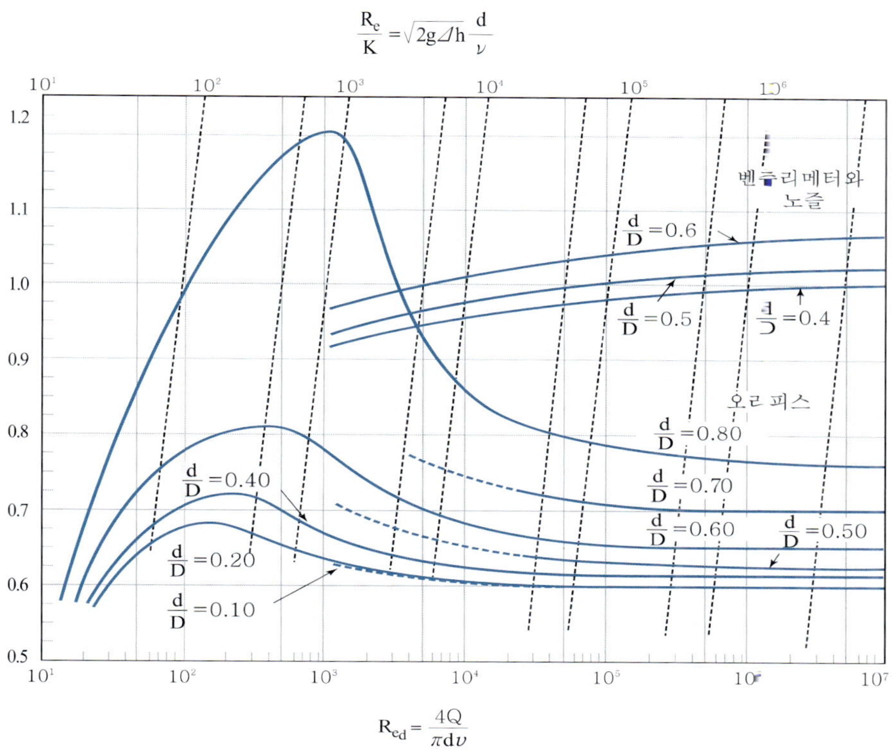

그림 12.1.8 오리피스에서의 각 변수간의 관계

실험을 통해 오리피스 크기에 대한 직경비 d/D와 R_e의 함수로 K를 결정한 결과가 그림 12.1.8과 같다. 만일 유량 Q가 주어지면 $R_e=4Q/\pi d\nu$를 산정하여, 그림 12.1.8로부터 K를 결정할 수가 있고, 식 (12.1.11)르부터 Δh 또는 식 (12.1.12)르부터 Δp를 산정할 수가 있다. 그러나 Δh 또는 Δp가 주어질 때 유량 Q를 구하는 경우 유량의 함수인 R_e를 알지 못하므로 K를 그림 12.1.10으로부터 직접 구할 수가 없다. 따라서 유량이 포함되어 있지 않은 새로운 함수관계 곡선을 그림 12.1.10에 포함시켰다. 즉, $R_e=4Q/\pi d\nu$이고, $Q=K\pi d^2/4\sqrt{2g\Delta h}$이므로

$$R_e = K\sqrt{2g\Delta h}\frac{d}{\nu} \tag{12.1.13}$$

또는

$$\frac{R_e}{K} = \sqrt{2g\Delta h}\frac{d}{\nu} \tag{12.1.14}$$

따라서 Δh가 주어질 때 그림 12.1.8의 점선과 상간의 변수 값을 이용하여 유량을 산정할 수 있다.

만일 Δp가 주어진다면 그림 12.1.8의 상단면의 변수에서 $g\Delta h$대신 $\Delta p/\rho$를 적용하여 유량을 구할 수 있다.

예제 12.1.3

그림 12.1.9와 같이 직경 24cm의 관로에 직경 15cm의 오리피스가 설치되어 있다. 오리피스 전 후로 수은이 담긴 액주계가 연결되어 있으며, 액주계의 높이차가 25cm로 나타났다. 관로를 통해 흐르는 유량을 구하라. 관로 내 물의 온도는 20℃(ν=1.0×$10^{-6}$$m^2$/s)이다.

풀이

오리피스관내의 유량은 식 (12.1.11)로 구할 수가 있다.

식 (12.1.11)에서 Δh는

$$\Delta h = 0.25\text{m} \times (13.6 - 1) = 3.15\text{m}$$

식 (12.1.14)로부터

$$\frac{R_e}{K} = \sqrt{2g\Delta h}\,\frac{d}{\nu} = \sqrt{2 \times 9.81 \times 3.15} \times \frac{0.15}{1.0 \times 10^{-6}}$$
$$= 1.2 \times 10^6$$

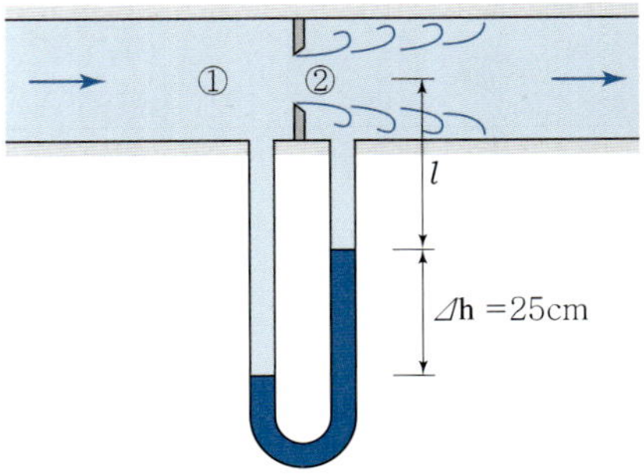

그림 12.1.9

그림 12.1.10으로부터 $R_e/K=1.2\times10^6$, d/D=0.625를 이용하여 K를 구하면 0.66이 된다. 따라서 유량은

$$Q = 0.66A_o\sqrt{2g\Delta h} = 0.66 \times \frac{3.14 \times 0.15^2}{4} \times \sqrt{2 \times 9.81 \times 3.15} = 0.092\text{m}^3/\text{s}$$

12.1.5 벤츄리메터

오리피스는 간단하며 정확한 값을 얻을 수 있는 유량 측정 장치이다. 하지만 오리피스에서의 손실수두는 상당히 크게 되므로, 오리피스와 같은 원리로 운영하지만 손실수두가 작은 그림 12.1.10과 같이 흐름 통로를 유선과 비슷하게 하여 손실수두를 작게 만든 벤츄리메터(venturi meter)가 있다. 따라서 벤츄리메터인 경우 단면수축계수의 값은 1이 된다. 벤츄리메터을 이용하여 유속 및 유량을 산정하기 위한 공식은 벤츄리메터의 중립축을 기준으로 단면 ①과 단면 ② 사이에 Bernoulli방정식을 적용한 결과 다음과 같이 유도할 수 있다.

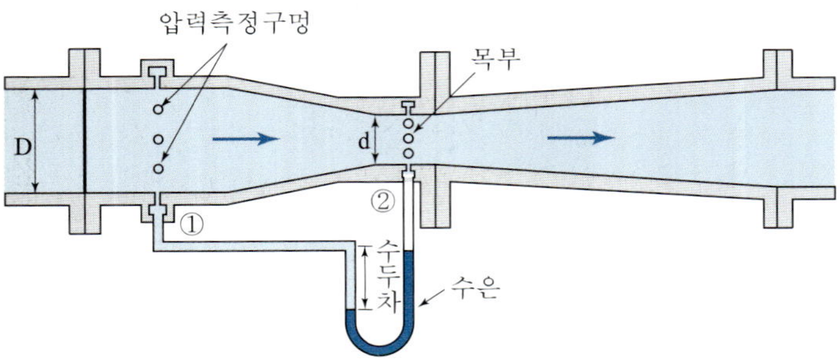

그림 12.1.10 벤츄리메터

$$V_2 = \frac{1}{\sqrt{1-(A_2/A_1)^2}}\sqrt{2g\left(\frac{p_1 - p_2}{\gamma}\right)} \qquad (4.4.23)$$

여기서 $(p_1-p_2)/\gamma$는 단면 ①과 단면 ② 사이의 압력수두 차 Δh이므로 시차액주계로부터 읽을 수가 있다. 따라서 연속방정식에 의해 유량은 다음과 같이 구할 수 있다.

$$Q = \frac{A_2 C_d}{\sqrt{1-(A_2/A_1)^2}}\sqrt{2g\Delta h} = KA_2\sqrt{2g\Delta h} \tag{12.1.15}$$

벤츄리메터의 유량공식 (12.14.15)는 오리피스의 유량공식 (12.1.11)과 동일하다. 그러나 R_e가 크고, d/D가 작은 경우 벤츄리메터의 K는 1에 가까워진다. 이러한 경향은 그림 12.1.8에 나타난 벤츄리메터의 K값으로부터 확인할 수 있다.

예제 12.1.4

그림 12.1.10과 같은 직경 40cm, 목부분 직경 20cm인 벤추리메터에서 수은이 담긴 액주계의 높이차가 30cm로 나타났다면 유량은 얼마인가. 관로 내 물의 온도는 10℃(ν=1.31×10^{-6}m^2/s)이다.

풀이

액주계의 높이차를 수두로 환산하면

$$\Delta h = 0.3\text{m} \times (13.6 - 1) = 3.78\text{m}$$

식 (12.1.14)로부터

$$\frac{R_e}{K} = \sqrt{2g\Delta h}\,\frac{d}{\nu} = \sqrt{2\times 9.81\times 3.78}\times\frac{0.2}{1.31\times 10^{-6}} = 1.31\times 10^6$$

그림 12.1.8로부터 R_e/K=1.31×10^6, d/D=0.5를 이용하여 K를 구하면 1.02가 된다.
따라서 유량은 식 (12.1.15)로부터

$$Q = 1.02A_o\sqrt{2g\Delta h} = 1.02\times\frac{\pi\times 0.2^2}{4}\times\sqrt{2\times 9.81\times 3.78} = 0.276\text{m}^3/\text{s}$$

12.1.6 노즐

오리피스의 경우 오리피스 판의 상단부가 날카로운 단면으로 이루어져 있다. 만일 오리피스 판의 상단부가 둥글게 마감되어 있다면 유량계수 C_d가 증가하므로 더 이상 그림 12.1.8의 관계를 이용할 수가 없다. 이런 경우 그림 12.1.11과 같은 노즐(flow nozzle)을 사용할 수가 있으며, 액주계를 연결할 경우 벤츄리메터와 비슷한 흐름계수를 가지게 된다. 하지만 노즐을 통한 손실수두는 예연 오리피스와 비슷하며, 이는 단면의 급확대로 인해 발생하게 된다. 그림 12.1.12는 전

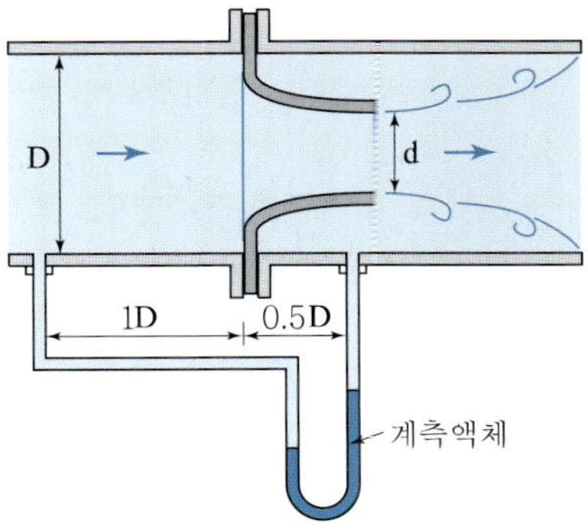

그림 12.1.11 노즐

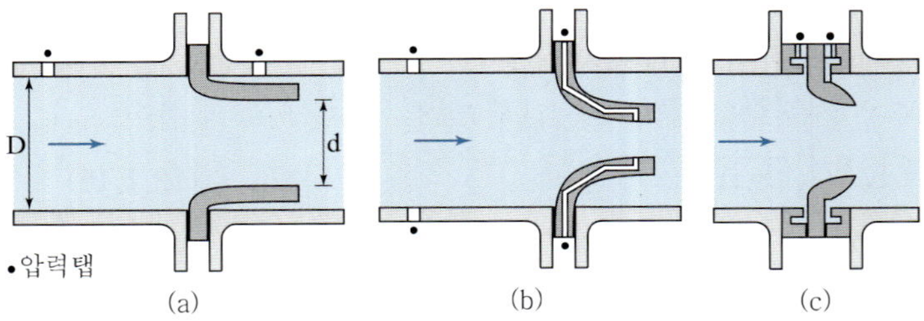

그림 12.1.12 노즐의 일반적인 형태

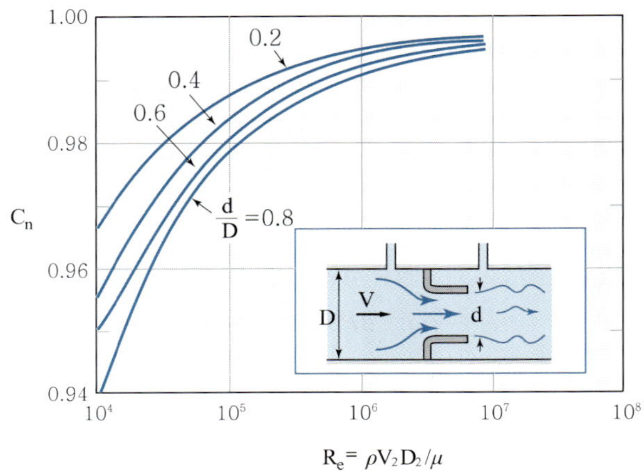

그림 12.1.13 노즐의 유량계수

형적인 노즐의 형태를 보여주고, 그림 12.1.13은 직경비 d/D 및 R_e에 대한 노즐의 유량계수를 나타내고 있다. 노즐을 통한 유량은 그림 12.1.13으로부터 R_e값에 따른 C_n을 결정하여 다음과 같이 구하게 된다.

$$Q = \frac{C_n A_2}{\sqrt{1-(A_2/A_1)^2}}\sqrt{2g\Delta h} \tag{12.1.16}$$

예제 12.1.5

그림 12.1.11과 같은 직경 40cm인 관에 직경 20cm인 노즐을 연결하여 유량을 측정할 때 수은이 담긴 액주계의 높이차가 10cm로 나타났다면 유량은 얼마인가. 물의 온도는 10℃(ν=1.31×$10^{-6}$$m^2$/s)이다.

풀이

액주계 높이차를 수두로 환산하면

$$\Delta h = 0.1\text{m} \times (13.6-1) = 1.26\text{m}$$

두 단면에서의 면적은

$$A_1 = \frac{3.14\times 0.4^2}{4} = 0.1256\text{m}^2, \qquad A_2 = \frac{3.14\times 0.2^2}{4} = 0.0314\text{m}^2$$

노즐의 유속계수 C_n=0.98로 가정하면 유량은 식 (12.1.16)으로부터

$$Q = \frac{C_n A_2}{\sqrt{1-(A_2/A_1)^2}}\sqrt{2g\Delta h} = \frac{0.98\times 0.0314}{\sqrt{1-(0.0314/0.1256)^2}}\sqrt{2\times 9.81\times 1.26} = 0.158\text{m}^3/\text{s}$$

가정한 C_n을 확인하기 위해 유속과 Reynolds수를 구하면

$$V_2 = \frac{Q}{A_2} = \frac{0.158}{0.0314} = 5.03\text{m/s}$$

$$R_e = \frac{V_2 d_2}{\nu} = \frac{5.03 \times 0.2}{1.31 \times 10^{-6}} = 7.68 \times 10^5$$

그림 12.1.15에서 R_e와 d/D=0.5를 이용하여 C_n을 구하면 0.99를 얻게 되어 가정한 0.98과 차이가 나므로 C_n=0.99로 다시 가정하여 적용하면

$$Q = 0.1596 m^3/s, \qquad V_2 = 5.08 m/s, \qquad R_e = 7.76 \times 10^5$$

그림 12.1.14로부터 C_n을 읽으면 0.99가 되어 가정한 값이 옳으며, 따라서 이때의 유량은 $Q = 0.1596 m^3/s$가 된다.

12.1.7 전자기 유량계

지금까지 소개한 유량 측정 장치들은 흐름 내에 설치하기 때문에 흐름에 방해를 주게 된다. 액주계가 없고 흐름을 방해하지 않으며, 압력을 측정하기 위한 유량계로 전자기 유량계(electromagnetic flow meter)가 있다.

이 유량계의 원리는 자기장(magnetic field)에서 움직이는 전도체(conductor)가 기전력(electromotive force)을 발생시킨다는 것으로 어느 정도의 전도성을 가지는 액체는 전극 간에 전압을 발생시키고, 이 전압은 관로내 흐름의 유속에 비례하게 된다.

전자기 유량계의 중요한 장점은 출력 신호가 유량에 비례하고, 유량계가 흐름에 방해를 주지 않는다는 것이다. 반면에 장치의 비용이 고가이고, 가스 흐름의 측정에는 적절하지 않다는 단점이 있다.

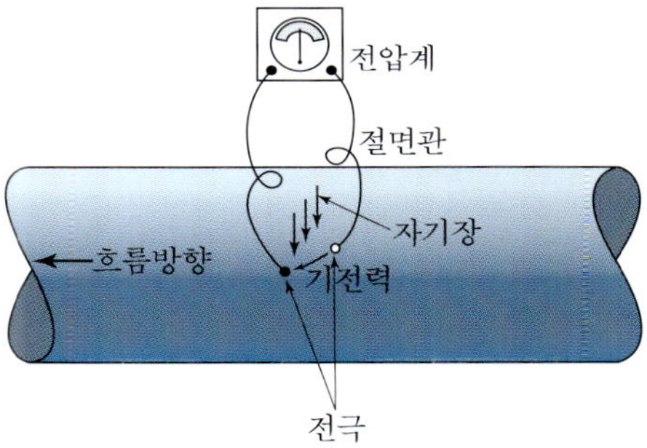

그림 12.1.14 전자기 유량

12.1.8 로타메터

로타메터(rotameter)는 그림 12.1.15와 같이 아래에서 위 방향으로 물이 흐르는 연직 방향의 관 내에 회전추(rotor)가 위치하고 있다. 날개가 회전추를 관의 중심축 주위로 천천히 회전시켜 관 중심에 지속적으로 위치할 수 있도록 한다. 관로의 하단부보다 상단부의 단면적이 커서 상단부의 유속이 하단부보다 작아 회전추가 항력과 무게가 평형을 이루는 적절한 지점을 찾게 된다. 따라서 회전추는 유량에 따라 높게 또는 낮게 이동한다. 관의 측벽에 검정된 눈금표시가 되어 있어 유량을 알 수가 있다. 비록 오리피스 또는 벤츄리메터가 로타메터보다 정확성이 높지만 로타메터는 설계 및 제작이 간편하다는 장점이 있다.

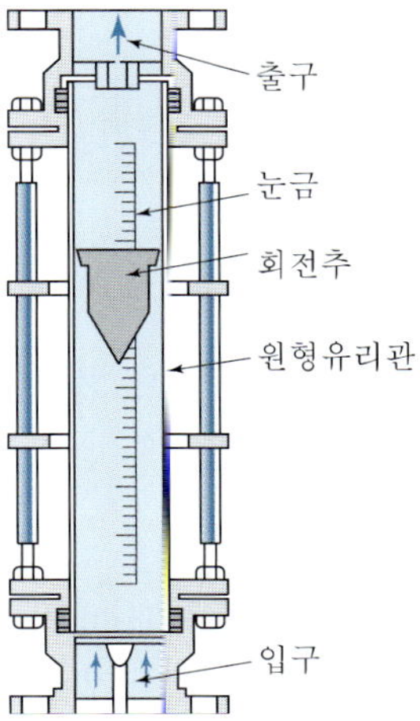

그림 12.1.15 로타메터

12.1.9 엘보우메터

엘보우메터(elbow meter)는 그림 12.1.16과 같이 엘보우 관의 내, 외측에 액주계를 설치하여 압력차를 측정함으로서 유량을 산정할 수 있는 장치이다. 엘보우 관내 검사체적에 운동량방정식을 적용함으로서 엘보우메터 유량공식을 유도할 수 있으며 그 결과가 다음과 같다.

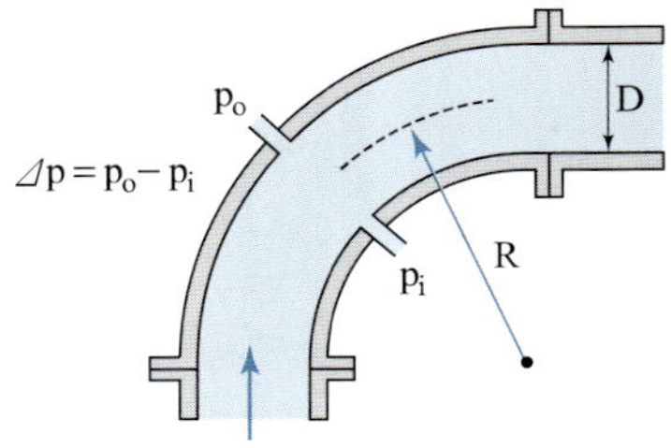

그림 12.1.16 엘보우메터

$$Q = KA\sqrt{\frac{R}{D}\frac{\Delta p}{\rho}} \qquad (12.1.17)$$

여기서 R은 엘보우의 곡률반경이고 Δp는 엘보우 만곡부의 원심력에 의한 압력차이다. 유량계수 K는 현장에서의 검정을 통해 가장 정확하게 결정할 수 있다. 하지만 90°의 엘보우에서 유입지점으로부터 45° 지점에 액주계를 설치할 경우 다음과 같이 K를 산정할 수가 있다.

$$K = 1 - \frac{6.5}{\sqrt{R_e}} \qquad (12.1.18)$$

식 (12.1.18)은 $10^4 \leq R_e \leq 10^6$ 및 $R/D \geq 1.5$에서 적용할 수가 있다.

예제 12.1.6

그림 12.1.18과 같은 직경 50cm, 곡률반경이 2m인 90°의 엘보우관에서 만곡부 내, 외측의 압력차가 100kg/m^2으로 나타날 경우 관내에 흐르는 유량은 얼마인가. 단, 유량계수 K=0.95이고 물의 밀도는 $101.97\text{kg·s}^2/\text{m}^4$이다.

풀이

식 (12.1.17)로부터

$$Q = KA\sqrt{\frac{R}{D}\frac{\Delta p}{\rho}} = 0.95 \times \frac{\pi \times 0.5^2}{4} \times \sqrt{\frac{2}{0.5} \times \frac{100}{101.97}} = 0.369\text{m}^3/\text{s}$$

12.2 개수로 흐름 측정

개수로에서 유량을 측정하는 방법에는 두 가지 기본 방법이 있다. 첫 번째로 한계단면(critical section)에서는 유속이 한계유속(critical velocity)과 같고, 따라서 수심을 측정함으로서 유량을 산정할 수가 있다. 두 번째로 위어와 같은 흐름의 장애물인 경우 흐름의 깊이는 유량과 관계가 있으므로 장애물 지점에서의 수심을 측정하여 관련유량 공식을 이용하여 유량을 산정하게 된다.

12.2.1 예연위어

위어(weir)는 하천 바닥에 장애물을 설치하여 그 위로 물이 흐르도록 한 구조물로서 위어에서 수심을 측정함으로서 유량을 간편하게 측정할 수 있다. 예연위어(sharp crested weir)는 그림 12.2.1과 같이 하천 횡단면 상에 판을 설치하여 상류부 쪽이 예각으로 되어 있는 상단부 위로 물이 흘러 위어 하류부로 떨어지게 만든 것으로 위어 상단부 물이 넘쳐 흐르는 단면의 모양에 따라 그림 12.2.2와 같이 사각형위어, 삼각형위어 그리고 사다리꼴위어로 분류하게 된다.

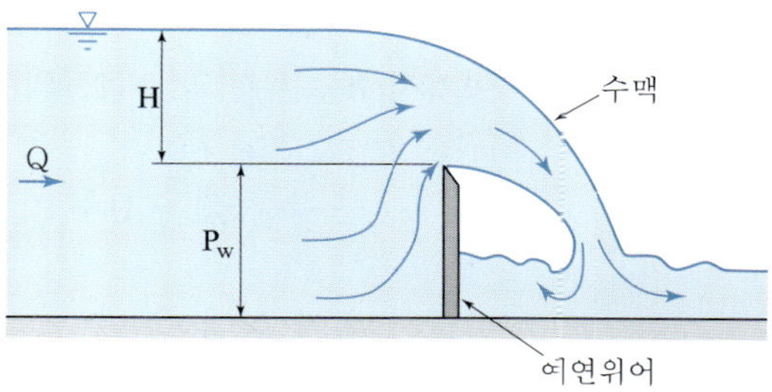

그림 12.2.1 예연위어

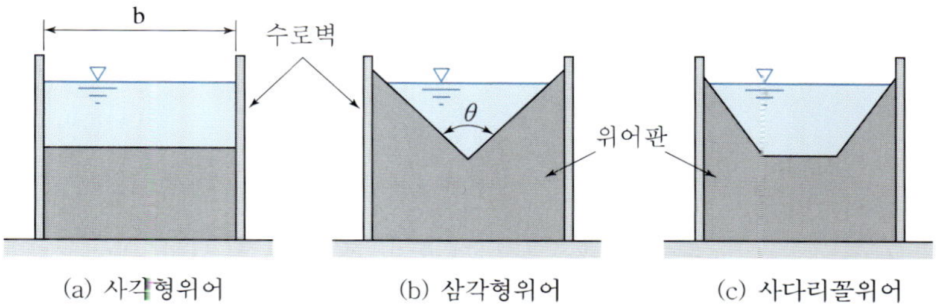

그림 12.2.2 예연위어의 종류

위어 상의 흐름의 복잡한 특성으로 인해 위어의 높이 P_w, 위어의 수두 H, 상류부의 수심 그리고 위어 판의 기하학적 형태와 같은 기타 변수들의 함수로 흐름을 정확하게 해석적으로 얻는 것이 불가능하며, 다양한 흐름 현상이 발생하여 흐름도 1차원이 아니다.

위어상의 흐름을 지배하는 주요 인자는 중력과 관성력이다. 아주 간략화해서 생각해보면, 중력은 위어 상류부 자유수표면의 수위로부터 위어 하류로 빠른 유속의 월류수맥(nappe)이 형성되도록 물을 가속시키게 된다. 비록 점성 및 표면장력의 영향은 그리 중요하지 않지만 완전히 구시할 수는 없으며, 보통 실험을 통해 계수를 결정하여 이러한 영향을 고려하게 된다.

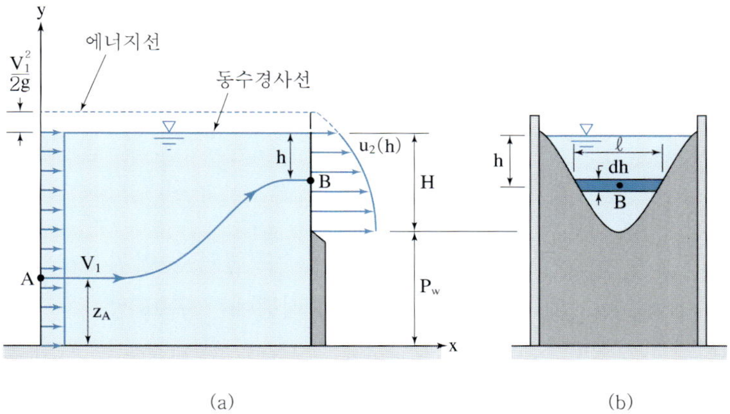

그림 12.2.3 위어 상의 흐름

예연위어 상의 흐름을 분석하기 위해 위어 상류부의 유속 분포가 균일하고 월류수맥 내의 압력은 대기압과 같다고 가정하자. 또한 그림 12.2.3과 같이 위어 판 위에서는 수평으로 물이 흐르고 유속분포는 균일하지 않다고 가정한다.

임의의 유선을 따르는 A-B간에 Bernoulli 방정식을 적용하고 $p_B=0$을 적용하면

$$\frac{p_A}{\gamma}+\frac{V_1^2}{2g}+z_A=(H+P_w-h)+\frac{u_2^2}{2g} \tag{12.2.1}$$

여기서 h는 수면과 B점간의 거리이다. 그림 12.2.3으로부터

$$\frac{p_A}{\gamma}+z_A=H+P_w \tag{12.2.2}$$

따라서 위어 상의 유속은 식 (12.2.1)과 식 (12.2.2)로부터

$$u_2=\sqrt{2g\left(h+\frac{V_1^2}{2g}\right)} \tag{12.2.3}$$

그러므로 위어 상의 유량은

$$Q=\int u_2\,dA=\int_{h=0}^{h=H} u_2\,l\,dh \tag{12.2.4}$$

여기서 l은 그림 12.2.3b와 같이 표시한 위어 상의 폭을 의미하며 사각형위어인 경우 l은 일정하고, 삼각형위어 또는 원형위어와 같은 경우 l은 h의 함수가 된다. 사각형위어인 경우 l=b가 되므로 식 (12.2.4)를 다시 표현하면

$$Q=\sqrt{2g}\,b\int_0^H\left(h+\frac{V_1^2}{2g}\right)^{1/2}dh \tag{12.2.5}$$

또는

$$Q=\frac{2}{3}\sqrt{2g}\,b\left[\left(H+\frac{V_1^2}{2g}\right)^{3/2}-\left(\frac{V_1^2}{2g}\right)^{3/2}\right] \tag{12.2.6}$$

$P_w \gg H$이고, 위어 상류에서의 유속을 무시할 수 있도록 작다고 가정하면 즉, $V_1^2/2g \ll H$라 가정하면 식 (12.2.6)은 다음과 같이 간단한 사각형위어 공식으로 나타낼 수 있다.

$$Q=\frac{2}{3}\sqrt{2g}\,bH^{3/2} \tag{12.2.7}$$

위어 상의 수두 H는 위어 정점부(crest)로부터 나타낸 위어 상류에서의 자유수표면의 높이이다. 그림 12.2.1에 나타낸 바와 같이 수위저하(drawdown)의 영향으로 H는 위어 지점에서 위어 정점부로부터 수면까지의 거리와는 다르게 된다.

사각형위어 공식 (12.2.7)을 유도할 때 많은 가정을 하였으므로 위어 수두의 함수로서 실제의 유량을 산정하기 위해서는 실험적으로 결정한 보정계수를 사용하여야 한다. 따라서 보정계수를 적용

한 유량은

$$Q = C_{wr} \frac{2}{3} \sqrt{2g}\, bH^{3/2} \qquad (12.2.8)$$

여기서 C_{wr}은 사각형위어계수이다. 7장에서 소개한 차원해석 방법에 의하면 사각형위어계수는 Reynolds수(점성영향), Webber수(표면장력영향) 그리고 H/P_w(기하학적 형상)의 함수가 된다. 대부분의 실제 상황에서 Reynolds수와 Webber수의 영향은 무시하며 따라서 계수 C_{wr}은 다음과 같이 나타낼 수 있다.

$$C_{wr} = 0.611 + 0.075\left(\frac{H}{P_w}\right) \qquad (12.2.9)$$

만일 수로의 폭보다 위어의 폭이 작은 경우 위어 측벽에서의 흐름의 수축에 의해 위어 폭 b를 다음과 같이 조정할 필요가 있다.

$$b = b - 0.1nH \qquad (12.2.10)$$

여기서 n은 수축단면의 수이다.

삼각형 예연위어(triangular sharp crested weir)는 유량을 측정하기 위해 자주 사용되며 특히 다양한 범위의 유량을 측정하기 위해 사용된다. 작은 유량인 경우 사각형위어에서는 수두 H가 매우 작으며 따라서 유량을 정확하게 산정하기가 곤란하다. 하지만 삼각형위어에서는 H가 감소함에 따라 단면적도 감소하기 때문에 작은 유량이라도 적절한 수두를 유지할 수가 있다. 따라서 다양한 범위의 유량에 대해 정확한 산정을 할 수 있다.

삼각형위어 공식은 l을 다음과 같이 적용하여 식 (12.2.4)를 이용하여 유도할 수가 있다.

$$l = 2(H - h)\tan\left(\frac{\theta}{2}\right) \qquad (12.2.11)$$

여기서 θ는 그림 12.2.2와 같이 V형태의 각을 의미한다. 사각형위어 공식을 유도하는 방법과 같은 방법으로 적분을 하고 상류부의 유속을 무시하면

$$Q = \frac{8}{15}\tan\left(\frac{\theta}{2}\right)\sqrt{2g}\, H^{5/2} \qquad (12.2.12)$$

사각형위어와 같은 개념으로 실험적으로 구한 삼각형위어계수 C_{wt}를 적용하여 다시 나타내면

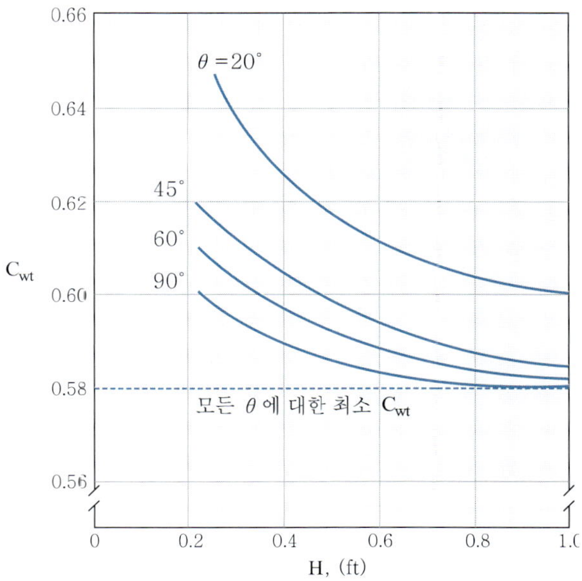

그림 12.2.4 삼각형위어에 대한 계수

$$Q = C_{wt}\frac{8}{15}\tan\left(\frac{\theta}{2}\right)\sqrt{2g}\,H^{5/2} \qquad (12.2.13)$$

삼각형위어에 대한 일반적인 C_{wt}값은 그림 12.2.4와 같이 0.58~0.62의 범위를 가진다. 비록 C_{wt}와 θ가 무차원이지만, C_{wt}의 값은 차원을 가진 위어 수두 H의 함수로 주어지게 된다.

예제 12.2.1

사각형위어의 정점부 높이가 0.6m이고, 폭이 수로와 같은 1.3m이다. 위어 상의 수심이 0.21m일 때 위어를 통해 월류하는 유량은 얼마인가. 만일 수로폭이 3m이고 수로 중앙에 위어가 설치되어 있다면 이때의 유량은 얼마인가.

풀이

사각형위어 공식 (12.2.8) 및 식 (12.2.9)를 이용하면

$$C_{wr} = 0.611 + 0.075\left(\frac{H}{P_w}\right) = 0.611 + 0.075\left(\frac{0.21}{0.6}\right) = 0.637$$

따라서

$$Q = C_{wr}\frac{2}{3}\sqrt{2g}\,bH^{3/2} = 0.673 \times \frac{2}{3}\sqrt{2\times 9.81}\times 1.3\times 0.21^{3/2} = 0.249\,m^3/s$$

만일 수로폭이 3m이고 수로의 중앙에 위어가 설치되어 있으면 단면수축 영향에 의해 위어 폭 b를 다음과 같이 수정하여 유량을 구한다.

$$b' = b - 0.1nH = 1.3 - 0.1\times 2\times 0.21 = 1.258m$$

따라서

$$Q = C_{wr}\frac{2}{3}\sqrt{2g}\,b'H^{3/2} = 0.673\times\frac{2}{3}\sqrt{2\times 9.81}\times 1.258\times 0.21^{3/2} = 0.241\,m^3/s$$

예제 12.2.2

정점부가 60°로 이루어진 삼각형 위어에서 월류수심이 0.43m이다. 위어를 통해 흐르는 유량은 얼마인가. 단, 삼각형 위어계수 C_{wt}=0.58이다.

풀이

식 (12.2.13)으로부터

$$Q = C_{wt}\frac{8}{15}\tan\left(\frac{\theta}{2}\right)\sqrt{2g}\,H^{5/2} = 0.58\times\frac{8}{15}\times\tan(30^\circ)\times\sqrt{2\times 9.81}\times 0.43^{5/2} = 0.096m^3/s$$

12.2.2 광정위어

광정위어(broad crested weir)는 개수로 상에 수평 정점부를 가진 구조물로서 전형적인 광정위어가 그림 12.2.5와 같다. 일반적으로 광정위어의 적정한 운영을 위해 광정위어의 길이 L_w와

접근수두 H간의 비율을 $0.08<H/L_w<0.5$ 범위로 제한한다. 위어의 길이가 긴 경우($H/L_w<0.08$) 위어 상의 손실수두를 무시할 수 없다. 반면에 위어의 길이가 짧은 경우($0.5<H/L_w$)위어 상의 흐름의 유선이 수평을 유지하지 못하게 된다. 광정위어는 다양한 하천 횡단면 상에서 사용할 수 있지만 본 절에서는 사각형 단면의 위어에 대해 소개하기로 한다.

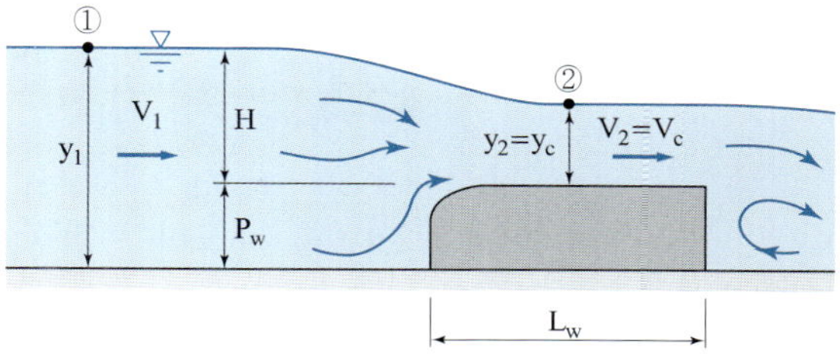

그림 12.2.5 광정위어

광정위어의 운영은 위어상의 짧은 구간에서 거의 한계등류(critical uniform flow)가 형성된다는 사실에 바탕을 두고 있다. 만일 $H/L_w<0.08$ 즉, 접근수두에 비해 위어의 길이가 길다면 점성의 영향이 중요하며 위어 상에서는 상류(subcritical flow)가 형성된다. 만일 위어 상류부 흐름에서의 운동에너지를 무시할 수 있다면 $V_1^2/2g=0$이고, 비에너지는 $E_1=V_1^2/2g+y_1\approx y_1$이 된다.

위어 상의 흐름을 관측해 보면 위어 상에서 흐름이 가속되어 한계상태에 도달하며, 따라서 $y_2=y_c$이고 $F_{r2}=1$이 된다. 위어 하류부와의 관계로 인해 위어 상에서는 흐름이 점차 가속되어 사류(supercritical flow)가 형성될 것 같지만 한계류에서는 흐름의 상태가 상류로 전파되지 않기 때문에 위어 상에서는 한계류 상태가 그대로 유지된다.

위어 상류부 ①지점과 한계류가 형성되어 있는 위어 상의 ②지점 사이에 Bernoulli방정식을 적용하면

$$H+P_w+\frac{V_1^2}{2g}=y_c+P_w+\frac{V_c^2}{2g} \tag{12.2.14}$$

위어 상류지점에서의 속도수두를 무시하면

$$H-y_c=\frac{(V_c^2-V_1^2)}{2g}=\frac{V_c^2}{2g} \tag{12.2.15}$$

하지만 $V_2=V_c=\sqrt{gy_c}$ 이므로 $V_c^2=gy_c$를 적용하면

$$H-y_c=\frac{y_c}{2} \tag{12.2.16}$$

또는

$$y_c=\frac{2H}{3} \tag{12.2.17}$$

따라서 유량은

$$Q=by_cV_2=by_cV_c=by_c\sqrt{gy_c}=b\sqrt{g}\,y_c^{3/2} \tag{12.2.18}$$

또는

$$Q = b\sqrt{g}\left(\frac{2}{3}\right)^{3/2} H^{3/2} \qquad (12.2.19)$$

식 (12.2.19)를 유도하는 과정에서 적용하지 않은 실제 흐름 상황을 고려하기 위해 경험적인 위어계수를 적용하면

$$Q = C_{bw}\, b\sqrt{g}\left(\frac{2}{3}\right)^{3/2} H^{3/2} \qquad (12.2.20)$$

여기서 C_{bw}는 위어계수로 다음과 같이 산정할 수가 있다.

$$C_{bw} = \frac{0.65}{(1+H/P_w)^{1/2}} \qquad (12.2.21)$$

예제 12.2.2

높이가 1.2m, 폭이 5m인 광정위어상의 수두가 0.5m일 때 유량은 얼마인가.

풀이

위어계수는

$$C_{wb} = \frac{0.65}{(1+H/P_w)^{1/2}} = \frac{0.65}{(1+0.5/1.2)^{1/2}} = 0.546$$

따라서 유량은

$$Q = C_{wb} b\sqrt{g}\left(\frac{2}{3}\right)^{3/2} H^{3/2} = 0.546 \times 5 \times \sqrt{9.81} \times \left(\frac{2}{3}\right)^{3/2} \times 0.5^{3/2} = 1.646\text{m}^3/\text{s}$$

12.2.3 수문

댐 여수로 정점부에서의 흐름을 통제하거나, 관개용 수로 또는 호수로부터 하천으로 물이 유입되는 지점에서의 유량을 조절하기 위한 다양한 수문형태의 구조물들이 있다. 이와 같은 수문의 일반적인 형태가 그림 12.2.6과 같으며, 이들은 모두 수리학적 기본원리에서는 동일하지만 비용편익, 사용의 편리성 및 선호도에서 각각 장단점을 가지고 있다.

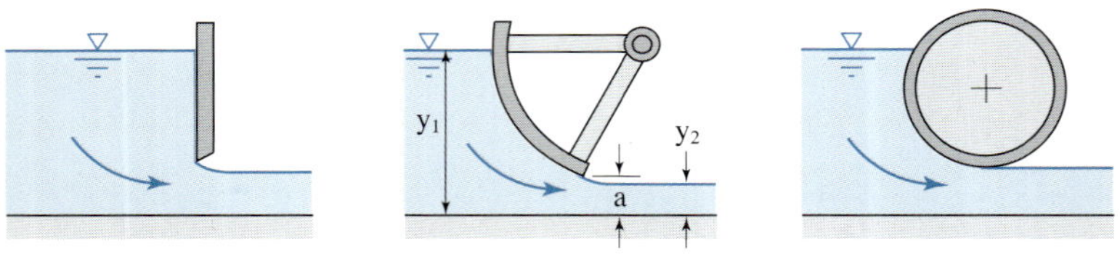

(a) 연직식수문 (b) Radial 수문 (c) Drum식 수문

그림 12.2.6 수문의 종류

수문아래의 흐름은 사류상태로 자유 분출되어 대기와 접하는 수표면을 가지게 된다. 이러한 경우 수문을 통해 방출하는 유량은 수로의 바닥과 수문 하단부 간의 거리 a에

수문 상류부 수심으로 나타낸 유속 $\sqrt{2gy_1}$ 을 곱해 산정할 수 있다.

$$q = C_d a \sqrt{2gy} \qquad (12.2.22)$$

여기서 q는 단위폭 당 유량이고, C_d는 유량계수(discharge coefficient)로 수축계수(contraction coefficient) $C_c=y_2/a$와 수심비 y_1/a의 함수이다. 연직수문에서의 자유 방출되는 흐름에 대한 유량계수는 0.55~0.60의 범위를 가지며 그림 12.2.7의 상단부에 자유 분출되는 경우의 곡선이 나타나 있다.

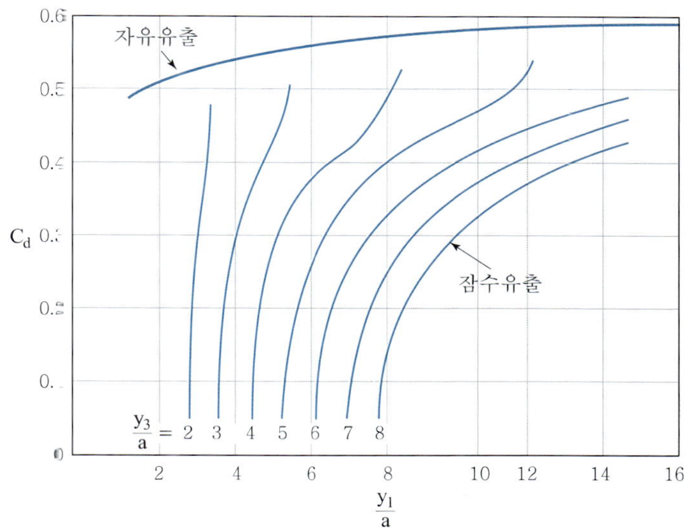

그림 12.2.7 수문의 유량계수

수문 하류부의 구조물에 의해 하류부 수심이 큰 경우 그림 12.2.8과 같이 수문을 통해 방출하는 수맥위로 난류의 물이 위치하게 된다. 수문이 물에 잠긴(submerged) 흐름의 유량은 자유 분출되는 유량공식 (12.2.22)에 수정된 유량계수를 적용하여 산정할 수 있으며, 이러한 경우의 유량계수가 그림 12.2.7에 일련의 곡선으로 나타나 있다.

수문의 개방정도에 대한 수문 상류부의 상태(y_1/a)와 이에 상응하는 수문 하류부의 상태(y_3/a)에 대해 알아보자. 만일 $y_3/a=y_1/a$이면 즉, $y_3=y_1$이면 흐름을 유도하는 수두차가 없으므로 $C_d=0$이 되고 물은 수문을 통해 흐르지 않게 된다. 주어진 상류부의 수심(y_1/a 고정)에 대해 하류부의 수심비(y_3/a)가 감소함에 따라 유량계수 C_d는 최대치에 도달할 때까지 증가하게 된다. 이 경우 C_d의 최대치는 자유 분출되는 경우와 같아지게 된다.

하류부의 수심비(y_3/a)에 따라 C_d는 0에서 최대치까지 변하게 되며, 수문으로부터 방출되는 물은 하류부의 물에 의해 잠기게 되고, 자유 분출되는 경우와 비교할 대 유량은 감소하게 된다. Radial 수문과 drum식 수문도 같은 상황이 된다.

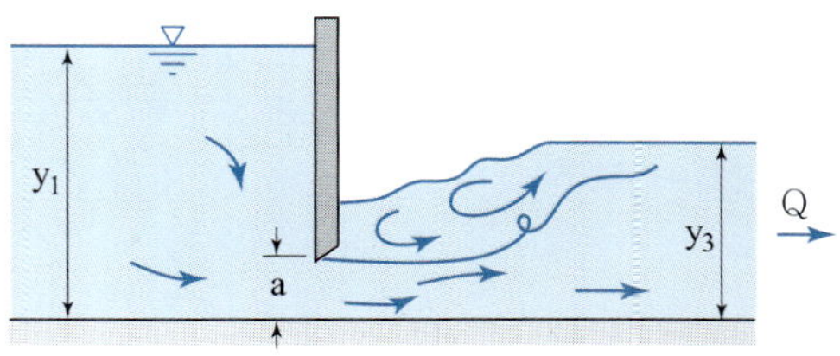

그림 12.2.8 잠수상태의 수문 유출

예제 12.2.3

그림 12.2.8과 같이 폭이 6m인 수문을 통해 물이 흐를 때 다음 조건에 해당하는 유량을 구하라.

1) $y_1=1.8$m, $a=0.3$m, $y_3=0.25$m, 2) $y_1=1.8$m, $a=0.3$m, $y_3=1.2$m

풀이

식 (12.2.22)로부터

$$Q = C_d a \sqrt{2gy_1}\, b = C_d \times 0.3 \times \sqrt{2 \times 9.81 \times 1.8} \times 6 = 10.7 C_d m^3/s$$

1)번 문제인 경우 $y_3 < a$로 자유유출이고, $y_1/a=6$이므로 그림 12.2.7로부터 유량계수 $C_d=0.56$이 된다. 따라서 유량은

$$Q = 10.7 \times 0.56 = 5.99 m^3/s$$

2)번 문제인 경우 $y_3/a=4$로 잠수유출상태이고 따라서 유량계수 $C_d=0.38$이 된다. 따라서

$$Q = 10.7 \times 0.38 = 4.07 m^3/s$$

12.2.4 Parshall flume

유량을 측정하기 위한 인위적인 한계흐름을 만들기 위해 위어가 효과적인 방법이긴 하지만 위어의 설치에는 최소한 두 가지의 단점이 있다. 첫 째로 위어는 상대적으로 큰 손실수두를 초래하며, 두 째로 위어 상류부에 사수역(dead zone)을 조성하여 흐름에 포함되어 있는 유사(sediment)나 부스러기(debris) 등이 퇴적되게 된다. 이러한 두 가지의 단점은 폭을 축소시켜 한계수심이 발생하도록 한 계측수로(flume)를 사용함으로서 해결할 수 있다.

이와 같은 계측수로는 관수로 흐름에서의 벤츄리메터와 같은 효과를 주게 된다. 계측수로로 벤츄리 수로(venturi flume)가 사용되어져 왔는데, 이 수로는 Froude수가 작을 때 수로 상류부와 한계흐름 단면에서의 수위의 차가 별로 크지 않다는 단점을 가지고 있다. 이러한 단점은 한계흐름이 발생하는 지점의 하류부에 사류가 발생하도록 목(throat) 단면을 설치함으로서 줄일 수가 있다. 사류가 발생하는 단면의 끝 부분에서는 도수(hydraulic jump)가 발생하게 된다. 이러한 계측수로를 Parshall이 설계하여 Parshall flume이라 하며 그림 12.2.9와 같다.

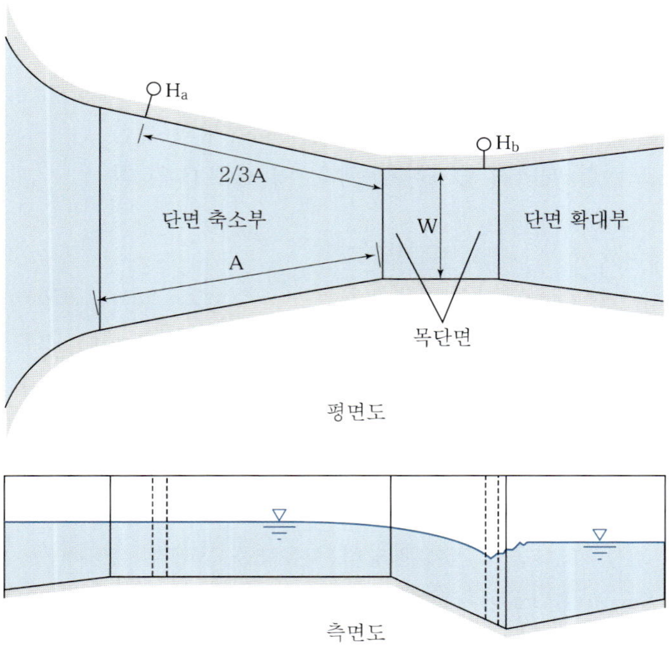

그림 12.2.9 Parshall flume

다양한 크기의 Parshall flume에 대한 경험적인 수심-유량간의 관계가 표 12.2.1과 같다. Parshall flume의 크기는 목 부분의 폭으로 결정한다. 표 12.2.1의 각 식에서 Q는 유량(ft^3/s), W는 목 부분의 폭(ft) 그리고 H_a는 측정구간 A 상류부의 수심(ft)이다. 표에서 자유유출(free discharge)은 계측수로의

표 12.2.1 Parshall flume의 크기에 따른 유출량 공식

목부 폭 (ft)	자유유출 공식 (ft^3/s)
0.25	$Q = 0.992H_a^{1.547}$
0.50	$Q = 2.06H_a^{1.58}$
0.75	$Q = 3.07H_a^{1.53}$
$1 \le W \le 8$	$Q = 4WH_a^{1.522W_*}$ $(W_* = W^{0.025})$
$10 \le W \le 50$	$Q = (3.6875W + 2.5)H_a^{1.6}$

출구부에서 한계수심이 형성되는 자유 유출상태로 목 부분 하단부에서 도수가 발생한다. Parshall flume을 설계하기 위해 자유 유출이 발생하도록 하는 것이 바람직하지만, 특정 흐름 상태에서는 출구 단면에서의 도수가 잠수하게 되고 따라서 자유 유출상태를 만족시키지 못하게 된다. 이와 같은 잠수상태의 흐름은 다음과 같은 상황에서 발생하게 된다.

$$\frac{H_b}{H_a} \ge 0.6 \qquad W = 0.25,\ 0.50,\ 0.75\,\text{ft일 때}$$
$$\frac{H_b}{H_a} \ge 0.7 \qquad W = 1 \sim 8\,\text{ft일 때} \qquad (12.2.23)$$
$$\frac{H_b}{H_a} \ge 0.8 \qquad W = 10 \sim 50\,\text{ft일 때}$$

여기서 H_b는 목 부분 하단부에서의 수심이다. 잠수의 영향으로 인해 유량이 감소하게 되며 이 경우 표 12.2.1에서 제시한 유량공식을 사용하여 산정한 유량은 과다하게 산정되므로 보정을 해주어야 한다. 그림 12.2.10은 크기 범위 1~8ft의 Parshall flume에서 잠수 영향을 보정하기 위한 보정유량곡선을 보여주고 있다. 먼저 그림 12.2.10에서 H_a와 H_b/H_a를 이용하여 보정량을 결정하고, 표 12.2.2를 이용하여 크기별로 보정계수를 곱해준다. 같은 방법으로 크기 범위 10~50ft의 Parshall flume에 대한 보정유량곡선이 그림 12.2.11과 같고 산정한 보정유량을 표 12.2.2에서 크기별로 보정계수를 곱하게 된다. 이와 같이 산정한 보정유량을 표 12.2.1로부터 구한 유량에서 빼주어 보정을 하게 된다.

표 12.2.2 Parshall flume의 크기별 보정계수

구 분	1 ~ 8ft 크기의 보정계수 (그림 12.2.10 적용)							
Parshall flume 크기(ft)	1	1.5	2	3	4	5	8	
보정계수	1.0	1.4	1.8	2.4	3.1	4.3	5.4	
구 분	10 ~ 50ft 크기의 보정계수 (그림 12.2.11 적용)							
Parshall flume 크기(ft)	10	12	15	20	25	30	40	50
보정계수	1.0	1.2	1.5	2.0	2.5	3.0	4.0	5.0

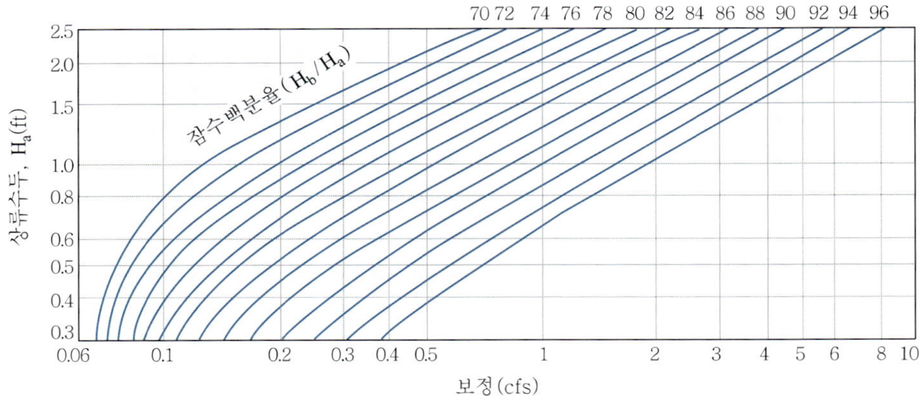

그림 12.2.10 크기 1-8ft의 잠수 Parshall flume 보정유량곡선

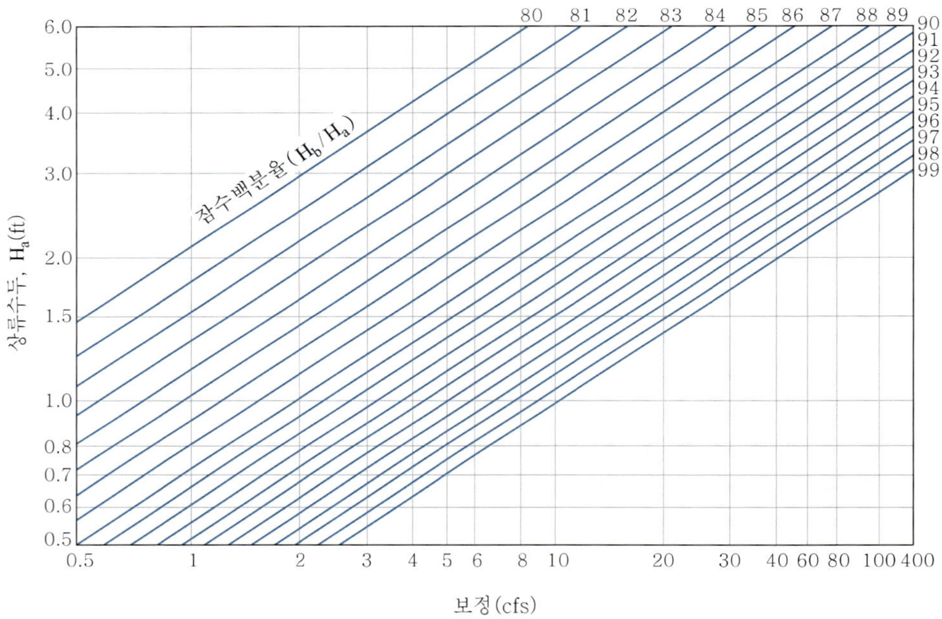

그림 12.2.11 크기 10-50ft의 잠수 Parshall flume 보정유량곡선

예제 12.2.4

Parshall 수로에 물이 흐르고 있다. 폭이 5m이고, H_a=1m, H_b=0.9m로 측정되었다면 유량은 얼마인가.

풀이

$$W = 5m = 16.4ft,\ H_a = 1m = 3.28ft,\ H_b = 0.9m = 2.95ft$$

유량은 표 12.2.1로부터

$$Q = (3.6875W + 2.5)H_a^{1.6}$$

$$= (3.6875 \times 16.4 + 2.5) \times 3.28^{1.6} = 421.28ft^3/s$$

H_b/H_a=0.9=90%이므로 잠수의 영향을 고려하여 유량을 보정한다.

그림 12.2.11에서 H_b/H_a=90%일 때 H_a=3.28ft에 대한 보정유량은 33ft^3/s이고, 표 12.2.2에서 16.4ft에 대한 보정계수가 1.64이므로 보정유량은

$$\Delta Q = 33 \times 1.64 = 54.12ft^3/s$$

따라서 Parshall 수로의 유량은

$$Q = 421.18 - 54.12 = 367.16ft^3/s = 10.40m^3/s$$

12.3 실측자료의 분석

본 절에서는 지금까지 소개한 관로 및 개수로에서 다양한 방법을 이용하여 얻은 압력, 유속 및 유량측정자료를 분석하는 방법 즉, 불확실성분석(uncertainty analysis)과 회귀분석(regression analysis)에 대해 간략히 소개하기로 한다.

12.3.1 불확실성분석

유량을 측정할 때 주어진 변수의 값을 완벽하게 정확히 측정할 수는 없다. 측정 장치들은 변수의 참값을 측정할 수 없으며, 그 값의 산정치 만을 제공하게 된다. 따라서 측정을 통하여 얼마나 정확히 측정을 할 수 있는지가 중요하다고 할 수 있다. 측정과 관련한 부정확성은 오차(error)라기 보다는 불확실성(uncertainty)으로 간주할 수 있다. 오차는 참값과 측정값 간의 고정되고 변하지 않는 차이라 할 수 있는 반면에 불확실성은 측정치에 대해 오차의 발생가능성을 나타내는 통계치이다.

본 절에서는 유량 측정의 불확실성이 결과에 전파되는 방법에 대해 소개하기로 한다. 이러한 방법은 계산치가 수집된 자료와 일치하는가 아니면 인정할 수 있는 범위를 벗어나는가를 결정하는데 도움을 주게 된다. 더욱 중요한 것은 이러한 방법을 통해 실험 절차나 측정 절차를 개선시킬 수가 있게 된다.

불확실성은 세 가지 범주로 나눌 수가 있다. 즉, (1) 장비의 검정(calibration)에 의한 불확실성, (2) 자료의 획득(acquisition)에 따른 불확실성 그리고 (3) 자료의 감축(reduction)에 의한 불확실

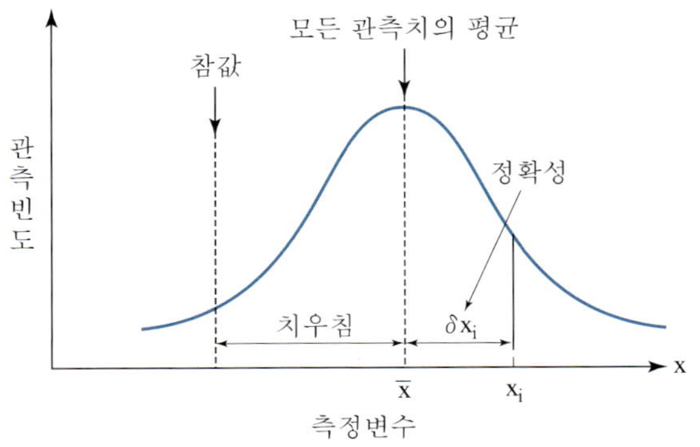

그림 12.3.1 표본자료와 관련한 불확실성

성이 있다. 총 불확실성은 왜곡 또는 치우침(bias)과 정확성(precision)의 합이다. 왜곡은 규칙적인(systematic) 불확실성으로 실험 및 측정과정에서 나타나며 일련의 변수들을 반복 측정하는 과정 중에 일정하게 나타난다. 왜곡을 산정할 수 있는 통계적인 공식은 없으며, 따라서 산정치를 바탕으로 하게 된다. 검정 및 독립적인 측정은 왜곡 정도를 산정하는데 도움을 준다. 정확성은 반복성(repeatability)이라고도 하며, 변수의 모집단(population)으로부터의 반복적인 측정과 정확성의 지표인 표준편차를 이용하여 알 수가 있다. 반복적인 측정을 할 수 없는 상황에서는 한 번의 측정치를 사용할 수밖에 없는데, 이때 정확성은 떨어지게 된다. 그림 12.3.1은 불확실성의 정의를 보여주고 있다.

그림 12.3.1에서 실선으로 나타낸 표본자료(sampling data)를 보면 정규분포(Gaussian distribution)를 따른다고 가정할 수 있다. 변수 x_i는 i번째의 측정치이고, $\bar{x}$는 모든 x_i의 평균값이며, δx_i는 x_i와 관련한 정확성이다. 따라서 측정치에 대한 불확실성은 다음과 같이 나타낼 수 있다.

$$x_i = \bar{x} \pm \delta x_i \tag{12.3.1}$$

또한 정확성과 함께 측정치의 왜곡과 확률 P에 대해서도 나타낼 필요가 있다.

이와 같이 자료의 불확실성을 표현하는 방법뿐 만 아니라, 이러한 불확실성이 결과에 미치는 영향을 분석할 필요가 있으며, 다음과 같은 두 단계의 과정으로 설명할 수가 있다.

① 측정치의 불확실성에 대한 표현 : 각 측정치가 독립적인 관측으로 이루어졌으며 모집단이 정규분포를 가진다고 가정한다. 또한 각 측정치의 정확성은 같은 확률 P를 가진다고 하자. 예를 들어, 상류부의 수심과 유량을 산정하기 위한 위어의 검정실험을 한다고 생각해 보자. 수위는 수위계를 사용하여 측정하고, 유량은 체적을 알고 있는 용기를 채우는 시간을 측정하여 기록한다. 따라서 두 측정치는 서로 독립적이다. 한편 경험 또는 반복적인 측정을 바탕으로 자료에는 왜곡이 없고, 각 측정에 대한 기록된 정확성이 확률 P=0.95 즉, 측정치의 각 21회의 자료 중 20회의 자료가 정확성의 오차범위 안에 든다.

② 전체적인 불확실성 구간의 계산 : 변수 R을 n개의 관측 변수 x_1, x_2, ⋯, x_i, ⋯, x_n으로부터 계산된 결과라 하면 전체적인 불확실성 구간 δR을 다음과 같이 제곱합의 제곱근으로 정의한다.

$$\delta R = \left\{ \sum_{i=1}^{n} \left[\frac{\partial R}{\partial x_i} \delta x_i \right]^2 \right\}^{1/2} \simeq \left\{ \sum_{i=1}^{n} \left[R(x_i + \delta x_i) - R(x_i) \right]^2 \right\}^{1/2} \tag{12.3.2}$$

전체적인 불확실성 구간은 모든 가능한 실험에 대한 모집단의 표준편차의 산정치라 할 수 있다.

예제 12.3.1

관의 직경이 50.8mm인 관로 내에 직경 35.4mm인 오리피스가 설치되어 있다. 오리피스를 통해 흐르는 물로부터 측정한 유량 및 압력수두 변화의 일부 자료가 표 12.3.1의 2란 및 4란과 같다. 왜곡이 없고, 정확성의 확률 P=0.95로부터 산정한 유량의 정확성 δQ가 3란에 주어져 있다. 같은 왜곡과 P로부터 산정한 압력의 정확성 $\delta\Delta h$가 0.025mm로 일정하다. 측정한 값들로부터 산정한 Reynolds수가 5란에 주어져 있으며, 식 (12.1.11)로부터 계산한 유량계수 K가 6란과 같다. 측정된 유량 Q와 압력수두 변화 Δh로부터 산정한 불확실성을 이용하여 계수 K의 불확실성을 결정하라.

풀이

유량 Q와 압력수두변화 Δh로부터 계수 K로의 불확실성의 전파를 산정하기 위해 오리피스 유량공식 (12.1.11)과 불확실성 크기 식 (12.3.2)를 서로 연계하여 사용하게 된다. 예를 들어 6번째의 자료에 대한 δK를 산정하여 보자. 오리피스의 면적은

$$A_o = \frac{\pi}{4} \times 0.0345^2 = 9.84 \times 10^{-4} m^2$$

식 (12.1.11)을 이용하여 (Q, Δh), (Q+δQ, Δh) 그리고 (Q, $\Delta h + \delta\Delta h$)에 대한 계수 K를 산정하면

$$K(Q, \Delta h) = \frac{0.00276}{9.84 \times 10^{-4} \times \sqrt{2 \times 9.81 \times 0.781}} = 0.716$$

$$K(Q + \delta Q, \Delta h) = \frac{0.00276 + 0.00017}{9.84 \times 10^{-4} \times \sqrt{2 \times 9.81 \times 0.781}} = 0.761$$

표 12.3.1 불확실성 계산 예

No.	Q(m^3/s)	δQ(m^3/s)	Δh(m)	R_e	K	δK
1	0.00119	0.0001	0.139	42800	0.732	0.085
2	0.00162	0.00012	0.265	58300	0.722	0.062
3	0.00200	0.00015	0.403	71900	0.723	0.058
4	0.00223	0.00015	0.517	80200	0.712	0.050
5	0.00251	0.00015	0.655	90300	0.712	0.044
6	0.00276	0.00017	0.781	99300	0.717	0.046
7	0.00294	0.00018	0.907	105700	0.708	0.045
8	0.00314	0.00019	1.008	112900	0.718	0.044
9	0.00330	0.00016	1.134	118700	0.711	0.035
10	0.00346	0.00017	1.247	124400	0.711	0.036
11	0.00373	0.00017	1.386	134200	0.727	0.034
12	0.00382	0.00017	1.512	137400	0.713	0.032
13	0.00408	0.00018	1.663	146700	0.726	0.033
14	0.00424	0.00019	1.852	152500	0.715	0.032
15	0.00480	0.00021	2.293	172600	0.727	0.032

$$K(Q, \Delta h + \delta\Delta h) = \frac{0.00276}{9.84 \times 10^{-4} \times \sqrt{2 \times 9.81 \times (0.781 + 0.025)}} = 0.705$$

이 값들을 식 (12.3.2)의 변수 R대신 K로 적용하여 대체하면

$$\delta K = \{[K(Q+\delta Q, \Delta h) - K(Q, \Delta h)]^2 + [K(Q, \Delta h + \delta\Delta h) - K(Q, \Delta h)]^2\}^{1/2}$$
$$= [(0.761 - 0.716)^2 + (0.705 - 0.716)^2]^{1/2} = 0.046$$

같은 방법으로 모든 측정 자료에 대한 K의 불확실성의 크기를 산정한 결과가 표 12.3.1의 7란과 같다. 계수 K의 각 불확실성의 크기에 두 배를 한 불확실성 밴드(band) $2\delta K$가 그림 12.3.2에 나타나 있다. 이 밴드는 두 가지의 관측치에 대한 0의 왜곡 및 P=0.95를 바탕으로 한 K에 대한 정확성의 산정치라 할 수 있다. 표 및 그림으로부터 Reynolds수가 큰 경우 정확성 δK는 0.032로 일정하게 되고, Reynolds수가 작아짐에 따라 δK가 커짐을 알 수 있다.

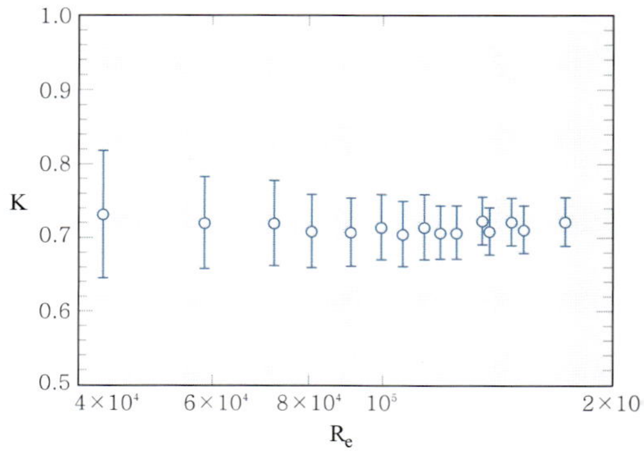

그림 12.3.2 계수 K의 불확실성

12.3.2 회귀분석

상당수의 유량측정 장치들은 다음과 같은 형태로 압력강하 또는 수두와 유량을 상관시키고 있다.

$$Y = CX^m \tag{12.3.3}$$

여기서 Y는 장치의 결과(유량)이고, X는 측정치(압력수두)이며, C와 m은 상수이다. X와 Y에 대해 독립적으로 여러 번의 관측을 통해 C와 m을 결정할 수가 있다. 상수 C와 m을 결정하기 위한 체계적인 방법은 최소자승법(method of least square)을 바탕으로 최적의 산정치를 구하는 것이다. 식 (12.3.3)에 대수(logarithm)를 취하면

$$\ln Y = \ln C + m \ln X \tag{12.3.4}$$

또는

$$y = b + mx \tag{12.3.5}$$

여기서 $y=\ln Y$, $b=\ln C$ 그리고 $x=\ln X$이다.

n번의 측정자료가 X_i, Y_i, $i=1, \cdots, n$이라 하자. 각 자료에 대수를 취한 (x_i, y_i) 자료들로부터 오차가 최소가 되는 최적의 직선을 구해보기로 한다. 여기서 오차는 관측치 x_i에서의 관측치 y_i와 이에 상응하는 직선상의 값과의 차이를 말한다. 그림

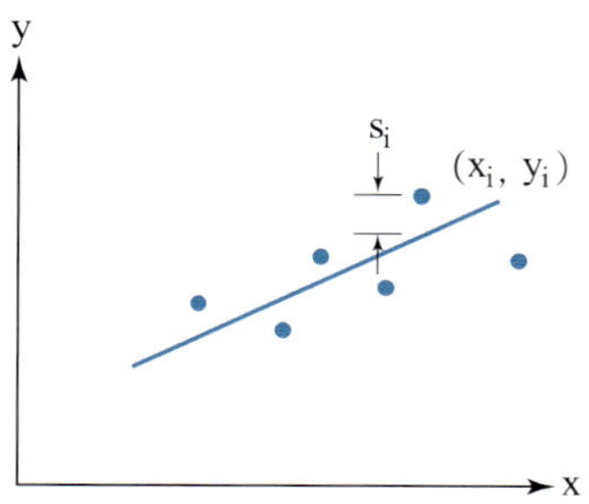

그림 12.3.3 최소자승법

연습문제

12.1 개수로 상에 정체관을 설치하여 유속을 측정하려고 한다. 정체관내 물이 수면으로부터 15cm상승하였다면 유속은 얼마인가. 단, 흐름은 완전난류로 가정하라.

12.2 수로에서 유속이 1.5m/s이면 정체관 내의 물은 수면으로부터 얼마나 올라가겠는가.

12.3 예제 12.1.2와 같은 Pitot관에서 정압관과 Pitot관이 액주계로 연결되어 있으며 액주계에는 비중이 13.6인 수은이 들어 있다. 액주계의 높이차가 25cm일 때 관로내의 유속을 구하라. 관의 직경이 5cm이면 유량은 얼마인가. 단, 관내의 유속분포는 일정하다.

12.4 예제 12.1.3과 같이 직경 30cm의 관로에 직경 10cm의 오리피스가 설치되어 있다. 오리피스 전 후로 수은이 담긴 액주계가 연결되어 있으며 액주계의 높이차가 35cm로 나타났다. 관로를 통해 흐르는 유량을 구하라. 관로 내 물의 온도는 20℃($\nu=1.0\times10^{-6}m^2/s$)이다.

12.5 직경 20cm의 수평관로 속에 직경 10cm이 오리피스를 설치하여 유량을 측정하려고 한다. 오리피스 양쪽의 수두차가 5cm일 때 관로 내 유량은 얼마인가. 단 흐름계수 K는 0.5이다.

12.6 주 관로의 직경이 20cm, 목부분의 직경이 10cm인 벤츄리메터에서 수은이 담긴 액주계의 높이차가 10cm로 나타났다면 유량은 얼마인가. 관로 내 물의 온도는 20℃($\nu=1.0\times10^{-6}m^2/s$)이다.

12.7 직경 12cm인 관에 직경 6cm인 노즐을 연결하여 유량을 측정할 때 수은이 담긴 액주계의 높이차가 15cm로 나타났다면 유량은 얼마인가. 관로 내 물의 온도는 20℃($\nu=1.0\times10^{-6}m^2/s$)이다.

12.8 직경 30cm, 곡률반경이 1m인 90°의 엘보우관에서 만곡부 내, 외측의 압력차가 250 kg/m^2으로 나타날 경우 관내에 흐르는 유량은 얼마인가. 단, 유량계수 K=0.97이고 물의 밀도는 101.97$kg{\cdot}s^2/m^4$이다.

12.9 사각형위어의 정점부 높이가 1.2m이고 폭이 4.5m이다. 위어 상의 수심이 0.5m일 때 위어를 통해 월류하는 유량은 얼마인가.

12.10 각형위어의 정점부 높이가 1.2m이고, 폭이 4.5m이다. 수로 폭이 10cm이고 위어가 수로의 중앙에 치되어 있으며 위어 상의 수심이 0.5m일 때 위어를 통해 월류하는 유량은 얼마인가.

12.11 사각형위어의 정점부 높이가 1.2m이고, 폭이 4.5m이다. 수로 폭이 10cm이고 위어가 수로의 한쪽 벽에 설치되어 있으며 위어 상의 수심이 0.5m일 때 위어를 통해 월류하는 유량은 얼마인가.

12.12 정점부가 45°로 이루어진 삼각형 위어에서 월류수심이 0.8m이다. 위어를 통해 흐

르는 유량은 얼마인가. 단, 삼각형 위어계수 C_{wt}=0.58이다.

12.13 높이가 1.0m, 폭이 3m인 광정위어상의 수두가 0.4m일 때 유량은 얼마인가.

12.14 폭이 20m인 광정위어상의 수두가 1.0m이고, 평균유속이 1m/s일 때 유량은 얼마인가. 단, 위어계수는 0.65이다.

12.15 폭이 10m인 수문을 통해 물이 흐를 때 다음 조건에 해당하는 유량을 구하라.

1) y_1=2.5m, a=0.5m, y_3=0.4m
2) y_1=2.5m, a=0.5m, y_3=2.0m

12.16 Parshall 수로에 물이 흐르고 있다. 폭이 4ft이고 H_a=1.0ft, H_b=0.8ft로 측정되었다면 유량은 얼마인가.

12.17 관의 직경이 54mm인 관로 내에 목부분의 직경이 33.3mm인 벤츄리메터가 설치되어 있다. 벤츄리메터를 통해 흐르는 물로부터 측정한 유량 및 압력수두 변화의 일부 자료가 표 12.17의 2란 및 4란과 같다. 왜곡이 없고, 정확성의 확률 P=0.95로부터 산정한 유량의 정확성 δQ가 3란에 주어져 있다. 같은 왜곡과 P로부터 산정한 압력의 정확성 $\delta \Delta h$가 0.025m로 일정하다. 측정한 값들로부터 산정한 Reynolds수가 5란에 주어져 있다. 측정된 유량 Q와 압력수두변화 Δh로부터 산정한 불확실성을 이용하여 계수 K의 불확실성을 결정하라.

표 12.17 유량 및 압력수두 측정자료

No.	Q(m^3/s)	δQ(m^3/s)	Δh(m)	R_e
1	0.00168	0.00011	0.164	64200
2	0.00208	0.00014	0.277	79500
3	0.00249	0.00016	0.403	95100
4	0.00281	0.00019	0.504	107400
5	0.00328	0.00022	0.680	125300
6	0.00355	0.00024	0.781	135600
7	0.00372	0.00025	0.882	142100
8	0.00402	0.00023	1.033	153600
9	0.00415	0.00024	1.147	158600
10	0.00444	0.00025	1.260	169700
11	0.00479	0.00027	1.424	183000
12	0.00493	0.00028	1.550	188400
13	0.00523	0.00030	1.688	199800
14	0.00533	0.00035	1.764	203700
15	0.00509	0.00029	1.764	194500

12.18 연습문제 12.17에서 주어진 유량 Q및 압력강하 Δh의 측정 자료를 이용하여 식 (12.3.3)에서의 C와 m을 산정하라.

12.19 정점부의 각이 60°인 삼각형 예연위어에서 월류수심 H에 따른 유량 Q를 측정한 결과가 표 12.19와 같다. 이를 이용하여 $Q=CH^m$과 같은 수심~유량관계곡선을 회귀분석을 통해 구하라.

표 12.19 수심에 따른 유량 측정자료

No.	Q (m^3/s)	H (m)
1	0.0039	0.118
2	0.0037	0.115
3	0.0036	0.114
4	0.0032	0.109
5	0.0027	0.102
6	0.0027	0.098
7	0.0023	0.095
8	0.0022	0.093
9	0.0021	0.092
10	0.0020	0.091
11	0.0015	0.080
12	0.0012	0.074
13	0.0012	0.073
14	0.0009	0.063
15	0.0008	0.056

12.20 유량측정장치로부터 유량을 측정을 검정하기 위해 수조로 물을 전환하였다. 6분 12초에 걸쳐 수조에 담긴 물의 체적이 $78m^3$이면 유량은 얼마인가.

12.21 10℃의 물이 흐르는 관로에 Pitot관을 설치하였다. 수은이 담긴 액주계의 눈금차가 106mm이면 관로 내 유속은 얼마인가.

12.22 직경 0.24m의 관로에 직경 0.15m의 오리피스가 설치되어 있다. 20℃의 물이 흐를 때 수은이 담긴 액주계의 높이차가 0.12m였다면 유량은 얼마인가.

12.23 직경 0.1m의 관로에 직경 0.06m의 오리피스가 설치되어 있다. 관로 내에 가솔린(비중 0.68)이 흐르고 있으며 오리피스 전후의 압력차가 25kPa($1kPa=101kg/m^2$)이면 유량은 얼마인가.

12.24 직경 1.2m의 관로에 유량이 $3m^3/s$로 흐를 때 오리피스 전 후의 압력차가 25kPa이 되도록 하려면 오리피스의 직경은 얼마로 해야 하는가.

12.25 그림 12.25와 같은 벤츄리메터에서 40℃의 물이 흐를 때 유량은 얼마인가.

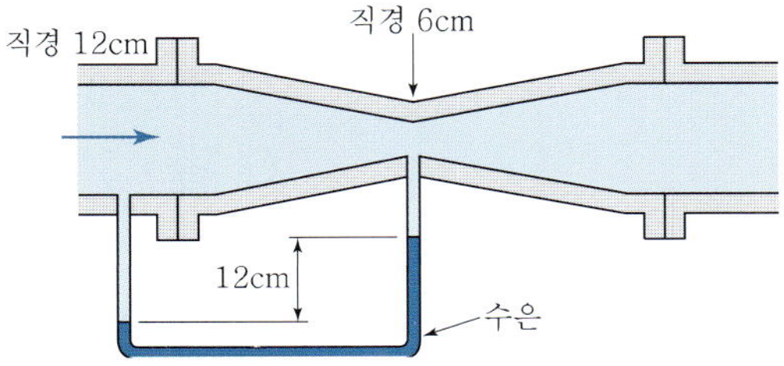

그림 12.25

12.26 직경 0.6m의 벤츄리메터에서 목부분의 직경이 0.3m이다. 유량이 $0.57m^3/s$이면 수은이 담긴 액주계의 높이차는 얼마로 나타나겠는가.

12.27 그림 12.27과 같은 벤츄리메터에서 압력차가 100kPa이면 유량은 얼마인가.

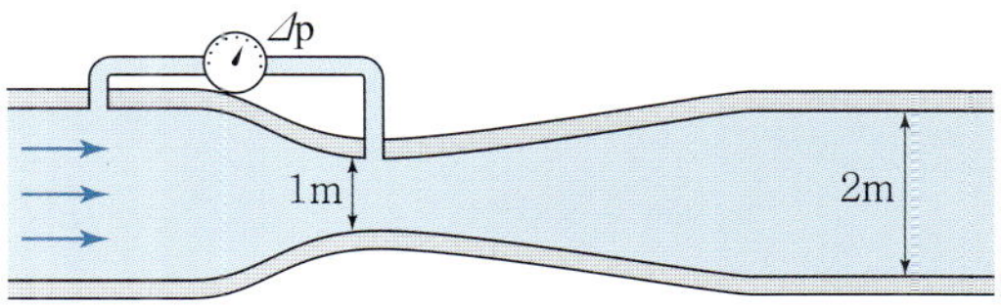

그림 12.27

12.28 60°의 삼각형 위어 위로 20cm의 수심으로 물이 월류할 경우 유량은 얼마인가.

12.29 폭이 3m인 관개용 수로에 물이 $6m^3/s$로 흐르고 있다. 수위가 수로 바닥보다 2m 높게 하려면 위어의 높이를 얼마로 해야 하는가.

Fluid Mechanics for Civil Engineers

부록

A. 단위환산표
B. 물의 성질
C. 공기의 성질

(4) 유량변환 (표준단위 : m^3/sec)

단 위	m^3/s	m^3/day	liter/s	ft^3/s	ft^3/day	ac-ft/day	gal/min	gal/day	mgd
1 m^3/s	1	8.64×10^4	10^3	35.31	3.051×10^6	70.05	1.58×10^4	2.282×10^7	22.824
1 m^3/d	1.16×10^{-5}	1	0.0116	4.09×10^{-4}	35.31	8.1×10^{-4}	0.1835	264.17	2.64×10^{-4}
1 liter/s	0.001	86.4	1	0.0353	3,051.2	0.07	15.85	2.28×10^4	2.28×10^{-2}
1 ft^3/s	0.0283	2,446.6	28.32	1	8.64×10^4	1.984	448.8	6.46×10^5	0.646
1 ft^3/d	3.28×10^{-7}	0.02832	3.28×10^{-4}	1.16×10^{-5}	1	2.3×10^{-5}	5.19×10^{-3}	7.48	7.48×10^{-6}
1 ac-ft/d	0.0143	1,233.5	14.276	0.5042	43,560	1	226.28	3.259×10^5	0.3258
1 gal/m	6.3×10^{-5}	5.451	0.0631	2.23×10^{-3}	192.5	4.42×10^{-3}	1	1,440	1.44×10^{-3}
1 gal/d	4.4×10^{-8}	3.79×10^{-3}	4.382×10^{-5}	1.55×10^{-6}	0.1337	3.07×10^{-6}	6.94×10^{-4}	1	10^{-6}
1 mgd	4.38×10^{-2}	3,785	43.82	1.55	1.337×10^5	3.07	694	10^6	1

* mgd : million gallon/day

(5) 속도변환 (표준단위 : m/s)

단 위	ft/s	mi/hr	m/s	km/hr	knots
1 ft/s	1	0.6818	0.3048	1.097	0.5925
1 mi/hr	1.467	1	0.447	1.609	0.869
1 m/s	3.281	2.237	1	3.6	1.944
1 km/hr	0.9113	0.6214	0.2778	1	0.54
1 knots	1.688	1.151	0.5144	1.852	1

(6) 압력변환 (표준단위 : mbar)

단 위	ft H_2O	in. H_g	mm H_g	mbar	kPa	psi	kg/m^2
1 ft H_2O(32°F)	1	0.883	22.42	29.89	2.989	0.4335	304.8
1 in. H_g(32°F)	1.133	1	25.4	33.86	3.386	0.4912	345.3
1 mm H_g(0℃)	0.0446	0.03937	1	1.333	0.1333	0.01934	13.6
1 milibar	0.0335	0.02953	0.7501	1	0.1	0.0145	10.2
1 kPa($N/m\times10^3$)	0.335	0.2953	7.501	10	1	0.145	102
1 lb/in^2(psi)	2.307	2.036	51.71	68.95	6.895	1	703.1
1 kg/m^2	0.00328	0.002896	0.07356	0.09807	0.009807	0.001422	1

(7) 에너지변환 (표준단위 : Joule)

단 위	Btu	cal	J	kW·hr	ft·lb	Hp·hr
1 Btu(60°F)	1	252	1,055	0.000293	777.9	0.0003929
1 cal(15℃)	0.003969	1	4.186	1.163×10^{-6}	3.087	1.559×10^{-6}
1 Joule	0.0009482	0.2389	1	2.788×10^{-7}	0.7376	3.725×10^{-7}
1 kW·hr	3,413	860,100	3.6×10^6	1	2.655×10^6	1.341
1 ft·lb	0.001286	0.3239	1.356	3.766×10^{-7}	1	5.051×10^{-7}
1 Hp·hr	2,545	641,300	2.685×10^6	0.7457	1.98×10^6	1

* Btu : British thermal unit

(8) 질량변환 (표준단위 : kg)

질량 단위 명칭	크 기	질량 단위 명칭	크 기
그램(gram)	1g = 10^{-3}kg	그레인(grain)	1gr = 1/7000lb = 64.7989mg
톤(ton)	1ton = 10^{3}kg	온스(ounce)	1oz = 1/16lb = 28.3495g
카랏(carat)	1ct = 200mg = 10^{-5}kg	영국톤(ton)	1ton = 2240lb = 1016.05kg
파운드(pound)	1lb = 0.45359237kg	미국톤(short ton)	1sh.ton = 2000lb = 907.15kg
슬러그(slug)	1slug = 14.5939kg		

(9) 힘변환 (표준단위 : Newton)

힘 단위 명칭	크 기	힘 단위 명칭	크 기
뉴톤(Newton)	1N = 1kg·m/sec^2	다인(dyne)	1dyne = 1g·cm/sec^2 = 10^{-5}N
파운달(poundal)	1pdl = 0.138255N	킬로그램중 (kilogram weight)	1kg = 9.80665N
파운드중(pound force)	1lbf = 4.44822N		

(10) 동력, 공율 (표준단위 : watt)

동력, 공율 단위 명칭	크 기
킬로칼로리·매시	1kcal/hr = 1.16222W
킬로그램중·미터·매시	1kgw·m/sec = 9.80665W
피트·파운드중·매초	1ft·lbf/sec = 1.35582W
프랑스마력(metric horce power)	1P.S. = 75w·m/sec = 735.5W
영국마력(British horce power)	1hp = 550ft·lbf/sec = 745.7W

(11) 온도변환

온도 단위	크 기	온도 단위	크 기	온도 단위	크 기
섭씨	℃ = 5/9(°F−32)	화씨	°F = 9/5(℃) + 32	캘빈	°K = ℃ + 273

(12) SI단위의 크기구분 접두어

접두어 명칭	기 호	크 기	접두어 명칭	기 호	크 기
엑사(exa)	E	10^{18}	데시(deci)	d	10^{-1}
페타(peta)	P	10^{15}	센티(centi)	c	10^{-2}
테라(tera)	T	10^{12}	밀리(milli)	m	10^{-3}
기가(giga)	G	10^{9}	마이크로(micro)	μ	10^{-6}
메가(mega)	M	10^{6}	나노(nano)	n	10^{-9}
킬로(kilo)	k	10^{3}	피코(pico)	p	10^{-12}
헥토(hecto)	h	10^{2}	펨토(femto)	f	10^{-15}
데카(deca)	da	10	아토(atto)	a	10^{-18}

B. 물의 성질

(1) 물의 성질

온도 (℃)	비중 s	밀도 ρ (g/cm³)	증발열 L (cal/g)	점성계수 $\mu\times10^3$ ($N\cdot s/m^2$)	동점성계수 $\nu\times10^6$ (m^2/s)	증기압 P_ν (mmHg)	증기압 P_ν (mb)	증기압 P_ν (g/cm²)
0	0.99987	0.99984	597.3	1.792	1.792	4.58	6.11	6.23
5	0.99999	0.99996	594.5	1.519	1.519	6.54	8.72	8.89
10	0.99973	0.99970	591.7	1.308	1.308	9.20	12.27	12.51
15	0.99913	0.99910	588.9	1.140	1.141	12.78	17.04	17.38
20	0.99824	0.99821	586.0	1.005	1.007	17.53	23.37	23.83
25	0.99708	0.99705	583.2	0.894	0.897	23.76	31.67	32.30
30	0.99568	0.99565	580.4	0.801	0.804	31.83	42.43	43.27
35	0.99407	0.99404	577.6	0.723	0.727	42.18	56.24	57.34
40	0.99225	0.99222	574.7	0.656	0.661	55.34	73.78	75.23
50	0.98807	0.98804	569.0	0.549	0.556	92.56	123.40	125.83
60	0.98323	0.98320	563.2	0.469	0.477	149.46	199.26	203.19
70	0.97780	0.97777	557.4	0.406	0.415	233.79	311.69	317.84
80	0.97182	0.97179	551.4	0.357	0.367	355.28	473.67	483.01
90	0.96534	0.96531	545.3	0.317	0.328	525.89	701.13	714.95
100	0.95839	0.95836	539.1	0.284	0.296	760.00	1013.25	1033.23

(2) 물의 점성계수 (centipoise = 0.01poise = 0.01dyne·sec/cm²)

t℃	0	1	2	3	4	5	6	7	8	9	10
μ	1.7921	1.7313	1.6727	1.6191	1.5674	1.5188	1.4728	1.4284	1.3860	1.3462	1.3077
t℃	11	12	13	14	15	16	17	18	19	20	21
μ	1.2713	1.2363	1.2028	1.1708	1.1404	1.1111	1.0828	1.0559	1.0299	1.0050	0.9810
t℃	22	23	24	25	26	27	28	29	30	–	–
μ	0.9579	0.9358	0.9143	0.8937	0.8737	0.8545	0.8360	0.8180	0.8007		

(3) 물의 표면장력 (dyne/cm)

t℃	0	5	10	15	16	17	18	19
T	75.64	74.92	74.22	73.49	73.34	73.19	73.05	72.90
t℃	20	21	22	23	24	25	30	–
T	72.75	72.59	72.44	72.28	72.13	71.97	71.18	–

(4) 물의 밀도 (g/cm³)

t℃	0.0	0.1	0.2	0.3	0.4	0.5	0.6	0.7	0.8	0.9
0	0.000868	875	881	888	894	900	905	911	916	922
1	927	932	936	941	945	949	953	957	961	965
2	968	971	974	977	980	982	984	987	989	991
3	992	994	995	996	997	998	999	999	999	000
4	1.00000	000	000	999	999	998	997	996	995	993
5	0.99992	990	998	986	984	982	980	977	974	971
6	968	965	962	958	955	951	947	943	939	934
7	930	925	920	915	910	905	899	894	888	882
8	876	870	864	858	851	845	838	831	824	817
9	809	802	794	786	778	770	762	754	746	737
10	738	719	710	701	692	683	673	663	653	643
11	0.999633	623	612	602	591	580	570	559	549	536
12	525	513	502	490	478	466	454	442	429	417
13	404	361	378	365	352	339	326	312	299	285
14	271	257	243	229	215	200	186	171	156	142
15	127	111	096	081	066	050	034	018	003	936
16	0.998970	954	938	921	905	888	871	854	837	810
17	803	786	768	750	733	715	697	679	661	643
18	624	606	587	569	550	531	512	493	474	454
19	435	415	396	376	356	336	316	296	275	255
20	234	214	193	172	151	130	109	088	066	045
21	0.998023	002	980	958	936	914	892	869	847	824
22	0.997802	779	756	734	710	987	664	641	617	594
23	570	547	523	499	475	451	426	402	378	353
24	329	304	279	254	229	204	179	154	128	103
25	077	051	026	000	974	948	921	895	869	842
26	0.996816	789	762	736	709	682	655	627	600	573
27	545	518	490	462	434	406	387	350	322	294
28	265	237	208	179	151	122	093	064	035	005
29	0.995976	947	917	888	858	828	798	768	738	703
30	678	648	617	587	556	526	495	464	433	402

(5) 물의 동점성계수 ($\times 10^2 cm^2/sec$)

t℃	0.0	0.1	0.2	0.3	0.4	0.5	0.6	0.7	0.8	0.9
0	1.792	1.786	1.780	1.774	1.768	1.761	1.755	1.749	1.743	1.737
1	.731	.725	.719	.713	.707	.701	.696	.690	.684	.679
2	.673	.667	.661	.655	.650	.645	.639	.634	.629	.624
3	.619	.613	.603	.608	.598	.592	.582	.577	.572	.572
4	.567	.562	.557	.552	.542	.537	.537	.533	.528	.524
5	1.519	1.515	1.510	1.505	1.500	1.496	1.491	1.478	1.482	1.477
6	.473	.468	.464	.459	.455	.451	.446	.442	.438	.433
7	.428	.424	.420	.416	.412	.408	.403	.399	.395	.391
8	.386	.383	.379	.375	.371	.367	.363	.359	.355	.351
9	.346	.342	.339	.335	.331	.327	.323	.319	.315	.311
10	1308	1.304	1.300	1.296	1.293	1.289	1.285	1.282	1.278	1.274
11	.274	.267	.264	.260	.256	.253	.250	.246	.243	.240
12	.237	.233	.230	.226	.223	.220	.217	.214	.211	.207
13	.204	.201	.198	.194	.191	.185	.182	.178	.175	.175
14	.172	.169	.166	.162	.159	.156	1.53	.150	.147	.144
15	1.141	1.138	1.135	1.132	1.129	1.126	1.123	1.120	1.117	1.115
16	.112	.109	.106	.103	.100	.098	.095	.092	.089	.063
17	.048	.081	.078	.075	.072	.069	.067	.065	.062	.059
18	.057	0.55	.053	.050	.047	.045	.042	.040	.037	.035
19	.032	0.29	0.26	.024	.022	0.19	.017	.014	.012	.009
20	1.007	1.004	1.002	1.000	0.997	0.995	0.993	0.990	0.988	0.986
21	0.983	0.981	0.978	0.076	.974	.972	.969	.967	.964	.962
22	.960	.958	.955	.953	.951	.949	.947	.945	.942	.940
23	.938	.936	.934	.932	.929	.927	.925	.923	.921	.919
24	.917	.915	.913	.911	.909	.907	.905	.903	.901	.899
25	0.897	0.895	0.893	0.893	0.891	0.889	0.887	0.885	0.883	0.879
26	.877	.875	.873	.871	.869	.867	.866	.864	.862	.860
27	.858	.856	.854	.852	.850	.848	.846	.845	.843	.841
28	.839	.837	.835	.833	.832	.830	.828	.826	.825	.823
29	.821	.819	.818	.816	.814	.813	.811	.809	.808	.806
30	0.804	0.803	0.801	0.799	0.798	0.796	0.794	0.793	0.791	0.790

C. 공기의 성질

(1) 표준대기압하의 공기의 물리적 성질(SI 단위)

온도 (℃)	밀도 ρ (kg/m^3)	비중량 γ (N/m^3)	역학적 점성계수 μ ($N{\cdot}s/m^2$)	동점성계수 ν (m^2/s)	비열비 k (−)	음속 c (m/s)
−40	1.514	14.85	1.57 E−5	1.04 E−5	1.401	306.2
−20	1.395	13.68	1.63 E−5	1.17 E−5	1.401	319.1
0	1.292	12.67	1.71 E−5	1.32 E−5	1.401	331.4
5	1.269	12.67	1.73 E−5	1.36 E−5	1.401	334.4
10	1.247	12.23	1.76 E−5	1.41 E−5	1.401	337.4
15	1.225	12.01	1.80 E−5	1.47 E−5	1.401	340.4
20	1.204	11.81	1.82 E−5	1.51 E−5	1.401	343.3
25	1.184	11.61	1.85 E−5	1.56 E−5	1.401	346.3
30	1.165	11.43	1.86 E−5	1.60 E−5	1.400	349.1
40	1.127	11.05	1.87 E−5	1.66 E−5	1.400	354.7
50	1.109	10.88	1.95 E−5	1.76 E−5	1.400	360.3
60	1.060	10.40	1.97 E−5	1.86 E−5	1.399	365.7
70	1.029	10.09	2.03 E−5	1.97 E−5	1.399	371.2
80	0.9996	9.803	2.07 E−5	2.07 E−5	1.399	376.6
90	0.9721	9.533	2.14 E−5	2.20 E−5	1.398	381.7
100	0.9461	9.278	2.17 E−5	2.29 E−5	1.397	386.9
200	0.7461	7.317	2.53 E−5	3.39 E−5	1.390	434.5
300	0.6159	6.040	2.98 E−5	4.84 E−5	1.379	476.3
400	0.5243	5.142	3.32 E−5	6.34 E−5	1.368	514.1
500	0.4565	4.477	3.64 E−5	7.97 E−5	1.357	548.8
1000	0.2772	2.179	5.04 E−5	1.82 E−5	1.321	694.8

(2) 미국 표준대기의 성질(SI 단위)

높이 (m)	온도 (℃)	중력가속도 $g(m/s^2)$	압력, p $[N/m^2(abs)]$	밀도 ρ (kg/m^3)	역학적 점성계수 μ $(N{\cdot}s/m^3)$
−1,000	21.50	9.810	1.139 E+5	1.347 E+0	1.821 E−5
0	15.00	9.807	1.013 E+5	1.225 E+0	1.789 E−5
1,000	8.50	9.804	9.988 E+4	1.112 E+0	1.758 E−5
2,000	2.00	9.801	7.950 E+4	1.007 E+0	1.726 E−5
3,000	−4.49	9.797	7.012 E+4	9.093 E−1	1.694 E−5
4,000	−10.98	9.794	6.166 E+4	8.194 E−1	1.661 E−5
5,000	−17.47	9.791	5.405 E+4	7.364 E−1	1.628 E−5
6,000	−23.96	9.788	4.722 E+4	6.601 E−1	1.595 E−5
7,000	−30.45	9.785	4.111 E+4	5.900 E−1	1.561 E−5
8,000	−36.94	9.782	3.565 E+4	5.258 E−1	1.527 E−5
9,000	−43.42	9.779	3.080 E+4	4.671 E−1	1.493 E−5
10,000	−49.90	9.776	2.650 E+4	4.135 E−1	1.458 E−5
15,000	−56.50	9.761	1.211 E+4	1.948 E−1	1.422 E−5
20,000	−56.50	9.745	5.529 E+3	8.891 E−2	1.422 E−5
25,000	−51.60	9.730	2.549 E+3	4.008 E−2	1.448 E−5
30,000	−46.64	9.715	1.197 E+3	1.841 E−2	1.475 E−5
40,000	−22.80	9.684	2.871 E+2	3.996 E−3	1.601 E−5
50,000	−2.50	9.654	7.978 E+1	1.027 E−3	1.704 E−5
60,000	−26.13	9.624	2.196 E+1	3.097 E−4	1.584 E−5
70,000	−53.57	9.594	5.221 E+0	8.283 E−5	1.438 E−5
80,000	−74.51	9.564	1.052 E+0	1.846 E−5	1.321 E−5

연습문제 해답

제1장

1.1 $[ML^{-3}]$, $[FL^{-4}T^2]$

1.2 $[ML^{-1}T^{-2}]$, $[FL^{-2}]$

1.3 ① $[L^3]$, $[L^3]$
② $[L^3T^{-1}]$, $[L^3T^{-1}]$
③ $[MT^{-1}]$, $[FL^{-1}T]$
④ $[L^2T^{-1}]$, $[L^2T^{-1}]$
⑤ $[MT^{-2}]$, $[FL^{-1}]$
⑥ $[ML^{-1}T^{-2}]$, $[FL^{-2}]$
⑦ $[ML^{-1}T^{-2}]$, $[FL^{-2}]$
⑧ $[ML^2T^{-2}]$, $[FL]$

1.4 양쪽 차원이 $[L^3T^{-1}]$

1.5 $62.4lb/ft^3$

1.6 $1,000kg/m^3$

1.7 $2.091\times10^{-5}lb\cdot sec/ft^2$

1.8 98N, 10kg

1.11 $-1.567m/sec^2$

1.12 430N

1.13 1) $[FL^3]$, $[ML^4T^{-2}]$
2) $[F^2L^{-5}T^2]$, $[M^2L^{-3}T^{-2}]$
3) $[FT]$, $[MLT^{-1}]$

1.14 1) $[FL^{-2}]$ 2) $[FL^{-3}]$ 3) $[FL]$

1.15 2)

1.16 예

1.17 1) 4.32mm/s 2) 70.2kg 3) 13.4N
4) $22.3m/sec^2$ 5) $1.12N\cdot sec/m^2$

1.18 1) $6.47\times10^5m^2$ 2) $56.8\times10^{-2}m^3$
3) 3.86×10^5m 4) $5.90\times10^4J/s$
5) 289°K

1.19 1) $7.57\times10^{-2}m^3/sec$ 2) 4,540liter/min
3) $2.67ft^3/sec$

1.20 $30.6kg_o$, 37.7N

1.21 $454kg_o$, 735N

1.22 1) 1.49에 $[L^{1/3}T^{-1}]$의 차원이 필요
2) $V=\frac{1}{n}R^{2/3}S^{1/2}$

1.23 동차성이 있다 $[MT^{-2}]$

제2장

2.1 2.896×10^7cal

2.2 $1g/cm^3$

2.3 $173.29kg\cdot sec^2/m^4$

2.4 $W=1,200kg$, $\rho=245kg\cdot s^2/m^4$,
$\gamma=2,400kg/m^3$, $S=2.4$

2.5 $S=1.025$, $\rho=0.1045t\cdot s^2/m^4$, $W=6.15t$

2.6 $\gamma=917kg/m^3$, $\rho=93.48kg\cdot s^2/m^4$,
$S=0.917$

2.7 $1.24kg_o/m^3$

2.8 $30.6kg_o$, 37.3N

2.9 SI : $13.4\times10^3kg_o/m^3$, $131kN/m^3$
BG : $26.0slugs/ft^3$, $837lb/ft^3$

2.10 1.22

2.11 $640kg/m^3$, $6,272N/m^3$, $640kg_o/m^3$, 0.64

2.12 156

2.13 43.5Pa

2.14 0.874centistokes

2.15 22poise

2.16 $5\times10^{-5}N\cdot sec/m^2$, 10.4×10^{-7} $lb\cdot sec/ft^2$

2.17 물 15,000, 공기 752

2.18 $2.091\times10^{-5}lb\cdot sec/ft^2$

2.19 $0.0163m^3$감소

2.20 $2.88kg_o/m^3$

2.21 $K=4.0\times10^{-4}cm^2/kg$, $E=2,500kg/cm^2$

2.22 $\Delta p=2,000kg/cm^2$

2.23 $\Delta p = 0.102 g/cm^2$

2.24 가라앉는다.

2.25 물방울 29.6kPa, 기포 59.3kPa

2.26 $\sigma = 0.375 g/cm$

2.27 $h = 0.958 cm$

2.28 13cm

2.29 29.8mm

2.30 15.12mm

2.31 $h = 0.297 cm$

2.32 $1.8 \times 10^{-2} ft$

2.33 $h = 2\sigma \cos\theta / \rho g L$

2.34 4,800m

2.35 27.7kPa 진공

2.36 3.74psi 절대압력

2.37 141°F

제3장

3.1 물과 기름 접촉면, $p = 2.250 kg/m^2$
탱크바닥 $p = 2,750 kg/m^2$

3.2 $p = 14,100 kg/m^2$

3.3 $p = 2,050 t/m^2$

3.4 $h = 4.9 m$

3.5 50.5MPa, 7,320psi

3.6 $h = 1.85 m$

3.7 $p_A = 0$, $p_B = 2,700 kg/m^2$,
$p_C = 5,400 kg/m^2$, $p_D = 2,700 kg/m^2$
$p_E = 0$, p_F 및 $p_{air} = -1,350 kg/m^2$

3.8 56,040Pa

3.9 8cm

3.10 $F_2 = 1,222 kg$

3.11 $F_1 = 180 kg$

3.12 $F_2 = 786.45 kg$

3.13 $F_1 = 0.269 kg$

3.14 $F = 14 lb$

3.15 $p_{abs} = 6.045 kg/cm^2 = 5.924 bar$
$= 5,924 mb = 5,924 kPa = 592.4 kPa$

3.16 $p = 471.7 kPa$

3.17 430kPa

3.18 $12.27 kN/m^3$

3.19 $p_A = 35 g/cm^2$

3.20 $p_B = 17.5 g/cm^2$

3.21 $p_A = 3,000 kg/m^2$

3.22 $h = 760 m$

3.23 $p = 2,933 kg/m^2$

3.24 $p_A - p_B = 6,790 kg/m^2$

3.25 $p_m - p_n = 4,411 kg/m^2$

3.26 $p_A - p_B = 1,953 kg/m^2$

3.27 $802 lb/ft^2$

3.28 0.224psi

3.29 0.04m

3.30 0.284m

3.31 43.1kPa

3.32 22.6cm

3.33 $F = 3,500 kg$

3.34 $F = 24,531 kg$, $y_R = 5.84 m$

3.35 $F = 1,127 ton$, 바닥으로부터 2.67m

3.36 $F = 40.5(\rightarrow)$, 바닥으로부터 2.33m

3.37 1,350lb

3.38 6,330lb

3.39 38,400lb, 29,300lb

3.40 18,040N

3.41 1.12m

3.42 $F = 7,433 kg$, 중심으로부터 수평 0.5095m,
수직 0.8m

3.43 $F = 17.01$

3.44 $t = 1 cm$

3.45 $F_H = 883 kN$, $F_V = 983 kN$

3.46 $F_H = 337 lb$, $F_V = 882 lb$

3.47 $T = 766.25 kg$

3.48 $V = 0.003 m^3$, $S = 1.667$

3.49 $W = 18$

3.50 $V = 820m^3$

3.51 786,000lb, 315,000lb

3.52 5N

3.53 39N, 0.64

3.54 $d = 1.2m$, 안정

3.55 불안정

3.56 34.3°

3.57 GM=−0.007m, 약간 불안정

3.58 아니다.

3.59 안정

3.60 $z = 0.917m, \theta = 17°$, $F_{AB} = 7.67kg$, $F_{CD} = 2.169kg$

3.61 $\theta = 29.94°$

3.62 $4.91m/sec^2$

3.63 (a) 넘치지 않는다. (b) 906Pa

3.64 $p = 1{,}306kg/m^2$, $F = 19{,}587kg$

3.65 $p = 694.19kg/m^2$, $F = 10{,}413kg$

3.66 $\omega = 6.26rad/sec$, $z = 2.0x^2 + 1.0$, $p_C = 1{,}000kg/m^2$, $p_D = 3{,}000kg/m^2$

3.67 10.5rad/sec

3.68 (a) 36.2rad/sec, (b) 990Pa

3.69 (a) 224r/min, (b) 275r/min

3.70 552r/min

3.71 (a) 10.78kPa, (b) 57.9kPa

3.72 (a) 35.78kPa, (b) 82.9kPa

3.73 (a) 7,210N, (b) 26.4kN

제4장

4.1 $x^2 + y^2 = r^2$

4.2 $a_x = -300m/s$, $a_y = 75m/s^2$

4.3 $V = 2.828m/s$, $a_s = 2.828m/s^2$

4.4 $a_n = 4.083m/s^2$

4.5 $62.4m^3/sec/m$

4.6 $Q=2.42m^3/sec$, $V=34.2m/sec$

4.7 $Q=0.15m^3/sec$

4.8 $h = 1.11m/s$

4.9 $\frac{V_1}{V_2} = \left(\frac{d_2}{d_1}\right)^2$

4.10 $V_{100} = 1.91m/s, V_{80} = 2.98m/s$

4.11 (a) $2.812m/s$, (b) $0.0883m^3/s$, (c) $88.3kg/s$, (d) $88.3kg_o/s$

4.12 $d = 56.43cm$

4.13 $V_{rise} = 0.054m/hr$

4.14 $dh/dt = 0.764m/s$

4.15 $Q = 0.0236m^3/s$, $V_1 = 0.752m/s$, $V_2 = 1.333m/s$

4.16 $Q = 0.0251m^3/s$

4.17 $Q = 0.0157m^3/s$, $V_s = 0.02m/s$

4.18 $V = 75m/s$, $Q = 0.0236m^3/s$

4.19 $V = (1/2)V$

4.20 $p_2 = 4.719kg/cm^2$

4.21 $Q = 2.603 \times 10^{-3}m^3/s$, $p_B = p_D = -218kg/m^2$, $p_C = -1{,}718kg/m^2$, $p_E = 3.282kg/m^2$

4.22 $V = 11.7m/s$, $Q = 0.092m^3/s$, $P_A = -7.977kg/m^2$

4.23 $V = 9.9m/s, Q = 0.078m^3/s$

4.24 $h = 3.0$일 때 $V = 7.67m/s$, $Q = 1.51 \times 10^{-2}m^3/s$
$h = 2.5$일 때 $V = 7m/s$, $Q = 1.38 \times 10^{-2}m^3/s$
$h = 2.0$일 때 $V = 6.26m/s$, $Q = 1.23 \times 10^{-2}m^3/s$
$h = 1.5$일 때 $V = 5.42m/s$, $Q = 1.07 \times 10^{-2}m^3/s$
$h = 1.0$일 때 $V = 4.43m/s$, $Q = 0.87 \times 10^{-2}m^3/s$
$h = 0.5$일 때 $V = 3.13m/s$, $Q = 0.61 \times 10^{-2}m^3/s$

4.25 $p = 5{,}000kg/m^2$

4.26 $0.0492m^3/sec$

4.27 $V = 0.99m/s$

4.28 $V = 1.716m/s$, $Q = 0.0135m^3/s$

4.29 $V = 8.08m/s$, $Q = 0.063m^3/s$

4.30 $Q(m^3/sec) = 1.56D(m)^2$

4.31 $2.54 \times 10^{-4}m^3/sec$

4.32 $0.0252m^3/sec$, 8.4m

4.33 0.37m

4.34 $Q = 0.0494m^3/s$

4.35 $V = 3.538m/s$, $Q = 0.0272m^3/s$

4.36 $Q = 0.157m^3/s$

4.37 $1.16kPa \leq p_1 - p_2 \leq 116kPa$

4.38 $Q = 42.085m^3/s$

4.39 $V = 2.8m/s, q = 0.14m^2/s$

4.40 P = 400HP

4.41 P = 97,021kW

4.42 P = 353kW = 480HP

4.43 P = 40.65kW

제5장

5.1 $dE_{sys}/dt = -405,000J/s$

5.2 $2,500 + 999\cos(4\pi t)kg_o/s$

5.3 $dh/dt = -5m/s$ (하강함)

5.4 $dh/dt = -56.6mm/sec$

5.5 4.47m/sec

5.6 $Q_{20} = 0.192m^3/s$

5.7 $V_1 = 5.45m/s$, $V_3 = 5.89m/s$, $V_4 = 5.24m/s$

5.8 46sec

5.9 $61,200kg/m^3$

5.10 204kW, 273HP

5.11 20,703kW

5.12 $V = 4.08m/s$, $Q = 0.000321m^3/s$

5.13 4.99m/sec

5.14 8.51m

5.15 753HP

5.16 39.5kW

5.17 $Q = 0.311m^3/sec$, $P_B = 11.7kPa$

5.18 33.45kPa

5.19 2.96

5.20 $0.035m^3/s$, $35kg_o/s$

5.21 9.86m/sec

5.22 2.96kW

5.23 1.304MW

5.24 118.2kW

5.25 75.4kPa

5.26 P = 352.8kW = 480HP

5.27 F = 1.76ton

5.28 59.9N

5.29 370N

5.30 18.5N 왼쪽, 7.1N 위

5.31 2,100N

5.32 16.07kN 왼쪽, 1.489kN 위쪽

5.33 363kN

5.34 1,138N

5.35 159N

5.36 2,280N

5.37 4,420N

5.38 수평 17.2N, 연직 64N

5.39 F = 0.18ton

5.40 F = 0.093ton

5.41 F = 4.5ton

5.42 $F = 0.017ton$, $Q_1 = 0.0147m^3/s$,
$Q_2 = 0.0049m^3/s$

5.43 500N

5.44 980N

5.45 1,670N/m, 상류 3cm, 하류 9.4cm

5.46 F = 0.348ton

5.47 3.97m

5.48 F=9,050N, 위로 $273kg_o/s$,
아래로 $47kg_o/s$

5.49 F = 362.85kg, P = 75.96HP

5.50 $F = 2.232\text{kg/m}$

5.51 $F = 158\text{kg/m}$

5.52 618kN

5.53 $h_L = 8.3\text{m}$

제6장

6.1 $w = -3xz - v^2/2 + f(x, y)$

6.2 $v = -8xy + f(x, z)$

6.3 $-1{,}380\text{kg}_o/\text{m}^3\text{sec}$

6.4 1) $v = -xy^2$, 2) $u = -x^3/3$

6.5 $v = Ay/x^2$

6.6 $\psi = x^2y - x^2/2 + C$

6.7 $\psi = a\left(x^2y - \frac{y^3}{3}\right) + C$

6.8 $Q = ULb$

6.9 $\nabla p = \frac{123}{(x^2+y^2)^2}(x\vec{i} + y\vec{j}) - 12.07\vec{k}\ \text{Pa/m}$

6.10 $\rho\frac{\partial u}{\partial t} = -\frac{\partial p}{\partial x} + \mu\left(\frac{\partial^2 u}{\partial y^2} + \frac{\partial^2 u}{\partial z^2}\right)$

6.11 $72\text{N/m}^2\cdot\text{sec}$

제7장

7.1 $\frac{\Delta h}{D} = f\left(\frac{\sigma}{D^2\gamma}\right)$

7.2 $\frac{\Delta h}{D} = f\left(\frac{\sigma}{D^2\gamma}, \theta\right)$

7.3 $\frac{V}{\sqrt{gh}} = C$

7.4 $Q_p = 62.5\text{m}^3/\text{s}$

7.5 $T_r = 2$

7.6 $P_m = 0.0745\text{kW}$

7.7 $V_m = 79.75\text{m/s}$, $F_p = 23.32\text{kg}$

7.8 $F_p = 8{,}000\text{kg}$

7.9 $V_p = 4.743\text{m/s}$, $F_p = 500\text{kg}$

7.10 $T_r = L_r^2$, $Q_r = L_r$,
$m_r = L_r^3$, $F_r = 1$, $P_r = L_r^{-1}$

7.11 $Q_m = 0.16\text{m}^3/\text{s}$, $F_r = 15{,}625$

7.12 $T_r = L_r^{1/2}$, $Q_r = L_r^{5/2}$,
$a_r = 1$, $F_r = L_r^3$, $P_r = L_r^{7/2}$

7.13 $Q_m = 0.1014\text{m}^3/\text{s}$, $V_p = 8.216\text{m/s}$,
$T_m = 109.55\text{sec}$, $h_p = 2.1\text{m}$

7.14 $V_m = 0.365\text{m/s}$, $Q_p = 986\text{m}^3/\text{s}$

7.15 $V_m = 400\text{km/h}$, $F_p/F_m = 1$

7.16 $T_p = 141\text{min}$

7.17 (a) $T_r = 225$, $F_r = 1$,
(b) $T_r = 1{,}402$, $F_r = 0.032$

7.18 $H_p = 0.0634\text{m}$, $Q_p = 0.00142\text{m}^3/\text{s}$
$Q_m = 0.025\text{m}^3/\text{s}$

7.19 $Q_m = 0.5\text{m}^3/\text{s}$, $\Delta p_m = 112{,}000\text{kg/m}^2$

7.20 $Q_m = 0.1286\text{m}^3/\text{s}$, $V_p = 9\text{m/s}$

7.21 $X_r/Y_r = 5$, $n_m = 0.032$,
$Q_m = 0.0021\text{m}^3/\text{s}$

7.22 $\frac{Q}{\sqrt{gR_h^5}} = \phi\left(\frac{A}{R_h^2}, \frac{\varepsilon}{R_h}, S\right)$

7.23 $\frac{F_D}{\rho V^2 d^2} = \phi\left(\frac{\mu}{\rho V d}, \frac{\varepsilon}{d}, \frac{r}{d}, Cd^2\right)$

7.24 $\frac{Q}{\sqrt{gH^5}} = \phi\left(\frac{L}{H}, \frac{\mu}{\rho\sqrt{gH^3}}, \frac{\sigma}{\rho g H^2}\right)$

7.25 $V = C\sqrt{\sigma/\rho L}$

7.26 $\frac{\Delta p}{\rho V^2} = \phi\left(\frac{\mu}{\rho V d}, \frac{d}{D}\right)$

7.27 $\frac{Q}{\sqrt{gH^5}} = \phi(\theta)$

7.28 $V = 4\text{m/s}$

7.29 $Q_m = 0.96\text{m}^3/\text{s}$

7.30 $V_p = 8\text{m/s}$, $Q_p = 102\text{m}^3/\text{s}$

7.31 $Q_m = 0.368\text{m}^3/\text{s}$, $n_m = 0.0208$,
$T_p =$ 15분19초, $h_p = 18\text{m}$

7.32 $Q_p = 312.5\text{m}^3/\text{s}$, $T_p =$ 5분

7.33 $Q_m = 0.214\text{m}^3/\text{s}$, $P_m = 28.6\text{kW}$

제8장

8.1 $R_e = 139,899$, 난류

8.2 $R_e = 280$, 층류

8.3 $V = 12.6m/s$, $Q = 0.0989m^3/s$

8.4 $R_e = 12,740$, 난류

8.5 $V = 4cm/s$, $Q = 314cm^3/s$

8.6 $d = 151cm$

8.7 (a) $0.019m^3/h$, (b) 층류, (c) 2.67mm

8.8 $L_E = 325cm$

8.9 $L_E = 1,200cm$

8.10 $\tau_w = 0.002kg/cm^2$, $\tau = 0.001kg/cm^2$

8.11 a) 20.4kPa, b) $\theta = -13.34°$

8.12 $h_L = 10m$

8.13 a) 50.2m, $602N/m^2$
b) 9.09m, $8.91 \times 10^4\ N/m^2$
c) 4.95m, $6.58 \times 10^5 N/m^2$

8.14 10.4m, 1.4MPa

8.15 84m, 820kPa

8.16 $0.037m^3/s$

8.17 9.83m

8.18 $\tau_w = 0.00125kg/cm^2$

8.19 $h_L = 7.78m$, $V_c = 3.18m/s$,
$V_3 = 2.89m/s$

8.20 0.345D

8.21 $6.72 \times 10^{-4} N/m^2$

8.22 $\tau = 0.6157kg/m^2$, $l_m = 0.3109m$,
$\varepsilon = 0.0242m^2/s$

8.23 $Q = 6.76cm^3/s$, $V_c = 4.31m/s$,
$\tau_w = 0.0001g/cm^2$

8.24 (a) $\delta = 0.0185mm$, (b) $V_c = 3.9m/s$,
(c) $\tau_{turb}/\tau_{lam} = 3,540$

8.25 $\tau_w = 16.5kg/m^2$

8.26 $h_L = 2.75m$

8.27 $f = 0.0184$

8.28 $h_L = 0.816m$, 매끈한관 $h_L = 0.425m$

8.29 $h_L = 0.843m$

8.30 $Q = 0.90m^3/s$

8.31 $S_o = 3/1,000$

8.32 (a) 117m, (b) 265kPa

8.33 $\Delta p = 1,300kg/m^2$

8.34 $\Delta p = 3,860kg/m^2$

8.35 Hazen-Williams $Q = 0.981m^3/s$,
Manning $Q = 0.784m^3/s$

8.36 Hazen-Williams $d = 0.943m$,
Manning $d = 1.008m$

8.37 $h_L = 0.68m$

8.38 $V = 1.657m/s$

8.39 $Q = 1.89m^3/s$

8.40 $h_L = 6.45m$, 수조유입 $h_L = 8.17m$

8.41 $h_L = 2.07m$

8.42 $h_m = 1.72m$

8.43 $h_m = 0.12m$

8.44 $h_m = 0.015m$

8.45 $h_m = 2.51m$

8.46 $h_m = 0.24m$

제9장

9.1 $z = 5.05m$

9.2 $h_L = 19.33m$

9.3 $Q = 0.152m^3/s$

9.4 $Q = 0.0647m^3/s$

9.5 $d = 0.47m$

9.6 $d = 0.38m$

9.7 $Q = 0.642m^3/s$

9.8 $Q = 0.113m^3/s$

9.9 $Q = 0.462m^3/s$

9.10 $Q = 0.628m^3/s$

9.11 $Q = 0.166m^{3/s}$

9.12 $Q = 0.827m^3/s$

9.13 $Q = 0.259m^3/s$, $P = 27.72kW$

9.14 $Q=0.22m^3/s$, $P=86.15kW$

9.15 $Q=0.124m^3/s$

9.16 $H=17.37m$(EL.), $Q=0.253m^3/s$

9.17 $Q=1.099m^3/s$

9.18 $H=79.67m$(EL.), $Q=0.203m^3/s$

9.19 $P=134.51kW$

9.20 $P=218.4HP$

9.21 $\varepsilon=8.4mm$

9.22 $P=485.3HP$

9.23 $P=150.8kW$, $p_B=63.4ton/m^2$

9.24 $P=2,389kW$

9.25 $P=840W$

9.26 $P=873kW$

9.27 $P=26.7kW$

9.28 $\Delta h=12.8m$

9.29 $P=3,902kW$

9.30 $Q=10.2m^3/s$

9.31 $Q=0.027m^{3/s}$

9.32 $Q_{0.1}=0.016m^3/s$, $Q_{0.3}=0.242m^3/s$,
$Q_{0.5}=0.869m^3/s$, $Q=1.127m^3/s$

9.33 $Q_1=0.186m^3/s$, $Q_2=0.036m^3/s$,
$Q_3=0.078m^3/s$

9.34 $Q_{0.15}=0.082m^3/s$, $Q_{0.2}=0.119m^3/s$,
$Q=0.283m^3/s$

9.35 $Q_1=0.0281m^3/s$, $Q_2=0.0111m^3/s$,
$Q_3=0.0164m^3/s$

9.36 $Q_1=0.132m^3/s$, $Q_2=0.065m^3/s$,
$Q_3=0.253m^3/s$

9.37 $Q_A=0.199m^3/s$, $Q_B=0.042m^3/s$,
$Q_C=0.158m^3/s$

9.38 $Q_A=1.049m^3/s$, $Q_B=0.293m^3/s$,
$Q_C=0.755m^3/s$

9.39 $Q_A=1.062m^3/s$, $Q_B=0.288m^3/s$,
$Q_C=0.749m^3/s$

9.40 $Q_A=0.0284m^3/s$, $Q_B=0.0143m^3/s$,
$Q_C=0.0141m^3/s$

9.41 $Q_1=2.771m^3/s(+)$,
$Q_2=2.229m^3/s(-)$,
$Q_3=0.342m^3/s(-)$,
$Q_4=Q_5=3.113m^3/s(+)$,
$Q_6=1.887m^3/s(-)$

9.42 $Q_1=57.86m^3/s(+)$,
$Q_2=42.19m^3/s(-)$,
$Q_3=20.51m^3/s(+)$,
$Q_4=17.30m^3/s(+)$,
$Q_5=32.70m^3/s(-)$

제10장

10.1 1.545m

10.2 (a) $\delta_d/\delta=0.3206$, (v) $v/V=0.5706/\sqrt{R_{ex}}$

10.3 1.86mm

10.4 $x_{cr}=0.251m$, $\delta=1.255mm$

10.5 중앙− 0.013m, $0.0716N/m^2$,
끝단− 0.0183m, $0.0506N/m^2$

10.6 $\delta=2.2m$

10.7 0.718cm/s, 0.229cm/s

10.8 $F=1.62N$

10.9 $F=0.770N$

10.10 $\delta=0.092m$

10.11 $C_f=0.00211$, $\tau_w=12.9Pa$, $\delta=66.6mm$

10.12 $F_D=1.45MN$, $P=9.70MW$

10.13 $P=3.86kW$

10.14 $F_D=1.63\times10^{-3}N$

10.15 $V=0.63m/s$

10.16 $V=7.25ft/s$

10.17 $V=1.32m/s$

10.18 $V=5.1m/s$

10.19 $D=3.81\mu m$

10.20 a) 6.3m, b) 120m

10.21 a) $C_D=0.2$, $V=129m/s$,
b) $C_D=0.5$, $V=0.4m/s$

10.22 $V = 1.06m/s$

10.23 3,200N/m, 2,300N/m

10.24 141,000Nm

10.25 a) $V = 30.4m/s$, b) $V = 23.2m/s$,
c) $P = 10,200W$

10.26 $\sigma = 0.91$로 공동현상 발생,
$F_D = 4,050N$, $F_L = 148,500N$

10.27 $V = 20.6m/s$

10.28 $F_D = 52kN$

제11장

11.1 $R_e = 2.84 \times 10^5$, 난류

11.2 $R_e = 6,189$, 불안전 층류

11.3 $F_r = 0.226$, 상류

11.4 $F_r = 0.639$, 상류

11.5 $F_r = 2.71$, 사류

11.6 $R_h = 1.36m$

11.7 $R_h = d/4$

11.8 2점법 $V = 1.75m$, 3점법 $V = 1.775m$,
5점법 $V = 1.71m$

11.9 $Q = 72.1m^3/s$

11.10 $Q = 77.45m^3/s$

11.11 $V = 3.235m/s$, $Q = 58.23m^3/s$

11.12 $C = 50$

11.13 $Q = 23.62m^3/s$

11.14 $n_e = 0.025$

11.15 $n_e = 0.027$

11.16 $Q = 51.89m^3/s$

11.17 $y_n = 0.743m$

11.18 $S_o = 0.001$

11.19 $Q = 66.87m^3/s$

11.20 $y_n = 0.61m$

11.21 $S_o = 0.00056$

11.22 $y = 1.44m$, $b = 2.88m$, $A = 4.15m^2$

11.23 $y = 3.085m$, $b = 3.563m$, $z = 0.557$

11.24 $Q = 1.742m^3/s$, $d = 1.126m$

11.25 $Q = 3.855m^3/s$

11.27 $y_c = 0.802m$, $V_c = 2.83m/s$, $E_{min} = 1.21$

11.28 $y_c = 0.61m$, 상류

11.29 $Q = 4.53m^3/s$

11.30 $y_c = 0.67m$

11.31 $F_r = 0.146$, 상류

11.32 $F_r = 1.063$, 사류

11.33 $15.66m^3/s$

11.34 $E = 2.155m$

11.35 $V_c = 2.95m/s$

11.36 $y = 1.689m$

11.37 $F = 35.750kg$

11.38 $M = 23.18m^3$

11.39 $y_2 = 7.74m$, $\Delta E = 24.52m$

11.40 $y_2 = 1.051m$, $\Delta E = 0.080m$

11.41 $EL = 84.18m$

11.42 $y = 8.63m$, $\Delta E = 4.22m$

11.43 M2곡선, M1곡선

11.44 $Q = 44.3m^3/s$

11.49 $R_h = 75mm$

11.50 $R_h = 72.1mm$

11.51 $F_{r0.3} = 6.49$(사류), $F_{r2} = 0.38$(상류),
$y_c = 1.04m$

11.52 $y = 0.2m$: 사류, $y = 0.8m$: 사류,
$y = 2.5m$: 상류

11.53 사류

11.54 대응수심 = 5.38m, 공액수심 = 2.33m

11.55 $EL = 101.44m$

11.56 $y = 1.69m$

11.57 하상고 상승시 $y = 0.51m$ 감소,
하강시 $y = 0.4m$ 증가

11.58 $y_{max} = 3.44m$

11.59 $y_2 = 2.45m$

11.60 $S_o = 1.93 \times 10^{-3}$

11.61 $L = 8.77m$

11.62 $y_n = 7.79m$, $b = 6.46m$

11.63 $q=0.35m^2/s$

11.64 $y_2=10.3m$, $V_2=2.18m$

11.65 $Q=7.72m^3/s$, $y_n=1.17m$, $y_c=0.72m$

제12장

12.1 $V=1.72m/s$

12.2 $l=0.115m$

12.3 $V=7.86m/s$, $Q=0.015m^3/s$

12.4 $Q=0.045m^3/s$

12.5 $Q=0.039m^3/s$

12.6 $Q=0.039m^3/s$

12.7 $Q=0.0175m^3/s$

12.8 $Q=0.196m^3/s$

12.9 $Q=3.016m^3/s$

12.10 $Q=2.949m^3/s$

12.11 $Q=2.983m^3/s$

12.12 $Q=0.325m^3/s$

12.13 $Q=0.71m^3/s$

12.14 $Q=22.16m^3/s$

12.15 1) $Q=19.27m^3/s$, 2) $Q=11.56m^3/s$

12.16 $Q=14.915ft^3/s$

12.18 $C=0.00396$, $m=0.4904$

12.19 $C=0.49651$, $m=2.2795$

12.20 $Q=0.21m^3/s$

12.21 $V=5.12m/s$

12.22 $Q=0.064m^3/s$

12.23 $Q=0.0187m^3/s$

12.24 $d=0.754m$

12.25 $Q=0.0154m^3/s$

12.26 $h=0.253m$

12.27 $Q=11.33m^3/s$

12.28 $Q=0.014m^3/s$

12.29 $P_w=1m$

참고문헌

- 고영하 등, 유체역학, (주)북스힐, 2007.
- 고형종 등 역, 쉽게 배우는 유체역학, 흥릉과학출판사, 2006.
- 김경호 등 역, 토목유체역학, 사이텍미디어, 2000.
- 김가현, 수리학, 청운문화사, 2000.
- 박이동 역, 기본유체역학, 브레인코리아, 2006.
- 박종호 등 역, 핵심유체역학, 도서출판 인터비젼, 2005.
- 송재우, 수리학, 구미서관, 2003.
- 안수한, 수리학, 동명사, 1988.
- 연규방, 이재철, 안명길, 수리학, (주)북스힐, 2005.
- 윤순현 등 역, 유체역학, 교보문고, 2008.
- 윤용남, 수리학, 기초와 응용, 청문각, 2004.
- 이승목 등, 유체역학, 도서출판 동화기술, 2007.
- 이재수, 수리학, 구미서관, 2007.
- 이종석, 하천공학, 새론(도), 2001.
- 조강래 등 역, 유체역학, McGraw-Hill Korea, 2007.
- 최영박, 이순탁, 안원식, 이은태, 현대수리학, 구미서관, 1995.
- 최영박, 지정환, 최신수리학, (주)교학사, 1997.

- Baker, R.C., Introductory Guide to Flow Measurement, Wiley, New York, 2002.
- Batchelor, G.K., An Introduction to Fluid Dynamics, Cambridge University Press, Cambridge, England, 1967.
- Benedict, R.P., Fundamentals of Temperature, Pressure and Flow Measurements, 3rd Ed., Wiley, New York, 1984.
- Bernard, P.S. and Wallace, J.M., Turbulent Flow: Analysis, Measurement and Prediction, Wiley, New York, 2002.
- Brater E.F., King, H.W., Lindell, J.E. and Wei, C.Y., Handbook of Hydraulics, 7th Ed., McGraw-Hill, New York, 1996.
- Brennen, C.E., Cavitation and Bubble Dynamics, Oxford University Press, New York, 1994.
- Bridgman, P. W., Dimensional Analysis, Yale University Press, New Haven, CT, 1931.
- Buckingham, E., On Physically Similar Systems: Illustrations of the Use of Dimensional Equations, Phys. Rev., Vol. 4, No. 4, pp. 345~376, 1914.
- Chanson, The Hydraulics of Open Channel Flow, 2nd Ed., Elsevier, New York, 2004.
- Chaudhry, M.H., Open-Channel Hydraulics, Prentice Hall, Englewood Cliffs, New Jersey, 1993.
- Chow, V.T., Open-Channel Hydraulics, McGraw-Hill International Book Company, Tokyo, Japan, 1981.

- Coleman, H.W. and Steele, W.G., Experimentation and Unceryainty Analysis for Engineers, 2nd Ed., Wiley, New York, 1998.
- Currie, I.G., Fundamental Mechanics of Fluids, 3rd Ed., Marcel Dekker, New York, 2003.
- Einstein, H.A. and El−Samni, E.S.A., Hydrodynamic Forces on a Rough Wall, Review of Modern Physics, Vol. 21, 1949.
- Ettema, R., Hydraulic Modeling: Concepts and Practice, ASCE, Reston, VA, 2000.
- Fox, R.W. and McDonald, A.T., Introduction to Fluid Mechanics, 4th Ed., John Wiley & Sons, Inc., New York, 1994.
- French, R.H., Open−Channel Hydraulics, McGraw−Hill Bool Company, New York, 1985.
- Greenwood, D.T. and Greenfield, W.M., Principles of Dynamics, 2nd Ed., Prentice−Hall, Upper Saddle River, NJ, 1987.
- Hansen, A.G., Fluid Mechanics, Wiley, New York, 1967.
- Henderson, F.M., Open Channel Flow, Macmillan Publishing Co., Inc., New York, 1966.
- Ipsen, E.C., Units, Dimensions and Dimensionless Numbers, McGraw−Hill, New York, 1960.
- Jain, S.C., Open Channel Flow, Wiley, New York, 2000.
- Jeppson, R.W., Analysis of Flow in Pipe Networks, Butterworth−Heinemann, Woburn, MA, 1976.
- Lamb, H., Hydrodynamics, 6th Ed., Dover, New York, 1945.
- Langhaar, Dimensional Analysis and the Theory of Models, Wiley, New York, 1951.
- Larock, B.E., Jeppson, R.W. and Watters, G.Z., Hydraulics of Pipeline Systems, CRS Press, Washington, D.C., 2000.
- Lencastre, A., Handbook of Hydraulic Engineering, John Wiley & Sons, Inc., New York, 1987.
- Mckeon, B.J., Friction Factor for Smooth Pipe Flow, J. Fluid Mech., Vol. 511, pp. 41∼44, 2004.
- Mott, R.L., Applied Fluid Mechanics, 3rd Ed., Macmillan Publishing Company, New York, 1990.
- Munson, B.R., Young, D.F. and Okiishi, T.H., Fundamental of Fluid Mechanics, 3rd Ed., John Wiley & Sons, Inc., New York, 1998.
- Nakato, T. and Ettema, R., Issues and Directions in Hydraulics, A.A. Balkema Publishers, Rotterdam, Netherlands, 1996.
- Mott, R.L., Applied Fluid Mechanics, Pearson Prentice−Hall, Upper Saddle River, NJ, 2006.
- Olson, R.M. and Wright, S.J., Essentials of Engineering Fluid Mechanics, 5th Ed., HarperCollins, New York, 1990.
- Pope, S.B., Turbulent Flows, Cambridge University Press, New York. 2000.
- Potter, M.C. and Wiggert, D.V., Mechanics of Fluid, Prentice Hall, Englewood Cliffs, NJ, 1991.
- Roberson, J.A. and Crowe, C.T., Engineering Fluid Mechanics, 6th Ed., John Wiley & Sons, Inc., New York, 1997.
- Roberson, J.A., Cassidy, J.J. and Chaudhry, M.H., Hydraulic Engineering, 2nd Ed., John Wiley & Sons, Inc., New York, 1998.
- Rouse, H. and Ince, S., History of Hydraulics, Iowa Institute of Hydraulic Research, Iowa City, 1957, Dover, New York, 1963.
- Schliching, H., Boundary Layer Theory, 7th Ed.., McGraw−Hill, New York, 1979.

- Simon, A.L. and Korom, S.F., Hydraulics, 4th Ed., Prentice Hall, Upper Saddle River, NJ., 1997.
- Sobey, I.J., Introduction to Interactive Boundary Layer Theory, Ocford University Press, New York, 2001.
- Thwaites, B., Approximate Calculation of the Laminar Boundary Layer, Aeronaut. Q., Vol. 1, pp. 245~280, 1949.
- Tupper, E.C., Introduction to Naval Architecture, 4th Ed., Butterworth−Heinemann, Elsvier, New York, 2004.
- White, F.M., Fluid Mechanics, 6nd Ed,, McGraw−Hill, New York, 2007.
- White, F.M., Viscous Fluid Flow, 3rd Ed., McGraw−Hill, New York, 2005.

찾아보기

ㅇ

ㅈ

ㅊ

ㅋ

ㅌ

ㅍ

ㅎ

▸저자 약력

이 재 수

고려대학교 공과대학 토목공학과 졸업(공학사)
고려대학교 대학원 토목공학과 졸업(공학석사)
미국 University of Iowa 대학원 토목환경공학과 졸업(공학박사)
미국 University of Washington 대학원 연구교환교수
전주대학교 공과대학장 역임

현재 전주대학교 토목환경공학과 교수
소방방재청 지역자율방재단 중앙지원단 위원
전라북도 지방하천관리위원회 위원
전라북도 지방건설기술심의위원회 위원
전라북도 재해영향평가심의위원회 위원
전라북도 사전재해영향성검토위원회 위원
전라북도 재해복구사업 사전심의위원회 위원
전라북도 녹색성장위원회 위원
전주시 설계자문위원회 위원
전주시 계약심의위원회 위원

저서 수자원공학(구미서관, 2008년)
자연재해의 이해(제3판, 구미서관, 2010년)
토목유체역학(구미서관, 2011년)
수문학(제2판, 구미서관, 2015년)
수리학(구미서관, 2016년)

토목유체역학

저 자 이 재 수
발행인 임 해 진
발행처 구미서관
발 행 2011년 2월 28일 초판 1쇄
2017년 1월 19일 초판 3쇄
주 소 서울시 마포구 신촌로 2길 5-15 구미빌딩
등 록 1979년 6월 29일 No.9-6호
ISBN 978-89-8225-795-7 (93530)

TEL : (代) 333-1101 FAX : 335-2201
http://www.goomibook.com

정가 25,000원